育儿服务大全

刘妙玉　主编

中国海洋大学出版社

·青岛·

图书在版编目（CIP）数据

育儿服务大全 / 刘妙玉主编 . -- 青岛：中国海洋
大学出版社，2023. 12
　　ISBN 978-7-5670-3702-1

　　Ⅰ. ①育… 　Ⅱ. ①刘… 　Ⅲ. ①婴幼儿－哺育　Ⅳ.
①TS976. 31

中国国家版本馆 CIP 数据核字（2023）第 226913 号

育儿服务大全

YU'ER FUWU DAQUAN

出版发行	中国海洋大学出版社		
社　　址	青岛市香港东路 23 号	**邮政编码**	266071
出 版 人	刘文菁		
网　　址	http://pub.ouc.edu.cn		
订购电话	0532-82032573（传真）　18053112016		
责任编辑	郑雪姣	**电　话**	0532-85901092
印　　制	日照报业印刷有限公司		
版　　次	2023 年 12 月第 1 版		
印　　次	2023 年 12 月第 1 次印刷		
成品尺寸	185 mm ×260 mm		
印　　张	29. 75		
字　　数	720 千		
印　　数	1—7 000		
定　　价	79. 00 元		

发现印装质量问题，请致电 0633-8221365，由印刷厂负责调换。

编委会

前言

科学研究表明：0～3岁是人的一生中身体和大脑发育最迅速的时期，是神经系统发展和大脑结构完善最关键的时期，同时也是人的整个发展过程中最重要的基础阶段。

婴幼儿早期的教养对孩子将来的社会认知、行为发展、智力促进以及身心健康影响巨大。俗话说，3岁看大，7岁看老。因而，早期教育不仅需要关注婴幼儿的身体健康，更应该关注婴幼儿的心理发展，使孩子成为一个身、心、智健康、完善的人。在孩子成长的过程中，从襁褓中的婴儿，到牙牙学语、蹒跚学步的幼儿，家长所起到的作用是至关重要的。

当然，家长如果得到掌握了育儿专业技能的育儿员的帮助，对孩子的成长来说将是如虎添翼！基于此，我们编写了这本《育儿服务大全》。根据3周月～3周岁婴幼儿在不同年龄阶段的生长发育特点，本着理论和实际相结合的原则，借鉴国内外育儿领域的最新理念，从育儿员的角度代入情境；从婴幼儿生理和心理健康、日常照料、营养饮食、保健护理、启蒙早教等多个领域，详细阐述了3周月～3周岁婴幼儿成长发展过程中每个阶段的生长发育特点、护理照料要点、健康保健方法、注意事项、教养重点和方法等多维度知识，囊括了3周月～3周岁婴幼儿成长过程中绝大多数的问题，内容深入浅出，一看就会。

同时，为加强本书的可操作性，书中还附有相关实操视频，用最直观的方式传授育儿技能，让育儿员和新手爸妈能从容应对孩子成长过程带来的"烦恼"，堪称"育儿实操指南"。

本书在理论上具有较高的科学性、前瞻性和指导性，在实践上具有较强的实用性和可操作性，是献给育儿员的"实操工作手册"，也是献给新手爸妈的"实用育儿宝典"和"孩子成长规划图"。

《育儿服务大全》共分为 20 章,突出"标准、实用、超前、操作"的职业培训特点,按婴(幼)儿的月(年)龄顺序,动态地呈现了婴(幼)儿的成长历程,内容详细全面,标准简明扼要,重点突出,实操性强。

与市场上其他技能类教材相比,本书具有以下特点:

一、编写形式新颖。将 2019 最新版《育婴员国家职业技能标准》与婴(幼)儿日常看护相结合,标准规范,实操性强,方便活学活用。

二、使用方便灵活。即查即用,方便育儿员、自学者和新手爸妈快速提取有效信息。

总之,婴幼儿的发展既是个体与环境交互作用的结果,又是一个连续不断的过程。只有重视早期教育,根据孩子各年龄段的心理、生理发展的特点以及教养的任务、内容,去实施不同的教养策略,孩子才能得以真正的成长和发展。

《育儿服务大全》将有关婴幼儿发展的多学科理论方法和技术进行有机整合,将最新研究成果传递给亿万家长,使其成为规范而科学的早期养育实用工具。它是有志于从事育儿事业的家政行业从业人员提升技能的自学用书,是各高校家政学专业学生的参考书籍,更是家长掌握育儿理念与方法的知识库。本书在编写和审定过程中得到了相关领导和业界专家的大力支持、帮助与指导,在此谨致以诚挚的谢意。同时,在本书的编写过程中,我们还参考、借鉴了大量的文献、资料,在此,我们对专家、学者们的辛勤劳动表示衷心感谢,没有他们的努力,就不可能有这本书的面世。书后附有参考文献,但难免挂一漏万,敬请谅解。

因水平有限,书中难免有不足之处,恳请广大读者提出宝贵的意见和建议,以便今后不断修订与完善。

编　者
2023 年 6 月

目录

第一章

育儿员职业素养和工作要点

第一节　育儿员职业素养

一、概述

1. 职业定义

育儿员是指顺应孩子的成长规律,运用专业的育儿理念、科学的教养方法,为3周月～3周岁的婴幼儿提供成熟、科学、系统化的日常喂养、生活照料、护理保健和早期智力开发指导,借助游戏、教具、玩具、书籍等工具,促进婴幼儿智力发展和情感发展,帮助婴幼儿形成良好的生活习惯、自理能力、社交能力以及个性品质,协助父母解决婴幼儿养育中遇到的困惑、疑问,帮助、启发和引导孩子健康成长的高素质专业人员。

职业定位:育儿员应熟练掌握并运用营养学、保健学、教育学、心理学等相关知识,具有一定的日常护理、意外伤害预防知识等专业技能。

服务对象:3周月～3周岁婴幼儿。

2. 工作内容

育儿员需全面掌握3周月～3周岁婴幼儿生理和心理发育的专业知识,懂得与婴幼儿相处和沟通的技巧,根据不同年龄阶段婴幼儿的言行、思维和情感方式,制订适合婴幼儿的个性化抚养计划,适时开发婴幼儿的自身潜能。具体包括:

(1)协助母乳喂养,冲调奶粉,根据婴幼儿身体发育特点,有针对性地添加辅食,为婴幼儿选择、制作营养健康食品,使之养成良好的饮食习惯。

(2)清洗婴幼儿的衣物、餐具和打扫居室卫生,培养婴幼儿良好的睡眠、大小便、"三浴"习惯,形成婴幼儿良好的生活习惯。

（3）协助家长做好婴幼儿预防保健，早预防、早发现并及时处理婴幼儿的常见疾病，做好疫苗接种服务。

（4）根据婴幼儿年龄阶段和发育情况进行大动作、精细动作的训练，促进婴幼儿健康成长。

（5）会讲普通话，能正确选择认知能力、语言能力方面的游戏，做好婴幼儿早期智力开发服务。

（6）从心理学角度出发，对婴幼儿进行人格及社会行为训练，培养婴幼儿良好的社会交往能力和稳定的情绪情感能力。

（7）引导父母与婴幼儿建立情感连接，改善亲子关系，提高陪伴质量。

3. 服务形式

（1）24小时住家育儿员：接受客户邀约，24小时吃住都在客户家，协助婴幼儿父母为科学育儿提供一对一专业服务。

（2）8小时不住家育儿员：接受客户邀约，每天入户工作，时间共计8小时，晚上回自己家，协助婴幼儿父母为科学育儿提供一对一专业服务。

（3）早教或培训机构教育指导：在婴幼儿早教培训机构或幼儿园做教育指导、生活照护，为婴幼儿提供一对多专业服务。

二、工作要求

1. 基本要求

（1）身心健康。

育儿员不仅要有健康的身体，还要有健康的心理。前者能够保证育儿员以充沛的精力、灵敏的动作来照顾好活泼好动的婴幼儿；后者能让育儿员面对孩子时有积极的态度、稳定的情绪和良好的心态，正确对待自己的工作，用心照护婴幼儿。

（2）有爱心、耐心和责任心。

爱是连接育儿员和婴幼儿的情感纽带。一名称职的育儿员，首先要有一颗热爱孩子的心，视如己出，要处理好婴幼儿的吃、喝、拉、撒、睡等琐碎工作。从牙牙学语到蹒跚学步，这需要有足够的爱心、耐心和责任心，只有留心、用心和关心，才能正确地引导孩子。

（3）表达能力和沟通能力强。

当育儿员和客户产生分歧时，育儿员要能准确表达自己的意见和想法，不抱怨，不发牢骚，积极主动地与客户沟通。在沟通的过程中，认真倾听，准确理解客户的意图，知道什么能说，什么不能说，什么时候说，应该怎么说。

（4）有一定的学习能力。

活到老，学到老。在练好自身专业技能的基础上，育儿员要保持持续学习的能力，虚心向同事、同行、专家学习。随时关注行业发展趋势，提升自己的认知，让自己变得专业和不可替代，在自己的人生和事业上取得满意的成绩。

2. 职业道德

良好的职业道德是做好工作的基础，育儿员是以育人为工作内容的特殊职业。育儿

员工作质量的优劣,服务水平的高低,直接关系孩子的成长、家庭的幸福。因此,职业道德是育儿员的必备素质,具体来说:

(1)遵纪守法、诚实守信。

加强法律、法规的学习,做到懂法、守法、用法,依法办事,严以律己。诚实守信就是真实无欺、信守承诺、言行一致、表里如一。

(2)关爱孩子、科学养育。

关心、爱护婴幼儿,运用现代教育理念和科学知识引导和帮助孩子养成规律的生活习惯、健康的饮食习惯、良好的社会交往能力和稳定的情绪管理能力。

(3)爱岗敬业、用心服务。

尊重、热爱自己的本职工作并引以为豪。以高度负责的态度对待工作,深入钻研探讨,力求精益求精;给客户提供专业、贴心的服务,呵护婴幼儿健康成长。

(4)自尊自爱、尽职尽责。

对自己,从仪表到行为,从身体到内心,维护、尊重自己的人格,爱护自己的生命,悦纳并完善自我;对工作、专业知识掌握精准,照护孩子仔细认真,恪尽职守,尽全力做到最好。

(5)踏实稳重、细心周到。

养育孩子从来就不是一件轻松的事情。在照顾婴幼儿的过程中,育儿员的细心周到、不急不躁、稳重条理,本身就是对客户的极大安慰,让他们省心、安心、放心。

(6)平等对待、尊重差异。

在与客户及其亲属(比如老人)的相处中,要彼此尊重,互相体谅,既要保持人格的平等和独立,又要求同存异,取得共识,促进工作的顺利开展。

(7)合规操作、灵活应变。

每个孩子的性格、气质都各不相同,每个家庭的实际教养环境也各有千秋。育儿员在熟练运用专业技能合规操作的同时,也要根据这些变化和差异,因人、因时、因势而异,灵活应对,做出最有利于孩子成长的选择。

3.职业能力

育儿员既要有专业熟练的技能,还要具备全面的科学育儿知识,具体包括:

(1)保健护理知识:3周月～3周岁婴幼儿生理发育特点、发育指标、护理常识。

(2)心理学知识:3周月～3周岁婴幼儿心理发育特点,包括感知觉能力、记忆、思维、想象、注意力、社会交往、自我意识、情绪情感、语言能力以及气质特征。

(3)营养学知识:3周月～3周岁婴幼儿营养需要、膳食搭配、科学配餐。

(4)教育学知识:婴幼儿早教的意义、特点与内容、教育原则与方法。

(5)相关法律法规:劳动法、母婴保护法、未成年人保护法,食品卫生法、劳动合同法等相关知识。

4.工作守则

育儿员的工作是在日常生活中辅助婴幼儿父母做好喂养、照顾、教导之职;加强婴幼儿和父母的情感联系,建立良好的亲子关系;通过育儿员和父母的相互协作、沟通交流,共同促进婴幼儿的健康成长。但育儿员不能代替父母的责任,父母才是和孩子情感连接最

紧密的人。所以在育儿工作中,育儿员要在位不逾位,做好自己的本职工作。具体为:

（1）认真履行工作职责,具有服务意识和奉献精神。

（2）平等对待每一个婴幼儿,让他们充分享有安全感、自尊心和自信心。

（3）掌握婴幼儿身心发育的特点和规律,用科学的方法精心喂养和教育。

（4）坚持保教并重的原则,注重培养婴幼儿的个性、品德和行为习惯。

（5）尊重婴幼儿的个性差异,促进其潜能的充分发展。

（6）掌握婴幼儿生活照料、护理、教育的专业知识和操作技能。

（7）宣传科学育儿理念,引导父母参与育儿活动。

（8）对婴幼儿家庭的有关资料保密,保护婴幼儿家庭成员个人隐私。

（9）遵循科学育儿理念,结合客户具体要求,改善和提高服务质量。

（10）与卫生保健、学前教育机构密切配合,为婴儿健康成长创造良好的社会环境。

5. 入户礼仪

（1）带齐个人日常用品,包括日常工作服、拖鞋、毛巾、住宿所需衣物及洗漱用品,自带碗筷、脸盆等。

（2）养成良好的卫生习惯,勤洗澡,勤洗头,勤剪指甲,进门先洗手,换上工作服再抱婴幼儿。

（3）婴幼儿的专用物品,不得混用,并要勤晾晒、勤消毒;奶瓶等用品消毒后不得随便用手拿,要用专用夹具,以保证婴幼儿的身体健康。

（4）不得带婴幼儿到超出规定的范围去游逛,不得私自带婴幼儿看电子产品。

（5）婴幼儿在没人看护的情况下,不得从事其他家务,确保婴幼儿始终在自己的视线之内。

（6）不经同意不得使用客户手机拨打电话或发送信息,不得上网。

（7）不得带自己的亲朋好友进入客户家中,更不得让陌生人进门,以确保客户财产安全。

（8）入户时不要带不必要的个人财物;清洁环境卫生时,不要乱翻乱动客户用品;不得向客户索要财物。

（9）绝不允许把婴幼儿交给除其家人之外的任何人代管或让其他人带走外出,要确保婴幼儿的人身安全。

（10）工作期间,手机调成静音,以防影响孩子休息;不能长时间接打电话、发信息或者玩游戏。

（11）声音柔和,音量适中。使用"请、您好、谢谢"等礼貌用语。尊重客户家长辈意见,有不同意见，要积极主动地多沟通交流,不可指责长辈。

（12）不使用香水,不佩戴首饰,不浓妆艳抹,不涂抹指甲油,不穿过分暴露、紧身的衣服。

（13）在厨房制作辅食或正餐时，戴护士帽,戴口罩;定期体检(入户时须提供健康证)。

（14）记录每日工作日记,定期向公司汇报工作,以利于进一步提高服务质量。

第二节　育儿员必备安全常识

看护婴幼儿,安全问题最重要,应该放在第一位。3 周月～3 周岁婴幼儿意外伤害时常发生,所以,育儿员在工作过程中要时刻注意婴幼儿的安全:一方面,要对婴幼儿细心照顾,规范操作;另一方面,尽早发现婴幼儿活动场所的不安全因素,排除隐患。

一、日常安全知识

1. 睡眠安全

婴幼儿感冒时,要随时关注婴幼儿夜里的呼吸情况,避免鼻涕过多造成呼吸困难;晚上不要让婴幼儿踢被着凉;能自己独站的婴幼儿不要单独睡在小床上,否则婴幼儿自己睡醒后很容易站起来翻出小床发生危险;睡大床的婴幼儿要让其睡在里面,避免婴幼儿半夜翻身掉到地上。

2. 衣物安全

婴幼儿的衣服要选择宽松纯棉材质的,不要有绳子,定期检查衣服上的纽扣,确保其牢固。婴幼儿衣物在穿前要检查颈、手臂、腿部、腰部、胸部松紧是否合适。衣服上不能有松散的线,以免缠住婴幼儿的手指或脚趾。

3. 玩具安全

无论是选择玩具还是玩玩具,安全是首先要考虑的因素。育儿员应具有以下常识,并记得提醒父母们注意:

(1)要购买通过 3C 认证的玩具,尤其是一些网红玩具,更要注意。

(2)确保软体摇铃、挤捏玩具、磨牙玩具即使是在最压缩的状态也不能完全塞入孩子的口中。

(3)确保玩具或玩具部件尺寸足够大,不至于能被婴幼儿吞下或塞入口中。

(4)检查填充玩具的缝合处是否牢固结实;确保眼睛、鼻子、纽扣、带子或其他装饰品固定良好,不能被拉下或咬下;毛绒玩具不适合低月龄、哮喘、咳嗽的婴幼儿玩。

(5)注意填充玩具和布玩具上的"可机洗、表面可洗"之类的词语,须经常清洗、消毒、曝晒,防止细菌滋生后通过手、口传给婴幼儿引发疾病。玩具的包装袋等不要让婴幼儿拿着玩。

(6)确保玩具特别是木制玩具边角光滑圆润,没有尖锐的角或刺,不易破碎、裂开,以免刺伤或割伤婴幼儿。

(7)不能让婴幼儿玩能发出高噪声的玩具,以免吓到婴幼儿,甚至造成婴幼儿听力障碍。

4. 宠物安全

(1)不要让婴幼儿单独与宠物玩,禁止宠物与婴幼儿一起睡觉。

（2）不要让婴幼儿喂宠物。要把宠物的食品、垃圾和专用碗盘放在婴幼儿接触不到的地方。

（3）宠物休息处，比如鱼缸、鸟笼，以及与此相关的物品要放置于婴幼儿摸不到的地方。

（4）不能让婴幼儿接触生病的宠物。

（5）婴幼儿车、床、摇篮上要加网罩，以保护婴幼儿不受伤害。

二、家用电器安全操作及消防安全知识

1. 用电安全

（1）根据需要及时断电。认识了解电源总开关，能在紧急情况下正确断电。有人触电要设法及时关断电源，或者用干燥的木棍等绝缘物将触电者与带电的电器分开，不要用手直接救人；不随意拆卸、安装电源线路、插座、插头等，如有需要，应先切断电源，再进行操作。

（2）严禁违规操作。不用手或导电物（如铁丝、钉子、别针等金属制品）去接触、探试电源插座内部；不用湿手触摸电器，不用湿布擦拭电器；电器使用完毕后应拔掉电源插头；插拔电源插头时不要用力拉拽电线；电线的绝缘皮剥落，要及时更换新线或者用绝缘胶布包好。

（3）电源插座勿集中使用。在使用电器时，不要在同一个电源插排上使用太多电器，否则插排会因超负荷而导致电线短路、跳闸，甚至引发火灾。

（4）灯饰远离布艺。将落地灯、床头灯等可移动灯饰与窗帘等布艺产品保持距离。

（5）谨慎使用电热设备。在软床上不要使用电热毯。电热毯内遍布电热丝，床垫过于柔软，会导致电热毯卷曲折叠，折断电热丝，引起火灾。

（6）电器远离插座。电饭煲、热水壶、电磁炉等在使用过程中会产生蒸汽的电器应远离插座，以防止在使用过程中喷出的蒸汽进入插孔，导致电线短路，发生危险。

2. 用气安全

（1）使用时不离人。使用时，人不要远离，以免火焰被溢出的沸汤扑灭或被风吹灭，造成跑气。

（2）随手关阀门。燃气灶具和燃气阀门应同时关闭。在燃气管道进户处有一道连接软管的灶前阀，建议晚上睡觉前关闭。在进户口还有一个手柄阀门，这是表后阀，如果长期外出应同时关闭灶前阀和表后阀。

（3）经常检查燃气灶具及管道是否漏气。把肥皂水涂抹在管道的接口处，观察是否产生气泡，有则说明漏气。如果发现胶管有裂纹，一定要立即更换，正常情况下，每年更换一次。

（4）保持通风。发现燃气泄漏，立即打开门窗，关闭燃气开关，不要动火和电器开关，同时报告燃气部门。

3. 火灾的基本处理办法

家中着火不要慌张，一定要保持沉着冷静，采取恰当方式处理。

（1）电器着火。要先切断电源，再进行灭火。

（2）油锅着火。直接关掉灶台开关并迅速拧紧煤气或燃气的开关，防止大火继续燃烧引发爆炸。用锅盖盖住着火油锅，阻绝火焰与外界空气的持续接触，让火焰自然熄灭。若火焰不大，可将厨房毛巾打湿，直接覆盖在油锅上。切记不要浇水，以防油溅出锅外，造成更大伤害。

（3）发生火灾如何报警。发生火灾及时拨打119报警；没有电话时，应大声呼喊或采取其他方法引起邻居、行人注意，协助灭火或报警。

4. 火灾自救

遭遇火灾时，应采取正确有效的方法自救及协助婴幼儿逃生，减少人身伤亡。

（1）保持冷静镇定。要冷静地确定自己所处位置，根据周围的烟、火光、温度等分析判断火势。不要贸然开门，可用手背轻触一下门把手，通过感受其温度判断门外火势；若有烟飘进房间，可将毛巾或被子打湿，堵在门缝处。

（2）身处平房。如果门的周围火势不大，应迅速离开火场。反之，则必须另行选择出口脱身，如从窗户跳出或者采取保护措施以后再离开火场。

（3）身处楼房。不要盲目乱跑，更不要跳楼逃生，可以躲到有水源的居室里或者阳台上。紧闭门窗，隔断火路，等待救援。有条件的可以不断向门窗上浇水降温，以延缓火势蔓延。

（4）不要用电梯。在失火楼房内，逃生不可使用电梯，应通过消防通道走楼梯脱险。

（5）确需跳楼逃生时。因火势太猛，必须从楼房内逃生的，可从二层处跳下，但要选择不坚硬的地面，同时应从楼上先扔下被褥等增加地面的缓冲，然后再顺窗滑下，要尽量缩小下落高度，做到双脚先落地。如果是低楼层，可用绳子或床单打结的方式进行自救。

（6）做好保护措施。如用湿毛巾捂住口鼻、用湿衣物包裹身体等。

（7）躲在有水源的厕所。如果被火围困无逃生线路，切不可躲在柜子或床底等易燃的地方，要躲在有水源的厕所，甚至可以把整个身子泡在浴缸里，给自己争取救援时间。

5. 清楚逃生路线

不管是家里还是公共场所失火，一定要清楚逃生的路线。在家里，可以反复演习遇火时自己的逃生路线，以及灭火和自救方式；在公共场所，要了解所在地的安全通道，或者能根据安全指示标志，清楚该怎么逃到安全的地方。

三、食品安全知识

家庭的食品安全问题，重点在食品的选购、加工、储存等方面。

1. 保证肉类的食品卫生

（1）选购。应选购经卫生检疫部门检疫后的合格肉或超市的放心肉，肉的新鲜程度可用肉眼来观察。

新鲜畜肉的表皮微微干燥，有光泽；肉的断面为淡红色，稍湿润，但不黏；肉质紧密，有弹性，指压后可迅速恢复原状；脂肪分布均匀，没有异味。

经冷冻后的肉保持原有颜色，表面有光泽，结构坚硬，敲击后发出清脆的声音，说明肉质良好。如发现肉已有发黏、失去弹性、颜色不正或变色、异味等,就不能购买。

（2）正确储存。用冰箱储存肉类时,一般家畜肉在 $-1\ ℃\sim1\ ℃$ 可保存 $10\sim20$ 天; $-18\ ℃\sim-10\ ℃$ 可保存时间较长,一般 $1\sim2$ 个月。购买后可将肉分装成若干份保存在冷冻室内,每次取出一份食用,避免肉的反复解冻。建议冷藏室温度不低于 $4℃$,冷冻室不低于 $-17.5\ ℃$。

（3）正确烹调。肉应彻底煮熟、煮透方可食用,一顿吃剩的肉类菜肴如红烧肉、咖喱鸡等必须放入冰箱,吃前重新加热。家禽和鱼类选购以鲜活为好,其储存和烹调方法同肉类食品。

2. 保证蔬菜水果的食品卫生

蔬菜水果是每天必不可少的健康食品,能提供丰富的矿物质和维生素。但如果挑选或处理不当,也会危害婴幼儿健康。

（1）挑选。不要挑选农药味特别浓的蔬菜水果及腐烂的蔬菜和表皮破损的水果。应注意带虫眼的蔬菜并不一定未受过农药污染;谨慎购买一些洗净就能直接食用的水果,如草莓、杨梅、李子等;不要购买已削皮的或切开的水果。

（2）清洗与去皮。食用前仔细冲洗,或去除蔬菜或水果的外皮,以减少水果蔬菜外面的细小脏物、细菌和农药。

带叶蔬菜最外层的叶片应摘除;根茎类和瓜果类蔬菜如胡萝卜、土豆、番茄、莴笋、冬瓜、西葫芦等,去皮后应再用清水冲洗,水果也应洗净后削皮再吃。

（3）浸泡。将清洗过的蔬菜用水浸泡半小时到一小时,再用流动水冲洗。

（4）水烫。有些蔬菜,如青椒、芹菜、花菜、生菜、菠菜、刀豆等洗净后可先用开水烫一下,再下锅煸炒。

（5）变花样。要选择不同种类的食物,即食物多样化。

（6）其他注意事项。除非是绿色食品,一般不要生食蔬菜,蔬菜要现炒现吃,不要过夜。

四、户外安全知识

1. 户外花园的安全

（1）所有的门都要锁好。

（2）储水池不要留水,接水桶等一定要加上盖子。

（3）铲除花园中一切有毒植物,埋起所有动物的粪便。

（4）把所有的花园用具、杀虫剂、植物喷雾剂和洗车剂、绳子等锁好。

（5）孩子在车附近玩时,不要修车;晒衣绳一定要高一些,别让孩子够到。

（6）经常检查园内的秋千、滑梯或爬架的安全性能。

2. 游戏场所的安全

（1）婴幼儿进入游戏场所玩耍前,一定要先检查场所和设备是否安全、卫生,是否有锐利物突出。

（2）检查游戏区是否有玻璃碎片,可入口小件物品。

（3）检查游戏用具是否安全可行，是否适合婴幼儿游戏。

（4）当婴幼儿游戏时，必须随时保持警惕，注意婴幼儿安全。

3. 公共场所的安全

（1）进入公共场所时，一定要牵牢婴幼儿的手，保证婴幼儿时刻不离左右。

（2）用婴儿车推婴幼儿过马路时，必须等到交通信号显示可以通行时再过马路。

（3）领婴幼儿过马路时，一定要牵住婴幼儿的手，绝对不能让其自己过马路，绝对禁止靠近马路边游戏。过马路时，即使马路上一辆车都没有，也要等到绿灯时再带婴幼儿通过，且必须走人行横道、地下通道或过街天桥。

（4）培养婴幼儿不随便捡拾杂物的习惯，远离污染区、危险区。

（5）乘坐电梯、公交车、火车、地铁时，一定要牵住婴幼儿的手或抱好婴幼儿，片刻不能放松。

（6）教导婴幼儿不要大声喧哗，乘坐公交车、出租车时不要站在座位上。在黎明、黄昏以及其他能见度低的天气（如雨天或雾天），应该给婴幼儿穿有反光材料的衣物。

（7）绝对不能将婴幼儿独自留在公共场所中游戏玩耍，更不能把婴幼儿托付给陌生人看管。

（8）阻止婴幼儿在有光滑地面、台阶、玻璃等材料的场地（如广场、商场）嬉戏，防止婴幼儿滑倒或被玻璃柜台边角的锐边割伤或撞到玻璃旋转门。

（9）阻止婴幼儿攀爬自动扶梯和护栏，严防婴幼儿拿颗粒状食物塞入口中，以防窒息。

五、室内安全知识

1. 浴室和卫生间的安全

（1）确保浴室和卫生间的门可以从外面打开。

（2）浴室和卫生间所有柜橱安装儿童安全锁。药物、剪刀、刀片、香水、化妆品放在孩子够不到的抽屉里；清洗剂、漂白粉和消毒剂都要锁在柜子里。

（3）盖好便池的盖子。便池上方不要安装柜橱，防止儿童爬到便池上，打开柜橱。

（4）电加热器应安在孩子够不到的墙上。

（5）给孩子放洗澡水时，一定要先放冷水再放热水，把孩子放进水里前，要用手臂内侧或水温计试好水温。

（6）婴儿洗澡时要做好防滑措施。婴儿不能独立坐在浴盆中时，应该让婴儿躺在浴床上，如果浴床是塑料材质的，在上面铺一层浴巾，隔凉也防滑。

（7）婴儿身上涂了沐浴液后一定要用一只手扶住婴儿，另一只手给婴儿冲洗，洗澡之前，各项所需物品准备齐全，中途不得离开婴儿半步，不要让孩子单独待在浴盆里。

2. 房间里的安全

（1）家里的药物应放在孩子打不开的瓶子里，尽可能把药物放在远离食物的地方，最好锁在柜子里。

（2）保持好药品和化学品容器上的原有标签，不要混用药物和食物的容器，如把药装进果汁瓶等。

（3）不要到处乱放喷雾剂瓶，因为瓶口可能会被孩子按下，造成孩子受伤。

（4）保证电线的完好性，不要扭结，所有的电源终点都要有安全插座，不要让孩子接触到有电线的设备。

（5）家具一定要结实并固定好，以防孩子把家具推翻；挡好所有的上层橱柜，橱柜附近不要留有可以爬上去的东西。

（6）把孩子玩具放在较低的位置，方便孩子拿取，也减少孩子攀爬登高的想法。

（7）如果婴儿床没有床栏，孩子在上面活动时，护理人一刻也不能离开；如果婴儿床床栏栏杆之间的空隙较宽，孩子在活动时有可能跌落或卡住脖子、四肢等，要用柔软的东西挡好或堵好。

（8）不要把电熨斗打开后就离开，婴幼儿很可能会把熨斗和熨衣架弄翻；用毛巾盖好暖气片或暖气管，或者用家具挡好，尽早教会孩子暖气片是热的，不能摸。

（9）锁好针、别针、火柴、打火机、刀剪等尖锐物品；不把热水或含酒精的饮料放在孩子能够到的地方。

（10）如果室内地面较滑，不太平整或有突出物可能绊倒婴幼儿，应建议雇主采取一些方法补救；或者看紧孩子，以便随时给予保护。

3. 厨房里的安全

（1）插座要有保护门，避免儿童因好奇用手指或小金属片、铁针等伸进插孔而触电。

（2）柜子最好安装拉门，如果不是拉门，一定要关好门并锁好，同时关好所有的抽屉，以防孩子的手指伸进缝隙而夹伤。

（3）保持所有工作台面的清洁，及时清理上面的锐器和所有溅出来的水或液体；所有的清洗用品，都要放在孩子够不到的地方。

（4）不能把热锅等物品放在炉子上，没人照管；不要隔着加热器或炉盘拿东西，以免弄倒炉上的锅。

（5）不要使用台布；不要让孩子拿到塑料袋。

（6）育儿员做辅食时，可以把孩子放在游戏护栏里（距离工作面 80 厘米以外）、婴儿垫或婴儿餐椅里。

六、家庭护理包

婴儿 6 个月后，来自母体的抵抗力下降，容易生病。同时，婴儿会爬、会走、会跑后，更容易磕着碰着。建议客户在家中常备一些药物和急救用品，以备不时之需。

1. 药物种类

◎ 内服药备好退烧药、感冒药、助消化的药，以及腹泻药、咳嗽药等，最好找医生咨询一下。

◎ 外用药包括创可贴、卫生棉、消炎药膏、眼药水、冰袋，以及外伤紧急处理的备用品——脱脂纱布、医用棉签、碘伏、体温计、75％的酒精、小镊子等。

2. 注意事项

（1）设置独立的小药箱。

婴儿用药不要跟成人药品放在一起，以免服用时出错。有些药品虽然名称相同，但婴儿与成人使用的剂型、规格、剂量都是不同的，不能乱用。

（2）定期检查清理。

每隔三个月清理一次小药箱，检查一下药品是否有发霉、粘连、变质、变色、松散、怪味等现象。凡是过期、变质、标签脱落、名称不详的药品，要及时清除更新，确保用药安全。

（3）存放方法。

◎ 应存放在洁净、干燥、阴凉、避光处。

◎ 糖浆类、液体类制剂或鱼肝油等药品可以放入冰箱冷藏贮存。

◎ 易挥发、易失效以及刺激性较强的外用消毒溶液，宜装在密封性好的容器内保管，用后应盖严，如酒精、碘酒及红花油等。

（4）分门别类。

◎ 按功效不同分类放置，如退热药、止咳祛痰药、止泻药、抗过敏药等，并贴上标签，写上药名、用法、用量及主要作用。

◎ 内服药和外用药应分别放置，标签应该醒目，如果家庭需要无菌消毒用品，如棉球、纱布等，最好注明开始使用的时间，并在开袋一周内使用，最多不超过两周。

七、急救常识

（一）急救止血

◎ 婴幼儿出血多是外伤引起的，常见于四肢的损伤。

◎ 出血分为动脉出血、静脉出血和毛细血管出血。

◎ 出血的情况不同，采用的包扎方式也不同。

1. 出血特点

◎ 毛细血管出血：血液鲜红，量少，呈水珠样流出或渗出，多能自行凝固。

◎ 静脉出血：血液暗红，量中等，呈涌出状或徐徐外流，速度稍缓慢。

◎ 动脉出血：血液鲜红，量多，呈喷射状，短时间内大出血，可危及生命。

2. 止血方式

◎ 一般止血法。

对伤口小、出血少的小伤，局部用生理盐水冲洗，周围涂擦碘伏消毒。涂擦时，先从近伤口内处向外周擦，然后盖上无菌纱布，用绷带包紧即可。如果头皮或毛发部位出血，应先剃去毛发，再清洗消毒后包扎。

◎ 指压止血法。

适用于中等以上的动脉出血。即用手指（拇指）或手掌压住出血血管（动脉）的近心端，使血管被压在附近的骨块上，从而中断血流，快速止血，如图1-2-1所示。

操作要点：准确掌握动脉压迫点，压迫力度要适中，以伤口不出血为准，压迫10～15分钟，保持伤处肢体抬高。此法仅是短暂急救止血，不宜久用，应在临时处理后，抓紧时间就医。

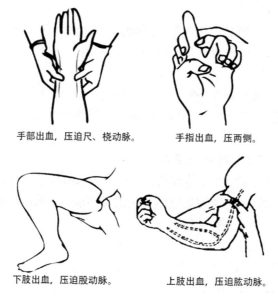

手部出血，压迫尺、桡动脉。　　　　　手指出血，压两侧。

下肢出血，压迫股动脉。　　　　　上肢出血，压迫肱动脉。

图 1-2-1　指压止血法

（二）心肺复苏

婴幼儿心肺复苏在临床上是很常用的。当婴幼儿陷入呼吸停止或心脏骤停的状态时，如果不及时进行心肺复苏会对孩子的大脑造成很大影响，引起孩子的神经系统损伤，时间长了可能会导致孩子的死亡。因此，如果孩子心脏骤停，时间就是生命，育儿员应冷静对待，马上拨打 120，同时迅速为孩子进行心肺复苏，帮助他恢复呼吸和心跳，为抢救争取时间。

如果在一分钟之内快速地进行心肺复苏，成功率可以达到 90%；随着时间的延长，成功率会下降。如果育儿员掌握了婴幼儿 CPR，即心肺复苏基本技能，那你有可能挽回孩子的生命。

1. 1 岁以上的幼儿

幼儿天生顽皮，意外时有发生。当孩子失去意识没有呼吸或呼吸微弱，面色青灰的时候，求助旁人拨打 120 的同时，育儿员要尽快给孩子做心肺复苏。

正确的心肺复苏方法，主要分为以下步骤：

第一步，首先要评估现场环境是否安全。

虽然尽量不要移动孩子，但如果环境具有较高的风险，例如在随时可能倒塌的建筑物旁，还是需要移动的。育儿员需要把孩子移到安全的环境下，然后拨打急救电话，请急救人员迅速过来救援，在这些工作操作完以后，再给孩子进行心肺复苏。

最好把孩子放在一个平整的地面或是床面上，最好是一个比较硬的平面。因为进行心肺复苏时，我们双手会使用很大的力气按在孩子的胸前，以保证有效挤压心脏，帮助心脏供血。如果不躺在硬的平面上，会使力量分散，挤压心脏的力量减少，同时极有可能会损伤孩子的脊柱。

所以育儿员在对孩子进行心肺复苏时必须让孩子躺在硬的平面上,同时要解开孩子的领口和腰带,减轻颈部和腹部的压力;清除口腔内的分泌物,以保证呼吸的通畅。

第二步,判断婴幼儿的意识。

目的就是看看婴幼儿有没有反应,然后决定是否需要心肺复苏。

具体方法:育儿员可以双手轻拍婴幼儿的肩膀,在耳侧呼唤他(她),看是否有反应。如图1-2-2①所示。

第三步,判断婴幼儿的呼吸。

育儿员可以通过视线与婴幼儿身体平视,观察胸部有无起伏或用2～3根手指按压婴幼儿的颈动脉判断有无搏动等来判断婴幼儿的呼吸。手指放到婴幼儿颈动脉后数数:"1001,1002,1003,1004,1005,1006",如果脉搏搏动消失,没有自主呼吸,就要马上进行下一步。如图1-2-2②所示。

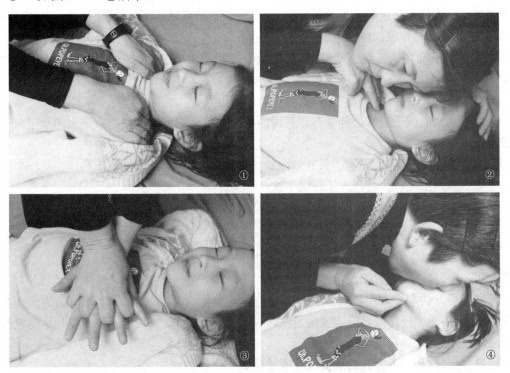

图1-2-2　1岁以上幼儿心肺复苏的方法

第四步:进行胸外按压。

胸外按压是心肺复苏的重要一环,其目的就是通过胸外按压以及人工呼吸,来维持人体有效的血液循环,保障血液供应及氧气供应。那么怎么进行胸外按压呢?

首先,找按压部位。儿童按压的部位是在两侧乳头连线的中点下方。我们要把一只手的掌根,放在胸骨的下半部分,也就是两侧乳头连线的下方,然后手指翘起来;另一只手重叠放在第一只手上,用掌根用力,注意我们的肘关节、掌根,还有我们的肩部要保持一条直线,与地面垂直;用上半身的力量去按压,按压的过程当中肘关节不要打弯,以

100～120 次每分钟的频率进行按压,每次按压的深度为 4～5 cm。如图 1-2-2 ③所示。

第五步:人工呼吸。

人工呼吸作用主要是帮助呼吸骤停者获得足够的氧气,以维持生命。但是,在人工呼吸前还有一个环节不可少,就是开放气道。因为气道开通了,人工呼吸才有效果。

打开气道的方法是:一只手下压孩子的额头,另一只手抬高下颌,注意不要使头过度后仰。气道开放后,开始人工呼吸。

人工呼吸的要领是:一手置于孩子额部并向下压,同时捏住孩子的鼻子,另一只手放在孩子下颌处并向上抬,用嘴包住孩子的嘴,快速将气体吹入。吹气的量只需按照平时呼吸的量即可,每次吹气持续大约 1 秒,吹气时看到患者胸部有微微起伏即可。如图 1-2-2④所示。

以上操作如果是两个人进行的,胸外按压和人工呼吸的比例可以按照 30:2 的比例进行;如果是一个人进行的,胸外按压和人工呼吸的比例可以按照 15:2 比例进行。按照比例完成一次胸外按压和人工呼吸为一个循环,五个循环以后,要重新评估孩子脉搏的情况,面色的情况和呼吸的情况。

如果孩子没有恢复自主呼吸,应尽量减少胸外按压的中断时间,中断时间不能超过 10 秒。

对于溺水的孩子进行心肺复苏跟普通的心肺复苏是有一点区别的。溺水的孩子分三步进行抢救:

第一步,清理口腔的异物。只有清除口腔异物,才能保障孩子气道畅通。

第二步,打开气道,进行人工呼吸 5 次。

第三步,进行胸外按压。以 30:2 的比例进行按压和通气。

2. 1 岁以下的婴儿

针对 1 岁以下婴儿的心肺复苏,步骤如下:

第一步,检查婴儿有无反应。

呼叫婴儿的名字,并且轻拍足底,尝试着去唤醒他,如图 1-2-3 ①所示。因为足底神经特别敏感,通过轻拍或轻弹宝宝的足底,可以刺激婴儿的皮肤反应。如果婴儿这时没有反应,要马上拨打急救电话。

第二步:检看一下婴儿的脉搏和呼吸情况。

解开婴儿的衣物,保持婴儿的气道畅通;然后触摸一下婴儿的肱动脉有没有搏动,检查婴儿的胸廓有没有起伏;再听一听他的呼吸情况,如图 1-2-3 ②所示。心里默数 5 秒钟——1001,1002,1003,1004,1005;如果没有呼吸,就进行下一步。

第三步:心肺复苏。

心肺复苏主要分两步:一是胸外按压,二是人工呼吸。心肺复苏的目的就是维持人体有效的血液循环,来保障血液供应及氧气供应。

首先从胸外按压开始,按压的位置在两乳头连线胸部中间的位置。按压时使用食指与中指合并(注意这与幼儿的按压是有区别的),以每分钟 100～120 次的频率进行按压,按压深度约为 4 cm,如图 1-2-3 ③所示。

第二,要打开婴儿的气道给予呼吸。打开气道的方法:一只手下压婴儿的额头,另一只手抬高下颌,注意不要使头过度后仰;然后给予婴儿两次呼吸,注意只要以平静的呼吸,使婴儿的胸廓抬起来即可,要用嘴包住婴儿的口鼻进行呼吸。如图 1-2-3 ④所示。

接着继续胸外按压。胸外按压和人工呼吸按照 30:2 的比例进行,就是 30 次按压,两次呼吸,不停地做,直到救护车到来。

注意事项:

育儿员要每隔 2 分钟检查一下孩子的呼吸和脉搏,如果有反应,立刻停止胸部按压。在急救医生到来或孩子恢复自主呼吸之前,不要停止心肺复苏。

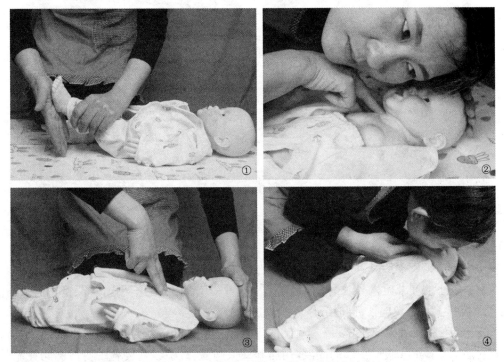

图 1-2-3　1 岁以下婴儿心肺复苏的方法

(三)海姆立克急救法

海姆立克急救法是 20 世纪 70 年代美国一位名叫海姆立克的急诊医生发明的。1974 年他首先应用该法成功抢救了一名因食物堵塞呼吸道发生窒息的患者,从此该法在全世界被广泛应用,拯救了无数患者,因此被人们称为“生命的拥抱”。

在我们的日常生活中,孩子有可能遇到因食物、异物呛咳引起窒息的情况,这时候就要用到我们的海姆立克急救法。

1.1 岁以上能自行站立的幼儿

1 岁以上幼儿如果呛入异物,抢救方法分以下步骤:

第一步,立刻把孩子抱起,让孩子坐在我们的膝盖上,左手握拳,注意用四个手指压住大拇指,右手搭在左手上方,放在孩子肚脐跟剑突中间,如图 1-2-4 所示。

第二步,快速向内向上用力压迫幼儿腹部,并反复进行这个动作,直到幼儿情况有所好转,或者专业急救人员到达现场。

特别提示:在拨打120急救电话的同时,要第一时间使用海姆立克急救法进行现场急救,不管异物是否取出,都要及时到医院就诊。

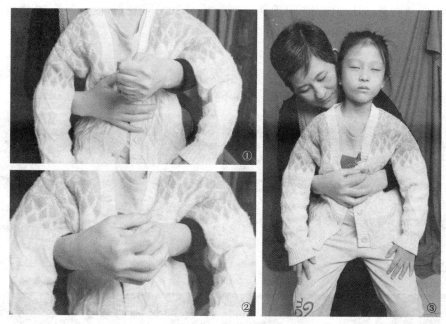

图1-2-4　海姆立克急救法示意图

2. 1岁以下尚不能自行站立的婴儿

1岁以下的婴儿呛入异物时,面色可能呈现青紫色,无法发出哭声,如果旁边有人,让他马上拨打120急救电话,同时分以下步骤进行抢救:

第一步:施救者采取坐位,用一只手的虎口固定孩子的下颌及颧骨,采取面朝下头低脚高体位,头部高度低于胸部的高度,用胳膊或大腿支撑起头颈,使他的身体骑跨在施救者的手臂上,并与身体呈一条直线,施救者的手臂靠在膝盖上;另一只手抬起30~40 cm高度,用掌根的力量,拍打婴儿肩胛骨连线的中点,一秒一下,连续拍五下;然后观察异物有没有被吐出。如果此时孩子面色红润,能够正常发声,说明抢救成功。如图1-2-5所示。

第二步:如果异物没有被吐出,施救者一手固定住婴儿颈部,将婴儿反转为面朝上头低脚高位,使他的身体在施救者的手臂上面,固定好婴儿头颈位置。施救者手臂继续放在膝盖上,另一只手伸出食指和中指,着力于婴儿两乳头连线的中点,用力向上向内挤压婴儿上腹部,该动作连续五次。如图1-2-6所示。

第二步操作结束后重复第一步操作,直到异物排出。如果孩子没有反应,应停止拍背,开始做心肺复苏(心肺复苏方法见图1-2-3)。

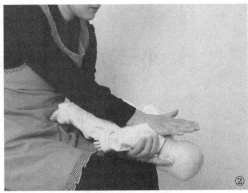

图 1-2-5

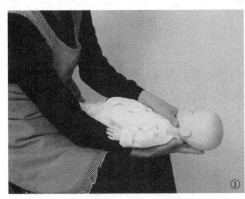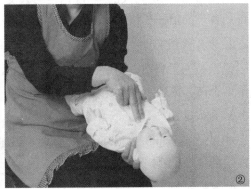

图 1-2-6

3. 注意事项

（1）实施以上急救措施时，一定要注意保护孩子的头颈部位，如果育儿员觉得一人无法完成，可以请其他家人协助。

（2）要保证孩子头低脚高的姿势，并保证气道通畅，方便异物冲出。

（3）孩子被异物卡住喉咙后，一定避免用手抠，以免越抠越往里走。

（4）窒息发生后越快抢救越好，黄金抢救时间只有 3 分钟！

小视频:婴幼儿心肺复苏方法

　　婴幼儿心肺复苏方法是育儿员必须掌握的基本技能之一。

　　想看视频就用手机扫描右边的二维码吧！

小视频:生命的拥抱——海姆立克急救法

　　在日常生活中，孩子遇到食物、异物呛咳引起窒息的情况时有发生——海姆立克急救法,是育儿员必须掌握的基本技能之一。

　　想看视频就用手机扫描右边的二维码吧！

第三节　育儿员与客户的人际交往

与客户保持良好的沟通非常重要,这样才能更加了解客户的需求,让客户知道婴幼儿每天的情况。唯有如此,育儿员才能赢得客户的尊重,进而营造一个良好的育儿工作环境。

一、沟通原则

1. 诚实守信

诚实守信,既是为人的本分,也是与人交流的宗旨。只有待人以诚,言行一致,才能真正得到客户的信任和认可。

2. 为人低调

说话是为了和别人沟通交流,不要在他人的话里寻找漏洞,也不要为了某些细节与别人争论不休。谦虚,审慎,宽以待人,规规矩矩做事,老老实实做人。

3. 真诚道歉

如果做错了事情或损坏了东西,要真诚地向客户道歉;不要擅自将损坏的东西扔掉、私自隐瞒替换、推诿责任。

4. 及时汇报

无论大事小情,育儿员都要积极沟通,主动汇报:

(1)客户临时安排的工作,无论做的结果如何,都应当尽快汇报。

(2)日常工作中,如果发生了意外情况,造成异常后果,比如损坏了客户家的物品,婴幼儿吞咽了异物等,都应及时告知,共商解决办法。

(3)做好每日工作记录。根据婴幼儿生长发育特点,记录好孩子当日重要指标和智力、行为表现等。既给孩子留好记录,也是给客户的交代。

5. 坦诚交流

不能对客户隐瞒个人身份的重要信息,如婚姻、健康等。若产生矛盾和误会,要坦诚交流,尽快解决矛盾,消除误会。

二、沟通方法

1. 与不同类型的人沟通

(1)与异性成年人相处。

◎ 保持一定距离,日常交流落落大方,即使与对方很熟悉,也不要嬉笑打闹,更不要改变对对方的称呼。

◎ 不要超越常情去回报对方对你的关心照顾,可以把这一回报转至家庭其他成员,如用心照顾好孩子,关心其配偶或老人。

◎ 尽量避免与异性成年人单独同处一室。如非必需,不要与其单独外出,更不要与其一起去影剧院或娱乐场所。

◎ 衣着不要暴露,更不能身着内衣在客户家行走。尤其是 24 小时住家育儿员一定要注意以上内容。若对方向你表现出亲密行为,应明确拒绝。

◎ 需要请对方帮忙时,说话要客气,要带上"好吗、谢谢"之类的语言,但要记住"过犹不及"的道理。

(2)与同性成年人相处。

◎ 客户夫妻吵架时,即使异性一方有理,也不能流露出支持他(她)的倾向。

◎ 工作中要多遵从同性成年人的意见。在分配你的工作时,若遇其与配偶有矛盾时,你应该按照同性成年人的要求和标准去做。

◎ 不要轻易否定其着装、化妆、发型设计、持家技能等。对其兴趣爱好等应多表示支持和赞赏;不要说其配偶比她好。

◎ 妈妈通常是育儿员最主要的沟通对象,而且一般文化水平都较高,甚至对一些专业性很强的知识都非常精通。因此,沟通时一定要用专业、科学的术语,有理有据。

◎ 当育儿理念有分歧时,一定要积极沟通交流,以理服人,先鼓励、肯定对方,再择机说出自己的想法。

(3)与老人沟通。

与老人的沟通要以顺为和。既要理解、尊重老人,顺从老人;又要以专业知识和技术说服老人。只有这样,才能消除老人的疑虑,博得老人的信任,让自己的专业特长得以发挥。

此外,老人往往过多地关心生活琐事,难免对育儿员的工作指手画脚,育儿员要学会适应,无论如何不能当面顶撞。当与老人发生矛盾或误会时,可通过其子女亲友来协助解决。

(4)与客户亲友的相处。

要视客户态度适度对待其亲友。当其需要帮助时,在获得客户同意的情况下,应认真对待。不能向其谈论客户的工作、生活和隐私;未经客户同意,不能私自接待其亲友,尤其客户不在家时。

(5)与客户邻居的相处。

◎ 要彬彬有礼,不要卷入客户与邻居的矛盾。

◎ 因私事要找邻居,应先告知客户。

◎ 不要擅自将客户的物品出借给邻居。

◎ 邻居对客户说三道四时,千万不要介入议论。

◎ 不要向邻居论及客户的家事,也不要向其谈及自己在客户家的情况。

2. 与不同性格的人沟通

(1)与爱唠叨、较挑剔的人相处。

应具有高度的忍耐性。当对方唠叨时,不要生硬打断,也不要流露出不耐烦的表情,更不能转身就走;可以巧妙转移话题,或借口去陪小孩子等中断谈话内容。

对于爱挑剔的客户,要尽量把事情做到无可挑剔的程度。对方爱挑剔的事,做前耐心请求指导,做完认真向其汇报。即使对方唠叨、挑剔过分时,也不要急于发作,可以说"很抱歉,对不起"之类的客气话,等待其心情平静时,再给予必要的解释。

（2）与脾气暴躁的人相处。

◎ 应具有较高的耐心、宽容心。

◎ 若是因为个人原因导致的错误引起对方发脾气,就主动地承认错误,不要计较对方态度。

◎ 对方无故发脾气时,不妨采取惹不起躲得起的办法来解决。当对方意识到自己态度过火时,应该适时表示理解。

（3）与爱猜疑的人相处。

做事光明磊落,一丝不苟,一切事情都放在台面上沟通交流,尽可能回避容易引起猜疑的场面和事情。

三、沟通细节

1. 认真倾听,耐心解答

育儿员和客户产生分歧时,不急躁,不争辩。

首先要倾听客户的意见,比如说抱孩子这件事:了解她为什么会认为这样抱是正确的,在这个过程中看她哪些方面是错误的,用自己的专业知识进行解答。

2. 敢拿主意,勇于承担

有时候客户更相信自己或身边朋友给出的意见。遇到此种情况时,客户最需要的是育儿员的高度负责,而不是犹豫不决,瞻前顾后。

对于有把握的事情或分歧,育儿员要敢于对自己提出的建议负责,承担自己提出意见的后果,让客户相信你的意见是正确的,并顺从自己的意愿去执行。

当然,对拿不准的事千万不要逞强,以防产生不良后果。

3. 巧妙举例,妥善解决

千万不要一口否决客户的意见,更不要争执,互不相让。应该先肯定客户,让其首先感觉到你的肯定,消除双方的对立局面;然后再根据自己过往的经验来解释一下,类似问题是通过什么方式妥善解决的,以事实说服客户。

4. 权威证明,认可自己

对非常固执的客户,在尝试了以上方法后,对方仍坚持己见时,育儿员可以建议客户主动联系育儿方面的医生、专家给予正确解答,抱着对宝宝负责的态度把事情搞清楚。

毕竟医生的建议是权威的,客户一定会认可他们的意见。育儿员的敬业精神和精湛技能,客户能感受得到,以后再出现类似分歧时,会听从育儿员的意见,让工作更顺利。

四、沟通禁忌

育儿员入户服务时间长,和客户熟悉后,难免会聊些家长里短的事情,既能增进与客户的感情,又对育儿员的工作有一定帮助。但也不是什么都能说,育儿员要管住嘴,以免给客户留下不好的印象。

1. 忌搬弄是非，背后说人坏话

有些育儿员为了和客户套近乎，在他们面前说家政公司的坏话，比如，抱怨公司的人事竞争，吐槽公司的管理制度等，育儿员可能认为客户会和自己一起"同仇敌忾"，却忘记了当你在客户面前吐槽所属公司时，也把自己包含其中，给客户留下不好的印象。客户需要的是踏踏实实干活做事的人，而不是搬弄是非的"长舌妇"。

2. 忌常谈及之前客户对自己的小恩小惠

到新客户家里，为了给他们留下好印象，一些育儿员喜欢提及之前的客户对自己的好。

育儿员这样说，无非是想证明自己工作做得好，上一个客户喜欢和看重自己。

然而，说者无心，听者有意。新客户对你了解不多，也不知道你做得到底好不好，一味自夸往往适得其反；尤其是提到钱、礼物等，会让客户感觉你只是贪图财物、虚浮自夸。

育儿员需谨记，有实力的人无须自吹自擂，用行动证明自己就足够了。

3. 忌负能量爆棚，经常抱怨生活

育儿员的工作主要面向孩子，所以更需要保持积极向上的态度，乐观开朗的性格。因此，和客户闲聊是可以的，但入户服务过程中，请不要将负面情绪带到客户家里。

4. 忌卷入客户的家庭是非

这一点育儿员要特别注意。很多宝妈与婆婆关系紧张，两人在育儿、生活习惯上存在很多分歧。如果育儿员经常向宝妈抱怨："婴儿的奶奶不注意个人卫生，不洗手就抱孩子，经常亲婴儿的嘴。"就可能会放大客户的家庭矛盾。

清官难断家务事。入户的时候最忌讳背后评价客户的家人，掺和客户家事。对于客户及其家庭成员之间的矛盾冲突，不参与，不评判，不调解，保持中立态度，做好本职工作才是最重要的。

5. 忌倚老卖老，个人定位不清

入户时，有的育儿员年龄较大，要清楚个人的角色定位，不要倚老卖老，把年龄大当作资本。

日常工作中，如需客户帮忙，可以有礼貌地提出，而不是下命令。作为服务人员，不论年龄多大，专业技能多强，说话、办事都要尊重对方。

6. 忌向客户提出个人要求

忌主动要求客户给自己购买东西（日用品等）和食物（零食等）。客户已经支付了工资，没有义务为育儿员购买其他东西；如果是客户主动提出上述要求，育儿员可以接受一些不太贵重的礼物，并真诚地表示感谢。

7. 忌发生工作以外的"非正常关系"

育儿员可以与客户建立除工作以外的私人友谊，但不能是性骚扰、性关系；不能帮助客户从事吸毒、赌博等违法犯罪活动；不能偷盗客户的财物等。

第二章

3 月龄婴儿教养指南

第一节　发展指标与养育要点

度过了手忙脚乱的新生儿时期,经过了前两个月的适应和历练,相信父母照顾婴儿时已不再无所适从。

随着掌握的技能越来越多,婴儿与父母的互动形式也日渐丰富多样。那么,进入第3个月的婴儿,有哪些让人惊喜的表现呢?育儿员又该如何根据孩子发展特点,来照顾好婴儿呢?

一、婴儿生长特点

本月,婴儿的生长发育很快,能明显看出长大长胖了许多。

身体看起来有点圆胖,腿已经伸展开,皮肤也变得更细腻、更光泽、更有弹性。初生时一直握成拳头的小手到这时候也已经张开了,但不能长时间握住东西。

二、身体发育变化

体重、身长(身高)和头围,是衡量婴儿生长情况的重要参考指标,世界卫生组织(WHO)推荐的方式是,监测婴儿的生长曲线。

从出生起,每月定期测量婴儿的身长、体重和头围,并在生长曲线图上按月龄找到相应的数值描点,随后将点连成曲线,观察曲线的趋势,就能知道婴儿的生长发育是否正常。

1. 基本规律

(1)体重。

体重是能灵敏反映婴儿生长情况的指标,受喂养、身体健康状况等因素的影响比较大。正常足月儿的平均出生体重是 3.3 千克;出生后第一个月,体重会增长 1～1.7 千克;出生后三四个月,体重会达到出生体重的 2 倍左右。

通常来说,婴儿出生后前 3 个月,体重增长总和与后 9 个月增长总和基本相当;1 岁之后,体重增长速度会逐渐放缓。

婴儿体重增长存在着显著的个体差异,而且增长速度不能以绝对增长克数来衡量,而要借助生长曲线判断,体重增长过快或过慢都要引起重视。

(2)身长(身高)。

身长是反映骨骼发育的重要参考指标。婴儿平躺测得的数值叫作身长;而站立测得的数值称为身高。一般婴儿 2 岁前躺着测量身长,2 岁以后站着测量身高。

身长(身高)的增长遵循一定的规律:一般情况下,婴儿出生时平均身长约为 50 厘米;出生后第一年身长增速最快,大约会增长 25 厘米。增长速度先快后慢,前 3 个月共增长 11～13 厘米,约等于后 9 个月增长的总和。

(3)头围。

婴儿出生时头围 33～34 cm 左右;婴儿出生的前 3 个月增长 6 cm 左右;后 9 个月也是增长 6 cm 左右。一般婴儿头围测量在 2 岁以内有价值,而且连续追踪测量比单次测量更重要。所以,2 岁内一定要定期体检,同时观察婴儿囟门的大小。

头围的大小和增长速度,都是间接反映婴儿大脑发育是否正常的参考指标。头围过大或突然增长过快,有可能是脑积水或脑肿瘤所致;而头围过小或增长过于缓慢,则可能存在脑发育不良或囟门闭合过早等问题,需及时带婴儿到医院检查。

2.测量方法

(1)体重。

量具用杠杆秤,量具矫正到零,新生儿磅秤读数精确至 10 克,婴幼儿磅秤读数精确到 50 克。

◎ 测量时,将室温调至 24～26 ℃,尽量脱去衣帽鞋袜,只剩贴身内衣。对于不到 1 岁的婴儿取卧位;1～2 岁幼儿取坐位;3 岁幼儿视情况取立位。

◎ 不要扶着婴儿,也不要让婴儿身体扭动或接触其他物体,以免影响测量的准确性,需要注意保暖及安全。

◎ 每次都要选在基本相同的时间测量,保证婴儿的状态基本一致,因为婴儿在吃奶前后、排便前后,体重都有所差异。

(2)身长(身高)。

为婴儿测量身长,要在他安静放松的状态下进行。测量时,让婴儿躺在床上,伸展身体,用两本较厚的书,分别抵在头顶和脚底;然后用尺子测量两本书之间的距离,就可以得到身长。

(3)头围。

测量婴儿头围时,可以采用"四点定位法",四点分别是,两条眉毛各自的中间点,两耳尖对应在头上的点(图 2-1-1)。确定之后,用一根软尺经过这四点,绕头部一周,得到的就是婴儿头围的数值。

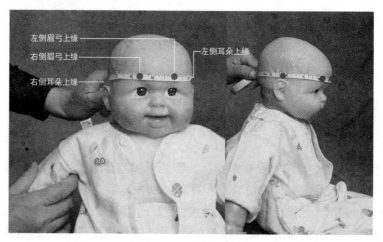

图 2-1-1　头围测量法

3. 特别提醒

出生时,身长、体重、头围等数值都是不同的,育儿员或家长不要将数值作为判断婴儿健康与否的唯一标准。每个婴儿都有各自的起点,评估生长情况时,应以其生长曲线为依据,不要和其他婴儿做比较,也不要过分纠结参考平均值。任何时候都有约一半婴儿的发育指标高于第 50 百分位,另一半婴儿则低于这条线,因此不要把生长曲线图上的第 50 百分位参考线当作可以接受的最低限度。

有关婴儿身长(身高)、体重,详见国家卫健委《7 岁以下儿童生长标准》(2022 年 9 月 19 日发布,2023 年 3 月 1 日起实施)。

4. 3 月龄婴儿的身长、体重、头围

体重:男孩 4.9～9.3 千克,女孩 4.5～8.6 千克。

身长:男孩 55.5～68.9 厘米,女孩 54.3～67.2 厘米。

头围:男孩 37.1～44.1 厘米,女孩 36.2～42.9 厘米。

注:以上数据参考国家卫健委《7 岁以下儿童生长标准》(2022 年 9 月 19 日发布,2023 年 3 月 1 日起实施)。

三、能力发展特点

(一)认知能力

1. 视觉能力:对颜色感兴趣

本月龄婴儿开始对颜色感兴趣,比较喜欢注视色彩丰富的图画,并表现出惊喜。对红色最敏感,看到后很快就会做出反应,对其他颜色的反应要慢一些。

2. 听觉能力:初步区别音高

听觉发展较快,能在听到声音后把头转向发出声音的方向,还能初步区别声音的音高;尤其是听到爸爸妈妈或熟悉的声音,会停止活动,似乎在用耳朵静静地寻找声音的来源。

3. 嗅觉能力：回避刺激性气味

婴儿的嗅觉很灵敏，闻到特殊或刺激性气味时会受到惊吓，并本能地回避。

4. 味觉能力：喜欢甜味

3 个月的婴儿味觉很发达，对酸、甜、苦、辣、咸的感觉都很灵敏，尤其喜欢甜味。

如果育儿员用奶瓶给婴儿喂了糖水，再用奶瓶喂白开水婴儿就不喝；如果育儿员用奶瓶给婴儿喂药，再用它给婴儿喂水时婴儿也不会喝，因为他已经记住里面东西的味道了。

（二）运动能力：身体力量变强

抬头：头可自行抬离床面，面部与床面成 45°，持续 5 秒或以上。

翻身：婴儿可以靠上身和上肢的力量把头和上身翻起来，臀部以下却还保持仰卧姿势。如果育儿员在婴儿的臀部稍稍推一下，或帮婴儿移动一下大腿，婴儿就能把全身翻过去。

手眼协调能力：喜欢看自己的小手；处于仰卧位醒着的状态时，四肢会不停舞动，把手放在胸前，能将双手搭在一起，保持三四秒；用眼看着自己的小拳头，大拇指放在拳头外面，还知道伸手去够自己感兴趣的东西。

（三）语言能力：咿咿呀呀地"说话"

当育儿员或父母用和蔼、亲切的声音和婴儿说话时，婴儿会对育儿员或父母露出甜蜜的微笑；有时还会一本正经、咿咿呀呀地和育儿员或父母"对话"。如果婴儿心情不好，或听到父母吵架，会大声啼哭，以此来表达自己的不满。

四、心理情感特点

看到爸爸妈妈或自己熟悉的人时，会表现出喜悦，四肢舞动，表情丰富；可以从很多人中认出母亲，开始用小手够母亲的衣服，以此表达对母亲的依恋之情。

这个月的婴儿，哭和笑是自己表达情绪情感的主要手段。

五、喂养要点

1. 母乳喂养

按需哺乳。每天 8～10 次，间隔 3 小时左右 1 次，每次喂 20～30 分钟。后半夜不需要唤醒婴儿喂奶。

2. 混合喂养

（1）每次都要先喂母乳。

（2）如果距上次喂奶时间在 1.5 小时以下，直接喂配方奶。

（3）如果距上次喂奶时间 1.5 小时以上，喂母乳。

（4）母乳与配方奶的间隔要尽量缩短，可短至 1.5 小时。

（5）配方奶与母乳间隔要尽量延长，可长至 3 小时。

（6）有的母乳量逐渐增加，可从混合喂养转成纯母乳喂养。

3. 配方奶喂养

按时哺乳。24小时内喂奶6～8次,间隔3～4小时一次,每次80～120毫升,每天600～800毫升。

后半夜婴儿没有醒来要奶吃,不必唤醒婴儿喂奶。

4. 补充水和营养素

配方奶喂养、混合喂养的婴儿须补充水,补充水的量按比例增加,每100毫升配方奶,额外补水25毫升。

如果配方奶喂养的婴儿,奶量每天不足500毫升,每减少100毫升,额外补充钙元素70毫克。

夏季,维生素A和D每周6粒。每天户外活动2小时。

春秋,维生素A和D每周7粒。每天户外活动1小时。

冬季,维生素A和D北方每周9粒,南方每周7粒。户外活动适当缩短。

从这个月开始,不再需要额外补充维生素 K_1。

5. 注意事项

要适当控制奶量。如果奶量连续几天都超过1200毫升,育儿员可通过喂奶前喂水的方式,减少奶量;特别是配方奶喂养的婴儿,如果奶量增加比较多,下个月可能会出现厌奶现象。

发现婴儿体重不增或下降,应及时看医生。

六、早教要点

(1)丰富感觉学习内容,多看,多听,多触摸。

(2)增加手部精细运动能力训练。

(3)教婴儿学会翻身。

(4)给婴儿讲故事、唱歌,对婴儿说话。

(5)协助够取、拍打、触摸眼前的玩具。

第二节　育儿员工作篇

一、准备工作

1. 育儿员个人准备

在婴儿早晨未醒之前,住家育儿员先行整理好自己的卫生,为一天的工作做好安排及准备;非住家育儿员和妈妈做好晨检和交接。不管是住家还是不住家,育儿员都要穿戴整齐、干净,不穿有繁杂装饰的衣物、不佩戴首饰、不留长指甲,以免划伤婴儿。

2. 婴儿用品准备

在婴儿醒来之前,可以先检查一遍婴儿的用品,比如是否有前一天没来得及清洗的婴儿衣服、围嘴、口水巾等,如有时间可清洗干净;如果洗好且已晾干的,也分类归纳好,以备当天使用。

婴儿需要用到的纸尿裤、换洗衣物、奶瓶、餐具、玩具等,放在触手可及的地方,方便随时取用。

二、健康护理

(一)二便管理

给婴儿使用的尿布通常有两种:

一种是纸尿裤,方便、安全、卫生、吸水性强,使用时间长,随用随扔,不用手洗。缺点是透气性不佳,如果不及时更换,容易引发尿布疹。尤其是夏季。

另一种是传统的棉质尿布,优点是透气性好,耐用、经济、环保;缺点是容易尿湿,更换次数多,要水洗消毒,使用起来相对麻烦。如果条件允许,白天在家时最好用棉质尿布;夜间或外出时使用纸尿裤,这样更利于婴儿成长,也减少了工作量。

1. 更换尿布或纸尿裤的时间

(1)每次给婴儿喂奶之前,或者两次喂奶中间。

(2)每次拉了便便之后。

(3)婴儿入睡前和睡醒后。

(4)带婴儿外出前。

2. 如何给婴儿更换尿布

(1)物品准备。

尿布、温水、纱布、小毛巾、盥洗盆、中性肥皂等。

给婴儿换尿布前,先要在婴儿身下铺一块大的隔尿垫或布垫,防止在换尿布期间婴儿突然撒尿或大便,把床单弄脏。

(2)更换步骤。

第一步:铺好尿布兜,把尿布竖着对折一半后再对直折一半,接着把长条尿布摆放进尿布兜腰间口袋,放在一边(图2-2-1)。

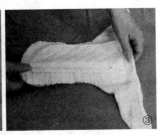

图2-2-1

第二步：让婴儿仰卧，解开婴儿尿布（如果是男孩，解开尿布时，应该用干净纱布在婴儿阴茎处停留 3 秒，防止尿液偷袭），左手轻轻托起婴儿的屁股，稍微抬起身体，使臀部离开尿布（图 2-2-2）。

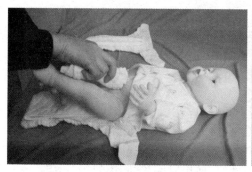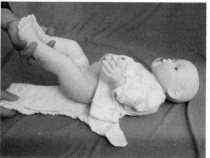

图 2-2-2

第三步：如果没有大便，育儿员即可用右手把脏尿布撤下。如果有大便，要先用湿巾清理干净屁股上的粪便，再用温水擦洗干净婴儿屁股（图 2-2-3）。

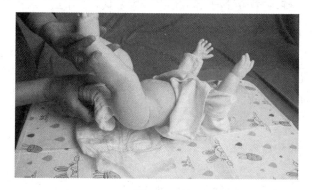

图 2-2-3

第四步：轻轻抬起婴儿屁股，撤下脏尿布，放上装好尿布的尿布兜，把长方形尿布骑放在婴儿裆内，将长出部分放在男婴前面，从腹部折下（图 2-2-4），女婴则放在后边从腰部折下垫在臀部。

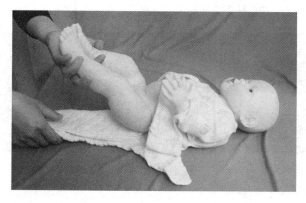

如图 2-2-4

第五步：把尿布兜左右两侧的腹部粘扣扣住(图2-2-5)，确认尿布全在尿布兜里，注意不要太紧，以两个手指能放进去、尿布不掉下为宜。

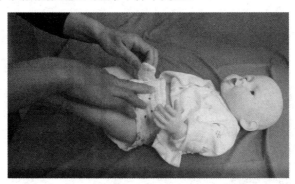

图2-2-5

（3）尿布清洗。

传统的尿布经济、环保，清洗时要讲究一定的技巧：

◎ 如果只有尿液，可先用清水(最好是热水)浸泡片刻后，清洗2~3遍，再用开水浸烫一遍。

◎ 如果尿布上有粪便，则先用硬刷刷干净；然后放进清水中刷洗一次，打上弱碱性肥皂放置20~30分钟，再用开水冲烫；待水冷却后搓洗干净，以尿布上无大便的黄色痕迹为准，最后用清水漂洗多次，拧干晾晒。

◎ 晾尿布时，最好能在日光下暴晒，以达到除菌目的；天气不好时可在室内晾干或用暖气、熨斗烫干，既消毒，又去湿。

◎ 洗干净的尿布要叠放整齐，按种类存放在固定地方，以方便随时取用，同时注意防尘防潮。

（4）使用尿布的注意事项。

◎ 不应在尿布外再垫塑料布或橡皮布。因为塑料布或橡皮布不透气、不吸水，尿液渗不出去，会使婴儿臀部小环境潮湿，温度升高，容易发生尿布疹和霉菌感染。

◎ 到了夏季，气候炎热，空气湿度大，给婴儿换尿布时不要直接用刚刚暴晒的尿布，需要等尿布凉透后再用。从防止发生尿布疹的目的出发，在夏季应该增加婴儿光屁股的时间。

◎ 气候寒冷的冬季，在给婴儿换尿布时，要用热水袋先将尿布烘暖，这样婴儿在换尿布时就不会有不舒服的感觉。

3. 如何给婴儿更换纸尿裤

首先判断一下，纸尿裤是否需要更换。现在大部分纸尿裤上都有尿湿指数条，尿湿后，尿湿指数条会变色，育儿员可据此判断。

（1）物品准备。

干净的纸尿裤、纸巾；如果婴儿排大便了，还需要温水和纱布巾。在更换纸尿裤之前，记得查看纸尿裤上是否有大便，如果只是小便，可按以下步骤更换。

（2）更换步骤。

第一步：把婴儿放到隔尿垫上，将新的纸尿裤铺开，展开里面的褶边（图 2-2-6），防止外漏。

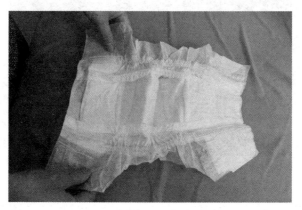

图 2-2-6

第二步：解开婴儿穿着的纸尿裤，把两边粘带都撕开（图 2-2-7），但不要立即拿开，以防婴儿突袭的尿便。

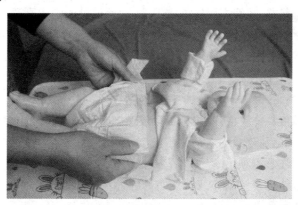

图 2-2-7

第三步：用温水清洗婴儿屁股并用纸巾擦干，晾干小屁股。

第四步：撤掉脏纸尿裤，让婴儿仰卧，一手提起婴儿双足（一手指插入婴儿双踝之间），抬高其臀部（不宜抬得过高，不要超过 45°），把打开的纸尿裤有腰贴的一边平铺在婴儿臀下（图 2-2-8），纸尿裤的上缘要与婴儿的腰际等高。没有腰贴的一头拉到婴儿腹部，调整纸尿裤的位置（图 2-2-9）。

第五步：放下婴儿双腿，将纸尿裤前片向上拉起，平铺于婴儿腹部，注意不要高于肚脐，后腰部要略高于前腹。

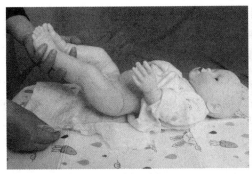

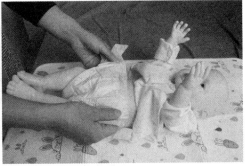

图 2-2-8 图 2-2-9

第六步：打开纸尿裤两侧的腰贴，一只手轻轻按住纸尿裤，另一只手拉起一侧腰贴，贴合婴儿腰身，粘贴在纸尿裤前面（图 2-2-10）。

再以同样的方式粘好另一侧腰贴，使纸尿裤完全包裹住婴儿的屁股。注意松紧适度，以双手食指可深入两边的裤脚内为宜，拉出纸尿裤的荷叶边，用手指顺着大腿根部从前向后捋一圈，让纸尿裤和婴儿的屁股贴合（图 2-2-11）。

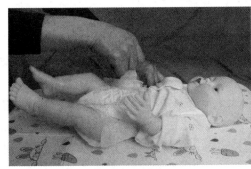

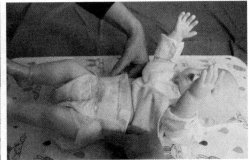

图 2-2-10 图 2-2-11

如果纸尿裤里有大便，不要急着取走脏纸尿裤，而是要将腰贴打开后向内折叠，避免粘住婴儿的皮肤；然后提起婴儿双腿，抬高屁股，将脏纸尿裤对折；之后用湿纸巾将大便清理干净，再按上面的步骤清洗婴儿屁股并更换干净的纸尿裤。

（3）注意事项。

◎ 更换前后，育儿员都要洗干净双手。

◎ 给女孩擦沾在屁股上的大便时，要注意从前往后擦。因为大便中的大肠菌容易进入阴部引起膀胱炎；给男孩擦时要看看阴囊上是否沾有大便。

◎ 无论是纸尿裤，还是传统尿布，都要检查调整腰部是否合身，松紧以两个手指能放进去为宜。

◎ 在抬高婴儿屁股时，一定要控制动作幅度，切勿将整个背部一并抬起，否则可能会使婴儿的脊椎受损。

◎ 在婴儿熟睡期间，不必刻意唤醒婴儿更换纸尿裤，除非纸尿裤已经饱和或婴儿排大便了。

◎ 清洗完小屁股换新纸尿裤前,可以让婴儿的小屁股享受一会儿没有束缚的自由时光。

◎ 换纸尿裤要及时。婴儿的尿中常溶解着一些身体的代谢物,如尿酸,尿素。尿液一般呈弱酸性,会形成刺激性很强的化合物。吃母乳的婴儿大便呈弱酸性;喝牛奶的婴儿大便呈弱碱性。吃母乳的婴儿大便会稍微稀一点,喝牛奶的婴儿大便会稍干一些。无论是干便、稀便,或者是酸性、碱性物质,对婴儿的皮肤都会有刺激性。如果不及时更换纸尿裤,娇嫩的皮肤就会充血,或者皮肤发红,甚至出现尿布疹,严重时还可能引起腐烂、溃疡、脱皮。

◎ 纸尿裤接头要粘牢。为婴儿更换纸尿裤时,一定要使接头粘住纸尿裤。如果使用了婴儿护理产品,如油、粉或沐浴露等,则更要特别注意。这些东西可能会触及接头,使其附着力降低。

◎ 在固定纸尿裤时,要保证手指的干燥和清洁。

4.便后清洁

孩子大小便后最好给婴儿清洗小屁股,因为尿液中的氨和大便中的污秽物很容易污染婴儿的外生殖器及娇嫩的皮肤而引发尿布疹。

(1)男婴便后清洁。

首先,男婴便后更换纸尿裤时,用相对清洁的内面部分自上而下擦去肛门周围残余大小便(图2-2-12),将尿布(或纸尿裤)前后两片折叠于臀下;再用洁净毛巾或专用湿巾将周围余便擦净。

第二,用温水毛巾擦洗男婴肚皮,直到脐部,再由上到下擦拭阴茎及其下面皮肤褶皱—睾丸及其下面皮肤褶皱—腹股沟—肛门—臀部(图2-2-13)。清洗男婴外阴时,要顺着离开男婴身体的方向擦拭,最好不要把包皮往上推,以免伤害到生殖器。当清洗睾丸下面时,用手指轻轻将睾丸往上托住。

第三,洗完后,取下脏污尿布(或纸尿裤),洗净双手,用毛巾擦干男婴臀部,并在肛门周围及臀部涂上护臀膏。如患有红臀,则用棉签在臀部均匀涂抹鞣酸软膏。让男婴光着屁股晾片刻,等待自然晾干后,再为其换上新尿布(或纸尿裤)。

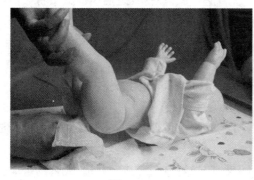 

图2-2-12 图2-2-13

(2)女婴便后清洁。

首先,女婴便后更换纸尿裤时,用尿布(或纸尿裤)清洁内面自上而下,由前往后擦去肛门周围残余大小便,将尿布(或纸尿裤)前后两片折叠于臀下;再用洁净毛巾或专用湿巾将肛门周围擦净。若尿布(或纸尿裤)脏污程度重,可立马撤下并在女婴臀下垫上干净、柔软的毛巾或一次性尿垫,避免弄脏床单、褥子等。

第二,用温水毛巾擦洗女婴小肚子各处,直至脐部;再擦洗大腿根部及皮肤皱褶处,顺序是由上而下,由内向外。

第三,换一盆温水,抬起女婴双腿,用干净温湿毛巾或用冲洗的方法,从上到下、从前往后清洁其外阴部—腹股沟—肛门—臀部;先洗小便部位,再洗大便部位;必要时将大阴唇轻轻分开,用水冲洗其中污垢。清洗动作要轻柔、流畅,避免过度用力弄疼或弄伤婴儿。

第四,洗完后,取下脏污尿布(或纸尿裤),洗净双手,用干毛巾擦干女婴臀部,并在其外阴四周、肛门周围及臀部涂上护臀膏。如有红臀,则用棉签在臀部均匀涂抹鞣酸软膏,一般不建议给女婴使用爽身粉,以免引起感染。

第五,让女婴光着屁股晾片刻,待屁股干透后,为其换上新尿布(或纸尿裤)。

(3)注意事项。

◎ 清洗小屁股的毛巾和小盆一定要专人专用。

◎ 浴液要选择婴儿专用,但不建议天天使用,可以 3～4 天使用一次。

◎ 不要使用以滑石粉和玉米粉为主要成分的爽身粉。

(二)日常护理

1. 婴儿五官的清洁护理

婴儿睡醒后,育儿员需将柔软毛巾或纱布以温水浸湿后,给婴儿擦拭肌肤。动作要轻柔,不可用粗糙的毛巾,更不能用碱性大的肥皂清洁婴儿皮肤。

(1)眼的清洁。

胎儿在娩出过程中,要经过母体的产道。而母体的产道中会存在着一些细菌,新生儿出生的过程中眼睛可能会被细菌污染,引起眼角发炎。所以,婴儿出生后要注意眼睛周围皮肤的清洁。

每次应用专用的洗脸巾洗脸,洗脸时应先擦洗眼睛。用小毛巾擦拭时,注意将毛巾用温开水或生理盐水浸湿并拧至半干。用一角包住食指擦拭;一角用过后换另一角。注意不要反复擦拭,四角都用过后需将毛巾洗净后再用。

另外,也可用无菌棉棒擦拭眼角(图 2-2-14)。

◎ 育儿员洗净双手;

◎ 用无菌棉由眼的内侧(鼻侧)向外擦拭;

◎ 换一支棉棒擦拭另一只眼睛,最后用干净的纱布或纸巾擦干;

◎ 按摩鼻泪管,以食指指腹轻柔地按摩鼻泪管(眼角内侧鼻骨旁),有助于畅通,避免分泌物阻塞;

◎ 如发现婴儿眼屎多或眼睛发红,应及时就医检查,并遵医嘱擦净眼部后滴用眼药水。

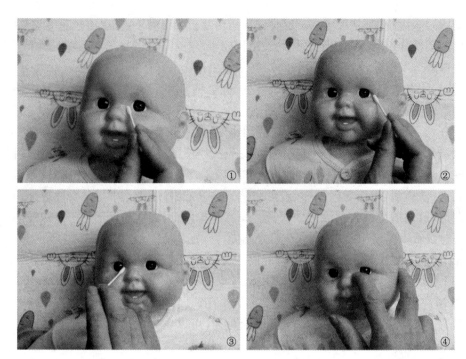

图 2-2-14 眼的清洁

新生儿患有严重的结膜炎时，必须用消毒过的生理盐水滴在眼部，并用棉棒轻轻擦拭。滴眼药最好在婴儿入睡后进行，不要离婴儿眼球太近，以防刺伤眼睛。

（2）耳的清洁。

因为婴儿分泌物较多，加之有时会有母乳或牛奶流过耳朵，因此耳沟也是藏污纳垢之处。婴儿有时会囤积湿润型耳垢，严重时会长湿疹或红肿。所以，要为婴儿做好耳部护理。护理要点是保持外耳道干燥，避免进水。

2～3 个月婴儿由于自净作用的关系，耳垢会自行排出体外，可 3～4 天为其做一次耳部清洁。为避免伤及耳内，耳朵清洁的范围只是眼睛可以见到的耳朵外侧及耳洞口。

◎ 耳郭和耳背。

用浸泡过温水且拧干的小毛巾或纱布缠在食指上轻轻擦拭，细微的部分可使用棉棒来去除脏污。注意棉棒和纱布切勿太湿，避免水流入耳内，引起婴儿不适甚至炎症。如果婴儿耳背有皲裂，可涂一些熟食油。

可在婴儿洗澡或洗头后检查耳朵，必要时用干净的棉棒清洁耳郭周围；棉棒插入婴儿耳朵不超过 1 厘米处，轻轻稍作旋转，吸干耳内水分并清除秽物。

◎ 耳洞口。

将婴儿的脸面向一侧，一手轻轻按住其头部以免其乱动；另一只手持干棉棒清洁耳洞附近。清洁动作要轻柔，不要用棉棒伸得过深，只在耳洞附近清洁即可（图 2-2-15）。

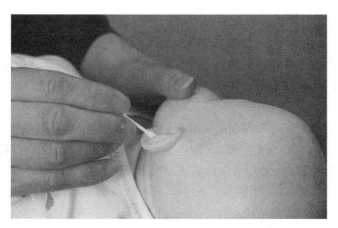

图 2-2-15　耳的清洁

注意事项：有些情况下，耳垢可坚硬如石头，需请医生加以处理（或清除），以避免造成慢性感染。如果婴儿有耳部炎症，经医生诊治后，可遵医嘱滴耳药治疗。可轻轻拉耳垂向下，将药液缓缓滴入耳道，用手指轻按婴儿耳郭，促进药液渗入。

（3）鼻腔的清洁。

新生儿鼻腔的分泌物，有一部分为羊水和胎脂；另一常见到的垢物，多半是因婴儿吐奶或溢奶时，奶从鼻腔出来遗留下来的奶垢。另外，天气干燥或室内比较干燥时，有的婴儿会因鼻痂堵塞鼻腔而哭闹不停。

具体清洁办法如下：

可用消毒棉棒蘸一些温开水或生理盐水（以不滴水为宜），轻轻伸入鼻腔慢慢旋转，将在鼻孔附近能看到的鼻屎缠绕在棉棒上，有黏性的鼻屎会跟内部污垢相连一并被清除掉（图 2-2-16），注意在清理鼻腔分泌物时切勿用镊子强力夹出。

也可用蘸了生理盐水并拧干的毛巾或纱布来擦拭鼻头或鼻子周围。

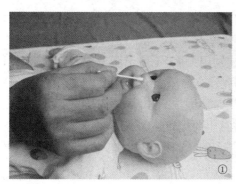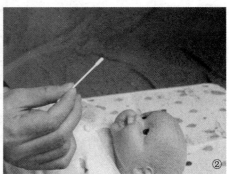

图 2-2-16 鼻腔的清洁

如果婴儿鼻孔内有分泌物并结成干痂，影响呼吸，可用棉球或毛巾蘸干净的温开水轻轻擦拭，使干痂湿润变软后自动排出。

注意事项：婴儿鼻子非常敏感，若将棉棒伸得过深，有时会伤及鼻黏膜，导致鼻出血。因此，婴儿鼻子清洁只限于鼻孔附近。

（4）婴儿的口腔护理。

准备工作：

让婴儿侧卧，用小毛巾或围嘴围在婴儿的衣领下，以防止护理时沾湿衣服；同时准备好消毒过的棉棒、淡盐水和温开水，用肥皂和流动水洗净双手。

护理步骤：

◎ 用左手的拇指和食指捏住婴儿的两颊，使婴儿张口，然后用棉棒蘸上淡盐水或温开水，由口腔内的两颊部、牙龈外面、牙龈内面至舌部，逐步擦拭(图2-2-17)。

◎ 擦洗时应注意使用的物品保持清洁卫生，已消毒的物品不要弄脏。

◎ 每擦拭一个部位，就要更换一个棉棒；同时棉棒上不要蘸过多的液体，防止小儿将液体吸入呼吸道造成危险。

◎ 口腔护理后，用纱布巾把婴儿嘴角擦干净。

◎ 也可用温开水沾湿纱布巾，缠在食指上伸入口腔，依由右至左的方向，依序擦拭舌头、牙龈与口腔黏膜。

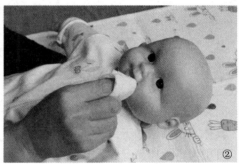

图2-2-17　口腔的清洁

2. 婴儿皮肤的护理

孩子的皮肤一般需要3年才能基本发育成熟，在此之前皮肤特别娇嫩、敏感，很容易受刺激，或者出现各种皮肤问题，一定要小心护理。

（1）使用婴儿专用洗护用品，并注意一次别用太多，不能用肥皂、酒精或其他碱性洗护用品给孩子清洁皮肤。

（2）贴身衣服、尿布要选用纯棉质地；清洗时要漂洗干净，尽量在阳光下暴晒。

（3）冬天适当减少婴儿洗澡频次，特别注意不要用较热的水洗。

（4）外出时要注意避开阳光直晒或在太强烈的阳光下曝晒，夏天应在树荫下活动。

3. 正确地穿脱衣服

婴儿太小，不会主动配合伸胳膊伸腿的，再加上身体柔软娇嫩，所以给小婴儿穿衣服时要注意技巧。如果婴儿比较抗拒，育儿员千万不要硬来，而是可以和婴儿聊聊天，或是用玩具转移一下注意力。

首先把干净的衣服准备好，如果里外好几件的话，可以先把这些衣服的袖子和裤腿分别套在一起，以有效减少穿衣服的时长。

（1）如何穿开身上衣。

◎ 将衣服平铺，把婴儿抱到衣服上，脖子对准衣领的位置（图2-2-18-①）。

◎ 把袖口堆叠成圆环状，将自己的手指从袖口伸到衣服的腋窝处，用另一只手握住婴儿的手腕，稍微弯曲他的肘关节，帮他把胳膊放入袖筒（2-2-18-②），用手轻轻将婴儿手拉至袖口（图2-2-18-③所示）。用同样的方式穿好另一只胳膊。

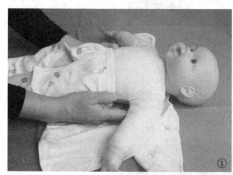
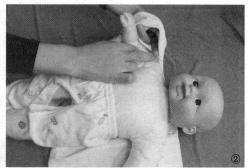
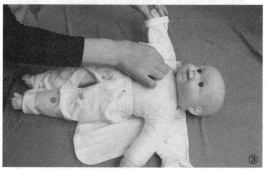

图 2-2-18

◎ 系上衣服的绑带或扣好按扣。扣按扣时，要用手指夹住扣子扣好，不要为了方便直接按下去，以免压迫婴儿的腹部（图2-2-19）。

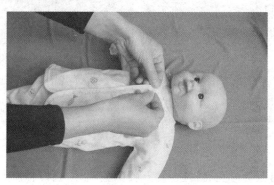

图 2-2-19

◎ 用一只手托起婴儿的头颈，轻轻抬起他的上半身，将婴儿身下的衣服整理平整。

（2）如何穿套头式上衣。

◎ 将衣服的下摆卷到领口，形成圆环状，尽量大地撑开领口（图2-2-20）。

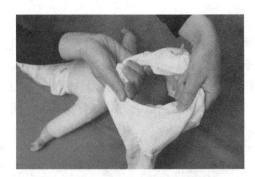

图 2-2-20

◎ 一只手托住婴儿的头颈,另一只手托住婴儿的屁股,将他抱到衣服上,头部放在圆环中间,随后一手护住婴儿的脸,一手将衣领套过婴儿的头(图 2-2-21)。

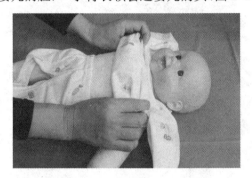

图 2-2-21

◎ 衣袖卷成圆环状,用一只手轻轻托住婴儿的肘部,把他的手送入衣袖,另一只手从袖口处伸进衣袖,轻轻拉出婴儿的小手(图 2-2-22)。用同样的方法把另外一只袖子穿好。

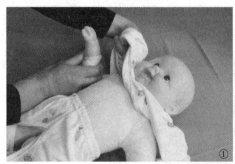

图 2-2-22

◎ 轻抬起婴儿的上身,把衣服拉至婴儿腰部整理好,系好领口上的带子或扣好按扣。

(3)如何穿裤子。

◎ 把一只裤腿堆起,形成圆环状,备用。

◎ 一只手穿过圆环握着婴儿的脚腕,另一只手将婴儿裤腿向上拉至臀部(图 2-2-23),用同样的方法穿好另一条腿。

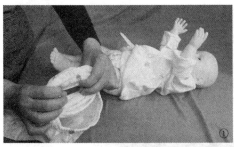
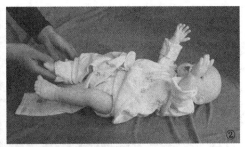
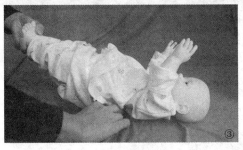

图 2-2-23

◎ 轻轻抬起婴儿的屁股,提起裤子,并调整好裤腰,注意不要把屁股抬得太高,以免损伤婴儿腰椎。

(4)如何穿连体衣。

◎ 把所有的扣子都解开,让婴儿平躺在衣服上,脖子对准衣领的位置。

◎ 先穿裤腿。把一只裤腿堆起,形成圆环状,一只手穿过圆环握着婴儿的脚腕,轻轻将婴儿腿拉入裤脚中。如法炮制,穿好另一条腿。

◎ 再穿袖子。衣袖卷成圆环状,用一只手轻轻托住婴儿的肘部,把他的手送入衣袖,另一只手从袖口处伸进衣袖,轻轻拉出婴儿的小手,整理穿好的袖子。同样的方法穿好另一只袖子。

◎ 把穿好的衣服往胸前拢,对齐,扣上所有纽扣即可。

(5)如何脱套头式上衣。

给婴儿脱开身衣服相对容易。让婴儿平躺,从上到下解开上衣按扣或系带,轻轻拉出婴儿的左手,再拉出右手即可。脱套头衫相对烦琐些,步骤如下(图 2-2-24):

◎ 先解开领口上的带子或按扣,把衣服从婴儿的腰部上卷到胸。

◎ 握住婴儿的肘部或小手,轻轻地把胳膊拉出来。

◎ 用一只手把领口撑大,从前面穿过婴儿的前额和鼻子,再从头的后部脱下衣服。

(6)如何脱裤子。

脱裤子的方法有好几种,可以根据婴儿情况灵活选用。

方法一:让婴儿坐在育儿员的腿上,一只手从婴儿的背后环绕至婴儿胸前,将婴儿轻轻托起,另一只手轻轻地将裤子拽下即可(图 2-2-25)。

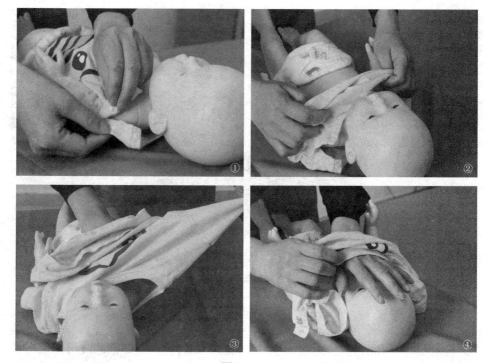

图 2-2-24

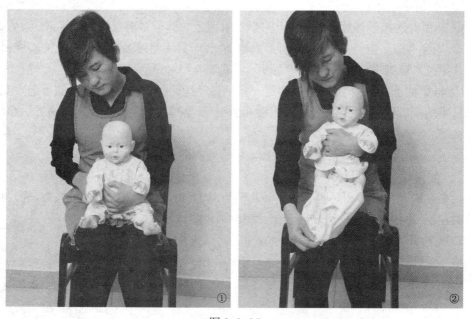

图 2-2-25

　　方法二：让婴儿趴在育儿员的肩上，一只手将婴儿环抱住，同时用肩膀将婴儿轻轻托起，使其脚稍微离开地面，另一只手拽住裤腰轻轻地将裤子脱下（图 2-2-26）。

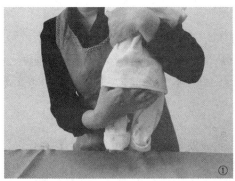

图 2-2-26

方法三：婴儿平躺在床上，松开婴儿的上衣下摆，抓住裤腰将裤子脱至婴儿臀下，再拽住裤脚轻轻地将裤子脱下（图 2-2-27）。

图 2-2-27

（7）如何脱连体衣。

◎ 把婴儿放在床上，从正面解开连体衣。

◎ 从肩膀处向袖内伸手，轻轻握住婴儿肩肘部，将婴儿的一只手慢慢拉出，另一只手方法相同。

◎ 轻轻将婴儿上身抬起，将连体衣的上身向下推至臀部。

◎ 轻轻提起婴儿双脚，将连体衣脱至臀部以下，放下婴儿双脚，拽住裤脚轻轻地将裤子脱下。

（8）注意事项。

婴儿不喜欢换衣服，在刚开始操作时可能会哭闹，育儿员要保持平稳的情绪和柔和的动作，温柔地安慰婴儿。

◎ 关好门窗，防止对流风吹到婴儿。

◎ 穿脱套头衫时不要让衣服领口触及婴儿面部，尤其是眼睛，以免婴儿因视线突然被挡而感到紧张，产生抵触心理。

◎ 脱衣服时要先脱鞋子，再脱裤子和尿布，为婴儿穿上干净的裤子，换上干净的尿布后，再脱上身的外衣、内衣等，避免弄伤、弄疼婴儿。

◎ 动作要轻柔。用手护住婴儿头颈，要顺着婴儿肢体弯曲和活动的方向，不能生拉硬拽。

4.怎样为婴儿做抚触

研究发现,当家长或育儿员抚摸婴儿的身体时,能够有效刺激婴儿大脑的中枢神经系统,促进智力发展和生长发育,抚摸也能够给婴儿带来足够的安全感,在一定程度上减少婴儿哭闹,改善睡眠质量,有利于培养婴儿良好的性格和情感能力,促进母婴情感交流。

(1)准备工作。

为婴儿做抚触前,需要做好准备工作:

◎ 关闭门窗,室温保持在 26 ℃～28 ℃;环境要尽量安静,可播放轻柔的音乐,帮助婴儿放松;注意室内照明,避免刺激的光源。

◎ 用温水清洁双手,确保指甲修剪整齐,无倒刺;手上无任何饰品。

◎ 给婴儿脱掉衣服,将 2～3 滴婴儿润肤油倒入掌心,轻轻揉搓以润滑、温暖双手。

(2)婴儿抚触的操作。

◎ 面部。

第一步,婴儿呈仰卧位,育儿员用双手拇指指腹从鼻根处,交替自下而上轻轻按摩至眉心(图 2-2-28)。

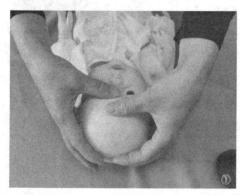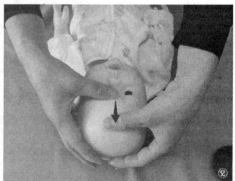

图 2-2-28

第二步,从眉心上缘一指处,用双手拇指指腹沿眉弓向外推至太阳穴(图 2-2-29)。

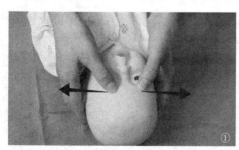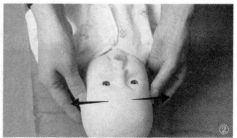

图 2-2-29

第三步,双手拇指指腹自下颌正中,向外上方滑动至耳根部,划出一个微笑状(图 2-2-30)。

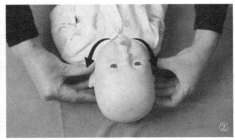

图 2-2-30

　　面部抚触可以舒缓婴儿脸部因吸吮、啼哭及长牙所造成的紧绷。在抚触时可以边做边说：小脸蛋，真可爱，阿姨摸摸更好看。

　　◎ 头部。

　　第一步，婴儿呈仰卧位。先用左手扶稳婴儿的头颈部，右手从婴儿的前额正中向上、后轻轻按摩至第七颈椎处（避开囟门）。

　　第二步，育儿员用右手从前额向右鬓角处向后轻轻按摩至后发际。

　　第三步，育儿员用右手沿右耳郭而下轻轻按摩至耳垂处（2-2-31）。

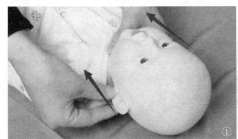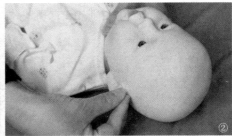

图 2-2-31

　　第四步，对侧用同样手法（用右手扶住婴儿的头）进行按摩。

　　按摩耳部时，可类似小儿推拿法用拇指和食指轻轻按压耳朵，从最上面按到耳垂处，反复向下轻轻拉扯，然后不断揉捏。按揉耳朵的过程中，可以说些婴儿抚触语，比如："小耳朵，拉一拉，阿姨说话宝宝乐。"

　　◎ 胸部。

　　第一步，婴儿呈仰卧位，育儿员双手放在婴儿肋骨下缘两侧，左手上提，用手指上滑向婴儿左侧肩，注意避开婴儿乳头（图 2-2-32）。

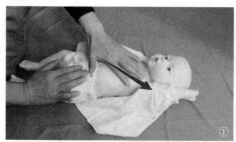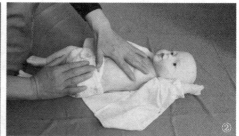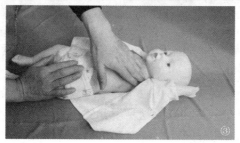

图 2-2-32

第二步,育儿员用右手以同样手法做对侧(图 2-2-33),在胸部划一个大的交叉。育儿员可以边抚触边念:"摸摸胸口,真勇敢,宝宝长大最能干!"这个动作可以增强婴儿心肺功能,顺畅呼吸循环。

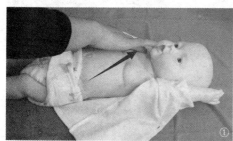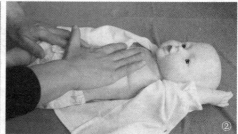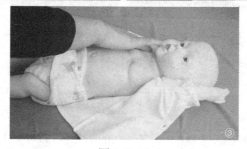

图 2-2-33

◎ 腹部。

婴儿呈仰卧位。育儿员放平手掌,双手交替自婴儿右下腹—上腹部—左下腹轻轻地沿顺时针画圈抚摸,注意避开婴儿的肚脐(图 2-2-34)。动作要轻柔,腹部按摩过程中注视婴儿的脸,观察婴儿有无不适反应。可以边按摩边交流:"小肚皮,软绵绵,宝宝笑得甜又甜。"腹部抚触能够缓解肠绞痛,还能帮助排气、缓解便秘。

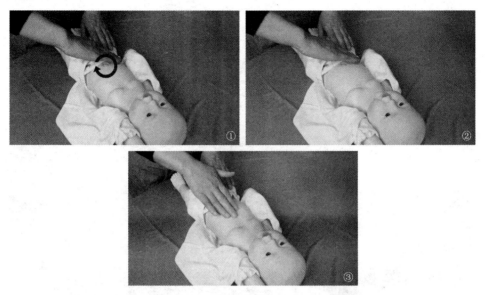

图 2-2-34

◎ 上肢。

婴儿呈仰卧位，育儿员一手托住婴儿的小手，另一只手（虎口向下）自肩部向手腕处滑行，从近端向远端分段轻轻揉捏，从肩部揉捏到手肘，再从手肘揉捏到手腕（图 2-2-35），两手交替进行。同样手法抚触对侧上肢。

按摩时应自如转动婴儿手腕，肘部和肩部的关节，但不要在关节部位施加压力。边抚触边念："阿姨搓搓小手臂，宝宝长大有力气。"

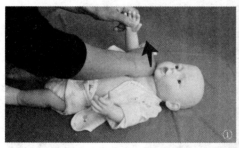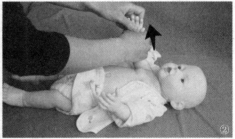

图 2-2-35

◎ 手部。

婴儿呈仰卧位。

手心手背：育儿员用双手拇指指腹分别抚摸婴儿的手心、手背（图 2-2-36-1）；然后用同样的方法抚摸另一只小手。

手指：育儿员一手扶托婴儿的手掌，另一手用拇指、食指和中指自婴儿的每一根手指根部轻抚触至指尖（图 2-2-36-2），同样方法抚触另一只小手。

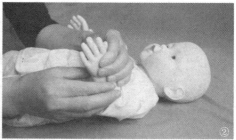

图 2-2-36-1

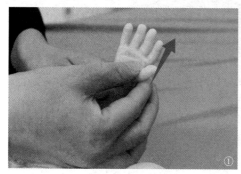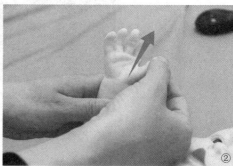

图 2-2-36-2

◎ 下肢。

婴儿呈仰卧位。

育儿员一手托住婴儿的一只小脚，另一只手从婴儿大腿根部沿大腿、膝盖向下轻轻捏挤揉搓至脚踝，双手交替分段进行（图 2-2-37），同样手法抚触对侧下肢。

抚触过程中，婴儿可能会踢脚，鼓励婴儿自由协调运动是抚触的目的之一，所以不要限制婴儿的这种反应。育儿员边抚触边念："宝宝会跑又会跳，爸爸妈妈乐陶陶。"

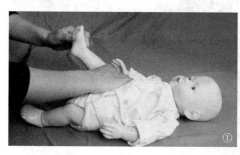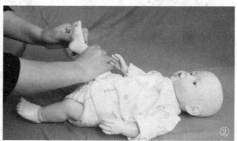

图 2-2-37

◎ 脚部。

婴儿呈仰卧位。

脚心：育儿员单手托住婴儿的一只脚后跟，另一只手四指聚拢在脚背，用大拇指指腹从脚根部向上轻轻揉至脚趾根部（图 2-2-38）。

脚背：育儿员双手四指聚拢，用指腹自婴儿脚背由下而上交替抚触（图 2-2-39）。

脚趾：育儿员一手托住婴儿的一只脚后跟，另一只手用拇指、食指和中指轻轻揉捏婴儿的每个脚趾。同样方法抚触另一只脚。可边抚触边念："阿姨给我揉揉脚，宝宝健康身体好。"（图 2-2-40）

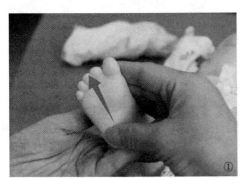

图 2-2-38

图 2-2-39　　　　　　　　　　图 2-2-40

◎ 背部。

第一步：让婴儿呈俯卧位。育儿员双手抱紧婴儿双腋下，缓慢将婴儿转成俯卧位，放下时应让其脚先着床面，之后胸着床面，最后是头放在床面上，且偏向一侧（图 2-2-41）。

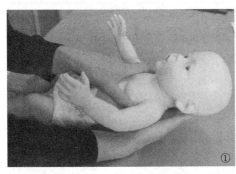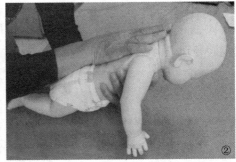

图 2-2-41

第二步：育儿员双掌并拢，放在婴儿的肩部，以脊椎为中线，双手向下划平行线至婴儿的骶骨（图 2-2-42）。

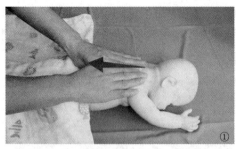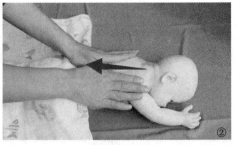

图 2-2-42

第三步：育儿员一手扶住婴儿，用另一手的食指、中指、无名指自婴儿的颈部轻轻滑至骶骨（图 2-2-43）。

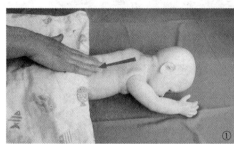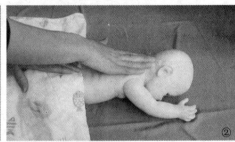
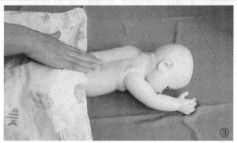

图 2-2-43

第四步：育儿员将双手大拇指平放在婴儿脊椎两侧，其他手指并在一起扶住其身体，拇指指腹分别由中央向两侧轻轻抚摸，从肩部移至尾椎（图 2-2-44）。

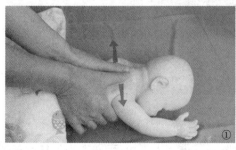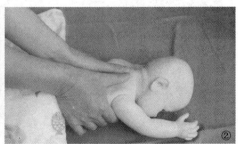

图 2-2-44

第五步：育儿员双手分别五指并拢，平掌横放在婴儿背部，手背稍微拱起，力度均匀地交替从婴儿脖颈抚至臂部（图 2-2-45）。

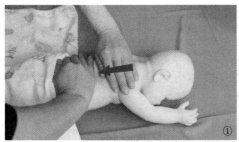
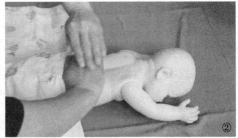
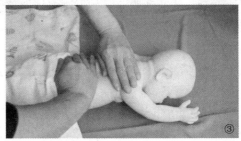

图 2-2-45

第六步:育儿员一手扶住婴儿身体,另一只手用手掌的大鱼际轻揉婴儿臀部(图 2-2-46)。抚触过程中,可以说:"给你拍拍背,婴儿背直不怕累。"

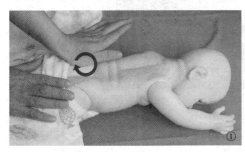
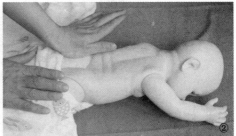

图 2-2-46

◎ 结束。

抚触结束后,育儿员应将婴儿轻轻翻身呈仰卧位;为其穿好衣服,打好包被,安置好婴儿;最后育儿员要洗净双手,开窗通风。

(3)注意事项。

◎ 抚触的顺序及动作不是一成不变,可根据婴儿的喜好稍加变化。

◎ 若使用抚触油,要先涂抹在自己掌心,揉搓发热后再开始抚触,不要直接涂在婴儿身上。

◎ 抚触宜选在两次喂奶之间,或沐浴后为其穿衣服时,应在婴儿睡前清醒、情绪稳定时进行,切忌在婴儿刚吃完奶、饥饿、疲劳、哭闹、身体不适时抚触。

◎ 抚触时间不宜过长,每次 5～10 分钟,每天 2～3 次,每个动作 4～6 次,不宜重复过多。

◎ 动作要轻柔和缓,不要按压或使劲揉搓。判断力度合适的标准:做完抚触如果婴儿皮肤微微发红,则表示力度正好;如果皮肤颜色不变,则说明力度不够;如果只做了两三下,皮肤就红了,说明力度太大。

◎ 抚触是一种亲子互动方式,操作时要保持心情愉快,切忌焦躁和心不在焉,最好与婴儿有语言或眼神交流。这既有利于婴儿语言、视觉、听觉等发展,又能增进亲子关系。

5. 抱婴儿的正确方法

一般来说,婴儿每天抱 2 小时左右为宜,且在吃完奶后睡觉之前这段时间抱比较好,因为这样可以锻炼孩子的骨骼肌、胸肌和腹肌。如果过多地把孩子抱在怀中,会影响小儿的发育,如抬头晚、起坐迟,严重的还可能发生脊柱弯曲。

(1)将婴儿横抱于臂弯中。

◎ 婴儿仰卧时,用左手轻轻插到他的腰部和臀部,用右手轻轻放到他的头颈下方;

◎ 将婴儿的左手慢慢移向右臂弯,将他的头小心转放到右手的臂弯中;

◎ 慢慢地抱起他,这样将婴儿横抱在臂弯里,婴儿的身体有依托,头也不会往后垂,会让他感到很舒服(图 2-2-47)。

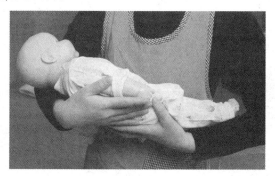

图 2-2-47

(2)让婴儿面向前。

当婴儿稍大一些,可以较好地控制自己的头部时,让婴儿背靠着大人的胸部,用一只手托住他的臀部,另一只手围住他的胸部(图 2-2-48)。这样,让婴儿面向前抱着,使他能更好地看到前面的景物,更早与外界接触,学习更多的东西。

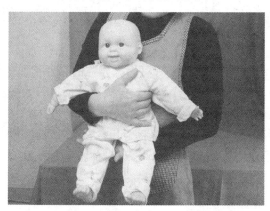

图 2-2-48

（3）放下婴儿的方法。

◎ 先用一只手托住婴儿的头颈部，另一只手托住婴儿的屁股，俯下身子，轻轻地把婴儿放下，在这个过程中，育儿员的手要一直扶住婴儿的身体，直到将其身体放到床上。

◎ 抽出托在婴儿屁股下面的手，再用这只手稍稍抬高其头部，以便抽出原本托在头颈下的另一只手（图2-2-49）。

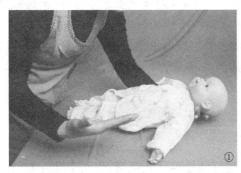

图 2-2-49

（4）正确地交接婴儿。

◎ 交接婴儿的两人相对站立，准备接婴儿的人双手掌心向上，前臂和上臂呈90°角。递送者平托婴儿，将婴儿的屁股先交到对方的一只手上，再将他的整个身体递送到对方的另一条手臂上，使头部枕在接受者的臂弯里（图2-2-50）。

◎ 递送者轻轻抽出托着婴儿头颈部的手臂，接受者调整托住婴儿屁股的手臂位置，从一侧护住他的身体，完成交接（图2-2-51）。

图 2-2-50   图 2-2-51

（5）注意事项。

◎ 不管用何种姿势抱、放婴儿，均应保护好婴儿的头颈部和腰部，以免造成意外伤害。

◎ 不可将婴儿抱在手上来回摇晃，以免损伤其脑部。

◎ 将婴儿竖抱时，必须用一只手托住其颈部，防止婴儿头颈过伸或过屈；婴儿坐推车时如果睡着了，必须立即让其平卧。

◎ 抱3个月以上婴儿时应该注意扶住其背部；同时要抱紧婴儿，严防婴儿突然发力从你的怀中窜出。

◎ 严禁抱着婴儿从高处向下看风景，尤其不能抱着婴儿站在窗前并打开窗户向下看。

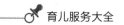

三、营养饮食

无论是住家育儿员,还是非住家育儿员,第一个月都是和婴儿、妈妈的磨合期,所以上户服务第一件事,就是记录婴儿吃奶的时间、每一次的吃奶量和吃奶时长,以及母乳妈妈两侧乳房的喂奶情况,以便明确下一次喂奶时应当先喂哪一侧乳房,并做好记录,这样连续记录一段时间后,就能对婴儿的吃奶规律有一定了解,为下一步的喂养、照护提供指导和借鉴。

配方奶喂养的婴儿,要严格按照奶粉说明书中的冲调说明及婴儿月龄段给婴儿冲调奶粉,在喂奶之后,要及时记录下婴儿这次喝奶的时间点及所喝的奶量,以免过度喂养。

(一)母乳喂养

1. 母乳喂养小技巧

(1)母婴同室。

妈妈与婴儿同处一室休息,有助于更早、更好地培养母子亲情,也利于婴儿安全感的养成。

(2)喂奶时间。

对于纯母乳喂养的婴儿,出生后3个月内一般都应该按需哺乳。刚出生的婴儿胃容量很小,一般为10毫升;随着月龄增长,婴儿的胃容量也会慢慢变大,吃奶量逐渐增加。但由于母乳消化快,婴儿每次胃排空比较快,0～3个月又是婴儿一生中发育速度最快的阶段,需要的能量较多,因此应采取按需哺乳。

从第二个月开始,婴儿每次吃奶量增多,在胃里停留和排空的时间延长,逐渐形成了吃奶的间隔和规律。随着婴儿生物钟的建立,一般4个月就可以定时喂奶了。但要注意夜间10点至凌晨3点是婴儿深度睡眠的黄金时间,尽量不要唤醒婴儿喂奶,以帮助婴儿养成连续睡眠的好习惯。

(3)充分排空。

在哺乳过程中,育儿员要随时提醒妈妈,让婴儿吸空一只乳房再去吃另一只,这样更有利于刺激乳房的乳汁分泌。一般情况下,婴儿4分钟基本就能吃妈妈一侧乳房内储存乳汁的80%,此时,乳房就变软了,如果婴儿没吃饱,妈妈就可以换另一只了。

(4)保持乳房健康,避免乳头凹陷。

尽量穿棉质、柔软的内衣,戴哺乳期专用乳罩;避免所戴乳罩过小,压迫胸部甚至使乳头凹陷,不利于孩子吃奶。

2. 关注哺乳细节,协助妈妈正确哺乳

帮助婴儿含吸住乳头及乳晕的大部分,可以有效刺激泌乳反射,使婴儿能较容易地吃到乳汁;同时注意不要留有空隙,以防空气乘虚而入。如果乳头短小或较大,婴儿不容易吮吸,家长可用食指和中指摆成剪刀状放在乳晕之上,以便拉长乳头,帮助孩子更好地吮吸。

哺乳时,育儿员要用心观察妈妈的喂奶方式和婴儿的吃奶情况,帮助婴儿正确含乳,并在出现错误时及时予以纠正。

（1）正确的含乳方式（图2-2-52）。

◎ 妈妈手呈C形，托住乳房，先用乳头轻触婴儿小嘴四周，刺激婴儿产生觅食反射，张开小嘴。

◎ 当婴儿的上下唇向外翻，且嘴张得足够大时，妈妈顺势将乳头和大部分乳晕送到婴儿嘴中。

◎ 婴儿舌头呈勺子状，能够环绕住乳晕，婴儿上嘴唇含住的乳晕要比下嘴唇多一些。

◎ 两侧面颊鼓起，呈圆形，吮吸速度较慢且用力，有时可能稍作停顿，能看见吞咽的动作或听到吞咽声。

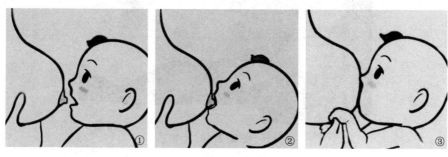

图 2-2-52

（2）错误的含乳情况。

◎ 婴儿的上下唇向内抿，嘴张得不够大，只含住了乳头，没有含住大部分乳晕，这种情况特别容易造成妈妈乳头疼痛或皲裂。

◎ 婴儿的鼻子被乳房堵住，无法顺畅呼吸。

◎ 婴儿吮吸时，两侧面颊内陷，没有鼓起；吮吸的速度较快，且不用力，偶尔能听到咂咂声。

◎ 婴儿含乳方式错误时，妈妈需要让婴儿重新含住乳头。注意不要强行将乳头从婴儿口中扯出，可以用手指轻触婴儿下巴，替换出乳头。

3. 哺乳姿势对，婴儿吃得好

目前，被广泛使用的喂奶姿势有两种：坐式喂奶法和侧卧式喂奶法。

（1）坐式喂奶法。

◎ 将婴儿抱在怀里，用乳房同侧手的前臂和手掌托着婴儿的头部和身体。

◎ 另一侧手呈U形放在乳房下托住乳房，不要弯腰，也不要探身，让婴儿贴近妈妈的乳房（图2-2-53）。这是早期喂奶的理想方式。

（2）侧卧式喂奶。

◎ 妈妈采用舒适放松体位侧卧于床上，头枕在枕头上，膝盖微微弯曲，身体下侧手臂放在枕头旁，上侧手臂支撑婴儿头颈部和背部。

◎ 婴儿侧身面向妈妈，妈妈与婴儿腹部相贴，适

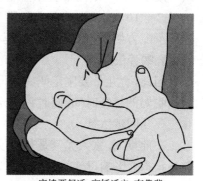

座椅要舒适，高矮适宜，有靠背

图 2-2-53

当抬高婴儿头部,使婴儿的嘴和妈妈的乳头成水平状,妈妈用手托着乳房,将乳头送入婴儿口中(图2-2-54)。特别适合剖宫产、有侧切或撕裂伤口的妈妈。

育儿员要提醒妈妈注意,在采用侧卧式喂奶时,要保持清醒,避免睡着后乳房堵住婴儿口鼻,或翻身压住婴儿,引起呼吸不畅甚至窒息。

图 2-2-54

(二)混合喂养

所谓混合喂养,是母乳难以满足婴儿生长需求,而额外以配方奶作为补充的一种喂养方式。婴儿既吃母乳,又吃配方奶。混合喂养时,要先喂母乳,如果婴儿没吃饱,再添加配方奶。婴儿的吮吸可有效刺激泌乳,即使已开始混合喂养,如果坚持吮吸,妈妈保证休息和合理饮食,仍可能恢复母乳喂养。反之,乳汁会越来越少,最终变为配方奶喂养。

1. 鼓励妈妈母乳优先

有些妈妈原来母乳很多,一般在产后2～3个月或者稍晚一些,突然母乳就少了,乳房也没有胀感,婴儿似乎吃不饱,体重也不见明显增长,这就是医生说的"暂时性哺乳期危机",也称"暂时性母乳供应不足"。

引发这种情况的原因有很多,例如婴儿3个月内生长发育速度很快,对营养需求高,母乳量跟不上,出现供需矛盾;或者家人不支持,妈妈自己母乳喂养的信心不足;妈妈产后身体疲惫,精神紧张焦虑,或者生病,来月经等,都会出现乳汁暂时减少。这只是暂时现象,一般7～10天,奶水就会重新增多起来。如果妈妈在此阶段错误地添加了配方奶,婴儿吃饱了配方奶就不会再勤吮吸妈妈的乳头,吮吸次数减少,母乳就会越来越少,最终导致纯母乳喂养失败。

因此,育儿员要坚定妈妈纯母乳喂养的信心,尽可能增加婴儿的吮吸次数,保证婴儿每次吃奶的持续时间;同时每次吃奶一定要吸空乳房。妈妈也要注意休息,保证营养,尽量与婴儿同步休息。

在此期间,家人尤其是爸爸要多承担一些家务。妈妈要心情愉快、舒畅,因为妈妈的精神状态会影响母乳的产生以及母乳量的增减。

2. 如何判断母乳是否够吃

婴儿母乳摄入不足可出现下列表现:

（1）体重增长不足，生长曲线平缓甚至下降，尤其新生儿期体重增长低于600克。

（2）尿量每天少于6次。

（3）吸吮时听不到吞咽声。

（4）每次哺乳后婴儿还会经常哭闹，不能安静入睡。

（5）睡眠时间小于1小时（新生儿除外）。

育儿员要根据婴儿表现，帮妈妈识别婴儿是否因乳量不足而影响生长。如果婴儿半夜总是频繁醒来要奶吃，或吃母乳后不足2小时就哭着要奶吃，或每周体重增长不足100克，可能是母乳量不足了，可尝试着添加一次配方奶。

3. 混合喂养的婴儿如何添加配方奶

混合喂养的婴儿，同时吃母乳和配方奶，因此配方奶的食用量比较难掌握。

（1）在第一次冲调配方奶粉时，可稍微多冲一些。比如，准备100毫升，如果婴儿一次将奶都喝完后好像还不饱，下次就冲120毫升；如果吃不了，下次减为80毫升，最多不要超过150毫升。一次喝得过多，就会影响下次母乳喂养，也会使婴儿消化不良。

（2）如果婴儿不再频繁哭闹，体重每周能增加200克，就可以一直这样喂下去。

（3）如果婴儿仍然饿得哭，夜里醒的次数增加，体重增长不理想，可以一天加两次或三次，但不要过量。母乳是婴儿前6个月内的最佳食品。

育儿员要鼓励妈妈不要轻易放弃母乳喂养，慎重添加配方奶。

4. 如何进行混合喂养

（1）补授法。

适用于6个月以下母乳不足的婴儿。

每次先吃母乳，将乳房吸空，然后补授配方奶粉。补授的乳量可根据母乳量多少及婴儿的食欲大小来确定。

先按婴儿需求让他吃饱并做好记录，几天后就能了解婴儿每次所需补充的奶量。这样每次喂奶都使乳房排空，有利于刺激乳房不断分泌乳汁，使母乳量逐渐增加。

这种方法适用于母乳确实不够，与婴儿整天在一起的妈妈。

（2）代授法。

适用于母乳量充足，但因为特殊原因妈妈不能按时给婴儿哺乳，只能应用配方奶代替一次或几次母乳喂养。

在用配方奶代替母乳时仍需将乳汁吸出，放消毒奶瓶中冷藏，并在1天之内喂给婴儿吃。这样按时吸空乳房，以保证下一次乳汁分泌。

这种方法适用于上班或外出的妈妈。

以上两种方法中，就增加产乳量来说以补授法较好。

（三）配方奶喂养

1. 喂养原则

按时哺乳。

24小时内喂奶6～8次，间隔3～4小时一次，每次100～150毫升，每天不超过1 000毫升。

每 5 个小时喂一次水,后半夜婴儿没有醒来要奶吃,妈妈不必唤醒婴儿喂奶。

婴儿的吃奶量和吃奶次数存在个体差异:吃得多的婴儿,每天奶量可达 1 000 毫升;吃得少的婴儿,每天不足 700 毫升。

只要婴儿生长发育正常,育儿员和妈妈就不必纠结于婴儿的奶量和次数,以免采取不当方法刻板要求婴儿摄入固定奶量。

2. 喂养步骤

给婴儿冲调奶粉时,一定要干净卫生,最好用白开水,不要使用米汤或果汁,也不要添加任何调味料及保健品。

（1）冲调奶粉。

◎ 冲调前,用"七步洗手法"彻底洗净双手。

◎ 将备用的温开水倒入清洁且干燥的奶瓶中。

◎ 用配方奶粉中自带的量勺取出适量奶粉,在奶粉桶壁的平面处刮平,倒入奶瓶水中。

◎ 将奶嘴拧紧,轻微摇动和转动奶瓶,使奶粉充分溶解。

（2）试奶温。

奶粉冲泡好后,育儿员将少量奶液滴在自己手腕内侧测试温度,如与体温相近,则说明比较合适;如果偏热,可以把奶瓶放在阴凉干爽处凉至合适温度,以免温度过高烫伤婴儿。

（3）喂配方奶。

◎ 选一个让自己感到舒服的姿势,如坐在床边,可以放一个坐垫在腿上调整高度,以免手臂发酸。

◎ 选好姿势后,一只手拿奶瓶,另一只手让婴儿的脑袋枕在自己的臂肘上,撑住婴儿的身体;喂奶时,应将奶瓶竖起来,奶瓶底高于奶嘴,使奶液充满奶嘴,以免婴儿吸入空气;同时,婴儿体位躺在大人臂弯里(上半身呈 30°～45°)(图 2-2-55),奶嘴不宜太大,倒过来奶水成滴而不是成线流出。

◎ 喂奶时奶嘴常会出现扁缩,堵塞出孔,影响奶汁流出,把奶瓶盖松开一点,让空气进入瓶内,即可解决奶嘴扁缩的现象。

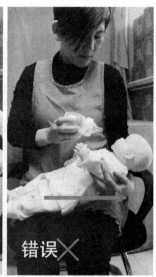

婴儿上身竖着不易呛奶　　婴儿平躺仰头容易呛奶

图 2-2-55

◎ 应定时哺喂,一般 3～4 小时喂哺一次,夜间可适当延长哺喂间隔。每两次喂奶之间,可加喂白开水一次。

◎ 喂完奶后,育儿员抱起婴儿,让其趴在自己肩上,用手轻拍婴儿后背(图 2-2-56、图

2-2-57),让婴儿把吃奶时吸进去的空气通过打嗝的形式排出来后,再将婴儿放下。将婴儿放下后最好使其面向右侧,这样即便溢奶也不容易呛咳,避免呕吐物吸入气管。

让婴儿趴在肩膀上

图 2-2-56

让手掌心成空心掌

图 2-2-57

(4)注意事项。

◎ 先加水,再加奶粉,顺序不要颠倒。

◎ 切勿使用微波炉加热乳汁。

◎ 严格按比例冲调。不同品牌的配方奶粉对水与奶粉的比例要求存在差异,应根据配方奶包装上的说明,严格按比例冲调,不要自行调整奶液浓度。

◎ 及时清洗、消毒奶瓶。婴儿喝完后,要及时用流动的水冲洗奶瓶,重点清理挂壁的死角,并用开水烫洗或煮烫。

◎ 在用代乳品喂养的过程中,要密切注意婴儿有无呕吐、腹泻、便秘以及腹胀等消化不良症状。

◎ 勿用滚烫开水冲泡奶粉,否则易结成凝块,可造成婴儿消化不良。

◎ 已冲调好的奶粉若再煮沸,会破坏蛋白质、维生素等营养物质的原有营养成分。奶粉最好现配现吃,如有剩余应倒掉,不宜留到下次再喂,以免造成污染及变质。

3. 如何防溢奶

婴儿吃奶多或吞进气体多,在喂奶后可有少量奶汁倒流到口腔,出现溢奶。这是生理现象,家长或育儿员不用过于恐慌。随着婴儿消化道的发育成熟,溢奶现象会逐渐减轻直至消失,但是个别婴儿可能延续到1岁。如果婴儿溢奶时护理不当,可能会呛着婴儿,引起吸入性肺炎,严重者还可能引起窒息。因此,喂奶前后应注意以下事项:

◎ 喂奶的环境要安静,尽量避免外界干扰,如噪声、强光以及可能分散婴儿注意力的事情。

◎ 不要让婴儿在极度饥饿的情况下吃奶,否则婴儿吸吮急促很容易吸进过多的气体。

◎ 喂奶时,让婴儿半卧位(头高脚低)躺在育儿员(或母亲)的肘窝上。

◎ 喂完奶后,将婴儿竖抱,头趴在大人的肩上,一手抱着婴儿,另一只手握成拱形(空心掌);从下向上轻拍婴儿的后背,直至婴儿打几个嗝为止(为的是将吃进的气体通过打嗝排出);然后再让婴儿躺下。

◎ 如果这样处理后,婴儿有时还吐奶,可以抬高婴儿上半身(大约30°),右侧卧位,1小时之后再变动体位。

4. 配方奶的正确存放

配方奶粉营养丰富，同时也是细菌的最好培养皿。尤其是天气炎热、空气湿润时。一般来说，配方奶粉开罐以后，应在 1 个月内吃完；如果是袋装或者盒装奶粉，开启后最好 2 周内吃完。打开的配方奶粉要注意保存和取用：

（1）罐装配方奶粉取用后要扣紧盖子，袋装奶粉要用封口夹封严袋口，放在干净、干燥、避光的地方，不要放在冰箱里；

（2）不要用潮湿的量勺取配方奶粉，必须晾干后再使用；

（3）量勺使用完毕，最好单独存放，并定期清洗；

（4）孩子吃多少，就冲泡多少，婴儿吃剩下的奶液不能再吃，即使加热也不行，因为配方奶粉添加了各种营养，有的物质遇到高温可能变质。

四、早教时间

（一）室内活动

婴儿睡醒后，首先要关注婴儿是否大便了。如果有，要及时清理、洗净婴儿屁屁上的便便，并擦拭干净、晾干，再换上干净的纸尿裤；待婴儿舒舒服服的时候，就可以带着婴儿享受愉悦的亲子时光了。

1. 认知能力训练

（1）视觉训练。

育儿员把玩具悬挂在婴儿能碰到的位置上，让婴儿自由地摆弄玩耍 2 分钟，观察婴儿伸手的方向和动作。

训练婴儿的视线从一个人（或物）身上转移到另一人（或物）身上；或者在他注视一个物体或者人脸时，让其迅速移开，用声音或者动作吸引婴儿转移视线。

（2）听觉训练。

经常给婴儿听优美的古典音乐，锻炼婴儿听觉敏感度的同时，开发婴儿的大脑潜能。

让婴儿握住摇铃（或者其他能响的玩具），然后育儿员轻轻摇动婴儿的手，和着玩具发出的声音唱童谣给婴儿听。

和婴儿多说话，逗引婴儿发音，让婴儿和自己搭话，能发出"啊啊"声。

儿歌推荐：我是一个小宝宝，运动本领强，伸伸手来伸伸脚，长得高又壮。我的手臂有力气，腿脚也很强，爸爸妈妈等着瞧，我要会爬了。

（3）触觉训练。

触觉是婴儿探索世界的主要途径之一，育儿员要收集不同材质的物品，比如羽毛、丝绒、灯芯绒、纱巾，或蘸过温水的海绵等，轻轻触碰婴儿的皮肤，观察婴儿的反应，让婴儿体验不同材质的物体触碰皮肤时的感觉。

游戏的同时，育儿员要注意辨别并回应婴儿的身体语言，这种回应有助于婴儿建立安全感。

（4）嗅觉训练。

让婴儿嗅各种饭菜的味道，育儿员温柔、亲切地与他说话，"好香的饭味啊""好闻吗";也可以根据季节选择新鲜的香蕉、西瓜、橘子等香味比较浓郁的水果给婴儿闻一闻。在婴儿闻的同时,育儿员要观察婴儿的表情变化。

2. 大动作能力训练

(1)竖头训练。

在婴儿吃饱睡足心情又好的时候,育儿员把婴儿竖着抱起来,让婴儿背对自己,用两手分别支撑住婴儿的枕后、颈部、腰部和臀部,让婴儿看自己面前的东西。

这样抱不仅能帮婴儿竖头,还能开阔婴儿的视野,大部分婴儿都喜欢这种训练。

(2)俯卧抬头训练。

这个月的婴儿俯卧时头能抬成45°以上的角度,可以坚持5秒或以上。在婴儿吃奶后1小时左右、不哭不闹的时候,育儿员或父母可以把婴儿放在床上,让婴儿进行俯卧抬头练习。

这样的训练不仅可以促进婴儿早日抬头,还可以锻炼孩子胸、背部的肌肉,增大婴儿的肺活量,对婴儿的大脑发育也很有好处。

(3)教婴儿练习翻身。

◎ 两次喂奶中间,育儿员可以把婴儿放在硬板床上,先让婴儿仰卧,然后把其左腿放在右腿上;育儿员左手握婴儿左手,右手轻轻推婴儿背部,使其主动向右翻身。

◎ 把玩具放在婴儿身体一侧,逗引他翻身去抓,然后握住婴儿一侧手臂,另一只手在婴儿背后轻轻地辅助他翻身,把他的身体引向玩具一侧。

◎ 当婴儿身体呈俯卧位后,会很自然地做抬头练习,婴儿吃力地尝试抬头,并且左顾右盼,还经常用肘部撑着前胸,主动抬一抬胸部。

这些笨拙的动作在成人看来是在"受苦",实际上,婴儿会从中体验到快乐,并发出"嗯嗯"的声音。若每日练习数次,3个月末婴儿就会自己翻身了。

3. 精细动作能力训练

这时婴儿还不会握东西,育儿员可以有意识地对婴儿进行触握训练。

在婴儿情绪愉快时,将带柄玩具的柄部放入婴儿手掌中并停留半分钟,令其抓握触摸,训练他们小手抓握触摸的能力。

在婴儿能看得见的地方悬挂一些颜色鲜艳、能摇出响声的玩具,质地应多样化。抱着婴儿靠近那些玩具,并把着婴儿的手去够取、抓握、拍打它们,每次3～5分钟,每日数次,利于手部触觉的训练。

（二）户外活动

如果天气晴好,温度适宜,可以带婴儿外出。外出时带好所需装备,比如口水巾、纸尿裤、湿纸巾等。让婴儿在户外接受适当的"空气浴"和"日光浴",对婴儿视力的发育以及免疫力都大有好处。

1. 多带婴儿晒太阳

日光中的紫外线照在皮肤上,可帮助吸收食物中的钙和磷,促进骨骼的成长,有预防软骨病、佝偻病的作用;日光中的红外线能使皮肤血管扩张,血液循环加快,新陈代谢增强,促进婴儿生长发育。

因此,婴儿三四个月大后,在天气允许的情况下,可外出晒太阳。如果婴儿月龄较小,可以打开窗户或者在平台上接受日光浴,但不要隔着玻璃晒太阳。

日光浴要在暖和无风的天气进行,气温一般 20 ℃～24 ℃为宜。高温季节不宜进行,冬季根据气候变化和婴儿体质灵活掌握。

（1）衣着要求。

夏季可裸体;春秋季气温在 20 ℃～24 ℃可穿短衣裤;冬天可穿不太厚的棉衣,暴露头、面部及手臂。

应避免阳光直接照射头、面部,因此,头面部应盖上白色的毛巾或戴上帽子。

（2）照射顺序。

从下往上进行,最开始几次可从婴儿的脚踝开始,再到膝盖;接下来可将范围扩大到大腿根部;当婴儿适应后,可揭开尿布让腹部下部接受照射;最后增加到脖颈以下的全身及背部。

婴儿适应后,在全身日光浴过程中,可让婴幼儿躺下,先晒婴儿的后背,再晒两侧,最后晒胸部和腹部。

如需到户外,出门前可以先开窗,让婴儿有一个适应的过程,此时要注意避免对流风,在保暖的前提下,到户外晒太阳。

（3）日光浴时间。

每次日光浴的时间长短随婴儿年龄大小而定,要循序渐进。

◎ 3～6 个月的婴儿,2～10 分钟;

◎ 6～12 个月的婴儿,5～20 分钟;

◎ 1 岁以上的幼儿,10～20 分钟;

◎ 夏、秋季上午 9:00 以前,下午 4:00 以后为宜;

◎ 冬、春季上午 10:00 以后,下午 3:00 以前为宜。

（4）注意事项。

◎ 夏秋季不应直晒阳光,当气温超过 30 ℃的时候,就要暂停日光浴锻炼。

◎ 冬、春季应在向阳背风处,并尽量多暴露皮肤,如手脚、头后部等,要防止受凉,但也不要隔着玻璃或着厚衣服晒太阳。

◎ 日光浴后可给婴儿喂一些白开水。

◎ 生病或刮风、下雾等恶劣天气暂停日光浴。

◎ 空腹及早饭后 1 小时内不宜进行,日光浴后不宜立即进食。

◎ 注意观察"日光浴"时婴儿的反应。若日光浴后婴幼儿表现虚弱、烦躁、不眠、消瘦等症状应立即停止,让婴幼儿到室内休息,补充淡盐水,并加以观察。

◎ 日光浴后出汗的婴幼儿要及时擦干身体。

◎ 对花粉过敏的婴儿,应尽量减少户外晒太阳的频率。

2. "空气浴"健身强体

"空气浴"指的是让婴儿接触户外的新鲜空气,用气温和人体皮肤表面温度之间的差异造成刺激,使皮肤的血液循环加快,新陈代谢旺盛。

"空气浴"可提高婴儿神经和心血管系统反应灵敏度,增强体温调节功能,以适应气温变化,增强对寒冷的适应性。

进行空气浴锻炼时应根据婴儿不同年龄、身体状况、不同季节、气候变化进行选择和实施。健康婴儿从出生一个月后即可进行空气浴,但要注意在婴儿精神饱满时进行,患病时应停止。

(1)温度要求。

空气浴可在三种温度下进行:寒冷为 0 ℃~14 ℃;低温为 14 ℃~20 ℃;温暖季节为20 ℃~30 ℃。

空气浴最好从夏季开始,逐渐过渡到秋冬季。若遇大风、炎热或温度过高的天气,都不宜进行。

(2)衣着要求。

婴幼儿穿单薄肥大的衣服或赤裸身体。

一般先在室内锻炼,气温在 20 ℃左右,时间从 2~3 分钟开始逐渐延长到 20 分钟不等;室外气温在 25 ℃以上,可在室外进行,或结合游戏、运动进行。

夏季,婴儿出生后 3~4 周就可以躺在小车里推到阳台上,停留片刻;在冬季也可开窗在室内呼吸新鲜空气。

尽量带婴儿到绿化较好、空气新鲜的环境中进行户外活动,逐渐培养婴儿适应较冷的生活环境。

(3)注意事项。

◎ 要保持室内空气流通,寒冷季节每天开窗通风至少 30 分钟,以减少室内细菌含量;但注意不要让婴儿迎面吹风或吹对流风。

◎ 温暖季节半个月的婴儿,寒冷季节满月婴儿可在打开的窗前活动,2~3 个月的婴儿可以开始户外活动。

◎ 空气浴要与日光浴结合进行。

◎ 从裸露四肢开始做起,从秋天少加衣服或春天慢减衣服做起,注意婴儿的反应,以婴儿不感冒为宜。

五、科学睡眠

1. 婴儿睡眠时间表

3~4 个月的时候,婴儿在晚上睡得更好了,最长持续睡眠时间可以达到 4~6 小时(通常是晚上第一觉)。

这个阶段要特别注意白天小睡的培养。

小睡的时间可以按照婴儿的生理特点来安排:两个月内的婴儿能醒 1 小时左右;3 个月以上的婴儿能醒 1.5~2 小时;4 个月以后的婴儿清醒时间一般为 2~3 小时。

超过上述时间,婴儿就会过度疲劳,哄睡难度也会增加。在婴儿刚犯困时就要及时哄睡。

规律的白天小睡机制在 3~4 个月形成。3 个月左右的婴儿一般每天需要 3 次小睡和 1 次黄昏小憩;4 个月左右慢慢过渡到 2 次小睡和 1 次黄昏小憩。

每个婴儿所需睡眠时间的个体差异较大。只要婴儿睡得踏实,醒后精神饱满,食欲正常,体重按月增长,育儿员和妈妈就不必担心。

育儿员温馨提醒:

睡眠是习得性行为。我们的养育目标是让孩子知道"睡眠是需要独立完成的事情",父母应尽量少给予婴儿过多帮助,少一些睡眠周期中的过度干预,以及总在入睡时哺乳等,因为"过度干预"等做法在很大程度上阻碍了婴儿睡眠能力的发展。

2. 影响睡眠的因素

婴儿的睡眠和很多因素有关。如果婴儿睡觉不踏实,容易醒,或晚上不睡觉,育儿员可从以下方面找找原因:

(1)睡眠环境:孩子的卧室是否安静,空气是否新鲜,温度和光线是否合适。

(2)睡眠规律:白天是否睡得太多,导致晚上过度清醒,睡不着。

(3)饮食:是否没吃够奶或口渴。

(4)衣着:是否穿得太厚,或是被子盖得太厚。

(5)大小便:尿布是不是该换了。

(6)疾病:是否患有感冒、消化不良等疾病,是否腹胀。

3. 提高睡眠质量的方法

(1)室内要空气清新,保持安静,室温在 18 ℃～25 ℃。

(2)不管是白天还是夜晚,适当地拉上窗帘,保证室内光线柔和。

(3)被褥要干净卫生,衣服要宽松舒适,让婴儿睡得自然温暖。

(4)给婴儿安排一些每天睡前都会做的"例行公事",如睡前抚触、讲故事、唱摇篮曲,让婴儿潜意识里知道,做完这些事情就要睡觉了。

(5)让婴儿单独睡小床。母婴同室,但婴儿要单独睡小床,更有利于孩子安静入眠。

4. 不要轻易打断婴儿睡眠

如果母乳充足,到了这个月仍可以纯母乳喂养,吃奶间隔时间可能会延长,可从 3 个小时一次,延长到 4 个小时一次。到了晚上,可能延长到六七个小时,妈妈可以睡长觉了。睡觉时婴儿对热量的需求减少,只要婴儿不醒,说明婴儿上一次吃进去的奶足以维持自身所需,妈妈不要因担心婴儿饿而叫醒睡得正香的婴儿喂奶。

婴儿不在半夜醒来吃奶,对于育儿员和妈妈来说是件幸事,但有的婴儿半夜会频繁醒来吃奶,不给吃就哭闹。育儿员要劝告妈妈不要着急,更不要因此发脾气,母乳喂养是增进母子感情的重要纽带。

如果婴儿不但频繁醒来吃奶,体重增加也不理想,可以考虑给婴儿添加一两次配方奶。

5. 如何判断婴儿睡得够不够

大部分婴儿需要长时间的优质睡眠。婴儿睡得够不够,可以通过以下几方面来判断:

(1)婴儿每次上车都会睡觉吗?

(2)早上是否需要被叫醒?

(3)白天是否易哭闹、脾气暴躁或过度疲劳?

(4)是否某些晚上会睡得比平时早很多?

如果婴儿符合上述任何一种情况,就有可能是睡眠不足。

良好的睡眠习惯是逐渐养成的,育儿员要协助父母培养婴儿良好的睡眠习惯,在温柔陪伴和坚决执行间找到婴儿能接受的方式。这也是育儿员的工作内容之一。

6. 注意婴儿睡姿

婴儿睡眠姿势主要有仰卧、侧卧、俯卧 3 种。对小婴儿来说,正确的睡姿非常重要,关乎健康。

育儿员和父母必须注意婴儿的睡眠姿势,及时纠正一些不良的睡眠姿势。具体做法如下:

(1)经常帮婴儿翻身,变换体位,更换睡眠姿势,因为长期仰卧会使婴儿头型扁平,长期侧卧也会使头型歪偏。

(2)吃奶后不要仰卧,要侧卧,以减少吐奶。

(3)左右侧卧时要注意不要把婴儿耳郭压向前方,否则耳郭经常受折叠,容易变形。

六、整理消毒

1. 衣物的清洁消毒

(1)基本原则。

◎ 婴儿衣物与大人衣服分开清洗,以避免发生不必要的交叉感染。

◎ 沾有大便的衣物与其他衣物要分开,而且要先将粪便除去再洗涤。

◎ 沾有小便的衣物要先将尿液冲洗掉,再按一般程序洗涤。

◎ 婴儿衣物应手洗,且内衣外衣要分开清洗。

◎ 选择婴儿专用洗涤剂清洗,或选用对皮肤刺激小、加酶的洗衣粉,以减少洗涤剂残留对皮肤的损伤。

◎ 无论用什么洗涤剂洗,一定要用清水反复漂洗,直到水清为止。特别是一些内衣内裤,更要漂洗干净。

◎ 最好的消毒办法是阳光暴晒。

(2)去污。

衣服脏后应及时清洗,尤其是沾上各种顽固污渍的衣物,越快处理效果越好。

果汁、菜汁:立即将衣服放入清水中浸泡一会儿,再用肥皂清洗。

血迹:用冷水立即浸泡衣服,然后用加酶的洗衣粉清洗。

奶渍:用普通洗涤剂浸泡 1 小时后再清洗。

汗渍:放在淡盐水中浸泡 1 小时,再慢慢搓洗。

外出时的应急措施:在已经弄脏的地方底下垫块面巾纸,然后用蘸有洗手液的面巾纸擦拭污渍,最后再用蘸有清水的面巾纸进行擦拭。

(3)晾晒。

为防止褪色,可将衣物翻过来晾晒。从下面将衣架放入衣服,以免将领口撑大。

选择儿童专用衣架,或将衣物平铺在晾衣架上晾干,避免直接在晾衣绳上用夹子夹住肩部或底部晾晒,以免衣物被拉扯变形。

（4）存放。

衣服晾晒干透后叠放整齐收拾好,尿布和衣服要分开放置。

放在干燥通风的地方,最好存放在婴儿专用的小柜子里。衣柜里不要放樟脑丸和驱虫剂。

不常穿的衣服要定期拿出来在阳光下晾晒。

2. 婴儿玩具的清洁与消毒

玩具是婴儿日常生活中必不可少的好伙伴,但也很容易成为传播疾病的"帮凶"。

所以,育儿员要定期对玩具进行清洗和消毒。至于采用何种方法消毒,要根据玩具的材质来确定。

（1）清洁消毒。

一般情况下,皮毛、棉布制作的玩具,可放在日光下暴晒几小时。

耐湿、耐热,不褪色的木制玩具,可用肥皂水泡洗后晒干。

铁皮制作的玩具,可先用肥皂水擦洗,再放在日光下暴晒 6 个小时以上,有杀菌作用。

塑料和橡胶玩具,可用市场上常见的消毒液浸泡洗涤,然后用水冲洗、晒干。

（2）注意事项。

◎ 不要给婴儿买或玩不易消毒的玩具。

◎ 每次清洗玩具时一定要将污物彻底清除干净。

◎ 不要让婴儿边吃东西边玩玩具,玩完玩具一定要洗手。

◎ 需要用嘴吹的玩具最好不要与人合玩,以防交叉感染。

3. 婴儿餐具的清洁与消毒

（1）清洁。

婴儿的哺喂用具是病菌繁殖的温床,搁置时间越久,病菌就越多。所以,婴儿用完后育儿员要及时清洗。

◎ 把冲泡奶粉及喂奶时所用的用具都浸泡在热水中,水一定要覆盖住所有用具。

◎ 轻轻旋转奶瓶,用奶瓶专用刷彻底清洗每一个部分。玻璃奶瓶宜用尼龙奶刷,PC 奶瓶要用海绵奶刷,因为尼龙奶刷容易给 PC 奶瓶内壁造成划痕,更易淤积污垢。

◎ 最后用清水冲净奶瓶。

◎ 清洗奶嘴时先把奶嘴内面翻开,并用奶嘴刷清洗干净,然后刷洗奶嘴外面,注意奶嘴孔是否通畅,刷洗完后用清水冲干净。

◎ 餐具清洗干净后最好用开水烫 10 分钟左右,可达到消毒的目的。

（2）消毒。

为了防止病从口入,婴儿的奶瓶、奶嘴、餐具等仅仅常规清洗是不够的,还要消毒。

消毒方法有很多,既耐用又有效的方法就是蒸汽消毒,以杀死病毒与细菌。

现在市场上所售的各类蒸汽消毒锅,通常十多分钟就能快速消毒完毕,不仅能一次性消毒多个不同口径的奶瓶奶嘴,还可以消毒婴儿的其他餐具。

消毒完毕的餐具应该妥善收放,以防二次污染。可把消毒后的奶瓶放在消毒锅中,有需要再取。

（3）存放。

清洗并擦干双手,用消过毒的镊子夹取消过毒的餐具。

提前从消毒器中取出奶瓶时,切记把奶瓶全部组装好,这样可以防止奶瓶内部以及奶嘴内外再次受到污染。

（4）注意事项。

◎ 婴儿餐具要单独清洗、码放,如有成年人的餐具需要清洗,应先清洗婴儿的,再清洗成年人的。

◎ 清洗时要先洗不带油的餐具,后洗油腻的餐具;先洗小件后洗大件;先洗碗筷后洗锅盆。

◎ 餐具清洁干净后要让其自然晾干,不要用抹布擦拭,以免造成二次污染。

4. 活动区域的清洁与消毒

婴儿呼吸道黏膜嫩,免疫能力较成人低,对外界环境的刺激适应性较低,易受细菌病毒感染。因此,育儿员要做好环境的清洁卫生,给婴儿创造一个安全的生活环境。

（1）保持室内空气清新。

避免门窗紧闭,坚持定时通风换气。每天开窗通风两次,每次15~30分钟。外界温度越低,通风效果越好。

（2）保持适宜的温度和湿度。

室内温度冬天 18 ℃~22 ℃,夏天 26 ℃~28 ℃比较合适,湿度保持50％~60％。用湿布清洁婴儿居室,避免扬尘。

（3）定时清洁晾晒床上用品。

◎ 每周清洁和晾晒一次被褥、床垫,在阳光下暴晒消毒杀菌,去除异味。

◎ 夏天每天擦洗隔尿垫。

◎ 更换床上用品时,先拆开枕套、被套,换下床单,注意床上有无玩具或其他污物。

◎ 不随意抖动,防止污物飘开、落下。

◎ 将枕套、被套和床单用温水浸泡后,再使用适量婴儿衣物专用洗涤剂清洗,过水漂清。

◎ 每天用热水或温水,按照从前向后、从上往下的顺序擦洗婴儿床。如果是传染病宜发季节,须根据要求进行消毒。

（4）婴儿使用过的便器要立即倾倒,刷洗干净,每日用消毒液浸泡。

七、注意事项

1. 预防窒息

婴儿吐奶可能会堵塞呼吸道,如果没有及时发现,会引起婴儿窒息,这一点不容忽视。容易蒙住婴儿口鼻的东西不要放在婴儿身边,以防婴儿用手抓。

意外事故没有先兆!育儿员一定要注意这些琐碎的细节,安全大于天。

2. 预防髋关节脱位

髋关节脱位是婴儿的股骨头从髋臼滑出的疾病。婴儿早期出现的髋关节脱位可能双侧同时发生,也可能只在一侧发生,女孩发病率要高于男孩。

和外伤等原因引起的髋关节脱位不同的是,这种脱位没有疼痛感,在婴儿没学会走路前又不容易看出异常的表现,因此不容易被育儿员和父母发现。一旦错过了最佳的矫正时机(1岁以内为最佳矫正期),婴儿的年龄越大,治疗的效果会越差,最终可能导致婴儿双腿不等长、跛行、髋关节疼痛等不良结果,必须加以重视。

这里有三个简便方法,育儿员可以协助父母确定婴儿是否髋关节脱位:

(1)观察臀纹法。

让婴儿俯卧在床上,观察其臀部下侧的横纹。正常情况下,婴儿臀部两侧的臀纹是对称的,数量也相同。如果出现不对称或数量不一的臀纹,说明婴儿有髋关节脱位的可能,应尽快带婴儿到医院检查。

(2)蛙式法。

让婴儿仰卧在床上,抬起婴儿的膝关节,使它们保持像青蛙一样的姿势向两侧外展,观察婴儿的膝盖是否能挨到床。如果两膝均能挨到床则为正常;如果一膝或两膝不能挨到床,则应到医院检查。

(3)屈膝法。

让婴儿仰卧在床上,将其双脚对正,使其膝关节屈曲90°,观察婴儿的膝盖是否等高。如果婴儿的膝盖一高一低,最好带婴儿去医院检查,因为这可能是髋关节脱位的表现。

另外,在给婴儿换尿布时,育儿员或父母如果听到婴儿的大腿根咔咔作响,最好进行一下上面的检查,或带婴儿到医院做进一步检查。

3. 预防呛奶

呛奶是指婴儿在吃奶时或吃奶后,奶液误入呼吸道引起的呛咳或其他呼吸道不适,在新生婴儿中比较常见。婴儿呛奶可能与吃奶时的姿势不当有关,也可能与奶液流入速度过快、流量过大有关。

虽然呛奶是常见现象,但婴儿反应轻重不一,如果处置不当,则可能引起婴儿呼吸困难或窒息,造成不良后果。因此,育儿员应知道如何预防及应对呛奶。

(1)预防呛奶的方法。

◎ 注意哺乳或喂养姿势。婴儿吃奶时,头部应略高于身体,避免完全平躺。

◎ 注意调整乳汁的流速。如果是母乳喂养,当妈妈意识到要出现喷乳反射时,可以用手指轻轻夹住乳晕后部,降低乳汁流出的速度;如果是配方奶粉喂养,则要及时更换流速适宜的奶嘴。

◎ 给婴儿拍嗝。预防呛奶最好的方法,是让婴儿吃奶后打嗝,将吃进去的气体排出,保证奶液顺利进入肠道。

(2)呛奶后的护理。

◎ 如果呛奶不严重,可让婴儿保持侧躺,将手掌微屈呈空心状,轻轻拍击后背上部,刺激其咳嗽将呛入的奶液排出。千万不要将婴儿竖着抱起拍背,以免奶液流入呼吸道更深处。

◎ 用纱布巾轻轻擦去婴儿嘴角溢出的奶液,以免流入耳道。如果奶液呛入鼻腔,用棉签轻轻擦去,注意不要将棉签过分探入。

◎ 如果伴随剧烈呛咳,婴儿出现面色涨红等情况,说明奶液很可能已经进入深处,有窒息的风险,应按窒息急救进行处理。

◎ 如果婴儿出现哭声微弱、呼吸困难、胸部严重凹陷等情况,应及时给婴儿做心肺复苏,同时拨打急救电话,尽快送医。

◎ 如果婴儿呛奶后出现持续性咳嗽没有好转的迹象,应请医生诊断是否引发了呼吸道炎症。如果婴儿呛咳出的奶液中带有绿色胆汁或其他异样物质,甚至伴有其他异常症状,也需带婴儿就医检查。

八、一日工作流程表

根据育儿员工作内容,结合婴儿一日生活作息安排,我们编制了育儿员一日工作流程表。流程表中的时间安排可根据孩子实际情况灵活机动地实施,不必拘束于某时某分,但工作内容须完成。

在工作过程中,育儿员和雇主的彼此沟通、磨合很重要。也许育儿员有自己一套习惯的工作流程表,但是每个家庭有各自的特殊情况,每个孩子的情况也各有不同,因此,流程表只是参考,可以根据实际情况随时调整。双方应该互相尊重、互相交流。当双方发生冲突时,尽力找到最有益于婴儿的、让双方能达成共识并感觉舒服的方式。

1. 住家育儿员一天工作流程

时间	项目	工作内容	注意事项
6:00—6:30	育儿员起床	洗漱,整理好个人卫生,准备婴儿用品(换洗衣物,纸尿裤,尿布,奶瓶,餐具、玩具等)	
7:00—7:30	婴儿起床	1. 换纸尿裤或尿布 2. 清洗臀部 3. 洗脸(口耳鼻眼护理) 4. 测量婴儿体温,身长,体重 5. 婴儿清醒后,交给妈妈,让婴儿和妈妈做些亲子互动	具体时间根据婴儿实际情况定,工作内容不能缺少
8:00—8:30	喂奶	1. 母乳:按需喂,每天8~10次,间隔3小时左右1次,每次喂20~30分钟,协助妈妈记录吃奶时间和妈妈两侧乳房的喂奶情况 2. 配方奶:按时喂,24小时内6~8次,间隔3~4小时一次,每次80~120毫升,每天600~800毫升。按流程冲调奶粉,记录吃奶时间和每次吃奶量	注意婴儿是否出现呛奶或吸吮不顺畅的情况,及时抱婴儿拍嗝,以免溢奶
8:30—9:00		亲子操	辅助妈妈而不能取代妈妈

续表

时间	项目	工作内容	注意事项
9:00—10:00	早教时间	大动作能力训练 "三浴"锻炼	1. 配方奶婴儿加喂一次水 2. 带好外出装备,比如口水巾、纸尿裤、纸巾等
10:00—11:00	小睡	1. 奶瓶等哺喂用具的清洗消毒 2. 随时观察婴儿的睡眠状况 3. 准备午餐	是否有哭闹、口鼻是否有遮掩、是否需要更换纸尿裤等,并根据婴儿的醒来状况,随时终止手头的工作
11:00—11:30	喂奶	重复之前的喂奶、拍嗝、查看便便情况、更换纸尿裤等流程	注意婴儿是否出现呛奶或吸吮不顺畅的情况,及时抱婴儿拍嗝,以免溢奶
11:30—12:30	午餐	育儿员和妈妈轮流吃饭	抱婴儿时,不要同时拿烫的食物或者饮品等
12:30—14:30	午休	休息并关注婴儿睡眠情况	
14:30—15:00	喂奶	重复之前的喂奶、拍嗝、查看便便情况、更换纸尿裤等流程	
15:00—16:00	早教时间	1. 精细动作能力训练 2. 户外活动	1. 不允许任何陌生人抱婴儿,不接受任何人给婴儿的食物 2. 户外活动要告知家人具体活动区域 3. 配方奶婴儿加喂一次水
16:00—17:00	小睡	1. 奶瓶、玩具、衣物等婴儿用具的清洗消毒 2. 随时观察婴儿的睡眠状况 3. 准备晚餐	是否有哭闹、口鼻是否有遮掩、是否需要更换纸尿裤等,并根据婴儿的醒来状况,随时终止手头的工作
17:00—17:30	喂奶	重复之前的喂奶、拍嗝、查看便便情况、更换纸尿裤等流程	
17:30—18:30	晚餐	育儿员和妈妈轮流吃饭	抱婴儿时,不要同时拿烫的食物或者饮品等
18:30—19:00	亲子时间	亲子阅读,聊天互动	以父母为主,育儿员协助
19:00—19:30	睡前盥洗	洗澡抚触,换好纸尿裤	次数:夏季白天可以多安排一次洗澡;冬季一天洗一次即可
19:30—20:00	喂奶	重复之前的喂奶、拍嗝、查看便便情况、更换纸尿裤等流程	喂完奶给婴儿清洁口腔
20:00—20:30	收尾工作	1. 喂哺工具、婴儿衣物、玩具,活动区域的清洗、清洁、消毒 2. 一日工作日志填写	天热时婴儿衣物随时洗,冬天要洗的衣物不过夜。孩子的衣服、口水巾、围嘴、饭衣等手洗干净

2. 不住家育儿员一日工作流程

时间	项目	工作内容	注意事项
7:30—8:00	育儿员	准备婴儿用品（换洗衣物，纸尿裤，尿布，奶瓶，餐具、玩具等）	
8:00—8:30	婴儿起床	1. 与妈妈交接 2. 晨检（情绪，体重，身长，体温）	具体时间根据婴儿实际情况定，工作内容不能缺少
8:30—9:00	喂奶	1. 母乳：按需喂，每天 8～10 次，间隔 3 小时左右 1 次，每次喂 20～30 分钟，协助妈妈记录吃奶时间和妈妈两侧乳房的喂奶情况 2. 配方奶：按时喂，24 小时内 6～8 次，间隔 3～4 小时一次，每次 80～120 毫升，每天 600～800 毫升。按流程冲调奶粉，记录吃奶时间和每次吃奶量	注意婴儿是否出现呛奶或吸吮不顺畅的情况，及时抱婴儿拍嗝以免溢奶
9:00—10:00	早教时间	1. 大动作能力训练 2. 三浴锻炼 3. 亲子操	1. 配方奶婴儿加喂一次水 2. 带好外出的装备，比如口水巾、纸尿裤、湿巾等 3. 辅助妈妈而不能取代妈妈
10:00—11:00	小睡	1. 奶瓶等哺喂用具的清洗消毒 2. 随时观察婴儿的睡眠状况 3. 准备午餐	是否有哭闹、口鼻是否有遮掩、是否需要更换纸尿裤等，并根据婴儿的醒来状况，随时终止手头的工作
11:00—11:30	喂奶	重复之前的喂奶、拍嗝、查看便便情况、更换纸尿裤等流程	注意婴儿是否出现呛奶或吸吮不顺畅的情况，及时抱婴儿拍嗝，以免溢奶
11:30—12:30	午餐	育儿员和妈妈轮流吃饭	抱婴儿时，不要同时拿烫的食物或者饮品等
12:30—14:30	午休	休息并关注婴儿睡眠情况	
14:30—15:00	喂奶	重复之前的喂奶、拍嗝、查看便便情况、更换纸尿裤等	注意婴儿是否出现呛奶或吸吮不顺畅的情况，及时抱婴儿拍嗝，以免溢奶
15:00—16:00	早教时间	1. 精细动作能力训练 2. 户外活动	1. 不允许任何陌生人抱婴儿，不接受任何人给婴儿的食物 2. 户外活动要告知家人具体活动区域 3. 配方奶婴儿加喂一次水
16:00—17:00	小睡	1. 奶瓶、玩具等婴儿用具的清洗消毒 2. 随时观察婴儿的睡眠状况	是否有哭闹、口鼻是否有遮掩、是否需要更换纸尿裤等，并根据婴儿的醒来状况，随时终止手头的工作

续表

时间	项目	工作内容	注意事项
17:00—17:30	喂奶	重复之前的喂奶、拍嗝、查看便便情况、更换纸尿裤等流程	注意婴儿是否出现呛奶或吸吮不顺畅的情况,及时抱婴儿拍嗝,以免溢奶
17:30—18:30	晚餐	育儿员用餐、收拾,做好一日工作记录(不就餐者18:30下班)	

小视频:如何给婴儿换尿布

　　给婴幼儿换尿布是育儿员必须掌握的基本技能之一。

　　想看视频就用手机扫描右边的二维码吧!

小视频:如何正确地穿脱衣服

　　为婴幼儿正确地穿脱衣服,是育儿员必须掌握的基本技能之一。

　　想看视频就用手机扫描右边的二维码吧!

第三节　父母抚育篇

　　育儿员温馨提醒——父母的陪伴无可替代。

　　父母的陪伴在孩子的成长过程中,是包括育儿员在内的任何人所不能代替的。作为孩子成长的重要见证人,育儿员在照护孩子的过程中功不可没,但无论如何,都取代不了父母对孩子的陪伴。钱可以再赚,工作可以再找,孩子的成长只有一次,是不可逆的,在孩子的陪伴上,父母只有一次机会,错过了就永远错过了。

　　3岁前,婴儿非常渴望与爸爸妈妈的亲密接触,无论是陪伴还是游戏,都会让他们内心温暖,充满安全感。可是有些爸爸妈妈为了躲清闲,把婴儿扔给老人或者育儿员后就忙自己的了。

　　对婴儿来讲,最高质量的爱,是被爸爸妈妈拥抱、爱抚,和爸爸妈妈一起游戏、玩耍、唱歌、看绘本等。因此,爸爸妈妈应该抽时间多陪伴婴儿,这样更有利于婴儿的成长。

　　一个从小就被父母用心陪伴过的孩子,心里会埋下美好、希望和光明的种子,人格会更为完善。在面对自己未来人生中的各种挫折和困境时,会更独立、勇敢、坚强!

一、情感连接

1.做一个快乐妈妈

　　有研究显示,患抑郁症的女人和男人的比例是5:1,而女人当中患抑郁症风险最高的是 3 岁以内孩子的妈妈。

一方面，女人在这个阶段身体变化太大，再加上照顾孩子非常辛苦，妈妈的身体大大透支，情绪状态很难把控；另一方面，出于对孩子的爱，妈妈又容易对自己提出较以前更高的要求。在这样的双重压力下，妈妈需要不断地去观察自己、调节状态。

（1）适量运动。

运动是改善情绪的最有效方法。运动必须持续 30～45 分钟，只有持续到 30 分钟以上，身体开始发热，并微微出一点汗时，调整情绪的激素才能被激发出来。因此，快走和瑜伽这类运动量不是太大的运动比较适合妈妈们。

另外，一星期至少要保证五天运动。如果肯坚持，妈妈很快会看到自己的身体、精神、情绪有很大改变。

（2）保证休息。

宝妈每周至少抽出半天做一些自己喜欢和放松的事情，整个人的身心从与孩子相关的琐事中抽离出来，好好享受自己的时光，和自己待在一起。宝宝呢，就交给育儿员、宝爸或是其他让自己放心的人。

当然，如果有宝爸以外的人可以帮你看管孩子，你能和宝爸待在一起，做自己喜欢的事情，那就更好了。

（3）觉察身体。

不管我们是在照顾小宝宝还是做家务或者工作，一定要量力而行。当感觉身体疲倦、不舒服时，就要果断地把一些工作留给老公或花钱雇人去做。

（4）加强沟通。

多和家人、育儿员进行沟通，不指责、不攻击、不讨好，如实地说出自己的感受、需求，不要等到情绪太满、忍无可忍时才用怒气去沟通。

2. 家人的关爱是产后抑郁症的克星

许多新妈妈产后会出现不同程度的抑郁，这种情况与产后体内激素水平急剧变化、睡眠严重不足、对未来不确定、存在育儿困惑等有关，以致情绪变化较大。

做丈夫的，要充分理解妻子目前的状况，遇到妻子与家人产生矛盾时，要学会协调关系，化解分歧，力求创造一个和谐、宽松的家庭环境。

做妈妈的，也要适当降低对家人尤其是对新手爸爸的要求。有情绪时，不管是伤心还是气愤，都要尽可能说出来，切勿强行压制，以免引发更大的家庭矛盾。

大多数情况下，只要及时调整，产后 1～2 周，抑郁情绪就会有所缓解。如果抑郁已持续 2 周以上，且已影响正常生活，比如出现失眠、厌食等，很可能会发展为产后抑郁症。妈妈应正视自己的心理状态，并请专业心理医生介入调整。

需要说明的是，产后抑郁不等于产后抑郁症。产后抑郁是很多新妈妈都会遇到的问题，通过积极调整，短期内就会消失；产后抑郁症则是需要进行专业治疗的心理疾病，务必引起重视。如果产后抑郁没有得到有效缓解，任其发展，很可能会发展成产后抑郁症。

所以，妈妈们要及时调整自己的心理，家人也要给予足够的关心和照顾，共同度过这个特殊时期。

3. 多逗婴儿笑一笑

微笑是一种本能,也是最富有魅力的一种语言。

对婴儿来说,笑是婴儿智慧和情感发展的重要标志。因此,爸爸妈妈应该多向婴儿微笑,多与婴儿互动,以激发婴儿的智慧。

(1)对婴儿做鬼脸。婴儿期,最能吸引婴儿注意的是大人的脸,给婴儿做个特别的表情,冲着婴儿晃晃脑袋,微笑着和婴儿对视等,都能逗笑婴儿。

(2)和婴儿互动。对于小宝宝来讲,如果他笑了,你要配合他微笑,和他玩耍;对于较大一些的婴儿,他微笑的内涵会更加丰富,可能是你满足了他的某个需要,也可能是婴儿在向妈妈表达喜欢等,妈妈要多思考、多关注,积极和他互动,激发他的表达欲望,促进亲子感情。

4. 及时回应婴儿的哭声

对还没有表达能力的婴儿来讲,哭泣是一种特别有效的语言,能够把照顾者召唤到身边,还能引起他人的注意,更能表达内心的情绪。

作为妈妈,要仔细分辨婴儿的哭声,并做好及时的回应和安抚。

(1)生理性啼哭。

婴儿的生理性啼哭是健康的标志。

当婴儿放声啼哭时,哭声抑扬顿挫,很是响亮,一般持续时间较短,且进食、睡眠、玩耍等都表现正常。哭时常常伴有双腿乱蹬、双臂屈伸的动作,就像是在做运动一般。

当婴儿啼哭时,爸爸妈妈不要小瞧婴儿的这项运动,它不仅能增大婴儿的肺活量,还能促进新陈代谢,促进神经系统和肢体的发育。

(2)病理性啼哭。

与生理性啼哭相对应的是病理性啼哭,常见的病理性啼哭有以下几种类型和表现:

口疮而哭:哭声绵绵、口角流涎、不肯吃奶。

伤食而哭:口有乳酸味、腹部膨胀、拒不吃奶。

发烧而哭:面色潮红、口渴欲饮、哭时无泪。

呼吸道感染而哭:常伴有咳嗽、鼻塞流涕。

惊骇而哭:哭时少泪,哭声一阵高于一阵,头欲藏母亲怀里或被子里。

破伤风而哭:多见于出生后一周左右的婴儿,欲哭不出,面有苦笑。

佝偻病而哭:睡眠少且不安稳,好哭闹,烦躁多汗、夜惊、夜啼。

先天性心脏病而哭:平时一般情况尚好,总在哭闹、活动时出现气急、气喘、面色和口唇青紫等。

(3)需求性啼哭。

除了生理性啼哭和特殊的病理性啼哭外,宝爸宝妈还要读懂婴儿的需求性啼哭,这样才能对症下药,做出恰当的回应。下面是婴儿哭泣时的可能原因,给予宝爸宝妈一些简单的护理建议。

饿了:低音调,有节奏,一般是先急促地哭上一小会儿,接着停顿一下,然后再接着小声地哭,整个过程就像是在说"饿—饿—"一样。

判断出婴儿饿了,就要抱起婴儿,给婴儿喂奶了。需要注意的是,不要让婴儿一边哭一边吃,且喂奶要及时,不要刻板遵守和大人一样的饮食规律。

◎ 尿了或拉了:哭声缓慢,显得烦躁,而且婴儿常常会扭动自己的小屁股。

当婴儿尿湿后,因为不舒服,会在第一时间哭泣并扭动自己的小屁股。当发现婴儿表情难受时,育儿员或妈妈要及时打开尿布看看,并给婴儿换上干爽的尿布。

◎ 想要睡觉:哭声强烈,像是"花腔"一样带着颤抖和跳跃。

婴儿对睡眠的要求非常高,如果周围的环境或是其他因素打扰了睡眠,就会以哭泣来表达自己的需求和不满。尽快让周围安静下来,接着把婴儿抱到床上,拍拍他,让他尽快入睡。

◎ 想要抱抱:哭得很"热闹",但是只要一抱起来就立刻停止哭泣。

在出生前,婴儿已经在一个温暖狭小的空间里生活了 9 个多月;而现在要面对陌生的环境,婴儿表示很害怕,很需要爸爸妈妈给予的温暖,需要肌肤与肌肤的贴近。因此,婴儿会通过哭泣来表达这种需求。当遇到这种情况时,爸爸妈妈不要吝啬自己温暖的怀抱,多抱婴儿一会儿,给他安抚。

◎ 太热或太冷:感到热时哭声会很大,并伴有不安的神情,同时脖子上会有汗;感到冷时虽然哭泣的声音不大,但也低沉而有节奏,小手小脚也有些凉。

婴儿喜欢暖暖的感觉,这种感觉最初来源于对妈妈子宫的感觉。到了外面的世界后,温度过高或过低,都容易让婴儿因不舒服而哭泣。

要根据婴儿情况,随时增减被子、衣物,只要悉心照料,婴儿会很快安静下来。

◎ 受伤或不舒服:剧烈大声地哭喊,声音尖利,听着撕心裂肺。妈妈或育儿员要及时检查婴儿的身体,看看是否有东西卡住了他的腿或脚,是否有灰尘迷住了他的眼睛等。

二、智力开发

智力开发的基本内容是提高婴幼儿的观察力、记忆力、想象力和思维能力。主要有以下几种开发方式:

1. 随时随地和婴儿说话

寻找一切机会和婴儿说话,向婴儿介绍每一位家庭成员,告诉他眼前的事物,身边发生的事情。

比如,妈妈给婴儿喂奶换尿布时,要坚持和婴儿说话,"妈妈要给宝宝换尿布了";当爸爸上班外出时,可以对婴儿讲,"宝宝,爸爸要去上班了,跟爸爸再见";下班回家时可以说,"宝宝,你好啊,爸爸回来了"。

爸爸妈妈要不厌其烦地对婴儿说话,这对促进婴儿语言发展具有极大好处,且能帮助爸爸妈妈和婴儿之间建立更加亲密的情感关系。

2. 温柔地哼唱儿歌

开发婴儿早期智力的一项必备功课就是给婴儿念儿歌。

儿歌句子简短,结构简单,想象丰富,富有韵律和节奏,大多数婴儿都喜欢听。虽然 3 个月的婴儿尚不能理解儿歌的意思,也听不懂儿歌的内容,但是他们听到儿歌时,会特别高兴,有时候正在哭闹的婴儿,一听到他熟悉的儿歌,就会停止哭闹。

给婴儿念的儿歌,应该选一些适合婴儿特点、有情趣、篇幅短小、读起来朗朗上口的儿歌。念给婴儿听的时候,要面对着婴儿,口型夸张一些,速度稍微放慢,带着亲切而丰富的表情和变换的动作,对婴儿会更有吸引力。

3. 亲子阅读越早开始越好

研究表明,当胎儿发育到 15 周时,听力就已经开始发展了。这就意味着此时胎儿已经可以听到外界的声音了,因此从这个阶段开始就可以和胎儿进行亲子阅读了。而长期固定书籍的选择,阅读的内容是可以融入胎儿的记忆,并带出母体的。

实验证明,当新生儿听到孕期熟悉的声音和内容时,会出现良好的情绪反应。所以,培养婴儿的阅读习惯越早越好。妈妈可以在婴儿吃好、睡足、情绪较好的时候,比如哺乳后、洗澡后、睡觉前,每天安排 2～3 次的阅读时间,每次 3～5 分钟,可以使用夸张的语气和表情读,一旦婴儿表现出烦躁,妈妈要立即停止,灵活调整阅读时间。

对于婴儿来说,兴趣比习惯要重要得多。

第三章

4月龄婴儿教养指南

第一节 发展指标与养育要点

每个婴儿的发育都有个体差异,除了受遗传、环境等因素的影响,还要受营养、疾病等的影响。婴儿的生长指数和能力指标,既有共性,又有个性,因此,要客观评价婴儿的体格标准。

一、婴儿生长特点

本月龄的婴儿体重和身高都增加了许多,身体也壮了许多。

婴儿变得更开朗、更活泼,有陌生人来的时候,婴儿会睁着大大的眼睛注视着那些自己不认识的人。

如果父母对婴儿微笑,婴儿通常也会回赠给父母一个快乐的笑容;如果父母做滑稽的动作逗他,婴儿更会开心地咯咯大笑起来。

二、身体发育变化

这个月的婴儿生长发育仍然较快,身长、体重等发育指标在本月都会出现比较明显的增长。

体重:男孩5.4～10.3千克,女孩5.0～9.6千克。

身长:男孩58.0～71.7厘米,女孩56.6～69.9厘米。

头围:男孩38.1～45.3厘米,女孩37.2～44.1厘米。

注:以上数据根据国家卫健委《7岁以下儿童生长标准》(2022年9月19日发布,2023年3月1日实施)整理。

牙齿:个别婴儿在本月萌出第一颗乳牙(一般为下边的门牙)。

三、能力发展特点

1. 认知能力:视觉发展、视听联系及手眼协调性的发展

可以看到2～3米范围内的物体,还会随着物体的移动进行追视;看到眼前有东西时,大部分婴儿的反应是伸手去抓。

喜欢看色彩鲜艳的物体,尤其喜欢红、橙、黄等暖色调颜色,对红色更是情有独钟。

视觉和听觉已经形成联系,听到声音知道转过头去寻找声源。

能与大人对视,并保持5秒或以上。

2. 动作能力:头部运动自控能力加强

在这个月里,婴儿会学会许多新动作,令爱子心切的父母们激动不已。

(1)头部动作。

婴儿的头能够随自己的意愿转来转去,眼睛也会随着头的转动而左顾右盼,婴儿显得越发聪明、活泼。

将婴儿趴着放在床上,婴儿可以用两臂支撑起前半身,把头稳稳地抬起来。面部与床面呈90°,持续5秒及以上。

(2)手部动作。

婴儿对自己的小手很感兴趣,独自躺在床上时,经常把双手放在眼前观看,还会把两手握在一起,或用一只手抓另一只手玩耍。

(3)腿部动作。

有的婴儿在这个月会喜欢蹬跳:两手放在婴儿腋下,扶着婴儿站在父母的腿上,婴儿会一蹬一蹬地跳跃。

原有的行走反射在这个月仍然没有消失。时不时地扶着婴儿在床上"走一走",对促进婴儿早日学会走路非常有好处。

3. 语言能力:能发出"咿呀嗯啊"等音节

4个月是婴儿咿呀学语的重要阶段。当婴儿感到高兴,或父母和婴儿亲昵而温柔地说话时,婴儿会露出甜蜜的微笑,嘴里不断发出"哦哦啊啊"的学语声。

四、心理情感特点

情感需求增加,社交欲望增强。

虽然孩子还小,但不能忽视孩子的"情感需求"。他们有了属于自己的情感需求,看见父母和其他亲人会高兴起来;喜欢爸爸妈妈抱,并且主动要求抱抱;醒着的时候更渴望和亲近的人接触。

五、喂养要点

1. 母乳喂养

按需哺乳。

每天 7～9 次,间隔 3 小时左右一次。

后半夜不需要叫醒婴儿喂奶。

2. 混合喂养

每次都要先喂母乳。

如果距上次喂奶时间在 2 小时以下,喂配方奶;如果距上次喂奶 2 小时以上,喂母乳。

母乳与配方奶的间隔要尽量缩短,可短至 2 小时。配方奶与母乳间隔要尽量延长,可长至 3 小时。

3. 配方奶喂养

按时哺乳。

24 小时内喂奶 6～7 次,每次 120～160 毫升,间隔 3～4 小时一次。后半夜不必唤醒婴儿喂奶。

4. 水和营养素补充

(1)夏季,维生素 A 和 D 每周 6 粒,户外活动每天 2 小时。

(2)春秋,维生素 A 和 D 每周 7 粒,户外活动每天 1 小时。

(3)冬季,维生素 A 和 D 北方每周 9 粒,南方每周 7 粒,户外活动适当缩短。

(4)配方奶喂养婴儿奶量每天不足 600 毫升,每减少 100 毫升,额外补充钙元素 70 毫克。

(5)配方奶喂养、混合喂养的婴儿需补水,每喂 100 毫升配方奶,额外补水 25 毫升。

六、早教要点

(1)丰富环境信息,加强感官学习,促进感觉综合健康发展。

(2)让婴儿尽情地多看,多听,多摸,多闻,多尝,多运动。

(3)继续教婴儿翻身并够取玩具。

(4)丰富视听训练内容,如儿歌、童谣、音乐等。

第二节　育儿员工作篇

经过了第一个月的磨合,相信育儿员和婴儿、妈妈已经合作得很好了。作为婴儿成长的重要见证人,育儿员功不可没。

如果说 3 个月前的婴儿是随时吃、喝、睡模式,那么从这个月开始,育儿员就要开始有意识地合理安排作息时间表,帮助婴儿养成有规律的作息习惯了。

一、健康护理

(一)二便管理

1. 婴儿一天大小便几次正常

4 月龄婴儿排尿次数一般一天 20 次左右。大便每天 1～4 次或 2 天 1 次。母乳喂养的婴儿大便一般不规律。婴儿的吃奶量、妈妈吃的食物的变化都会对婴儿的大便产生影响,使婴儿的大便次数、性状发生变化。

如果婴儿的精神好,吃奶、睡眠都比较正常,即使有时候大便次数比较多,或大便很稀,也没有什么问题,不必过分担心。

2. 看大便颜色知婴儿健康状况

大便的形状、气味、次数和颜色的变化关乎婴儿的身体健康,因此,在日常照护中,育儿员要格外注意观察婴儿大便的变化。

(1)正常情况。

母乳喂养:婴儿的大便是很漂亮的金黄色,有一定的黏性且偏稀,看上去很松散,可能呈水状、颗粒状、糊状、凝乳状等。

人工喂养:一般大便比较干燥,常有少量奶瓣,呈淡黄色或棕黄色,有明显臭味。

混合喂养:与成人的相似,呈暗褐色,臭味较重,形状与次数多介于母乳喂养与人工喂养的婴幼儿之间。

(2)异常情况。

◎ 如果大便呈绿色、黏液状、量少、次数多、婴幼儿爱哭闹,可能是进食量不足,应增加奶量。

◎ 如果婴儿大便中粪与水分开、色黄、有不消化的奶瓣、大便次数增多,是消化不良,要调整吃奶时间,做到定时吃奶,多饮水。

◎ 如果大便干燥,有白色硬结块,臭味大,一般是因为婴儿摄入蛋白质过多,没有完全消化。应注意配方奶浓度是否过高,进食是否过量,可适当稀释奶液或限制奶量1～2天。

◎ 如果婴儿大便次数不多、水分多、似蛋花汤或黏液脓性便、有腥臭味,伴腹胀、呕吐、烦躁、哭闹,可能是肠道感染,应及时去医院诊治。

如果一天中婴儿大便的次数比平日多些或稀些,有时从大便中还能看到一些颗粒等,只要婴幼儿没有不舒服的表现,这些都属于正常;但是如果大便明显与以往不同,如呈黑色、便中带血丝或脓液、黏液等,就要引起充分重视。

虽然大便能在一定程度上反映婴儿的健康状况,但育儿员和家长也不要过分纠结于大便的颜色,尤其是在婴儿添加辅食后,由于所吃食物不同,排出大便的颜色也会有更多变化。

3. 不要强行给小宝宝把屎把尿

传统观念认为,早点给婴儿把屎把尿,会让婴儿形成有规律的排尿和排便习惯,事实并非如此。

对于婴儿来说,在其能自己控制排便、排尿之前,强行把屎把尿毫无意义;而偶尔一次把尿或把屎成功,不过是碰巧而已。

婴儿的膀胱和肠道肌肉尚未发育健全,1岁左右,才开始产生尿尿和排便的感觉;18～24个月时,婴儿控制排泄的肌肉才会慢慢发育成熟。

所以,过早地把屎把尿,并不能让婴儿提前学会自己上厕所,反而可能破坏婴儿的专注力,引起婴儿的逆反心理,出现越把越不尿或"一把就打挺,一放就尿"的恶性循环,不但会伤害婴儿的自尊心,而且等到了该训练排便的月龄也训练不了了。

育儿员在日常照护过程中,只要注意观察婴儿大小便前的信号,比如,发呆、愣神、使劲儿等,及时地给婴儿更换尿布或纸尿裤就可以了。

(二)日常护理

1. 给婴儿洗澡

(1)物品准备:婴儿包被、衣服、尿布、纱布小毛巾、大浴巾、婴儿浴液、洗澡盆、冷水、热水等。

◎ 室温维持在26 ℃～28 ℃之间:夏季不需要开空调,关闭门窗,切记不让婴儿受对流风的影响。

◎ 水温以37 ℃～40 ℃为宜。先倒入冷水,再加热水,再用手腕内侧试一下,以热而不烫为宜。也可使用专门的水温计测量水温。

(2)洗脸。

◎ 脱去婴儿衣服,用大浴巾包裹全身。

◎ 育儿员用右臂环抱婴儿,并用右肘部和腰部夹住婴儿的臀部和双下肢,右手托住头颈部,用拇指和中指压住婴儿双耳,使耳郭盖住外耳道,防止洗脸水进入耳道引起炎症。左手蘸湿毛巾,一角包住食指,轻轻擦洗脸部,顺序依次为眼(由内眼角向外眼角轻轻擦拭)→前额(由眉心向两侧轻轻擦拭)→颊部→嘴角→面部→耳部(用毛巾包住食指轻轻擦拭耳郭及耳背)(图3-2-1)。

每个部位依次擦拭,切忌反复擦拭使用,可用毛巾四角交替擦拭;若四角均使用过,则需将毛巾洗净再擦拭。婴儿肌肤非常敏感,所以擦拭时,动作要轻柔,力度要适当。

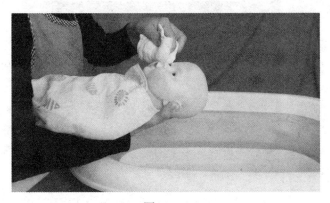

图 3-2-1

(3)洗头。

◎ 用右手托住婴儿的头部和颈部,拇指和中指从其头的后面压住双耳,使耳郭盖住外耳道,以防止洗澡水流入耳道内(图3-2-2)。

◎ 左手持小毛巾蘸温水将婴儿的头发打湿;再在手上倒少许洗发水,搓揉出泡沫;然后用指腹轻轻在头上揉洗。注意不要用指甲接触婴儿头皮,以免划伤婴儿。

若头皮上有污垢,可在洗澡前将婴儿油涂抹在婴儿头上,这样可使头垢软化而易于去除。

◎ 最后用清水将婴儿头上的洗发水冲洗干净,并用大毛巾轻轻擦干(图3-2-3)。

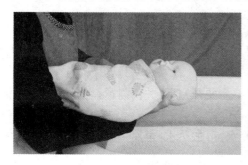 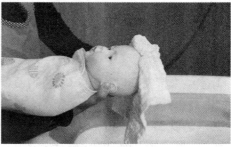

图 3-2-2 图 3-2-3

(4)清洗全身。

◎ 将婴儿从脚部到身体慢慢放入浴盆中,左手臂横过婴儿肩膀固定其腋下,婴儿仰卧枕于育儿员手臂上(图3-2-4)。

◎ 右手持毛巾依次清洗颈部→腋下一前胸→双臂和双手→腹部→腹股沟→下肢→会阴部。

注意不要使洗澡水流入脐部。使用沐浴露时,应该用手搓成泡沫后,再擦在婴儿身上。注意洗净皮肤皱褶处,如脖子、腋窝、大腿根部等。

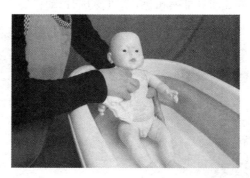

图 3-2-4

◎ 将婴儿翻转过来(图3-2-5),左手横过其胸前,固定其腋下,让婴儿趴在育儿员左前臂上,右手持温湿毛巾按照由上往下的顺序清洗背部→臀部→双腿→双脚(图3-2-6)。

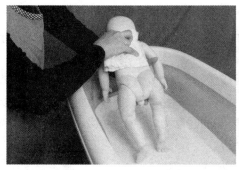
图 3-2-5

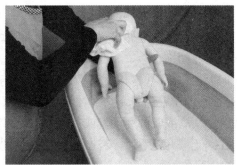
图 3-2-6

◎ 洗完后,把婴幼儿抱出澡盆,立即放在准备好的大浴巾上包裹擦干(图 3-2-7)。

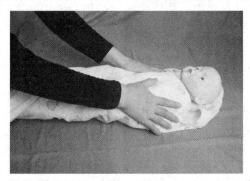
图 3-2-7

◎ 将婴儿抱至卧室,待婴儿身体全干后再将浴巾打开,并进行抚触(抚触方法见第二章第二节)。

◎ 抚触完成,给婴儿换上干净的纸尿裤及衣物。必要时为婴儿修剪指甲(为婴儿修剪指甲最好在婴儿睡着后进行)。

(5)注意事项。

◎ 先倒冷水再倒热水,严格控制水温,严防烫伤。

◎ 洗澡时间应安排在两次喂奶之间,婴儿醒着且比较安静的时候。

◎ 洗头洗脸时,不要让污水流入耳道深处,否则一旦发生外耳道炎症,应及时去医院就诊。

◎ 清洗动作要轻柔,不能用手拍打婴儿头部,也不能抠婴儿头上的乳痂。

◎ 一定要将婴儿托住、夹紧,避免婴儿从怀中滑脱,但也不能用力过大伤着婴儿。

◎ 洗完后一定要迅速将婴儿包好,以防感冒。

◎ 为婴儿洗澡时所用的毛巾要纯棉质且柔软,动作要轻柔、规范,避免伤及婴幼儿的皮肤和肢体,更不要让婴儿被水呛到。

◎ 注意清洁皮肤的皱褶处。

◎ 沐浴时要避免空调风或对流风的正面吹袭,以防着凉生病。

◎ 随时观察婴儿全身状况。

2. 不要阻止婴儿吃手

对于小月龄的婴儿来说,嘴是探索和感知世界的重要途径,用吃手的方式可以满足其对这个世界的好奇心。

所以,育儿员或家长大可不必对婴儿吃手横加制止,如临大敌。但婴儿吸吮手指毕竟不卫生,所以在看到婴儿吃手时,育儿员或家长可尝试转移婴儿的注意力,多跟婴儿说话、讲故事、唱歌,或者利用玩具或其他物品吸引婴儿的注意力,减少其吮吸手指的次数。

在纠正婴儿吃手时,要注意以下两个错误:

(1)简单粗暴地制止。

这种做法不但不会改掉婴儿吃手的习惯,反而会强化他吮吸手指的欲望。

(2)频繁用消毒湿巾或免洗洗手液给婴儿洗手。

因担心婴儿吃手会引发肠道疾病而不时地用消毒湿巾或免洗洗手液清洁婴儿双手,这种做法也是错误的。婴儿吮吸手指时,会把手上残留的消毒剂成分一起吃下去,破坏肠道正常菌群。

因此,如果婴儿有吃手习惯,育儿员应经常给婴儿用清水洗手,而不是频繁使用含消毒成分的清洁用品。

若婴儿满一岁甚至两三岁了还在吃手,育儿员要注意排查婴儿吃手的原因:是因为无聊,紧张,缺乏安全感,还是别的什么原因,同时给予婴儿更多关注。

3. 出牙期护理

通常,婴儿会在出生后4~10个月开始出牙,出牙早晚与遗传、营养吸收水平、牙齿接受适度刺激的频率等有关。只要第一颗乳牙在出生后13个月内萌出,就是正常的,每个婴儿都有自己的发育规律,出牙同样存在个体差异,不必和其他婴儿进行比较。

出牙会引起婴儿牙床疼痛、流口水等一系列不适,育儿员应注意做好护理,帮助其减轻痛苦,顺利度过出牙期。

(1)出牙期容易出现的问题。

◎ 流口水:大多数婴儿在出牙前2个月左右就会流口水。过多的口水容易刺激婴儿皮肤,让婴儿长湿疹。育儿员要及时给婴儿擦干口水,动作要轻柔,使用干净、柔软的毛巾或纱布巾;也可多准备几条口水巾或围嘴,用来吸附多余的口水,并经常更换。

◎ 啃咬:出牙期最大的特点就是喜欢咬东西。这是婴儿转移牙床不适的一种特殊方法。当婴儿变得爱咬东西时,育儿员可以给婴儿准备磨牙饼干、水果条等稍硬的食物,也可以让婴儿咬牙胶,减轻婴儿出牙带来的不适。

◎ 哭闹、烦躁不安:婴儿会因为出牙不适而烦躁哭闹,育儿员要用给婴儿新玩具、带婴儿玩,和其他小朋友做游戏等方式安抚婴儿,以此来转移婴儿的注意力。

◎ 拒绝进食:出牙期的婴儿在吃奶时很容易变得烦躁,有时因为很想把某个东西塞进嘴巴而显得很想吸奶,开始吸奶后又会因为吸吮使牙床疼痛而拒绝进食。这时,育儿员或妈妈可以将洗干净的手指伸进婴儿口腔内帮其按摩牙床,也可以让婴儿咬一咬。牙床的疼痛减轻后,婴儿会安静下来,开始吃奶。

◎ 牙床出血、血肿:有的婴儿出牙时牙床会出血,有时还会形成瘀青色的血肿瘤。这种血肿瘤千万不能挑,否则容易引起感染。用冰块为婴儿冷敷一下,可以减轻疼痛,促进内出血吸收。如出现溃烂,应及时带婴儿到医院诊治,防止继发感染。

（2）保持口腔清洁。

◎ 哺乳后喂点温开水。为保持婴儿在牙齿萌出期间的口腔卫生,育儿员应在每次哺乳后喂婴儿一些温开水,以起到冲洗残留乳汁的作用。

◎ 不要含着奶瓶入睡。如果婴儿已经开始吃奶粉,育儿员不要让婴儿含着奶瓶入睡,以免残留在婴儿口腔内的奶汁成为培养细菌的温床,诱发口腔感染。

◎ 用纱布清洁牙齿。牙齿萌出后,育儿员可将干净的纱布缠在手指上,帮助婴儿擦洗牙龈和刚刚露出的小牙(图3-2-8)。

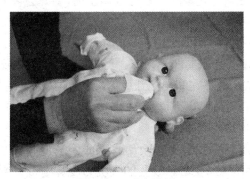

图 3-2-8 牙齿清洁

二、营养饮食

（一）母乳喂养

1. 喂养原则

按需哺乳:每天 7～9 次,间隔 3 小时左右一次。后半夜不需要叫醒婴儿喂奶。

即使婴儿还是 2 小时吃一次,后半夜还是时常醒来吃奶,也不能认为婴儿异常。

母乳次数:母乳喂养次数没有严格限制,母乳充足,可间隔 4 个小时吃一次,到了夜间可能仅吃一次,有的会一夜都不吃。如果夜间饿的话,婴儿会醒来要奶吃,因此,育儿员或妈妈没有必要叫醒婴儿喂奶。

异常情况:这个月可能会出现生理性腹泻,大便次数增多,稀或偏绿,不要轻易服用抗生素。母乳喂养的妈妈注意减少寒凉食物,吃温热食物。

2. 哺乳妈妈哪些药不能用

哺乳期妈妈在用药时,需要向医生说明自己正处在哺乳期,由医生给出药单,不要自行服药。因药物经乳汁排泄是哺乳期所特有的药物排泄途径,几乎所有药物都能通过被动扩散进入乳汁,虽浓度有所不同,但会对婴儿产生不良影响。

（1）用药原则。

◎ 若哺乳期妈妈所用的药物弊大于利,则应停药或选用其他药物或治疗措施。

◎ 对可用可不用的药物尽量不用。

◎ 用对妈妈和婴儿危害与影响小、比较成熟的药物,避免使用新药。

◎ 尽可能选用单一成分的药品,避免使用复方制剂。

◎ 能用外用药就不选择口服药物,能选择速效剂型就不要选择长效剂型。

(2)服药和哺乳时间。

◎ 对较安全的药物,应哺乳后用药,并尽可能推迟下次哺乳时间。

◎ 遵医嘱用药,不任意缩短或延长疗程,不自行更改用药剂量。

◎ 用药过程中,育儿员和妈妈都要时刻注意观察妈妈自身及婴儿是否发生药品不良反应。

3. 婴儿咬妈妈乳头怎么办

有的婴儿4个月开始有牙齿萌出。在牙齿萌出前,婴儿会被牙龈发痒等不适所困扰,难免会咬妈妈的乳头,甚至将乳头咬破。

当婴儿咬乳头时,妈妈马上用手按住婴儿的下颌,婴儿就会松开乳头的,千万不可硬将乳头从婴儿口中拉出,以免加重乳头损伤。另外,妈妈即便被咬也要保持镇定,不要有剧烈反应,以免婴儿误认为妈妈在和自己开玩笑,而更加热衷于这个"咬人"游戏。

为了避免婴儿咬乳头,育儿员要提醒妈妈注意以下几点:

(1)哺乳时注意婴儿的吸吮动作。

一般来说,婴儿特别饥饿时、会无暇顾及出牙的不适,吃得饱些,可能就会开始咬乳头磨牙了。所以,哺乳期间,妈妈要留意婴儿的吸吮力度等是否有所改变,一旦发现婴儿快吃饱了,就要提高警惕,随时准备停止哺乳。

(2)保证哺乳环境简单、安静。

婴儿不断长大,越来越容易受外界吸引,一旦将关注点集中在除妈妈乳头之外的人或物上,就不会再集中注意力吃奶,此时如果牙齿不适就更容易出现咬乳头的行为。所以,哺乳时要尽量选择相对安静的环境。

(3)给婴儿吸吮安抚奶嘴。

喂奶前可以给婴儿吸吮安抚奶嘴,让婴儿磨磨牙。10分钟后,再给婴儿喂奶,咬妈妈乳头的现象就会有所减少。

(二)混合喂养

1. 喂养原则

(1)每次都要先喂母乳。

(2)母乳与配方奶的间隔要尽量缩短,可短至2小时;配方奶与母乳的间隔要尽量延长,可长至3小时。

(3)以母乳为主。不要因为婴儿长大了,就更多用配方奶喂养。只要和上次喂奶时间间隔2个半小时,就用母乳喂养。后半夜醒得频繁,可喂配方奶。

2. 加配方奶,不需断母乳

如果每日体重增长低于20克,一周体重增长低于120克,这个月增长不足500克,婴儿没有生病,首先考虑母乳喂养不足,可尝试添加配方奶。

每次喂奶都先喂母乳,婴儿把两边乳房都吃完了再用配方奶补足不够的部分,这样既能够让乳汁持续分泌,又能让婴儿吃饱。补充的奶量要根据婴儿的食量及母乳量决定(见

第二章第二节补授法）。育儿员可根据前期所作的喂奶记录，计算婴儿每日奶量，看是否吃得过少（奶量600毫升以下）。添加配方奶，最好在临睡前添加一次，既解决了母乳不足问题，又免得婴儿半夜多次醒来吃奶。观察一周，如果体重正常增加，就这样加下去；如果体重仍然增加不理想，就尝试着每天加两次。

需要提醒的是，混合喂养应以母乳为主，奶粉为辅。即使母乳不足，也应该让婴儿充分吸吮乳头，育儿员要鼓励妈妈坚定母乳喂养信心，不要因为母乳不足而放弃母乳喂养。

3. 帮婴儿顺利度过厌奶期

婴儿出生后，饿了就哭，饱了就睡，体重快速增加，看着婴儿一天天长大非常有成就感。可当婴儿长到4个月时，突然在某一天就不喜欢喝奶了，即使给婴儿换了奶瓶、奶嘴，或是换了配方奶品牌，婴儿依然不太想吃奶。医学上称这种暂时的厌奶状况为"生理性厌奶期"。

处于生理性厌奶期的婴儿正常发育，活力很好，只是奶量暂时减少，一般一个月左右就会自然恢复。

（1）不要强迫婴儿吃奶。

除了厌奶外，婴儿精神、玩耍、睡眠、尿便都比较正常，几天不吃奶，也没见饿瘦。育儿员和妈妈一定不要急，婴儿体内有足够的能量储备，饿不坏的，所以，不要强迫婴儿吃奶。

（2）少量多餐。

婴儿出现厌奶的征兆，育儿员可从改善喂食方式做起，以少量多餐为原则，等婴儿想吃的时候再喂；或者通过游戏消耗婴儿的体力，例如按摩、肢体活动等，当他精力耗尽、感到饥饿时，进食的状况也会得到改善。

（3）进食环境尽量安静。

随着感知觉能力的强化，此阶段的婴儿开始对外界感到好奇，用餐时若有人在旁逗弄他，或出现很多能吸引他注意力的玩具、声音，婴儿会觉得这些事情比吃饭更有趣，自然就不想吃了。因此，在婴儿进餐时，应尽量保持周围环境的安静，避免分散婴儿注意力。

（4）奶嘴孔大小要适当。

有时候婴儿喝奶少，可能是因为奶瓶上奶嘴孔太小，婴儿吸得不顺畅，因此喝的量才减少。先将奶瓶倒过来，检查一下奶嘴孔是否能顺利流出奶液，通常最佳的速度是1秒1滴，滴不出来或滴得太快，都会对婴儿产生影响。

如果婴儿某段时间奶量锐减或呕吐，同时伴有脸色不好、活力减低、烦躁不安等，那可能真的是婴儿的健康出了问题，是病理性厌奶期，需要及时去看医生。这就需要育儿员在日常喂养过程中注意鉴别。

（三）配方奶喂养

1. 喂养原则

按时哺乳：

（1）24小时内喂奶6～7次，每次120～160毫升，间隔3～4小时一次；后半夜不必唤醒婴儿喂奶。

（2）婴儿后半夜醒来可喂水，如喂水后仍醒来哭，可加喂1次配方奶。

（3）即使是配方奶喂养，按时也是相对的，有的婴儿后半夜要吃一次奶，有的婴儿不到 4 个小时给奶也不吃，有的婴儿 3 个小时就要吃一次奶。因此育儿员和妈妈要尊重婴儿的选择，灵活掌握。

（4）食量小的婴儿，一天仅能喝 600 毫升左右，食量大的一天可以喝 1 000 多毫升。任何时候强迫喂养，都可能会导致婴儿厌食。

2. 吃配方奶的婴儿别随便补钙

为了预防佝偻病，现在大部分配方奶中都会添加钙。育儿员要根据奶粉罐上标注的成分比例和婴儿一天的吃奶量计算一下婴儿每天摄入的钙有多少。

如果婴儿通过吃奶每天可以摄入 300 毫克钙，就不用额外补充，只要补充维生素 D 就可以了；如果随便补钙，会给婴儿的肾脏造成过多负担，容易使婴儿患上肾结石。

3. 不能婴儿一哭就喂奶

一听到婴儿哭，育儿员就会下意识地认为婴儿是饿了，就喂奶。这种做法是不正确的，这个问题要具体问题具体分析，不能一哭就喂。

（1）如果婴儿哭闹时正是喂奶时间，那么，育儿员或妈妈应及时给婴儿喂奶。

（2）如果还不到喂奶时间，就要检查婴儿是不是要大小便，或者已经大小便完毕，感到小屁股不舒服才哭闹的。

（3）排除了大小便哭闹，还要检查身体其他地方是否有不适，或者太冷、太热，寻求安慰，希望抱抱等。

总之，育儿员要细心留意，用心观察，才会逐渐辨别婴儿要表达的意思，给婴儿及时的回应和护理，而不是频繁、盲目地喂奶。否则，喂奶过多，容易引起肥胖，导致肠绞痛或消化不良。

四、早教时间

（一）室内活动

1. 认知能力训练

（1）视觉训练：布娃娃去哪里了。

第一周：育儿员可以把布娃娃的一部分用浴巾遮挡，一边说"布娃娃到哪里去了？"一边做出寻找的样子，吸引婴儿的注意。每天做两三次。

第二周：重复第一周的游戏，增加遮盖的比例，最后育儿员用夸张的动作表示找到了。

第三周：将整个布娃娃藏在浴巾下，但要显现出娃娃轮廓，重复游戏。

第四周：一边和婴儿说话一边慢慢离开，直到婴儿看不到你为止，随后再走近。

游戏过程中，育儿员需不断地和婴儿说话，并注意观察婴儿是否能快乐地和成人互动游戏。

（2）听觉训练：听音找物（人）。

在婴儿头部正后方摇动玩具或者在侧后方呼叫婴儿的名字，训练婴儿听音找物（人）的能力。注意婴儿的视线，看其是否注视有声音的地方，育儿员要重复敲，直到他注视为止。此游戏不仅能训练婴儿的听力，还能训练其肌肉动作的平衡能力。

（3）嗅觉训练：闻香识表情。

育儿员准备三种有香甜味道的水果，把水果放在婴儿鼻子下方并且要左右移动，让婴儿闻香味。每种水果各做三次，观察婴儿面部表情的变化。

（4）触觉训练：触摸不同材质的玩具和物品。

触摸不同材质的玩具刺激婴儿触觉发展。把羽毛、海绵、卫生纸卷筒、胶带、玻璃纸等放在婴儿面前，当婴儿触碰时把触感描述给他，要看护好婴儿，别让婴儿把微小物品或玩具放入口中。

通过触摸不同质地的玩具刺激婴儿触觉发展。

2. 大动作能力训练

（1）继续俯卧抬头训练。

育儿员站在婴儿身边并和他说话，使他的前臂支撑全身，婴儿可以将胸部抬起，抬头看育儿员。

育儿员还可以在前方用玩具逗引婴儿，从左到右、从远到近移动玩具。观察婴儿的反应，并做好记录。此时，婴儿头部可自行抬离床面，与床面呈90°，持续5秒或以上。

（2）帮婴儿练习翻身。

育儿员可以继续按照前面的方法训练婴儿翻身；也可以在他的一侧放一个玩具，逗引他翻身去取。此时，育儿员可握住婴儿一侧的手，他会自然而然地握着育儿员的手，做出翻身的动作，并由仰卧到侧卧再到俯卧。必要时育儿员可以稍加帮助，用手轻轻推婴儿的肩部或一侧腰部，使婴儿躯干有轻度扭转，诱发婴儿侧翻。

需要注意的是，帮助婴儿翻身时只能稍稍用力，目的是诱发婴儿主动的翻身动作，过分的帮助达不到训练的目的。

3. 精细动作能力训练

（1）够取悬吊玩具。

育儿员先引导婴儿用手摸吊着的玩具，玩具会被推得更远；婴儿再伸手，玩具又晃动起来。经过多次努力，婴儿最后会用两只手一前一后把玩具抱住，并且会有非常开心的表情。大约要到5个月的时候婴儿才能用单手准确够物。

（2）抓握训练。

抓东西不仅可以锻炼婴儿的手眼协调能力，还可以锻炼婴儿头、颈、上肢的活动能力，对婴儿学着用手去探索世界具有重要的促进意义。

育儿员在婴儿面前放几种不同的玩具，让他练习抓握。每次3～5分钟，反复让婴儿练习，并记录婴儿能准确抓握的次数。

抓取练习时，育儿员应确保提供给婴儿的玩具无毒、无锐利的尖，而且要经常变换玩具的种类，从触觉、颜色、形状、大小、声音等方面训练婴儿的感官。

婴儿抓到玩具后往往喜欢往嘴里放，育儿员应保证婴儿所抓玩具的清洁卫生，不要让婴儿抓取小球等容易咽下去的玩具，以免发生意外。

（二）户外活动

1. 拍照时不要开闪光灯

在给 1 岁内的婴儿拍照时应采用自然光，尽量避免使用闪光灯。

如果非用不可，也应改变闪光灯的角度，把闪光灯仰射向天花板或侧射向墙壁，通过折射减弱光线强度，千万不能让婴儿直视发光点。同时应选择闪光功率在 50 瓦以下的装有专业数码灯的相机，尽量减轻光线对婴儿眼睛的刺激。

2. 让婴儿的手、足和头自由活动

婴儿的运动能力发展与智能发展紧密相连。无论多冷的季节，育儿员都不要用手套或过长的袖口禁锢婴儿的双手。即使在睡觉时，也不要用被子把婴儿紧紧包裹起来，以免限制婴儿的肢体活动，阻碍婴儿运动能力的发展。

如果把婴儿放在睡袋里，一定要选择宽大的睡袋。对有帽子的睡袋，睡觉时请不要把帽子戴在婴儿头上，更不能把帽子前面的抽带拉紧，这会影响婴儿的头部运动。

带婴儿外出时，尽量不要戴与衣服相连的帽子，而是戴单独的帽子，这样婴儿能自由转动头部。

五、科学睡眠

4 月龄的婴儿可以通过育儿员的引导和培养，形成白天小睡的规律作息了。

1. 婴儿一天需要几次小睡

自出生起，婴儿需要一段时间的适应才能逐渐培养起睡眠规律。新生儿通常是不分昼夜的"睡眠～清醒"模式，即每顿喂奶期间有相对差不多长的睡眠周期。

随着婴儿不断长大，婴儿的小睡时间会拉长，并且更有规律。

4 月龄到 1 岁的婴儿，一般白天小睡的总时长为 3 个小时或以上，会在上午和下午各睡一觉，有的婴儿还需要在黄昏时分补一觉。

1 岁以上的幼儿不再需要上午的小睡，直接在下午睡 2～3 小时。为了让婴儿感觉更有精神，可以适当把下午的小睡提前半小时。

大多数婴儿的午睡习惯会保持到 3～5 岁。

2. 尽量让婴儿自主入睡

婴儿 4 个月大后，小月龄时期"落地醒"的现象会得到明显改善。

抱睡、奶睡、摇睡等辅助婴儿入睡的方式，从 4 个月起应逐渐戒除。对待 4 个月的婴儿，不要像新生儿一样，应培养婴儿自己入睡的习惯，他能够做到。夜间除了喂奶外，不要开灯，不要和婴儿说话。如果醒了，让他自己玩耍，育儿员或妈妈不要和婴儿一起玩，婴儿玩着玩着就又会再次入睡。

这个时期的小睡很重要，比较合适的小睡安排如下：

上午和午后各 1 次小睡，1.5～2 小时；傍晚小憩，40 分钟左右。

同时，要培养婴儿早睡的习惯，晚上健康的入睡时间是 18—20 点。恰当的入睡时间是健康睡眠的关键，婴儿什么时候睡比睡了多久更重要。

3.婴儿经常打鼾怎么办

婴儿入睡以后,一般用鼻子呼吸,没有鼾声。如果鼻腔通道阻塞,空气不能顺利通过,则会不自觉地被迫张口呼吸,便出现鼾声。

婴儿偶尔打呼噜是正常的,可以通过改变睡姿或者轻拍背部进行调整;但如果是长期打呼噜,就会导致婴儿发育障碍,育儿员要提醒妈妈寻找引起婴儿打呼噜的原因并着手解决。

(1)睡姿不好。

婴儿因为睡觉的姿势不对,有时窝着脖子,使舌头过度后垂而阻挡呼吸通道,才出现打呼噜的现象。这时,试试让婴儿侧身睡,也许打呼噜的问题就解决了。

(2)奶块淤积。

有些很小的婴儿也会打呼噜,这并不是病。可能是由于吞咽的关系,有些婴儿的喉部会有奶块淤积,一方面使婴儿吃奶不顺,另一方面就是使气道不顺,造成婴儿睡眠时打呼噜。这种情况,育儿员给婴儿喂好奶后,不要立即将婴儿放下睡觉,而是要将他抱起,轻轻拍打其背部;如果奶块淤积较严重,已经影响了喂奶,只需要往鼻腔里滴1～2滴生理盐水,稀释一下奶块就可以了。

(3)肥胖。

肥胖婴儿的呼吸道周围被脂肪堵塞,呼吸管径变窄,使呼吸不顺畅,也容易出现鼾声。

因此,要科学喂养婴儿,避免婴儿过于肥胖。如果打鼾的婴儿过于肥胖,就应该在医生的指导下采取措施,让口咽部的软肉消瘦些,呼吸自然会变顺畅了。

(4)扁桃体炎、支气管炎等疾病。

有的婴儿扁桃体过于肥大,以致两侧扁桃体几乎相碰,堵满咽腔,造成呼吸不畅,一到睡眠时就会张口呼吸,发出呼噜声。婴儿缺乏咳嗽排痰能力,支气管受到炎症刺激时痰液增加,也会发出呼噜声。

对于这些情况,育儿员发现后要高度重视,及时和家长沟通,需要时尽快带婴儿去医院医治。

4.给婴儿准备个好枕头

婴儿长到3个月后,脊柱开始出现第一个生理性弯曲,平躺时后脑勺已不能和背处在同一平面上了,这时就可以给婴儿准备一个小枕头了。

(1)什么样的枕头是好枕头。

◎ 枕头高度在1～2厘米范围内,到婴儿七八个月时,可选高度为3～4厘米的。枕头宽度应随月龄变化而调整,以和婴儿的肩部同宽为宜。

◎ 枕头表布宜选择柔软的白色或浅色棉布,填充材质以柔软、轻便、透气、吸湿性好、软硬适度的灯芯草、荞麦皮、蒲绒为首选。

◎ 绿豆、小米等填充物制作的枕头太硬,容易使婴儿睡出枕秃、扁头、偏脸等;

◎ 羽绒等材料所做的枕头又太软,容易使婴儿在翻身时被捂住口鼻而窒息,也不宜选用。

◎ 腈纶、丝绵当填充物,容易引起婴儿过敏。

◎ 而茶叶、蚕沙、中药等材料容易发生霉菌感染,也不建议作为填充材料使用。

(2)使用枕头的注意事项。

◎ 勤换洗、勤晾晒。由于婴儿的新陈代谢特别旺盛,出汗多,容易打湿枕头,使枕头散发臭味、滋生螨虫、吸附尘埃。因此,育儿员要及时换洗晾晒。

◎ 不要使用枕巾。使用枕巾时,一旦枕巾盖住了婴儿的脸部,婴儿无法自己摆脱枕巾的缠裹,很容易窒息。想让婴儿枕头保持清洁,多准备几个枕头换洗就好。

六、注意事项

(一)预防意外坠床

"坠床"是4月龄婴儿最容易发生的意外。这时候婴儿已经会翻身,十分好动,却没有控制自己行动的能力,一旦照顾不周,又把婴儿放在床边,婴儿很容易翻到床外,出现坠床事故。

1. 如何预防

(1)端正思想,多留心,多警惕,不要有侥幸心理。婴儿只要学会了从一侧翻身,就存在潜在的坠床危险。

(2)把婴儿留在视线范围内。当婴儿在床上玩耍时,育儿员一定要在旁边看护,并让婴儿远离床边;如果非要离开婴儿,育儿员可将婴儿移到地上的爬行垫上玩耍,让婴儿留在自己的视线范围内。

(3)给床加床栏。无论是大床,还是小床,一定要有护栏,并在婴儿睡觉或玩耍时拉上床栏。床要稳当牢固,高度最好低于50厘米,这样即使掉下去,也不致摔得太重。

(4)做好防护。为了保险,最好在床的四周铺上海绵垫、棉垫、厚毛毯等具有缓冲作用的物品。因为护栏也不能百分之百地保证安全,铺上这些,婴儿坠床时就可以得到一定程度的缓冲。

2. 坠床后的处理

坠床给婴儿造成的伤害有身体创伤和心理惊吓两方面,相应地,育儿员也应从这两方面入手进行紧急处理。

(1)身体创伤的处理。

身体创伤主要指皮肤破损、肌肉扭伤、关节和骨骼损伤、脑组织损伤等。

一旦发现婴儿坠床,育儿员应首先判断婴儿身体的着地部位,并检查婴儿有没有骨折,头部有没有受伤。

◎ 如果婴儿出现高声哭叫、睡不醒、呕吐、异常兴奋、四肢肌肉紧张、牙关紧闭、斜视等表现,说明婴儿可能存在颅脑损伤,需立即送医院诊治。

◎ 如果婴儿出现四肢活动不对称、触摸婴儿肢体或关节时哭闹或出现痛苦表情,说明婴儿可能骨折,应及时送医院治疗。

如果婴儿发生骨折,育儿员应先用消过毒的纱布绷带将婴儿的受伤部位进行固定,然后再带到医院治疗。

◎ 如果受伤部位出血,育儿员可用干净纱布放在伤口上直接加压止血。

◎ 如果只是皮肤擦伤,可以不去医院,只需将婴儿的受伤部位用碘伏消毒,再抱起婴儿进行哄慰,最大限度地减少婴儿的心理创伤。

(2)心理惊吓的处理。

心理惊吓指婴儿在坠地过程中受到惊吓,引起精神不安、易激怒、恐惧、睡眠障碍等症状。

为避免坠床给婴儿造成心理阴影,一旦发现婴儿坠床,在进行必要检查后,育儿员应立即抱起婴儿,用手轻轻抚摸婴儿的身体,并温柔地和婴儿说话,尽量转移婴儿的注意力,帮助婴儿尽快遗忘坠床造成的恐惧,安静下来。

(二)洗澡防滑脱

4个月的婴儿,开始淘气了,洗澡已经不是随便怎么摆弄都可以了,婴儿会有反抗或不配合,很容易从手中滑脱,掉到水里或磕到盆沿上。尤其是给婴儿涂了婴儿皂或沐浴液时,就更光滑了,一定要做好防护工作。

(1)浴室内铺设防滑垫,做好地面防滑工作,防止婴儿摔倒或者育儿员怀抱婴儿时摔倒。

(2)在婴儿浴盆底部放一张防滑垫,防止婴儿洗澡过程中站立不稳或不小心滑倒,摔伤或者呛水。

(三)让宠物和婴儿安全相处

家有宠物时,育儿员要时刻意识到宠物可能给婴儿带来的危险,做好各种预防措施,避免宠物伤害婴儿,或给婴儿的健康造成威胁。

(1)不要让婴儿单独和宠物待在一起。

(2)让婴儿和宠物保持安全距离。禁止宠物和婴儿一起睡觉,并将宠物使用的碗盘、便盆等用品放在婴儿够不到的地方。鱼缸、鸟笼等要远离婴儿,以防婴儿过敏或被感染。

(3)做好卫生清洁工作。宠物的便盆及便盆周围要勤打扫、勤清洗,定期给宠物洗澡,并将宠物掉落的毛发及时清理掉。

(4)所有人都应该养成良好的卫生习惯,接触宠物后要用肥皂彻底洗手,吃饭前、接触婴儿前也要先洗净双手。

七、一日工作流程表

1. 住家育儿员一天工作流程

时间	项目	工作内容	注意事项
6:00—6:30	育儿员起床	洗漱,整理好个人卫生,准备婴儿用品(换洗衣物,纸尿裤,尿布,奶瓶,餐具,玩具等)	
6:30—7:00	婴儿起床	1. 换纸尿裤或尿布 2. 清洗(注意观察大便颜色及性状变化) 3. 洗脸(口耳鼻眼护理) 4. 测量婴儿体温(身长、体重可一个月测一次)	

时间	项目	工作内容	注意事项
7:00—7:30	喂奶	1. 有母乳喂母乳 2. 喝配方奶的,按流程给婴儿冲调奶粉、喂食 3. 把奶瓶清净、消毒	注意婴儿是否出现呛奶或吸吮不顺畅的情况,及时抱婴儿拍嗝,以免溢奶
7:30—8:00	亲子互动	1. 将婴儿交给妈妈,让婴儿和妈妈做些亲子互动 2. 育儿员吃早餐	
8:00—9:00	早教时间	1. 天气好,户外活动1小时 2. 天气不好,在家训练	带好外出的装备,比如口水巾、纸尿裤、湿纸巾、水杯等
9:00—9:30	喂奶	1. 冲调奶粉或加热母乳 2. 奶瓶清洗、消毒	育儿员单独照顾婴儿,可在婴儿小睡时清洗、消毒奶瓶
9:30—11:00	小睡	1. 有用过的口水巾、围嘴,可以清洗一下 2. 准备午餐	根据婴儿的睡眠状况,随时终止手头的工作
11:00—11:30	喂奶	1. 冲调奶粉或加热母乳 2. 奶瓶清洗、消毒	注意婴儿是否出现呛奶或吸吮不顺畅的情况,及时抱起婴儿拍嗝,以免溢奶
11:30—12:30	午餐	育儿员和妈妈轮流吃饭	抱婴儿时,不要同时拿烫的食物或者饮品等
12:30—14:30	午休	1. 休息并关注婴儿睡眠情况 2. 上午婴儿有换洗衣物或未清洗的奶瓶餐具等清洗干净、消毒放好	
14:30—15:00	喂奶	1. 冲调奶粉或加热母乳 2. 奶瓶清洗、消毒	育儿员单独照顾婴儿,婴儿小睡时清洗、消毒奶瓶
15:00—16:00	早教时间	1. 天气不好,室内精细动作能力训练 2. 天气好,户外活动	1. 不允许陌生人抱婴儿,不接受任何人给婴儿的食物 2. 户外活动要告知家人具体活动区域 3. 活动量大或天热加喂水
16:00—17:00	小睡	1. 奶瓶、玩具、衣物等婴儿用具的清洗消毒 2. 随时观察婴儿的睡眠状况 3. 准备晚餐	根据婴儿的醒来状况,随时终止手头的工作
17:00—17:30	喂奶	1. 冲调奶粉 2. 奶瓶清洗、消毒	吃完奶记得用温水漱口

续表

时间	项目	工作内容	注意事项
17:30—18:30	晚餐	育儿员和妈妈轮流吃饭	抱婴儿时,不要同时拿烫的食物或者饮品等
18:30—19:00	睡前盥洗	洗澡抚触,换好纸尿裤	夏季白天可以多安排一次洗澡,冬季一天洗一次即可。以父母为主,育儿员协助
19:00—19:30	亲子时间	亲子阅读、聊天互动	育儿员退位,父母发挥主要作用
19:30—20:00	喂奶	1. 冲调奶粉或加热母乳 2. 奶瓶清洗、消毒	喂完奶注意给婴儿清洁口腔
20:00—20:30	收尾工作	1. 重新检查一下当天的喂哺工具、婴儿衣物、玩具,活动区域的清洗、清洁、消毒 2. 一日工作日志填写	天热时婴儿衣物随时洗;冬天要洗的衣物不过夜。婴儿的衣服、口水巾、围嘴、饭衣等手洗干净

2. 不住家育儿员一日工作流程

时间	项目	工作内容	注意事项
7:30—8:00	育儿员入户	准备婴儿用品(换洗衣物,纸尿裤,尿布,奶瓶,餐具,玩具等)	洗净手换好衣服再抱婴儿
8:00—8:30	婴儿起床	1. 与妈妈交接 2. 晨检(情绪,体重,身长,体温)	具体时间根据婴儿实际情况定,工作内容不能缺少
8:30—9:00	喂奶	1. 有母乳喂母乳 2. 喝奶的,按流程给婴儿冲调奶粉、喂食 3. 把奶瓶清洗干净、消毒	注意婴儿是否出现呛奶或不顺畅的情况,及时抱起婴儿拍嗝,以免溢奶
9:00—10:00	早教时间	1. 大动作训练 2. 三浴锻炼 3. 亲子操	1. 配方奶婴儿加喂一次水 2. 带好外出的装备,比如口水巾、纸尿裤、湿纸巾等 3. 辅助妈妈而不能取代妈妈
10:00—11:00	小睡	1. 奶瓶等哺喂用具的清洗、消毒 2. 随时观察婴儿的睡眠状况 3. 准备午餐	是否有哭闹、口鼻是否有遮掩、是否需要更换纸尿裤等,并根据婴儿的醒来状况,随时终止手头的工作
11:00—11:30	喂奶	重复之前的喂奶、拍嗝、查看便便情况、更换纸尿裤等流程	注意婴儿是否出现呛奶或吸吮不顺畅的情况,及时抱起婴儿拍嗝,以免溢奶
11:30—12:30	午餐	育儿员和妈妈轮流吃饭	抱婴儿时,不要同时拿烫的食物或者饮品等

续表

时间	项目	工作内容	注意事项
12:30—14:30	午休	1. 休息并关注婴儿睡眠情况 2. 上午婴儿有换洗衣物或未清洗的奶瓶餐具等,清洗干净、消毒放好	
14:30—15:00	喂奶	重复之前的喂奶、拍嗝、查看便便情况、更换纸尿裤等流程	
15:00—16:00	早教时间	1. 精细动作能力训练 2. 户外活动	1. 不允许任何陌生人抱婴儿,不接受任何人给婴儿的食物 2. 户外活动要告知家人具体活动区域 3. 配方奶婴儿加喂一次水
16:00—17:00	小睡	1. 奶瓶、玩具等婴儿用具的清洗消毒 2. 随时观察婴儿的睡眠状况	是否有哭闹、口鼻是否有遮掩、是否需要更换纸尿裤等,并根据婴儿的醒来状况,随时终止手头的工作
17:00—17:30	喂奶	重复之前的喂奶、拍嗝、查看便便情况、更换纸尿裤等流程	
17:30—18:30	晚餐	育儿员用餐、收拾,做好一日工作记录(不就餐者18:30下班)	

第三节　父母抚育篇

婴儿越小越需要父母的陪伴,父母无条件的爱,会让婴儿内心建立一种稳固的安全感,也是其性格养成、健康成长的强大力量。

和父母的亲密接触,对于婴幼儿智力和情感的健康稳定发展至关重要。婴儿在童年里获得的爱与关怀足以温暖他幼小的心灵,让他平和、坚定、自信、宽容。

一、情感连接

1. 创设父母相爱的家庭氛围

父母和睦的关系是婴儿成长最温暖的环境。

婴儿最不喜欢的事就是父母吵架。研究显示,父母经常吵架的婴儿比离异家庭婴儿的心理问题还要多,如焦虑、多疑、没安全感、陷入人际交往障碍等。

经常处于这样的环境下,婴儿很容易发脾气,且从父母那里学到的就是用吵架处理问题。

2. 放手,相信爸爸也能带好娃

大部分家庭中,照顾婴儿的主要工作都是由妈妈承担的,这是个不争的事实。遗憾的是,妈妈们做得越多,就越觉得只有她自己才知道怎么照顾婴儿。

研究显示,如果妈妈在家全职照顾婴儿而爸爸出去工作,妈妈给婴儿换尿布的次数平均是爸爸的 10 倍;做饭的次数是爸爸的 3 倍;陪婴儿玩的时间是爸爸的 8 倍。

统计还显示,如果父母都要上班,妈妈花在婴儿身上的时间仍然要比爸爸多得多。这会让妈妈觉得自己是育儿专家,让爸爸觉得自己在照顾婴儿方面什么都做不了。即使爸爸做了一些事情,也会被妈妈嫌弃,久而久之,爸爸就越来越不想参与育儿工作了。

因此,妈妈要放手,相信爸爸一定会照顾好婴儿,只需将注意的事项告诉爸爸。比如婴儿现在有能力滚下床了,要留心婴儿安全,然后走开,让爸爸自己去研究该怎么照顾婴儿。

3. 多抚摸、拥抱婴儿

在婴儿成长过程中,拥抱一直是传达爱意、表示安慰、给予支持的重要方式。婴儿最终会慢慢地离开父母的怀抱,或爬,或走,去探索这个世界。但是他们通常需要回头看看父母,希望父母给他们肯定和鼓舞的拥抱。母乳喂养就是肌肤接触的自然方式。

婴儿需要父母足够的拥抱和抚摸,如果得不到满足,婴儿会因为情感空虚而感到孤独,可能变得抑郁、颓废、委屈,甚至愤怒。按摩、抚触是一种爱抚婴儿的神奇方式,爸爸妈妈要常做。

给婴儿做抚触按摩时可以边做边跟他说话:"这是你的小鼻子,这是你的小嘴巴!哎呦,我看到你在笑!"

尤其要提醒爸爸们,多帮妈妈抱抱婴儿,让婴儿听听爸爸的心跳,感受一下爸爸温暖的肌肤,就是给婴儿最好的爱。

二、智力开发

1. 如何跟小月龄婴儿进行亲子共读

适合小月龄婴儿阅读的书籍往往图多字少,让父母读起来很纠结:只是读字,很快就读完了;不读字照着图编故事,又不知道加多少内容,加哪些内容,编到什么程度合适。

以下原则可供大家参考:

(1)声情并茂。

哪怕只是读字,也记得要有感情地读。开心的场景下语气应该欢快;悲伤的场景下语气也要带有忧伤。同时,表情应该与语气同步。因为所有这些外在的表达,都可以帮助婴儿理解书中的内容和情节。

(2)图文对应。

在大人看来,绘本或书中的内容都是十分简单的,但对婴儿来说却可能是陌生、复杂的。因此,不管讲到哪里,都要用指示的方式帮婴儿做图文对应。例如,讲到小熊就要把画面中的小熊指给婴儿看,讲到小猫就要把画面中的小猫指出来。

总之,要通过指示的方式让婴儿知道你在讲什么。这样婴儿才能不断积累认知,逐渐实现通过自己看图的形式来回顾书中的内容。

2. 积极回应婴儿的"咿咿呀呀"

4个月的小宝宝会发出各种有趣的唧唧咕咕声、尖叫声、咕噜声,还会露出令人难以抗拒的微笑。虽然婴儿还无法说出有意义的词语(这种能力要到婴儿1岁左右才会出现),但他会发出一些可爱的声音来与这个世界交流。而当周围的人对他的这些发音作出回应时,就是他学习的过程。

大人要用"婴儿语"与他"交谈",以促进婴儿的语言和交流能力的发展。

(1)具体操作。

如果婴儿说"啊",你要仔细听、认真点点头,然后也说"啊";如果他说"咕",你也要重复说"咕"。

完成这个小小的热身之后,你可以试着稍微改变他说的话,比如拉长声音(把"吧"变成"吧啊啊啊啊啊")或在一个音节后再加一些音节(把"噢"变成"噢哈")。

鼓励婴儿模仿你的声音,可以激励他尝试更加复杂的语言模式,最终引导他尝试说出单词,然后是短语。

(2)注意事项。

这种类型的"婴儿语"只有在婴儿学会讲话前才具有实践意义。当婴儿开始讲话后,大人要能正确地重复每个字的标准发音,而不是重复婴儿的错误发音。

3. 用"妈妈腔"和婴儿交流

语言是沟通的工具,更是婴儿认识世界的桥梁。4个月的婴儿喜欢父母用"妈妈腔"与自己讲话,更重要的是,这种"妈妈腔"能很好地促进婴儿听觉能力的发展。

研究发现,婴儿能辨别出"妈妈腔"的最小年龄是在5周左右,他们喜欢妈妈用"妈妈腔"与自己讲话。

那么"妈妈腔"有哪些特点?应该怎么说呢?

(1)发音清晰。

不论你是用普通话还是方言,甚或是用外语与婴儿交流,都应该努力使自己的发音清晰、明确,只有清晰的发音才能使婴儿轻易地辨识和模仿妈妈的语言。

(2)语速略慢。

以足够耐心、特意放慢的语速和婴儿说话,有助于你和婴儿之间的交流和相互理解,婴儿模仿起来也就更为容易。

(3)适度重复。

要有策略、有技巧、有耐心地适度重复。比如,如果你要告诉婴儿"这是一本书",可以这样说:"宝贝,这是书哦,是书!一本好看的书,书。"

(4)语句简短。

要让婴儿理解妈妈的意思,就得牢牢记住"简短"这一秘诀,并随时注意锤炼自己的语言。

比如,在你教婴儿认物时,说"这是外婆送给宝宝的新衣服",就不如把它分成几个短句:"这是新衣服!外婆给宝宝的!"更容易让婴儿理解你的意思。

"妈妈腔"是把复杂的话说得简单、说得亲切,易于婴儿理解、接受,并引起婴儿的倾听兴趣,还能够促使婴儿的听觉能力以及语言表达能力的发展。

婴儿听得最清楚的是那些语速慢、频率高、清晰突出的声音。因为婴儿在意的是说话的语调和话语中对他反应的关注。"妈妈腔"并不限于妈妈一个人运用,爸爸、爷爷、奶奶、育儿员等都可以运用。

4. 和婴儿一起听音乐

科学研究表明,婴儿经常参与听音乐、唱歌和演奏乐器之类的音乐活动,对他们今后的情感和智力发育有重要影响。

那么,父母应该做什么?

(1)和婴儿一起听歌。

多听各种音乐,古典音乐最好;也可以给婴儿唱或听一些朗朗上口、旋律优美的儿歌、童谣。

(2)跟着音乐的节奏拍掌。

如果有条件使用沙球或铃铛等简单乐器,可以让婴儿借助这些乐器奏出固定的节拍,积极参与非常重要。

(3)将音乐用于日常生活中。

即在切换不同的活动时以音乐为信号。睡觉时,用摇篮曲助眠;游戏时,放点欢快歌,婴儿会逐渐把睡觉、游戏、吃饭等不同的活动与不同的音乐联系起来。

当然,也不要一整天都播放背景音乐。婴儿过滤噪声的能力尚不如成人,需要有完全安静的时间。过多的背景音乐可能会增加日间的噪声水平,影响婴儿的生活和休息。

第四章

5月龄婴儿教养指南

第一节 发展指标与养育要点

婴儿进入第五个月,如果是职场妈妈,产假也基本休完,即将返回工作岗位了。妈妈需要着手准备自己上班期间婴儿的照护。所以,育儿员的作用更加凸显。

经过前两个月的磨合和熟悉,婴儿也在育儿员和妈妈的共同陪伴下,长成了一个不折不扣的漂亮娃娃,与之相伴的,还有灵活的动作、活泼的性格和开朗的笑声。

如果说前几个月父母更多感受到的是育儿的辛苦,到了这个月,父母就会充分感受到婴儿给家庭带来的欢乐和幸福。

一、婴儿生长特点

(1)本月婴儿的生长发育比前几个月有所减缓,但仍处在快速生长发育期。

(2)婴儿的睡眠明显减少,玩的时间增多了。做动作的姿势也比以前更加熟练,学会了翻身,腿部肌肉的力量增强,扶立时能够站立,俯卧时有向前爬行的趋势。

(3)无论在家里还是在外面,总是喜欢东瞧瞧、西看看。仰卧时,婴儿喜欢玩自己的小手,或者把小手放进嘴里吸吮。

(4)坐着时喜欢反复把玩具拉拢和推开,这是婴儿在显示自己双手的能力。

二、身体发育变化

体重:男孩5.8～11.1千克;女孩5.4～10.3千克。
身长:男孩59.9～74.0厘米;女孩58.5～72.2厘米。
头围:男孩39.0～46.3厘米;女孩38.0～45.0厘米。

注:以上数据根据国家卫健委《7岁以下儿童生长标准》(2022年9月19日发布,2023年3月1日起实施)。

牙齿:少数婴儿在本月萌出下边的门牙。

三、能力发展特点

(一)认知能力

经过几个月的发育,婴儿各项感官的机能都有了很大发展,不同感官机能之间的协调性也大大增强了。

1.视觉能力:视觉反射形成

(1)已经能看到位置较远的物体,眼睛对视焦距的调节能力已经和成人相差无几了。

(2)看到面前有东西时,婴儿会尝试着用手去够,这标志着婴儿视觉反射的形成。

(3)此时的婴儿已经可以区分红、绿、蓝三种颜色,也喜欢看复杂的图形,但对复杂图形的辨认能力还很弱。

2.听觉能力:能主动听音

(1)听觉已经很发达,听到声音不但能很快确定出声源,还能区分出悦耳的声音和嘈杂的噪声。

(2)听到喜欢的音乐时,会集中注意力静静地聆听。

(3)能从众多声音中区分出母亲的声音:听到母亲说话时,婴儿会迅速把头转向母亲所在的方向,对母亲的话会做出明显反应。

3.嗅觉和味觉能力:准确分辨味道

(1)能区分好的和不好的气味。

(2)能比较准确地分辨出酸、甜、苦、辣、咸等不同的味道,对任何细微的味道变化都非常敏感。

(3)看到食物会很兴奋,会将手里的东西往嘴里送。

4.触觉能力:敏感度增加

触觉变得更加敏锐。

如果父母或育儿员抱婴儿时用力过猛,或用力不当,婴儿感觉不舒服,会有不喜欢或哭的表现,以示不满。

(二)动作能力

(1)轻拉腕部即坐起,拉坐过程中无头部后滞现象。

(2)有的婴儿还会尝试往前爬,但此时婴儿的腹部还不能抬高,还没办法凭自己的力量向前挪动。

(3)独坐保持5秒或以上,但不能久坐,头身向前倾。

(4)能自发地将双手抱到一起玩,喜欢用一手或双手去够自己想要的玩具,并抓住它们。

（三）语言能力

对人及物发声,大人对着婴儿讲话,婴儿还会发出"咯咯""咕咕""哦哦""啊啊"的声音,仿佛在跟大人对话。

（四）心理发育特点

1. 情绪情感

能根据自己的需要是否得到满足而产生喜、怒、哀、乐等情绪,并用相应的动作、表情把它们表现出来。

例如,看到父母时,婴儿会高兴得手舞足蹈,脸上浮现出欢乐的笑容;正在吃奶的时候突然被打断,婴儿会用哭来表示生气和不满;听到父母叫自己的名字,会看着父母微笑;和父母对视时,眼神中会流露出喜悦。

2. 社会交往意愿的发展

（1）开始表现出强烈的交往欲望。

对自己周围的事情很关心,看到自己亲近的人时,婴儿会挥手、抬胳膊,表现出要人抱的心理期待;被抱着时,婴儿还会紧贴着大人的身体表示亲密;如果父母只顾自己说话不理婴儿,婴儿会委屈地哭起来;而父母开始关注婴儿,婴儿又会很快止哭;如果父母试图拿走婴儿的玩具,婴儿会通过大哭表示抗议。

（2）认生。

能区分熟人与陌生人,有的婴儿还会出现"认生"现象:遇到陌生人想抱婴儿时,婴儿会本能地害怕,不愿被陌生人抱。

父母离开并不会引起婴儿强烈的反抗,但离开父母时间比较长时,婴儿会东张西望地寻找父母,盼望父母回到自己身边。

（3）社会意识初步形成。

有了一定的自我意识,会对自己发出的声音产生兴趣,还会"自言自语"地呢喃。

玩玩具时,会通过推拉玩具使它们不断在靠近和远离自己之间移动,并在这种移动中认识到"我"和"非我"的区别。

喜欢照镜子,看到镜子中的自己时,婴儿会有面部表情变化或伴有肢体动作。这是婴儿社会意识初步形成的表现。

四、喂养要点

1. 母乳喂养

每天平均6～8次,间隔3～4小时1次,每次哺乳20分钟左右。妈妈已经上班的,要把奶挤出来冷冻带回家。

2. 混合喂养

（1）如果距上次喂奶时间在2.5小时以下,喂配方奶;

（2）如果距上次喂奶时间2.5小时以上,喂母乳。

（3）母乳与配方奶的间隔可短至2.5小时,配方奶与母乳间隔可长至4小时。

（4）白天尽量喂母乳,后半夜和午睡前喂配方奶,增加婴儿睡眠时间。

（5）妈妈上班的,上班时请育儿员喂配方奶或储存的挤出来的母乳,下班后喂母乳。

3. 配方奶喂养

24 小时内喂奶 5～6 次,间隔 4 小时左右一次。

4. 水和营养素补充

配方奶喂养和混合喂养的婴儿需额外补水,每喝 100 毫升配方奶,额外补水 25 毫升。

夏季,维生素 A 和 D 每周 6 粒。户外活动每天 2 小时。

春秋,维生素 A 和 D 每周 7 粒。户外活动每天 1 小时。

冬季,维生素 A 和 D 北方每周 9 粒,南方每周 7 粒。户外活动适当缩短。

配方奶喂养婴儿奶量每天 700 毫升,每减少 100 毫升,额外补充钙元素 70 毫克。

五、早教重点

（1）每日扶坐、扶蹦,引导婴儿抓悬吊玩具。

（2）发音练习:"啊—啊""喔—喔""咯—咯""爸—爸""妈—妈"。

（3）学认人、认物,听儿歌、童话、音乐。

第二节 育儿员工作篇

产假结束的妈妈,即将重返工作岗位。习惯了一睁眼就能看到妈妈的婴儿也要面临和妈妈的第一次暂时分离。无论是对妈妈,还是婴儿,都是一次考验。

因此,育儿员要用自己的责任心、爱心和耐心,承担起对婴儿的照护责任,让婴儿安心,让妈妈放心。

一、健康护理

（一）二便管理

1. 是否训练排便视孩子情况定

如果婴儿排便很有规律,在婴儿不抗拒的前提下,有意识地训练婴儿规律排便,让婴儿少尿床或少换尿布,是很好的育儿选择。但如果育儿员或父母很难掌握婴儿的排便规律,却又要把主要精力放在训练婴儿大小便上,就不是明智之举。

比较恰当的做法是,育儿员或父母认真观察孩子的各种表现,引导孩子大小便。

（1）婴儿可能存在的小便信号。

◎ 在毫无征兆的情况下,莫名其妙地打尿颤。

◎ 在睡梦中突然扭动身体,或开始哼哼唧唧。

（2）婴儿可能存在的大便信号。

◎ 有时玩得好好的,开始愣神,突然停下手里的动作。

◎ 有时小脸蛋会憋得通红，还有时不时使劲的动作。

◎ 有时突然开始哭闹，情绪变得有些急躁。

◎ 有时他们的小肚子会硬硬的，两腿还会蹬得直直的。

当孩子发出这些信号时，就是育儿员帮助他们排大小便的关键时机，育儿员要快速做出反应，接受婴儿发出的信号。

每一个婴儿身心发展的规律都不一样，育儿员要尊重婴儿的排便意愿，可以提醒，但绝不能强求，要让婴儿按照自己的规律来发展。

2. 睡觉时不要轻易叫醒孩子把尿

有的婴儿一晚上都不用换尿布，也不吃奶，这对父母和婴儿的休息都是很好的，育儿员或妈妈没必要把婴儿弄醒换尿布、把尿或喂奶。

如果婴儿因为不换尿布而发生臀部糜烂，出现尿布疹，可以在夜里换一次尿布；但如果因为换尿布而引起婴儿哭闹，不能很快入睡，就不要更换尿布，可睡前在臀部涂些鞣酸软膏，以有效防止臀部糜烂。

3. 如何预防和处理尿布疹

尿布疹又叫红屁股、尿布皮炎，多见于新生儿到一岁的婴儿，多为尿液或大便清理不及时导致的，也有部分是因为纸尿裤材料过敏引起的，表现为皮肤发红，继而出现红斑、丘疹，较重时还可能发生糜烂、溃疡。

（1）产生诱因。

尿布不勤换。婴儿尿后没有及时换尿布，特别是夜间不换尿布或用纸尿裤一夜到天明，长时间不换，尿液会对臀部皮肤形成刺激。

便后不清洗。婴儿大便后，育儿员或是妈妈只是用尿布或湿巾把臀部的大便擦掉，没有用水清洗臀部，在继续用新尿布时，因为潮湿、有刺激物而发生红臀。

臀部潮湿。婴儿便后虽然清洗了，但臀部皮肤皱褶残存水渍，没有全擦干或晾干就包上尿布或纸尿裤，导致局部潮湿、不透气，再加之经常摩擦，增加了尿便对局部皮肤的刺激。

（2）预防护理。

一旦婴儿出现尿便刺激导致的尿布疹，就要注意加强护理，最基本的原则就是保持干燥。

◎ 婴儿排尿、排便后，应立即更换尿布或纸尿裤。清洁臀部时，应用流动清水冲洗，避免用湿巾擦拭。

◎ 清洗后及时擦干或自然晾干，尤其是皮肤褶皱处，也可以用吹风机吹干。使用吹风机时，育儿员要先用手感受温度，距婴儿皮肤 15～20 厘米处为宜，避免过热引起婴儿不适。

◎ 婴儿臀部干爽后，在患尿布疹的地方涂上护臀霜，并穿上干净的纸尿裤。

◎ 若使用棉质尿布，清洗、消毒要彻底。被大小便污染的尿布首先要清除大便，然后用清水冲洗，开水烫一下，再打肥皂或婴儿专用洗涤剂搓洗，最后反复冲洗干净后在阳光下暴晒。

（3）过敏导致的尿布疹。

还有一种尿布疹是由纸尿裤中的过敏原刺激导致的，疹子大多位于屁股外侧、大腿根部外侧和腰部，主要表现为带有鳞屑的丘疹，丘疹界限清楚，严重的可能会出现水泡和糜烂。

a. 护理措施。

◎ 停止接触过敏原，更换其他品牌的纸尿裤。

◎ 局部使用激素软膏抗炎治疗，恢复受损皮肤。

◎ 使用足量保湿霜，保持皮肤水润，修复皮肤保护屏障，防止外界脏东西进入。

b. 注意事项。

◎ 皮疹严重时，短期外用激素软膏是必要的，不要因为惧怕激素而不用，耽误治疗。

◎ 如果患处长时间不能痊愈，可能会导致细菌感染，使病情加重。

所以，用药时应严格按照医生指导使用，既不要盲目抗拒药物，也不要擅自乱用药。

（二）日常护理

1. 婴儿穿袜子好还是光脚好

有人认为婴儿抵抗力低，容易受凉，一年四季都给婴儿穿着袜子；也有人认为婴儿光脚玩耍、走路，可以锻炼婴儿的感官功能，提高抵抗力，因此提倡婴儿不穿袜子。那么，婴儿穿袜子好还是光脚好呢？

（1）气温或室温较低时，最好穿袜子。

俗话说，寒从脚起。当环境温度较低时，婴儿的末梢循环就不好，如果没有做好保暖防寒工作，很可能会出现感冒、拉肚子等不适症状。

因此，在冬天或气温较低的时候，最好给婴儿穿上袜子，防止着凉。

（2）气温或室温高时，光脚较好。

温度在22℃～28℃时，可以让婴儿光脚玩耍或走路，一方面有利于促进婴儿感知觉等的发育；另一方面，能够刺激婴儿足底穴位，促进足弓发育，降低扁平足出现的几率。

不过，夏季在空调屋内，最好还是给婴儿穿上透气性能好、柔软的薄棉袜。晚上外出时，也要给婴儿穿好袜子，以防止蚊虫叮咬。给婴儿选择的袜子要大小合适，经常换洗。

2. 提醒妈妈不要随意亲吻婴儿

妈妈的吻是传达母爱最直接的方式，也是妈妈和婴儿之间沟通的最佳语言。

然而这种亲昵带来的未必全是甜蜜和温馨，也可能给婴儿带来伤害。育儿员要提醒妈妈，下列情况不宜亲吻婴儿：

（1）出现水疱时。

单纯疱疹病毒可通过亲吻等方式传播，对成人危害并不十分严重，却可能给婴儿造成致命伤害。出现疱疹性口炎等单纯疱疹病毒症状表现的成人，在痊愈前应尽量避免接触婴儿，切忌亲吻婴儿。

（2）浓妆艳抹时。

化妆品很多都含有铅、汞或其他化学物质。如果妈妈因个人需要浓妆艳抹，不卸妆就亲吻婴儿，或让婴儿亲吻妈妈，这些有害物质就会进入婴儿体内。

（3）伤风感冒时。

对感冒病毒应引起高度重视，即使只是轻微的感冒症状，比如轻微的头疼、咽痛，也应避免亲吻婴儿或与婴儿亲密接触。因此，建议有感冒症状的妈妈，即使日常生活中，也最好戴上口罩。

（4）口腔疾病时。

如果妈妈本身有口腔疾病，如牙龈炎、牙髓炎、龋齿等，口腔中就会有大量致病菌存在，亲吻婴儿可能会使这些病菌进入婴儿口腔，引发婴儿的口腔疾病或其他并发症。

（5）出现皮疹时。

妈妈一旦发现自己身上出现星星点点的皮疹，就应警惕是否麻疹发作。一旦妈妈有得此病的嫌疑，应立即母婴隔离，并积极治疗。

（6）拉肚子时。

拉肚子虽然是肠道传染病，但也是病从口入。亲吻婴儿，或者给婴儿喂饭前，用嘴吹凉食物等动作，都可能增加婴儿得痢疾的概率。如果妈妈最近肠胃不太好，应尽量避免亲吻婴儿。

育儿员除了提醒妈妈不要随意亲吻婴儿外，更要以身作则，自己首先要做到，还要注意制止其他亲人（比如爸爸、外公、外婆、爷爷、奶奶等）这么做。

3. 从舌头看婴儿健康状况

婴儿身体的细微变化，通常能从舌头上反映出来。健康婴儿的舌头应该是舌体柔软，伸缩活动自如，大小适中，舌面有干湿适中的舌苔，颜色淡红且口内无异味。

那么，不健康的舌头是什么样子的呢？

（1）地图舌。

如果发现婴儿舌面上的舌苔出现了不均匀的剥落，呈现地图模样的舌苔，大多是与脾胃消化功能疾病有关系，要注意调理脾胃消化功能，多喝水。

（2）舌头发红，有浮苔。

◎ 如果婴儿感冒发烧，首先表现为舌质发红，舌苔黄白略厚。

◎ 如果发热较高，舌质绛红，舌苔干燥，说明婴儿热重耗伤津液。

◎ 发热常常伴有大便干燥，婴儿口中往往会有较重的气味。说明婴儿内热较重，育儿员应引起重视。

◎ 如果发现婴儿发热的话，要及时进行物理降温。

◎ 如果温度过高或高烧不退，应及时就医。

（3）舌苔厚苔黄白。

如果婴儿的舌头上有一层厚厚的黄白色垢物，舌苔黏厚，不易刮去，同时大便秽臭干结，口中有一种又酸又臭的味道，很可能是吃得过多、过饱，消化功能发生紊乱造成的。

因此，出现这种舌苔时，饮食要相对清淡些。

（4）舌头上光滑无苔。

当婴儿舌头光滑无苔时，说明婴儿津液耗伤，可能处于久病状态，需要及时就医。

（5）特别提醒。

有时婴儿吃了某些食物也可使舌苔的颜色发生变化，千万不要将正常的舌苔误认为病苔,以免虚惊一场。

另外,辨别舌质变化只是作为婴儿健康的一种参考,必要时应及时去医院就诊。

4.婴儿湿疹怎么办

湿疹主要发生在婴儿两侧颊部、额部和下颌部,严重时可累及胸部和上臂。

湿疹开始时皮肤发红,上面有针头大小的红色丘疹,可出现水疱、脓疱、小糜烂面、潮湿、渗液,并可形成痂皮;痂脱落后会露出糜烂面,愈合后成红斑。

湿疹处常常剧烈瘙痒,引起婴儿反复抓挠,从而引发感染,使原发病加重。如果婴儿总是反复出现顽固性湿疹,除了皮肤本身的问题,最可能的诱发原因是食物不耐受或过敏刺激。

(1)预防护理。

◎ 在婴儿患了湿疹后,应将婴儿的指甲剪短,并尽量避免婴儿用手搔抓。

◎ 要给婴儿穿柔软舒适的棉质衣服,并且勤换内衣和尿布,枕头、被褥也要勤换洗。

◎ 勤洗澡,以保持皮肤清洁,预防细菌感染。

◎ 如果患处已经被婴儿抓破就要涂抹抗生素药膏。

(2)注意事项。

◎ 洗澡时注意水温,以免水温过热刺激皮肤。

◎ 少用香皂、沐浴露等洗护用品,只需用清水冲洗。因为频繁使用这类洗护用品,严重者可能导致孩子长大后成为皮肤易过敏者。

◎ 室温不宜过高,否则会加重痒感。

◎ 皮肤有破溃时,不要使用保湿霜,因为保湿霜直接接触破溃口时,婴儿可能对其中的某种成分过敏。

◎ 不要粗暴制止婴儿抓挠瘙痒处,而是用其他玩具或事情转移婴儿的注意力。

由于多数湿疹瘙痒难忍,有的还连绵不断,会让婴儿寝食难安,应及时给予治疗。

二、营养饮食

(一)母乳喂养

1.喂养原则

每天平均6~8次,间隔3~4小时1次,每次哺乳20分钟左右。

大部分婴儿后半夜能持续睡眠6个小时,但母乳喂养的婴儿后半夜仍可能醒来要奶吃。

坚持母乳喂养,做好添加辅食准备。

混合喂养婴儿拒吃配方奶时,增加母乳喂养次数。

2.上班妈妈科学安排哺乳

如果妈妈必须上班,也没有关系,只要科学安排,就可以坚持母乳喂养到婴儿2岁。

国家规定,婴儿1周岁以内,上班妈妈每天有2次、每次30分钟的哺乳假。两次时间可以合并使用。

混合喂养和配方奶喂养的妈妈也享受同样的哺乳假。

如果妈妈 6 个小时内不能回家哺乳,中途要挤奶 1 次,放到冰箱或便携式冰袋中带回家喂婴儿。最好白天能回家喂奶一次。

(1)能中途回家哺乳的时间安排。

◎ 如晨起 5～6 点喂奶,上班前可哺乳 1 次;

◎ 中午回到家中休息 10 分钟后哺乳 1 次;

◎ 下午上班前哺乳 1 次;

◎ 晚上回到家中哺乳 1 次;前半夜哺乳 1～2 次。后半夜最好不再哺乳。

具体安排:

◎ 把上午 30 分钟的喂奶时间放在上午下班时,提前 30 分钟下班;

◎ 把下午 30 分钟的喂奶时间放在晚上下班时,这样就减少了路上时间;

◎ 如单位离家很近(10 分钟内到家)可在上午和下午中途回家喂奶;

◎ 妈妈晚上回到家中,多和婴儿在一起,多喂婴儿几次母乳,后半夜醒来的次数会减少;

◎ 如果婴儿哭闹,可增加 1～2 次哺乳。

(2)不能中途回家哺乳的时间安排。

◎ 晨起 5～6 点喂奶,上班前喂奶,上午挤奶 1 次,中午最好能休息 1 小时。

◎ 下午挤奶 1 次,晚上回家休息 10 分钟后再喂奶,前半夜可喂奶 1～2 次,后半夜尽量不喂奶。

◎ 一天用奶瓶喂母乳 3 次,上午 1 次,中午 1 次,下午 1 次。

(3)周末哺乳安排。

双休日妈妈在家时,可 3 个小时喂奶 1 次,后半夜尽量不喂奶,1 天喂奶 6～7 次。

3. 母乳的保存和加热

要保证婴儿吃到优质的"口粮",就要正确储存和加热吸出的母乳。

(1)如何储存母乳。

◎ 如果婴儿在 4 小时内饮用,可以常温避光保存,要确保室温维持在 20 ℃～30 ℃。

◎ 如果婴儿在 24 小时内饮用,要放在冰箱冷藏室。

虽然研究表明,4 ℃左右的环境下,母乳可以保存 48 小时,但家用冰箱冷藏室很难保证温度达标且恒定。因此,建议冷藏保存最好不要超过 24 小时。

◎ 不要放在冰箱门上或冰箱门附近。因为频繁开关冰箱门会使这个区域的温度不稳定。母乳应尽量与其他食物分开存放,以免受到污染。

◎ 如果短期内婴儿不饮用,应在 −15 ℃～−5 ℃的冷冻条件下储存,可以储存 3～6 个月。由于母乳只能解冻一次,因此每个储奶袋最好保存婴儿一次的饮用量,避免浪费。

◎ 存放时,应在每个储奶袋上标明时间,将挤出时间较早的母乳放在冷冻室靠外的一侧,新挤出的母乳顺次往后排,以方便先取用封存日期较早的母乳。

(2)如何加热储存的母乳。

◎ 如果母乳常温保存或放在冷藏室中,取用时只需把储奶袋或奶瓶放在 40 ℃的温水中加热;如选用温奶器,最好使用恒温温奶器,不要用微波炉或在炉火上加热。

◎ 如果乳汁储存在冷冻室,取用时需先放到冷藏室解冻,再按照上述方法加热。

◎ 乳汁温热后,再把储奶袋上的封口打开,倒进奶瓶,以防止乳汁出现分层。分层的乳汁虽然对营养价值影响不大,摇匀后也可以正常饮用,但味道比较腥,个别婴儿可能会不接受。

特别提醒

◎ 储奶容器以储奶袋为首选,避免使用金属制品,因为这类容器会吸附母乳中的活性因子,影响母乳的营养价值。

◎ 注意储奶袋的密封性,防止母乳变质。

◎ 如果储存的母乳加热后没有吃完,剩下的就要扔掉,不能反复冷藏、加热,会对婴儿健康不利。

◎ 储存的母乳可能会分成乳水和乳脂两层,这种情况是正常的,哺喂前可轻轻摇匀。用储奶袋直接加热再倒进奶瓶,能缓解这种分层析出的现象。

◎ 冷冻的环境会使母乳中的蛋白质变性,对消化系统不是很完善的婴儿来说,饮用后可能会出现腹泻。

4. 婴儿不认奶瓶怎么办

因为妈妈要上班,需要用奶瓶给婴儿喂之前吸出的乳汁。而习惯了吸妈妈乳头的婴儿会对奶瓶非常抗拒。

在这种情况下,可以在婴儿饥饿时,由育儿员抱着婴儿用奶瓶喂吸出来的母乳,让婴儿慢慢适应"妈妈在的时候吸乳头,妈妈不在的时候吸奶瓶"的状态。

如果婴儿始终执拗地不肯接受奶瓶喂养,妈妈可以尝试短时间内不再亲自哺乳,而只将母乳吸出来,放在奶瓶里让育儿员喂,以帮助婴儿接受奶瓶。但这种方法是在万不得已时的无奈之选,不要轻易尝试。

(二)混合喂养

以母乳为主,不足部分以配方奶补充。

这个月龄的婴儿吃奶次数减少,白天喂3～4次,前半夜喂1～2次,后半夜可以不喂,晨起喂1次。

如果妈妈在家带婴儿,白天和前半夜尽量以母乳喂养,后半夜如果婴儿要奶吃,尽量喂配方奶,晨起最好喂母乳。

通常情况下,如果后半夜喂母乳会省去半夜起来配奶的麻烦,但这样做的结果是婴儿后半夜吃奶的次数越来越多,婴儿依赖妈妈的乳头,妈妈休息不好,婴儿也休息不好。所以,不要养成婴儿后半夜吃奶的习惯。

妈妈上班或妈妈不在家的时候,尽量由育儿员喂挤出的母乳;如果没有母乳就喂配方奶。妈妈回到家中,尽量多喂几次母乳。

(三)配方奶喂养

1. 喂养时钟

(1)24 小时内喂奶 5～6 次,间隔 4 小时左右一次。

(2)后半夜醒来可喂水,如喂水婴儿不喝或很快醒来哭,可补喂配方奶 1 次。

（3）食量大的婴儿，1次能喝 180～200 毫升，甚至能喝到 220 毫升，每天喝 1 000 毫升以上；

（4）食量小的婴儿 1 次只能喝 125～150 毫升，每天喝 600～800 毫升。

（5）妈妈上班，由育儿员喂奶，方法同上。

2. 让婴儿自己控制进食量

婴儿有自己的吃奶规律，且能够自行把握进食量，因此育儿员不必担心婴儿吃不饱或吃撑，应尊重婴儿，不要强迫他吃到所谓的标准量。

对配方奶喂养的婴儿来说，由于配方奶包装上通常会标注建议喂食量和哺喂次数，家长或育儿员便会以此作为喂养标准。

需要注意的是，配方奶包装上的推荐喂食量和哺喂次数只是参考，最终的喂养方案需要根据婴儿的具体情况来确定。

对母乳喂养的婴儿来说，婴儿究竟吃进多少母乳很难计量，于是就有很多妈妈担心婴儿没吃饱或进食过多，其实婴儿具有自我调节能力，这种担心毫无必要。

总之，育儿员应让婴儿自己控制进食量，并借助生长曲线评估进食量是否合理，而不要凭所谓的标准量或自己的主观判断，强迫或限制婴儿进食。

3. 给婴儿正确补充水分

母乳喂养的孩子在 6 个月内是不需要额外补充水分的，母乳中含有的水分能满足小宝宝的需要。如果孩子活动量大且环境温度高，可以通过增加母乳喂养的次数达到补充水分的需求。

对于 6 个月内配方奶喂养的孩子，原则上可以不用额外补充水，因为冲调配方奶时使用了大量的水，只是在冲调配方奶时，要严格按照包装说明上的推荐配比冲泡，切勿多加奶粉使奶液过浓，再额外给婴儿喂水。但是在大便干结或者运动量大、环境温度高的情况下，可以在两次奶中间少量喂水。建议喂水量=150 毫升 / 千克×体重－配方奶中水量，以不影响孩子下次奶量为原则。

判断婴儿是否需要喝水，应观察他的尿液颜色：如果尿液无色或呈淡黄色，说明体内有充足的水分；如果尿液呈深黄色，就说明婴儿可能缺水。

配方奶喂养和母乳喂养只是喂养方式的不同，并不能作为婴儿是否应该补水的依据。当然，如果婴儿正处于感冒、发烧或腹泻状态时，则应适度增加饮水量，且尽量喝白开水。

三、早教时间

随着月龄增长，5 月龄婴儿的睡眠明显减少，玩的时间多了，婴儿和成人的互动能力也越来越强。

育儿员可抓住时机，多为婴儿提供练习的机会，引导婴儿锻炼大动作能力、精细动作能力、社交技能、语言能力等各项能力。

（一）室内活动

1. 认知能力发展训练

在这个月里，婴儿的视力、听力、运动、语言、交流、情感等智能将发生巨大的变化。

育儿员或父母应尽量给婴儿创造新奇、安全、丰富多彩的环境，让婴儿通过自由感知、自由活动、自由探索来实现智能的飞跃发展。

（1）视觉训练。

教婴儿认识物品是本月的训练重点。

育儿员可以给婴儿看带图画的卡片或是抱着婴儿看周围的事物，告诉他视线所及的每一件物品"是什么"，帮助婴儿将词语与实物建立联系，为日后学习语言做积累。

例如，指着婴儿周围的环境亲切地告诉婴儿"这是你的小床、小椅子""玩具在桌子上"，每天反复说给婴儿听。

把婴儿喜欢的玩具放在桌子上，确定婴儿在注视玩具时，育儿员抱着婴儿左右摇晃，再站起坐下，观察其是否能在摇晃的情况下视线始终追随着玩具。

（2）听觉训练。

面对婴儿，用纸遮住自己的脸，叫婴儿的名字，如果婴儿听到声音做出反应，育儿员或家长要立刻鼓励他，重复玩2分钟。

定时给婴儿放古典音乐、儿童歌曲。抱着婴儿随着优美的乐曲翩翩起舞；如果婴儿和着乐曲发声，育儿员或家长别忘了用亲吻和微笑来鼓舞他。

（3）触觉训练。

把玩具放在婴儿可以摸到的地方，育儿员或家长给婴儿示范抓握玩具2～3次，然后让婴儿自己去抓握，观察婴儿是否做出相同的动作。

还可以让婴儿坐在床上，然后把浴巾铺在离婴儿不远处，把玩具放在浴巾上，育儿员示范拉动浴巾使玩具靠近婴儿，鼓励婴儿学着做。

（4）嗅味觉训练。

这个月的婴儿可以添加辅食了。育儿师或家长可以通过不同的辅食来刺激他的味觉。辅食中不要加入任何调料，对于婴儿敏感的味蕾来说，食物本身的味道就已经非常鲜美了。

2. 大动作能力训练

在今后的几个月内，应侧重帮婴儿增加肌肉力量，锻炼身体协调性，教他逐渐学会坐、翻、爬、站等动作。

育儿员要根据婴儿的情况，选择他力所能及的练习，不要急于求成，以免给婴儿身体造成伤害。

（1）拉坐练习。

经过了俯卧抬头、翻身等动作的发展，婴儿颈部、前臂及腰部等肌肉力量逐渐增强，婴儿要求改变姿势的主动性越来越明显，此时可试着将婴儿拉坐起来。

方法：婴儿仰卧位，育儿员抓住婴儿的两只小手，让他自己用力配合，育儿员仅稍稍用力帮助，将婴儿拉到坐位。

这种活动每日可做几次。育儿员用力逐渐减少,训练婴儿仅握住育儿员的手指就能主动坐起来,这样可以锻炼婴儿的肌力。

注意事项:

拉坐练习是让婴儿借助育儿员的帮助自己用力坐起。如果婴儿被拉坐起来时,手无力屈肘,头部低垂,说明还不宜做这个动作,必须先进行俯卧练习,强化颈背肌肉及上肢肌肉力量,过段时间再做拉坐练习。

(2)靠坐练习。

在婴儿精神好的时候,把婴儿放在有扶手的沙发或者小椅子上,将衣物或者靠垫放到婴儿身体后面,支撑住背部,使婴儿的腰部尽可能挺直,髋部逐渐形成垂直的90°,让婴儿靠坐着玩。

每日练习几次,可根据婴儿的具体情况灵活掌握时间。初学的婴儿可每次坚持3～5分钟,能够坐稳以后每次也不要超过10分钟,对锻炼婴儿腰部肌肉,促进婴儿早日学会独坐很有帮助。

如果发现婴儿头向前倾或朝后仰,表明婴儿颈肌疲劳,应当立即躺下休息。在婴儿练习一段时间以后,辅助支撑的力量可逐渐减少。

3.精细动作能力训练

许多重要的生活技能都与精细动作能力有关。比如,吃饭、画画、刷牙、系鞋带等。因此,育儿员或家长要借助玩具或物品锻炼婴儿的精细动作能力,为以后的生活技能做准备。

(1)训练伸手抓握能力。

把婴儿抱成坐着的姿势,在他面前放一些彩色小球等物品,物品可从大到小,让婴儿伸手抓握物品。

刚开始训练时,物品要放在婴儿一伸手就能抓到的地方,再慢慢地移远一点,让他伸手抓握。

(2)锻炼手指的灵活性。

育儿员找一段色彩鲜艳的彩带或绳子,在其一端绑上小毛绒玩具或磨牙棒;然后在婴儿面前来回晃动,让玩具从一侧荡到另一侧,鼓励婴儿将身体探过去抓玩具。婴儿伸出手去拨弄玩具,甚至抓住玩具之后,记得要表扬婴儿。彩带用完要收好,因为可能给婴儿带来危险。

当婴儿伸出小手去抓那个毛绒玩具时,不仅是在练习抓取物体,同时也是在试着与周围的世界互动。锻炼的是婴儿的手眼协调能力、精细动作能力、视觉捕捉能力。

4.益智互动游戏

(1)一起来挖宝。

【游戏目的】可培养婴儿的表象记忆和观察能力。

【游戏玩法】准备一条软毛毯,一些婴儿喜欢的玩具。当着婴儿的面,将婴儿喜爱的玩具一部分藏在毯子下。

问婴儿:"宝宝的玩具哪儿去了?"然后掀开毯子说:"原来在这里呀!"多重复几次

后,再将玩具藏在毯子下,然后边发问边引导婴儿翻开毯子把玩具拿出来。

【注意事项】控制时间,不要让婴儿感到疲劳。

(2)碰小球。

【游戏目的】锻炼婴儿手的活动能力、上肢与身体的平衡能力,从而锻炼婴儿的手眼协调能力。

【游戏玩法】在婴儿手能够着的地方吊一个小球,育儿员拉着婴儿的手去拍打吊着的小球,使球前后晃动,引导婴儿再去拍它。

育儿员还可以一手竖抱婴儿,另一手拉着婴儿的一只手去碰房间里悬挂的一些物品。同时,可根据具体情形编一些童谣说给婴儿听,以提高婴儿碰物的兴趣,如"碰得高,碰得响;碰一碰,响一响;碰一碰,跳一跳"。

育儿员可轮流举起婴儿的左右手碰物。当婴儿有些经验后,可被动与主动相结合,逐步过渡到主动碰物,为以后主动抓握物体打下基础。

婴儿伸手拍球,有时会因位置不对而经常拍不到吊球,但练习多次后,他就会调整手的位置和伸出的长度,逐渐能拍到小球。

(二)户外活动

1. 大自然是最宝贵的课堂

大自然是最宝贵的课堂,赋予婴儿学习和探索的无限可能。夏日的蝉声、蛙鸣、小鸟歌唱、风声、雨声、水流声,以及冬日的北风呼啸声,是婴儿在成长过程中都不应错过的。

只要天气好,育儿员都可以抱着婴儿出去玩一会儿,让婴儿感受与认识外面的世界。

外出时,育儿员要对婴儿讲述户外见到的一切,如花草树木、天空大地、人和动物,并鼓励婴儿摸一摸、闻一闻,调动全身各种感官进行探索。

如果碰到熟人,可以主动地把婴儿介绍给他们,让婴儿慢慢接触到生人。在社区小径里行走时,要放慢速度,细心观察。必要时,把婴儿从婴儿车里抱出来。

2. 用婴儿车推婴儿外出时的注意事项

户外活动可以让婴儿充分享受新鲜的空气和温暖的阳光,进而认识和感知这个世界。

但是,现在的城市环境、交通和路面状况都很复杂,用婴儿车推婴儿外出也会遇到许多安全问题,育儿员要特别注意。

(1)过马路时不要让婴儿坐或躺在推车里。

婴儿坐或躺在童车里的高度与汽车尾气管的高度很接近,特别是推婴儿过马路时,从发动着的汽车尾部推过去,汽车尾气的浓度非常高,会让婴儿吸入很多有害物质。

因此,要尽量避免在车流量大的时候带婴儿外出,尽量绕开狭窄又经常堵车的街道,过马路时最好把婴儿抱起来,不要让婴儿坐或躺在推车里。

(2)推车上下台阶要小心。

不能直接推着童车上下台阶,尤其是下台阶,强烈的震荡有可能伤到婴儿的大脑。

遇到台阶最好将婴儿抱出来,再将童车推上或推下。如果只有一个人,可以把婴儿与童车一起抬起,但要注意不要抓童车的可活动部位,否则童车有可能突然折起,夹伤婴儿。

（3）下坡注意控制速度。

最好使用有减速功能的童车,如果没有,育儿员和婴儿面向上坡方向,在控制好车速保证安全的前提下,育儿员倒退着下坡对婴儿更安全。

（4）过马路时不要抢路。

推着童车过马路时一定要等绿灯亮时再走,不要在绿灯变成黄灯时抢行。特别是在十字路口,当面对的方向在变灯的时候,左右方向也在变灯,有些司机或是骑自行车、电动车的人也有可能想抢在变成红灯之前通过,很可能发生交通事故。

（5）进出楼门防止婴儿被撞着。

推童车进出楼门时,要把童车放在推车人身后,先打开楼门,用身体挡住门,让童车从身前通过。把童车推到门打开不会碰到的安全区,推车人再进出楼门。如果门口进出的人很多,可在一旁等一会儿,人少了再走。

（6）不要随意转身。

婴儿坐在婴儿车上时,育儿员不要随意转身,以免婴儿出现意外;若确实需要转身时,必须先固定轮闸,确认婴儿车不会移动后再转身。

四、科学睡眠

1. 引导父母和婴儿分床睡

如果之前为了哺乳方便而与父母同睡一床的婴儿,现在可以分床睡了。

出于安全考虑,父母可以和婴儿同室不同床。这样既可以给婴儿充足的安全感,又能让父母和婴儿拥有相对独立的空间。

（1）和婴儿分床睡的时间越早越好。

婴儿越小,生活习惯的可塑性越强,对独睡的排斥性越小,分床成功的可能性就越大。如果拖到两三岁再分床,婴儿已经形成的睡眠习惯很难改掉,还容易因为突然和父母分离而产生恐惧、焦虑等不良心理;再加上这时婴儿已经有了一定的自主行动能力,常常会在半夜偷偷爬上父母的大床,分床成功的难度比早分床要大得多。

（2）及时回应婴儿的需求。

婴儿之所以无法接受分床睡,是因为缺乏足够的安全感。尤其是4～6个月的婴儿,对周围环境已经产生了一定的认识,对环境中人和事的变化比较敏感,如果发现父母不在自己身边会产生紧张情绪,这就会使婴儿愈发不愿意自己睡觉。因此,父母要有足够的耐心帮婴儿度过分床的适应期。

当婴儿自己待着时,让他能时不时听到父母的声音。父母的声音会化解婴儿独处时产生的各种情绪,只要婴儿能够得到及时回应,就会产生充足的安全感。这样,分床睡就相对容易些。父母要增加睡前陪伴时间,等婴儿睡着后再离开。如果婴儿半夜醒来,尽量让他独自再次入睡;如果婴儿哭闹,可以轻轻安抚,让他知道父母就在他身边,但尽量不要抱起来哄睡。

2. 培养婴儿自主入睡的习惯

严格来说,6个月以下的婴儿不适合任何形式的睡眠训练,采取温和的方式引导即可。

如果要让婴儿能独立入睡或者晚间睡整觉,在婴儿出生后尽量培养他自行入睡的习惯,让婴儿从小就明白睡眠是需要独立完成的。可以在婴儿放松、昏昏欲睡时把他放在小床里。如果婴儿哭的话,可以先观察几分钟,看婴儿是否真的需要抱起来安抚。

睡眠是"习得性行为",我们的养育目标是让婴儿知道"睡眠是需要独立完成的事情"。看护人的一些不正确的养育方式,比如入睡时给予过多帮助,睡眠周期中间的过度干预,总在入睡时哺乳等,会在很大程度上阻碍婴儿睡眠能力的发展。

育儿员要减少对婴儿的睡前干预,尽量不要奶睡、抱睡,但可以在旁边适当陪伴。

五、注意事项

1. 预防电磁辐射

电磁辐射对人的影响虽普遍存在,却并不可怕。不同的人或同一人在不同年龄段对电磁辐射的承受能力是不一样的。即使在超标环境下,也不意味着所有人都会得病,但对抵抗力相对薄弱的婴儿来说,还是应采取一定的防范措施。

（1）卧室里电器不要扎堆。

不要把家用电器摆放得过于集中或经常一起使用,特别是电视、电脑、电冰箱不宜集中摆放在卧室里。

（2）勿让婴儿在电脑后逗留。

电脑的摆放位置很重要。

尽量不要让屏幕的背面朝着有人的地方,因为电脑辐射最强的是背面;其次为左右两侧;屏幕的正面反而辐射最弱。

（3）用水吸附电磁波。

要保持良好的室内环境,如舒适的温度、清洁的空气等。因为水是吸收电磁波的最好介质,可在电脑、电视的周边多放几瓶水。不过,必须是塑料瓶和玻璃瓶的才行,绝对不能用金属杯盛水。

（4）减少家用电器待机。

当电器暂停使用时,最好不要长时间处于待机状态,因待机时可产生较微弱的电磁场,长时间也会产生辐射积累。

需要提醒的是,育儿员或父母在照看婴儿的过程中,也要放下手机,用心陪伴,不能边玩手机边陪婴儿。

2. 预防烫伤

烧、烫伤的罪魁祸首是火和热水,而它们之所以能逞凶,则是由于照护者的疏忽。对父母来说,孩子安全大于天,育儿员在日常工作中一定要注意。

（1）烧、烫伤的种类。

① 热液烫伤:

热液烫伤主要发生在厨房、浴室和客厅。预防措施如下:

◎ 将热水瓶、热汤放在婴儿碰不到的地方。

◎ 餐桌上不要铺桌布,以免婴儿拽动桌布打翻盛热汤、热水的容器而被烫。

◎ 给婴儿调洗澡水时应先放冷水再放热水,并注意把水温控制在 40℃ 左右;中途若需加水,应先将婴儿抱出来,调好水温后再将婴儿放进去,切忌直接向澡盆内加热水。

② 火焰烧伤:家中所有的易燃物品(如杀虫剂、酒精、汽油等)都应放在远离火源的地方且锁好,最好放在室外。

(2)烧烫伤后的紧急处理。

不管发生什么类型的烧烫伤,育儿员都应先冷静下来,采取正确的处理方法,尽可能降低烧烫伤对婴儿皮肤造成的伤害,然后再带婴儿去医院。

第一步:降温

◎ 婴儿受伤,育儿员应立即用流动的自来水冲洗婴儿的伤处;或将伤处浸泡在冷水中,使婴儿的皮肤快速降温。

◎ 如果婴儿穿着衣服和袜子被热水烫伤,无法马上脱下衣物,可直接泡到浴缸里再脱掉;然后用脸盆、舀水盆或浴缸中的水浸泡烧伤的部位。

◎ 降温处理一般持续 20～30 分钟。

◎ 不要将冰块直接放在婴儿伤口上,以免使婴儿的皮肤组织受伤。

◎ 如果婴儿伤口面积过大,为避免婴儿受到风寒,可中间稍事休息后再继续降温。

第二步:处理伤口,送往医院

◎ 降温处理后,小心脱去婴儿的衣物(如果不方便脱可用剪刀剪开);然后用干净床单、布单或纱布覆盖伤处;再尽快带婴儿到医院治疗。

◎ 切忌在婴儿的伤处涂抹牙膏、酱油。

六、一日工作流程表

这个月,妈妈正在准备上班或已经上班了。所以,照护婴儿的责任交由育儿员一力承担。因此,育儿员要尽心竭力做好自己的本职工作。

一日工作流程表上的时间划分仅做参考,育儿员在实际工作中可以结合客户的家庭情况、婴儿的作息时间灵活调整。

1. 住家育儿员一日工作流程

时间	项目	工作内容	注意事项
6:00—6:30	育儿员起床	洗漱,整理好个人卫生,准备婴儿用品(换洗衣物,纸尿裤,尿布,奶瓶、餐具、玩具等)	
6:30—7:00	婴儿起床	1. 换纸尿裤或尿布 2. 清洗臀部(注意观察大便颜色及性状变化) 3. 洗脸(口耳鼻眼护理) 4. 测量婴儿体温,身长,体重	

续表

时间	项目	工作内容	注意事项
7:00—7:30	喂奶	1. 有母乳喂母乳 2. 喂配方奶的,给婴儿冲调奶粉(注意确认下段数和冲调比例,第一次打开的奶粉罐标记下开罐日期)	通常5月龄婴儿已不需要拍嗝,但由于每个婴儿的情况不一样,要根据婴儿的实际情况来判断到底需不需要拍嗝。吃完奶记得用温水漱口
7:30—8:00	室内活动	1. 喂完奶,和婴儿互动 2. 把奶瓶清净、消毒	
8:00—9:00	户外活动	1. 天气好,户外活动,进行日光浴和空气浴 2. 天气不好,在家训练	带好外出的装备,比如口水巾、纸尿裤、湿纸巾等
9:00—10:00	小睡	1. 有用过的口水巾、围嘴,可以清洗一下 2. 随时观察婴儿的睡眠状况	根据婴儿的睡眠状况,随时终止手头的工作
10:00—10:30	喂奶	1. 冲调奶粉或加热母乳 2. 奶瓶清洗、消毒	育儿员单独照顾婴儿,可在婴儿小睡时清洗、消毒奶瓶
10:30—11:30	早教时间	亲子共读,大动作训练	
11:30—12:30	午餐	育儿员吃饭	抱婴儿时,不要同时拿烫的食物或者饮品等
12:30—14:30	午休小睡	休息并关注婴儿睡眠	上午婴儿有换洗衣物或未清洗的喂哺用品清洗干净、消毒放好
13:30—15:00	喂奶	1. 冲调奶粉或加热母乳 2. 奶瓶清洗、消毒	育儿员单独照顾婴儿,可在婴儿小睡时清洗、消毒奶瓶
15:00—16:00	早教时间	1. 精细动作能力训练 2. 户外活动	1. 不允许任何陌生人抱婴儿;不接受任何人给婴儿的食物 2. 户外活动要告知家人具体活动区域 3. 活动量大或天热加喂水
16:00—17:00	小睡	1. 奶瓶、玩具、衣物等婴儿用具的清洗、消毒 2. 随时观察婴儿的睡眠状况 3. 准备晚餐	根据婴儿的醒来状况,随时终止手头的工作
17:00—17:30	喂奶	1. 冲调奶粉 2. 奶瓶清洗、消毒	吃完奶记得用温水漱口
17:30—18:30	晚餐	育儿员和妈妈轮流吃饭	抱婴儿时,不要同时拿烫的食物或者饮品等
18:30—19:00	睡前盥洗	洗澡抚触,换好纸尿裤	夏季白天可以多安排一次洗澡;冬季一天洗一次即可。以父母为主,育儿员协助

续表

时间	项目	工作内容	注意事项
19:00—19:30	亲子时间	亲子阅读,聊天互动	育儿员退位,父母发挥主要作用
19:30—20:00	喂奶	1. 冲调奶粉或加热母乳 2. 奶瓶清洗、消毒	喂完奶注意给婴儿清洁口腔
20:00—20:30	收尾工作	1. 重新检查一下当天的喂哺工具,婴儿衣物,玩具,活动区域的清洗、清洁消毒 2. 一日工作日志填写	天热时婴儿衣物随时洗,冬天要洗的衣物不过夜。孩子的衣服、口水巾、围嘴、饭衣等手洗干净

2. 不住家育儿员一日工作流程

时间	项目	工作内容	注意事项
7:30—8:00	育儿员入户	准备婴儿用品(干净衣物,纸尿裤,尿布,奶瓶,餐具、玩具等)	洗净手换好居家服再抱婴儿
8:00—8:30	婴儿起床	1. 与妈妈交接 2. 晨检(情绪,体重,身长,体温)	具体时间根据婴儿实际情况定,工作内容不能缺少
8:30—9:00	喂奶	1. 按流程冲调奶粉或加热母乳 2. 奶瓶清洗、消毒	吃完奶记得用温水漱口
9:00—10:00	早教时间	1. 大动作能力训练 2. 户外活动	1. 带好外出的装备,比如口水巾、纸尿裤、湿纸巾等 2. 温度较高或活动量较大加喂水
10:00—11:00	小睡	1. 奶瓶等哺喂用具的清洗、消毒 2. 随时观察婴儿的睡眠状况 3. 准备午餐	根据婴儿的睡眠状况,随时终止手头的工作
11:00—11:30	喂奶	1. 冲调奶粉或加热母乳 2. 奶瓶清洗、消毒	吃完奶记得用温水漱口
11:30—12:30	午餐	育儿员吃饭	抱婴儿时,不要同时拿烫的食物或者饮品等
12:30—14:30	午休	1. 上午婴儿换洗衣物或未清洗的喂哺用品,清洗干净、消毒放好 2. 休息并关注婴儿睡眠情况	根据婴儿的睡眠状况,随时终止手头的工作
14:30—15:00	喂奶	1. 冲调奶粉或加热母乳 2. 奶瓶清洗、消毒	吃完奶记得用温水漱口

时间	项目	工作内容	注意事项
15:00—16:00	早教时间	1. 精细动作能力训练 2. 户外活动	1. 不允许任何陌生人抱婴儿；不接受任何人给婴儿的食物 2. 户外活动要告知家人具体活动区域 3. 活动量大或天气热时，配方奶婴儿加喂一次水
16:00—17:00	小睡	1. 奶瓶、玩具等婴儿用具的清洗、消毒 2. 随时观察婴儿的睡眠状况	根据婴儿的醒来状况，随时终止手头的工作
17:00—17:30	喂奶	1. 冲调奶粉或加热母乳 2. 奶瓶清洗、消毒	吃完奶记得用温水漱口
17:30—18:30	晚餐	育儿员用餐、收拾，做好一日工作记录（不就餐者 18:30 下班）	

第三节　父母抚育篇

随着婴儿一天天长大，其需求也从吃饱穿暖等物质方面更多地转向了精神方面，比如父母的陪伴、良好的情绪、社会交往、父母的支持和鼓励等。

作为父母，我们的责任就是要"用心灵呵护，用头脑抚养"，让婴儿能够健康苗壮地成长。

一、情感连接

1. 根据婴儿气质因材施教

气质，是指婴儿在出生时就带有的性格倾向。

从一出生，不同婴儿的行为就有很大差别：有的婴儿显得平和而而安静，喜欢独自玩耍，并且喜欢观察周围发生的一切事情，很少注意自己；有的婴儿则很挑剔，且很容易受惊，无论清醒或睡眠都不安生。

针对婴儿的个性，妈妈需要花点心思，细心观察并做好记录，早一点识得婴儿的性格倾向，你和他的相处就会更轻松，养育也更有策略。

（1）婴儿的气质类型。

发展心理学把婴儿气质划分为三种类型：容易抚养型、抚养困难型、发展缓慢型。

容易抚养型：生活有规律，节奏明显，容易适应新环境，主动探索环境，对新异刺激反应积极，愉快情绪多，情绪反应适中。

抚养困难型：生理节律、生活规律性差，难以适应新环境，对新异刺激消极被动，缺乏主动探索周围环境的积极性，负性情绪多，情绪反应强烈。

发展缓慢型：对环境变化适应缓慢，对新鲜事物反应消极，对新异刺激适应较慢，情绪经常不甚愉快，心境不开朗。但在没有压力的情况下，他们会对新颖刺激缓慢地发生兴趣，在新情境中逐渐活跃起来。

这类儿童随着年龄的增长，特别是随着成人的抚爱和良好的教养作用会逐渐发生变化。

（2）婴儿气质与早期教育的关系。

不同气质类型的婴儿对早期教育的适应性和要求各不相同。

要注意区别并了解婴儿的气质类型和特点，以符合其气质发展需要的方式，正面积极地引导孩子，为他创设一个良好、和谐、有爱的家庭环境。即使婴儿先天具有不良的个性特征和消极行为，其适应障碍也会随年龄的增长而降低。

如果教育与婴儿气质不一致，就会促使婴儿产生抵抗，增加他与环境的矛盾和冲突；如果教养和气质之间冲突十分严重，就会使婴儿陷入进退两难、无所适从的境地，从而导致行为问题和发展障碍。

所以，不管婴儿是哪种个性，哪种先天气质，只要没有发展到带来不良后果（伤害自己、伤害别人、破坏环境）的地步，就不需要父母过度干预，父母要做的就是接纳。只有在父母的接纳里婴儿才会感觉安全。只有感觉安全了，才能去探索、学习、进步。

2. 引导婴儿正确处理情绪

3 岁前的婴儿，生活、情感上对妈妈的依赖性都很强，要想让婴儿获得积极的情绪体验，妈妈的引导很关键。

细心的妈妈会发现，婴儿到了某个时段，可能会莫名地不安或愤怒，甚至大声哭闹。婴儿闹情绪，有时我们找不到原因。这种情况下，妈妈可以默默地抱着婴儿，脸贴脸，与婴儿"对话交流"，妈妈的体温、气味、温暖的话语有助于平复婴儿的情绪。

婴儿渴了、饿了、困了比较容易察觉，出现这些情况时，妈妈应放下自己的事情，满足婴儿的需要，以便尽快消除婴儿的消极情绪。

摸清婴儿的情绪周期，在婴儿情绪低潮时多陪伴他；在婴儿情绪高潮时，他能自己玩儿得很好，妈妈则可以放松一下，或者做一些家务。

几乎所有的心理活动都受到情绪的影响。情绪影响行为，行为又反作用于情绪，形成认知。

一个经常被不良情绪包围的婴儿，其智商、情商发展都会受到限制。因此，父母在日常生活中要给予婴儿充分的爱和关注，让婴儿获得足够的安全感，为发展良好人格打下基础。

二、智力开发：多和婴儿"对话交流"

爸爸妈妈在照料婴儿吃喝、陪伴婴儿玩耍时，可以和婴儿说说自己正在做的事情，或者当下正在发生的事，从而让婴儿把他看到、听到、摸到的东西和父母所说的话联系起来。

父母说话的时候，要注意观察婴儿的反应，婴儿会用微笑或肢体语言告诉大人，他是否很享受这样的互动。

如果婴儿表现得不开心,或者疲倦了,爸爸妈妈应该就此打住,不要强迫婴儿做他不喜欢、没兴趣的事情。

1. 说什么

任何话题都可以说,比如,说说天气,外面是阳光灿烂还是阴雨绵绵;比如,你计划要做些什么,接着说说你正在做什么,然后再说说你最后做成了什么。

其实,父母说什么不重要,重要的是和婴儿说话。

2. 怎么说

先和婴儿说些什么,然后给他留出回应的时间,让他有时间去思考、回应,直到几秒钟后发出声音,或者做出某个动作,比如挥挥手臂,打个嗝,做个鬼脸,动动手或脚。婴儿做出的任何动作都意味着他在以自己的方式与父母"对话"。

如果父母经常与婴儿进行这样的"对话",婴儿就会知道人们在对话中是要轮流"说话"的。

对孩子说话的时候,并不要求刻意地"教授",而是让他们自然而然地学会与父母"对话"。

三、社会交往:培养孩子良好的"社交意愿"

1. 和婴儿一起玩照镜子

这个月龄的婴儿已经有了一定的自我意识,会对自己发出的声音产生兴趣,还会"自言自语"地呢喃。在玩玩具的过程中,婴儿会通过推拉玩具使它们不断在靠近和远离自己之间移动,并在这种移动中认识到"我"和"非我"的区别。

喜欢照镜子,是孩子社会意识初步形成的表现。当看到镜子中的自己时,孩子往往表现得很高兴。对镜中人亲昵友爱的反应,实际上是孩子对他人、对周围环境的信任和安全感的体现。

父母经常带孩子照一照镜子,帮助他熟悉自己的五官,既是对自我认知的加强,也是一种和自己的交流,对培养孩子良好的社会交往意愿、丰富孩子的视觉体验都大有好处。

2. 帮助婴儿适应新的照护者

为了更好地照顾婴儿,妈妈上班后通常需要请育儿员照看婴儿。所以,妈妈要早作打算,让婴儿跟新的照护者渐渐熟悉,彼此之间相互了解,为妈妈和婴儿的第一次暂时分离做好准备。

育儿员刚入户时,要让其和婴儿慢慢熟悉,可采用下列步骤:

(1)跟育儿员谈话时,让婴儿坐在妈妈腿上。在允许育儿员和婴儿有视线交流前,留心婴儿的放松信号。

(2)当婴儿能看着育儿员,自己安心地玩起来时,让育儿员和婴儿对话,这时育儿员还不能靠近或触摸婴儿。

(3)当婴儿看起来很习惯跟育儿员对话后,把他放在育儿员对面的爬行垫上,再放一个他喜欢的玩具,邀请育儿员慢慢地靠过来,摆弄玩具。当婴儿熟悉育儿员,妈妈可以一点点退后。

（4）当妈妈离开房间时观察婴儿有什么反应。如果婴儿没有注意到妈妈离开了,这段最初接触就算成功了。

（5）妈妈每天都离开一小会儿,让婴儿和育儿员单独相处,并逐渐加长每次离开的时间。让育儿员像妈妈那样陪婴儿玩游戏,给婴儿讲故事、念儿歌、做操等,增加他们之间的感情。

第五章

6月龄婴儿教养指南

第一节　发展指标与养育要点

6月龄的婴儿头部与身体的比例变得更接近正常,身材更加匀称。此时腹部脂肪的增厚,让婴儿看起来也更加圆润了。

由于个体因素的差异,有的婴儿看起来很胖,有的则非常瘦,这是婴儿生长过程中的正常现象。只要婴儿的体重不超出正常的波动范围,就无须担心,更不必盲目给婴儿减肥或拼命喂食。

一、婴儿生长特点

这个月的婴儿已经开始认人了,能够区分亲人和陌生人,看见照料自己的人会开心地微笑;婴儿也能分辨不同声音的音调,并做出不同的反应,听到严厉刺耳的声音就会吓得大哭;高兴时婴儿会眉开眼笑、手舞足蹈、咿呀学语;不高兴时会皱眉噘嘴、又哭又叫。

二、身体发育变化

体重:男孩6.1～11.7千克;女孩5.7～10.9千克。

身长:男孩61.6～75.9厘米;女孩60.1～74.1厘米。

头围:男孩39.8～47.2厘米;女孩38.8～45.9厘米。

注:以上数据根据国家卫健委《7岁以下儿童生长标准》(2022年9月19日发布,2023年3月1日实施)整理。

牙齿:大多数婴儿在本月萌出2颗乳牙(下边的门牙)。有的婴儿还没有乳牙萌出的迹象。

三、能力发展特点

(一)认知能力

1.视觉能力:灵敏度接近成人

(1)当婴儿坐起来玩时,双手可以在眼睛的控制下摆弄物体,会盯住他拿到的东西。

(2)手眼开始协调,将玩具拿到婴儿面前,并上下左右缓慢移动,观察婴儿是否能有意识地主动跟随。

(3)视野进一步扩大,对进入自己视线范围内的事物表现出强烈的兴趣;即使有些东西离自己较远,自己够不到(比如天上的飞机、月亮,街上的行人),婴儿也会静静地注视,并积极观察。

2.听觉能力:有人叫自己的名字会转头

(1)可以把听觉和视觉进一步联系起来:如果母亲叫婴儿的名字,婴儿会转头寻找母亲身在何处。

(2)听到声音时,能"咿咿呀呀"地回应,对音量的变化有反应。

(3)在婴儿面前自言自语,婴儿会和外来的声音互动。

3.味觉和嗅觉能力:喜欢闻母亲身上的气味

可以精确地辨别多种味道和气味,特别是自己喜欢吃的食物和母亲身上的气味。

适当给婴儿添加多种不同味道的辅食,多让婴儿闻一闻各种花香、蔬菜和水果的气味,以及家中各种日常用品的气味,可以促进其味觉和嗅觉发展。

4.触觉能力:喜欢和父母或照护自己的人抱抱

这个月婴儿的触觉变得很灵敏。

(1)开始喜欢与父母、经常看护自己的亲人接触,不喜欢与陌生人接触。

(2)爸爸妈妈的拥抱会让婴儿感觉安全舒服。

5.数理逻辑能力:对大小有了初步的反应

(1)对大小有了笼统的反应:能区分两个单一物体的大小。

(2)放一大一小两个苹果,让婴儿拿苹果,婴儿会伸手去取大苹果。

(二)动作能力:能熟练地翻身

当婴儿躺在床上时,父母或育儿员想拉着婴儿的双手让婴儿坐起来,婴儿可以主动抬头,不摇晃,坐起来时腰背也挺得比较直。

当婴儿坐在硬板床(或椅子)上时,他的双臂能伸展,使自己的两只手支撑在平面上,身体可以伸展到与平面成 45° 角以上。

(三)语言能力:语言接受能力惊人

(1)语言接受能力惊人,会将听到的很多话语储存在大脑中。

(2)可以发一些简单的音节,如"ma""da""ba"等,很喜欢"咿咿呀呀"地和大人"对话",独处时也喜欢自言自语。

四、心理情感特点

这个月龄的婴儿,其心理活动已经比较复杂,可以用面部表情表现出高兴、愤怒等心理活动;能听懂严厉或柔和的声音;当父母或育儿员离开时,婴儿还会表现出害怕的情绪。

1. 情绪发展:情绪发展的敏感期

这个月婴儿的脸就像一幅多彩的图画,随时都能表现出婴儿的内心活动:高兴时,会眉开眼笑;不高兴时,会"怒发冲冠",又哭又叫。当大人亲切地和婴儿说话时,孩子会很愉悦;当大人训斥婴儿时,婴儿会表现得很不安,甚至很愤怒;见到生人会害怕、哭闹,玩具被夺走时会喊叫。

2. 依恋心理:建立安全感的关键时期

现阶段婴儿对亲近的人产生了依恋的感情,是他建立对世界信任的关键时期。

良好的依恋关系可以促进婴儿对环境积极的探索。父母最好多陪陪婴儿,不要突然把婴儿交给陌生人,以免使婴儿刚开始形成的安全依恋关系遭到破坏,阻碍婴儿安全感的形成和对世界探索欲的发展。

3. 探索世界:用敲打和触摸来感知世界

对自己周围的各种物品都很感兴趣,喜欢触摸、敲打东西,并把拿在手里的所有事物都放进嘴里品尝一下。

由于味觉的发展,孩子对食物的任何变化都能产生非常敏锐的感觉,有时还会出现恐惧新食物的现象。如果婴儿在这个月前一直吃母乳,育儿员在尝试给婴儿吃配方奶时通常会遭到拒绝。

4. 人际交往:喜欢和亲近的人玩

(1)怕事,不喜欢和陌生人交往。

(2)看到熟悉的人时,婴儿会用微笑来表示友好,还喜欢和亲近的人一起玩耍。

(3)可以区分大人和婴儿。

(4)看到其他婴儿会伸手去拍,还会在照镜子时用小手去拍打镜中的自己。

五、喂养要点

(1)母乳喂养:每天5～6次,间隔4小时左右,每次喂20分钟左右。

(2)混合喂养:距上次喂奶时间在3小时以下,喂配方奶;距上次喂奶时间3小时以上,喂母乳。母乳与配方奶的间隔可短至3小时。配方奶与母乳间隔可长至4小时。

(3)配方奶喂养:每天喂奶5～6次,间隔4小时一次。

(4)辅食添加:从这个月开始正式添加辅食,奶与辅食比例是8:2。

(5)辅食性状:汁状、稀泥糊状食物。

(6)添加量:每天1次。米粉逐渐增加到10克,蛋黄逐渐增加到1/4个,蔬菜和水果分别增加到5克。单一食品数量3～5种。

(7)水和营养素补充:由于添加了辅食,所有婴儿都需要补充水200～300毫升。母乳喂养的可以比配方奶喂养婴儿少喝些,每天100～200毫升。

（8）配方奶喂养的婴儿，奶量每天不足 800 毫升的，每减少 100 毫升,额外补充钙元素 70 毫克。

（9）继续补充维生素 A 和 D,按每日维生素 D400 单位(维生素 D400 国际单位,是国际和国内的标准剂量。400 单位的维生素 D 相当于 0.01 毫克)补充。

每个婴儿都有自己的食量和吃奶习惯,婴儿体重身高增长正常,就要尊重婴儿,不要担心婴儿吃得太少或吃得过多。

六、早教重点

（1）培养好情绪,注意好心理卫生。
（2）教婴儿坐稳,翻身打滚,传递积木。
（3）继续训练婴儿认知物品的能力,继续教婴儿认物及身体五官部位。
（4）培养婴儿的自理能力,在大小便前出声或用动作表示。

第二节 育儿员工作篇

一、健康护理

（一）二便管理

1. 大便有变化和辅食有关

6 个月婴儿初次添加辅食,大便可能会有各种各样的变化,有的是正常现象;有的则可能反应婴儿肠胃有问题,需要调理或治疗,育儿员要仔细分辨。

（1）添加辅食后的正常改变。

婴儿初加某种辅食的前几天,胃肠可能不适应,大便看上去也不正常。如果婴儿出现了以下状况,育儿员也不必太紧张,留心观察就好:

◎ 添加了绿色蔬菜、番茄、南瓜等,大便呈现和所吃辅食相近的颜色是常见现象,可以继续添加。

◎ 添加了淀粉类食物,大便量增多,颜色暗褐,臭味加重,是正常的。

◎ 添加动物血、肝脏等含铁多的辅食,大便呈现黑色是正常的。

◎ 刚开始加辅食,婴儿也可能会便秘,这也正常;在婴儿逐渐适应了辅食,辅食的量也增多之后,便秘现象会消失,大便性状逐渐接近成人。到 1 岁以后,就能 1 天 1 次黄色大便,呈条形。

（2）辅食添加不当的表现。

当辅食添加不当,婴儿的消化系统承受不了,会表现在大便上。遇到婴儿大便异常的时候,要对症调整辅食。

◎ 婴儿大便变稀、变绿:说明辅食添加过多、过急,婴儿消化能力承受不了,下次添加辅食要减量,添加频率也不能那么密集。

◎ 大便呈现灰白色,质硬,味臭:这可能是婴儿喝牛奶太多或糖过少导致的,需要检查一下最近给婴儿吃的食物,对应调整。

◎ 大便中有大量泡沫,呈深棕色水样,带有明显的酸味:排除肠道感染的可能性,表明婴儿吃的淀粉类辅食可能太多了,需要减少米糊、米粉等辅食。

(3)注意事项。

如果婴儿大便次数一天超过 8 次,水分较多,就要带婴儿到医院化验大便,确定是否有感染。

◎ 如果没有细菌感染性肠炎,就不要吃抗生素,否则不但不能治好腹泻,还会破坏肠道内环境,加重腹泻。

◎ 如果怀疑是病毒性肠炎,要注意补充水和电解质。

◎ 如果是新添加的辅食导致婴儿消化不良,就吃助消化的药,并暂停添加那种辅食。

2. 用声音和动作引导婴儿大小便

半岁以前,婴儿大小便次数多且不规律;半岁以后,随着生活作息的相对规律,育儿员要有意识地引导婴儿有规律地大小便。当然,此时婴儿还不能自主控制排便,需要育儿员加以引导。

(1)小便"嘘嘘"。

婴儿在睡前、醒后、喂奶或喂水后 15 分钟可能有尿,这时给婴儿"把尿",并把排尿的无条件反射同一些条件刺激联系起来,如发出"嘘嘘"声。

经过一段时间的训练,当婴儿一解开尿布或纸尿裤并听见"嘘嘘"声后,即使膀胱未涨满,也会排尿。

(2)大便"嗯嗯"。

婴儿大便时一般表现为:停止其他动作,安静下来,脸上有"一本正经"的样子,并且涨得发红。

一旦婴儿发出这样的信号,育儿员就要及时把婴儿放在便盆上把大便。婴儿的便盆要安全、舒适,易清洗,盆底宽阔,高度适中,放在固定的、光线充足的地方,育儿员嘴里配合着婴儿排便时使出的力气说着"嗯嗯",以引导婴儿排便。每一次帮助婴儿排完了小便或大便时,育儿员要及时用手势和动作配合语言鼓励和表扬婴儿。

(3)用绘本故事引导。

通过以"如厕"为主题的绘本阅读(《我的小马桶》《尿尿大冒险》《我要拉粑粑》等),有意识地让婴儿了解去便便、去厕所是什么意思,打消婴儿排便时的紧张心理。

当婴儿认知能力达到一定程度时,就能听得懂育儿员或父母提出的口语指令,如"便便""嘘嘘"等日常生活中所必需的行为。

当婴儿尿湿或弄脏裤子时,要清楚地告诉他"婴儿尿尿了""婴儿大便了",但不要训斥或表示不快。

训练婴儿排便的目的是要建立声音(如把尿时大人发出的"嘘嘘"声)、姿势动作和排便之间的联系,以形成条件反射,帮婴儿养成规律的排便习惯。

（二）日常护理

1. 夏日防痱这样做

夏季是婴儿痱子的多发季节。很多婴儿会在头、额、脖子、胸、背等处出现密集排列的痱子，刺痒难受，严重影响了婴儿的情绪和睡眠。为了有效地预防痱子的侵扰，育儿员可采用以下简易有效的方法：

（1）保持皮肤清洁：不要用刺激性的碱性肥皂给婴儿洗澡，在给婴儿洗澡后及时擦干婴儿全身，尤其是褶皱处。

（2）及时擦汗：有汗的地方最容易长痱子。婴儿出汗后，要立即用柔软的纸巾或毛巾擦拭干净，特别是婴儿颈部和胳膊、腿部关节等容易堆积汗液的地方。

（3）穿棉质衣服：衣服以棉为好，轻薄、柔软、宽大一些，以减少衣服对皮肤的刺激，也有利于身体热量的散发。婴儿睡觉时，不要让皮肤直接接触凉席，而是在凉席上铺一层棉布床单，以利于吸汗。

（4）保持通风：婴儿睡觉的地方要保持通风，但不要让婴儿吹对流风，特别是婴儿的小肚子，一定要护好。

（5）不要把婴儿夹在大人中间睡：把婴儿夹在大人中间，婴儿身上的热量无法散发，最容易长痱子。

（6）切忌大汗之后马上用冷水冲洗：因为突然的冷刺激会使婴儿汗腺孔收缩，导致汗液不能排出，容易长痱子。

2. 根据婴儿发育情况调整家居物品

随着月龄的增长，婴儿的好奇心越来越强，掌握的本领也越来越多，只要是他感兴趣的东西，都会去摸一摸、动一动，但又不懂得如何避开潜在的危险。所以，育儿员在照料婴儿日常起居时，要根据婴儿的身体发育状况及活动能力，随时检查周围环境及婴儿的活动范围内是否有危险物品，比如尖锐物、热水、药品、易燃物、未覆盖的插座和电线等。

（1）休息娱乐。

会翻身的婴儿睡觉及玩耍时，一定要有安全护栏，而且护杆的高度或栏杆间的距离一定要适当，以防婴儿摔下，或头被栏杆卡住。

（2）环境安全。

婴儿的活动场所要保持清洁卫生，去除所有杂物，将婴儿可能塞入嘴里造成危险的物品拿开，例如不经意掉落的花生米、瓜子、纽扣、硬币、水果籽、玩具零件等。

（3）饮食物品。

在给婴儿冲牛奶或准备食物时，一定要注意热水、杯子、勺子等物品远离婴儿。

（4）防止独处。

不管什么事情，都不要把婴儿单独放在家里睡觉，这是最不安全的办法，婴儿已会翻身，可能会发生各种意想不到的事故，育儿员一定要加倍小心看护。

3. 给婴儿提供安全、易穿脱的衣服

对 6 个月的婴儿来说，服装选择的安全问题不可忽视。

（1）衣服正面最好不要有扣子。

本月龄的婴儿喜欢什么东西都往嘴里塞，一旦抓住衣服上的扣子，会本能地放进嘴里。

因此，给6月大的婴儿准备衣服时，最好不要选择有纽扣的衣服，以免被婴儿误食；如果确有用纽扣的必要，则要经常检查其是否牢固。最好给婴儿穿系带式的衣服。

（2）去掉衣服上能被婴儿摸到的装饰物。

衣服上的装饰物要尽可能少，已有的装饰性物品一定要去掉；要经常检查婴儿的内衣裤或袜子上是否有线头。

（3）穿宽松、柔软的衣服。

衣服以宽松为主，袖子或裤腿不能过长，以免妨碍婴儿的手脚活动，同时还要有良好的透气性和吸水性。

4. 如何给婴儿剪指甲

婴儿指甲长得非常快，并且两只小手还不停地动，到处乱抓，很容易藏污纳垢。所以，育儿员应该给婴儿勤剪指甲，最好是每周剪1次手指甲，每2周剪1次脚指甲。

为了防止剪指甲时婴儿不配合，确保剪指甲的过程安全顺利，育儿员可以尝试以下小窍门：

◎ 洗澡后给婴儿剪指甲，因为此时指甲已软化，更容易剪。

◎ 使用专门为婴儿设计的指甲刀，以防止剪伤婴儿。

◎ 不要在婴儿玩得高兴的时候剪指甲，要在其不动的时候剪，最好等婴儿熟睡时再剪。如果婴儿突然清醒或乱动，不要试图控制婴儿的手，也不要让他人按住婴儿的手，以免使婴儿产生抵触情绪。

◎ 要把指甲剪成长方形、顶端呈略带弧度的直线，折角处修成圆角，并保证甲片长度能覆盖住指尖最外缘。剪完后，育儿员用自己的手指摸一摸指甲是否光滑。

◎ 剪指甲时要保证光线充足，能够看清楚婴儿的指甲，以免误伤。

◎ 如果指甲缝里比较脏，不要用尖锐物去剔除，而是要用清水冲洗干净。

◎ 指甲周围长有倒刺时，不要用手硬撕，而是用指甲刀齐根剪掉。

二、营养饮食

（一）母乳喂养

1. 母乳依然是最好的食物

随着月龄的增长，婴儿对各种营养素的需求越来越大，单纯母乳喂养已经无法满足婴儿生长发育过程中对营养素和能量的需求，需要添加其他食物作为营养补充。

于是，有的妈妈就认为母乳没有营养了，要给婴儿断奶。育儿员一定要劝妈妈不要轻易放弃母乳喂养。

6个月后的母乳，虽然蛋白质成分少了一些，但免疫成分并没有减少，母乳对各种病原微生物或其产物的毒素的吸附作用也没有减弱。坚持给婴儿喂母乳，对帮助婴儿抵抗细菌和病毒的入侵，增强婴儿的抵抗力，帮助婴儿预防呼吸道和肠道疾病仍然起着十分重

要的作用。

需要注意的是,6 个月婴儿的咀嚼能力、味觉、视觉、触觉等感知能力,以及心理能力都在不断发展,为接受新食物做好了准备。此时开始添加辅食,不仅能够满足婴儿的营养需求,还能够满足其探索新事物的心理需求,对婴儿认知和行为等能力的发展也有促进作用。

因此,只要注意科学添加辅食,坚持母乳喂养,对增强婴儿的体质有利无弊。妈妈一定要继续坚持母乳喂养。

2. 吃母乳还便秘怎么办

一般情况下,吃奶粉的孩子比较容易便秘,吃母乳的孩子大便稀的比较多。但是,有些吃母乳的孩子也会便秘,原因有二。

(1)母乳中的蛋白质含量过高。

母乳蛋白质含量过高,可能是妈妈吃了过多的高蛋白食物,食物中的蛋白质大量进入乳汁,孩子吃了之后大便呈偏碱性,变得比较干硬,不易排出,于是就发生了便秘。

对策:妈妈要及时调整饮食,多吃蔬菜、水果和粗粮,使乳汁中的蛋白质水平迅速降到正常水平,孩子就不会再便秘了。

(2)母乳不足。

母乳不足引起的大便异常其实是排便减少。母乳不够,孩子总是处于半饥饿状态,排便自然减少,甚至 2～3 天排一次大便。如果育儿员或父母经验不足,就会把这种情况误认为是便秘。

对策:给孩子添加配方奶。如果不想加奶粉,也可以开始给孩子添加辅食。

(二)混合喂养

1. 以母乳为主,不足部分以配方奶补充。
2. 距上次喂奶时间在 3 小时以下,喂配方奶。
3. 距上次喂奶时间 3 小时以上,喂母乳。
4. 母乳与配方奶的间隔可短至 3 小时,配方奶与母乳间隔可长至 4 小时。
5. 辅食在两次喂奶(可以是母乳,也可以是配方奶)之间添加。
6. 职场妈妈在家时喂母乳,上班时由育儿员喂配方奶。

(三)配方奶喂养

1. 喂养原则

(1)每天喂奶 5～6 次,间隔 4 小时一次。有的婴儿后半夜还要吃奶,不吃奶就哭或不睡,妈妈就要辛苦些起来给婴儿喂奶,后半夜还起来吃奶的婴儿并不意味着异常。

(2)奶量小的婴儿,喂奶次数可增加 1～2 次,间隔 3～4 小时 1 次,每天 6～7 次。

(3)胃口大的婴儿,一次奶量达 220～250 毫升,可减少喂奶次数,间隔 4～5 小时 1 次,每天 4～5 次。

(4)奶量小的婴儿,1 次吃不多,很长时间也不要奶吃,如果体重增长缓慢,需要看医生;如果体重增长是正常的,妈妈无须担心,婴儿就是食量小,消化慢。

（5）奶量大的婴儿，如果体重不超标，妈妈尽管放心喂养，这样的婴儿大多精力充沛，爱活动，能够把更多的热量消耗掉。

（6）倘若体重超标，甚至成了肥胖婴儿，就要减少每次喂奶量，即使已到了喂奶时间，婴儿不要奶吃也不要主动喂。

2. 不吃配方奶，是否可以添加辅食

原则上6月龄以内的婴儿是纯乳期，不需要添加辅食。辅食不能代替母乳。

但有的婴儿对奶不感兴趣，奶量下降明显，对饭菜表现出浓厚的兴趣：闻到饭香兴奋异常，看到饭菜就上手去抓，小嘴还吧嗒吧嗒的。

如果妈妈的乳汁不是很充足，婴儿又不喜欢甚至拒绝喝配方奶，给婴儿喂辅食，婴儿又特别喜欢吃。遇到这种情况，适当添加辅食总比饿着婴儿要好得多。婴儿已经吃了好几个月的奶，想换换口味，也未尝不可。

婴儿吃到了他喜欢吃的食物，过一段时间，又开始喜欢喝奶了，这种情况时有发生。

（四）辅食添加

1. 添加要点

从第6个月开始，进入正式辅食添加期。辅食添加是这个月龄婴儿的喂养重点。

（1）在添加辅食的同时，不要忽视乳类食物的喂养。乳类食物仍是婴儿的主要食物来源。

（2）继续坚持母乳喂养，如婴儿体重增加不理想，首先要增加哺乳次数。如确系母乳不足，要添加该月龄婴儿配方奶。

（3）因为正式添加辅食，所有婴儿都要补充水。

（4）添加辅食的性状：5～6个月是汁；7～8个月是泥糊；9～10个月是颗粒和半固体；11～12个月是固体。

（5）用婴儿餐具喂辅食，即使是汁状辅食也不要用奶瓶喂。给婴儿用手抓食物的机会，鼓励婴儿自己用小勺进餐。

（6）从开始喂辅食，就要让婴儿坐在餐椅上，在固定的房间，固定的地点喂食。辅食添加第一天就是培养婴儿良好进餐习惯的开端。

2. 需要添加辅食的信号

世界卫生组织、中国营养学会都明确指出：婴儿应在满6月龄（出生后180天）后开始添加辅食。此时婴儿的胃肠道等消化器官相对发育完善，具备消化母乳或配方奶以外多样化食物的能力。

通常来说，婴儿同时具有以下表现时，就可以考虑尝试添加辅食了。

（1）已经掌握身体技能，即在协助下能坐好，趴下时能用手臂撑起身体。

（2）已经具备进食技巧，即当勺子靠近时能张开嘴巴，能用舌头"运送"食物。

（3）可以表达饥饿信息，即身体前倾，向食物挪动，对食物表现出极大兴趣。

（4）可以表达饱腹信息，即转头远离勺子，或注意力不再集中，表示不想再吃。

（5）在保证每天奶量、排除疾病原因后，体重不再增长或增长放缓。

因此，究竟何时添加辅食，育儿员要综合婴儿的月龄、喂养情况和种种表现综合判断。

需要提醒的是,如果婴儿没有出现上述添加辅食的信号,育儿员就不要操之过急,尤其不能在六个月之前添加辅食。辅食添加过早,可能会增加婴儿胃肠不适的风险,如食物过敏、食物不耐受等。满六个月后,即使婴儿没有上述添加辅食信号,也要按时、按序添加辅食。因为添加辅食过晚也可能引起健康问题,大大降低婴儿对食物的接受度,出现喂养困难。

3.辅食添加原则

给婴儿添加辅食要遵循一定的原则,切不可随心所欲,想喂什么就喂什么。婴儿刚接触新鲜的食物,身体和心理都需要一个适应的过程,不可操之过急。

(1)种类由一种到多种。

开始时只添加一种新食物,并连续添加 3 天,让婴儿逐渐适应;同时注意观察婴儿有无不良反应,如果没问题,再继续添加第二种食物。比如,添加米粉 2 周后,若婴儿适应良好,就可以添加菜泥或果泥了。

(2)数量由少到多。

添加辅食应从少量开始,待婴儿愿意接受,大便也正常后,才可再增加量。比如,初次添加米粉,可以先添加 1 勺,若 3 天后婴儿没有异常反应且消化吸收很好,再逐渐根据需要增加。

如果婴儿出现大便异常,应暂停辅食,待大便正常后,再以原量或少量开始试喂。

(3)食物性状由稀到稠。

由于婴儿吞咽能力和消化能力尚未发育完全,一开始添加辅食时,冲调要稀一些,之后再慢慢过渡到糊状,并逐渐加稠。如从果蔬汁到果蔬泥再到碎菜、碎果;由米汤到稀粥再到稠粥。浓稀程度应以盛在碗中用勺子划一下,划痕立即消失为宜。

(4)制作由细到粗。

开始添加辅食时,由于婴儿的乳牙刚刚萌出或还未萌出,还不会通过咀嚼初步消化食物,为了防止婴儿发生吞咽困难或其他问题,应选择泥糊状、颗粒细腻的食物。

随着婴儿咀嚼能力的完善,可逐渐增大辅食的颗粒。比如研磨的果泥、菜泥等,直到固体食物。

(5)辅食应该少糖、无盐。

中国营养学会建议,12 个月以内的婴儿辅食应少糖、无盐、不加调味品。

"少糖"即在给婴儿制作食物时尽量不加糖,保持食物原有的口味,让婴儿品尝到各种食物的天然味道;同时少选择糖果、糕点等含糖高的食物作为辅食。

"无盐"即 12 个月以内的婴儿辅食中不用添加食盐。因为母乳、配方奶、一般食物中所含的钠足以满足婴儿需求。

(6)不添加调味品。

婴儿辅食最好不添加味精、香精、酱油、醋、花椒、大料、桂皮、葱、姜、大蒜等调味品。

3 岁以后,孩子的消化功能已发育成熟,各种消化酶发育完全,肠道吸收功能良好,才可以酌情吃带有调味品的食物。

当然,为了所有成员的健康,建议遵从少盐、少糖、适量油的饮食习惯为宜。

（7）可适量添加植物油

植物油主要供给热量，在烹调蔬菜时加油，不仅使菜肴更加美味，而且有利于蔬菜中脂溶性维生素的溶解和吸收，可酌情、适量添加。

4. 辅食添加顺序

（1）菜泥。

一般在添加婴儿营养米粉 2 周左右后，如果婴儿没有出现湿疹、腹泻等过敏症状，没有吞咽问题，也没有消化吸收问题，就可以考虑添加菜泥了。

添加蔬菜时，可先添加菠菜、油菜等绿叶菜，后添加胡萝卜、红薯、土豆等块茎类菜，因为绿叶菜中铁元素含量较多。

建议将菜泥和米粉混在一起喂，这样婴儿更容易接受食物的味道，避免挑食。

（2）果泥。

顺利添加菜泥 1 周之后，就可以添加果泥了。之所以要在菜泥之后添加，是因为水果的味道相对更好，提前添加可能会影响婴儿接受蔬菜。

选择水果时，为了降低水果的甜味对婴儿味觉的强烈刺激，避免偏食，建议选择甜度较低且容易研磨的水果，比如香蕉、苹果等。

（3）肉泥。

当婴儿接受米粉、菜泥、果泥后，接近满 7 个月时，可以开始添加肉泥。

添加时，肉泥也要和米粉或菜泥相混合，这样既可保证营养素相对均衡，也可避免婴儿偏食。

（4）蛋黄。

当婴儿适应肉泥满 8 个月时，可以考虑添加蛋黄。

之所以建议在米粉、菜泥、果泥、肉泥后，将蛋黄引入辅食，主要是为了减少发生过敏的可能性。如果婴儿在接受其他食材之前，过早地食用蛋黄并出现了过敏，可能会妨碍后续接受其他食材，从而影响整个辅食添加进程。

（5）1 岁前不要添加的食物。

鲜牛奶及相关制品、鸡蛋清及相关制品、大豆、花生及相关制品、带壳海鲜、蜂蜜等，要在婴儿 1 岁之后添加。

综上所述，提倡婴儿满 6 个月后添加婴儿营养米粉；适应 2 周后依次添加菜泥和果泥；满 7 个月后加肉泥；满 8 个月后加蛋黄。

在给婴儿添加一类新食物时，尝试几种后，就可以添加下一类食物。如添加三四种蔬菜和水果后可尝试肉泥；待婴儿接受几种肉泥后，可再继续添加未尝试过的蔬菜、水果。这样，既不耽误婴儿添加肉泥的时间，也能保证营养结构均衡。

当然，这些只是基本的添加时间，并非绝对严格的时间标准，育儿员应在这个大原则的基础上，结合婴儿的情况灵活掌握。

5. 添加辅食从含铁米粉开始

为了保证婴儿获得充足且合理的营养，并照顾其消化吸收能力，预防过敏，婴儿的第一口辅食应该是"高铁婴儿营养米粉"。因其营养成分较全面，既含有蛋白质、脂肪、维生素、纤维素等,还添加了钙、铁、维生素 D 等营养素,能够补充婴儿在出生后 4～6 个月体内消耗殆尽的铁元素,满足婴儿对铁的需求。

注意事项:

(1)添加米粉初期,一定要先选择纯米粉(如纯大米米粉),而不是混合谷物米粉。因为混合谷物米粉中含有多种食材,同时摄入多种新食物会大大增加过敏的风险,而且过敏后很难确定过敏原。

(2)部分品牌的米粉中含有牛奶成分,如果婴儿一直是母乳喂养,选择此类米粉时应谨慎,以免婴儿出现牛奶蛋白过敏等问题。

(3)不要用自制米粉代替市售米粉。自制米粉虽然更安全、卫生,却只含有谷物原本的营养,缺少其他营养素;市售米粉则在谷物营养的基础上,添加了婴幼儿成长必需的多种营养素,是自制米粉无法比拟的。

6.如何正确冲调米粉

与冲调配方粉不同,冲调米粉没有严格的水粉比例要求。添加辅食初期,由于婴儿的吞咽能力和肠胃吸收能力有限,可把米粉冲调得稀一点儿,以提起勺子后,米粉糊能从勺子上连续流淌下为宜;然后逐渐增加稠度。从流质到半流质,再到糊状。

冲调时,先将适量米粉(添加初期可先加一勺)倒入碗中,缓慢倒入温开水,用勺子向一个方向轻轻搅拌,压散米粉结块,让米粉与水充分融合。

需要注意的是,不要用果汁、奶液冲调米粉,因为甜味容易掩盖米粉原本的味道,不利于婴儿的味觉发育。

给婴儿喂米粉时,即便米粉很稀,也要坚持使用碗和勺。不要用奶瓶喂米粉,奶瓶喂食无法让婴儿练习咀嚼能力。

7.添加辅食注意事项

(1)添加辅食时间安排:这个月的婴儿,辅食还不能代替一顿奶,所以要在两次奶之间添加辅食,喂辅食的时间为 15～20 分钟。

(2)添加某种辅食,如婴儿表现出不适:呕吐、腹胀、腹泻、消化不良等,就要暂时停止添加,也不要添加另一种新的辅食,但可继续添加已经适应的辅食。一周后,可再重新添加那种辅食,但量要减少。

(3)刚开始添加辅食,每个婴儿表现不尽相同:有的婴儿特别喜欢吃辅食,甚至因为添加了辅食就不吃奶了;有的婴儿则不接受辅食,只喜欢喝奶。

(4)育儿员要掌握一定的原则:即使婴儿再喜欢吃辅食,也不能任其吃个够,母乳或配方奶仍然是这个月婴儿的主要食物来源,不能因为添加了辅食而影响母乳或配方奶的摄入量。对不喜欢吃辅食的婴儿,育儿员也不能就此放弃,每天都要尝试着喂,争取让婴儿逐渐接受辅食。

8.辅食制作方法

婴儿的抵抗力差,更容易病从口入。所以,育儿员在为婴儿准备辅食时,一定要注意卫生和食材的新鲜。

（1）基本要求。

◎ 做辅食前,用七步洗手法洗净双手。

◎ 生、熟食物分开处理,使用专用工具(包括刀、砧板、容器等)。

◎ 食物要彻底煮熟并检查。肉类切开后无血丝;蛋黄应凝固;汤类应煮至沸腾(持续沸腾至少 1 分钟)。

◎ 易腐烂的蔬菜、水果以及肉、蛋、鱼,都不能在室温下放置过久,购买后应尽快烹煮或冷藏。

◎ 做好的辅食尽快给婴儿食用,室温下存放不能超过 2 小时。最好现做现吃。

（2）蔬菜泥制作。

第一步:将蔬菜煮熟或蒸熟。

◎ 根茎类蔬菜通常采用蒸的方式,比如南瓜、土豆、胡萝卜等。

◎ 叶类蔬菜需要用水煮,煮之前应将蔬菜充分洗净。煮菜水一定要倒掉,以免农药、草酸、化肥等有害物质残留。

第二步:把蔬菜研磨成泥。

◎ 比较软糯的根茎类蔬菜,用研磨碗研磨即可。

◎ 研磨不细腻的蔬菜,需要借助辅食机或者料理棒。电动类搅打器材可以把食材打得非常细腻。如果没有辅食机,可以先用研磨碗研磨,然后过筛取比较细腻的部分。

◎ 本身含水量较少的蔬菜,在研磨时可加少量白开水,这样研磨出来的泥会更细腻。等到婴儿稍微大点儿时,叶类菜尽量选择嫩菜叶,可不必打成泥,用刀剁碎即可。

◎ 菜泥和土豆泥最好加入适量植物油,或与肉泥混合后喂养。

◎ 玉米糊带渣比较多,可以先用辅食机搅打后再过筛,这样成品口感更细腻。

（3）果泥制作。

制作果泥的原理与菜泥基本相同,只不过不必弄熟。

◎ 香蕉、牛油果之类的水果,使用研磨碗就可以研磨得又软又细。

◎ 苹果、梨等水果,可以使用辅食机或者用勺尖刮。

◎ 樱桃之类的水果,需要借助辅食机的帮助。

（4）肉泥的制作。

◎ 去除白色腱膜。

◎ 将肉切成丁,放入清水煮,去除浮沫,煮 10 ～ 15 分钟或压力锅煮 10 分钟(可以在煮的过程中放一点葱姜)。

◎ 将煮熟的肉丁放入辅食机(或料理机)中,加入适量汤汁(越小的婴儿,需加的肉汤越多,这样打出来的肉泥更细腻)。

◎ 启动辅食机(或料理棒)将肉丁打成肉泥,盛入冰格中,放冰箱冷冻结块后,脱模,装入保鲜袋中冷冻保存。

◎ 随吃随取,比如一顿取 1 ～ 2 块隔水蒸热,可以加到米粉、粥或面条中。

◎ 肉的选择很重要。猪肉建议选择猪大腿中间的肉或者猪里脊;鸡肉首选鸡腿肉,其次是鸡胸肉;牛肉宜选瘦的部分,比如后腿肚内芯或里脊。

◎ 肉糜中加鸡蛋、淀粉,可以使肉泥更嫩滑;或者将肉糜和大米以 1:1 的比例煮成粥也是很好的辅食。

（5）鱼泥的制作。

◎ 将鱼肉洗净，按照婴儿每顿的食量切块。

◎ 将切好的鱼块装入保鲜袋（鱼块之间略留空隙，以免冷冻后粘在一起），放入冰箱冷冻保存。

◎ 食用之前，取出鱼块常温解冻后隔水蒸 8 分钟左右。

◎ 将蒸熟的鱼块去皮去骨放入研磨碗中磨成泥（处理鱼肉时需将鱼刺全部取出）。

◎ 将鱼泥混在菜粥、米粉里一起吃，既营养又美味。

（6）肝泥的制作．

肝在辅食中相当重要，含丰富的铁、锌、维生素 A 和维生素 D。

◎ 猪肝用盐水浸泡后，彻底冲洗干净。

◎ 切片放入锅中，加入葱姜焯水。

◎ 重新起锅倒入清水，将猪肝煮至熟软后放入料理杯中，加入适量温水打成泥状。

9. 婴儿辅食添加举例

为了保证婴儿获得充足而合理的营养，并照顾其消化能力，预防过敏风险，从第一口辅食开始，育儿员就要循序按原则逐渐添加食材，可结合婴儿情况，参考以下模板为婴儿制作辅食：

（1）第一周。

周六至周一：米粉 2.5 克（稀糊状）。

周二至周四：菜汁 5 毫升兑水 10 毫升。

周五：继续添加原有的辅食。

（2）第二周。

周六至周一：蛋黄 1/8（稀糊状）。

周二至周四：果汁 5 毫升兑水 10 毫升。

周五：继续添加原有辅食。

（3）第三周。

周六至周一：米粉 5 克（稀糊状），菜汁量不变，更换新品种。

周二至周四：蛋黄 1/6（稀糊状），果汁量不变，更换新品种。

周五：继续添加原有辅食。

（4）第四周。

周六至周一：米粉 7.5 克（稀糊状），蛋黄 1/4（稀糊状），菜汁 10 毫升兑水 10 毫升。

周二至周四：米粉 10 克（稀糊状），蛋黄 1/4（稀糊状），果汁 10 毫升兑水 10 毫升，菜汁量不变，更换新品种。

周五：继续添加原有辅食。

（5）说明。

最好周六开始添加，原已添加的辅食没有变化的，继续添加，不再列出，列出的是新添加的食物或食物性状和量发生变化的。

10. 营养食谱推荐

（1）胡萝卜汁。

材料：胡萝卜 50 克。

做法：胡萝卜洗净，去皮，取其中心部分备用。将胡萝卜中心部分切片放在碗里，加半碗水，把碗放在笼屉上蒸 10 分钟，将碗内黄色水倒入杯中即可。

好处：胡萝卜富含的胡萝卜素可以转化成维生素 A，婴儿常喝有利于保护眼睛。

（2）小米汤。

材料：小米 15 克。

做法：将小米淘洗干净。锅内放水烧沸，放入小米煮成稍稠的粥，晾凉后取米粥上的清液，即可喂给婴儿食用。

好处：小米营养价值丰富，含有易消化吸收的淀粉，婴儿常食能帮助身体吸收营养素，还有开胃的作用。

（3）小白菜汁。

材料：小白菜 50 克。

做法：小白菜洗净，切段，放入沸水中焯烫至九成熟；将小白菜放入榨汁机中，加饮用水榨汁，榨完后过滤即可。

好处：小白菜富含膳食纤维，能帮助婴儿肠胃蠕动，让婴儿排便更顺畅。

（4）南瓜米糊。

材料：大米 20 克，南瓜 10 克。

做法：大米洗净，浸泡 20 分钟，放入搅拌器中磨碎；将南瓜去子去皮，洗净，放入蒸锅中充分蒸熟；然后放入碗中，捣碎。

把磨碎的米和适量水倒入锅中，用大火煮开，放入南瓜肉，转小火煮烂，用过滤网过滤，取汤糊即可。

好处：南瓜富含的果胶能保护胃黏膜健康，富含的膳食纤维还能促进肠胃蠕动，从而促进食物消化。

（5）香蕉米糊。

材料：香蕉 40 克，婴儿米粉 15 克。

做法：香蕉剥去皮，用小勺刮出香蕉泥。用开水将米粉调开，放入香蕉泥调匀即可。

好处：香蕉内含丰富的果胶，能帮助消化，调整肠胃机能，预防婴儿便秘。

三、早教时间

本月，育儿员对婴儿能力的开发重点是，帮助婴儿独坐，使婴儿的视野扩大，接受更多的刺激，促进大脑发育；给婴儿一些玩具，让他学会抓、玩，和婴儿多交谈。

（一）室内活动

1. 认知能力发展训练

（1）视觉能力：跟随玩具扭转头部。

让婴儿俯卧，把玩具放在婴儿面前约 15 厘米处。拿着玩具在婴儿头部上方慢慢地画出一个直径约 15 厘米的圆圈。观察婴儿是否会追踪玩具而扭转头部；也可以在绳子一头系住玩具并让玩具下垂到桌子的下面，拉动绳子把玩具拉到桌上，反复做三次，当玩具出现在桌子上时，育儿员要观察婴儿是否会出现高兴的表情。

（2）听觉能力：循"声"寻"物"。

育儿员可用拨浪鼓或者其他能发响的玩具在婴儿一侧耳边弄响，并且移动到婴儿耳朵下方 20 厘米的地方，观察婴儿是否能跟着声音往下看。

（3）触觉能力：感觉"硬"和"软"。

准备硬的和软的玩具各三种，先让婴儿一个个抓起硬的玩具。

当婴儿把玩具抓在手里时，育儿员要告诉婴儿："这是 ××，很硬的。"然后，把婴儿玩过的东西拿到其视线以外，换上软的玩具，再用同样的方法让他认识。

2. 大动作能力训练

（1）练习独坐。

在练习靠坐的基础上，还要让婴儿练习独坐。

育儿员先把孩子抱起来，放在有靠垫的沙发上，让孩子靠着沙发靠垫坐一会儿；也可以放在床上，让孩子靠着自己的身体，待坐得较稳后，再慢慢撤去支撑物。独坐练习可以锻炼孩子颈、背、腰的肌肉力量，为孩子长时间独坐打下基础。

五六个月的孩子独坐时间很短，锻炼时一定要注意循序渐进，发现孩子力气不支时要及时帮孩子变换体位。婴儿要到 7 个月时才能真正坐稳，并坚持坐很长时间。

（2）匍匐前行。

爬行是婴儿运动发育的重要阶段，爬行有腹部贴在床上爬的"腹爬"和用手脚膝盖爬的"手足爬"，除了可以锻炼四肢肌肉外，更重要的是能够移动身体，扩大婴儿的活动范围，对促进智能发展非常有利。同时，爬行也是手脚协调动作的基础训练。育儿员可以试着帮孩子做一做爬行动作，为以后学爬行打好基础。

练习时，让孩子俯卧在床上，用手和腹部支撑上身，育儿员用手掌抵住婴儿的双足，利用婴儿腹部着床或原地打转的动作，帮助他向前匍匐前行。

（3）翻身练习。

培养婴儿学习由仰卧翻至侧卧，然后再翻至俯卧。育儿员可以在床上、沙发上或地上铺好毯子，让孩子仰卧在上面，用孩子喜欢的玩具逗他，孩子伸手想抓玩具时，将玩具向左侧或右侧移动，慢慢地引导孩子向左侧或右侧翻动。

也可以由育儿员示范翻身练习给婴儿看。引导婴儿和自己一起翻身，边翻身边念儿歌："骨碌骨碌滚一滚，滚一滚，滚出一个小球球。"说到"小球球"时，抱一下婴儿。育儿员每念一句，就翻一次身，让婴儿跟着自己按节律翻身。

3. 精细动作能力训练

（1）够取小物品练习。

训练婴儿用手够取物品时，育儿员选择的物品要逐渐由大到小；距离慢慢由近及远，让婴儿练习从满手抓物逐步过渡到用拇指和食指捏取物品，以锻炼婴儿手指的灵活性和手指肌肉的力量。

（2）训练婴儿扔掉东西再拿。

让婴儿坐着，给他一些能抓住的小玩具，如小积木、小塑料玩具等。先让婴儿两只手各抓住一个玩具（育儿员要一件一件地给），然后再给他第三件玩具，他会扔下手中的一个，来拿育儿员手中的这个。

（3）让婴儿撕纸玩。

这时的婴儿特别喜欢撕纸，也是在练习左右手的反向运动，以及与视觉的协调能力。一遍又一遍地撕，感受手指捏纸以及用力的感觉，并很有成就感。育儿员不要斥责婴儿，或者制止他的学习，而是作为欣赏者，给婴儿提供不同厚度、不同材质的纸张，如杂志、书报、本子、卫生纸等，让他撕个够，让婴儿看、听、触、动，体验事物的变化。

在婴儿玩撕纸时，育儿员要注意看护。撕纸结束后，要把婴儿的小手清洗干净，防止婴儿在小手没洗干净之前吃手，或者用手拿纸吃。

4. 益智互动游戏

（1）"拉大锯"。

【游戏目的】培养婴儿的大动作能力

【具体玩法】婴儿躺在床上，育儿员站在床边，握住婴儿的双手，慢慢将他拉着坐起来，然后再慢慢将他放下。随着一拉、一放的节奏念儿歌："拉大锯，扯大锯。姥姥家，唱大戏。爸爸去，妈妈去，小宝宝也要去。"

让婴儿稳定地坐好，再轻轻把婴儿放下，让婴儿保持仰卧。以上动作重复三四次，然后轻轻抚摸婴儿的腰背部，放松其腰背部肌肉。

【注意事项】做游戏时动作要慢，并观察婴儿的表情反应，如果婴儿兴致不高，就应停止游戏。

（2）认物游戏。

【游戏目的】培养婴儿的认知能力

【具体玩法】育儿员将婴儿的帽子（或杯子、奶瓶等）放到婴儿的面前，反复地告诉婴儿，这是帽子（这是杯子，这是奶瓶……）。这时的婴儿还不会说话，但基本上可以知道和记住这个就是帽子（或是杯子、奶瓶）了。等婴儿记住后，育儿员就可以问婴儿，帽子在哪里，婴儿会用小手指认。

第二天再问婴儿，看婴儿是否记住了。如果没记住，就再教婴儿认，记住了，也要重复说。

【注意事项】切记不要嫌婴儿记得慢。两三天能记一个就可以了，要多对婴儿表扬和鼓励，这样更能培养婴儿自信、开朗的性格。

（二）户外活动

1. 户外活动牢记安全

户外活动不但可以让婴儿呼吸新鲜空气，增强呼吸道的防御能力，进行空气浴，还可以让婴儿接触大自然中的景物，刺激婴儿的视觉、听觉、嗅觉能力，锻炼婴儿的体能。

（1）户外活动注意安全，遇到有人带宠物时，要远离宠物，别人家的宠物对你的婴儿不熟悉，可能会有攻击行为。

（2）要把婴儿带到花园、小区活动场所等环境好的地方,远离马路等汽车尾气含量较高的区域。

（3）在树下玩时,要注意树上的虫子、鸟粪、虫粪等可能会掉到婴儿头上或脸上。

（4）少聚堆闲聊,随时随地看护好婴儿。

2. 夏季不宜给婴儿剃光头

夏天到了,因为天气炎热,婴儿很容易生痱子,很多家长就把婴儿的头发剃光了,认为这样婴儿会更凉快。其实,剃光头是不可取的。

（1）头皮破损易感染。

给婴儿剪头发都要非常谨慎,更不用说是剃光头了。婴儿的免疫力低,万一头皮破损,很容易引起皮肤感染,影响婴儿健康。

（2）缺乏保护。

婴儿头部的囟门是要重点保护的,不可随便按压,头发对婴儿的小脑袋起到了一定的保护及缓冲作用;如果真的剃了光头,整个小脑袋就完全暴露出来,非常不安全。

（3）增加晒伤概率。

头发本身有帮助散热、调节温度的功能,婴儿剃了光头,看起来是更加凉爽了,实则不然。剃光头之后,婴儿的整个头皮都暴露在外面,如果防晒工作做得不好,很容易晒伤,甚至引起脑部损伤。

（4）损伤头皮及毛囊组织。

婴儿头皮稚嫩,刀剃时容易损伤头皮及毛囊组织,各种细菌会乘虚而入,发生痱子、疖子,严重者可引起败血症。如果细菌侵入婴儿头发根部破坏了毛囊,还会影响头发的正常生长。

四、科学睡眠

1. 如何引导婴儿睡觉

6个月的婴儿大多数能一夜睡到天亮,小部分有入睡困难或夜间醒后哭闹的现象。所以,育儿员应尽力协助父母帮助婴儿养成有规律的睡眠习惯。

（1）创造氛围。

最有助于婴儿入睡的方法是创造一个昏暗、安静、温度适宜（不要太热）的舒适环境。

（2）把握时机。

在婴儿昏昏欲睡时把他放到床上。如果婴儿的眼皮开始耷拉下来,揉眼睛,或有些烦躁,就是他想睡觉的信号,要及时哄睡。如不及时哄睡,可能会让他更加烦躁、困累,哄睡也会更难。

（3）注意方式。

避免用抱睡、摇晃、奶睡等方式哄睡,否则会导致婴儿失去自主入睡的能力。

如果婴儿在吃奶时容易睡着,育儿员或妈妈可以通过换尿布或讲故事来让婴儿保持清醒。

（4）定时哄睡。

如无特殊情况,尽量让婴儿在相同时间睡觉,这样,婴儿的睡眠时间和长度会相对固定,更利于形成生物钟,规律作息。

(5)父母身体力行。

婴儿的睡眠规律通常与家长的作息规律有很大关系。如果家长半夜才睡,婴儿也很难早早入睡。因此,家长要以身作则,做好表率,和婴儿一起养成健康睡眠的习惯。

(6)多陪一会儿。

婴儿处于浅睡眠状态时,会有一些动作,比如手脚抽动、微笑、吮吸等,看上去睡得并不安稳。育儿员或父母不要误以为婴儿醒了或饿了,更不要马上把婴儿抱起来,而是多陪一会儿,等上几分钟,看看他是否可以自己继续入睡。

(7)注意事项。

睡觉前应避免饥饿,上床时或夜间不宜饮水过多,以免扰乱睡眠。

睡前1～2小时避免婴儿剧烈活动或玩得太兴奋。

白天睡眠时间不宜过多。

2. 用睡袋防蹬被

随着月龄增长,婴儿四肢力量逐渐增强,睡觉也变得不再安分,稍不留意就把被子蹬开,很容易着凉、感冒。为了保证婴儿的睡眠质量,育儿员或父母可以考虑给婴儿准备一个舒适的睡袋。

(1)样式选择。

睡袋的选择一般根据婴儿的睡觉习惯、室内温度、婴儿的体质来确定。通常选择抱被式的睡袋。睡觉时喜欢露着两只手,并做出"投降"姿势的婴儿,可以选择背心式的睡袋,怕婴儿着凉也可以选择带袖的。

(2)花色,质地选择。

所买睡袋花色以白色或浅色的单色内衬睡袋为宜,睡袋的质地、厚度和柔软度,最好亲手摸一摸,感受一下,注意一些细小部位的设计。如拉链的两头是否有保护措施,确保不会划伤婴儿的肌肤;睡袋上的扣子及装饰物是否牢固;睡袋内层是否有线头等。

(3)注意事项。

婴儿在睡眠过程中通常会有一些小动作,大人不用太紧张,先观察几分钟,如果婴儿没有剧烈反应,大人无须打扰,高质量的睡眠对婴儿来说非常重要。

五、注意事项

1. 做好辅食添加记录

由于每个婴儿身体发育情况各不相同,添加辅食过程中可能出现不适反应,所以,辅食添加一定要一种一种地添加。每添加一种新的辅食,需观察3天,在这个过程中,育儿员要做好记录。

记录内容包括:先规划好一周内要让婴儿吃到的食物种类;然后记下每天婴儿食用的种类,吃的什么,几点吃的,量是多少;当天的大便情况(大便次数增多或减少、颜色异常、腹泻或便秘)等;喂食辅食后婴儿是否有恶心、呕吐、皮疹、奶量明显减少等症状。这样方便追根溯源,保证婴儿健康。

如果婴儿出现不适，首先要停止引起不适的那种辅食。轻的不适，停掉引起不适的辅食后，症状会好转，乃至消失。症状比较重的，要带婴儿及时就医。

如果只是大便异常，可先带大便到医院化验，并向医生咨询处理方法。出现严重的呕吐、皮疹要立即带婴儿看医生。

2. 警惕"肠套叠"的危险

"肠套叠"是婴儿常见的腹部急症之一，发病年龄多在 1 岁以下，5～9 个月婴儿的发病率最高。多发生在添加辅食或断奶时，由肠功能紊乱导致的，治疗不及时极易引发严重并发症。

（1）具体症状。

◎ 婴儿，尤其是胖一些的男婴儿出现剧烈哭闹，无论如何也哄不好。

◎ 吃奶可能会吐，哭闹时似乎不敢使劲打挺。

◎ 脸色不是发红，而是发白。

◎ 屁股可能向后撅着，腿蜷缩着。

◎ 哭了有 10 来分钟，哭闹戛然而止，变得比较安静。

◎ 喂奶能吃，也可能会被逗笑，与平时无大区别，可过了一会儿突然又哭闹。

如果这样的哭闹，一次比一次剧烈，反复发生，育儿员和父母就要提高警惕，婴儿可能患了肠套叠。

（2）如何预防。

◎ 添加辅食要循序渐进，不要操之过急。待婴儿对前期添加的辅食完全适应时，再添加新的辅食，避免同时添加多种新食物。

◎ 炎夏或婴儿身体不适时应停止添加新辅食，这段时间婴儿的食欲下降导致适应能力较差，此时加入新的辅食将会导致肠胃不适，可能引起肠套叠。

◎ 避免婴儿腹泻，日常饮食应科学喂养，避免过饥过饱。

◎ 多留意天气变化，适时为婴儿增减衣物，婴儿睡觉时要保护好小肚子。

◎ 不擅自滥用驱虫药，避免各种容易诱发肠蠕动紊乱的不良因素。

◎ 曾经患过肠套叠的婴幼儿，如遇不良因素作用，还有可能旧病复发。因此，这类病儿如果出现肠套叠的先兆症状时，应立刻就医，千万不可大意。

◎ 当婴儿出现因疼痛不停哭啼、呕吐、暗红色果酱样便以及腹部可触及明显包块时，说明婴儿出现了肠套叠，需紧急送医治疗。

3. 预防幼儿急疹

幼儿急疹又叫"玫瑰疹"，是儿童早期的一种常见病。临床表现有骤发高热，持续 3～5 天后，退热时或退热后全身出疹。多发生于 6 个月至 2 岁婴幼儿，一年四季都有发病的可能，尤以春秋之际最为多见，能自愈。

患过一次幼儿急疹后将终身免疫，极少有一生感染两次及以上的病例。

（1）幼儿急疹的两个阶段。

第一阶段：孩子感染上急疹病毒以后，通常会有 5～15 天的潜伏期，然后会突发高烧，体温可达到 39 ℃～40 ℃。但孩子的总体精神状态良好，有些孩子会出现高热惊厥、咳嗽、颈部淋巴结肿胀、耳痛等症状。

健康的孩子很少出现并发症,但免疫功能低的孩子可能发生肝炎或肺炎等并发症。

第二阶段:发热持续3～4天后,孩子体温突然降至正常。退热时或退热后数小时至一两天,身体皮肤上出现细小、清晰的玫瑰色斑点状皮疹,多分布在颈部和躯干部,一般持续2天左右。疹子退去后,孩子很快就恢复正常,整个病程约8～10天。

(2)患病期间的护理。

◎ 幼儿急疹没有特效的治疗方法,只能在孩子患病期间加强护理。

◎ 让孩子多休息,室内要保持安静,空气要新鲜,被子不能盖得太多太厚。

◎ 体温不超过38.5 ℃时,主要采取物理降温方式,用温水为孩子擦身;当体温超过38.5 ℃时,要适当给孩子吃些退烧药,以防孩子出现高热惊厥。

◎ 多给孩子喝白开水或果汁、菜水,以利于出汗和排尿,促进毒素排出;三餐以流质或半流质饮食为主。

◎ 保持皮肤清洁卫生,经常给孩子擦去身上的汗渍。

(3)重在预防。

幼儿急疹是由病毒引起的一种急性传染病,主要通过唾液飞沫经呼吸道传播。

要想预防此病,就要尽量少带孩子去人多嘈杂、空气污浊的场所,尤其要避免孩子与患幼儿急疹的病儿接触。

由于本病有1～2周的潜伏期,如果孩子与患儿接触过,那么在这段时间内父母密切观察,一旦出现高热,要立刻采取措施暂离,以免扩大感染。

六、一日工作流程表

1. 住家育儿员一天工作流程

时间	项目	工作内容	注意事项
6:00	育儿员起床	洗漱,整理好个人卫生,准备用品(换洗衣物,纸尿裤,尿布,奶瓶,餐具、玩具等)	
6:30	婴儿起床	1. 换纸尿裤或尿布 2. 清洗臀部(注察大便颜色及性状变化) 3. 洗脸(口耳鼻眼护理) 4. 测量婴儿体温、身长、体重(可一个月测一次)	
7:00	喂奶	1. 有母乳喂母乳 2. 喝配方奶的,按流程给婴儿冲调奶粉、喂食 3. 奶瓶清洗干净、消毒	吃完奶记得用温水漱口
7:30	亲子互动	1. 将婴儿交给妈妈,让婴儿和妈妈做些亲子互动 2. 育儿员吃早餐	
8:30	早教时间	1. 天气好,户外活动1小时 2. 天气不好,在家训练	带好外出的装备,比如口水巾、纸尿裤、湿纸巾、水杯等

续表

时间	项目	工作内容	注意事项
9:30	喂奶	1. 冲调奶粉或加热母乳 2. 奶瓶清洗、消毒	育儿员单独照顾婴儿的,可在婴儿小睡后清洗、消毒奶瓶
10:00	小睡	1. 有用过的口水巾、围嘴,可以清洗一下。 2. 准备午餐	根据婴儿的睡眠状况,随时终止手头的工作
11:00	辅食	1. 婴儿米粉调配 2. 餐具清洗消毒	
12:00	午餐	育儿员就餐	抱婴儿时,不要同时拿烫的食物或者饮品等
12:30	午休	1. 休息并关注婴儿睡眠情况 2. 上午婴儿有换洗衣物或未清洗的奶瓶、餐具等,清洗干净、消毒放好	
14:30	喂奶	1. 冲调奶粉或加热母乳 2. 奶瓶清洗、消毒	育儿员单独照顾婴儿的,可在婴儿小睡时清洗消毒
15:00	早教时间	1. 精细动作能力训练 2. 户外活动	1. 不允许任何陌生人抱婴儿,不接受任何人给婴儿的食物 2. 户外活动要告知家人具体活动区域 3. 活动量大或天热加喂水
16:00	辅食	给婴儿准备辅食并喂食	可以准备南瓜汁或胡萝卜汁
16:20	小睡	1. 奶瓶、玩具、衣物等婴儿用具的清洗、消毒 2. 随时观察婴儿的睡眠状况 3. 准备晚餐	根据婴儿的醒来状况,随时终止手头的工作
17:30	喂奶	1. 冲调奶粉 2. 奶瓶清洗、消毒	吃完奶记得用温水漱口
18:00	晚餐	育儿员和妈妈轮流吃饭	抱婴儿时,不要同时拿烫的食物或者饮品等
18:30	睡前盥洗	洗澡抚触,换好纸尿裤	夏天可以多安排一次洗澡,冬季一天洗一次即可。以父母为主,育儿员协助
19:00	亲子时间	亲子阅读,聊天互动	育儿员退位,父母发挥主要作用
19:30	喂奶	1. 冲调奶粉或加热母乳 2. 奶瓶清洗、消毒	喂完奶注意给婴儿清洁口腔
20:00	收尾工作	1. 重新检查一下当天的喂哺工具、婴儿衣服玩具,活动区域的清洗、清洁、消毒 2. 一日工作日志填写	天热时婴儿衣物随时洗,冬天要洗的衣物不过夜,孩子的衣服、口水巾、围嘴、饭衣等手洗干净

2. 不住家育儿员一天工作流程

时间	项目	工作内容	注意事项
7:30	育儿员入户	准备婴儿用品(换洗衣物,纸尿裤,尿布,奶瓶,玩具等)	
8:00	婴儿起床	1. 与妈妈交接 2. 晨检(情绪体温)	具体时间根据婴儿实际情况定
8:30	喂奶	1. 按流程冲调奶粉或加热母乳 2. 奶瓶清洗、消毒	吃完奶记得用温水漱口
9:00	早教时间	1. 天气不好,室内大动作能力训练 2. 天气好,户外活动1小时	1. 带好外出的装备,比如口水巾、纸尿裤、湿纸巾等 2. 温度较高或活动量较大时加喂水
10:00	辅食	1. 婴儿米粉调配,并给婴儿喂辅食 2. 餐具清洗、消毒	
10:30	小睡	1. 婴儿哺喂用具的清洗、消毒 2. 随时观察婴儿的睡眠状况 3. 准备午餐	根据婴儿的睡眠状况,随时终止手头的工作
11:30	喂奶	1. 冲调奶粉或加热母乳 2. 奶瓶清洗、消毒	吃完奶记得用温水漱口
12:00	午餐	育儿员就餐	抱婴儿时,不要同时拿烫的食物或者饮品等
12:30	午休	1. 上午婴儿未洗衣物或未清洗的喂哺用品,清洗干净、消毒放好 2. 休息并关注婴儿睡眠情况	根据婴儿的睡眠状况,随时终止手头的工作
14:30	喂奶	1. 冲调奶粉或加热母乳 2. 奶瓶清洗、消毒	吃完奶记得用温水漱口
15:00	早教时间	1. 精细动作能力训练 2. 户外活动	1. 不允许任何陌生人抱婴儿,不接受任何人给婴儿的食物 2. 户外活动要告知家人具体活动区域 3. 活动量大或天气热时,配方奶婴儿加喂一次水
16:00	辅食	给婴儿准备辅食并喂食	可以准备南瓜汁或胡萝卜汁
16:30	小睡	1. 奶瓶、玩具等婴儿用具的清洗、消毒 2. 随时观察婴儿的睡眠状况	根据婴儿的醒来状况,随时终止手头的工作
17:00	喂奶	1. 冲调奶粉或加热母乳 2. 奶瓶清洗、消毒	吃完奶记得用温水漱口
17:30	晚餐	育儿员用餐、收拾,做好一日工作记录(不就餐者17:30下班)	

第三节　父母抚育篇

6个月是婴儿建立"安全依恋关系"的敏感期,妈妈要给予婴儿无条件地接纳和支持,以形成婴儿与妈妈之间的"安全型依恋关系"。

安全型依恋的孩子在成人后,具有高自尊、乐观自信、能够与人建立信任且持久的人际关系、善于寻求社会支持、社会适应性比较强等性格优点,并具有良好的与他人分享的能力,更容易享有成功的人生。

一、情感连接:建立"安全型依恋关系"

1. 依恋的类型

孩子的成长过程是一个社会化的过程,依恋是社会化过程中的一个阶段性表现,是婴儿与主要抚养者(通常是妈妈)之间最初的社会性联结,也是婴儿情感社会化的重要标志。一般发生在婴儿经常接触、关系最密切的人之间。

不同的孩子生长在不同的家庭,他们的主要抚养人对待孩子的方式不一样,亲子之间的依恋关系也不一样。

心理学家安斯沃斯通过陌生情境测验,即将婴儿放置在一个不熟悉的情境中,并且让他和主要照顾者(通常是母亲)待在一起,根据婴儿的行为表现,将婴幼儿依恋分成"安全型依恋""反抗型依恋"与"回避型依恋"三种。三种依恋关系的核心都是依恋,但反映出的孩子的人格特点、行为表现却完全不同。

2. 三种依恋关系对孩子的影响

(1)安全型依恋的孩子。

对和父母的分离表示伤感,但并没有强烈的分离焦虑;将妈妈视为"安全基地",有妈妈在他们就感到非常安全;即使进入陌生的环境也能情绪稳定、积极探索,当妈妈离开或者陌生人进来时都没有强烈的不安反应。

(2)反抗型依恋的孩子。

缺乏安全感,时刻担心妈妈离开,即使妈妈在身边,也玩得不尽兴。妈妈离开时会表现出极度的伤感和焦虑;与父母团聚时表现出寻求亲近与拒绝交流两种相互矛盾的行为。

(3)回避型依恋的孩子。

在陌生的环境中能自主地探索和游戏;父母在场或者离开都无所谓,自己玩儿自己的。

和反抗型依恋相比,回避型依恋是一种更加糟糕的依恋,孩子没有和妈妈形成亲密的感情连接,被称为"无依恋婴儿"。

3. 和婴儿建立安全型依恋关系

根据安斯沃斯的研究,对依恋类型的形成起决定作用的是婴儿出生第一年父母抚育的质量,后天的教养比先天因素重要得多。

可以说,安全型依恋关系是妈妈和婴儿在长时间的互动中逐渐建立起来的。

(1)保持与孩子密切的身体接触。

对于婴儿来讲,父母和他们肌肤的亲密接触能够让他们感受到爱,他们会觉得自己所处的环境是安全的。孩子通过对父母行为的感知来感受爱,当父母经常亲吻、拥抱孩子时,孩子就能感受到爱。

(2)用积极的情感传递爱。

妈妈保持平和的心态,遇事不偏激、不焦虑、不惊慌;婴儿也因此能够感受到一个祥和、平静的氛围,他们会觉得自己生活的环境是充满友爱的,内心就不会惶恐。

(3)迅速回应婴儿的需要。

不管是生理需要还是精神需要,如果妈妈能够积极回应,婴儿就不会产生消极体验,即使有了恐惧、紧张、不适等负面情绪,也能快速地缓解或者消除。

(4)鼓励孩子的探索行为。

婴儿好动,渴望探索新奇的世界。妈妈要放手让婴儿去探索,多带婴儿到外面的世界去走一走。

容忍婴儿的破坏、淘气,婴儿的内心就会感到无比幸福。

(5)及时反省并改进自己的教养方式。

从孩子的视角看事情,并根据孩子的需求调整自己的行为,不把自己的意识强加给孩子。

总之,良好的母子依恋关系并没有统一、固定的模式。只要妈妈充分了解自己婴儿的气质特征,无条件地接纳和支持孩子,就能建立起安全型依恋关系。

4.如何缓解婴儿的"分离焦虑"

产假结束了,妈妈要上班了。有的妈妈为了避免看到分别时婴儿大哭大闹的情景,会趁着婴儿不注意时偷偷开溜,以便减少内心的焦虑。事实证明,这样做非但不能消除婴儿的分离焦虑,还可能让这种焦虑情绪加剧,对婴儿的身体、智力、个性和社会适应性的发展带来不良影响。

因为孩子不明白妈妈的突然消失是怎么回事,会恐慌和不安,即使接替妈妈的照顾者跟他们讲,也未必能真正理解。

那么,如何才能和婴儿顺利地分离呢?

(1)提前选择新的照顾者。

妈妈产假结束前,要有意识地让婴儿和后来的照顾者多待在一起,以便建立感情,形成与照顾者的亲密关系。

(2)铺垫不要做太久。

有的妈妈做事磨蹭,出发前,干这个干那个,折腾一两个小时也走不了。孩子沉浸在妈妈营造的紧张气氛中,倍感焦虑。

正确的做法是,该准备的东西提前准备好,要出发了,果断地和婴儿道别,弱化了分别事件,反倒不会引起婴儿过多的注意。妈妈离开后,婴儿的心理波动也相对较小。

(3)大大方方地"告别"。

在婴儿和新的照顾者熟悉后,妈妈郑重地抱起婴儿,告诉他,"妈妈要去工作,阿姨也很爱宝宝,会把宝宝照顾得很好,妈妈下班了就会回来。"

妈妈亲亲婴儿,婴儿亲亲妈妈,果断地跟婴儿说再见。下班后,第一时间赶回来。妈妈抱着婴儿,说,"妈妈现在下班了,可以跟宝宝在一起了。"

这样大大方方的"分别仪式",会让婴儿明白:妈妈只是暂时离开,还会回来,妈妈说话算话。

起初,婴儿会哭,慢慢地,就会从情绪上接受妈妈有一段时间不在的事实,而不会有"我被妈妈抛弃了"的惊惧,哭闹会越来越少,甚至还会和妈妈亲亲后,挥着小手跟妈妈告别。

二、智力开发

1. 经常对婴儿发出各种简单辅音

经常对婴儿发出各种简单的辅音,如 BA-ba(爸-爸),MA-ma(妈-妈),DA-da(打-打),NA-na(拿-拿),WA-wa(娃-娃),PAI-pai(拍-拍)等,让婴儿模仿发音,要求在 6 个月时能发出 4～5 个音。

2. 和婴儿一起听儿歌做动作

让婴儿坐在爸爸或妈妈的腿上,爸爸或妈妈拉住婴儿的小手边摇边念:"小老鼠,上灯台,偷油吃,下不来,喵喵喵,猫来了,叽里咕噜滚下来。"当念到最后一个字时,爸爸或妈妈将手松开,让婴儿的身体向后倾斜(注意保护好婴儿的安全),经过几次反复游戏,以后只要一念到"滚下来",婴儿就会自己将身体按节拍向后倒。

3. 让婴儿多看多听才能多说

此时是婴儿语言发展的关键期,爸爸妈妈要利用一切条件对婴儿进行语言训练,为日后的语言发展奠定基础。

(1)将说话与认识环境结合起来。

在日常生活中多对婴儿说话,反复教婴儿认识他熟悉并喜爱的各种日常生活用品,如起床时,教婴儿认识衣服和被子;喂奶时,教孩子认识奶瓶、手绢等物品;开灯时,教婴儿认识灯;坐小车时认识小车;戴帽子时认识帽子等。多带孩子外出开阔眼界,认识大自然,如汽车、房子、大树、花草、小动物等。

(2)利用好玩具。

和孩子一起玩玩具时,可以利用婴儿喜爱的玩具和活动来教孩子认识玩具,给孩子讲一讲各种玩具的特点和玩法。如大人扮作小狗"汪汪"叫;玩布娃娃时把娃娃藏起来让婴儿去找等。

(3)引导婴儿认识家庭成员。

在日常生活中大人要多叫婴儿的名字,逐渐让婴儿熟悉自己的名字,并教婴儿认识家庭成员,如外公、外婆、爷爷、奶奶等。

(4)多读书多唱歌给孩子听。

多给孩子唱歌、念童谣,讲一些儿童故事,朗读一些文学作品等,尽量使孩子接受丰富的语言刺激,对促进孩子早日说话很有帮助。

4.亲子阅读以培养婴儿兴趣为主

给婴儿读绘本、讲故事,是促进婴儿语言发展与智力开发的好办法,虽然这个月龄的婴儿可能还听不懂故事的含义,但只要妈妈或爸爸一有时间就声情并茂地讲给婴儿听,就能培养婴儿爱听故事的好习惯。

当然,也有一些婴儿,无论妈妈或爸爸怎么讲,婴儿都提不起兴趣,甚至也不爱看绘本。这时,妈妈或爸爸也不要生气着急,过一段时间再试试,可能婴儿就会喜欢了。只是选择的故事要情节简单、有趣,符合孩子月龄。

三、社会交往:消除婴儿对陌生人的恐惧

一些婴儿遇到不熟悉的陌生人就表现出紧张和恐惧,往往伴随着大哭大闹,不让生人抱,严重起来一看到生人就哭个不停。一般来说,性格内向的婴儿比外向的婴儿更容易认生;日常接触人少的婴儿比接触人多的更容易认生;环境刺激贫乏的婴儿比环境刺激丰富的婴儿更容易认生;过分贪恋母亲的婴儿比对于母亲依恋程度较低的婴儿更容易认生。

来了陌生人,先由妈妈抱婴儿在远处观望陌生人,然后离得近一点,让他与陌生人接触,不要让客人一开始就抱或亲婴儿,而应在相互交谈一段时间后,再让他和婴儿亲密接触。

对于那些突然靠近、发出逗弄声,或者试图将孩子从妈妈怀里抱过去的亲戚朋友,尽管是表达热情,妈妈也要坚决阻止,免得把孩子吓得不知所措。孩子需要一定时间来熟悉陌生人,如果他们放慢速度,婴儿的反应会更好。

第六章

7月龄婴儿教养指南

第一节　发育指标和养育要点

经过育儿员半年的精心照护和爸爸妈妈无微不至的爱育,婴儿有了很大的进步,成了非常活跃的"小淘气",不再是当初那个整天睡觉的小懒虫了;并且婴儿的体能动作和活动能力增强了,范围也在不断扩大。

7个月大的婴儿开始认人了,如果看到不认识的人,会紧紧搂着妈妈。在这一时期,婴儿需要更细心地关怀与照料。

一、婴儿生长特点

(1)从躺到坐,婴儿的视觉和听觉都发生了根本的变化,坐着时视野更加开阔,有利于婴儿更好地认识周围的事物。

(2)能连续翻滚,离开自己躺着的地方够取远处的玩具。

(3)能抱住脚玩或吸吮。

(4)由腹爬向手足爬过渡;能将玩具换手,手中玩具被拿开会发脾气。

(5)看见父母等熟人主动要求抱,回避、害怕生人逗抱。对镜中的映像有拍打、亲吻和微笑等表示。

(6)会发"ba-ba""ma-ma"音节,但无所指。

二、身体发育变化

孩子的生长速度明显放缓。身高继续增长,体重发展差异大,前囟出现真假闭合现象。

体重:男孩 6.4～12.1 千克;女孩 6.0～11.5 千克。

身长:男孩 63.0～77.6 厘米;女孩 61.5～75.8 厘米。

头围:男孩 40.5～47.9 厘米;女孩 39.4～46.6 厘米。

注:以上数据根据国家卫健委《7 岁以下儿童生长标准》(2022 年 9 月 19 日发布,2023 年 3 月 1 日实施)整理。

牙齿:0～2 颗。多数婴儿下乳牙萌出 2 颗,有的婴儿上乳牙也开始露头。

三、能力发展特点

(一)认知能力

1. 视觉能力:远距离视觉开始发展

(1)本月龄的婴儿远距离视觉开始发展,对远处活动的东西有了注意的能力和观察的意愿。

(2)具有了一些细节观察能力,拿到东西后会翻来覆去地看、摸、摇,表现出积极的感知倾向。

(3)喜欢寻找那些突然不见的玩具,跟婴儿玩藏猫猫游戏,观察婴儿的兴奋程度和反应速度。

2. 听觉能力:能分辨不同的声音

(1)能够分辨各种不同的声音(特别是熟人和陌生人的说话声),并做出不同的反应。

(2)已经逐步学会倾听声音,还可以根据声音来调节、控制自己的行动,而不是立即去寻找声音的来源。

3. 味觉能力:开始对咸味产生兴趣

(1)遇到自己喜欢吃的食物,会表达出强烈想吃的欲望。

(2)开始对咸味产生兴趣。

4. 触觉能力:喜欢触摸、吮吸能拿到手的一切物品

(1)手和嘴唇仍是孩子探索世界的好"工具",喜欢触摸、吮吸一切能拿到手的东西。

(2)看到东西会用手去抓,不管什么都会往嘴里放。

(3)手的动作从被动到主动,由不准确到准确。

给婴儿准备一些能拿着、摇着、转着玩的玩具,如皮球、不倒翁、喇叭、铃铛等,观察婴儿是否能流畅地抓握玩耍。

(二)动作能力:学会翻身、独坐

(1)学会了翻身,但是还不会爬。会用胳膊撑着自己将身体抬高成爬行姿势,还会以腹部为中心来回转动和倒退。

(2)大部分婴儿已经学会独坐了。独坐时背挺直,无需用手支撑床面,保持 1 分钟或以上。

(3)如果大人扶着婴儿腋下让婴儿站在自己腿上,婴儿可以站得很直;还喜欢托着大人的手跳跃,且有全脚掌落地。

（4）能抱住脚玩或吸吮。

（三）语言能力：模仿大人制造出不同声音

（1）已经可以发出类似"ba-ba""ma-ma"的双唇音，但是还不明白这些声音所代表的意思。

（2）可以模仿大人的动作自己制造出咳嗽声、咂舌声等各种不同的声音。

（3）喜欢兴致勃勃地耍弄自己的口水；聆听嘴里含着唾液时发出的与平时不一样的声音；对自己制造出来的"咯咯"声也特别感兴趣。

四、心理情感特点

1.认生和依恋

变得更依恋父母，同时能更敏锐地辨认陌生人、陌生环境和陌生事物。如果父母不在身边，陌生人靠近或抱孩子，孩子就会"哇哇"大哭。

2.好奇心萌发

开始对周围环境产生好奇心。不但喜欢观察自己周围的各种人和事物，还喜欢到处摸、到处看，用自己的各种感觉尽情探索世界。

有时，孩子还会用手指捅自己的耳朵、鼻子、嘴和肚脐眼，表现出强烈的探索自己身体的兴趣。

3.渴望快乐，要求情感互动

孩子的情感智能有了很大发展，开始不满足育儿员或父母对自己单纯的照顾，而是希望得到一些欢乐。

如果育儿员或父母只忙于在孩子的吃、喝、拉、撒等生活需要方面满足孩子，孩子可能会变得不开心。

如果育儿员或父母能多陪孩子玩，多在情感方面满足孩子，对提高孩子的情商，培养孩子健康、健全的心理和人格大有裨益。

4.记忆和思维发展

记忆力进一步发展。即使和经常照顾自己的人隔一周不见面，也不会忘记。

五、喂养要点

母乳喂养：每天4～5次。辅食2次，在两次喂奶间隔时间添加，不再早晚添加辅食。

混合喂养：辅食2次，在两次母乳之间添加。母乳特别少的，可在喂母乳后2小时添加辅食，添加辅食后2小时喂配方奶。

配方奶喂养：每天3～4次，配方奶每天1 000毫升左右。辅食2次，两次配方奶间隔时间添加辅食。

辅食添加：奶与辅食比例是7:3。

辅食性状：汁状、稀糊状、糊状/泥状食物。

添加量：每天2次，单一食品数量5种。米粉逐渐增加到20克，蛋黄逐渐增加到1/3个，蔬菜和水果分别增加到 20 克。

水和营养素补充：每天补充水 250～300 毫升，母乳喂养的婴儿补水量可适当减少，每天 150～200 毫升。

继续补充维生素 A 和 D，按照维生素 D400 国际单位／天补充。

重要提醒：

（1）辅食不能代替一顿奶，不要减少喂奶次数和奶量。

（2）成人饭菜不能作为婴儿辅食。

（3）定期监测婴儿体重、身高等生长发育指标，有异常情况及时向医生咨询。

六、早教重点

（1）继续教婴儿发音：爸爸、妈妈等。

（2）进行抓、拿小物件的练习。

（3）练习左右手同时拿积木，同时进行伸手够远处玩具的练习。

（4）协助进行手膝爬行。

（5）让婴儿模仿拍手、点头、认物、找物。

（6）照镜子游戏，辨认陌生人等练习。

第二节　育儿员工作篇

一、健康护理

（一）二便管理

1. 每天大便几次正常

随着辅食的添加，饮食结构发生改变，婴儿便便的类型也会有所不同，主要表现为成条的软便、糊状便。一般来说，每天排便 2～3 次都是正常的。

每个孩子的生长发育都存在一定差异，会因为遗传、体质和进食的不同而出现排便次数的不同。只要孩子每天有固定的排便时间且没有异常，就不必担心。

2. 婴儿排尿时哭闹

本月龄婴儿每日小便 16 次左右，大便 1～3 次。因为这个月添加了更多种类的辅食，所以，尿便颜色加深，次数增多或发稀，不需要干预。

如果婴儿的尿比较混浊，尤其是女婴，排尿时哭闹，要及时到医院化验尿常规，看是否患了尿道炎；男婴排尿时哭闹，要看一看尿道口是否发红，很可能是婴儿的尿道口发炎，以致排尿疼痛。是否有包皮过长，要请医生诊断。但小婴儿即使有包皮过长，也不要轻易手术，随着年龄增长，包皮可能并不过长。过早切除，会导致包皮过短，使龟头裸露。

（二）日常护理

1. 用"七步洗手法"给婴儿和自己洗手

虽然已经过了最脆弱的小婴儿时期，但对于育儿员来说，只是万里长征走完了第一步。因为六个月后的婴儿，从母体中获得的免疫力逐渐消失，在自体免疫力还没有足够养成的情况下，婴儿很容易患感冒等大大小小的疾病。因此，这一时期要特别注意婴儿的健康状况。除了做好婴儿活动区域的清洁卫生，还要做好婴儿的个人卫生，常给婴儿洗手、洗澡。

当然，育儿员也要给婴儿做好榜样，在帮孩子洗手时，要注意自己洗干净手。

"七步洗手法"步骤如下（图 6-2-1）：

（1）洗手掌。用流动的清水冲洗双手，涂抹不含消毒成分的洗手液或香皂，掌心相对，揉搓。

（2）洗背侧指缝。手心对手背沿指缝揉搓，双手交换进行。

（3）洗掌侧指缝。掌心相对，双手交叉沿指缝相互揉搓。

（4）洗指背。弯曲各手指关节呈半握拳状，放在另一手掌心旋转揉搓指背，双手交换进行。

（5）洗拇指。一手握着另一手大拇指旋转揉搓，双手交换进行。

（6）洗指尖。弯曲各手指关节，把指尖合拢在另一手掌心旋转揉搓，双手交换进行。

（7）洗手腕、手臂。轻轻揉搓手腕、手臂，双手交换进行。注意手心、指尖、指缝一定要洗到，多搓一搓。

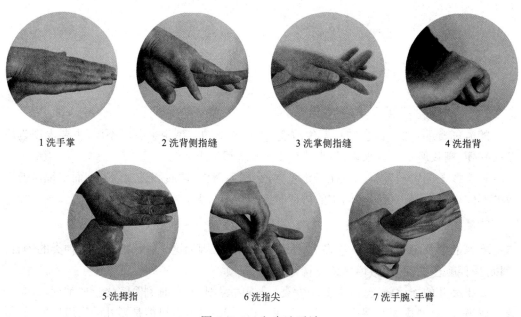

1 洗手掌　　　2 洗背侧指缝　　　3 洗掌侧指缝　　　4 洗指背

5 洗拇指　　　6 洗指尖　　　7 洗手腕、手臂

图 6-2-1　七步洗手法

2. 不要让婴儿吸吮空奶嘴

有些吃配方奶的婴儿吃完奶后，婴儿仍然喜欢咬着空奶嘴吸着玩，这样很不好。如果

婴儿出现咬着奶瓶玩的情况,育儿员要及时制止。

（1）婴儿长时间吸吮空奶嘴,会使上下前牙变形,牙齿排列不齐。

（2）婴儿吸吮空奶嘴会引起条件反射,促进消化腺分泌消化液,等到真正吃奶时,消化液则供应不足,影响食物的消化、吸收,同时也会影响食欲。

（3）吸吮空奶嘴还会将大量的空气吸入胃肠道中,引起腹胀、食欲下降等一系列消化不良的症状。

（4）如果婴儿吸吮的空奶嘴没有经过很好的消毒,还可能会引起一些口腔疾病,如鹅口疮等,从而增加婴儿的痛苦。

3. 婴儿难带怎么办

每个婴儿的个性都不一样,有的婴儿好带,吃饱喝足,陪他玩就足够了;有的婴儿相对难带,如经常会啼哭、啜泣、号啕或尖叫;容易受到惊吓,听到不同声响就会有神经质的表现或啼哭;极度敏感,不喜欢强光,不喜欢多项活动和某些衣物。就是说,从洗澡到睡觉,从吃奶到玩耍,凡事都很难和育儿员合作,一点点变动都可能扰乱婴儿的正常生活。因此,遇到这样的婴儿,育儿员要加倍付出耐心。

（1）了解使婴儿烦扰的事物,尽量避免那些情况的出现;以任何可能的方式来回应婴儿的需要。

（2）细心观察,找出引发婴儿情绪焦躁的原因,减少刺激,特别是在婴儿敏感时。这里的刺激指的是光、噪声和婴儿不喜欢的行为等。

（3）帮助婴儿建立固定的生活作息时间。如洗澡后轻摇婴儿或拥抱婴儿。当婴儿焦躁时,尽可能安抚婴儿,并保持冷静,不要因此而受到打击或感到挫败。

4. 不要把醒着的婴儿放在带栏杆的床里

这个月龄的婴儿开始会在床上翻滚了,坐得也比较稳了。

当婴儿醒着时,最好放在父母的大床上,或放在地毯或木地板的地上,使婴儿有足够的空间翻滚爬坐。如果是坐在带栏杆的床里,会挡住婴儿的视线,而且,因为婴儿床比较小,婴儿翻滚时很容易撞在栏杆上磕着碰着,甚至把手或脚卡在栏杆缝隙中,发生危险。

如果只是转身取东西,育儿员可以把婴儿临时放在婴儿床上几分钟。但如果是给婴儿做辅食,或是收拾室内卫生,或忙于其他事情而把婴儿单独放在婴儿床里很长时间,是绝对不可以的。

二、营养饮食

（一）母乳喂养

1. 喂养原则

（1）母乳喂养每天 4～5 次。辅食 2 次,在两次喂奶间隔时间添加,最好不在晚上和一大早添加辅食。如果 12:00 婴儿不吃辅食,可推迟到 12:30 或 13:00,14:00 的母乳也顺延。有的婴儿添加辅食后,母乳次数减少,可减少辅食的量。

（2）添加辅食后,不必刻意减少母乳喂养次数,只要婴儿想吃,就给婴儿吃。如果婴儿仍然在后半夜醒来吃奶,妈妈尽管喂就是了,不要让婴儿成为"夜哭郎"。

（3）如果婴儿很爱吃辅食,对吃奶兴趣降低,适当缩短奶与辅食的间隔时间,延长辅食与第二次喂奶的间隔时间。

（4）有的婴儿晚上睡得比较早,前半夜和后半夜都不起来吃奶,早晨会醒得很早（4:00左右）,可喂1次奶或水。喂奶后,婴儿又会入睡,并一直睡到早晨8:00～9:00起床。

2.婴儿不认奶瓶怎么办

单纯母乳喂养的婴儿,平时没有使用奶瓶的习惯,由于母乳不足,开始用奶瓶喂配方奶时,很可能拒绝使用奶瓶。因为奶瓶的奶嘴和母亲的乳头有很大差别,婴儿不接受这种奶嘴情有可原。

如果原来用奶瓶喝水很好,偏偏用奶瓶喂奶时遭到婴儿拒绝,甚至婴儿不但不喝奶瓶里的奶粉,现在连奶瓶里的水也不喝了,这种情况也是正常的,育儿员不要着急。如果婴儿不喜欢用奶瓶,就暂时用杯子或小勺喂,也许过一段时间,婴儿自然而然地就使用奶瓶了。千万不要为此绞尽脑汁想方设法非要婴儿用奶瓶不可,方法不当反而会使婴儿更加拒绝奶瓶。

3.提醒妈妈注意补铁

6个月后,孩子出生时从母体带来的微量元素铁已经消耗殆尽。如果母亲的日常食物比较单一,又不注意给孩子补铁的话,就会使孩子出现缺铁性贫血。

如果没有给孩子吃铁强化奶粉,育儿员可以通过给孩子添加蛋黄、动物血、瘦肉泥等富含铁的食物给孩子补铁。

如果孩子已经出现缺铁症状,可在医生指导下通过口服补铁药物为孩子补铁。

当然,是否要服用补铁药物,服用补铁药物的数量和次数,一定要咨询医生,不能自作主张随便给孩子服用,以免产生不良反应。

（二）混合喂养

1.喂养原则

最好在两次母乳之间添加辅食。如果母乳没那么多,不能连续两次都喂,可在喂母乳后2小时添加辅食,添加辅食后2小时喂配方奶。

如果婴儿本来就不喜欢喝配方奶,可推延到3小时。添加了辅食,需要多喂50毫升的水。

2.喂养建议

妈妈在家时尽量喂母乳,妈妈不在家时喂配方奶。如果妈妈上班时还能挤出奶,留到妈妈不在家时喂婴儿。

(1)添加辅食后,如果婴儿不好好吃母乳,就减少配方奶的量。

(2)特爱吃辅食,不爱吃母乳和配方奶,就相应减少配方奶和辅食,多喂母乳。

(3)妈妈上班了,母乳会有所减少,可以补加配方奶,而不是给婴儿吃更多辅食。

(4)有的婴儿根本就不吃配方奶,甚至连奶瓶的瓶嘴都不沾,试着用小勺喂,或用小杯子喂。如果仍然不喝,就暂时停一周,先以辅食补充,一周后再试着喂。

（三）配方奶喂养

1. 怎样给孩子换配方奶

配方奶根据婴儿的月龄划分段数,如果婴儿要更换高段配方奶,或因某些原因必须换配方奶品牌,一定要循序渐进。常用的转奶方式有两种:

（1）混合置换。

如果婴儿一顿吃 3 勺一阶段配方奶,可以先从每顿 2 勺一阶段配方奶、1 勺二阶段配方奶冲调,观察 3～4 天。

若婴儿消化良好,则改为每顿 1 勺一阶段配方奶、2 勺二阶段配方奶,观察 3～4 天;若婴儿消化良好,就可以 3 勺完全是二阶段配方奶,继续观察 3～4 天,一切正常后就说明完全换过来了。

整个置换过程大约需要 10 天。如果置换过程中婴儿消化不良,建议延长观察时间,待大便正常后再进一步置换,或每次先少量置换,如半勺半勺置换。

（2）按顿置换。

如果婴儿一天吃 4 顿奶,可以先用二阶段的配方奶置换其中一顿,观察 3～4 天;如果婴儿消化良好,就可以再多置换一顿,再观察 3～4 天。持续观察婴儿消化情况,直至换完。

如在置换过程中婴儿消化不良,可延长观察时间,大便正常后再继续置换。

如果婴儿无不良反应,通常 1 周左右即可接受新的配方奶。如果出现不适反应,可能需要更长时间适应新配方奶,育儿员一定要保持耐心,切勿操之过急。

另外,若婴儿正生病,比如感冒、发热、起皮疹等,或接种了疫苗,建议将转奶时间延后。换不同品牌的配方奶方法也是如此。

（3）注意事项。

任何品牌的配方奶都必须遵循婴儿配方奶全球标准,即尽可能接近母乳,并在此基础上进行合理调整,也就是说,各种普通配方奶的基本成分没有太大区别。

因此,没有特殊情况,不建议频繁给婴儿更换配方奶品牌,以免因其肠胃消化功能不成熟,在转奶初期出现厌奶、腹泻、便秘等不良反应。

2. 不要让婴儿含着奶瓶入睡

含着奶瓶入睡是很多婴儿都有的习惯,这与婴儿小时候习惯含着乳头入睡有关。

对于已经长牙的婴儿来说,这是一个非常坏的习惯。这样做会使婴儿没咽下去的奶积聚在牙齿和嘴唇之间,让婴儿的牙齿泡在奶汁中。久而久之,婴儿的牙齿就会被严重腐蚀,从而出现"奶瓶性龋齿"。

为了婴儿的牙齿健康,育儿员应该坚决帮婴儿戒掉含着奶瓶睡觉的习惯,同时还应在每次喂奶后为婴儿清洁口腔。

（四）辅食添加

1. 添加要点

（1）从这个月开始添加糊状和泥状食物。

（2）奶与辅食的比例是 7:3。满 7 个月时,辅食量可以逐步增加到米粉 20 克,蛋黄

1/3,果泥和菜泥各 10 克,肉类食物(禽类)5 克。

（3）可添加的种类有谷物(主要是米粉)、蔬菜(主要是根茎类)、水果(主要是温性水果)、蛋(主要是蛋黄)。

（4）从这个月开始,可尝试着给婴儿添加肉类食物(禽类)。

（5）要保证含铁高的辅食的摄入量。如果婴儿每次吃辅食的量很少,可以多喂 1 次。如果婴儿非常喜欢吃辅食,也要适当掌握量,不要影响奶的总摄入量。

（6）添加某种辅食后,一旦出现异常情况,请及时停喂这种辅食,其他未引起不良反应的辅食继续添加。

（7）添加辅食期间,大便会出现改变,如果不是腹泻,不需要停喂辅食。

2. 如何确定喂奶和喂辅食的时间

（1）规律进食。

对婴儿而言,即便再稀的米粉也是"正餐"的代表,因此,从开始添加起,就应有意识地培养规律的进食时间。

添加初期适应阶段可选择上午、下午各一次。待规律添加后,就可以渐渐接近家人吃饭的时间。

和家人一起吃饭也有助于增加婴儿食欲,有利于建立良好的亲子关系。

（2）灵活调整喂食顺序。

通常,辅食应尽量安排在喂奶之前,先吃辅食后吃奶,一次性让婴儿吃饱。但每个婴儿都有自己的进食习惯,育儿员应照顾婴儿的需求灵活调整喂食顺序。

◎ 如果婴儿明显表现出特别喜欢辅食,甚至因此而厌奶,就应先喂奶。

◎ 如果婴儿明显表现出特别喜欢奶,就可以先喂辅食。当婴儿每顿辅食量增加后,由于吃过辅食容易饱腹,也不必强迫吃过辅食必须马上吃奶。育儿员要在掌握原则的基础上,灵活掌握喂养量和喂养时间。

◎ 从这个月起,辅食可代替奶,成为正式一餐,就是将来婴儿一餐的缩影。育儿员要按照"营养均衡"的原则,给婴儿提供食物。

3. 添加辅食后不喝配方奶

有的婴儿很喜欢吃辅食,辅食吃多了,配方奶的量就减少了。有的婴儿到了这个月龄不再喜欢喝奶,只喜欢吃辅食,即使不喂那么多的辅食,也不爱喝配方奶。

遇到这种情况,育儿员可以想办法保证每天奶量,比如做含有配方奶的辅食,如牛奶面包粥、奶糕。

4. 添加辅食后便秘怎么办

添加辅食后,婴儿可能会出现便秘。这种情况的便秘主要是饮食结构改变造成的,可以通过饮食调理,改变辅食的数量和品种来解决。

越早给婴儿建立良好的饮食结构,婴儿就越不会形成习惯性便秘,婴儿将受益终生。婴儿便秘不要使用缓解便秘的药物,以免造成婴儿肠道功能紊乱,甚至出现腹泻。

5. 不喜欢吃辅食怎么办

添加辅食初期,有的婴儿喜欢吃辅食,也有婴儿不喜欢吃辅食,每个婴儿的表现都不尽相同。如果婴儿不是很接受,育儿员要耐心对待,一点点尝试,尊重婴儿,不要急于求成。如果操之过急,反而欲速则不达。

（1）示范如何咀嚼食物。

有些婴儿因为不习惯咀嚼,会用舌头将食物往外抵。育儿员在喂饭时,可以嚼口香糖给婴儿示范应如何咀嚼。可以放慢速度多试几次,让婴儿有更多的学习机会。

（2）烹调方式多花样化。

饮食富于变化能刺激婴儿的食欲。

在婴儿原本喜欢的食物中加入新材料,分量和种类由少到多;婴儿不喜欢的食物可减少供应量,但应逐渐增加辅食的种类,让婴儿养成不挑食的好习惯。

婴儿讨厌某种食物,有时不在于味道,而在于烹调方式。因此,育儿员应在烹调方式上多换花样,食物也要注意色彩搭配,以激起婴儿的食欲,但口味不宜太浓。

（3）勿在婴儿面前品评食物。

婴儿会模仿大人的行为,所以育儿员或父母应谨言慎行,不要在孩子面前挑食及品评食物好坏,以免养成他偏食的习惯。

如果一开始婴儿就特别喜欢吃辅食,育儿员也要适当控制辅食的量,保证奶的摄入足量,毕竟奶还是这个月龄婴儿的主要食物来源。

6. 让婴儿习惯坐餐椅

从添加辅食起,就要让婴儿习惯在餐椅中吃饭。这是因为相比大人的怀抱,餐椅有利于婴儿上半身直立,避免婴儿因身体蜷曲被食物噎呛,提高进食的安全性,同时为婴儿提供固定的进食环境,养成良好的进食习惯。

如果婴儿对餐椅很排斥,育儿员不要着急,也不要训斥,而要找到原因,有针对性地去解决:

（1）调整餐椅的舒适度。

座椅太硬、椅背靠后无法支撑、安全带太紧、餐盘太近、空间太小等,都可能会让婴儿排斥餐椅。

如果婴儿不愿意坐,育儿员可以松一松安全带、在餐椅上放一个小靠枕,增加餐椅的舒适度,缓解婴儿的抵触心理。

（2）让婴儿熟悉餐椅。

餐椅是一个相对狭小陌生的环境,婴儿突然坐进去,难免会觉得不习惯。首先应消除婴儿的恐惧感、陌生感,在婴儿心情愉悦时,让他坐在餐椅中玩一会儿。育儿员要陪在一旁,安抚婴儿的情绪,切勿把婴儿绑在餐椅上,自己离开去做其他事情,以免婴儿更加排斥餐椅。

（3）慢慢延长坐餐椅的时间。

婴儿刚开始体验餐椅时,时间不宜太长,吃完辅食就要抱出来。

如果在这个过程中,婴儿没有表现出抗拒,可以逐渐延长婴儿坐餐椅的时间,直至能够在餐椅中吃完一顿饭。如果婴儿表现出极强烈的抗拒,也不要勉强,可以暂时让婴儿坐在童车里(保持上身直立),先喂食一两次,待婴儿熟悉进食姿势后,再慢慢引导他坐在餐椅里。

7. 婴儿辅食添加举例

（1）第一周。

周六至周一：米粉糊 12 克，蛋黄泥 1/4，果泥和菜泥各 7 克。

周二至周四：米粉糊 12 克，蛋黄泥 1/3，果泥和菜泥量不变，更换新品种。

周五：同上。

（2）第二周。

周六至周一：米粉糊 15 克，蛋黄泥 1/3，鸡肉泥 5 克，果泥和菜泥各 7 克。

周二至周四：米粉糊 15 克，蛋黄泥 1/3，鸡肉泥 5 克，果泥和菜泥量不变，更换新品种。

周五：同上。

（3）第三周。

周六至周一：米粉糊 20 克，蛋黄泥 1/3，鸡肉泥 5 克，果泥和菜泥各 10 克。

周二至周四：米粉糊 20 克，蛋黄泥 1/3，鸡肉泥 5 克，果泥和菜泥量不变，更换新品种。

周五：同上。

（4）第四周。

周六至周一：米粉糊 20 克，蛋黄泥 1/3，鸡肉泥 5 克，果泥和菜泥各 10 克。

周二至周四：米粉糊 20 克，蛋黄泥 1/3，鸡肉泥 5 克，果泥和菜泥量不变，更换新品种。

周五：同上。

8. 营养食谱推荐

（1）土豆西蓝花泥。

材料：土豆 30 克，西蓝花 50 克。

做法：土豆洗净，去皮，切块，蒸熟，土豆块压成泥；西蓝花洗净，取嫩的骨朵沸水焯一下，切成末。将土豆泥和西蓝花末混合成球状即可。

好处：西蓝花中维生素 C 含量极高，不但有利于婴儿身体生长发育，还能提高机体免疫功能。土豆含有丰富的淀粉，两者搭配食用能增强婴儿免疫力。

（2）红薯泥。

材料：红薯 30 克。

做法：红薯洗净，去皮。将红薯放入蒸锅中蒸熟，用汤匙压成泥即可。

好处：红薯富含膳食纤维和 B 族维生素，能帮助婴儿摄取到均衡的营养。

（3）南瓜泥。

材料：南瓜 50 克。

做法：南瓜去皮、去籽和瓤，切块，上锅蒸熟。用勺子把南瓜块压成泥即可。

好处：南瓜富含丰富的膳食纤维，且容易消化，婴儿常食用南瓜可以促进肠道蠕动，预防便秘。

（4）麦片粥。

材料：麦片 80 克，牛奶 50 毫升，香蕉 50 克。

做法：将麦片用 300 毫升温开水泡软；香蕉去皮，切碎。将泡好的麦片连水倒入锅内，置火上烧开，继续煮约 2 分钟后，加入牛奶，再煮 5～6 分钟，至麦片酥烂，稀稠适度，加入香蕉略煮一下即可。

好处：此粥软烂适口，果香味浓，含有婴儿发育所需的蛋白质、脂肪、糖类、钙、磷、铁、锌、维生素 A、维生素 B_1、维生素 B_2、维生素 C 及烟酸等多种营养素。

三、早教时间

（一）室内活动

1. 认知能力发展训练

（1）视觉能力：教婴儿认识身体部位。

育儿员与婴儿对坐，育儿员可以先指着自己的鼻子说"鼻子"；然后握住婴儿的小手指着他的鼻子说"鼻子"，每天重复 1～2 次；然后抱着婴儿对着镜子，握住他的小手指他的鼻子，又指自己的鼻子，重复说"鼻子"。

经过 7～9 天的训练，当育儿员再说"鼻子"时，婴儿会用小手指自己的鼻子，这时育儿员应给予宝宝赞扬和鼓励。

（2）听觉能力：寻找东西。

育儿员可以把药丸的蜡壳或颜色漂亮的糖豆放到透明的瓶子里，盖上盖，婴儿会拿着瓶子摇，看着蜡壳或者糖豆，寻找蜡壳或糖豆是否仍在瓶子里，在和婴儿玩寻找东西的游戏中，育儿员要注意看护，以免给婴儿带来危险。

（3）听觉能力：找声音。

把手机置于播放音乐状态，放在婴儿的枕头底下，让他去寻找。该游戏一方面有助于训练婴儿的听觉，另一方面还告诉婴儿一个道理：不在视线之内的东西仍然存在。

2. 大动作能力训练

（1）多给孩子独坐的机会。

尽管孩子还不能坐很久，育儿员也应该多让孩子练习独坐，以锻炼孩子颈、背、腰部的肌肉力量，为日后长时间独坐打下基础。

开始时育儿员可先让孩子靠坐；在靠坐的基础上，逐渐撤去支撑，使孩子的坐姿日趋平稳；最后做到完全独坐。

这时孩子的腰背部肌肉还比较弱，独坐的时间不宜太长，一般不要超过 5 分钟。

（2）学习连续翻滚。

本月的婴儿基本已不需要育儿员帮助即能自主翻身。当婴儿在凉席上或地毯上坐着玩时，育儿员将惯性小车（或其他婴儿喜欢的能滚动的玩具）从婴儿的左侧开到右侧。婴儿很想向右转身去够，但够不着；于是再使劲翻成俯卧；然后转向右侧，终于将小车拿到手中。

婴儿需要克服身体的重力才能滚动，而这需要肌肉、关节、韧带、皮肤、感觉等的全面参与，这些都会作为信号传入婴儿大脑记忆库中。

经过多次练习，就能协同自如，练出技巧。

婴儿通过运动时的感觉渐渐将自己的身体与外界事物区分开，所以，越是大动作越能锻炼婴儿的感觉统合能力，促进大脑和前庭系统的发育。

3. 精细动作能力训练

（1）伸手拿取练习。

育儿员抱着婴儿,把婴儿熟悉的积木块放在他的手恰好够不到的桌面上,训练他欠身向前,用拇指和其他手指配合起来抓积木,每日练习数次。

（2）玩具倒手练习。

在孩子准确抓握的基础上可以给他多个玩具,训练他抓住一个玩具后再抓另一个玩具,或向孩子同一只手上送玩具两次,教孩子学会将玩具从一手换到另一只手上后再取第二个玩具。

反复练习,婴儿就能掌握玩具倒手的技能。

4. 益智互动游戏

（1）平衡训练——宝宝飞。

【游戏目的】训练婴儿控制自己的身体。

【具体玩法】育儿员用双脚托住婴儿的胸廓,并用两手握住婴儿的小手,让婴儿像飞盘一样顶在自己的脚心上。

让婴儿做飞翔的动作,将脚举高,并念道:"宝宝飞,飞高高。"

育儿员将脚放低,并念道:"宝宝飞,飞低低。"

【注意事项】该游戏不宜在临睡前和喂奶后 1 小时内做。另外,要注意拉好婴儿的双手,把握住平衡,不要让婴儿掉下来。

（2）思维训练——给小袜子分分类。

【游戏目的】训练婴儿的逻辑思维能力

【具体玩法】育儿员将婴儿的袜子和大人的袜子找出几双,混放在一起。

将婴儿的袜子挑出来,并跟婴儿说:"这是宝宝的袜子。"然后再将大人的袜子挑出来,对婴儿说:"这是妈妈(或爸爸)的袜子。"多重复几次,观察婴儿的反应。

将袜子重新放在一起,引导婴儿将袜子分分类。

【注意事项】袜子的种类不要太多,区别应大一些,以便于婴儿识别。

（3）精细动作训练——手指游戏。

【游戏目的】训练婴儿的精细动作能力、语言能力、思维和想象能力

【具体玩法】手指操,是为了锻炼幼儿手指的灵活性而设计的手指活动,其中包括各个手指的弯曲练习、点指练习、弹指练习、放指、轮指练习以及手指之间的协调配合练习等等。

一边唱歌谣,一边做出对应的手指操,把音乐的乐趣与简单的游戏结合起来,可以开发幼儿的左右脑,提高幼儿手指的灵活性,促进幼儿语言能力的发展,提高幼儿的思维、想象能力。

手指点点点
一个手指点点点,(伸出一个手指点婴儿)
两个手指敲敲敲,(伸出两只手指在婴儿身上轻敲)
三个手指捏捏捏,(伸出三只手指在婴儿身上轻捏)

四个手指挠挠挠,(伸出四只手指在婴儿身上轻挠)
五个手指拍拍拍,(两个手对拍)
五个兄弟爬上山,(从婴儿的下身做爬山状)
叽里咕噜滚下来。(在婴儿身上从上往下挠)

小手拍拍
小手拍拍,小手拍拍(拍拍你的双手),
手指伸出来(伸出你的食指),
眼睛在哪里(用一种夸张的语气问)?
眼睛在这里(指你的眼睛)。
用手指出来(一边指着你的眼睛,一边用眼神鼓励孩子)。
灵活变化:可以把眼睛改成其他任何一个身体部位,比如鼻子、嘴巴等等。这个游戏还可以用来教孩子认识五官和身体的部位,增强其自我意识。

手指谣
一根棍,梆梆梆。(在婴儿身上轻轻敲打)
二剪刀,剪剪剪。(用食指、中指在婴儿身上轻轻夹)
三叉子,叉叉叉。(食指、中指、无名指分开伸出,轻触婴儿)
四板凳,拍拍拍。(拇指弯曲,四指并拢,轻拍)
五小手,抓抓抓。(五指分开,然后做抓的动作)
六电话,喂喂喂。(伸出拇指和小指,其他手指蜷曲放在耳边做打电话状)
七镊子,夹夹夹。(拇指、食指、中指捏一起,在婴儿身上捏捏)
八手枪,啪啪啪。(拇指食指做手枪状,啪啪啪射击)
九钩子,钩钩钩。(食指弯曲做钩状,在婴儿胸前钩钩)
十锤子,捶捶捶。(两手握拳,在婴儿小腿上轻轻捶)

(二)户外活动:选择合适的婴儿背带

婴儿背带可将婴儿固定在胸前,外出时,既能解放家长的双手,让婴儿和自己亲密接触,又能保证婴儿安全,可谓一举多得。但若使用不当,就会给孩子造成危险和伤害。

1. 选择合适的抱姿

根据抱婴儿的姿势不同,婴儿背带主要分为横抱式、竖抱式、面向前式、面对面式及后背式五种,育儿员要根据婴儿的月龄及生长发育情况,选择合适的抱姿。

对4个月以内的婴儿,建议选择横抱式。因为小月龄婴儿的骨骼、肌肉还未发育完全,尤其是颈部力量弱,无法很好地支撑头部,长时间竖抱,很容易影响正常发育。

4个月以上的婴儿,颈部肌肉发育逐渐成熟,能够很好地完成抬头的动作,可以尝试使用竖抱式。但在使用初期,建议尽量选择对婴儿头颈部有支撑设计的类型,以在一定程度上增强安全性及舒适性。当婴儿能够独坐时,颈背部的骨骼和肌肉发育得更加完善,可以根据需要选择其他类型的背带。

2. 注意事项

使用婴儿背带,除了有月龄限制外,还需注意以下几点:

(1)不要将婴儿背带作为安抚工具。

当婴儿哭闹时,不要把婴儿放进背带内安抚,以免婴儿更加没有安全感,加剧哭闹。

(2)注意使用时长。

使用背带时,连续使用时间不要超过 2 小时,尤其是炎热的夏季,否则很可能导致婴儿出现热疹等皮肤问题。

(3)注意舒适性。

不要在哺乳后 30 分钟内使用背带,以免挤压腹部使婴儿感到不适;使用时,可以适当调高背带系带,尽可能借助髋部及以上的力量支撑婴儿,增加舒适性。

(4)确保婴儿的安全。

如果只有育儿员一个人看护婴儿,需要背着婴儿做一些事情,要特别注意安全,避免磕碰。最好还是把孩子放在自己的胸前比较妥当。同时,孩子面向育儿员,可以方便及时地发现婴儿可能出现的任何情况。要解开背带放下婴儿时,育儿员要先坐稳,再解开背带,保证婴儿可以稳妥地落在育儿员的腿上,以免发生坠地的意外。

(5)使用前认真检查。

使用背带前,认真细致地检查一遍,确保背带在使用过程中不会出现松脱、断裂等问题。

事先调整好背带的高度、松紧度。用背带背孩子的过程中,育儿员应当用手托住孩子的屁股,以免孩子被背带勒疼,同时预防背带出现意外给孩子造成危险。

四、科学睡眠

1. 养成良好的睡眠习惯

睡眠既然是个生活习惯,就可以调节,育儿员要有意识地训练婴儿养成良好的睡眠习惯。

白天让婴儿尽量多玩少睡;夜间除了喂奶,换 1～2 次尿布以外,不要打扰婴儿;在后半夜,如果婴儿睡得很香,也不哭闹,可以不喂奶。

随着婴儿的月龄增长,逐渐过渡到夜间不换尿布、不喂奶,让婴儿逐步适应白天玩、晚上睡、昼夜分明的规律生活习惯。

到了晚上该睡觉的时候,如果婴儿还大睁着眼睛,不妨陪着婴儿一起睡,或者放一些摇篮曲,营造睡眠气氛。

2. 是否需要控制婴儿的小睡时间

有的婴儿会出现"昼夜颠倒"现象,即白天睡眠比夜间多。纠正的办法是缩短白天小睡,特别是傍晚小睡的时间,白天小睡时间过长会影响婴儿的夜间睡眠。

有的婴儿或大一点的孩子在他们仍需要小睡的阶段会突然不想睡了。这种情况下,育儿员可以把婴儿的夜间入睡时间适当提前或推后,这样有助于培养其白天小睡。

培养婴儿白天的作息规律并不容易。育儿员要注意抓住婴儿犯困的时间点,在婴儿揉眼睛、拉耳朵、打哈欠,变得烦躁时,带他去睡觉。保持他的睡眠规律很重要。

3. 给睡眠来点"仪式感"

建立睡眠程序的关键在于每晚以相同的顺序做相同的事情。发现孩子睡前喜欢做的事情,并坚持每天做,有规律的睡前活动会给婴儿安全感。

仪式性的程序:包括洗澡、更换睡衣、睡前故事、唱摇篮曲、亲子共读、亲吻、互道晚安,等等。

(1)入睡前不要跟婴儿做剧烈运动,避免让婴儿的大脑过于兴奋。

(2)给婴儿洗澡,穿上睡衣或者宽松的衣服。

(3)喂奶。

(4)刷牙。

(5)亲子共读,陪婴儿读一些睡前读物。

(6)关灯。把婴儿放在小床上。轻唱或者轻哼摇篮曲。

当所有程序走完,婴儿的睡眠培养也就到位了,再哄睡,水到渠成。

五、注意事项

1. 预防意外摔伤

这个月龄的婴儿活跃多了,会坐、翻身、打滚等。

坐着时会试图变成俯卧位或仰卧位;会拿起他周围的东西,但不知道热的东西不能摸,也不知道刀子会扎手;还会把小的东西放到嘴里;躺着时会顺手把身边的毛巾、小被子、尿布等放在嘴里吃,还会蒙在脸上。当影响他呼吸时,不会把它拿掉;婴儿在翻滚时,意识不到会摔到床下。

所以,预防意外摔伤很重要。万一婴儿从床上或是其他高处摔下来,育儿员要保持冷静,正确应对。

(1)居家观察。

摔下后,婴儿马上就哭了,哭声响亮有力,哭一会儿,大约十分钟左右,面色很好,精神也不错,看不出有什么异常表现,又开始正常玩耍、喝水、吃奶了,这种情况下婴儿大脑受伤的可能性比较小,不必到医院,可在家继续观察婴儿的变化。

观察过程中,如果婴儿不爱吃东西、精神欠佳、嗜睡(比平时爱睡觉,醒了也不精神,或醒了又睡了)、不像伤前安静或过于安静。出现上述情况之一,就应该看医生。若出现呕吐或发烧也应立即看医生。

(2)需立即就医。

摔下后,婴儿没有马上就哭,似乎有片刻失去知觉,不哭不闹,面色发白;育儿员把婴儿抱起时,感觉到婴儿有些发软,无论有无其他异常,都应该到医院就医。

如果头部有出血现象,应到医院处理。头部仅仅磕个包块,表皮没有可见伤,也没有任何异常表现,不用看医生。注意不要给婴儿揉头部的包块,更不要热敷。如果头皮没有损伤,可适当冷敷。

如果皮肤有擦伤,可用碘伏消毒,但不要包扎;如果伤口比较大,比较深,或出血比较多,就要及时到医院就医了。

无论有无异常,有无可见的外伤,只要是头部受伤,都要仔细观察 48 小时。出现异常及时看医生。

2. 注意"饥饿性腹泻"

饥饿性腹泻,是一种因摄入食物不足而产生的腹泻,多源于喂养不当。因为吃进去的食物不够,营养不完全,婴儿始终处在饥饿状态,肠蠕动增快,因而大便次数随之增加。

（1）"饥饿性腹泻"如何判断。

判断腹泻是否为饥饿性腹泻,主要看大便性状和婴儿表现。饥饿性腹泻起初表现为:每天大便四至六次;大便稀薄,呈黄或黄绿色,混有少量黏液和奶块,也可能有些腥臭味;婴儿排便前后不哭闹,食欲也好,喂食后一两个小时就又要找吃的。而消化不良的婴儿表现为排便前不安、啼哭、似有腹痛,并能听到肠鸣音,便后安静。

（2）处理方法。

如果孩子的腹泻是由于饥饿引起的,可以从少量开始增加食量。食量增加后,大便次数未见增多,就可以继续加量。即使大便增加 1 ～ 2 次,仍可坚持下去。经过 3 ～ 4 天的观察,大便次数未再增加,即可再加量。这样边观察,边加量,直到饮食能满足婴儿的需要。

育儿员需要仔细耐心地观察,在孩子腹泻时,确定是哪种情况的腹泻,再有针对性地采取解决办法。如果拿捏不准,及时就医,千万不可忽视。

六、工作流程表

1. 住家育儿员一天工作流程

时间	项目	工作内容	注意事项
6:00	育儿员起床	洗漱,整理好个人卫生,准备婴儿用品（换洗衣物,纸尿裤,尿布,奶瓶,餐具、玩具等）	
6:30	婴儿起床	1. 换纸尿裤或尿布 2. 洗臀部(注意观察大便颜色及性状变化) 3. 洗脸(口耳鼻眼护理) 4. 测量婴儿体温(身长、体重可一个月测一次)	
7:00	喂奶	1. 有母乳喂母乳 2. 喝配方奶的,按流程给婴儿冲调奶粉、喂食 3. 把奶瓶清洗干净、消毒	吃完奶记得用温水漱口
7:30	亲子互动	1. 将婴儿交给妈妈,让婴儿和妈妈做些亲子互动 2. 育儿员吃早餐	
8:30	早教时间	1. 天气好,户外活动 1 小时 2. 天气不好,在家训练	带好外出的装备,比如口水巾、纸尿裤、湿纸巾、水杯等

时间	项目	工作内容	注意事项
9:30	喂奶	1. 冲调奶粉或加热母乳 2. 奶瓶清洗、消毒	育儿员单独照顾婴儿的,可在婴儿小睡时清洗、消毒奶瓶
10:00	小睡	1. 有用过的口水巾、围嘴,可以清洗一下 2. 准备午餐	根据婴儿的睡眠状况,随时终止手头的工作
11:00	辅食	1. 婴儿米粉调配 2. 餐具清洗消毒	吃完后记得用温水漱口
12:00	午餐	育儿员用餐	抱婴儿时,不要同时拿烫的食物或者饮品等
12:30	午休	1. 休息并关注婴儿睡眠情况 2. 上午婴儿有换洗衣物或未清洗的奶瓶、餐具等,清洗干净消毒放好	
14:00	喂奶	1. 冲调奶粉或加热母乳 2. 奶瓶清洗、消毒	育儿员单独照顾婴儿的,可在婴儿小睡时清洗、消毒奶瓶
15:00	早教时间	1. 精细动作能力训练 2. 户外活动	1. 不允许任何陌生人抱婴儿,不接受任何人给婴儿的食物 2. 户外活动要告知家人具体活动区域 3. 活动量大或天热加喂水
16:00	辅食	1. 辅食制作并喂婴儿吃辅食 2. 餐具清洗、消毒	
16:20	小睡	1. 奶瓶、玩具、衣物等婴儿用具的清洗、消毒 2. 随时观察婴儿的睡眠状况 3. 准备晚餐	根据婴儿的醒来状况,随时终止手头的工作
17:00	喂奶	1. 冲调奶粉或加热母乳 2. 奶瓶清洗、消毒	吃完奶记得用温水漱口
17:30	晚餐	育儿员和妈妈轮流用餐	抱婴儿时,不要同时拿烫的食物或者饮品等
18:30	睡前盥洗	洗澡抚触,换好纸尿裤	夏季白天可以多安排一次洗澡,冬季一天洗一次即可。以父母为主,育儿员协助
19:00	亲子时间	亲子阅读,聊天互动	育儿员退位,父母发挥主要作用
19:30	喂奶	1. 冲调奶粉或加热母乳 2. 奶瓶清洗、消毒	喂完奶注意给婴儿清洁口腔
20:00	收尾工作	1. 重新检查一下当天的喂哺工具、婴儿衣物、玩具,活动区域的清洁、消毒 2. 一日工作日志填写	天热时婴儿衣物随时洗,冬天要洗的衣物不过夜。孩子的衣服、口水巾、围嘴、饭衣等手洗干净

2. 不住家育儿员一天工作流程

时间	项目	工作内容	注意事项
7:30	育儿员入户	准备婴儿用品（换洗衣物，纸尿裤，尿布，奶瓶，餐具、玩具等）	
8:00	婴儿起床	1. 与妈妈交接 2. 晨检（情绪，体温）	具体根据婴儿实际情况定
8:30	喂奶	1. 按流程冲调奶粉或加热母乳 2. 奶瓶清洗、消毒	吃完奶用温水漱口
9:00	早教时间	1. 天气不好，室内大动作能力训练 2. 天气好，户外活动1小时	1. 带好外出的装备，比如口水巾、纸尿裤、湿纸巾等 2. 温度较高或活动量较大加喂水
10:00	辅食	1. 婴儿米粉调配 2. 餐具清洗、消毒	吃完辅食用温水漱口
10:30	小睡	1. 奶瓶等哺喂用具的清洗、消毒 2. 观察婴儿的睡眠状况 3. 准备午餐	根据婴儿的睡眠状况，随时终止手头的工作
11:00	喂奶	1. 冲调奶粉或加热母乳 2. 奶瓶清洗、消毒	吃完奶记得用温水漱口
12:00	午餐	育儿员用餐	抱婴儿时，不要同时拿烫的食物或者饮品等
12:30	午休	1. 上午婴儿换洗衣物或未清洗的喂哺用品，清洗干净、消毒放好 2. 休息并关注婴儿睡眠情况	根据婴儿的睡眠状况，随时终止手头的工作
14:30	喂奶	1. 冲调奶粉或加热母乳 2. 奶瓶清洗、消毒	吃完奶记得用温水漱口
15:00	早教时间	1. 精细动作能力训练 2. 户外活动	1. 不允许任何陌生人抱婴儿，不接受任何人给婴儿的食物 2. 户外活动要告知家人具体活动区域 3. 活动量大或天气热时，加喂一次水
16:00	辅食	1. 辅食制作并给婴儿喂辅食 2. 餐具清洗、消毒	
16:20	小睡	1. 奶瓶、玩具等婴儿用具的清洗、消毒 2. 随时观察婴儿的睡眠状况	根据婴儿的醒来状况，随时终止手头的工作
17:00	喂奶	1. 冲调奶粉或加热母乳 2. 奶瓶清洗、消毒	吃完奶记得用温水漱口
17:30	晚餐	育儿员用餐，收拾，做好一日工作记录（不就餐者17:30下班）	

第三节 父母抚育篇

一、情感连接

1. 做情绪稳定的妈妈

妈妈的情绪反应方式直接影响婴儿的情绪认知和情绪表达。孩子最初的情绪表达方式是以妈妈为模板的,孩子的年龄越小,影响越大。

一般来说,如果妈妈表现出较多的积极情绪,婴儿也会相应地表现出更多的积极情绪;如果妈妈表现出较多的消极情绪,婴儿则更倾向于表现出恐惧、愤怒等情绪。

所以,当妈妈发现自己有情绪时,要先处理掉自己的情绪,可以找朋友聊天,可以写下来,也可以借助运动疏通、抚平情绪。

2. 教婴儿识别和表达情绪

(1)与婴儿一起谈论情绪。

当你生气、伤心或高兴的时候,都可以直接告诉给婴儿,并告诉他原因。如果很开心,是因为妈妈收到了爸爸的礼物;如果很伤心,是因为妈妈生病了,不能带婴儿玩了。不要认为婴儿小什么都不懂,就刻意掩饰自己真实的情绪,因为情绪是掩饰不了的。

(2)玩情绪表达的游戏。

妈妈可以做一些卡片,和婴儿玩情绪表达的游戏。比如,用不同颜色的圆形卡片,分别代表最常见的4种情绪:快乐、生气、伤心、害怕。也可以在卡片上画上不同表情的人脸,代表不同的情绪。

和婴儿玩时,就教给婴儿一种颜色代表一种情绪。比如对他说:"如果妈妈回来时,在门框上挂着一张红色的卡片,就表示妈妈心情不好,需要在角落里待一会儿。宝宝可以先自己玩一会儿,不要来打扰妈妈。"

(3)照镜子。

妈妈可以和婴儿一起站在一面大镜子前面,做出不同的表情,鼓励婴儿识别并模仿。

3. 爸爸和婴儿一起玩游戏

如果说妈妈参与更多的是喂养,那么,更适合爸爸发挥作用的就是陪婴儿一起玩游戏了。游戏不仅可以增加婴儿与爸爸在一起的机会,增进父子之间的亲子感情,而且还可以给婴儿不一样的游戏体验。

(1)在婴儿情绪好的时候,爸爸用双手托起婴儿腋下,将他轻轻地举上举下,转圈圈,让他从这些新的角度来观察周围的世界。

(2)和婴儿一起玩"躲猫猫",用毛巾挡住爸爸的脸,发出一些搞笑的声音,再突然拿掉毛巾,一定会让婴儿哈哈大笑。这种笑可以帮助婴儿释放很多的心理压力。

二、智力开发

1. 描述婴儿关注的事物

这个阶段的婴儿,已经能够发出一些简单的音节,家长要多与婴儿互动,多向他描述见闻,帮助婴儿将见闻和语言联系起来,促进语言能力的发展。

婴儿咿呀学语的时候,家长在给婴儿东西的同时,向他说明这是"苹果"、那是"香蕉",帮婴儿逐渐将词语与物品对应起来。家长可以利用一些技巧,比如,婴儿指着图画书发出"嗯啊"的声音时,家长即使明白婴儿的意思,也可以故意递给他玩具车。婴儿拒绝后,家长再拿起图画书,同时向婴儿强调:"哦,宝宝是要书啊!"以此强化婴儿认知语言和事物之间的联系。

不过,要注意不能让婴儿太长时间达不到目的,以免情绪崩溃大哭大闹,打击他的积极性。

2. 试着引导婴儿说话

7 个月以上的婴儿,已经能够无意中发出"baba"或"mama"的声音,虽然都是婴儿无意识地发出来的,但是妈妈可以在这个时期利用婴儿的发音,有意识地加强婴儿的记忆,训练其说话能力。

当婴儿发出"mama"的声音时,妈妈应马上重复婴儿的发音,并引导婴儿反复发音,以加深记忆。同时妈妈指着自己告诉婴儿说:"我是妈妈。"同理,当婴儿发出"baba"的声音时,要指着爸爸说:"这是爸爸。"经常反复,能够在婴儿的头脑中逐渐形成印象。

在这个过程中,如果婴儿比较配合,一定要给予及时表扬和鼓励,慢慢地,婴儿就会有意识地叫爸爸妈妈了。

3. 把经典童谣融入日常生活中

研究表明,6 ~ 9 个月婴儿在大人唱歌时能维持其注意力,就像读书能吸引孩子注意力一样。

唱摇篮曲和童谣是让孩子感受音乐节奏的绝佳方式。孩子小的时候,由大人唱给孩子听;孩子大一点后,可以跟着一起唱、一起拍手。既是对孩子运动能力的锻炼,又是对孩子的音乐启蒙。还可以把这些经典童谣融入日常生活中:开车时,哼起"班车轮子转啊转……";看着窗外下雨,唱"滴答滴答下雨啦……";晚上,一起遥望夜空,唱"一闪一闪亮晶晶……"

(1)听声音。

小河流水哗啦啦,

风吹树叶沙沙沙,

雨打芭蕉滴答答,

麻雀唱歌叽喳喳,

青蛙鼓肚呱呱呱,

小妞赶鹅乐哈哈。

（2）春雨。

滴答,滴答,下雨啦!

小草说:下吧,下吧,我要发芽。

梨树说:下吧,下吧,我要开花。

麦苗说:下吧,下吧,我要长大。

滴答,滴答,下雨啦!

（3）小刺猬理发。

小刺猬,去理发,嚓嚓嚓,嚓嚓嚓,

理完头发瞧瞧它,不是小刺猬,是个小娃娃。

三、社会交往:表现出对父母以外的人的兴趣

1. 主动和其他人打招呼

教孩子养成与别人打招呼的习惯。比如,早上爸爸出门时,妈妈可以抱着婴儿,抓着他的手向爸爸挥手说"给爸爸说,爸爸,再见";当爸爸回家时,再和他一起去门口迎接,可以让他亲亲爸爸的脸颊表示欢迎。

外出遇见街坊邻居时,大人可以抓着孩子的手向别人打招呼,"给奶奶说,奶奶,你好";离开应握着孩子的手说"奶奶再见",然后挥动几下小手。随着不断练习和重复,孩子打招呼的概念会越来越清晰。

让孩子学习打招呼不只是语言和行为的教育,也带有教养的意义,知道遇见熟人应该有礼貌,不能视而不见。学会必要的社交礼节,与人为善,从婴儿抓起,将来能更好更快适应社会。

2. 多和其他小朋友玩

婴儿的天性还是比较喜欢跟其他小婴儿待在一起的。带婴儿出去玩时,可以抱着婴儿跟其他小朋友以及他们的家长打招呼,跟他们一起玩,让婴儿体验与人交往的愉悦。

第七章

8 月龄婴儿教养指南

第一节 发展指标与养育要点

8 个月的婴儿,双手已能随心所欲地活动,喜欢和爸爸妈妈玩耍,并模仿父母的动作。

在婴儿醒着时,手脚总是安静不下来,喜欢四处"探险",而爬也成为婴儿活动的一种主要方式。育儿员和父母一定要多了解孩子,消除婴儿"探险"中的一切安全隐患,认真照料孩子,给婴儿一个宁静、安全、温馨的活动环境。

婴儿渐渐有了自己的意愿和想法,育儿员平时要注意与婴儿进行双向交流,培养婴儿的好性格。

一、婴儿生长特点

(1)8 个月的孩子晚上睡眠时间更长,睡眠更稳定,不容易夜醒,但也有部分孩子昼夜颠倒,没有养成规律的睡眠习惯。

(2)孩子对事物的认识有了很大进步,不仅能将所见与某件事情联系起来,还能认识到事物与事物之间的空间逻辑关系。

(3)多数孩子已出牙,辅食可以添加半固体软食或少量固体软食,比如小片面包、磨牙饼干等。

二、身体发育变化

身高增长呈渐缓的上升抛物线,体重增长呈上升抛物线,头围增长放缓,前囟基本无变化。

体重:男孩 6.7～12.6 千克;女孩 6.2～11.9 千克。

身长:男孩 64.3～79.1 厘米;女孩 62.8～77.4 厘米。

头围:男孩 41.1～48.5 厘米;女孩 40.0～47.2 厘米。

注:以上数据根据国家卫健委《7 岁以下儿童生长标准》(2022 年 9 月 19 日发布, 2023 年 3 月 1 日实施)整理。

牙齿:大部分孩子已经开始出牙,有些孩子已经出了 2～4 个牙齿,即上门齿和下门齿。

三、能力发展特点

(一)认知能力

1. 视觉能力:能将看到的与相关事情联系起来

(1)能将看到的东西与相关的事情联系起来,比如,看到奶瓶就知道要吃奶了;看到饭碗就知道育儿员要喂饭了。这是教孩子认识物品名称的好时机。

(2)会用眼睛寻找熟悉的东西。

(3)会记住某种感兴趣的东西;听到熟悉的物品名称时,会用眼睛寻找;当有人问他东西在哪时,会用眼睛示意。

2. 听觉能力:能将听到的与记忆结合

(1)能将听到的与记忆结合。

(2)听到爸爸妈妈的说话声时,即使看不到,也知道这是妈妈或爸爸在说话。

(3)听到有节奏的音乐,会坐在那里随着节拍左右摇晃身体。

(4)能够辨别说话的语气,喜欢亲切、和蔼的语气,听到训斥会害怕、啼哭。

(二)动作能力:独坐自如,手指灵敏

(1)独坐时无须手支撑,上身可自由转动取物,或侧推后回正,保持平衡不倒。

(2)双手扶栏杆支撑全身重量,保持站立位 5 秒或以上。

(3)手指灵敏,能用拇指和四指对捏抓起物体,将物体倒手,如果教他挥手、鼓掌的动作,也能很快学会。

(4)能很好地爬,起先是匍匐爬行,肚子不离床,经过训练可以学会用四肢力量来爬,还可能倒爬。

(三)语言能力:会模仿发声,步入语言学习敏感期

(1)开始逐渐懂得语言的意义,通过听到的语言来认识周围事物。

(2)会模仿发声,如咳嗽、弄舌的声音,喜欢不厌其烦地做熟悉的事情。

四、心理情感特点:个性特征显现,情感愈加丰富

随着月龄的增加,孩子的性格正在渐渐变得明显,个体间的性格差异也慢慢区别开来:有的孩子看到自己的玩具被拿走会放声大哭;而有的孩子则比较"憨厚大方",不哭闹也不在乎,去找别的玩具玩。

孩子的个人情感也更丰富,看不到妈妈会哭得很伤心,见到妈妈时能比以往更高兴。跟爸爸也更亲近,见到生人也不会太害怕,玩一会儿甚至能混得很熟。

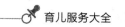

五、喂养重点

母乳喂养：每天哺乳不少于 4 次，每天辅食 2 次。

混合喂养：争取 4 个小时喂母乳 1 次。因添加辅食导致奶量减少的，不要减母乳，减配方奶。

配方奶喂养：每天至少喂奶 3 次，每次 200 毫升以上。每天辅食 2 次。

辅食添加：奶与辅食的比例是 6:4。辅食中部分谷物、果蔬、蛋肉的比例是 50%、30%、20%。

辅食性状：泥状和糊状。

辅食添加次数和量：每天 2 次，单一食品数量 8 种。米粉逐渐增加到 30 克，蛋黄逐渐增加到 1/2 个，肝泥从 5 克增加到 10 克，蔬菜和水果分别增加到 15 克，肉类增加到 10 克，烹调油 2 克。

水和营养素补充：每日需要 10 毫克的铁，注意含铁辅食的添加，如动物肝和肉。继续补充维生素 A 和 D，按照每天维生素 D400 国际单位补充。每日需要补水 250～300 毫升。

重要提醒：

（1）添加辅食后，要监测体重、身高。如果体重过低或过高，要及时调整饮食。

（2）添加辅食后，不要忽视奶对婴儿的作用。1 岁前，奶对婴儿的生长发育必不可少。

（3）辅食比例进一步加大，单纯乳类食物已不能满足婴儿生长发育所需营养，必须足量足品种添加辅食，来弥补奶的不足。

（4）随着辅食种类的增加，大便颜色性状会有所改变，与所摄入食物种类相关。大便正常改变不需要停辅食。

六、早教要点

（1）培养婴儿与人交往的能力。

（2）让婴儿充分爬行。充分爬行是全方位的感觉系统的综合训练，不爬或爬行不足是造成感觉系统失调的主要原因。

第二节　育儿员工作篇

一、健康护理

（一）二便管理

1. 大便有变化很正常

本月龄婴儿通常每天有 1～2 次大便，个别婴儿可能一天要大便 3～4 次，有的婴儿却是隔天或 2 天才大便一次，每个婴儿情况不一，育儿员要注意观察。只要婴儿大便不干燥，排便也不困难，喂养方面也很正常，那就没什么问题。

随着添加的辅食种类越来越多,婴儿大便会出现不同的改变,比如次数增多了,大便不成形了,颜色发绿了等等,这些变化都属正常,不需要停喂辅食。

形状:大多数婴儿的大便此时呈细条形,也可能是黏稠的稀便,无便水分离现象,只要大便不是水样便,婴儿也没什么异常表现,可不必忧心。

颜色:婴儿的大便呈黄色或黄绿色,有的也呈黄褐色,这与添加的辅食种类有关。

气味:由于这个月婴儿吃的辅食品种多了,大便臭味增加,不再像单纯乳类喂养时那样"清淡"了。

2. 添加辅食后婴儿便秘怎么办

健康婴儿每天的排便次数存在很大差别,这主要与喂养方式有关。比如,纯母乳喂养的婴儿每天大便的次数较多,大便质地较柔软,基本上不会便秘;而配方奶喂养的婴儿,大便次数为每天 1 次或 2～3 天 1 次。即便如此,只要便便的质和量正常,婴儿也没有其他不适的表现,就不是便秘。

(1)如何判断婴儿是否便秘。

判断婴儿是否便秘,一个重要因素就是大便的质和量,而不是次数。

如果婴儿排便时很用力,小脸蛋憋得通红,小拳头紧握在一起,即便每天排便 2～3 次,但总量比平常 1 次的量还要少,偶尔哭闹不止,不愿意排便,且伴有食欲缺乏、腹部胀满等,一般就可以判定为便秘了。

(2)解决办法。

为了让婴儿排便顺畅,育儿员要主动尝试多给婴儿添加新鲜的蔬菜、水果进行饮食调理,或是给婴儿做腹部按摩,使胃肠蠕动加快。具体做法如下:

◎ 以脐为中心,将手掌捂在婴儿腹部,顺时针按摩,每次 5 分钟,每天一次。

◎ 按摩后即让婴儿坐便盆 2～3 分钟,最好不要超过 5 分钟。

◎ 每天在固定时间按摩把便(坐便),持之以恒,一定会有效果。

◎ 除非万不得已,尽量不要使用开塞露或灌肠法。因为开塞露的成分中包含了一些会破坏婴儿肠道内电解质平衡的物质,让婴儿形成依赖。

◎ 不主张使用灌肠法,因为灌肠法很容易伤害到婴儿娇嫩的肠黏膜。

3. 不要给婴儿频繁把尿

8月龄的婴儿仍然需要尿布,但这个月的婴儿多数不反感把尿,育儿员把尿会比较成功,但这并不代表婴儿已经能控制大小便了,如果正赶上没有尿,育儿员把尿时间久一些，婴儿会打挺或哭闹。

有的婴儿一把就尿,为了避免尿湿,育儿员就频繁地为婴儿把尿,几乎是一两个小时就把一次,这并不是好事。频繁把尿可能使婴儿出现尿频、自主排尿困难以及脱肛等问题,危害婴儿的健康成长。

因此,对这个月的婴儿训练尿便要掌握好火候。如果能够观察出孩子要排泄,把 1 分钟就能排,可以把尿便,或坐便盆;如果不是这样,就不要勉强。1 岁以后才是正式的排便训练期。

（二）日常护理

1. 察"颜"观"色"预知疾病

通过外观预知疾病是一种非常直观、实用的方法。每一位育儿员或家长都应留心观察，在孩子生病之前发现一些疾病的蛛丝马迹。

（1）面色。

在中医理论中，脾在人体诸多功能中的运化功能是非常重要的。孩子过食生冷、寒凉的食物，会损伤脾胃之阳气，使脾胃运化功能失常，因而导致寒湿内生，发生腹胀、腹痛、腹泻等症状。而寒和痛都可以表现为面色发青，特别是鼻梁两侧发青较为明显。

有的婴幼儿患病后皮肤会出现暗红色或紫红色的斑点状疹。

（2）手足。

在正常情况下，孩子的手心、脚心温和柔润，不凉不热。如果发现孩子手心、脚心干热，则往往是孩子将要患病的一种迹象，育儿员要注意孩子的精神状态及饮食情况。

（3）口鼻。

鼻是肺脏在体表的大门，口腔是消化道的上端，口鼻干燥发热，口唇鼻孔干红，或者鼻中有黏涕、黄涕，严重者气喘、口周发青，都是肺和胃燥热的迹象。肺热、胃热如果不及时解除，孩子可能很快就会出现高热。

（4）舌头。

在正常情况下，人的舌头表面都有一层白苔，薄而清透，舌为淡红色。如果孩子的舌苔白而且厚，一般来说是浊湿内滞或消化不良。此时，还可闻到孩子口中呼出的气味中带有一种酸腐味。如遇到这种情况，应及时在医生的指导下给孩子服用适当的消食导滞的药物。

（5）指甲。

婴儿指甲呈绿、灰、黑等颜色时，多半是真菌感染引起的；指甲出现紫红色，可能是先天性心脏病的征兆，要及时带婴儿去医院检查。

需要提醒育儿员和父母注意的是，以上情形只限于提早发现孩子的异常情况，不能取代医生的诊断。如果孩子已经出现生病的症状，应带孩子到医院请医生诊断。

2. 婴儿不长牙怎么办

婴儿一般在出生后4～10个月开始出牙，通常萌出的第一颗牙是下颌的中切牙，也就是常说的下门牙。下门牙萌出后，再过1～4个月，上门牙也会陆续萌出。

婴儿出牙早晚与很多因素有关，比如遗传、营养吸收水平、牙龈接受适度刺激的频率等，只要第一颗乳牙在婴儿出生后13个月内萌出，就是正常的，无须担心。

婴儿出牙顺序和节奏也存在差异，乳牙并非按时间匀速萌出。有时婴儿连续1～2个月都没有出牙，有时又会同时萌出3～4颗；有的婴儿牙齿是一对一对萌出，有的是一颗一颗萌出，还有的不按常理出牌，打乱常规顺序出牙。

每个婴儿都有自己的发育规律，出牙同样存在很大的个体差异，育儿员可以让孩子吃点磨牙饼干什么的，帮助孩子锻炼牙床，促进牙齿萌出，如果发现其他异常应及时看医生。

3. 不要提前学走路

从婴儿运动发育规律看,7～8个月的婴儿主要学习爬行,而不是学走。如果让婴儿6～8个月站立,更客观地说10个月以前学会站立乃至走路是不利于婴儿生长发育的。因为婴儿骨骼正在快速生长,骨质软,抗压力差。

打个比方,把木质不够坚硬的木板做樘板,其上放略重一点儿的物品,时间一长就会弯曲。婴儿的腿就像不够坚硬的木板一样,让婴儿过早地站立,身体重力的作用很容易使婴儿小腿弯曲,特别是那些体重较重的婴儿。

因此,婴儿的训练和早期教育要在遵循自然生长规律的基础上进行,不能违背客观规律,拔苗助长。

二、营养饮食

（一）母乳喂养

1. 喂养原则

本月龄的婴儿每天哺乳不少于4次,每天辅食2次。婴儿后半夜还要吃奶也正常。如果妈妈还能挤出母乳来,可把挤出的母乳留待妈妈不在时喂。

如没有特殊情况,6个月以后的婴儿一定要添加辅食,一是为孩子补铁,因为母乳中铁的含量非常低,如果再不及时以辅食补充,很可能出现贫血;二是为断乳做准备,给孩子练习吃饭和咀嚼的机会。

2. 尝试断夜奶

夜奶通常是指婴儿在夜里12点到清晨6点之间吃奶。如果夜奶过于频繁,会干扰婴儿睡眠,影响生长发育。如果婴儿胃容量变大,能持续4～6小时不吃奶,就可以尝试断掉夜奶。

（1）母婴分开。开始断夜奶时,原本跟着妈妈一起睡的婴儿要由育儿员负责看顾,妈妈不要搂着婴儿睡觉。

（2）减少夜奶次数。逐渐推迟夜奶时间,减少夜奶次数,比如临睡前给婴儿稍增加奶量,让他一次吃饱,以推迟婴儿半夜醒来吃奶的时间。

（3）尝试拉长两次夜奶的时间间隔。

当婴儿半夜扭动、想要找母乳时,不要立马抱起来喂奶,而要先给他机会尝试再次自行入睡,最终帮婴儿成功戒掉夜奶。

（4）是否断夜奶,要结合婴儿的情况灵活掌握。

如果婴儿每晚都会自主醒来一、两次,且吃下的奶确实不少,说明婴儿是真的饿,妈妈或育儿员应满足其吃奶的需求。

（二）混合喂养

争取4个小时喂母乳1次。因添加辅食奶量减少,尽量不要减母乳,而是减配方奶。有母乳就喂母乳,没有母乳再喂配方奶。

（三）配方奶喂养

1. 不要彻底停掉配方奶

随着乳牙萌出数量的进一步增多,本月婴儿已经有了一定的咀嚼能力,舌头搅拌食物的能力增强,可进一步增加辅食的量,尤其是要增加半固体食物的量。但还是应该以乳类为主食,可适当给婴儿减少喂奶的次数,总奶量可以减少到每天 500 毫升左右。哺喂的顺序也可以改变一下,以前是先喂奶再喂辅食,现在改成先喂辅食再喂奶,为以后的断奶做准备。

配方奶喂养的婴儿,配方奶的摄入量仍是以 500 毫升为基数,最好不要少于 500 毫升,每天分 2～3 次喂养,每次喂 200～300 毫升,但也要根据每个婴儿的具体情况决定,如果孩子每次吃得少,那就多喂几顿,总量达标即可。

如果婴儿排斥奶类食品,可以减少喂奶量,不足的蛋白质和钙,通过肉蛋来补充。但是不要彻底停掉,即便一次吃几十毫升也可以。如果长时间不给婴儿喝奶,婴儿对奶粉可能会更加反感。

2. 根据婴儿情况灵活调整奶和辅食的顺序和量

配方奶喂养的婴儿要根据吃奶的情况和辅食添加的情况灵活调整:如果婴儿一次能喝 150～180 毫升的配方奶,可以在一天的早、中、晚让孩子喝 3 次奶,然后在上午和下午加两次辅食,两餐之间可以调配 2 次点心、果汁等。

如果婴儿一次只能喝 80～100 毫升的奶,可以增加配方奶的次数,可以在早晨喂 1 次奶,9～10 点钟喂辅食;中午喂配方奶,下午午睡前喂辅食;午睡后喂配方奶,带到户外活动时,点心、水果穿插喂;傍晚喂奶 1 次,睡前再喂奶 1 次。

两顿奶之间不要超过 4 个小时,奶与辅食间隔不要短于 2 个小时,零食与辅食、奶的间隔不要短于 1 个小时,且奶、辅食在前,点心、水果在后。

（四）辅食添加

1. 尝试添加颗粒羹状食物

颗粒羹状食物是指液体与固体颗粒结合的食物,类似稀米粥。与泥糊状食物的区别是,泥糊状食物可以囫囵吞枣,整吞整咽;而颗粒羹状食物需要边咀嚼边吞咽,咀嚼和吞咽动作要很好地配合,否则就会呛或噎着。

育儿员刚开始为婴儿准备食物时,颗粒要小(和大米粒差不多),煮得要软,有水分,能流动,使得食物中的颗粒不需要用力研磨和咀嚼就能吞咽下去。

如果把食物送到婴儿嘴边,婴儿上嘴唇向前翘起抿住勺,把食物收进口中。把勺拿出后,婴儿闭住嘴唇并有节奏地蠕动,进行食物的研磨,再吞咽下去,不呛不噎,就可以尝试着喂稀米粥、烂面条等。如果婴儿还不能吃颗粒羹状食物,喂到嘴里就吐出来或呛着、噎着,就不要强喂,等到下个月再说。

2. 让婴儿接受新食物的方法

在给婴儿添加辅食的过程中,肯定有婴儿不喜欢吃的食物。要让婴儿愿意接受新食物,需要育儿员花一些心思。

（1）搭配着吃。

把新食物和婴儿熟悉的食物搭配在一起吃，如果婴儿接受了这种新食品，要给予适当的表扬。一般 4～5 天后，再让婴儿尝试另一种食品。

（2）换种做法。

如果初次进食被婴儿拒绝，暂且不去理会，切勿强迫婴儿进食或对他表示不满，要等以后有机会时，再对同一种食物换不同做法，以另一种形式引起婴儿的兴趣，尝试让婴儿接受。

（3）注意色、香、味搭配。

在为婴儿准备新添加的食物时，育儿员应注意色、香、味、形，以增加婴儿的进食兴趣。

3. 过敏体质婴儿慎添海鲜食物

过敏体质的婴儿吃了鱼虾可能会出现过敏反应，起湿疹或原有湿疹加重，还可能出现腹泻和呕吐。

（1）添加后要密切观察，一旦发现过敏情况，立即停喂，等到第 10 个月再尝试，如果到那时仍然过敏，就等到 1 岁以后再添加。

（2）这个月对鱼肉过敏的婴儿，下个月不能添加虾肉。

（3）如果对鱼肉过敏，可从这个月开始添加畜类肉（先添加猪肉），通过增加畜肉量补充由于不能添加鱼肉而欠缺的蛋白质。

（4）先选择鳞少、皮薄、无硬壳的鱼肉，清蒸或煮。海产品要新鲜，一定要做熟。

（5）有以下任何一种情况的婴儿都要慎重添加海产品：曾患过湿疹、哮喘、荨麻疹等过敏性疾病；父母是过敏体质；添加海产品时曾发生过严重过敏反应。

4. 不要阻止婴儿用手抓饭

婴儿渐渐长大了，有了自己的独立意识，手的动作更加灵活了。吃饭时，往往喜欢抓起东西就往嘴里放。即使不吃饭，婴儿只要看见食物或小玩具，也喜欢送到嘴里。由于担心婴儿因吃进不干净的东西生病而担责，育儿员通常会阻止婴儿这样做，这是不科学的，可能会打击婴儿学习自己吃饭的积极性，不利于其手部功能的锻炼和身体各部分组织协调能力的发展。

当婴儿开始出现手抓饭的情况时，育儿员可趁机对婴儿进行适当训练，帮助婴儿锻炼手眼协调能力，建立自信心，培养自理能力和良好的饮食习惯。

（1）洗净双手。

吃饭前，用"七步洗手法"帮婴儿把双手洗净，给他一些软而不会噎着的食物，如蒸南瓜，让他自己拿着吃。

（2）学用勺子。

给婴儿准备边角圆滑的勺子，一开始婴儿用勺子不熟练，可以帮他把食物放到勺子上。

（3）合理控制吃饭时间。

每顿饭不要花太多时间，婴儿饿时特别有胃口，会非常专心致志地练习。育儿员在婴儿吃完时就把餐具收走，免得养成边吃边玩的坏习惯。

（4）做好防护措施。

为避免衣服或地板被弄脏,可以在婴儿吃饭前戴上围嘴或套上一件容易清洗的衣服,地面铺上容易收拾的地垫或报纸,最好让婴儿坐在儿童专用餐椅里吃饭。

（5）给婴儿更多练习机会。

当婴儿将食物弄洒时,不要抱怨,这个阶段婴儿手眼协调能力尚不熟练,只有给婴儿更多的练习机会,才会让他学会自己吃饭,锻炼自理能力。

5. 婴儿辅食添加举例

（1）第一周。

周六至周一:米粉20克（糊状）或同等量的稀面糊,蛋黄（泥状）1/2个,鸡肉泥5克,果泥和菜泥各10克（1天2种蔬菜,1种水果）,烹调油2克。

周二至周四:米粉20克或同等量的熟烂稀米粥,蛋黄（泥状）1/2个,鱼肉泥5克,果泥和菜泥量不变,更换新品种。

周五:把蛋黄泥换成肝泥5克,其他辅食添加同上。

（2）第二周。

周六至周一:米粉糊25克或同等量的熟烂蔬菜稀米粥,蛋黄（泥状）1/2个,猪肉泥5克,果泥和菜泥各15克（1天2种蔬菜,1种水果）、烹调油2克。

周二至周四:米粉糊25克或同等量的熟烂蔬菜面糊,蛋黄（泥状）1/2个,鱼肉松5克,果泥和菜泥量不变,更换新品种。

周五:蛋黄泥换成肝泥5克,其他辅食添加同上。

（3）第三周。

周六至周一:米粉糊30克或同等量的熟烂肉泥、稀米粥,蛋黄（泥状）1/2个,鸭肉泥10克,果泥和菜泥各15克（1天2种蔬菜,2种水果）。

周二至周四:米粉糊30克或同等量的肉泥面糊,蛋黄（泥状）1/2个,鱼肉泥10克,果泥和菜泥数量不变,更换新品种。

周五:把蛋黄泥换成肝泥10克,其他辅食添加同上。

（4）第四周。

周六至周一:米粉糊30克或同等量的熟烂蔬菜肉泥面糊,蛋黄（泥状）1/2个,鸡肉松10克,果泥和菜泥各15克（1天2种蔬菜,2种水果）。

周二至周四:米粉糊30克或同等量的熟烂蔬菜肉泥稀米粥,蛋黄（泥状）1/2个,鱼肉泥10克,果泥和菜泥数量不变,更换新品种。

周五:把蛋黄泥换成肝泥10克,其他辅食添加同上。

6. 营养食谱推荐

（1）菠菜鸡肝泥。

材料:菠菜15克,鸡肝30克。

做法:鸡肝清洗干净,去膜,去筋,剁碎成泥状;菠菜洗净后,放入沸水中焯烫至八成熟,捞出,晾凉,切碎,剁成茸状。将鸡肝泥和菠菜茸混合搅拌均匀,放入蒸锅中大火蒸5分钟即可。

（2）牛肉土豆泥。

材料：牛肉 20 克，番茄 10 克，土豆 50 克。

做法：土豆洗净，去皮，切小块；番茄洗净，去皮，切小块；牛肉洗净，切成肉末。将土豆块、番茄块、牛肉末分别蒸熟，然后将土豆块、番茄捣碎；将土豆碎、番茄碎和牛肉末一起拌匀，调成泥即可。

（3）鸡汁土豆泥。

材料：土豆 50 克，鸡汤适量。

做法：土豆洗净，去皮，切块，上锅蒸熟，捣成泥。将鸡汤放入锅中煮开，倒入土豆泥拌匀即可。

三、早教时间

（一）室内活动

1. 认知能力发展训练

（1）继续教婴儿认识身体部位。

指认身体部位，是让婴儿理解和学习语言、记忆词汇意义的方式。

从 7 个月起，婴儿开始逐渐学习和理解日常词汇。平时，给孩子穿衣服、洗澡的时候，育儿员都可以对婴儿说一些简单的词语，例如"伸手""抬腿""闭眼""张嘴"等，孩子会逐渐懂得和记住育儿员常说的短语的意义。一般婴儿在 8 个月龄左右，就能学会指认身体。

可以用做游戏的方式来指认身体部位，先通过照镜子，启发孩子找到五官的位置，然后再让婴儿指认布娃娃的眼睛、鼻子，"这是娃娃的眼睛，宝宝的眼睛在哪儿？""这是娃娃的鼻子，宝宝的鼻子呢？"

育儿员在照顾孩子吃、喝、睡的过程中，一定要反复重复和强调："这是手，用手拿"；穿衣服时，对孩子说"抬起手"；洗手时，说"把手伸出来"；和人再见时，说"再见，摆摆手"，还可以说"来，握握手"。

注意事项：

认识身体的部位一般从头部器官开始，如眼、鼻、口、耳等，因为婴儿看得多，容易认识，也可以先认手，但只能一样一样地认，不能同时教婴儿认几个身体部位。

（2）增强感知练习。

育儿员要经常抚摸婴儿，可以配合儿歌或者音乐的拍子，握着婴儿的手，教他拍手。按照音乐的节奏模仿小鸟飞，还可以让他闻闻香皂、牙膏，尝尝糖和盐水，培养嗅觉、味觉的感知能力。

（3）教婴儿寻找被遮挡的玩具。

育儿员用手帕盖住婴儿正在玩的积木，看他能否揭开手帕将积木取出；也可以用塑料杯、纸盒子或者一张纸趁他玩得高兴时将玩具盖住，看婴儿是否能把玩具找出来，如果不会或者婴儿要哭，育儿员就把玩具露一点儿出来，让他自己取出，以此增强婴儿的自信心。

2. 大动作能力训练

（1）协助婴儿扶物站立。

站立训练可以锻炼下肢的支撑能力和身体的平衡功能，为站立和行走打下基础。

育儿员可扶着婴儿腋下让他练习站立。训练时，将其双腿略为分开，以降低重心，使之站得更稳些，每次扶站时间不宜过久。

将婴儿放入有扶栏的床内，先让婴儿练习自己从仰卧位扶着床栏杆坐起来，然后再练习拉着栏杆站起来。

育儿员拉着婴儿的双手从仰卧位转成坐位，然后再站立起来，用玩具逗引他3～5分钟，婴儿扶住育儿员的手能站稳。然后，育儿员慢慢减少扶持的力量，使婴儿能自己站立起来。反复练习，以增加婴儿腰腿部肌肉的力量。

（2）教婴儿爬行。

8个月的婴儿已具备翻身、坐等一系列能力，颈背部及四肢肌肉已较有力量，并具备一定的协调性，可以增强爬行能力的训练，为站立和行走打下基础。

具体方法

让婴儿俯趴在床上或地垫上，育儿员用一只手抱着婴儿的膝部，另一手环抱在他胸前，让婴儿双手放在床上或地垫上支撑身体，然后慢慢松开放在婴儿胸前的手，鼓励婴儿用双手支撑自己，每日练习1～2次，根据实际情况决定练习时间，一般每次3～5分钟。

还可以在婴儿前方放一个玩具，引诱他爬过去取玩具，育儿员可用手托住婴儿脚掌，左右交替地弯曲其膝关节，助其向前爬行，重复2～3遍，每日1～2次。

此后，逐渐减少帮助，训练婴儿自己爬。刚爬时，婴儿很费力，腹部很难离开床面，可用一条毛巾放在他的腹部，然后提起腹部让他练习手膝爬行，慢慢地，婴儿的四肢就会协调起来，每前进一点点，育儿员都要有语言或抱抱亲亲的方式表示鼓励和奖赏。

婴儿爬的时候，放一些好听的音乐，也可以同时和婴儿聊天、讲故事，让婴儿感觉到爬是一件很轻松快乐的事。

利用游戏增加爬的乐趣，如早晨起来时，让婴儿从被子的这一头爬到另一头。每次爬的距离和时间都不要太长，一般20米左右即可。

注意事项

（1）练习爬行的前提是手能支撑上身的重量，上下肢活动自如，能屈曲和伸直。

（2）从训练开始就要注意保持正确的姿势及手足的动作协调，即左手向前伸时屈曲左下肢。

（3）在训练中要做好安全保护，尽量不要在床上学爬行，以防跌落。

3. 精细动作能力训练

（1）练习用手捏取小物品。

把婴儿抱到桌前，在盘子里放一颗小豆子及一个小瓶。育儿员可先向婴儿示范一下怎样捏起小豆子，然后鼓励婴儿用食指和其他手指去捏取，特别是用拇指和食指去捏，并放进小瓶里。做此项训练时要照看好婴儿，以免婴儿吞食豆子。

这个训练可以加强孩子手指动作的灵活性和视觉、触觉的协调。

（2）练习手指拨动键盘。

让婴儿用手指拨动转盘,玩按键等,练习手指能力;也可以给孩子准备一个算盘,让婴儿练习用手指拨拉算盘珠,这样既安全,又能锻炼孩子手指能力,孩子也比较有兴趣。孩子会把算盘当做玩具来玩。带按键的玩具琴也可以用来锻炼孩子的手指活动。

4. 益智互动游戏

（1）扔小球。

【游戏目的】增强手与上肢的运动能力,以及视觉、运动协调能力;培养模仿能力。

【具体玩法】准备一个纸盒,若干个五颜六色的塑料小球。育儿员先做示范,把小球一个个扔进纸盒里,一边扔一边说:"咚,扔进去一个,咚,又扔进去一个。"让婴儿模仿,若婴儿还不熟练,可以手把手地教他扔。开始时,盒子和球放在靠近婴儿身体的位置上,婴儿玩熟练以后,逐渐将盒子移得远一点。

【注意事项】育儿员示范时,动作要慢,像放慢镜头一样,让婴儿看清楚。婴儿若把球扔进盒子里,要鼓励表扬。

（2）快步如飞。

【游戏目的】将词语和动作联系在一起,有助于提高婴儿的语言理解能力。

【具体玩法】育儿员坐在椅子上,将婴儿放在大腿上,让他的脸朝向别处。然后用欢快的语调告诉婴儿:"乖宝宝,一起做游戏喽。"开始唱儿歌:"小狗去树林,快步如飞,碰到小台阶,(此处暂停)跳!哈哈!过了!"当唱到"台阶"时,加重音调以增强婴儿对这个词的注意力,唱到"跳"时腿向上弹起,并拥抱、亲吻婴儿。

【注意事项】在唱的同时,要让婴儿的腿和着拍子动;动作要轻柔;可重复多次。

（3）青蛙跳跳。

【游戏目的】锻炼下肢功能,为婴儿开步行走做好准备。

【具体玩法】育儿员两手扶住婴儿腋下,轻轻提起,然后再放下,嘴里念着儿歌:"小青蛙跳跳,跳到东来跳到西。"

育儿员再次轻轻提起婴儿、放下婴儿,嘴里念着儿歌:"小青蛙跳跳,跳到南来跳到北。"

反复几次,按照一定的节奏和节拍,让婴儿体会下肢着地弹跳和支持身体的感觉。育儿员动作要轻柔、合乎节拍。

（二）户外活动

1. 夏季外出防蚊虫叮咬

夏季一般早晚出去比较好,气温相对没那么高,婴儿体感更舒适,只是蚊子可能会活动较频繁。所以夏季外出,防蚊、驱蚊是大事。在家里,可以挂蚊帐、点蚊香;在外面,就要努力保护婴儿免受蚊子的骚扰和危害。

（1）穿长衣长裤。

外出时,给婴儿穿上轻薄的长衣长裤,尽量减少皮肤的裸露。

（2）涂抹防蚊液。

根据情况在婴儿裸露的皮肤上涂抹防蚊液,防蚊液浓度不能高于10%（大人也是如此）。使用前，育儿员可先将少量防蚊液涂在孩子的上臂内侧看看是否过敏，如果确认没有不良反应，再大范围地给孩子涂抹。不要涂在孩子的手和脚上，以免孩子吃手或吃脚时将防蚊液吃到嘴里。

（3）止痒。

一旦被蚊子叮咬后，婴儿会感到很痒，不自觉地用手去抓挠，以至于皮肤溃破。所以，育儿员要用一些碱性肥皂水给婴儿清洗被叮咬的地方，帮助婴儿止痒。为了避免婴儿抓破皮肤引起感染，要注意修剪婴儿的指甲，并限制其抓挠。实在太痒的话，可以摘一片芦荟叶子，洗净干净，挤出汁水涂在婴儿的皮肤上，起到止痒的作用。

2. 多带婴儿外出活动

育儿员要尽量多带婴儿做户外活动，不要老是闷在家里教婴儿"知识"，这是最愚蠢的育儿方法。

春、秋、夏三季可以每天进行 3 个小时以上的户外活动。把婴儿带到远一些的公园、海边、河边、动物园等场所，开阔婴儿的眼界。

夏季要预防烈日晒伤皮肤，不要把婴儿皮肤直接暴露在烈日下；不能给婴儿戴墨镜防光照，戴有沿的帽子挡光最好；要推大一点的童车，并带有顶棚，当婴儿睡着时，能让婴儿舒服地躺在车里睡觉。

如果到远一些的地方游玩，要带足婴儿喝的、吃的、尿布、纸巾等，备好天气变化时的衣服和雨具。

带婴儿到户外不单是为了晒太阳，呼吸新鲜空气，更是为了婴儿认识外面的世界。育儿员要不断地把看到的事物讲给婴儿听，不要认为婴儿听不懂，就沉默不语。育儿员说的每个字、每句话都对婴儿有作用。

四、科学睡眠

1. 睡眠时间昼短夜长

白天的睡眠时间继续缩短，夜间睡眠时间相对延长，上午和下午可以各睡一次，每次 1～2 个小时，一天的睡眠时间在 15～16 个小时。

但有的婴儿白天贪睡，晚上却不睡，这种不良的睡眠习惯打乱了人体正常的生物钟，育儿员要注意纠正。调整婴儿白天的睡眠时间，尽量让婴儿在白天多玩，以免晚上太兴奋而不睡觉。

2. 不要打断婴儿的睡眠

随着婴儿月龄的增长，睡眠问题会出现较大的差异性。睡眠好的婴儿，到了这个月，可以一整夜不醒，也不吃奶，即使更换尿布、把尿也不醒。

白天睡眠时间长的婴儿，育儿员还会为一天几次辅食犯愁。到了该喂辅食的时间了，可婴儿还不醒。如果育儿员担心婴儿饿而把熟睡中的婴儿拉起来喂辅食，就有点教条了，不但婴儿会因睡不够而哭闹，甚至会抗拒辅食。因此，当婴儿没睡醒时，不要强行打断婴儿睡眠，肚子饿了，婴儿自然会醒来要吃的。

无论婴儿睡眠习惯如何，每天睡眠时间是相对固定的，不会今天睡 10 个小时，明天睡

15 个小时。所以,育儿员要合理安排婴儿的睡眠时间。

3.这些睡眠现象是正常的

婴儿睡眠时间和踏实程度有了更明显的个体差异。大部分婴儿在这个月里,白天只睡两觉:上午 10 点左右,下午 3 点左右,能睡一两个小时,长的可睡两三个小时,一般下午睡的时间长些。

如果育儿员或妈妈陪伴着睡眠,会睡得踏实些,时间也相对长些。傍晚不小睡的婴儿,多在晚上 8、9 点睡觉,一直睡到第二天早晨 6、7 点。睡前能好好吃奶的婴儿,半夜一般不会再醒来要奶喝;母乳喂养的,则多在半夜醒了要奶吃,吃完母乳后又进入甜甜的梦乡。

大部分婴儿都能安稳地睡上一夜。即使婴儿在睡眠中翻来覆去地滚动,还不时地出声哼唧,间或有一两声的抽泣或咳嗽,或干呕几下,但并不呕吐,或用手臂狠狠地蹭几下脸……这都是婴儿在睡眠中的正常表现,父母或育儿员不要因为担心而把睡得正香的婴儿弄醒,否则婴儿会因为睡眠被强行中断而大发脾气,哭闹不止。一次两次还好,次数多了,婴儿就会养成半夜醒来吃奶,或者半夜醒来让大人陪着玩,或者半夜醒来啼哭的习惯。当育儿员或父母抱怨婴儿难带时,不曾想,这一连串的问题,或许都是由于育儿员或父母的错误认识,或对护理知识理解上有偏差而导致的。

五、注意事项

1.防吞食异物

8 个月的婴儿爱哭、爱笑、爱闹,进食时喜欢边吃边玩,喜欢将物体或玩具放入口中玩耍;婴儿的磨牙发育不全,不能细嚼食物;咳嗽反射不健全,动手能力增强,这些都将增加吞食异物的危险系数。因此,育儿员要绷紧安全的弦,格外注意。

(1)提前预防。

◎ 注意微小物品。

纽扣、硬币、别针、玻璃球、豆粒、糖丸等小物品,不要放置在婴儿能接触到的地方,以免婴儿吞食入口,特别要注意婴儿爬行的地面,不要遗留这样的细小物品。

◎ 注意有核水果。

给婴儿喂食有核的水果,如枣、山楂、橘子等时,要特别当心,应先把核取出后再喂食。其余辅食中要避免混入硬物杂质,鱼类要先去刺,不易嚼烂的食物应先研碎再喂。

◎ 注意玩具的零部件。

定期对玩具进行仔细检查,看看玩具的零部件,如眼睛、小珠子等有无松动或掉下来的可能。如果有则应收起玩具或采取一些措施将它们钉牢。

◎ 婴儿吃东西时不要逗他玩或笑。

婴儿吃东西时,不要责骂、恐吓、逗乐,以免婴儿大哭或大笑时将口内食物吸入气管。不要让婴儿一个人单独吃饭,育儿员应全程从旁看护,避免婴儿边吃边玩时意外吞食异物;更不能在婴儿吃东西时突击其背部,以免食物呛咳而出现意外。

◎ 不要给婴儿服用完整的药片。

因病服药时,不能给婴儿服完整的药片,只能服药面或药水;更不能在婴儿拒绝服用时强行捏着鼻子灌药。

（2）意外吞食异物怎么办。

当发现婴儿吞食异物或有其他不正常情况时,育儿员要保持冷静,迅速采取补救措施:

◎ 用一只手捏住婴儿的腮部,另一只手伸进他的嘴里,看能否将异物掏出。

◎ 若发现已将东西吞下去时,可用一个指头刺激他的咽部,促使孩子呕吐,把吞下去的东西吐出来。

◎ 假如孩子翻白眼,应立即施行急救措施,以防窒息(具体做法请参看第一章第二节海姆立克急救法)

◎ 迅速拨打急救电话。

2. 给婴儿一个安全的活动空间

这时期的婴儿大多数都会爬了,且活泼好动,喜欢到处乱摸,很容易出现撞头磕脸的事情,这意味着育儿员分分秒秒都要看护好婴儿的安全。

因此,要定期仔细检查婴儿活动的环境,消除安全隐患,把危险品和贵重物品放到婴儿看不到、拿不着的地方,给婴儿创造一个既安全卫生,又能自由探索的环境。

（1）电源开关插头设置得高一些,或者使用防护盖或安全插座。婴儿到处爬,好奇心太大,避免好奇的婴儿把手指伸进电源孔里。

（2）橱柜的门要随手关闭,以免婴儿爬入柜内;尖锐的桌角和柜子角,对学爬的婴儿也是比较危险的地方,最好套上护垫以免撞伤婴儿。

（3）茶几上的烟灰缸、香烟,低柜上的摆设、化妆品、玻璃相框等要收起来;各种小玩意不要随意摆放,避免婴儿伸手够的时候掉下来砸着他们;一些尖锐的物品,如剪刀、刀具和针等物品要放在一个单独的地方,不能让婴儿找到它们。

（4）注意关闭厨房和卫生间的门,这两处地方对喜欢爬的婴儿充满着诱惑,同时也充满着危险。一定不要带婴儿去厨房做饭,厨房的刀具、碗筷、热水和火,都是易引起致命伤害的物品,千万要注意。

（5）楼梯口要装栅栏;窗户下不要摆放椅子和橱柜等婴儿可能攀爬的家具;把花盆植物移到婴儿碰不到的地方。

（6）婴儿有一定的理解能力,应对其进行一定的安全教育,逐渐提高婴儿辨识危险的能力。

六、一日工作流程表

1. 住家育儿员一天工作流程

时间	项目	工作内容	注意事项
6:00	育儿员起床	洗漱,整理好个人卫生,准备婴儿用品(换洗衣物,纸尿裤,尿布,奶瓶,餐具、玩具等)	

时间	项目	工作内容	注意事项
6:30	婴儿起床	1. 换纸尿裤或尿布 2. 清洗臀部(注意观察大便颜色及性状变化) 3. 洗脸(口耳鼻眼护理) 4. 测量婴儿体温(身长、体重可一个月测一次)	
7:00	喂奶	1. 有母乳喂母乳 2. 喝配方奶的按流程给婴儿冲调奶粉、喂食 3. 把奶瓶清洗干净、消毒	吃完奶记得用温水漱口
7:30	亲子互动	1. 将婴儿交给妈妈,让婴儿和妈妈做些亲子互动 2. 育儿员吃早餐	
8:30	早教时间	1. 天气好,户外活动1小时 2. 天气不好,在家训练	带好外出的装备,比如口水巾、纸尿裤、湿纸巾、水杯等
9:30	喂奶	1. 冲调奶粉或加热母乳 2. 奶瓶清洗、消毒	育儿员单独照顾婴儿的,可在婴儿小睡时清洗、消毒奶瓶
10:00	小睡	1. 有用过的口水巾,可以清洗一下 2. 准备午餐	根据婴儿的睡眠状况,随时终止手头作
11:30	辅食	1. 制作辅食,给婴儿喂辅食 2. 餐具清洗、消毒	
12:00	午餐	育儿员就餐	抱婴儿时,不要同时拿烫的食物或者饮品等
12:30	午休	1. 休息并关注婴儿睡眠情况 2. 上午婴儿有换洗的衣物或未清洗的奶瓶餐具等,清洗干净、消毒放好	
14:30	喂奶	1. 冲调奶粉或加热母乳 2. 奶瓶清洗、消毒	育儿员单独照顾婴儿的,可在婴儿小睡时清洗、消毒奶瓶
15:00	早教时间	1. 精细动作能力训练 2. 户外活动	1. 不允许任何陌生人抱婴儿,不接受任何人给婴儿的食物 2. 户外活动要告知家人具体活动区域 3. 活动量大或天热加喂水
16:00	辅食	准备辅食并给婴儿喂辅食	可以准备南瓜汁或胡萝卜汁
16:20	小睡	1. 奶瓶、玩具、衣物等婴儿用具的清洗消毒 2. 随时观察婴儿的睡眠状况 3. 准备晚餐	根据婴儿的醒来状况,随时终止手头的工作

时间	项目	工作内容	注意事项
17:00	喂奶	1. 冲调奶粉或加热母乳 2. 奶瓶清洗、消毒	喝完奶记得用温水漱口
17:30	晚餐	育儿员和妈妈轮流就餐	抱婴儿时,不要同时拿烫的食物或者饮品等
18:30	睡前盥洗	洗澡抚触,换好纸尿裤	夏季白天可以多安排一次洗澡,冬季一天洗一次即可。以父母为主,育儿员协助
19:00	亲子时间	亲子阅读,聊天互动	育儿员退位,父母发挥主要作用
19:30	喂奶	1. 冲调奶粉或加热母乳 2. 奶瓶清洗、消毒	1. 妈妈在家,最好喂母乳 2. 喂完奶注意给婴儿清洁口腔
20:00	收尾工作	1. 重新检查一下当天的喂哺工具、婴儿衣物、玩具、活动区域的清洗、清洁、消毒 2. 一日工作日志填写	天热时婴儿衣物随时洗,冬天要洗的衣物不过夜。孩子的衣服、口水巾、围嘴等手洗干净

2. 不住家育儿员一天工作流程

时间	项目	工作内容	注意事项
7:30	育儿员入户	准备婴儿用品(换洗衣物,纸尿裤,尿布,奶瓶,餐具、玩具等)	
8:00	婴儿起床	1. 与妈妈交接 2. 晨检(情绪,体温)	具体时间根据婴儿实际情况定
8:30	喂奶	1. 按流程冲调奶粉或加热母乳 2. 奶瓶清洗、消毒	吃完奶记得用温水漱口
9:00	早教时间	1. 天气不好,室内大动作能力训练 2. 天气好,户外活动1小时	1. 带好外出装备,比如口水巾、纸尿裤、湿纸巾等 2. 温度较高或活动量较大加喂水
10:00	辅食	1. 婴儿米粉调配 2. 餐具清洗、消毒	
10:30	小睡	1. 奶瓶等哺喂用具的清洗、消毒 2. 随时观察婴儿的睡眠状况 3. 准备午餐	根据婴儿的睡眠状况,随时终止手头的工作
11:30	喂奶	1. 冲调奶粉或加热母乳 2. 奶瓶清洗、消毒	吃完奶记得用温水漱口
12:00	午餐	育儿员就餐	抱婴儿时,不要同时拿烫的食物或者饮品等

时间	项目	工作内容	注意事项
12:30	午休	1. 上午婴儿有换洗衣物或未清洗的喂哺用品,清洗干净、消毒放好 2. 休息并关注婴儿的睡眠情况	根据婴儿的睡眠状况,随时终止手头的工作
14:30	喂奶	1. 冲调奶粉或加热母乳 2. 奶瓶清洗、消毒	吃完奶记得用温水漱口
15:00	早教时间	1. 精细动作能力训练 2. 户外活动	1. 不允许任何陌生人抱婴儿,不接受任何人给婴儿的食物 2. 户外活动要告知家人具体活动区域 3. 活动量大或天气热时,加喂一次水
16:00	辅食	1. 制作辅食并给婴儿喂辅食 2. 餐具清洗、消毒	
16:20	小睡	1. 奶瓶、玩具等婴儿用具的清洗、消毒 2. 随时观察婴儿的睡眠状况	根据婴儿的醒来状况,随时终止手头的工作
17:00	喂奶	1. 冲调奶粉或加热母乳 2. 奶瓶清洗、消毒	吃完奶记得用温水漱口
17:30	晚餐	育儿员用餐、收拾,做好一日工作记录 (不就餐者 17:30 下班)	

第三节　父母抚育篇

一、情感连接

1. 让婴儿懂得"不"的含义

婴儿已经能够感受妈妈爸爸的语气了,也会看父母的表情了,开始有了独立活动的意愿。这时父母要巧妙地让婴儿知道什么是不应该做的,什么是不能吃的,什么要求不能得到满足。这是训练婴儿心理承受能力的开始,也是锻炼婴儿分辨是非能力的开端。

当父母告诉婴儿这样不行,这个不能放到嘴里时,要同时用动作表现出来,如摇头、摆手、很严肃的表情。让婴儿明白,父母在告诉他这个事情是不能做的,是错误的。虽然这时的婴儿还是很难理解不能做的含义,但家长也不要使用带有惩罚性质的办法。这个月开始锻炼的是婴儿的承受能力,但不要伤害婴儿。

2. 给婴儿一个"分离缓冲期"

在婴儿 8 个月左右时,开始会对陌生人和陌生环境产生害怕的情形,一旦妈妈从他视线里消失,他就会表现出明显的不安并且哭闹,这就是婴儿的分离焦虑。

当妈妈因为工作或其他原因需要和婴儿分离时,应有一段缓冲时间,和接替照顾者如育儿员,有一个角色替换过程,让接替者渐渐被婴儿所接受,减少婴儿的焦虑和不适。

（1）建立"妈妈会回来"的信任感。

对于1岁以内的婴儿,父母应尽量减少离开婴儿的次数,特别是要尽量减少让婴儿一个人独处的次数;如果必须离开,要先安抚婴儿,让他知道你一定会很快回来。当婴儿经历了多次妈妈离开又回来的情况后,便会产生信任感,从而在下次妈妈离开自己时战胜分离焦虑。

（2）培养婴儿独处的能力。

给婴儿自己一个人玩的机会,比如在喂过奶、换过尿片之后,把婴儿安顿在客厅中,让他自己玩。当感觉婴儿厌烦玩某样东西时,父母再帮他拿一些别的玩具,让他尽量专注于自己的活动,不要打扰他,慢慢地培养婴儿的独处能力。

（3）妈妈不在身边时,育儿员可以采取的安抚方法。

◎ 给婴儿看全家福照片或父母照片,以缓解其焦虑情绪。

◎ 给婴儿一个认同的拥抱。当婴儿有分离焦虑哭得很伤心时,接替者可采取拥抱的方式,抱着婴儿、拍拍他的背,和他说说话,以表达自己的立场,给予婴儿充分的安全感。

◎ 和婴儿玩游戏。当婴儿专注于游戏时,常常会忘了其他事情,比如吹泡泡、敲敲打打、读故事等。

◎ 转移目标,带婴儿看看金鱼、积木、玩具,出去走走等。

（4）妈妈不该采取的方法。

◎ 不理睬婴儿的哭声,狠心走开。

◎ 硬掰开婴儿紧攥着爸爸妈妈的手,甚至埋怨着,然后离开。

◎ 把婴儿单独隔离到另一个地方,不让他跟着,然后趁机走开。

◎ 趁婴儿玩得高兴时,偷偷地走开。

二、智力发展

1. 父母是第一任语言老师

父母要为婴儿创造丰富的语言环境。父母和婴儿日复一日进行语言"交流",妈妈不厌其烦一遍遍的重复;妈妈的语言、动作、实物及环境的自然结合和交融,给婴儿创造了丰富的语言环境。这是婴儿学习语言的基础条件,必不可少。

尽量用清晰标准的发音和婴儿进行语言交流。说话时,让婴儿看到你的口形,把语速放慢些。有父母认为播音员语音标准,就时常给婴儿播放电视或广播,以期达到婴儿学习标准语言的目的,这是错误的想法和做法。婴儿学习语言要有语言环境,要与动作、实物等联系起来。电视、广播缺乏交流和互动,更没有对婴儿最初始"语言"和身体语言的理解,即使婴儿会模仿个别词语,但对婴儿语言能力和心理成长没有太多益处。

哺育生活与语言有着千丝万缕的联系,一个眼神,一个动作,一个别人听起来没有任何意义的音节,父母和婴儿都能准确理解,进行融洽互动和交流,这是婴儿学习语言无法代替的亲情环境。不要把婴儿扔给电视或光盘,更不要过早、过度对婴儿进行所谓外语和电脑的"智力开发"。

2. 教婴儿用手势表达"谢谢,再见"

7～9个月的婴儿发音能力有限,不可能用语言去表达,但可以用动作和表情表示自己喜欢或不喜欢、要还是不要,大人应该教婴儿学会用手势答话,引起婴儿同人交流的愿望。

比如,婴儿最先学会"抓挠",即是用手掌轻轻张合,表示同人玩耍;用双手拱起上下活动表示谢谢等。

大人在拿婴儿熟悉的物品时,最好边说边问:宝宝要不要饼干?宝宝要不要小熊?让他用手推开或皱眉表示不喜欢;用伸手、点头、谢谢表示喜欢,用动作、手势等来回应大人的问话。

大人所做的示范不同,婴儿用动作表示语言的方式就各有不同,但只要开始练习就一定能学会。

3. 选择适合婴儿听的音乐

给婴儿听一些轻柔、节奏鲜明的轻音乐,节奏要有快有慢、有强有弱,提高其对音乐的感知能力。

在此基础上,父母可握着婴儿的两手教婴儿和着音乐拍手,也可边唱歌边教婴儿舞动手臂。既能培养婴儿的音乐节奏感,发展婴儿的动作能力,还可激发婴儿积极欢快的情绪,促进亲子交流。

具有民族特色的古筝、二胡,国外的钢琴曲、小夜曲、圆舞曲,班得瑞的轻音乐,甚至童谣等等,都很适合婴儿听。

比如,普罗科菲耶夫的《彼得与狼》,约纳森的《杜鹃圆舞曲》,格里格的《在小魔王的宫殿里》,罗伯特·舒曼的《梦幻曲》,约翰·施特劳斯的《维也纳森林的故事》,贝多芬的F大调第六交响曲《田园》,老约翰·施特劳斯的《拉德斯基进行曲》,勃拉姆斯的《摇篮曲》,维瓦尔第的小提琴协奏曲《四季》等。

也可以根据场景不同,选择不同风格的音乐。比如游戏时,放轻松活泼的音乐;睡觉前,放轻柔舒缓的音乐。

三、社会交往

1. 培养婴儿积极的自我概念

婴儿七、八个月时,会对自己听到和看到的事情很感兴趣,喜欢模仿大人,大人可以为婴儿多创造与人接触的场所和机会,教婴儿与别人友好相处。

要让婴儿有良好的自我感觉,能真切地感到周围人对他的爱,让他觉得"大家需要我、爱我、喜欢我"诸如此类积极的自我概念,信心多于恐惧,幸福多于愤怒,这样他能试着将好的情绪施予他人,更容易获得与人相处的愉快体验,产生更积极的情感。

2. 引导婴儿轻松度过"认生期"

一般婴儿在4个月的时候就能认出妈妈,可以和陌生人平静相处;6个月时开始有认生表现;到了8个月,婴儿认生现象更为明显了,有陌生人靠近,婴儿会出现紧张和害怕的表情。婴儿认生,是他成长的标志之一,说明他已经有了记忆和认知,已经能敏锐地辨认陌生人、陌生的物品和环境了。

虽然认生对于婴儿来讲是进步的表现,但是认生毕竟阻碍了婴儿与外界的人际交流,因此,妈妈应该帮助婴儿轻松度过认生期。

(1)多带婴儿走出家门。

让婴儿有更多的机会与不同的人接触,扩大婴儿的交往范围。带婴儿到社区广场、花园绿地等场所,让婴儿看看周围新鲜有趣的景象,感知不同人的声音和脸,特别要注意让婴儿体验与人交往的愉悦,逐渐降低与陌生人交往的不安全感和害怕心理。

(2)多让其他家庭成员抱抱。

可以尝试让其他家庭成员多抱抱婴儿,在他们抱的时候,妈妈可以暂时离开一会儿,让婴儿慢慢熟悉除爸爸妈妈之外的人。

第八章

9月龄婴儿教养指南

第一节 发展指标与养育要点

婴儿满9个月后,生活已经很有规律了,认知能力得到进一步发展,情绪更加复杂多样,大动作能力有了很大进步,开始尝试站立,育儿员在照护过程中除了要关心婴儿的吃、喝、拉、撒、睡等生活习惯的养成,更要关注和留意婴儿的心理健康。

由于本月龄的婴儿越来越喜欢模仿大人的行为和动作,爸爸妈妈及育儿员平时要多注意自己的言行举止,为婴儿做个好榜样。

一、生长发育特点

(1)不同的婴儿在饮食上会有很大的差异,育儿员或父母要根据实际情况区别对待。

(2)养成良好的睡眠习惯对于婴儿的健康成长至关重要。

(3)大人拉着婴儿双手,婴儿能向前走3步或以上。

(4)懂得一些简单词义,建立了部分语言和动作的联系,知道"不"的含义。

(5)交往能力增强,会用拍手表示"欢迎",用挥手表示"再见"。

(6)对不要的物品会摇头或推开。

(7)听到歌声或乐曲,四肢会乱动或安静下来,表现出愉快的神情。

经常让婴儿听一些轻柔的音乐可以促进婴儿的智力及情感发育。

二、身体发育变化

这个月的婴儿生长发育平稳进步,体重平均增长0.22～0.37千克;身高平均增长1.0～1.5厘米。婴儿体重如果与平均体重差距不大,则属于正常的范畴。若偏胖或偏瘦的话,育儿员就要注意调整好婴儿的饮食。

婴儿的身高如果低于平均值很多的话,则有可能是发育迟缓,应建议父母带婴儿去医院检查;若婴儿的身高在正常值偏下但偏不多,平时多注意合理地添加辅食,增加婴儿的营养即可。

体重:男孩 6.9～12.9 千克;女孩 6.4～12.3 千克。

身长:男孩 65.5～80.6 厘米;女孩 64.1～78.9 厘米。

头围:男孩 41.5～49.0 厘米;女孩 40.4～47.7 厘米。

注:以上数据根据国家卫健委《7 岁以下儿童生长标准》(2022 年 9 月 19 日发布,2023 年 3 月 1 日实施)整理。

乳牙:正常情况下,这个月的婴儿已经萌出了 2～4 颗乳牙。

婴儿的出牙情况因人而异,即使婴儿本月尚未萌牙,也不要过于担心,很多婴儿到出生后的 10～12 个月才开始萌牙。

婴儿萌牙时可能会出现流涎、血肿的情况,严重时甚至可能低烧,育儿员要提前注意。

三、能力发展特点

生命在于运动。随着月龄的长大,婴儿动作的发展越来越多地受到心理、意识的支配,呈现出由无意动作向有意动作发展的趋势。

(一)认知能力:对性别有了初步认识

(1)能够初步分辨颜色,可以认出五官和一些常见的物品。

(2)开始下意识地模仿一些动作,如摆手示意"再见",拍手示意"欢迎"等。

(3)当大人给他穿衣服时,会主动配合。

(4)对性别有了初步的认识。总是被爸爸抱着玩的婴儿,喜欢被与爸爸年龄相仿的男人抱;反之,总是被妈妈抱着玩,则喜欢被与妈妈年龄相仿的女人抱。

(5)喜欢与大人做游戏并且主动参与其中,但注意力难以持续,很容易从一个活动转入另一个活动。

(二)动作能力:灵活性增加

(1)大人拉着婴儿双手,婴儿可自己用力,较协调地移动双腿,向前行走三步或以上。

(2)能将腹部抬离床面或地面,四点支撑向前爬行(膝手爬)。

(3)能用手指捏起细小的东西,例如小卡片、纸屑等。

(4)能自行从杯中取出积木,但不能倒出。

(5)能两手互敲积木,但不能准确对击。

(6)可以模仿大人拍手、拍打桌面。

(7)父母在向婴儿挥手再见时,婴儿也能学着轻轻挥动小手。

(三)语言能力:发出简单音节

(1)能够理解和领会更多的语言。当父母喝止时,能马上停止自己的动作。

(2)对爸爸妈妈的表扬能做出热烈的反应,有时甚至发出声音或做出动作,以期待称赞。

（3）知道自己的名字，叫他的名字时，他会答应。

（4）当婴儿高兴的时候，会发出"咯咯"的笑声。

（5）听到自己熟悉的声音时，能够跟着哼唱，可以发出"不""这"之类简单常用的单音节词语。但大多数时候，此时的婴儿发出的都是无意识的音节。

四、心理情感特点

1. 出现"焦虑情绪"

已经能够区别出周围的人和环境是熟悉的还是陌生的。

当处在不熟悉的环境中，或者周围有陌生人时，会出现紧张、焦虑的情绪。这是婴儿认知能力发展的必然结果，是正常现象，也是亲子关系健康发展的一种证明。

2. "依恋情绪"增强

希望一直和父母或者一直照看他的育儿员待在一起。当父母或育儿员离开他的视线时，会紧张不安，甚至号啕大哭。

一般在婴儿出生后的 10～18 个月期间，这种情绪会达到高峰。

3. 学会"抗议"

已经学会了表达不满和抗议。

他人很难把婴儿喜欢的东西从他手中夺走，如果是硬抢，婴儿会大声哭，以示抗议；但若是妈妈把手伸过去，要婴儿手里的东西，婴儿会递到妈妈手里，还会把身边的东西拿起来递到妈妈手里。

4. 知道害羞

开始害羞。当大人谈论他时，他能够明白，有时会做出害羞的表情和动作。尤其是那些性格内向的婴儿，当自己成为众人的焦点时会表现出焦虑和不安。

五、喂养重点

母乳喂养：每天哺乳 4 次。

混合喂养：继续以母乳为主，不足部分用配方奶补足。

配方奶喂养：每天 3 次，奶量 600～800 毫升。

辅食添加：奶与辅食比例是 5∶5。

辅食性状：泥糊状、颗粒羹状，可尝试添加水糕状食物。

辅食添加次数和数量：每日 2 次。单一食品种类达 10 种，米粉逐渐增加到 50 克，蛋黄增加到 1 个，蔬菜和水果分别增加到 20 克，肉类增加到 15 克，烹调油增加到 3 克。

本月新增辅食：南豆腐及其他豆制品，可尝试添加虾肉泥。

水和营养素补充：给婴儿补充水，每天 250～300 毫升。继续补充维生素 A 和 D，剂量以维生素 D400 国际单位 / 天为标准。

重要提醒：

（1）从这个月开始添加颗粒羹状食物，尝试喂水糕状食物。

（2）可以把辅食合理搭配在一起喂婴儿，水果可作为零食单独喂。

（3）奶和辅食同等重要。

（4）不要怀疑母乳质量，如果妈妈的母乳还够婴儿吃，不需要用配方奶代替母乳。

（5）每月测量身高、体重，定期做健康检查和喂养评估。

六、早教要点

（1）让婴儿充分爬行，促进感觉系统协调发展。

（2）扶走，增加户外活动时间。

（3）增加家庭益智游戏项目。

（4）对婴儿的语言、动作发展予以表扬。

第二节　育儿员工作篇

一、健康护理

（一）二便管理

1. 通过观察掌握婴儿排便规律

虽然婴儿还不会说话，不能表达自己的需求，但本月抵抗坐便盆的婴儿并不多，当然，也不能自行控制大小便，还需要大人的提醒和帮助。只要育儿员多观察，还是可以掌握婴儿的排便规律的。

比如婴儿在排尿前可能会轻轻打个哆嗦，或者在排大便前脸部会有表情，自己会"嗯嗯"地示意。只要育儿员多留心，白天婴儿就可能少尿湿或拉脏衣裤。

需要提醒育儿员的是，不能因为怕婴儿尿湿衣裤，就频繁地给婴儿把小便，甚至带有强迫性质，这样不但不利于增加婴儿膀胱的贮尿量，反而会使婴儿稍有尿意就要排，控制小便能力得不到锻炼，造成婴儿尿频。

2. 小便颜色、次数有变化很正常

小便次数因为婴儿发育情况、季节变化、喝水量多少不尽相同。有的婴儿次数少些，有的婴儿次数多些。夏季小便次数少，冬季小便次数多，这都很正常。冬季如果把小便尿在盆里，可能会发白、发浑，加热后会消失。这是尿酸盐结晶析出，不是婴儿肾脏出了毛病，没有必要看医生，也不用带尿到医院化验。

因为婴儿吃辅食了，尿的颜色会比原来黄，不会像清水似的。随着肾脏功能的不断完善，婴儿饮水量的不断增加，尿液就不会那么黄了。

这个月的婴儿，晚上可能会因为有尿醒来，如果把完尿或换尿布后，婴儿能很快入睡，就不用给婴儿喂奶；如果啼哭，喂奶后能使婴儿很快入睡，就不妨给婴儿喂奶。认为这个月的婴儿晚上不应再喝奶了，而一直让婴儿哭下去是不对的。

（二）日常护理

1. 让婴儿爱上洗手

手在婴儿的能力发展中占有极其重要的地位。婴儿这里摸一摸,那里动一动,如果再用这双小脏手抓食物、揉眼睛、摸鼻子,病菌就会趁机而入,引发各种疾病。

育儿员应在安全的前提下放手让婴儿去探索未知的世界,要做好婴儿活动范围内的清洁工作,同时及时给婴儿洗手。可以说,洗手是日常生活中预防疾病的第一道防线。

每次吃饭前或接触食物以前,上卫生间前后,户外活动后或外出回家后,咳嗽、打喷嚏、擤鼻涕后,双手有明显的污渍时……无论是哪种情况,育儿员都一定要帮婴儿先洗净双手。

当然,随着长大,婴儿可能对洗手有所反抗。育儿员要以身作则,每天和婴儿一起洗手,让婴儿觉得洗手确实是一件很重要的事。育儿员还可以用洗泡泡吸引婴儿的注意力,激发他的好奇心。洗手时唱一首"洗手歌",边唱歌边洗手,一举两得。

洗手歌
小水滴,笑嘻嘻,欢迎我来把手洗。
摸摸肥皂出泡泡,手心手背都搓到。
小水滴,笑嘻嘻,欢迎我来把手洗。
水龙头下冲干净,做个健康好宝宝。
小水滴,笑嘻嘻,欢迎我来把手洗。
摸摸肥皂出泡泡,手心手背都搓到。
小水滴,笑嘻嘻,欢迎我来把手洗。
水龙头下冲干净,做个健康好宝宝。

2. 让婴儿爱上洗澡

随着各项能力的不断提升,婴儿洗澡时变得不配合起来,洗澡难度骤然升级。此外,这个阶段的婴儿有了更多的心理需求,已不再满足于枯燥的洗澡活动,洗澡时狭小、封闭的空间也让他感到束缚。

因此,育儿员在给婴儿洗澡时要注意增加乐趣,使婴儿乐于配合。可以在浴盆里放一些玩具,营造一个"水上乐园",让婴儿爱屋及乌,喜欢上洗澡。洗完澡后,玩具应及时清洁晾干,以免滋生细菌。

在把婴儿放进浴盆前,用水撩起水花,和婴儿互动一下。当婴儿也把撩起水花当作乐趣时,就可以安全、快速地给婴儿洗澡了。婴儿要求自己洗,也不要拒绝,但要在保证安全、严格看护的前提下进行。

二、营养饮食

婴儿的活动量较大,吃多吃少,都不是问题,最重要的是养成良好的饮食习惯。

（一）母乳喂养:母乳依然很重要

母乳仍是这个月龄婴儿的最佳食品,是配方奶不可相比的。

这个时期如果妈妈还有足够的母乳喂婴儿,那是婴儿的幸福,也是妈妈的骄傲。虽然说,奶量已不如之前分泌得多,婴儿也开始从辅食中吸收营养,但对此时的婴儿来说,母乳仍是其生长发育中不可或缺的食物。母乳喂养可以一直持续到 2 岁,其重要性与辅食相当。育儿员要帮助妈妈坚定母乳喂养的信心,不怀疑,不放弃。

这个时候,可能还有没断夜奶的婴儿。如果婴儿后半夜频繁醒来,首先要继续保持室内的安静和黑暗,以便孩子再次进入睡眠状态。倘若婴儿非要吃奶,可在第一次醒来时喂配方奶;如果婴儿拒绝喝配方奶,不吃母乳就哭个没完,妈妈也无须烦恼,心平气和地满足婴儿的需求就好。

(二)混合喂养

以母乳为主,不足部分由配方奶补充。

不上班的妈妈白天尽量喂母乳,晚上为了休息,可以喂配方奶;上班的妈妈不在家时,到了喂奶时间喂配方奶。

妈妈下班回到家尽量喂母乳。如果还能挤出奶带回家,可留待第二天喂。

(三)配方奶喂养:不爱喝配方奶怎么办

有的婴儿并不拒绝喝配方奶,只是每次喝的量比较少,对于这样的婴儿,可增加喂奶次数,达到总奶量需求。

有的婴儿拒绝喝配方奶,不但每次奶量喝得少,次数也少,育儿员可在婴儿比较喜欢吃的辅食中添加少量配方奶,如做成奶粥、奶面糊、奶糕等。

如果婴儿是因为不接受奶瓶而拒绝喝配方奶的,那就可以用学饮杯、婴儿碗、勺等餐具喂。

对于排斥喝配方奶的婴儿,也要尽量避免采用饥饿法应对。因为婴儿原本就不喜欢喝奶粉,在他最需要食物的时候(饥饿状态),大人提供给他的却是令他生厌的奶,他因此而"愤怒",进而对奶更加排斥,反倒得不偿失了。

如果孩子的体重增长在正常范围内,又没有其他异常,说明孩子能够从每天吃的食物中获取足够的营养,也可以不用勉强孩子每天吃够一定的奶量。

(四)辅食添加

1. 添加要点

奶与辅食的比例是 5∶5。辅食中谷物、果蔬、蛋肉的比例是 50%、25%、25%,饭、菜、肉可合并一餐喂,每天 2 次。水果单喂,每天 2 次。米粉逐渐增加到 50 克。蛋黄逐渐增加到 1 个。蔬菜和水果增加到 20 克。肉类食物可增加到 15 克。烹调油可增加到 3 克。

继续喂泥糊状食物,可以吃颗粒羹状食物,尝试给婴儿做半固体食物,如面片汤、豆腐汤、熟烂的稠米粥,观察婴儿的反应,如不能适应,就暂停,等下个月再说。

本月新添加的辅食:虾肉、豆腐。

适合本月添加的辅食有:米粉、蛋黄糊、肝泥、鸡肉泥、鱼泥、猪肉泥、牛肉泥、蔬菜混合水果泥、面片汤、豆腐汤、比较软的水果果粒、比较稠的米粥、碎菜和肉末。

2 次辅食可代替 1 次奶。从这个月开始,育儿员要学习为婴儿制订食谱,合理分配吃、玩和睡的时间。

维生素 C 很容易被氧化,切开的水果、榨的果汁、做的果泥要现吃现做,不要放置。维生素 C 遇热破坏,水果最好生吃。

谷物和蔬菜中含有较多的 B 族维生素,绿叶蔬菜不要过度浸泡和蒸煮,不要切开后清洗,谷物不要洗得太多,可连带浸泡的水一起煮粥。

婴儿不适宜吃炒菜,也不宜吃经过高温的油。烹调油要买可直接食用的,比如橄榄油、核桃油等。可把碎菜、肉末放在米粉、米粥、面汤中做成粥和汤。

每天提供的食物种类至少包括:谷物 2 种、蔬菜 3 种、蛋 1 种、肉 1 种、水果 2 种。

每天必须提供的食物是:谷物、蔬菜、水果、蛋、肉(禽／畜／鱼／虾肉／肝中的一种)、奶。

每周提供:动物肝 1 次、鱼 1 次、虾 1 次、鸡肉 2 次、猪肉 1 次、牛肉 1 次、豆腐 2 次。

2. 让婴儿习惯淡味食品

(1)远离加工类肉食。

婴儿的味觉、嗅觉发育还不完全,育儿员在制作辅食时,不要给婴儿添加罐头及肉干、肉松、香肠等加工类肉食,这些食物在制作过程中营养成分已流失许多,远没有新鲜食物营养价值高。并且其制作过程中还要加入防腐剂、色素等添加剂,不利于婴儿的身体健康。

(2)控制婴儿对糖的摄取量。

不要在正餐前给孩子吃甜食,适当减少对饼干的摄取量,可以在加餐时适量吃一点水果或具有天然甜味的食品。

如果婴儿做了大量运动后,吃点糖可以补充体内所消耗的热量。吃完糖后要立即给婴儿刷牙。

(3)清淡饮食。

尽量给婴儿吃接近天然的食物,养成健康的饮食习惯,会让婴儿受益一生。

3. 辅食添加难怎么办

如果婴儿不爱吃辅食,育儿员要先从自身寻找原因:辅食添加得是否合理? 添加方法和步骤是否正确? 辅食品种、数量、次数是否正确? 喂食环境如何? 是否让婴儿经历过不愉快的吃辅食经历? 是否尊重了婴儿的食量和喜好? 是否喂得过多?

找到原因,才能有针对性地纠正不正确的喂养方式。此外,还要排除婴儿是否处于疾病边缘或状态,这需要育儿员仔细观察,及时发现婴儿不正常的表现,必要时告知父母,请医生做出判断。

如果婴儿很喜欢喝配方奶,可在辅食中加入配方奶粉,等婴儿适应那种食物后,再慢慢撤掉奶粉。

4. 尊重婴儿的进食喜好

爱吃奶的婴儿每天仍然保持着规律的吃奶习惯,一般每天能吃 3 顿左右,每次大约 200 毫升。这样的婴儿不用担心蛋白质和脂肪的缺乏,吃辅食主要是为了补充维生素等营养素,并为以后断奶做准备。不过,也不能因为婴儿吃奶好就由着他的性子吃,这样会影响辅食添加的进度,给顺利断奶带来一定的麻烦。不爱吃奶的婴儿就要多吃些肉蛋类

食品,以补充蛋白质。

不爱吃蔬菜的婴儿,可以适当多吃些水果。比较软的水果,婴儿可以直接吃,不需要再榨成汁或压成果泥。如西瓜,切成小块让婴儿直接拿着吃就行,不过一定要把籽清干净。不爱吃水果的婴儿可以多吃些蔬菜,尤其是西红柿,能提供丰富的维生素 C。

5. 没出牙也要添加半固体食物

经过一段时间的辅食添加,婴儿对辅食的消化能力提高了,所以辅食的量和种类都要比上个月有所增加。

可以增加面片、软饭等淀粉类食物,以及土豆、红薯等根茎类蔬菜,并逐渐单独添加肉类食品,如鱼肉泥、鸡肉泥、猪肉泥、肝泥等。还可以在做粥、面条或软饭时,往里面加一些肉末、碎菜和豆腐等。

无论婴儿是否已经出牙,都应该逐渐开始添加半固体食物,从稠粥、鸡蛋羹到各种肉泥、磨牙食品等都可以试着喂一喂,以锻炼婴儿的咀嚼和吞咽能力。育儿员在给婴儿准备辅食时要将食物做得稍硬一点,帮助婴儿顺利过渡。

一般来看,食物的变化必然会令婴儿产生一段时间的不适应,但只要注意添加辅食的方法,一般问题不大。

6. 什么是颗粒羹状食物、水糕状食物和半固体食物

到了这个月,婴儿能吃的食物种类逐渐增多,汁状、泥糊状、颗粒羹状、水糕状食物都可以,制作的方法也逐渐增多,辅食更加丰富。

(1)颗粒羹状食物。

主要指的是把米粒大小的食物放在汤中或水中煮烂或炖烂,也就是液体中含有形的食物。如面片汤、疙瘩汤、各种米粥、碎菜煮肉末汤等。

(2)水糕状食物。

指的是固态的食物,但所含水分较多,质地松软,不需要用力研磨,也不需要用力咀嚼,只需舌体把食物运送口腔后部,食物就可顺利进入食道。如鸡蛋羹、奶油、蛋黄奶糕、豆腐脑、南豆腐等。

(3)半固体食物。

婴儿的辅食添加顺序为汁状、米糊状、颗粒羹状、水糕状、固体食物,婴儿的辅食不能从泥糊类食物直接到固体食物,中间需要半固体类食物的过渡,颗粒羹状与水糕状均为半固体类食物。

颗粒羹状和水糕状这两种食物形态在婴儿的辅食中占有重要地位,在生活中大量存在。

(4)婴儿可以吃半固体食物的表现。

把颗粒羹状或水糕状食物送到婴儿口中,婴儿嘴唇紧闭,下颌小幅度上下运动(咀嚼动作),当下颌运动停止时,出现吞咽动作。

不发生噎呛,如食物从口中滑出,或婴儿主动把食物吐出来,育儿员再次把食物送到婴儿口中,婴儿并不拒绝。

(5)注意事项。

◎ 给婴儿做颗粒羹状食物时,一定要把颗粒切小、煮烂。

◎ 喂婴儿辅食时,不要逗婴儿笑,更不能惹婴儿哭,以免发生食物噎呛。

◎ 黏度或硬度比较大的水糕状食物不易吞咽,要在碗中捣一捣,以免糊住婴儿咽部,类似于果冻的半固体食物绝对不能给婴儿吃。

◎ 无论是否长牙,都应该喂颗粒状食物,并尝试水糕状食物,如菜粥、稠米粥、烂面条、面片汤、蛋羹、豆腐脑等。婴儿会用牙床咀嚼食物,不要错过这一关键期。

◎ 从这个月起,辅食可代替母乳或配方奶,成为正式一餐,就是将来婴儿一餐的缩影。育儿员提供的食物,要符合营养需求比例。

7. 辅食添加举例

（1）第一周。

周六至周一:米粉 35 克或同等量米做成米粥,蛋黄泥 1 个,鸡肉末 15 克,碎菜 20 克,水果 20 克。

周二至周四:米粉 35 克或同等量的面片汤,肝泥 20 克,南豆腐 10 克,碎菜 20 克,水果 20 克。

周五:继续添加原有的辅食。

（2）第二周。

周六至周一:米粉 40 克或同等量的米做成的米粥,蛋黄泥 1 个,鱼肉泥 15 克,碎菜 20 克,水果 20 克。

周二至周四:米粉 40 克或同等量的面做成的面条汤,蛋黄 1 个,猪肉末 15 克,碎菜 20 克,水果 20 克。

周五:继续添加原有辅食。

（3）第三周。

周六至周一:米粉 45 克或同等量的米做成的米粥,蛋黄 1 个,虾肉末 15 克,碎菜 20 克,水果 20 克。

周二至周四:米粉 45 克或同等量的面粉做成的疙瘩汤,血豆腐 20 克,碎菜 20 克,水果 20 克。

周五:继续添加原有辅食。

（4）第四周。

周六至周一:米粉 50 克或同等量的米做成的米粥,蛋黄 1 个,牛肉末 15 克,碎菜 20 克,水果 20 克。

周二至周四:米粉 50 克或同等量的面粉做成的面汤,鸡肝 15 克,南豆腐 10 克,碎菜 20 克,水果 20 克。

周五:继续添加原有辅食。

（5）用法说明。

"辅食添加举例"中,只有食物量的变化,种类变化没有逐项列出,由育儿员根据季节、地域能够买到的当季食材灵活更换,具体如下:

◎ 一周内,水果可以每天更换 1 种,第二周可以重复选择,如有新的品种,可选新的。

◎ 蔬菜每天可吃 2 种,一周内每天更换 1～2 种,第二周可以重复选择,如有没吃过的新品种,可选新的。

◎ 鸡蛋或鹌鹑蛋每天保证吃1次,吃的方式要不断更换:可单独吃,也可与蔬菜、肉类、豆腐、谷物等混合在一起烹调。

◎ 鱼虾、肉类、动物肝/血,每天选择1种,一周每种可吃1～3次。动物肝/血争取每周吃1次;鱼虾等海产品争取每周吃1次;肉类每周可吃3～4次。

◎ 豆制品一周可吃1～2次。

◎ 每天所吃辅食中必须有谷物、蛋、肉、海产品或动物肝/血、蔬菜、水果。其中,谷物至少2种、蛋1种、肉或海产品或动物肝/血至少1种、蔬菜至少2种、水果至少2种。

◎ 每个婴儿的食量都不尽相同,所标出的食量仅做参考。

◎ 育儿员可根据婴儿的具体情况喂养,以婴儿吃饱为准。如果婴儿没有吃完准备的"标准量"就不吃了,不要硬喂,1次辅食喂养时间最好不要超过20分钟。如果婴儿吃完了所有准备好的辅食量,还意犹未尽,甚至哭闹,可酌情加量,但不要无限制增加。

8.营养食谱推荐

(1)三角面片汤。

材料:小馄饨皮20克,青菜10克。

做法:小馄饨皮沿对角线切两刀,成小三角状;青菜洗净,切碎末。锅中放水煮开,放入三角面片,煮开后放入青菜碎,煮至沸腾即可。

(2)小米山药粥。

材料:山药100克,小米20克,大米20克。

做法:山药去皮,洗净,切小丁;小米和大米分别洗净。锅置火上,倒入适量清水烧开,下入小米和大米,大火烧开后转小火煮至米粒八成熟,放入山药丁煮至粥熟即可。

(3)豆腐粥。

材料:豆腐20克,大米40克,青菜8克。

做法:大米洗净,放入锅中煮沸,转小火煮烂。用勺子将洗净的豆腐捣碎,加入粥中。将青菜洗净,剁碎放入锅中,煮沸后关火即可。

(4)燕麦南瓜粥。

材料:南瓜40克,燕麦片30克,大米20克。

做法:南瓜洗净,削皮,去瓤和籽,切成小块;大米洗净。锅置火上,将大米放入锅中,加适量水,大火煮沸后换小火煮20分钟。然后放入南瓜块,小火煮10分钟,再加入燕麦片,继续用小火煮10分钟即可。

三、早教时间

为了发展婴儿的大动作能力和精细动作能力,父母或育儿员应当积极创造良好的教养环境,以玩促教,以教代玩,给婴儿实行有计划的体格锻炼,促进婴儿动作能力的发展。

(一)室内活动

1.认知能力训练

(1)培养婴儿认图识物的能力。

给婴儿准备图像清晰、色彩鲜艳的物品或识图卡、识字卡,教婴儿看图识物。开始用一个物品名配同一张物品图。认识几张图后,可用另外一张图配上另外一张识字卡,使婴儿理解字可以代表图和物。等育儿员说出物品名称时,婴儿能从几张图片中找出相应图片,再教第二幅图片。

（2）训练婴儿的声音辨别能力。

与婴儿一起玩游戏时,一边玩一边发出相应的声音,让婴儿模仿发音或主动发出声音,例如玩玩具汽车时发出"嘟嘟"声,飞机发出"轰轰"声等。

在教婴儿看图片认识动物时,先让婴儿认识图片上的小猫、小狗、小鸡等小动物,然后再问婴儿这些动物是怎么叫的,如"小狗怎么叫? 汪汪汪。""小鸟怎么叫? 叽叽叽。"

也可以先把图片收起来,育儿员模仿某种动物的声音,让婴儿猜一猜是什么动物的叫声,如"喵喵喵,谁在叫? 是小猫在叫。嘎嘎嘎,谁在叫? 是鸭子在叫。"让婴儿根据育儿员的叫声把图片找出来。

2. 大动作能力训练

（1）陪婴儿"花样爬行"。

科学研究表明,婴儿早期是否进行充足的爬行训练,对其生长发育和智力发展有很大影响。

爬行不好的婴儿,成长中较容易出现走路爱摔跟头、经常磕磕碰碰等问题。所以,育儿员要掌握科学的方法,给婴儿提供学爬的机会,努力锻炼婴儿爬的能力。

婴儿都喜欢模仿大人的行为,育儿员在教婴儿学爬时可以亲自为婴儿示范如何爬行,也可以创造一些关于爬行的游戏,增加婴儿学爬的积极性。

转向爬:先把有趣的玩具给婴儿玩一会儿,然后当面把玩具藏在他的身后,引诱婴儿转向爬。

爬行小路:把一小块地毯、泡沫地垫、麻质的脚垫、毛巾等东西排列起来,形成一条有趣的小路,让婴儿沿着"小路"爬,体会在不同质地的地面上爬行的感觉。

参加爬行比赛:带婴儿多参加一些社会活动,比如"婴儿爬行大赛",让其在与其他婴儿一起游戏时,感受爬行给他带来的无穷快乐。既锻炼婴儿的爬行能力,又有了结交新朋友的机会。

（2）练习站起、坐下。

教婴儿从俯卧位双手撑起身体,再双腿跪起来,呈爬姿,抓住栏杆站起来。婴儿扶站位,用玩具引导婴儿慢慢坐下,教婴儿从站位扶着栏杆慢慢坐下,而不是一下子摔倒坐下。由坐着到俯卧后再拉物站起,鼓励婴儿自由活动,进行各种姿势多种体位的活动。

3. 精细动作能力训练

（1）由握紧物品到放手。

让婴儿玩多种玩具,训练他有意识地把手中的玩具或者其他物品放在指定的地方。育儿员可以做示范,让他进行模仿,还要反复用语言示意他"把××放下,放在××上",让婴儿练习由握紧物品到放手,使手的动作受意志控制,手、眼、脑协调又进了一步。

（2）投掷练习。

在婴儿能有意识地把手中物品放下的基础上,训练婴儿抓取一些大小不同的玩具,并教婴儿把小的物体投入大的容器中,如把积木放入盒子里,并让婴儿反复练习。

(3)双手对击练习。

婴儿坐位,让其两手分别握住一个玩具。育儿员手握玩具给婴儿做示范,将玩具对敲,敲出声音。让婴儿也跟着学,能将手中的玩具对敲,敲出声音。

开始时,如果婴儿只用玩具敲桌子而不对敲,育儿员可以轻轻扶住婴儿的腕、前臂或上臂,帮助其两手将玩具对敲出声,引起婴儿兴趣。

当婴儿敲击出声时,育儿员要鼓掌奖励。可以选择各种质地的玩具,让婴儿对击出各种声音,促进手-眼-耳-脑等感知能力的发展。

注意事项:训练时可做示范或给婴儿帮助、动作提示及口头提示,但提示要逐步减少。

4. 自理能力发展训练:允许婴儿用勺子

拿勺子吃食物是婴儿生活能力训练的一项重要内容。一般在8～9个月时婴儿拿着小勺,会用勺在杯中搅拌,并盛到食物。9～10个月时会用小勺盛食物进口。早期训练可以使婴儿提早学会自己进食。

(1)允许婴儿拿勺子。

喂饭时,允许婴儿拿勺子。婴儿分不清勺子的凹面和凸面,往往盛不上食物,但是让他拿勺子会使他对自己吃饭产生积极性,促进手、眼、脑协调能力的发展。

(2)尝试拿勺盛饭。

在婴儿面前放一小杯爆米花或饼干末,把小勺递给婴儿,鼓励他用小勺去盛杯子中的食物。

育儿员可以先示范用勺子盛食物,让婴儿反复练习用勺的方法,必要时可以给予一些帮助,让他握正小勺的方向,使凹面朝上,最后能够把食物盛到勺内。

(3)注意事项。

小勺、小杯最好用硬塑料制品,色彩漂亮,又不易摔坏,避免对婴儿造成伤害。

拿勺盛食物这一行为能力需要反复多次的训练才能成功,婴儿一时做不到很正常。

除了有意识地训练,在平时给婴儿喂饭前,育儿员也可以让婴儿自己尝试用勺子,这是婴儿最喜欢也最值得做的事情,哪怕把食物泼洒到外面。

5. 益智互动游戏

(1)搭桥洞。

【游戏目的】训练婴儿认识物体与物体之间的相互关系,培养他的动手能力和解决问题的能力。

【具体玩法】用几块积木和一块长木板搭成一座桥,桥下要有一个明显的可以穿过玩具汽车的桥洞,育儿员和婴儿分别在桥洞的两侧。

准备一辆玩具小汽车。育儿员先让小汽车穿过桥洞,一边念:"小汽车,过桥洞了!"

当小汽车来到婴儿面前的时候,引导对面的婴儿也让小汽车过桥洞。也可以让婴儿把小木板拿掉,看到小汽车过桥洞的情景。

【注意事项】开始的时候桥可以由育儿员先搭好,然后玩过桥洞游戏;等婴儿熟悉游戏之后,鼓励婴儿自己搭桥。

（2）水果找相同。

【游戏目的】锻炼婴儿的观察能力和思维能力。

【具体玩法】育儿员在水果盘中放入香蕉、苹果、葡萄三种水果，然后和婴儿面对面坐着。

育儿员拿起香蕉，对婴儿说"这是香蕉"；然后再拿起苹果，对婴儿说"这是苹果"；最后再拿起葡萄，告诉婴儿说"这是葡萄"，让婴儿认识这 3 种水果。

在另一个盘子里也放着同样三种水果，然后让婴儿找相同的水果。观察婴儿的反应，如果婴儿没有找对，可以再重复告诉婴儿几次水果的名称。

当婴儿可以顺利地把东西找出来以后，育儿员要给予婴儿适当的鼓励。

（二）户外活动：给孩子提供安全的乘车环境

安全座椅的重要性已得到越来越多的家长认可，因此乘车出行时，刚出生的婴儿可选择提篮式座椅；当婴儿达到一定体重后要选择适合的安全座椅。

安装时，一定要严格按照说明书正确安装。如果婴儿拒绝坐安全座椅，家长不可妥协，可以尝试下列方法，尽可能保证每一次出行安全。

1. 让婴儿提前适应安全座椅

不用安全座椅时，可以把它放到家里，让婴儿多加熟悉。试着把婴儿放在安全座椅上玩耍和探索，摸一摸、爬一爬、玩一玩等，让他发现坐在上面没有那么不舒服，从而慢慢接受这个陌生的物品。

2. 转移婴儿的注意力

在把婴儿放在安全座椅中或系安全带时，可以给他讲讲故事、唱唱歌，或让他玩一玩喜欢的玩偶，转移注意力。在行车过程中，要不时和婴儿说说话，或者做做游戏，吸引他的注意力，避免他因无聊而重新将关注点放在束缚感极强的安全座椅上。

3. 让婴儿感受到家人的陪伴

外出时，如果车内有两个成人，其中一人可以跟婴儿一起坐在后排座位，跟婴儿互动，让婴儿知道自己一直受关注。如果一个人带婴儿外出，并且不得不将他独自安置在后排时，也要经常通过车内的后视镜看看后座的婴儿是否表现出不耐烦等情绪，并播放一些他喜欢的音乐或者跟他说说话。

4. 保持耐心，平和坚持

如果婴儿非常抵触安全座椅，家长也要态度坚决，不能给婴儿"不想坐就可以不坐"的暗示。在行车过程中，如果婴儿因不愿继续坐而哭闹，可以暂时停车，对婴儿予以安抚；待他情绪稳定后，再继续行驶。

5. 预防和缓解婴儿晕车的措施

（1）乘车前要让婴儿睡好，不要饿肚子，也不能吃得太饱。

（2）上车前在婴儿的肚脐上贴片生姜，1 岁以下的婴儿不能吃晕车药。

（3）行车时引导婴儿看车外较远处的风景，不要看两边快速移动的景物，更不要在车内看图画书。

（4）打开车窗,让空气流通。

（5）携带纸巾和湿巾,婴儿呕吐后随时擦拭。

6. 注意事项

（1）不要给婴儿吃东西。

在汽车行驶过程中,最好不要给婴儿吃东西,尤其是糖豆之类的细小零食,以免在汽车颠簸时卡在孩子的咽喉或误入气管中。

（2）不要在车里堆满玩具。

车内堆满各种儿童玩具,固然可以转移婴儿的注意力,但一旦出现紧急制动或碰撞等情况,这些玩具就会成为潜在的安全隐患。所以,尽量不要在车内放置硬质玩具,更不要放一堆。有选择地放几件类似毛绒玩偶的物品即可。

四、科学睡眠

1. 睡眠时间不少于 10 小时

这个月的孩子,一般白天睡两觉,分为午前睡和午后睡。

午前睡的时间稍微短些,一般是 1～2 个小时;有的婴儿午前不睡,午后睡的时间稍长,一般是 2～3 个小时;晚上一般在 8～9 点钟入睡;半夜醒 1～2 次(计算在睡眠时间内),早晨 6～7 点起床。一天睡 14 个小时的婴儿比较多;也有的婴儿一天只睡 12 个小时左右;睡 10 个小时以下的婴儿是很少的,睡 16 个小时以上的婴儿更少。

如果婴儿白天睡眠时间比较短,但是晚上能连续睡上 12 个小时左右(半夜醒来吃奶,撒尿或玩一会都计算在睡眠里,醒一个小时以上时,要从睡眠时间中扣除掉),即使白天睡的时间短些,也没关系。

不管是室内活动,还是户外活动,婴儿都非常喜欢,且精力旺盛。吃饭好,生长发育也正常,即使一天只睡 11～12 个小时,育儿员和父母也不用担心和着急,更不要强迫婴儿睡得更多。

如果为了增加婴儿的睡眠时间,总是不断哄婴儿睡觉,会导致婴儿入睡困难,养成婴儿必须靠哄才肯入睡的坏习惯。

2. 不要让婴儿睡弹簧床或软床

人体脊柱有"四个生理弯曲",即颈曲、胸曲、腰曲和骶曲,婴幼儿身体各器官正在迅速地发育成长,这些弯曲也在逐渐形成。睡木板床可使脊柱处于正常的弯曲状态,不会影响婴儿脊柱的正常发育。而弹簧床或软床则使婴儿在睡觉时,脊柱始终处于不正常的弯曲状态,时间久了会导致婴儿驼背、漏斗胸等,更重要的是妨碍婴儿内脏器官的正常发育。

因此,为了婴儿的健康,最好不要让婴儿睡弹簧床。使用木板床,铺上较厚的棉垫就可以了。

五、注意事项

1. 将婴儿时时置于视线之中

这个月的婴儿会爬、会坐、会到处翻身,有的婴儿还能扶着床栏杆站起来,会把东西放到嘴里。这些能力,都潜藏着发生意外的危险。即使是婴儿睡着了,醒来几分钟内,也可能发生不该发生的事情。所以,这段时间带婴儿的任务是很重的。这个月的婴儿,须臾不能离开看护人的视线。

如果育儿员和老人,或是妈妈一起看护婴儿,情况还好一些,两个人可以有所替换。比如,一个人做辅食,另一个人看护婴儿,避免顾此失彼。但若是育儿员一个人照顾婴儿,就要更加用心。

不管做什么事情,都要让婴儿处于自己的视线范围内。

2. 预防婴儿误食药物

(1)预防措施。

将药品放在婴儿看不到、也摸不到的地方,药品使用完后要及时收起来,放入上了锁的抽屉或柜子里。

平时喂婴儿吃药时,不要为了让婴儿配合吃药就骗他说这是糖果,而应该告诉他正确的药名与用途。否则,婴儿会真的相信药是糖果而随时想吃。

给婴儿喂药时,育儿员不要中途离开;假如有事不得不走开,千万要记得把药放在安全的地方,不给婴儿可以自己拿到的机会。

育儿员、父母或家里其他成员平时要避免在婴儿面前吃药。婴儿的模仿力强,最爱效仿大人的动作。如果大人当着婴儿的面吃药,好奇的婴儿就会想方设法模仿,一旦有机会,他就会毫不犹豫地尝尝大人的药。

(2)不同药物误服后的处理方法。

不良反应或毒性小的药物:如果婴儿误服维生素、止咳糖浆等不良反应或毒性较小的药物,让婴儿多喝凉开水,使药物稀释并及时排出体外即可。

有剂量限制的药物:如果婴儿误服了安眠药、某些解痉药(阿托品、颠茄合剂之类)、退热镇痛药、抗生素及避孕药等,育儿员应该用手指刺激孩子咽部,让婴儿将误服的药物吐出来;然后给婴儿喝大量茶水,反复呕吐洗胃;催吐和洗胃后,让婴儿喝几杯牛奶和3～5枚生鸡蛋清,以养胃解毒。

水剂类药物:如果婴儿误服的是药水,可先给婴儿喝一点浓茶或米汤后再引吐,反复进行,直到婴儿呕出物无药水色为止。

碱性药物:如果婴儿误服的是胃舒平、小苏打、健胃片等碱性强的药物,让婴儿服用食醋、柠檬汁、橘汁等酸性食物,以中和药物的碱性。

酸性药物:如果婴儿误服的是葡萄糖酸钙、阿司匹林等酸性药物,就让婴儿服用生蛋清、冷牛奶进行中和。

不管采取中和方法还是催吐方法,都是权宜之计,在做了基本处理后,还是要及时到医院请医生做专业处理。

(3)诱导婴儿张嘴吐药的方法。

一旦发现婴儿误服了药物,不要惊慌失措,更不要因为着急而对着婴儿大呼小叫,越是这样,婴儿越容易受到惊吓,也越难以张嘴吐药。正确做法是:

如果发现药片还在婴儿的口中,就拿婴儿平时喜欢吃的东西,引诱他张开嘴巴,然后趁机挖出药片。千万不要硬撬婴儿的嘴巴,这样只会让婴儿加速把嘴里的药片吞下去;或者因哭闹而令药片滑入气管引起窒息。

3. 预防婴儿触电

（1）预防婴儿触电的措施。

家里所有的电器设备，用完后立刻放回安全的地方，如电熨斗、搅拌器、吹风机等。

注意电热恒温开水器的水温和摆放位置，以免婴儿触摸或碰倒。

所有婴儿能摸得到的插座都要套上专用的绝缘罩。

电风扇、电暖气要放在安全的地方，或用围栏围住。

从婴儿能自由活动起就要教他不能接近、触摸带电物体。

对家中易发生触电的隐患要及时检修。

（2）婴儿触电后的紧急救护。

立即切断电源：一是关闭电源开关、拉闸、拔去插销；二是用干燥的木棒、竹竿、塑料棒、皮带、扫帚把、椅背或绳子等不导电的东西拨开电线。

迅速将婴儿移至通风处：对心跳、呼吸停止的婴儿，要立即以手掌根部拍击或握拳捶击心前区，力争在心跳骤停的 1 分钟内进行。对婴儿捶击力度要适中，不可太猛，可连击 3～5 次拍击后无效，应立即进行胸外按压（具体方法见第一章第二节图 1-2-2, 1-2-3 心肺复苏法）；发现婴儿没有呼吸，马上进行人工呼吸，胸外按压心脏与呼吸的复苏同时进行。

抢救的同时，立即拨打 120 急救电话，在救护车未来之前不要轻易搬动孩子。

六、一日工作表

1. 住家育儿员一天工作流程

时间	项目	工作内容	注意事项
6:00	育儿员起床	洗漱，整理好个人卫生，准备婴儿用品（换洗衣物，纸尿裤，尿布，奶瓶，餐具、玩具等）	
6:30	婴儿起床	1. 换纸尿裤或尿布 2. 清洗臀部（注意观察大便颜色性状变化） 3. 洗脸（口耳鼻眼护理） 4. 测量婴儿体温（身长、体重可一个月测一次）	
7:00	喂奶	1. 有母乳喂母乳 2. 喂配方奶的，按流程给婴儿冲调奶粉、喂食 3. 把奶瓶清洗干净、消毒	吃完奶记得用温水漱口
7:30	亲子互动	1. 将婴儿交给妈妈，让婴儿和妈妈做些亲子互动 2. 育儿员吃早餐	
8:00	早餐辅食	1. 婴儿米粉调配并给婴儿喂辅食 2. 清洗、消毒	

续表

时间	项目	工作内容	注意事项
8:30	早教时间	1. 天气好,户外活动1小时 2. 天气不好,在家进行大动作能力训练	带好外出的装备如口水巾、纸尿裤、湿纸巾、水杯等
9:30	喂奶	1. 冲调奶粉或加热母乳 2. 奶瓶清洗、消毒	育儿员独自照顾婴儿的,可在婴儿小睡时清洗、消毒奶瓶
10:00	小睡	1. 有需要清洗的口水巾、围嘴,可以清洗一下 2. 准备午餐	根据婴儿的睡眠状况,随时终止手头的工作
11:00	辅食	1. 制作并给婴儿喂辅食 2. 餐具清洗消毒	
12:00	午餐	育儿员就餐	抱婴儿时,不要同时拿烫的食物或饮品等
12:30	午休	1. 休息并关注婴儿睡眠情况 2. 上午婴儿有换洗衣物或需要清洗的奶瓶餐具等,清洗干净、消毒放好	
14:30	喂奶	1. 冲调奶粉或加热母乳 2. 奶瓶清洗、消毒	育儿员单独照顾婴儿的,可在婴儿小睡时清洗、消毒奶瓶
15:00	早教时间	1. 精细动作能力训练 2. 户外活动	1. 不允许任何陌生人抱婴儿,不接受任何人给婴儿的食物 2. 户外活动要告知家人具体活动区域 3. 活动量大或天热加喂水
16:00	辅食	1. 制作辅食并给婴儿喂辅食 2. 餐具清洗消毒	
16:20	小睡	1. 奶瓶、玩具、衣物等婴儿用具的清洗、消毒 2. 随时观察婴儿的睡眠状况 3. 准备晚餐	根据婴儿的睡眠状况,随时终止手头的工作
17:00	喂奶	1. 冲调奶粉 2. 奶瓶清洗、消毒	吃完奶记得用温水漱口
17:30	晚餐	育儿员和妈妈轮流就餐	抱婴儿时,不要同时拿烫的食物或者饮品等
18:30	睡前盥洗	洗澡抚触,换好纸尿裤	夏季白天可以多安排一次洗澡,冬季一天洗一次即可。以父母为主,育儿员协助
19:00	亲子时间	亲子阅读,聊天互动	育儿员退位,父母发挥主要作用
19:30	喂奶	1. 冲调奶粉或加热母乳 2. 奶瓶清洗、消毒	喂完奶注意给婴儿清洁口腔

时间	项目	工作内容	注意事项
20:00	收尾工作	1. 重新检查一下当天的喂哺工具、婴儿衣物、玩具,活动区域的清洗、清洁、消毒 2. 一日工作日志填写	天热时婴儿衣物随时洗,冬天要洗的衣物不过夜。孩子衣服、口水巾、围嘴、饭衣等手洗干净

2. 不住家育儿员一天工作流程

时间	项目	工作内容	注意事项
7:30	育儿员入户	准备婴儿用品(换洗衣物,纸尿裤,尿布,奶瓶,餐具,玩具等)	
8:00	婴儿起床	1. 与妈妈交接 2. 晨检(情绪,体温)	具体时间根据婴儿实际情况定
8:30	喂奶	1. 按流程冲调奶粉或加热母乳 2. 奶瓶清洗、消毒	吃完奶记得用温水漱口
9:00	早教时间	1. 天气不好,室内大动作能力训练 2. 天气好,户外活动 1 小时	1. 带好外出的装备,比口水巾、纸尿裤、湿巾等 2. 温度较高或活动量较大加喂水
10:00	辅食	1. 婴儿米粉调配并给婴儿喂辅食 2. 餐具清洗消毒	
10:30	小睡	1. 奶瓶等哺喂用具的清洗、消毒,随时观察婴儿的睡眠状况 2. 准备午餐	根据婴儿的睡眠状况,随时终止手头的工作
11:30	喂奶	1. 冲调奶粉或加热母乳 2. 奶瓶清洗、消毒	吃完奶记得用温水漱口
12:00	午餐	育儿员就餐	抱婴儿时,不要同时拿烫的食物或者饮品等
12:30	午休	1. 上午婴儿有换洗衣物或未清洗的喂哺用品,清洗干净、消毒放好 2. 休息并关注婴儿睡眠情况	根据婴儿的睡眠状况,随时终止手头的工作
14:30	喂奶	1. 冲调奶粉或加热母乳 2. 奶瓶清洗、消毒	吃完奶记得用温水漱口
15:00	早教时间	1. 精细动作能力训练 2. 户外活动	1. 不允许任何陌生人抱婴儿,不接受任何人给婴儿的食物 2. 户外活动要告知家人具体活动区域 3. 活动量大或天气热,加喂一次水
16:00	辅食	制作辅食并给婴儿喂辅食	可以给婴儿准备南瓜汁或胡萝卜汁

续表

时间	项目	工作内容	注意事项
16:20	小睡	1. 奶瓶、玩具等婴儿用具的清洗、消毒 2. 随时观察婴儿的睡眠状况	根据婴儿的醒来状况,随时终止手头的工作
17:00	喂奶	1. 冲调奶粉或加热母乳 2. 奶瓶清洗、消毒	吃完奶记得用温水漱口
17:30	晚餐	育儿员用餐、收拾,做好一日工作记录 (不就餐者 17:30 下班)	

第三节　父母抚育篇

一、情感连接

1. 教婴儿用身体语言与别人交流

这个阶段的婴儿还不会说话,但已经开始理解语言,要帮助他逐渐建立语言和动作的联系。

爸爸要上班了,对婴儿说"再见",同时握住他的小手摆手表示再见;妈妈回家了,大人说"欢迎",同时握住婴儿的两只小手拍拍;爷爷给婴儿拿来香蕉,大人要说"谢谢",同时握住婴儿的两手使其合在一起上下摇动表示感谢。

总之,在任何场合,只要有机会就要反复教婴儿做这些动作。慢慢地,婴儿会听懂妈妈的话。只要妈妈说"再见",他就会自动摆手;说"欢迎",他会拍手;说"谢谢",他会做出相应的动作。

除了这些简单的手势动作,还可以结合日常生活教孩子更多的手势语言,例如要吃东西时用"咂嘴巴"来表示;要排便时就"蹲下";要大人抱时"伸出双手"等。

在教婴儿用身体动作表达意愿时,只要婴儿做对了,父母就要亲亲婴儿表示奖励,以巩固这种语言与动作的联系。有了这种条件反射,婴儿就有了与人交往的能力。

2. 接纳婴儿的"小脾气"

尖叫、哭闹、打滚、扔东西、撞脑袋……婴儿越来越大,也越来越爱耍小脾气了。了解婴儿发脾气的原因是避免他发脾气的关键。

(1)生理原因。

由于婴儿正处于长牙期,牙龈又痒又痛,什么东西都想塞进嘴巴,乱咬乱啃,不给就闹,晚上也不容易睡好。这时婴儿发脾气常常是因为牙龈痛痒引起的,可以经常给婴儿的玩具消毒,放心地让他啃咬,给他提供磨牙饼干、烤馒头片、磨牙棒等,让他经常换着啃。

(2)心理原因。

这个阶段的婴儿开始萌发自我意识,但无法用大人的方式表达,诸多的挫折使他烦躁

不安时,就会发脾气。

育儿员和父母要理解婴儿,心平气和地给他一个玩具转移注意力,或带离让他不愉快的环境,去户外转一转。

当婴儿发脾气的时候,做父母的一定要保持情绪稳定,接纳婴儿;如果父母控制不了自己的情绪,或者反应太过强硬,反而会招致婴儿更猛烈的"反击"。

有时候,只需要一个温暖的拥抱,婴儿就会慢慢平静下来。

二、智力开发

1. 选择适合婴儿的书或绘本

0~1岁的婴儿正处于基本的认知世界、学习生活经验的阶段,因此,帮婴儿选择的图书内容就应该重点考量这两个方面。

(1)贴近婴儿生活。

与婴儿的生活越贴近,他们越喜欢。一方面他们可以从书中看到自己的影子;另一方面也可以通过内容来支持自己的现实生活。

比如,正在认识自己周围事物的婴儿,见到书中自己熟悉的玩具、动物形象就会很喜欢;学习走路的婴儿,看到书中蹒跚学步的形象也会很喜欢;学习穿衣吃饭的婴儿,如果可以从故事中借鉴主人公的做法,也肯定会特别喜欢。

(2)图书内容要利于婴儿理解。

图书内容要符合婴儿的成长特点。比如,文字上具有韵律感,便于婴儿理解和记忆;画面颜色鲜艳,便于吸引婴儿的注意力;整体构图简洁、重点突出,便于婴儿观察、识别并与文字进行匹配等。

2. 怎么读更吸引婴儿

婴儿的绘本多为内容简单的生活习惯书、认知书,通常字少图多,甚至有无字书,往往没两句就读完了,而婴儿却还一脸懵懂地看着宝爸宝妈,大有意犹未尽的意味。那么,"亲子共读"怎么读呢?

(1)声情并茂。

无论是读字,还是看图编故事,要有感情地读。开心的场景语气应该欢快;悲伤的场景语气也要带有忧伤。同时表情应该与语气同步。因为所有这些外在的表达,都可以帮助婴儿理解书中的内容和情节。

(2)图文对应。

对大人来说,字少图多的绘本内容十分简单,但对婴儿来说却是陌生、复杂的。

因此,不管讲到哪里,都要用指示的方式帮婴儿做图文对应。例如,讲到小熊就要把画面中的小熊指给婴儿看,讲到小猫就要把画面中的小猫指出来。

总之,要通过指示的方式让婴儿知道你在讲什么。这样,婴儿才能不断积累认知,逐渐实现通过自己看图的形式来回顾书中的内容。

(3)逐渐叠加。

因为婴儿还小,不能一次处理多个维度的信息,所以,切忌一股脑将书中的所有内容都灌输给婴儿,而应该从婴儿最感兴趣的部分入手,当婴儿对一个维度的内容熟悉了,再叠加新的内容。

（4）注意事项。

给婴儿读书时,秉持"不怀疑、不考试、不发问"的"三不原则"。不要问他有没有听懂,只要他不哭不闹不走开,就表示他有兴趣。若孩子没兴趣,就暂停,不要照本宣科,等有兴趣时再读。

3. 亲子共读绘本举例

以《我要拉粑粑》为例,具体说一下。

（1）绘本内容简介。

小河马、小猪还有小老鼠,三个小伙伴正在玩"嘟嘟叭叭"的游戏。突然小河马要拉粑粑,几个小伙伴一起冲向厕所。小老鼠、小猪还有小河马,按照从小到大的顺序,独自完成了拉粑粑。洗完手,继续玩"嘟嘟叭叭"的游戏,可是短裤却落在厕所,被小鳄鱼扔进了失物招领处。

（2）共读步骤。

第一步,用不同声音来表现这三种动物:小河马的声音"憨憨"的;小猪的声音"吭哧吭哧"的;小老鼠的声音"尖尖细细"的。

第二步,本书的设计采用了翻翻书的形式,当妈妈讲读到敲厕所门时,可以模仿敲的动作,在书上假装"咚咚咚"敲门,也可以鼓励婴儿敲一敲;冲厕所时,可以假装闻闻"臭不臭",然后说"好臭呀",鼓励婴儿也闻一闻,看看他会有什么反应。

（3）场景延伸。

宝贝来敲门。爸爸藏在卧室,关上门;妈妈带着婴儿去敲门,妈妈模仿敲门声,"咚咚咚",增加趣味性。妈妈说"开门啦",爸爸打开房门,亲吻婴儿或抱起婴儿。

"开火车"。父母抱着婴儿,模仿火车的声音,也可以模仿故事中"嘟嘟叭叭"的声音,说:"开动啦！我们要去厨房,我们要去客厅,我们要去卧室。"

"哗啦啦"洗手啦。带婴儿到卫生间,打开水龙头,一起洗手。或者和婴儿一起假装洗手,边洗边说唱儿歌:"搓搓搓,搓手心;搓搓搓,搓手背。换只手,再搓搓。冲冲冲,冲冲手;冲冲冲,冲干净。"

爸爸妈妈可以以此类推,举一反三,从绘本中发现孩子感兴趣的点,从婴儿身边熟悉的生活入手,用绘本引导婴儿形成良好的饮食、生活、排便、睡眠习惯,会有事半功倍的效果。

三、社会交往:带婴儿散步,看和感受更多的东西

天气好的时候,父母或育儿员都要带孩子走出家门,认识多彩的世界。

1. 看更多的东西

面对新奇的世界,婴儿会非常好奇。育儿员和家长要利用这个机会,向婴儿介绍这是什么,那是什么,以及人们正在干什么。

比如看到花花草草,可以跟他说:"宝宝看,这是漂亮的花,叔叔在浇花。"让孩子多看

看外面的世界,欣赏一下绿草、鲜花、蓝天和白云;认识一下真实的太阳、月亮、星星、雨、雾、风等,多体验一下自然现象。

也许孩子并不能给你太多反应,但潜意识里,孩子已经记住了你说的每一句话。

2. 让婴儿感受更多

下雨时,让婴儿伸出小手,接一接雨水,感受一下雨水打在手上的感觉,和盆里用水洗手是不同的,和在自来水上接水是不一样的;雾起时,看不清楚远处的东西了,婴儿虽然不能理解,但是这种实际的感受会给婴儿留下记忆;风可以把树叶刮得摆动,会把树枝刮得摇动,父母也可以用嘴吹动一张纸,告诉婴儿这就是风,是吹出来的风。

3. 告诉他更多

把能看到的告诉婴儿,不要认为婴儿不懂而不跟婴儿讲,不断地重复有助于婴儿建立语言与事物之间的联系。要在游戏中开发婴儿的能力,在快乐的游玩中学习知识,不要枯燥地传授知识。

另外,家长不要忽略社交中人物的称呼介绍,比如阿姨、叔叔、哥哥、妹妹等;还要经常和婴儿说自己的名字,这样有助于其形成社交概念和自我认同感。

第九章

10 月龄婴儿教养指南

第一节　发展指标和养育要点

第 10 个月,是婴儿生命的一个转折点,无论生理、心理还是智力,都会发生很大的变化。从躺到坐,再到扶物站立,婴儿的自由进一步增加,将从一个完全依赖他人的小婴儿,逐渐向幼儿阶段发展。

日常生活中,此时的婴儿需要的不单单是育儿员的细心照护,更需要爸爸妈妈的关爱和鼓励。

一、生长发育特点及育儿要点

(1) 囟门看似闭合,但实际却未闭合,要注意常给婴儿测量头围。

(2) 婴儿萌发了自我概念,父母和育儿员要时常夸赞孩子。

(3) 能扶着推车或床沿走步。学步车对于婴儿弊大于利,不要让婴儿使用。

(4) 找出婴儿的排便规律,训练婴儿的排便能力。

(5) 父母应放开些手脚,给婴儿一个独立的空间。

二、身体发育变化

孩子出生后的 8～11 个月是生长发育较为平缓的一个时期,大多数孩子的各项身体指标的平均增长状况也基本与前两月持平。

体重:男孩 7.1～13.3 千克,女孩 6.6～12.7 千克。

身长:男孩 66.7～82.0 厘米,女孩 65.3～80.3 厘米。

头围:男孩 41.9～49.4 厘米,女孩 40.8～48.2 厘米。

注:以上数据根据国家卫健委《7岁以下儿童生长标准》(2022年9月19日发布,2023年3月1日实施)整理。

前囟:大多数孩子的前囟看上去像是闭合了,其实只是膜性闭合,实际上并没有闭合。有少数正常孩子的囟门会提前闭合,但这并不表示头颅不再增大。

乳牙:正常情况下,乳牙数量为4～6颗。

三、能力发展特点

(一)认知能力:能够观察周围物体的属性

(1)开始观察周围物体的属性,通过细心的观察,婴儿逐渐对大小、形状、构造等这些概念有了一定的了解。

(2)会把手里的东西放进嘴里,以分辨其是否可以食用。

这个阶段的育儿员千万不能放松警惕:对婴儿有危险的物品,如药品、刀片、刺状物等一定要放到婴儿拿不到的地方。

(二)动作能力:无须协助,能自己坐起

(1)行动能力取得了很大突破,可以手脚并用,协调迅速地爬行。

(2)能够独坐,且坐得很稳;会从坐位变成仰卧位或俯卧位,或从俯卧位变成坐位,会坐着向前后左右蹭着移动。

(3)这个时期的婴儿特别喜欢扔东西,这是正常现象,说明婴儿的手部活动能力大大增强了。当婴儿把手中的东西扔出去时,育儿员不要轻易发脾气,他不是在故意捣乱,而是在展示自己的能力。

(三)语言能力:开始为说话做准备

(1)进入说话的萌芽期,在为说话做准备。

(2)有少数婴儿在这个月已经可以叫出"爸爸""妈妈"了,但绝大部分婴儿此时还只能发出一些快速、模糊不清的音节,这些音节具有音调和变化。经常与孩子相处的父母或看护人可以从这些音节中分辨出孩子所要表达的意思。

(四)记忆力:有了短暂的记忆

(1)能够认识自己的玩具、衣物。

(2)指出自己身体的器官,如头、眼睛、鼻子或嘴。

(3)如果育儿员问"电视在哪儿呢",婴儿会用目光寻找或用手指,这都说明婴儿已经有了记忆能力。

(4)这个时期婴儿的记忆保持时间仍很短,只有几天,如果不加以强化,时间一长就会忘记,而且记忆是无意识的。只容易记住一些形象、具体、鲜明、自己感兴趣的东西。

四、心理情感特点

1. 自我意识增强

(1)自我意识变得更强,也表现得更加活跃,并尝试用自己的方式表达诉求。

（2）变得自信起来,开始主动接触其他小朋友,在陌生人面前也不会像以前那样害羞或紧张。

（3）喜欢展示自己,喜欢被他人夸赞和表扬。

2. 产生新的恐惧情绪

由于这个阶段的婴儿听觉和视觉能力都有所提高,所以对一些事物产生了恐惧情绪,如怕黑、怕打雷闪电、怕吵闹的声音等。这是许多婴儿到这个时期都会出现的情况。

3. 学会了察言观色

能较为准确地识别他人的表情,尤其是经常与之相处的人,如父母、育儿员等。如果父母笑,婴儿能知道父母很高兴,对他的行为表示认可、赞许,允许自己这么做;如果父母摆出严肃或者生气的表情,婴儿会知道父母不开心了,自己不该这么做。所以,育儿员或父母一定要利用孩子的这一进步,加强对孩子的引导教育,通过表情神态来告诉孩子什么应该做,是值得鼓励的;什么不该做,是不对的。

五、喂养要点

（1）母乳喂养:每天 4 次。

（2）配方奶喂养:每天 3 次,奶量 600～800 毫升。

（3）混合喂养:有母乳尽量喂母乳,不足部分由配方奶补充。

（4）辅食添加:奶与辅食比例是 4:6。辅食可添加半固体食物,尝试添加软固体食物。每天 2 次,接近大人午餐和晚餐的时间,单一食品数量 10 种以上。米粉逐渐增加到 80 克,整蛋 1/2 个,蔬菜和水果分别增加到 30 克,肉类可增加到 20 克,烹调油可增加到 5 克。

（5）本月新增辅食:整蛋、羊肉、肉丸、红薯等杂粮。

（6）水和营养素补充:每天喝白开水 300～400 毫升。继续补充维生素 A 和 D,剂量以维生素 D400 国际单位／天为标准。

重要提醒:

（1）从这个月开始,养成整顿添加辅食的习惯。

（2）开始添加半固体食物,可尝试添加软固体食物。

（3）让婴儿坐在餐椅中吃辅食,养成按时、整顿、固定吃饭地点的良好就餐习惯。

（4）为婴儿设计食谱,在一餐中合理搭配谷物、蛋肉、蔬菜、水果。

六、早教重点

（1）鼓励婴儿在玩水、玩泥、玩沙、玩玩具中锻炼手及四肢的协调性。

（2）教婴儿看图、认人、认物,在潜移默化中认字。

（3）培养婴儿良好的生活习惯和生活自理能力。

第二节 育儿员工作篇

一、健康护理

（一）二便管理

1. 让婴儿学会坐便盆

一般来说,到了这个月,婴儿基本上都能够每天按时排大便,形成了一定的排便规律。这时父母或育儿员如果每天对婴儿进行排便训练,成功的机会相对会多一些。

让婴儿学会坐便盆,能够解出大小便,是培养其生活自理能力的必要训练。此时婴儿虽然还不能完全主动表示大小便,但可以定时让他坐便盆进行训练。

（1）将便盆放在家中靠近卫生间的地方,让婴儿对坐便盆与排便产生联系。

（2）每天固定时间让婴儿坐便盆,不必期待他一开始坐上便盆就会排便,只要让他适应坐在便盆上的感觉就可以。

（3）一次坐便盆的时间不能太长,3～4分钟就可以了。

（4）婴儿坐便盆时,大人可在旁边发出"嗯、嗯"的声音,做出使劲排便的样子。

（5）便盆的形状、颜色、式样不要太花哨,以免影响婴儿的注意力。

（6）在进行坐便盆训练时,不要求每次都能成功,如有排便需鼓励;没有排便也不能批评或责骂。婴儿坐便盆时间久了会不舒服,挨批评会不高兴,并因此而害怕坐便盆,导致排便训练失败。

2. 训练排便困难怎么办

越小的婴儿越不会也不能反抗妈妈,因此,四五个月时,婴儿对妈妈或育儿员的把尿、把便没有明显的抵抗;现在大了,让他学着坐便盆倒有了反抗行为:不高兴让妈妈把时,不是弓腰,就是打挺;不高兴坐便盆时,不是把便盆弄翻,就是把尿撒在便盆外,这不是婴儿的问题。当婴儿不喜欢把尿把便时,要及时放手,先平息婴儿的反抗情绪。让婴儿做他不喜欢做的事,不但不利于婴儿个性发展,还会使婴儿失去学习兴趣,事倍功半。

要知道,每个孩子都能学会自主控制排便,只是时间早晚的问题。父母不必着急,2岁以后大小便都会控制得很好。

（二）日常护理

1. 选择合适的"学步鞋"

这个月大多数婴儿已经会独坐了,甚至有的已经开始学站、学走,所以,需要一双符合婴儿生长发育规律及生理结构特点的鞋子来保护婴儿的双脚,对婴儿的身体发育和行走起到促进作用。

（1）选什么样的鞋。

婴幼儿的脚正处于发育期,脚部韧带、脚踝尚未完全发育定型,再加上脚的表皮角化层薄,稚嫩娇弱,平衡稳定性差,且婴幼儿好动,在学步或行走过程中容易引起踝关节及韧带的损伤,还可能养成不良的走路习惯,严重的可能导致一些脚疾,如扁平足。所以,不同年龄的婴幼儿,选择一双合适的鞋非常重要。

根据婴幼儿身体发育程度不同,要选择的鞋子标准也不同:

7～8个月的婴儿:穿鞋主要是为脚部保暖。质地柔软、穿着宽松的柔软布鞋或厚鞋套比较适合,鞋口最好是松紧抽口式的。

8～24个月的婴幼儿:因婴幼儿骨骼发育尚不成熟,正在学爬、学走,需要保护脚掌、脚踝,鞋底不宜太软。尤其对于已能扶走的婴幼儿,鞋底要有一定硬度,最好鞋的前1/3可弯曲,后2/3稍硬不易弯折。

24～36个月的幼儿:独立行走了,可选鞋底厚些、弹性较好的嵌底式鞋或牛筋底鞋;鞋底要富有弹性,防滑,稍微带点鞋跟,以使幼儿重心平衡,保持身体稳定,防止幼儿走路后倾。

（2）注意事项。

轮换着穿。每个季节都准备两三双应季的鞋换着穿,以保持鞋内干燥,预防细菌增生。

及时换。由于婴儿的脚长得比较快,鞋子一段时间后就会不合脚,建议2～3个月更换一次。每隔2周检查婴儿的鞋是不是小了,摸摸看大脚趾头离鞋头是否还有0.5～1厘米的距离。

鞋带选粘扣式较好。粘扣简单方便,婴儿很容易学会;而系带不利于婴儿学会,还很容易使婴儿因踩到鞋带而摔倒。

2. 穿什么样的衣服

若要身体安,三分饥和寒。

随着孩子自己能走动,其活动量会比以前增大,很容易出汗。所以,不要给婴儿穿太多衣服,和大人穿得一样或多一件就足够了。冬天,室内有暖气的,上身穿内衣,外面套一件毛衣或小棉袄,如果室内温度较低,再加一件薄外套;下身的穿法也一样,内裤加毛裤或薄棉裤。外出时在这个基础上给孩子加上外套即可。

（1）大小要合适。

衣服太大会影响婴儿的活动,所以不要给婴儿穿太大的衣服,尤其是袖子、裤筒不宜过长;衣服也不要太紧,太紧的衣服不利于婴儿活动,严重的会影响婴儿的骨骼发育。

（2）越简单越好。

婴儿穿的衣服,颜色应以浅色系为主,避免染色剂的影响;另外,不要有太多的饰物,如丝带、花边、纽扣等,以避免婴儿将纽扣扯下来放在嘴里,或花边缠住婴儿的手指,那样是很危险的。款式简单大方就好。

（3）纯棉面料。

婴儿的衣物以纯棉优先,尤其是贴身衣物;但防风、防雨的风衣可选用化纤面料,毛料衣服可用作外套。

3. 如何给婴儿洗头

单独洗头并非每天的必修课,通常洗澡时就一起洗了。除非天气很热,婴儿出了很多汗,或者特殊情况需要单独洗头,否则每周洗 1~2 次就可以。给婴儿洗头时要尽量做到速战速决。

在婴儿对洗头厌烦或发脾气之前结束,会减少很多麻烦。当然,速战速决并不是仓促慌乱结束,而是提前做好准备、简化程序,比如方巾放手边、水温提前调好、动作果断不拖拉等,切不可因为着急弄疼婴儿。

二、营养饮食

1. 辅食添加要点

(1)奶和辅食比例是 4∶6。辅食每天 2 次,接近成人的午餐和晚餐时间。单一食物种类可达 15 种;水果每天 2 种,分 2 次吃;喝水 3 次。本月婴儿每天能够吃谷物 80 克、整蛋 1/2 个、水果 30 克、蔬菜 30 克、鱼/禽/畜肉 20 克、烹调油 5 克。

(2)继续喂已经添加过的食物。从这个月开始添加半固体食物,尝试添加比较软、好咀嚼、好吞咽的软固体食物。

(3)本月新添加的辅食有:整蛋、羊肉、未吃过的蔬菜和水果,软米饭。谷物还可增加杂粮,如豆、地瓜、紫米等。还有鱼丸、虾丸、肉丸,炖得很烂的根茎菜,虾肉可以直接喂给婴儿吃。

(4)固定喂辅食的时间。每顿辅食都要有谷物、蔬菜、蛋或肉,水果作为加餐单独喂。辅食作为单独一餐正式喂,不再放在两次奶之间喂。

如果婴儿早晨起得比较晚,早晨的奶可以作为早餐中的一部分。

(5)保证母乳和配方奶,不能只吃饭,不喝奶。如果婴儿白天只吃辅食,不喝奶,可在晚间或凌晨加 1 次奶。

(6)给婴儿设计一周的食谱,尽量做到一天中,每顿辅食不重样;一周里,每天食谱不重复。

(7)不追着喂饭,不逼着喝奶,以良好的心态,放松的心情对待婴儿吃喝,让吃喝成为自然而然的事。

2. 适当增加辅食的硬度

练习咀嚼有利于婴儿胃肠功能发育,有助于出牙,还有利于头面部骨骼、肌肉的发育。

通常状况下,婴儿要到 18~24 个月时嚼东西才会用磨牙。在现阶段,孩子们还是在使用牙龈“咀嚼”食物,但是这种“咀嚼”的效果却很不错。育儿员可适当喂婴儿一些硬度较大的食物,例如烤馒头片、饼干、脆面包片,去皮的苹果片,稍微煮过的胡萝卜条等,从而锻炼婴儿的咀嚼能力,促进其牙齿生长。

3. 什么时候添加固体食物

为了吃固体食物,婴儿要先学会吃比较软、好咀嚼、易吞咽、滑嫩的固体食物,这些就是软固体食物。比如香蕉、草莓、芒果、木瓜、西红柿、软面片、软米饭、蒸熟的红薯、蒸南瓜、各种肉泥丸子等。

(1)婴儿能吃固体食物的表现。

本月婴儿切牙全部萌出,舌体在口腔活动自如,能够做上下、左右、前后运动。尽管还没有磨牙萌出,但会用牙槽骨研磨食物。

吃固体食物最好让婴儿自己拿着送到口中,这样能够锻炼其手眼口的协调能力;如果还不会吃固体食物,婴儿会自己再把食物抠出来或吐出来。

过早吃固体食物,婴儿会因为无法吃下去而产生抵抗情绪,为以后吃固体食物埋下障碍;过晚吃固体食物,会错过咀嚼和吞咽能力发育关键期,在以后很长一段时间婴儿都不能很好地吃固体食物。所以,适时地给婴儿吃固体食物是很重要的。

(2)注意事项。

给婴儿添加半固体食物时,一定要注意安全:

婴儿嘴里有食物时,育儿员的视线不能离开,避免噎着、呛着;

喂辅食时,不要逗婴儿笑或惹婴儿哭,避免出现呛咳;

给婴儿添加固体食物,一定要仔细筛选,婴儿不宜吃的固体食物,如瓜子、花生、坚果等,绝不能心存侥幸喂给婴儿。

4. 不要强迫婴儿进食

添加辅食之后,婴儿的口味需要有一个适应过程。对某些他已熟悉又口感平和的口味,如牛奶、米糊、粥、苹果、青菜等会喜欢;不熟悉的口味,如芹菜、青椒、胡萝卜等可能会因不适应而拒食。千万不要为了让孩子多吃一口,不顾孩子的拒绝,采取填鸭式的喂法,那样反而会让孩子失去吃饭的兴趣,造成婴儿厌食、拒食,影响其肠胃功能。

育儿员可以把婴儿不爱吃的食物和爱吃的放在一起做,二者的比例适当调整一下。也可以采用剁碎了掺到肉末里或煮到粥里的办法,让婴儿一点点地接受。

5. 一周辅食添加举例

(1)星期一。

上午辅食:稠粥(大米、小米、绿豆),鸡蛋番茄羹(鸡蛋、番茄泥),苹果。

下午辅食:鸡汤碎菜肉末面条汤(猪肉末、碎菠菜、碎奶白菜、龙须面),葡萄。

(2)星期二。

上午辅食:软米饭(大米、红薯),鱼肉丸子汤(鳕鱼净肉、豆腐碎块、芋头丁),苹果。

下午辅食:稠粥(南瓜、薏米),蛋黄什锦糊(蛋黄泥、鸡肝泥、胡萝卜泥、土豆泥),香蕉。

(3)星期三。

上午辅食:稠粥(粳米、栗子面),鸡蛋什锦糊(鸡蛋、番茄泥,虾皮泥、虾皮浸泡去盐),猕猴桃。

下午辅食:软米饭(大米、核桃粉、红枣泥),牛肉丸子汤(牛肉泥、碎卷心菜、白萝卜丁),芒果。

(4)星期四。

上午辅食:清炖骨头汤,稠粥(小米、豌豆、葵花籽粉),什锦豆腐(豆腐碎块搅拌鸡蛋、碎奶白菜、碎油菜),荔枝。

下午辅食:软米饭(薏米、紫米),猪肝汤(猪肝泥、甜椒末),木瓜。

(5)星期五。

上午辅食:鸡蛋面片汤(骨头汤、鸡蛋和面粉和成软面片、剁碎的虾肉、芹菜末、胡萝卜

丁),火龙果。

下午辅食:软米饭(大米、紫米),肉丸子(羊肉泥、胡萝卜末、洋葱末),香蕉。

(6)星期六。

上午辅食:芋头香米稠粥(芋头、香米),鱼肉丸子浓汤(鳗鱼净肉泥、土豆粉、南豆腐、花椰菜末),草莓。

下午辅食:软米饭(大米、山药),蒸肉豆腐(豆腐、鸡蛋、鸡脯肉),苹果。

(7)星期日。

上午辅食:三鲜面片汤(虾肉、猪肉末、香菇末、鸡蛋和面做成软面片),葡萄。

下午辅食:稠粥(南瓜丁、红薯丁、粳米),猪肝萝卜泥(猪肝、白萝卜丁),猕猴桃。

(8)说明。

水果可放在餐后半小时,也可放在两餐之间;餐后不要马上喂水果;餐前半小时内不要喂水果。

以上所列食物种类和搭配仅供育儿员参考,食材及水果选择请参照当地、当季新鲜食材择优使用。

每天辅食量请结合孩子实际情况酌情增减。

6. 营养食谱推荐

(1)虾仁豆腐羹。

原料:北豆腐50克,胡萝卜20克,基围虾,高汤适量,姜汁少许。

做法:基围虾洗净,去头、壳和虾线,剁成虾粒,加姜汁拌匀;胡萝卜洗净,去皮,切丁;豆腐洗净,切小块。奶锅内放高汤,烧开放入豆腐,豆腐汤煮开后,放入胡萝卜丁、虾粒煮熟即可。

(2)五彩鱼粥。

原料:鱼肉、大米各30克,胡萝卜1/4根,豌豆10克。

做法:鱼肉洗净,去掉鱼刺,切成鱼肉粒;胡萝卜洗净,切成粒;豌豆洗净;大米淘净入锅,稍微多加点水煮粥;待粥快熟时,倒入鱼肉、胡萝卜及豌豆煮熟即可。

(3)黄瓜蒸蛋。

原料:鸡蛋1个,黄瓜半根。

做法:将鸡蛋磕入碗中,打成蛋液,加入3汤匙温开水搅拌均匀成蛋汁;黄瓜洗净,顺长剖开,去瓤,去皮,洗净,入沸水煮5分钟,取出;将蛋汁倒入黄瓜中,用铝箔纸(锡纸)包住底部。入蒸锅用小火蒸10分钟,取出切斜段即可。

(4)豆腐软饭。

原料:大米200克,豆腐100克,青菜100克,清淡肉汤(鱼汤、鸡汤、排骨汤均可)适量。

做法:将大米淘洗干净,加适量清水煮成软饭备用;青菜摘洗干净,切碎;豆腐用清水冲一下,入沸水煮片刻,取出切丁;米饭放入锅内,加入适量清淡肉汤,一起煮软,加豆腐丁、碎青菜稍煮即成。

(5)胡萝卜牛肉粥。

原料:大米50克,牛肉30克,胡萝卜20克。

做法:大米淘洗干净,牛肉洗净后剁成末,一起入沸水锅中煮成粥;胡萝卜洗净,去皮,入锅蒸熟,取出碾碎成泥,加入粥中,小火煮 15 分钟即可。

三、早教时间

(一)室内活动

1. 认知能力发展训练

(1)教婴儿指认自身器官。

通过镜子游戏、娃娃游戏,育儿员引导婴儿面对面地学习,和婴儿一起指认自己的眼睛、鼻子、耳朵、嘴巴、手等器官;当育儿员提问时,婴儿能用手指出自己的器官位置。

(2)让婴儿练习按指令取东西。

将布娃娃、球、积木等并排放在婴儿双手可及的地方,育儿员发出指令,"请把积木拿出来",婴儿能根据指令取出其中一件物品,每件物品交替问两次,不要连续问一件物品;也可以让婴儿认识 4～5 张图片后,再让他从一大堆图片中按要求找出那几张。一旦找出来,育儿员要表示赞赏和鼓励。

2. 大动作能力训练

(1)练习独站片刻。

育儿员双手扶着婴儿腋下帮助其站稳后,可以慢慢收回双手,并拍着手说:"宝宝真棒,自己会站了",或让婴儿靠着栏杆或背靠墙站立片刻,渐渐地在不扶物的条件下让婴儿学会站立。反复训练后,婴儿能独站 2 秒或以上。

有的婴儿不会自己站起来,这不能说明婴儿的运动能力差。如果婴儿正赶上冬季,穿的很多,运动不灵活,可能就不会自己站起来了;如果婴儿缺乏锻炼,运动能力也可能落后,不过经过训练会慢慢赶上的。如果确实不会站,就要看医生了。

(2)教婴儿迈步走。

根据世界卫生组织发布的《大运动发育时间表》,大部分婴儿在 11～14 个月时具备独立行走的能力。有的婴儿发育较晚,17 个月左右学会走路,也是正常的;如果婴儿满 18 个月还不能独立行走,育儿员应建议家长带婴儿就医检查。

先看婴儿是否能一只手扶着家具向前走,如果能,表示婴儿身体能保持平衡,可以开始牵着婴儿双手向前走步;如果婴儿仍然是双手扶着家具横跨,牵手走步要等下个月才能开始练习。

双手牵着走有两种走法:一种是育儿员与婴儿方向一致,婴儿在育儿员前面,两人同时迈右腿再迈左腿;另一种方法是两人相对,育儿员牵着婴儿双手,婴儿向前,育儿员后退。

婴儿喜欢面对育儿员,两人相对的走步会让婴儿更加放松。最好一边走一边数数"一、二、三、四",如同跳舞那样练习,婴儿既练了走步,又习惯了数数。

这种练习可以让婴儿保持自身的平衡,学会稳步地行走,比学步车有效。育儿员可每天拿出一定的时间牵着婴儿的手练习,时间不必很长,三五分钟即可,每天练 1～2 次。

3. 精细动作能力训练

(1)继续训练拇指和食指的对捏能力。

婴儿逐渐学会用拇指和食指抓取东西后,就可以重点练习拇指和食指对捏动作的准确性,培养捏取的速度,再扩大捏取的范围,提高婴儿捏取动作的熟练程度。这个动作难度较高,每天可训练数次。

可以用白色纸巾铺在床上,放上几粒蒸熟的葡萄干,育儿员先捡一粒放在嘴里咀嚼,说"真甜",婴儿会学大人那样用食指和拇指去捏取。

练习时,育儿员要做好看护,以免婴儿将一些小物品塞进嘴里、鼻子里发生危险。

(2)打开瓶盖。

把一个带盖的塑料瓶放在婴儿面前,育儿员先示范打开瓶盖,再拧上盖子。让婴儿观察后,练习只用拇指和食指将瓶盖打开,再拧上,反复数次。注意不要把瓶盖拧得太紧,稍微拧一两下即可,否则婴儿无法打开。在此基础上还可以练习用塑料套杯,一个接一个套起来,可锻炼婴儿手的灵活性,促进其空间知觉的发展。

(3)放进去,拿出来。

准备一个空盒子作为"百宝箱",当着婴儿的面将他喜欢的玩具一件一件放进"百宝箱"里,然后再一件一件拿出来,让婴儿模仿。也可以让婴儿从一大堆玩具中练习挑出某个玩具(如让他将小彩球拿出来),促进婴儿手、眼、脑的协调发展,提高婴儿的认知能力。

(4)打响拨浪鼓。

育儿员先转动手腕,把拨浪鼓打响,然后递给婴儿;婴儿用摇摇铃的办法来摇,不能让拨浪鼓两边的小球打在鼓上,这时育儿员再示范,明确摇动手腕才能让小球打在鼓面上;再把着婴儿的手腕练习,可以增加婴儿手腕的灵活性。

4. 自理能力发展训练:自己拿杯子喝水

(1)让婴儿自己拿住奶瓶。

婴儿的手已经具备了不错的抓握能力:能够自己拿着奶瓶喝奶或喝水了。开始时育儿员可以先帮忙扶着奶瓶,然后顺势拉着婴儿的手扶住奶瓶,再慢慢地将自己的手移至奶瓶底部直至拿开。如果婴儿的手臂控制力不佳,可以改用比较轻的奶瓶或带有握把的奶瓶。

需要注意的是,即使婴儿已经具备了自己拿奶瓶的能力,甚至能主动调整奶瓶的倾斜度,育儿员在婴儿喝奶时仍然需要陪在旁边,以免发生意外。可以在婴儿头后或上背部放一个软垫,保证婴儿头颈部直立,食管保持通畅。

(2)让婴儿自己拿杯子喝水。

育儿员托住杯子给婴儿喝水,让他用双手捧杯子。待他能渐渐用力捧住杯子后,育儿员再慢慢放手,让婴儿自己捧着杯子喝水,并及时给婴儿表扬和鼓励。注意杯中只倒少量的水,喝完后再加,避免把水泼洒在身上。婴儿喝水时,不要逗引他,以免发生呛咳。

(3)和自理能力有关的儿歌推荐。

擦手的儿歌:小毛巾,摘下来,打开毛巾来擦手,擦手心,擦手背,擦完之后送回去。

叠小裤子的儿歌:裤子两条腿,变成一条腿,鞠个躬,弯个腰,叠好啦。

叠小衣服的儿歌:小衣服,躺平啦,两扇门,关好了,左臂弯,右臂弯,鞠个躬,叠好啦。

进餐的儿歌:一手拿勺,一手扶碗,宝宝自己来吃饭,不用喂,大口吃,不掉粮食不浪费。

漱口的儿歌：小水杯，手中拿，吃完饭，漱口啦，咕噜咕噜鼓鼓嘴，吐出饭菜小渣渣。

擦嘴的儿歌：小纸巾，手中拿，吃完饭，擦嘴巴，短边对折把嘴擦，擦完一次再一次，捏起桌上小渣渣。

5. 益智互动游戏

（1）捡豆子。

【游戏目的】锻炼婴儿的拇指和食指的对捏能力，增强手指灵活性，提高婴儿的观察和分辨能力。

【具体玩法】

桌子上放三个小盒（或小盘），旁边放些混合在一起的蚕豆、黄豆和大米。

让婴儿坐在桌子旁边，育儿员先示范将三种粮食取出，分别放在不同的盘子里。

鼓励婴儿模仿着用拇指、食指对捏的方法，将蚕豆、黄豆和大米粒分别放在不同的容器里。等婴儿捡完之后，育儿员要对婴儿做出表扬和鼓励，之后可反复进行。

（2）宝宝跟我做。

【游戏目的】听指令做动作可以提高婴儿的语言理解能力，并锻炼婴儿的语言节奏感，提高交往能力。

【具体玩法】准备几首简单的儿歌，做做热身运动，使婴儿活跃起来。

育儿员和婴儿相对而坐，育儿员边做动作边念儿歌，让婴儿也做同样的动作。

歌词为："请你跟我这样做，我就跟你这样做，小手指一指，眼睛在哪里？眼睛在这里（用手指眼睛）。"

"请你跟我这样做，我就跟你这样做，小手摸一摸，鼻子在哪里？鼻子在这里（用手摸鼻子）。"依次认识五官。

"请你跟我这样做，我就跟你这样做，小手指一指，小手在哪里？小手在这里（用手摇两下）。"

【小提示】大人念儿歌的速度慢一点，婴儿反应需要一段时间，可以多做几次，让婴儿逐渐开始模仿。儿歌可以随时编创，只要能调动婴儿的兴趣即可。

（二）户外活动

1. 为婴儿选择合适的助步工具

婴儿的成长发育是一个科学的、有规律的、循序渐进的过程，容不得急躁和粗心。

婴儿会走是一件令人欣喜的事，但不要认为越早走越好。在不干预婴儿的情况下，尊重婴儿的成长规律，允许婴儿依自己的方式成长。尤其是在学步阶段，不要太迷信于那些辅助婴儿练习走路的工具。

（1）学步带。

事实上，使用学步带并不在于帮助婴儿学步，而是保证学步时的安全。婴儿学习走路时，育儿员利用带子给婴儿向后或向上的牵引力，帮他维持平衡。而当婴儿走路比较熟练后，学步带还有控制婴儿活动范围的作用，保证安全。

应注意的是，如长期使用学步带会勒着婴儿的胸部，影响婴儿的胸廓发育。

（2）助步车。

在婴儿能够站立且有想要走路的欲望时，可以使用助步车。助步车速度不快，婴儿推着走时能够跟着车的节奏慢慢学习走路，既能够练习走路，也不会对婴儿产生不良影响。

（3）学步车。

婴儿学步时，不建议使用学步车。当婴儿学习走路时，每当要摔倒的时候，他就会用脚趾抓紧地面、弯腰、撅起屁股以保持身体平衡，这样的练习可以锻炼婴儿的运动技能与平衡能力的发展，而学步车不能给婴儿这样的锻炼机会。

另外，使用时一旦控制不好车速，很容易发生冲撞、摔倒等意外事故，非常危险。

对于婴儿来说，学会行走无疑是其成长过程中的大事，但过早或过度依赖和使用助步工具，绝非优选。无论是育儿员还是父母，尊重孩子的成长规律，尽可能腾出时间来陪伴孩子，才是最重要的。

2. 户外活动要留心

婴儿需要阳光、清风和生机盎然的花花草草。公园里花美、树美、草美，还有婴儿将来喜欢玩的滑梯、秋千、摇椅、跷跷板、木马、沙堆等，都会带给婴儿全新的体验。带婴儿户外活动要注意：

（1）带婴儿去人少、植物多的地方。现在的婴儿还不适合去游乐园这样的场所，应该以呼吸新鲜空气为主。

（2）注意保暖。天气不好时带婴儿出去需要多加件衣裳，最好给婴儿带个小薄被，睡觉的时候不至于着凉。

（3）去树多草多的地方，一定要在车上搭块纱，防止小飞虫之类的攻击婴儿；并要随时检查婴儿的衣服、婴儿车等，以免有漏网之虫叮咬婴儿。

（4）给婴儿带上水瓶、奶瓶、安抚奶嘴以及纸尿裤等，以备不时之需。

（5）婴儿醒着的时候，多把婴儿抱出车外，带他认识更多事物，而且绿色对眼睛发育也好。

（6）推着婴儿车走在街道上，遇到岔道、转弯可对婴儿讲将要选择的街道名称和方向，久而久之，婴儿就会对环境和方位有概念了。

（7）如果有点累了，可以选择一片树阴下的绿地，铺上自备的野餐垫，让婴儿躺在垫子上休息一会儿。

四、科学睡眠

1. 婴儿踢被子怎么办

婴儿虽然不会走，但晚上踢起被子来，动作却是相当干净利落。育儿员需要在夜间多次起身查看，以防婴儿因踢掉被子而着凉。这个阶段的婴儿很容易出现因踢被子而导致的感冒或腹痛、腹泻等问题。

（1）原因。

白天玩得太厉害，或者临睡前玩了刺激的游戏，大脑过度兴奋。

晚饭蛋白质吃得多，或太油腻，肠胃负担重、不舒服，睡不安稳，不断翻身。

为了防止踢被子，给婴儿穿着衣服睡，结果婴儿因为热而踢被。

（2）应对策略。

注意消除婴儿的兴奋因素,睡前不要过分逗引婴儿,玩太兴奋的游戏,不要吓唬婴儿。

不要让婴儿睡前吃得过饱。

睡觉时,换上透气性、柔软性、吸气性好的睡衣,并注意调整好室内温度。

给婴儿穿睡袋。买那种袖子可拆卸的睡袋,可以随时改装成背心式睡袋,以适应各种睡眠习惯的婴儿使用。

2. 白天不睡觉怎么办

这个月的婴儿一般白天能睡两觉。午前睡1～2个小时,午后可能会睡2～3个小时。有的婴儿到了这个月,可能一天只睡一次,午前不再睡觉,午后睡2～3个小时,甚至是3～4个小时。

白天不睡觉的婴儿并非没有,好动的婴儿可能一白天都不睡觉,玩得很开心,一点倦意也没有,这不是异常表现。这样的婴儿晚上睡得比较早,睡眠质量也好,深睡眠时间相对长。虽然白天不睡觉,但如果婴儿能从晚上7～8点或8～9点一直睡到第二天早晨8～9点钟,精神很好,生长发育也正常,就不要为婴儿白天不睡觉而焦虑。

对白天不睡觉的婴儿可以采取以下措施:

（1）调整作息时间。

（2）改善睡眠环境,如温度、亮度、噪声等。

（3）如婴儿有缺钙情况,可能会因多汗、肌肉异常兴奋而出现白天不睡觉的情况,建议在医生指导下给予药物治疗。

五、注意事项

1. 让婴儿安全地玩水

喜欢玩水是孩子的天性。炎炎夏季,让婴儿适当地玩水,不但可以防暑降温,还可以让婴儿在收获快乐的同时学习知识、增长智慧。

（1）户外玩水注意防晒。

婴儿皮肤稚嫩,与大人相比更容易晒伤。所以在户外玩水时,要给婴儿涂抹儿童防晒霜,并戴好帽子,避免强烈的阳光直射到婴儿。玩水过程中记得给婴儿补充水分。

（2）室内玩水注意水量。

如果婴儿是在水盆中玩水,水位在婴儿站立的状态下以不没过膝盖为宜。当婴儿坐下去的时候,刚没过大腿或不没大腿都可以。如果水太多,婴儿的身体容易漂浮,这样婴儿活动起来很困难,也容易发生危险。

（3）玩水时间不要太长。

玩水的最佳时间是上午。上午玩水不会影响婴儿中午和晚上的睡眠。时间最好不要超过30分钟。注意玩水过程中,不要让水进入婴儿的嘴巴、眼睛、鼻子和耳朵里。

（4）适合水中玩的游戏。

◎ 拧海绵游戏。

【游戏目的】练习婴儿的抓握能力,锻炼其手部力量。

【具体玩法】准备一块海绵和盛水的塑料小碗或小桶。

先给婴儿看一下,再给他做示范:把海绵弄湿,再拧干;把海绵给婴儿,握着他的小手,和他一起把海绵浸湿、拧干;之后让他自己玩。熟练后,可以教他把水拧到塑料小碗里。

◎ 水中捞球游戏。

【游戏目的】让婴儿感受水的浮力,锻炼其手、眼协调能力。

【具体玩法】准备几个塑料小球,一个塑料小桶。

先把小球拿出来给婴儿看,然后放进浴盆里;把小塑料桶也放进水里,教婴儿用小桶把小球一个一个地捞进去;然后再把小球倒出来,反复玩。

让婴儿自己从小桶中去捞球,也可以用其他可漂浮物代替小球给婴儿玩。

2. 预防溺水

对于婴幼儿来说,即使是十几厘米的水深也可能发生溺水。所以,育儿员在日常照护婴儿的过程中要十分小心,并及时清除隐患。

(1)家里或院里浅水容器里的水必须倒掉,并且扣过来放,以防婴儿溺水。

(2)不要将水放在学步婴儿可以到达的地方,在不用时将水倒掉或用盖子盖紧。

(3)洗碗以后立即放空水池。

(4)注意马桶。假如婴儿特别活跃或充满好奇心,要关上浴室的门并上锁。

(5)往浴盆中注水时,不要让婴儿待在浴盆的下方或旁边;不要让婴儿在充满水的浴盆边行走。

(6)育儿员需要中途离开时(比如开、关门),要把婴儿用浴巾包起来,抱着他一起去。

(7)不要让婴儿独自待在浴盆里,哪怕一小会儿都不行。因为婴儿好奇心极强,浴盆周围很多东西都对他有吸引力,比如伸手去够放在盆边的肥皂,站起来想迈步出去,往后仰等,都可能让婴儿滑躺在盆里,被水淹没口鼻,发生溺水危险。

3. 预防五官异物

(1)眼睛异物。

婴儿好奇心和探索欲特别强,时常喜欢用手乱摸东西,沙石泥土也都是他们的"玩具"。户外难以清洁,所以将沙石等异物揉入眼睛的状况时有发生。

婴儿眼睛进入异物时,除了睁不开眼睛外,还会排斥育儿员给他看眼睛,因为难受还可能会哭闹不已。遇到这种情况,育儿员首先要保持冷静,安抚婴儿情绪,制止婴儿用手揉眼睛;同时,迅速洗干净手,确认异物是什么。

具体方法:

◎ 让婴幼儿眼睛向上看,育儿员用手按住婴儿下眼皮往下拉,可查看下眼睑内有无异物;

◎ 如果没有,可用拇指和食指提起上眼皮,食指轻轻一按,拇指将眼睑往上翻,可查看上眼皮内有无异物。不要乱揉,应该提起眼皮轻轻吹动,让眼泪把异物冲掉,或用棉棒蘸水将异物沾出(图9-2-1)。

◎ 取出异物后,冲洗或消毒眼睛:往眼里滴一两滴眼药水,既可预防发炎,又可冲掉异物。

◎ 如果眼睛严重发炎,需要马上送医院处理。

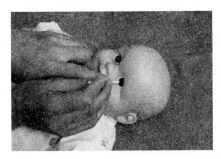

图 9-2-1

（2）耳朵异物。

婴幼儿常会把小物件塞入耳内，也可能有虫子爬入耳内，如不处理，可能发生感染。

处理方法：

◎ 将婴幼儿头歪向一侧，患耳向下，让异物滚出。

◎ 如果是虫子入耳，让婴幼儿进入暗室，或光线不足的房间，用手电筒向婴幼儿的耳道照射，虫子具有向光性，可以诱使虫子飞向亮处，离开耳道。

◎ 如果在家里不能排除异物，要尽快去医院检查，千万不要自己用镊子或耳勺挖取。

（3）鼻腔异物。

婴幼儿有时会把纸团、豆子等塞入鼻孔，如果没有发现，会引起感染、出血。豆粒、纸团等如未泡涨，体积比较小，可用擤鼻涕的方法将其排出；如已泡涨，则需医生处理。如果是虫子进入鼻腔，可用纸捻刺激婴幼儿鼻腔，使其在打喷嚏时把虫子喷出。鼻腔有异物时，不要随意用镊子给婴幼儿夹取，否则容易使异物进入咽喉部、气管，甚至引起窒息。

另外，在日常生活中，家长应多关注婴幼儿的异常情况，如有流浓鼻涕、鼻腔发臭等症状时，应及时带婴幼儿到医院就诊，避免出现鼻腔内存留异物的情况出现。及时发现，及早处理，避免产生危险。

（4）咽喉部异物。

在咽喉部的异物，绝大多数是鱼刺，鱼骨刺入咽喉部最常见的位置是咽后壁及两侧扁桃体。

正确的处理方法：

立马去医院，请医生处理，或打 120 中心电话，一边自救，一边等候，而不是给儿吞饭团，或者喝一些醋，这些都是错误的方法。

用喝醋来软化鱼骨毫无作用。因为食用醋酸度不高，接触鱼刺的时间又很短且被刺入黏膜内的鱼刺根本无法与醋液接触，所以，这种方法是行不通的。

六、一日工作流程表

1. 住家育儿员一天工作流程

时间	项目	工作内容	注意事项
6：00	育儿员起床	洗漱，整理好个人卫生，准备婴儿用品（换洗衣物，纸尿裤，尿布，奶瓶，餐具、玩具等）	

时间	项目	工作内容	注意事项
6:30	婴儿起床	1. 换纸尿裤或尿布 2. 清洗臀部（观察大便颜色及性状变化） 3. 洗漱（口耳鼻眼护理） 4. 测量婴儿体温（身长、体重可一个月测一次）	
7:00	喂奶	1. 有母乳喂母乳 2. 喝配方奶的，按流程给婴儿冲调奶粉、喂食 3. 把奶瓶清洗干净、消毒	吃完奶记得用温水漱口
7:30	亲子互动	1. 将婴儿交给妈妈，让婴儿和妈妈做些亲子互动 2. 育儿员吃早餐	
8:30	早教时间	1. 天气好，户外活动1小时 2. 天气不好，室内大动作能力训练	带好外出的装备，比如口水巾、纸尿裤、湿纸巾、水杯等
9:30	喂奶	1. 冲调奶粉或加热母乳 2. 奶瓶清洗、消毒	育儿员单独照顾婴儿，可在婴儿小睡时清洗消毒奶瓶
10:00	小睡	1. 有用过的口水巾、围嘴以清洗一下 2. 准备午餐	根据婴儿的睡眠状况，随时终止手头的工作
11:00	辅食	1. 制作辅食并给婴儿喂辅食 2. 餐具清洗、消毒	
12:00	午餐	育儿员吃午餐	抱婴儿时，不要同时拿烫的食物或者饮品等
12:30	午休	1. 休息并关注婴儿睡眠情况 2. 上午婴儿有换洗衣物或未清洗的奶瓶餐具等，清洗干净、消毒放好	
14:30	喂奶	1. 冲调奶粉或加热母乳 2. 奶瓶清洗、消毒	育儿员单独照顾婴儿，可在婴儿小睡时清洗、消毒奶瓶
15:00	早教时间	1. 精细动作能力训练 2. 户外活动	1. 不允许任何陌生人抱婴儿，不接受任何人给婴儿的食物 2. 户外活动告知家人具体活动区域 3. 活动量大或天热加喂水
16:00	辅食	1. 制作辅食并给婴儿喂辅食 2. 餐具清洗、消毒	
16:20	小睡	1. 奶瓶、玩具、衣服、婴儿用具的清洗消毒 2. 随时观察婴儿的睡眠状况 3. 准备晚餐	根据婴儿的醒来状况，随时终止手头的工作

续表

时间	项目	工作内容	注意事项
17:00	喂奶	1. 冲调奶粉或加热母乳 2. 奶瓶清洗、消毒	吃完奶记得用温水漱口
17:30	晚餐	育儿员和妈妈轮流就餐	抱婴儿时,不要同时拿烫的食物或者饮品等
18:30	睡前盥洗	洗澡并更换好纸尿裤	夏季白天可以多安排一次洗澡,冬季一天洗一次即可。以父母为主,育儿员协助
19:00	亲子时间	亲子阅读,聊天互动	育儿员退位,父母发挥主要作用
19:30	喂奶	1. 冲调奶粉或母乳 2. 奶瓶清洗、消毒	喂完奶注意给婴儿清洁口腔
20:00	收尾工作	1. 重新检查一下当天的喂哺工具、婴儿衣物、玩具,活动区域的清洗、清洁消毒 2. 一日工作日志填写	天热时婴儿衣物随时洗,冬天要洗的衣物不过夜;孩子的衣服、口水巾、围嘴衣等手洗干净

2. 不住家育儿员一天工作流程

时间	项目	工作内容	注意事项
7:30	育儿员入户	准备婴儿用品(换洗衣物,纸尿裤,尿布,奶瓶,餐具、玩具等)	
8:00	婴儿起床	1. 与妈妈交接 2. 晨检(情绪,体温)	具体时间根据婴儿实际情况确定
8:30	喂奶	1. 按流程冲调配方奶或加热母乳 2. 奶瓶清洗、消毒	吃完奶记得用温水漱口
9:00	早教时间	1. 天气不好,室内大动作能力训练 2. 天气好,户外活动1小时	1. 带好外出的装备,比如口水巾、纸尿裤、湿纸巾等 2. 温度较高或活动量较大加喂水
10:00	辅食	1. 婴儿米粉调配并给婴儿喂辅食 2. 餐具清洗、消毒	
10:30	小睡	1. 奶瓶等哺喂用具的清洗、消毒 2. 随时观察婴儿的睡眠状况 3. 准备午餐	根据婴儿的睡眠状况,随时终止手头的工作
11:30	喂奶	1. 冲调奶粉或加热母乳 2. 奶瓶清洗、消毒	吃完奶记得用温水漱口
12:00	午餐	育儿员吃午餐	抱婴儿时,不要同时拿烫的食物或者饮品等

时间	项目	工作内容	注意事项
12:30	午休	1. 上午婴儿有换洗衣物或未清洗的喂哺用品,清洗干净、消毒放好 2. 休息并关注婴儿睡眠情况	根据婴儿的睡眠状况,随时终止手头的工作
14:30	喂奶	1. 冲调奶粉或加热母乳 2. 奶瓶清洗、消毒	吃完奶记得用温水漱口
15:00	早教时间	1. 精细动作能力训练 2. 户外活动	1. 不允许任何陌生人抱婴儿,不接受任何人给婴儿的食物 2. 户外活动,告知家人具体活动区域 3 活动量大或天气热,加喂一次水
16:00	辅食	制作并给婴儿喂辅食	
16:20	小睡	1. 奶瓶、玩具等婴儿用具的清洗、消毒 2. 随时观察婴儿的睡眠状况	根据婴儿的醒来状况,随时终止手头的工作
17:00	喂奶	1. 冲调奶粉或加热母乳 2. 奶瓶清洗、消毒	吃完奶记得用温水漱口
17:30	晚餐	育儿员用餐、收拾婴儿用品,做好一日工作记录(不就餐者 17:30 下班)	

第三节　父母抚育篇

在孩子的成长过程中,除了吃饱、穿暖等物质需求外,还有很多精神需求,具体包括父母的陪伴、良好的情绪、社会交往、父母的支持和鼓励……这些需求获得很好的满足后,孩子往往会变得情绪积极、情感正向。

从某种程度上讲,孩子情感上的满足更甚于物质需求。

作为父母,与孩子保持情感上的连接,给予孩子爱、陪伴和支持,就是给孩子最好的礼物。

一、情感连接

1. 不要吝啬对婴儿的赞扬

随着能力的增长,这么大的婴儿非常喜欢表现自己。作为家庭成员中的核心,婴儿很喜欢为家里的人表演游戏,因此,在家庭日常生活中,父母要及时发现婴儿的每一点小小的、哪怕是微不足道的进步,随时随地给予肯定和鼓励,不要吝啬对婴儿的赞扬。

当婴儿在家人面前做自己新学会的动作时,来自爸爸妈妈、爷爷奶奶的喝彩和称赞声,会让他更愿意重复这个动作,这是婴儿从家人的称赞鼓励中获得的快乐体验。而这种快乐体验,是一种良性的情绪力量,能够让婴儿的大脑保持活跃状态,激发婴儿的学习动机,为其智力发展提供巨大动力,有利于婴儿形成积极、自信的个性心理。这些良性的情绪刺激,对于婴儿的健康成长来说极其重要。

2. 对婴儿不要时时、事事帮忙

婴儿通过亲身体验来认识世界,获取知识,习得生存技巧,逐渐成长为一个独立自主的个体。有些父母过于心疼婴儿,凡事总是为婴儿"效劳",不给婴儿自己做事情的机会,反而限制了婴儿各项能力的发展。婴儿只有不断地用手去触摸、抓握、感觉、认知,与外界发生联系、相互作用时,才能建立自我意识。

触摸给婴儿输入信息,大脑根据触摸的感受回馈情绪反应。外界的信息越丰富多彩、越强烈,人的情绪反应也就越丰富多彩、越强烈。

有些事情当婴儿自己没有能力做的时候,父母或育儿员可以适当地施以援手,以保护婴儿的自信;但是,婴儿自己能做的,一定要多给他尝试的机会,让他自己去做。婴儿笨手笨脚,犯错失败都是正常的。尝试多次之后,他便能体会到成功的乐趣,也会更加自信。所谓"吃一堑长一智",就是这个道理。

3. 温和而坚定地约束婴儿行为

随着不断长大,婴儿变得越来越活泼可爱了,还特别好奇好动。对此,父母应该表示欣赏和鼓励,不要随便对婴儿说"不",但这并不意味着对婴儿的任何行为都不加约束。一旦婴儿想做危险的事情,或者打扰和影响别人,就需要父母对其加以约束。

(1)转移注意力。

转移注意力是个非常管用的办法,婴儿正在搞破坏,或者是哭闹的时候,妈妈可用玩具或婴儿感兴趣的其他活动来转移他的注意力。

例如,婴儿想抓你手上的水杯,你可以一边说"婴儿不能拿开水杯,烫手",一边找一个塑料的空杯子给他。

(2)亲身体验。

"亲身体验"就是让婴儿了解错误行为的结果,从而知道不该做这件事情。

例如,婴儿总是喜欢去拿茶壶盖,你就可以告诉婴儿,茶壶里有热水,不能碰,会烫。但婴儿可能并不理解"烫"的含义,这时候,可以让婴儿的手稍微接触一下热茶壶,婴儿有了直接体验,就知道"烫"的含义,就不会再去碰热壶了。当然,要在保证安全的前提下让他感受事情的后果。

(3)强化"正面行为"。

婴儿表现好时要及时给予奖励,使好的行为得到强化;在婴儿"行为不当"的时候停止奖励,从而淡化和消退不好的行为。例如,婴儿无故哭闹。妈妈在确认他身体没有不舒服后,可以平静地看着他;而当他停止哭泣和吵闹时,立即抱起婴儿,亲亲他作为奖励。

(4)制止的信号简短而明确。

对这个月龄的婴儿,妈妈发出的信号必须十分明确。例如,婴儿正要把不应该吃的东西往嘴里放,妈妈看到应立即制止,用非常坚定的语气告诉他:"玩具不能吃。"这样的制

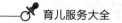

 育儿服务大全

止信号迅速而明确。哪怕婴儿有反抗和哭闹，妈妈的态度和立场也要坚定。

对于危险的事情，必须温和而坚定地制止，使婴儿从小懂得哪些可以做，哪些不可以做，这对婴儿有益无害。

二、智力开发

1. 培养婴儿的专注力

随着月龄的增长，婴儿需要独自玩乐的时间也会越来越长，一个人咿咿呀呀，手舞足蹈，怡然自得。这时，大人应该尊重他独自玩耍的乐趣，不要打扰婴儿，静静地在一边观察、守候，避免婴儿发生危险就好。

婴儿独处时，才会把精力全部集中在自己感兴趣的事物上，发现一些平常忽略的小细节；还可以在玩耍过程中充分实现自己的想法；一旦遇到问题，他也会尝试依靠自身的能力去解决。这样，既有利于提高婴儿的专注力，又能让婴儿更好地认识自我、感受自我。

因此，父母要尊重婴儿独处的时刻，一些在大人看来毫无意义的事情，在婴儿的眼里也许是非常有趣的，父母不要站在成人的角度看待这些活动，更不要自以为是地打扰婴儿，甚至限制婴儿的行为。

以下是两个培养婴儿专注力的小游戏，供参考：

◎ "小动物"真好玩。

可以在婴儿面前放一个会做各种动作的小玩具动物，婴儿的注意力会集中到"小动物"的各种动作上。

◎ 听音乐。

让婴儿听古典音乐，但声音不要过大，以免吓着他。这既训练了婴儿的注意力，还培养了婴儿对音乐的爱好。

2. 教婴儿模仿发音

这个阶段的婴儿，已经能够发出一些简单的音节，家长要多与婴儿互动，多向婴儿讲述见闻，以帮婴儿将见闻和语言联系起来，促进语言能力的发展。

（1）引导发音。

成人要继续教婴儿使用有意义的单词，如"爸爸""妈妈"之类的称呼，也可教婴儿一些简单的动词，如走、坐、站等。在引导他模仿发音后，还要引导他主动发出单字辅音，观察他是否见到父亲叫"爸爸"，或者见到母亲叫"妈妈"。

（2）将语言与物品对应起来。

在婴儿咿呀学语时，父母要多引导他说话。在给婴儿东西时，向他说明这是"苹果"、那是"香蕉"，帮婴儿逐渐将词语与物品对应起来。

家长可以利用一些技巧，比如，婴儿指着图画书发出"嗯啊"的声音时，家长即使明白婴儿的意思，也要拿起图画书，对婴儿说："哦，宝宝是要看这本图画书呀"，以此强化婴儿认知语言和事物之间的联系。

注意：

◎ 千万不要婴儿一指某件物品，照护者就直接猜到婴儿的心思并马上拿给婴儿，而

232

不引导婴儿开口讲话,造成其语言发育迟缓。

◎ 不能让婴儿太长时间达不到目的,以免情绪崩溃大哭大闹,打击他的积极性。

(3)注意事项。

家庭成员在日常生活中所说的每句话,都对婴儿的语言学习有着很大的影响,家长要以身作则,最好讲普通话,不要讲一些不伦不类的"方言"。不要以为孩子不懂事,请谨记,自己时时刻刻都是婴儿模仿的"榜样"。

不要在婴儿刚刚表达需求的时候,就马上满足他。家长的理解力和执行力越强,婴儿练习说话和认识世界的机会就越少。

婴儿模仿发音或语言学习都需要积累和鼓励,要反复训练。及时地表扬、回应以及合适的示范是鼓励婴儿模仿发音的最好方法。

三、社会交往

1. 喜欢和小朋友玩

婴幼儿早期同伴交往有助于促进婴幼儿社交技能及策略的获得,也有助于促使婴幼儿做出更多积极的社会行为,减少其消极、不友好的行为。

因此,育儿员或父母应该积极主动地为婴儿创造与同伴交往的机会,扩大交往范围。比如,带孩子到邻居家串门,到楼下小区公共场所,还可以带孩子参加各种活动。让孩子和同龄小伙伴一起玩,父母做好参与和指导,在实践活动中锻炼孩交往能力。

2. 教婴儿做应答练习

婴儿很喜欢爸爸的手机和家中的电话,大人可以给他一根长积木模仿打电话,同他呼应着叫"喂""哈"。虽然声音并不代表什么具体意义,但婴儿喜欢一呼一应、有对有答。

在对答时,婴儿可以学发音,得到有呼有应的快乐。有时妈妈在厨房做事,当婴儿发出声音时,只要大人回应,婴儿就不感到寂寞,也不会哭闹着找大人抱抱,婴儿又可趁机练习不同的辅音,为说话做准备。

第十章

11月龄婴儿教养指南

第一节　发展指标和养育要点

婴儿现在已经是个灵巧的乖宝宝了,变得更加懂事了,知道什么是听话,什么是不听话。但婴儿还是不能接受爸爸妈妈限制他的行动,尤其是婴儿喜欢做的事情。

一、婴儿生长特点

(1)此阶段的婴儿已经能够站立并扶物行走了,智力也有了很大发展。

(2)语言发展正处于学说话的萌芽状态,会叫"爸爸""妈妈"。

(3)更加活泼、淘气,活动范围也比以前扩大了很多。

(4)宝宝的"婴儿期"即将结束,慢慢步入"幼儿期"。孩子的听说能力逐渐增强,并有了初步的自我意识。喜欢和熟悉的大人交流接触,并模仿大人的行为。

(5)能明显地表现出自己的好恶;遇到困难时,仍然以发脾气、哭闹的形式发泄自己的不满和受挫感。

二、身体发育变化

判断孩子体重、身高增长是否正常,主要是看"生长曲线图"的发展变化,不要和别的孩子进行横向比较,要依据自己孩子的"生长曲线图"来判断,不要纠结于这一数值具体是多少。

体重:男孩7.2～13.6千克,女孩6.8～13.0千克。

身长:男孩67.8～83.3厘米,女孩66.4～81.7厘米。

头围:男孩42.3～49.8厘米,女孩41.2～48.6厘米。

注:以上数据根据国家卫健委《7岁以下儿童生长标准》(2022年9月19日发布,2023年3月1日实施)整理。

前囟:多数孩子的前囟逐渐开始闭合,但每个孩子的生长发育过程不同,闭合时间也不同,要结合具体情况分析。

乳牙:按照一般规律,11个月时,大概长出了5～7颗牙。每个孩子的发育情况不一样,也有一些孩子刚刚开始出牙,但乳牙萌出的时间最晚不应超过2周岁。

三、能力发展特点

(一)认知能力:能听懂简单的话

如果用简单的语言、尽量慢的速度和这一时期的婴儿说话,他大致可以明白话语的意思;如果说话很快、语法用词比较复杂,婴儿理解起来可能就有些困难。

育儿员与父母多和婴儿说话,是婴儿学习语言的最好途径。

(二)大动作能力:能独站,能扶物下蹲取物

大多数婴儿这个时候都能很好地独坐、自由地爬行;扶着东西能自己站起来,可独站2秒或以上;甚至有的婴儿还可以拉着大人的手或者扶着东西慢慢地向前挪动步子。

(三)精细动作能力:自由地伸张五指

本月龄的婴儿能自由地伸张五指。

能够把东西装入容器;会拿起笔在纸上乱涂乱画;两只手能够比较熟练地玩玩具;能用拇指和食指捏起小的东西;会伸出手来要东西;能用单手或双手摘下帽子;能模仿大人的样子轻拍娃娃。

(四)语言能力:会叫"爸、妈"了

本月龄的婴儿能听懂父母说的话。能通过表情、举止和父母进行"交流";有些婴儿还会"叽里咕噜"地发出声音,旁人不明白说的是什么,只有和孩子长期生活在一起的父母才能理解其中的意思。

本月的婴儿还不会说出一句完整的话,但能开口叫"妈妈""爸爸"的孩子多了起来,甚至可能还会叫"奶奶""姑姑"等;如果能说出"吃吃"就相当不简单了;绝大多数还是只能无意识地发一些音节。

四、心理情感特点

1. 好奇心爆棚,乐于探索新事物

本月龄的婴儿好奇心进一步增强,对新奇的事物、没有看过的东西表现出极大的兴趣,而对熟悉的东西很快就失去兴趣。玩过的东西,即使再好玩,也不会玩很长时间。

婴儿开始表现出"逆反心理":越是不让做的事情越想做;越是不让放到嘴里的东西越想尝一尝。

2. 情绪多样化

本月龄的婴儿已经具有了丰富的情绪:高兴时会咯咯地笑或大叫;愤怒时会尖声大

哭。

婴儿的情绪很容易受大人,尤其是妈妈情绪的影响:如果妈妈情绪不高或表现出悲伤的神情,婴儿也会安静地待在一旁,不像平时那样活泼爱动了;如果妈妈哭了,婴儿也会跟着哭起来。

3. 对父母表现出依恋之情

本月的婴儿对父母的依恋之情开始逐步增强,尤其喜欢和妈妈待在一起,希望随时随地都能看到妈妈。当妈妈离开自己的视线或把自己交给别人照看时,就会感到不安、恐惧,进而会伤心大哭。

4. 有了初步的"自我意识"

本月的婴儿开始萌发自我存在的意识:能够在大人的引导下指出自己身体的一些部位。当看见妈妈抱别的孩子时,会表现出不满,双手够着要妈妈抱自己。

五、喂养要点

母乳喂养:每日 4 次。

配方奶喂养:每日 3 次,每日不少于 600 毫升。

辅食添加:奶与辅食比例 3:7,每日 2 次辅食。

单一食品数量:15 种左右。可以添加固体食物,能吃谷物 100 克、整蛋 1 个、水果 40 克、蔬菜 40 克、肉 30 克、烹调油 8 克。

水和营养素补充:每日婴儿需要喝白水 300~400 毫升。继续补充维生素 A 和 D,以维生素 D400 国际单位/天计算每日所需维生素 A 和 D 量。

重要提醒:

(1)继续上个月的辅食,从这个月开始可以尝试固体食物。

(2)不要因为婴儿能够很好地吃饭就忽视奶的摄入,更不能因此断掉母乳。

(3)尽可能吃多种不同的食物,保证营养均衡。

六、早教重点

(1)学搭积木。

(2)用棍子够玩具。

(3)学翻书,找图画。

(4)随音乐韵律扭动身体。

(5)每天绘声绘色地给婴儿念儿歌、童话,多听音乐。

(6)善于与婴儿沟通,要多表扬婴儿。

(7)保护孩子的好奇心,引导孩子认识更多的事物。

第二节　育儿员工作篇

一、健康护理

（一）二便管理：训练大小便莫急于求成

1岁以前的婴儿不会告诉育儿员要大小便。如果育儿员能成功地训练孩子大小便，可以继续这样做；如果孩子把尿就打挺，坐便盆就闹，就不要强求孩子，过一段时间再说。

训练大小便不能着急，欲速则不达。强求和训斥只能使孩子更加反抗，这对以后的训练没有任何帮助，还可能破坏以后的计划。尤其在晚上把尿时导致孩子哭闹，影响孩子睡眠，可暂且停一停，这么大的婴儿不容易患尿布疹了。

（二）日常护理

1.给婴儿洗脸要适度

对于婴儿来说，每天洗脸1～2次就够了，水温不要过高。

婴儿在3个月之前身体内部还带有妈妈体内的激素，所以皮脂分泌比较旺盛；而3个月以后，特别是接近周岁的时候，体内的激素水平下降，皮脂和油脂分泌都会下降。过度清洁会把起保护作用的皮脂都洗掉，婴儿反而可能出现皮肤干、裂、红、痒等症状。

2.这些不良习惯会影响婴儿牙齿

在婴儿出牙期间，许多不良的口腔习惯会直接影响到牙齿的正常排列和上下颌骨的正常发育，从而严重影响面部的美观。下列不良习惯应及时纠正：

（1）咬物：一些婴儿在玩耍时，爱咬物体（如袖口、衣角、手帕等），这样在经常咬物的牙弓位置上易形成局部小开牙畸形。

（2）偏侧咀嚼：有的婴儿在咀嚼食物时，常常固定在一侧，这种一侧偏用、一侧废用的习惯形成后，易造成单侧咀嚼肌肥大；而废用侧因缺乏咀嚼功能刺激，使局部肌肉废用萎缩，从而使面部两侧发育不对称，造成偏脸或歪脸。

（3）吮指：一般3～4个月的婴儿常有吮指习惯，在2岁左右逐渐消失。如果3岁后还常有这种行为，就属不良习惯。

由于手指经常被含在上下牙弓之间，牙齿受到压力，使牙齿正常方向的萌出受到阻力，而形成局部小开牙，即上下萌牙之间不能咬合，中间留有空隙。由于经常做吸吮动作，两颊收缩使牙弓变窄，形成上前牙前突或开唇露齿等不正常的牙颌畸形。

（4）张口呼吸：可使上颌骨及牙弓受到颊部肌肉的压迫，限制颌骨的正常发育，使牙弓变得狭窄，前牙相挤排列不下引起咬合紊乱，严重的还可出现下颌前伸，下牙盖过上牙，即俗称"兜齿""瘪嘴"。

（5）舔舌：多发生在替牙期，可使正在生长的牙齿受到阻碍，致使上下前牙不能互相接触或把前牙推向前方，而造成前牙畸形。

（6）偏侧睡眠：这种睡姿使颌面一侧长期受到固定压力，造成不同程度的颌骨及牙齿畸形，两侧面颊不对称。

（7）下颌前伸：即将下巴不断地向前伸着玩，会形成前牙反颌，俗称"地包天"。

（8）含空奶嘴：有的婴儿喜欢含着空奶嘴睡觉或躺着吸奶，这样奶瓶压迫上颌骨，而婴儿的下颌骨则不断地向前吮奶，长期反复可使上颌骨受压，下颌骨过度前伸，形成下颌骨前突的畸形。

二、营养饮食

（一）母乳喂养

1. 喂养原则

有的婴儿晚上 8 点就困了，可不用喂奶；等到 10 点，妈妈临睡前喂 1 次母乳就可以。有的婴儿早晨 6 点起来吃完奶，会再次入睡；也有的婴儿傍晚会睡一小觉，晚上睡得可能会晚些。妈妈或育儿员可根据婴儿具体情况，合理安排婴儿的睡眠和进食时间。

有的婴儿早晨起得很早，吃点母乳还会入睡，这样午前可能就不睡觉了，可增加户外活动时间。有的婴儿晚上入睡比较困难，总是要哭上一阵子，或拼命吸吮手指，如果喂母乳能改变这种状况，那也未尝不可。

半夜醒来不喝奶就不睡觉的婴儿，就给他喝。让半夜醒来的婴儿很快入睡是目的，不让婴儿夜啼也是目的。能达到这个目的，夜间吃奶并非禁忌，让婴儿哭、让婴儿睡不好，才是不应该的。每个婴儿情况不同，没有可比性，育儿员要根据婴儿情况灵活安排。

2. 不需要断母乳

中国营养学会指出：7～24 月龄婴幼儿继续母乳喂养可显著减少腹泻、中耳炎、肺炎等感染性疾病；继续母乳喂养还可减少婴幼儿食物过敏、特应性皮炎等过敏性疾病；此外，母乳喂养婴儿到成人期时，身高更高，而肥胖及各种代谢性疾病明显减少。与此同时，继续母乳喂养还可增进母子间的情感连接，促进婴幼儿神经和心理发育。母乳喂养时间越长，母婴双方获益越多。

没有研究可以证明婴儿 1 岁后母乳就没有营养了。母乳中除营养素外，还有抗体、母乳低聚糖等各种免疫保护因子，具有任何其他乳制品都无法替代的优势。

所以，母乳充足的就继续喂下去，母乳不充足的，只要不影响婴儿对其他食物的摄入，也不必停掉，吃母乳对婴儿来说是件幸福的事情。

此外，婴儿 6 个月之后就可以添加辅食，只要按时按量添加，保证食物种类丰富、营养均衡，即便单纯靠母乳提供的营养不能满足生长发育需要，婴儿也不会营养缺乏。因此，有精力、有条件的妈妈完全可以顺其自然，等待婴儿自然离乳。这样不仅减少了对婴儿心理上的影响，也能避免因为强行断母乳带来的后续问题。

（二）混合喂养

无论何时，母乳都是最好的食物。因此，对于混合喂养的婴儿，只要婴儿没有一定要断母乳的现象，就继续吃母乳。即使母乳的量很少了，对婴儿也是一种心理安慰，能坚持到自然离乳最好。

只要妈妈身体条件允许,就依然要坚持有母乳就喂母乳,没有母乳就喝配方奶。可以在睡觉前喂配方奶,这样婴儿能够安睡一整晚。

(三)配方奶喂养

如果婴儿晚上仍醒来喝奶,白天可减少喝奶次数,增加1次辅食。

如果婴儿1次奶量比较小,可多喂几次,保证每天总奶量的摄入。

如果婴儿一点奶都不喝(每天总量300毫升以下),可将配方奶制作成辅食,但最好不要给这个月份的婴儿喝酸奶。

如果婴儿1次辅食吃得比较少,可多喂1次辅食;有的婴儿食量小,消化也慢,不但1次吃得很少,间隔时间还很长,这是真正吃得少的婴儿。遇到这种情况,育儿员要建议父母带孩子去医院监测一下婴儿的生长发育情况:体重身高是否达标,是否有营养素缺乏(微量元素测定、血常规检测)。如果有,需要在医生指导下进行干预。

(四)辅食添加

1. 添加要点

奶和辅食比例是3:7。辅食每天2次,单一食物种类可达15种。水果每天2种,分2次吃。喝水3次。满11个月时,能够吃到谷物100克,整蛋1个,水果40克,蔬菜40克,鱼/禽/畜肉30克,烹调油8克。

这个月开始添加软固体食物,可尝试添加固体食物。本月新添加的辅食有煮鸡蛋、米饭、馄饨、包子、饺子、小馒头、炖菜。

从这个月开始,辅食的地位更加重要。养成按顿吃饭的习惯,有稀有干,饭菜分开,包含谷物、蔬菜和蛋肉,水果作为加餐。

2. 添加固体食物关键期

本月婴儿进入吃固体食物关键期,育儿员可以让婴儿练习吃固体食物,既可以锻炼婴儿的吞咽和咀嚼的协调能力,又对婴儿语言发育和智能发育起到很好的促进作用。

(1)婴儿不能吃的固体食物。

婴儿练习吃固体食物,要循序渐进,不能让婴儿吃很硬的、含纤维素高的、容易引起气管异物的食物。因此,为婴儿提供的食物必须软烂、容易咀嚼和吞咽。

所有坚硬的固体食物都不能直接给婴儿吃,必须经过加工,比如把核桃研磨成粉。

油炸、煎烙、熏烤等难咀嚼的固体食物不能提供给婴儿,如烙饼、烧饼、炸(烤)馒头片、面包皮、馒头皮等。

多数带皮的食物需削皮后提供给婴儿,禽畜肉必须加工成肉泥或肉末,蛋清必须做成羹。菜叶一定要切碎煮烂,根茎类蔬菜必须煮熟煮软。果肉软的水果可直接提供给婴儿,但质地硬的水果需要切成果粒或做成果泥,如苹果、梨、杏等。

总之,婴儿食物要细、烂、软、去皮、去核、脱骨、剔刺,严防食物误入气管。

(2)注意事项。

开始鼓励婴儿自己拿勺吃饭,能用手拿着吃的固体食物,最好让婴儿自己拿着吃。

不要填鸭式喂养,尊重婴儿对食物的选择,不强迫婴儿吃他不喜欢吃的食物。

创造良好的进餐环境,不在电视机前看着电视喂食,不用电子产品哄着喂食,不边走边喂食,不逼着喂食。

3. 奶和辅食同等重要

不要忽视奶的营养价值。随着婴儿月龄的增加,吃饭的能力越来越强。有的婴儿特别喜欢吃饭,对奶却是不屑一顾,育儿员可采取一些小技巧鼓励婴儿喝奶。

比如,把奶粉加到米粉里或在辅食制作时适量添加配方奶。

如果婴儿实在不想喝奶,一天总奶量少于 300 毫升,可补充适量的奶制品,如奶酪、牛初乳等;如果奶制品也拒绝,可通过多吃蛋肉增加蛋白质摄入量。

4. 不要把婴儿养成小胖子

由于婴儿能吃的东西多了起来,有些食量大的婴儿不但能吃奶,还能吃很多辅食。婴儿能吃是好事,但育儿员不能这样喂下去,一旦胃口被撑大,再想变小就比较困难了,很容易导致婴儿肥胖。所以,对于特别能吃的婴儿,育儿员要随时监测他的体重增长情况,如果每天增长超过 30 克,就要想办法控制食量。

主要是从调整饮食结构入手,少给婴儿吃主食,多吃蔬菜水果,多喝水,保证肉、蛋、奶的摄入,在保证营养均衡的前提下控制总热量的摄入。睡前不要给婴儿加餐,父母也要避免晚上吃夜宵,给婴儿创造一个良好的饮食环境,帮婴儿形成健康的饮食习惯。

对于那些吃饭很费劲、体重增长缓慢的婴儿,育儿员可建议父母带婴儿去看医生,看看婴儿是不是消化系统出了问题,或者是缺乏某类营养素。

需要注意的是,不能饿着不给婴儿吃,更不能给婴儿减肥。

5. 一周辅食添加举例

(1)星期一。

上午辅食:小笼包(芝麻粉、面粉、鸡蛋和在一起做皮;牛肉末、芹菜、香菇末调馅),橘子。

下午辅食:软米饭(大米、饭豆),排骨炖莲藕(肋排、莲藕块、胡萝卜块、白萝卜块、大枣,肉剁碎,蔬菜碾碎,放少许原汤),梨。

(2)星期二。

上午辅食:馄饨(猪肉、香菇、油菜切碎,鸡蛋 1 个和面做皮),哈密瓜。

下午辅食:稠玉米面糊,蔬菜肝泥(肝煮熟剁泥,葱头、甜椒、胡萝卜剁碎煮烂),白兰瓜。

(3)星期三。

上午辅食:三鲜饺子(面粉、配方奶粉、蛋清和饺子皮,虾肉、蛋黄、猪肉、香芹调馅),白菜芋头汤(白菜切碎,芋头切小片),苹果。

下午辅食:软米饭(大米,红小豆),鳕鱼炖豆腐,橙子。

(4)星期四。

上午辅食:面条汤(龙须面、鸡肉馅、西红柿、鸡蛋、橄榄油),猕猴桃。

下午辅食:小馒头,丸子汤(猪肉丸子、冬瓜、剁碎的海米、香菜末),沙果。

（5）星期五。

上午辅食：面包蛋黄奶粥（配方奶、面包渣、鸡蛋黄），煮碎菜（油麦菜、鸡肉末），桃子。

下午辅食：软米饭（大米、紫米），肉末茄泥（猪肉、茄子），芒果。

（6）星期六。

上午辅食：奶馒头，炖豆腐（鸡肉末、豌豆泥、鱼籽、西红柿），哈密瓜

下午辅食：稠粥（八宝粥），鱼丸子（鳕鱼、南豆腐、紫菜），杏。

（7）星期日。

上午辅食：软米饭，豆腐炖西红柿，西瓜。

下午辅食：南瓜红薯粥，牛肉炖菜（牛肉、胡萝卜、山药、土豆，肉和菜捞出剁碎），杨梅。

（8）说明。

水果可放在餐后半小时，也可放在两餐之间。

餐后不要马上喂水果，餐前半小时内不要喂水果。

以上所列食物种类和搭配仅供育儿员参考，食材及水果选择请参照当地、当季新鲜食材择优使用。

每天辅食量请结合孩子实际情况酌情增减。

6. 营养食谱推荐

（1）白玉土豆凉糕。

原料：小土豆1个，鸡蛋清1个，面粉30克，酵母、白糖各适量。

做法：土豆洗净，去皮，放入蒸笼蒸熟，碾压成泥；将面粉装盘，放入蒸笼蒸30分钟。取蛋清加白糖搅打，等白糖化后，加入熟面粉、酵母、土豆泥一起搅拌均匀。将拌匀的材料倒入方形的模型中，放入笼屉内，上汽后蒸15分钟，待凉后取出切块即可。

（2）番茄汁肥牛面片汤。

原料：面粉60克，鸡蛋1个，番茄1个，肥牛片20克，豌豆10克。

做法：鸡蛋磕破，加适量水打散成鸡蛋液；番茄洗净，去皮，切成小丁；豌豆洗净，焯水。将面粉加鸡蛋液、适量温水和成面团，用压面机把面团压成完整的面片。番茄入油锅翻炒至软烂，加适量清水煮开后，用中大火继续煮至番茄化开、汤汁浓稠，下入面片，待面片快熟时下入豌豆和肥牛片，煮开即可。

（3）豆腐饭。

原料：大米150克，豆腐150克，青菜50克，肉汤和水各适量。

做法：将大米淘洗干净，放入小盆内加入清水，上笼蒸成软饭，待用。将青菜择洗干净切成末，豆腐放入开水中煮一下，切成末。将米饭放入锅内，加入适量肉汤一起煮，煮软后加豆腐、青菜末稍煮即可。

（4）蛋奶西兰花。

原料：西兰花、蛋黄各适量，牛奶2大匙。

做法：西兰花洗净，放入锅中余一下，取出，捣碎，待用。将蛋黄及用适量热水稀释过的牛奶放入锅里，边加热边搅拌。待锅中的液体将近黏稠，将西兰花加入锅中煮熟，拌匀即可出锅。

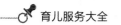

三、早教时间

11个月婴儿的心理发育、认知能力、语言表达能力、听力水平和行为能力都更加成熟。这时期的爸爸妈妈需要做的是继续训练婴儿的已有技能，使之更为熟练。

1. 认知能力发展训练

（1）指认事物特点训练。

带婴儿去动物园或看动物图画书，说出各种动物的特点，如小白兔的长耳朵，大象的长鼻子等。育儿员除了告知图中的物品名称，还要让婴儿注意事物的特点，复习几次后，可以问"兔子有什么"，婴儿会指着耳朵作答。内容每次不宜过多，从一个开始练习，时间1～2分钟，不宜太长，必须用婴儿感兴趣的东西进行训练，不能强迫指认。

（2）建立最初的数字概念。

育儿员问婴儿"你几岁了"，然后举起一个手指，对婴儿说"宝宝1岁了"。练习几次后，育儿员再问婴儿"你几岁了"，婴儿就会竖起一根手指，表达"1"，建立起最初的数字概念。

生活中，玩玩具时对婴儿说"这是1个玩具"，并用手指表示；给婴儿吃饼干时，告诉他"这是1块饼干"。多次重复后，当育儿员拿出一块饼干，问婴儿"这是几块饼干"时，婴儿就会伸出一个手指表示。

2. 大动作能力发展训练

（1）训练婴儿扶物下蹲取物。

从站立到蹲下，需要全身协调，还要求婴儿四肢有力，平衡感也要好，有的婴儿到快一岁时才能学会。一开始，婴儿可能会"啪嗒"坐在床上，不要紧张，注意安全就可以了。育儿员可以稍稍扶一下婴儿的腋下，帮婴儿保持身体的稳定，这样婴儿就能顺利地从站立位到下蹲位了。也可以把婴儿喜欢的玩具放在其脚前来引导婴儿，为了拿到玩具，婴儿会主动做出从站立到下蹲的动作。

站起蹲下这个动作比较难，育儿员可以稍微尝试训练孩子下蹲的动作，如果发现孩子难以完成，就不要勉强孩子。

（2）爬越障碍练习。

11个月的婴儿有熟练的爬行技能和极强的攀高欲望，一刻不停地"攀上爬下"，这是婴儿自我探索、自寻其乐、增强才干的动力。

育儿员可在地上放置一些小块的积木、盒子和毛绒玩具，帮婴儿学习如何跨越障碍物。如果婴儿已经能够走路了，你可以拉着他的手帮他跨过障碍物；如果还在学习爬行，就鼓励他爬着绕过这些障碍物。

（3）大脑平衡能力练习：踢球。

婴儿已经能够扶着床栏、凳子、沙发等由蹲着到站稳时，可在距婴儿脚3～5厘米处放个球让他踢。在踢来踢去的过程中，婴儿会十分开心，训练了大脑的平衡能力，促进了眼、足、脑的协调发展，建立了球形物体能滚动的形象思维。

3.精细动作能力训练

（1）打开纸包。

育儿员当着婴儿的面,用一张纸(或方巾)将一块积木包起来,然后鼓励婴儿去寻找积木。这时的婴儿会拿着纸包,将纸一层一层地打开,最后取到积木。当婴儿能取出积木块时,育儿员要及时予以表扬。这个操作可训练婴儿手的灵活性,培养其探索能力。

（2）涂鸦前期:乱涂乱画。

给婴儿一张白纸,一把彩色铅笔或蜡笔,鼓励婴儿能用手握住蜡笔在纸上随意涂画,可以用任何一种握笔法,也可以画任何线条或图形。开始时,育儿员可以握着孩子的手教孩子握笔,然后鼓励孩子在纸上随意涂画。画画可以发展孩子的手眼协调能力,并教孩子认识更多的颜色,对培养孩子的想象力和创造力大有裨益。

训练时让婴儿的前臂和手能舒服地平放在桌子上,也不要事先规定婴儿用哪只手握笔涂画。只要求婴儿能在纸上随意地涂画,不要求画出具体的图。

4.自理能力发展训练

训练婴儿自己进食是为了锻炼婴儿的生活自理能力,也是为以后顺利地和大人一起在餐桌上吃饭打好基础。

（1）自己用手拿食物吃。

随着手眼协调能力的日益成熟,婴儿已经能够自己拿着固体食物送到口中。育儿员可以多给婴儿准备一些半固体的食物,如小面包、煮得较软的胡萝卜条、切成条状的香蕉等,让婴儿自己拿着吃。不要怕婴儿吃得一团糟,给他足够的时间去练习。不要给婴儿提供花生、糖果、爆米花等坚硬、小碎块的食物,以免呛入气管。另外,婴儿躺着、哭闹和移动时,不能进食。

（2）学习用勺子。

用勺吃饭,是这个月婴儿喜欢做的事情。但让婴儿学会自己拿着勺子吃饭可不是一件容易事儿,需要几个星期甚至更长的时间,育儿员要有耐心。

开始时可以给婴儿一把勺子让他玩,他可能拿着勺子来回挥动、敲打东西,把勺子丢在地上或放到嘴里,不必在意,随他去。等他对勺子有了一定的认识,就可以开始教了。

每次吃饭时,育儿员给婴儿示范一下,怎样用勺子舀饭放到嘴里,怎样避免洒落,然后就可以让他练习使用。

起初,婴儿会很努力地用勺吃饭,饭总是倒到嘴外边,弄得脸上、手上、胸前、桌子、地板上到处都是饭,育儿员不必苛责,也不要阻止婴儿的练习。当婴儿用勺吃饭总吃不到嘴里时,他还会放下勺子,改用手抓,育儿员不必制止,只要下次吃饭时再给婴儿示范一下怎么用勺子就好了。这样不断练习,1岁后,婴儿至少能做到用勺子把饭菜送到自己嘴里。当然,在婴儿自己吃不饱时,育儿员还是要喂的。

（3）自己摘帽子。

给婴儿戴上帽子,并抱着他照镜子,指着帽子说:"宝宝戴帽子",然后示范把帽子摘下来,说:"宝宝摘帽子。"重新给婴儿戴上帽子,引导他自行摘下帽子。

这个月的婴儿已经能用双手或单手主动摘下帽子,这对引导他配合穿衣服很有好处。

5.益智互动游戏

（1）大盒子。

【游戏目的】让婴儿认识空间。

【具体玩法】准备一个比较结实、底浅、面积稍大的纸板箱,几个婴儿熟悉的玩具。

婴儿可随意地拿进、取出纸箱里的玩具,开始可能需要育儿员示范给婴儿看。

当婴儿把大纸箱里的玩具拿出来时,育儿员可逗引婴儿爬进纸箱里,"这是宝宝的家",让他坐一坐,扶着站一站。

当婴儿把玩具装进大纸箱里时,育儿员可教婴儿推动大纸箱,"嘀嘀嘀,送货车来啦！"婴儿很喜欢这样玩,但要注意安全。

（2）照顾娃娃。

【游戏目的】让婴儿学会照料别人,养成替别人着想的习惯。

【具体玩法】为婴儿选择可穿脱衣物的玩具娃娃,使婴儿在学习照料娃娃时,要让婴儿感到玩具和小孩一样,也需要别人的照顾。

用盒子给娃娃做一个小床,拿一块毛巾当被子,同婴儿一起哄娃娃睡觉,给娃娃喂奶、喂饭,让婴儿给娃娃把大小便,尽量使婴儿模仿妈妈或育儿员照顾自己的方法去照顾娃娃;也可给娃娃洗澡、换衣服。如果婴儿生气摔娃娃时,育儿员要及时制止:"不能摔娃娃,娃娃会痛的",以培养孩子的同理心。

四、科学睡眠:白天突然不肯小睡了怎么办?

从出生起,婴儿需要一段时间的适应才能逐渐培养起睡眠规律。3月龄前的婴儿通常是不分昼夜的"睡眠－清醒"模式,即每顿喂奶期间有相对差不多长的睡眠周期。随着长大,婴儿的小睡间隔时间会拉长,并且更有规律。

4月龄到1岁的婴儿,一般白天小睡的总时长为3个小时或以上,通常会在上午和下午各睡一觉,有的婴儿还需要在黄昏时分补一觉。1岁以上的幼儿不再需要上午的小睡,直接在下午睡2～3小时。为了让婴儿更有精神,可以适当把下午的小睡提前半小时。大多数婴儿的午睡习惯会保持到3～5岁。

有的婴儿或大一点的孩子在他们仍需要小睡的阶段会突然不想睡了。在这种情况下,育儿员可以把婴儿的夜间入睡时间适当提前或推后,这样有助于培养其白天小睡的习惯。培养婴儿白天的作息规律并不容易。育儿员要注意抓住婴儿犯困的时间点,并保持他的睡眠规律。

五、注意事项

1.防意外更加重要

这个阶段的婴儿好奇心更强,精力更充沛,会用各种方法移动自己的身体:坐着向前蹭,向前爬,扶东西向前走。因而,预防意外更加重要。

（1）能拿到一些东西。

这个月的婴儿能打开瓶盖。婴儿手的动作比以前更加灵活了,可能会把瓶盖打开,把盒盖打开。

（2）能把小药片放到嘴里。

婴儿不但能看到像药片那样的小东西,还能用拇指和食指把小药片那样小的东西捏起来,并很快放到嘴里。有的婴儿尝到苦味,就会吐出来,可有的婴儿没有这个能力。

一定不能让婴儿拿到不能吃的东西,这是很重要的。

（3）打翻物件。

有劲的婴儿,可能还会把台灯、暖瓶、杯子、小凳等推翻。

危险物件要远离婴儿。

（4）活动能力增强,意外事故发生的频率增加。

小的损伤并不要紧,擦破点皮,磕出点血,都不要紧的。一定要避免从高处坠落,避免吞食异物,避免烫伤、刺伤、切割伤、电击、溺水。

2. 防气管异物

气管异物直接危及生命安全,应充分认识其危害性,注意预防婴幼儿气管异物的发生。

（1）必须注意的事项。

◎ 不要给婴幼儿喂食坚硬的颗粒状食物,如花生、豆类、糖豆等。一旦看到婴幼儿嘴里含有花生米、黄豆等食物时,要保持平静,好好讲道理,让他吐出来。不要吓唬他,以防把婴儿吓哭,反倒让食物误入气管。

◎ 不要给婴儿喂食果冻状食物。

◎ 婴儿哭闹、嬉笑或跑跳时不要喂食物;不要追着婴儿喂食物;吃食物时不要让婴儿讲话,也不要批评婴儿。

◎ 告诉婴儿不要将玻璃球、曲别针、橡皮头及手中玩的小玩具含在口中。

◎ 吃鱼或排骨等时,育儿员要注意将鱼刺、鱼骨或排骨的骨头剔除。

◎ 不让婴儿躺在床上吃食物。

（2）发生气管异物的急救。

发现婴幼儿气管内有异物,应马上使用"海姆利克急救法"进行急救(参考第一章"海姆立克急救法")。

如有异物排出,育儿员要注意迅速从婴儿口腔内清除阻塞物,以防再度阻塞气管,影响正常呼吸。

如经上述方法无效,应立即去医院急诊求医。万万不可贻误时间,否则后果不堪设想。

3. 防脱臼

婴儿的关节活动范围比较大,但韧带松弛,关节囊柔韧且富有弹性,牵拉或负重后很容易引起脱位。

尤其在学步期,如果育儿员拉着婴儿的手教婴儿学走,婴儿突然跌倒时,育儿员会下意识地牵着婴儿的一只手向上提起来,这时就可能造成婴儿关节脱臼。

因此,育儿员在教婴儿学走路时或领着婴儿走路时,要注意力度,避免用力过猛,不能像提东西那样提拉婴儿的手臂,更不能拉着婴儿的手臂把他提起来逗着玩。

4. 防擦伤、刮伤

擦伤、刮伤是婴幼儿最常见的外伤,以肘部手掌及膝关节处为多见,通常表现为皮肤表面出现破损,并有轻微刺痛感,严重的甚至露出真皮或肌肉,较深的伤口也可能出血。

遇到婴儿擦伤、刮伤,育儿员可做如下处理:

（1）用无菌纱布、药棉等蘸清水擦除伤口上的污物。如果伤口出血,用药棉按压止血;如果只是轻微擦伤,可不做包扎处理,让其自行愈合;如果伤口破损出血不严重,可以在止血后用消毒的无黏性绷带松松地包扎。

（2）如果婴儿不配合处理伤口,一直挣扎,可以让婴儿在浴盆里清洗;如果擦伤严重、创面大、污物难以自行清理,育儿员应先给婴儿按压止血,尽快带婴儿就医,必要时遵医嘱注射破伤风针。

（3）处理过程中,注意安抚婴儿的情绪,采取办法转移婴儿的注意力,顺利地清洁、消毒、涂药。如发现有轻度感染,创面有少许分泌物时,每天清洗创面,然而涂抗生素软膏,几天后就会痊愈。

（4）不要用紫药水给婴儿的伤口消毒。紫药水中龙胆紫的浓度对婴儿来说过高,会刺激皮肤黏膜;如果涂抹面积大、次数多,婴儿可能会发生过敏反应,如皮肤瘙痒、疱疹等。

（5）一般婴儿外伤后,需要及时抱起婴儿,安抚他们的情绪;等待伤口检查处理后,近身观察,看有无其他异常。如婴幼儿外伤后呕吐、烦躁、精神萎靡,必须及时送医院检查。

六、一日工作流程表

1. 住家育儿员一天工作流程

时间	项目	项目	注意事项
6:00	育儿员起床	洗漱,整理好个人卫生,准备婴儿用品(换洗衣物,纸尿裤,尿布,奶瓶,餐具、玩具等)	
6:30	婴起床	1. 换纸尿裤或尿布 2. 清洗臀部(注意观察大便颜色及性状变化) 3. 洗漱(口耳鼻眼护理) 4. 测量婴儿体温(身长、体重可一个月测一次)	
7:00	喂奶	1. 有母乳喂母乳 2. 喂配方奶的,按流程给婴儿冲调奶粉、喂食 3. 把奶瓶清洗干净、消毒	吃完奶记得用温水漱口
7:30	亲子互动	1. 将婴儿交给妈妈,让婴儿和妈妈做些亲子互动 2. 育儿员吃早餐	
8:30	早教时间	1. 天气好,户外1小时 2. 天气不好,室内大动作能力训练	带好外出的装备,比如口水巾、纸尿裤、湿纸巾、水杯等

续表

时间	项目	项目	注意事项
9:30	喂奶	1. 冲调奶粉或加热母乳 2. 奶瓶清洗、消毒	育儿员独自照顾婴儿,可在婴儿小睡时清洗、消毒奶瓶
10:00	小睡	1. 有用过的口水巾、围嘴可以清洗一下 2. 准备制作辅食	根据婴儿的睡眠状况,随时终止手头的工作
11:00	辅食	1. 制作辅食并喂婴儿吃辅食 2. 餐具清洗、消毒	
12:00	午餐	育儿员吃午餐	抱婴儿时,不要同时拿烫的食物或者饮品等
12:30	午休	1. 休息并关注婴儿睡眠情况 2. 上午婴儿有换洗衣物或未清洗的奶瓶餐具等,清洗干净、消毒放好	
14:30	喂奶	1. 冲调奶粉或加热母乳 2. 奶瓶清洗、消毒	育儿员独自照顾婴儿,可在婴儿小睡时清洗、消毒奶瓶
15:00	早教时间	1. 精细动作能力训练 2. 户外活动	1. 不允许任何陌生人抱婴儿,不接受任何人给婴儿的食物 2. 户外活动要告知家人具体活动区域 3. 活动量大或天热加喂水
16:00	辅食	1. 制作辅食并给婴儿喂辅食 2. 餐具清洗、消毒	
16:20	小睡	1. 奶瓶、玩具、衣物等婴儿用具的清洗、消毒 2. 随时观察婴儿的睡眠状况 3. 准备晚餐	根据婴儿的醒来状况,随时终止手头的工作
17:00	喂奶	1. 冲调奶粉 2. 奶瓶清洗、消毒	吃完奶记得用温水漱口
17:30	晚餐	育儿员妈妈轮流吃饭	抱婴儿时,不要同时拿烫的食物或者饮品等
18:30	睡前盥洗	洗澡抚触,换好纸尿裤	夏季白天可以多安排一次洗澡,冬季一天洗一次即可。以父母为主,育儿员协助
19:00	亲子时间	亲子阅读,聊天互动	育儿员退位,父母发挥主要作用
19:30	喂奶	1. 冲调奶粉或母乳 2. 奶瓶清洗、消毒	喂完奶注意给婴儿清洁口腔
20:00	收尾工作	1. 重新检查一下当天的喂哺工具、婴儿衣物、玩具,活动区域的清洗、清洁消毒 2. 工作日志填写	天热时婴儿衣物随时洗,冬天要洗的衣物不过夜。孩子的衣服、口水巾、围嘴、饭衣等手洗干净

2. 不住家育儿员一天工作流程

时间	项目	工作内容	注意事项
7:30	育儿员入户	准备婴儿用品(换洗衣物,纸尿裤,尿布,奶瓶,餐具、玩具等)	
8:00	婴儿起床	1. 与妈妈交接 2. 晨检(情绪、体温)	具体时间根据婴儿实际情况确定
8:30	喂奶	1. 按流程冲调奶粉或加热母乳 2. 奶瓶清洗、消毒	吃完奶记得用温水漱口
9:00	早教时间	1. 天气不好,室内大动作能力训练 2. 天气好,户外活动1小时	1. 带好外出的装备,比如口水巾、纸尿裤、湿纸巾等 2. 温度较高或活动量较大加喂水
10:00	辅食	1. 婴儿米粉调配并给婴儿喂食 2. 餐具清洗消毒	
10:30	小睡	1. 奶瓶等哺喂用具的清洗、消毒 2. 随时观察婴儿的睡眠状况 3. 准备午餐	根据婴儿的睡眠状况,随时终止手头的工作
11:30	喂奶	1. 冲调奶粉或加热母乳 2. 奶瓶清洗、消毒	吃完奶记得用温水漱口
12:00	午餐	育儿员吃午餐	抱婴儿时,不要同时拿烫的食物或者饮品等
12:30	午休	1. 上午婴儿有换洗衣物或未清洗的喂哺用品等,清洗干净、消毒放好 2. 休息并关注婴儿睡眠情况	根据婴儿的睡眠状况,随时终止手头的工作
14:30	喂奶	1. 冲调奶粉或加热母乳 2. 奶瓶清洗、消毒	吃完奶记得用温水漱口
15:00	早教时间	1. 精细动作能力训练 2. 户外活动	1. 不允许任何陌生人抱婴儿,不接受任何人给婴儿的食物 2. 户外活动要告知家人具体活动区域 3. 活动量大或天气热,加喂一次水
16:00	辅食	制作辅食并给婴儿喂食	
16:20	小睡	1. 奶瓶、玩具等婴儿用具的清洗消毒 2. 随时观察婴儿的睡眠状况	根据婴儿的醒来状况,随时终止手头的工作
17:00	喂奶	1. 冲调奶粉或加热母乳 2. 奶瓶清洗、消毒	吃完奶记得用温水漱口
17:30	晚餐	育儿员用餐,收拾婴儿用品,做好一日工作记录(不就餐者17:30下班)	

第三节　父母抚育篇

父母的陪伴,不仅有利于孩子安全感、归属感、价值感的构建,也是父母培养孩子各种品质和能力的重要方式。

生活即教育。作为父母,我们的坐卧起念、一言一行,对孩子都是示范,都是教育。"培养培养",说得简单点,就是要"陪着养"。

育儿员可以代替父母暂时照顾孩子的吃喝拉撒,但孩子在每个年龄阶段的身心需求是不同的,他需要的不仅仅是吃饱穿暖,更需要父母足够的关心和关注。

一、情感连接

1. 爸爸是孩子最好的"玩具"

心理学研究表明,妈妈和爸爸在孩子生命中的作用是互补的。妈妈负责提供安全感,之前讲到的安全依恋大部分是由妈妈提供的;而爸爸决定了孩子的自信心,以及自我效能感。养育孩子,如果说妈妈提供的是无微不至的照顾,那么,爸爸则主要负责陪孩子玩,尤其是小婴儿的时候。

比如,爸爸可以用自己的身体作为"玩具和器械"来陪伴孩子游戏。让孩子可以攀爬在爸爸的身上,把爸爸当作"一棵大树";或者爸爸把自己的身体变成一个"滑梯",让孩子从胸口滑下去;还可以把身体变成"一座拱桥",让孩子从底下钻过去,或者从身上爬过去;也可以变成一匹"小马",让孩子骑在身上,往前跑……这些都是特别好的亲子游戏。

2. 纠正婴儿过分的恋物行为

"恋物"是婴幼儿成长过程中的一种正常现象,是孩子从"完全依赖"转变为"完全独立"的过渡期所产生的行为。

通常情况下,婴儿从6个月开始就有了依恋的情感需求,希望得到父母的抚摸和疼爱。如果此时父母经常与孩子分离,孩子得不到足够的爱,就会缺乏安全感,变得对某样物品特别依恋,实际上这是孩子把对父母、亲人的依恋转移到物品上的表现。

(1)最容易让婴儿产生依恋的物品。

奶瓶或妈妈的乳房。这也是为什么给孩子断奶那么困难的原因。

自己的手指或拳头。孩子喜欢吃手,除了是对事物的探索,还是缺乏安全感,想寻求依赖的表现。

柔软、温暖的物品。如被子、毛毯或毛绒玩具,有些孩子会整日抱着毛绒玩具或小毯子,脏了也不让洗,如果谁跟他要,就会哭闹不止。

照顾者的身体。有的孩子睡觉时总得抱着照顾者的胳膊或腿,不然就不能入睡。

(2)如何干预婴儿的过分恋物行为。

一般情况下,婴儿恋物并不是什么严重的事儿,父母也不需要过分干预。随着孩子逐渐长大,当他们有了足够的精神力量来适应和面对外面的世界时,就会自然放弃所恋之物。但如果孩子过分依恋某样东西,比如小毛巾一刻也不离身,谁也不能碰、不能洗,而且这种恋物行为持续很长时间,那就说明孩子严重缺乏安全感,可能会对孩子将来的社会交往带来障碍,就需要进行一定的干预。

尽量多和孩子在一起,减少孩子独处的时间。

平时多拥抱孩子,多拍抚孩子的后背和头顶。

不要硬性要求孩子独睡,睡觉前父母陪伴孩子,并给他讲故事。

多准备几个"迁移物",如几个相似的毛绒玩具或一两个小枕头,让孩子无法对某一个"情有独钟"。

多和孩子做游戏,带孩子到户外玩耍,拓宽视野,丰富玩耍对象,引导孩子把注意力和兴趣朝更广泛的方向发展。

3. 别把孩子完全交给玩具

有的父母因为没时间和孩子玩,或是觉得有育儿员带娃,就给孩子一大堆玩具,这样只会让孩子对玩具产生依赖感,尤其是这个月的孩子。随着各项能力的发展,已经不满足房间里有限的空间,更不愿被困在大人的怀抱里。他们更喜欢接触外面的世界,看到更多的人和新鲜有趣的事物。

父母再忙也要抽出时间陪孩子,多带孩子到户外玩耍。尤其是对平时由育儿员照顾的婴儿,父母更需要拿出足够的时间来用心陪伴。即使因为工作或其他原因不能天天陪伴孩子,也要在周末或假期安排专门时间陪孩子玩,只要陪伴质量高,孩子的安全感也不会有所缺失。

二、智力开发

1. 说话早晚不代表孩子智力高低

语言能力发展的快慢和孩子的智力关系不大,而是与父母和孩子说话的频率有关。育儿员和老人一般对孩子说话少,孩子开口说话的年龄就比较晚。

另外,女孩比男孩学会说话要早,语言表达能力也强。

说话的早晚并不能说明智力的高低。父母能给婴儿创造良好语言环境的,孩子说话就早;如果父母是少言寡语或没有时间和孩子说话,孩子说话可能会晚些。

无论是父母还是育儿员,都要多和孩子说话。陪孩子玩,和孩子说话,对孩子的语言发展非常重要。

2. 巧用身边物开发孩子大脑

0～3岁是大脑生长发育的最快时期,也是最佳教育时机。

婴儿都有巨大的适应性学习能力。3岁以下婴幼儿的智力发展日新月异,最易获得知识和行为经验,也是学习的关键期。所以,父母利用身边物对婴儿进行早期教育非常重要。

(1)利用食物练习分类能力。

每当吃一种食品时,父母都要告诉婴儿这是什么东西,有什么特点。经过一段时间的积累后,父母可以将几种食品混合起来,让婴儿根据食品的种类、颜色、口味、用途、形状来进行分类。还可以通过分类问孩子:"还有什么？""什么可以替代它？""什么和它有一样的用途？""除了吃,还能用来做什么？"这样,既练习了孩子的分类能力,还练习了发散思维能力。

（2）利用寻常可见的小物品练习空间认识能力。

平常用过的小塑料瓶不要扔,清洗干净,可以作为婴儿的玩具。1岁之内的婴儿可以练习将小瓶放在大瓶里,或将糖放在小瓶子里,锻炼孩子的精细动作能力和手、眼、脑协调能力。

实际上,生活中充满了生活经验和科学知识,开发全脑的方法就在其中,只要父母用心,随时可以灵活机动地引导孩子,促进其大脑发育。

3.呵护好孩子的好奇心

好奇心是人类认识事物、探索世界的原动力,尤其在婴儿阶段,这种天然的、自发的好奇心更珍贵,对孩子认识世界、学习知识具有很好的帮助作用。

父母一定不要因为不好看护就阻止、呵斥对周围充满好奇的孩子。而是要进行正确的引导,利用好奇心来教孩子认识更多的事物。

（1）尊重婴儿的兴趣。

婴儿可以从那些能引发自己注意力和想象力的东西中学到更多的东西。

如果婴儿喜欢跳舞,就给他来点动感的音乐,或者放一些跳舞的片段;如果婴儿对蚂蚁感兴趣,就陪他一起看地上的蚂蚁。只要婴儿喜欢,不要阻拦婴儿捡回来一些树叶、枯树枝之类的东西。

父母要做的就是给婴儿提供尽可能多的探索机会,尽量满足婴儿的好奇心。

（2）认真简单地回答婴儿的问题。

对于婴儿提出的问题,父母应该根据婴儿的理解力做出不同的回答。回答前要想一想婴儿是怎么想的。如果不知道答案是什么,也如实告之。这就让婴儿知道人不可能知道所有问题的答案。还要鼓励婴儿自己去寻找答案。

三、社会交往:帮婴儿顺利度过"陌生人焦虑期"

1.婴儿为什么会"怕生"

婴儿6～12个月的时候,妈妈会发现,以前见谁都"自来熟"的婴儿突然开始怕生了,变得特别"黏"妈妈,这其实是孩子进入了"陌生人焦虑期"。处于这个时期的婴儿,除了父母和长时间照顾他的人,其他人不管是曾经亲近的长辈,还是朋友、邻居,只要过于靠近,婴儿就会大哭或是尖叫、吵闹。

这种情况并不能说明孩子胆小,这说明他有了一定的记忆能力,已经能记住那些熟悉的面孔。对小家伙来说,熟悉的才是安全的。

除了害怕和恐惧外,婴儿还抗拒陌生人,通常是讨厌被打扰。大人自认为是在友好地逗弄婴儿,但对婴儿来说,不是惊喜,而是惊吓。所以婴儿才会用最本能、最自然的方式表达抗议。

2. 如何度过"陌生人焦虑期"

大部分婴儿都会经历"陌生人焦虑期",但每个婴儿的表现情况会有所不同,这跟父母怎样引导和安抚有很大的关系。

(1)提前打"预防针"。

在婴儿不太熟悉的亲戚朋友到访之前,妈妈可以先给婴儿看他们的照片,熟悉一下面孔,然后温柔地告诉婴儿这是谁。

除了给婴儿打"预防针",也要提前告诉客人,婴儿可能会有些紧张,请给婴儿留点适应的时间和空间。如果对方很想和孩子一起玩,可以让他陪婴儿玩最喜欢的游戏。

(2)给婴儿足够的时间。

亲朋好友聚会时,鼓励家人、朋友与婴儿互动。告诉他们,婴儿只是有点害羞,比较慢热,需要一些时间来观察和适应。

(3)抱着婴儿,成为他坚强的后盾。

让婴儿坐在自己的腿上,给予支持,这会让他觉得与陌生人接触是安全的。婴儿会根据妈妈的反应来决定自己对陌生人的态度。妈妈可以主动介绍陌生人给婴儿认识,再观察婴儿的反应,这样婴儿就不会那么抗拒了。

家长还可以鼓励婴儿分享自己的玩具,或者带着其他小朋友一起玩婴儿平时喜欢的游戏,当他玩得高兴起来,就会放松戒备。

当婴儿还没做好准备与其他人打招呼时,父母不要勉强孩子。

第十一章

12月龄婴儿教养指南

第一节 发展指标和养育要点

仿佛是一夜之间,婴儿就一周岁了,大部分婴儿已经迈出了人生的第一步。之前那个只知道吃喝拉撒睡的小家伙变得越来越机灵活泼,活动范围越来越大,甚至想挣脱父母的双手,独自行走。

婴儿不断增强的自我满足感和肢体灵活性,以及对自由的渴望,吸引着他去探索新奇、多彩的世界。

这个时期,育儿员和爸爸妈妈要对婴儿的自由加以限制,至于如何在自由和限制之间达到平衡,则需要育儿员和爸爸妈妈通力合作、共同解决。

一、婴儿生长特点

(1)越来越多的婴儿开始会走路,而一些婴儿仍只会爬;有的婴儿已经会叫"妈妈",而有些婴儿仍没有开口的意思。不用着急,每个婴儿的生长发育都有自己的规律,不必急于求成。

(2)有的婴儿已经可以自己走路,尽管还不太稳,但婴儿对走路的兴趣却很浓。

(3)婴儿开始更频繁地使用某一只手,可能是右手,也可能是左手,不必强行纠正,顺其自然,让婴儿的左右脑都得到锻炼。

(4)喜欢尝试用新方法玩玩具,尝试新活动,并开始深入探究事物的奥秘。

(5)自我意识增强,开始坚持要自己吃饭,坚持自己拿着杯子喝水。

(6)本月龄的婴儿一般很听话,想讨人喜欢,愿意听大人指令行动以求得赞许。对亲人,特别是对妈妈的依恋增强了。

为了婴儿心理健康发展,在安全的情况下,父母要尽量满足婴儿的好奇心。要鼓励他的探索精神,千万不可随意恐吓和批评婴儿,以免伤害婴儿正在萌发的自尊心和自信心。

二、身体发育变化

这个阶段婴儿体重的增长速度较刚出生的几个月变得缓慢,但身长仍然可以保持每月 1.5 厘米左右的增长速度。

体重约为出生时的 3 倍,身长约为出生时的 1.5 倍。头围和胸围已基本接近,头大身小的情形将会逐渐得到改善。

体重:男孩 7.4～13.9 千克,女孩 6.9～13.3 千克。

身长:男孩 68.8～84.6 厘米,女孩 67.5～83.0 厘米。

头围:男孩 42.5～50.1 厘米,女孩 41.5～48.9 厘米。

注:以上数据根据国家卫健委《7 岁以下儿童生长标准》(2022 年 9 月 19 日发布,2023 年 3 月 1 日实施)整理。

前囟:从 6 个月开始不断缩小,有些婴儿的前囟 12 个月时已经闭合,但有的要到 18 个月左右才会闭合。

牙齿:婴儿牙齿的萌出是有一定规律的,牙齿成对长出,左右两侧同名的牙齿同时长出,下颌的牙齿早于上颌牙齿长出。一般 12 个月左右的孩子 6 颗门牙已经出齐:上面 4 颗,下面 2 颗。

三、能力发展特点

(一)认知能力

1. 看的能力:能有意识地注意某件事物

(1)能够用眼睛去追踪、寻找、辨识物体。

(2)能够有意识地注意某件事物,注意力更集中。

注意力是孩子感知、记忆、思维等能力发展的重要前提条件,也就是说,只有有意识地集中注意,才能使孩子的学习能力得到提高。

虽然在婴儿阶段主要是非意识注意,但要想促使孩子尽早形成有意识的注意力,专门的培养和教育是很有必要的。

2. 听的能力:能听懂更多的话

(1)能听懂大人的指令,理解更多话的意思,还会用身体表现一些基本用语。如再见、谢谢等。

(2)喜欢听旋律优美、节奏感强、音量适中的音乐。有时候听到自己喜欢的乐曲,会高兴得手舞足蹈起来。

(3)能够利用简单的姿势,对简单的语言要求做出反应,比如用摇头代替“不”。

(二)动作能力:迈出人生的第一步

(1)坐着时能自由地向左右转动身体,能自由地爬到想去的地方。

(2)不需要大人扶就能站起来,并且能自己站一会儿(10 秒钟以上)。早的 10 个月时就能独站,晚的要到1岁3个月时才会独自站立,90%的婴儿都在这个时间段掌握该技能。

（3）牵着大人的一只手能走,推着小车也能向前走,并已经具有了熟练的爬行技巧和极强的攀高欲望。

（4）喜欢推、拉或者扔东西,喜欢开关橱柜的门。

（5）会拿蜡笔乱画;会盖瓶盖;能把两块积木摆放到一起。

（6）能用手捏起扣子、花生米等小东西,并会试探地往瓶子里装,但不一定能成功。

（三）语言能力:有强烈的说话欲望,喜欢自言自语

（1）会使用一些单音节的词,如拿、给、掉、打、抱等,但发音还不太准确。

（2）有的孩子能够清晰地说一些简单的词语了,如"拜拜""抱抱""汪汪"。

（3）有的孩子虽然说不清楚,但表现出非常强烈的说话愿望,总是"嘀嘀咕咕"地发出一些声音。

（4）如果育儿员仔细观察,就会发现孩子在自己玩玩具时,有时会出现自言自语的情况,虽然谁也听不懂,但却说明了孩子语言能力的进步,离真正会说话已经不远了。

四、心理情感特点

1. 自主能力增强

（1）喜欢按照自己的意愿做事,已经不愿接受大人的安排了。

（2）想吃什么、不想吃什么,想玩什么、不想玩什么都要自己来决定;育儿员如果喂给他不想吃的东西,他会拒绝张嘴,甚至用手打掉。

（3）会走路的婴儿喜欢在家里四处"游历":这里看看、那里摸摸,一刻也不停歇;家里的所有日常生活用品都有可能成为他的玩具,这是婴儿自主能力增强的表现。以后会变得越来越淘气,不再像小时候那么好看管了。

2. 渴望和其他小朋友交流

开始有了社交活动的意识,当然是自发的,不带有任何目的。前几个月,如果看到其他小朋友,只是看看、笑笑,一会儿就没了兴趣,更不知道和他们一起玩。但现在却不同了,会对和自己差不多大的孩子表现出极大兴趣;看到小伙伴会很高兴地过去和人家握握手、亲一亲,玩得热火朝天。

有的孩子虽然也喜欢和同龄小伙伴待在一起,但不会和他们有太多交流,这是性格使然。育儿员要多创造机会让孩子和其他小朋友玩,鼓励他和别人交往,这对孩子将来融入社会很有帮助。

3. 对熟人更亲近

能够很熟练地分辨熟人和陌生人。经常串门的邻居,孩子一眼就能认出来。而见到自己的亲人更是很兴奋,比如见到爷爷奶奶、姑姑、小姨等常见的亲人会非常高兴,会拍手欢迎,还会伸着胳膊让他们抱;如果是从没见过的陌生人,则表现得无动于衷,或只是瞪大眼睛看着,拒绝让他们抱。

五、喂养重点

（1）母乳喂养：每天 3 次。

（2）混合喂养：有母乳喂母乳，没母乳喂配方奶。

（3）配方奶喂养：每天 2～3 次，每天总奶量 500 毫升左右。奶量不足可以用奶制品补充。

（4）辅食添加：奶与辅食比例 2：8。辅食每天 3 次，接近一日三餐。每天吃单一食品 15 种以上。谷类 40～110 克、蔬菜和水果各 25～50 克、蛋黄或鸡蛋 1 个、鱼 / 禽 / 畜肉 25～40 克、烹调油 5～10 克。

（5）水和营养素补充：每日需要喝白水 400～600 毫升。继续补充维生素 A 和 D，以维生素 D400 国际单位 / 天计算每日所需维生素 A 和 D 量。

重要提醒：

从这个月开始，婴儿基本可以吃所有种类的食物了。

婴儿的饮食原则是：不吃辛辣，少吃寒凉；不加调料，不加食盐（肉食可加少许）。

从这个月开始，逐渐养成婴儿一日三餐的进食习惯。

一定要锻炼婴儿吃固体食物。

六、早教重点

（1）蹒跚学步，牵单手可走。

（2）继续教婴儿指认身体部位，如五官、手、脚、肚子等。

（3）加强独自站稳练习及更多的简单语言练习。

（4）能用点头、摇头表示意见。

（5）引导婴儿配合大人穿衣、自己进食，培养婴儿生活自理能力。

第二节　育儿员工作篇

一、健康护理

（一）二便管理：保护婴儿的隐私

从婴儿时期起注意保护孩子的隐私，对于孩子形成性别意识，提高自我保护意识都有很大帮助。育儿员在这方面要特别注意。

1. 给婴儿换纸尿裤时注意遮挡

带婴儿外出去购物中心、游乐场等公共场所时，应尽量选择母婴室或较为封闭的空间更换纸尿裤；即便在户外，也要注意选择僻静处，避免在人较多的地方暴露婴儿私处。

2. 不要穿开裆裤

尽量不要当众把尿。无论男孩、女孩，将其生殖器官直接暴露在外，不仅不尊重其隐私,还存在卫生隐患。因此,要避免这种情况的发生。

3. 禁止任何谈论、逗弄婴儿生殖器的行为

有些人,尤其是老人,甚至有的父母,也会拿男婴儿的生殖器开玩笑,甚至用手触碰或把弄。这些行为不仅会严重伤害婴儿的自尊,甚至破坏婴儿对自己身体界限的认知,不利于日后形成自我保护意识。而这种不良"行为示范"很可能会使婴儿将来也出现同样的行为。

比如,男婴儿爱抓小鸡鸡。这并不是婴儿自己喜欢,而是一种模仿行为,是在养育环境中被大人"训练"出来的。所以,在看护婴儿的过程中,育儿员首先自己要注意保护婴儿的隐私,遇到其他人以此为由逗引婴儿时,要及时制止。

(二)日常护理

1. 培养婴儿良好的卫生习惯

要减少婴儿生病,就要讲卫生,增强体质,做到预防为主。

(1)勤洗手。

婴儿整天什么都摸,手和脸很容易脏,除了早晚清洁,还要养成饭前便后洗手的好习惯。引导婴儿用"七步洗手法"洗手,不用脏手、未洗干净的手去拿东西吃。

(2)勤剪指甲。

婴儿的指甲也要经常修剪。指甲长了容易有脏东西,会随食物吃进肚子里,引起疾病。平时要注意教育婴儿不要吃手指头,不要把不洁的东西放入口中玩耍。

(3)勤洗澡。

从小培养婴儿爱洗澡的习惯。洗澡一方面能洗掉污垢,保持皮肤清洁;另一方面温水能刺激皮肤,增加抵抗力。

注意洗澡时不要让水流进耳朵里。

2.2岁以内最好不要看电视

婴儿的大脑只有在真实的环境下才能健康发育,如学爬行、走障碍、户外游戏等,不仅能锻炼婴儿身体,更多的是让他在"立体环境"中感知真实的"三维空间"。

因此,为了婴儿的健康成长,应尽量少让婴儿接触电视,2岁以前,不要看电视;2岁以后,父母或育儿员可以甄选一些高质量的电视节目,陪婴儿一起看,但也要严格控制婴儿看电视的时间,每次15～20分钟即可。此外,还要正确地看电视。

(1)亮度和距离要适宜。最好在距离电视机2.5～4米处为宜。

(2)选择图像变换不太快、声音清晰的电视节目,如儿童节目、动画片、动物世界等。

(3)看电视后要及时给婴儿洗脸。

(4)不要用看电视的方式引导婴儿吃饭。有的婴儿不爱吃饭,或是不安心吃饭,大人为了让婴儿好好吃饭,就用动画片为诱导,让婴儿边看边吃,这是极不健康的习惯。对此,育儿员一定要注意。

二、营养饮食

（一）母乳喂养

1. 喂养原则

母乳一天 3～4 次，育儿员可根据婴儿具体情况，合理安排婴儿的睡眠和进食时间。

对于早起吃完母乳又小睡的婴儿，中午前的小觉可能就不睡了，育儿员可根据情况适当增加户外活动时间。

对于晚上入睡比较困难的婴儿，总是要哭上一阵子，或拼命吸吮手指，如果喂母乳能改变这种状况，那也未尝不可。后半夜还要醒来吃奶不是异常表现。

随着婴儿月龄的增加，消化能力逐渐增强，婴儿能吃的食物越来越多，量也越来越大。奶是液体食物，容易消化，2 个小时胃内已经排空，所以，母乳与辅食之间间隔 2 小时。固体食物消化相对慢，尤其是肉类食物。所以，辅食与奶间隔时间长些，通常为 4 小时，以免婴儿积食。

2. 需要断母乳的医学指征

国际母乳协会建议母乳喂养到两周岁，自然离乳最好。因此，2 岁前，若婴儿没有断母乳的医学指征，妈妈有乳汁、时间充足，工作方便，身体条件也允许，可以坚持母乳喂养到婴儿自然离乳；如果条件所限，妈妈不能坚持母乳喂养，也不用太纠结，有计划地引导婴儿离乳即可。

需要断母乳的医学指征：

（1）因为婴儿恋着母乳，其他什么也不吃，遇到任何情况，都选择吃母乳解决，既严重影响婴儿的营养摄入，也不利于婴儿良好性格的养成。

（2）一晚上总是频繁要奶吃，严重影响母子睡眠。

（3）母乳很少，但婴儿就是恋母乳。即使饿得哭哭啼啼，也固执地不肯吃其他食物，以致婴儿的生长发育受到影响，体重不增加，甚至降低。

若婴儿出现上述情况，或有其他不宜再吃母乳的医学指征，就可以断母乳。但断母乳并不意味着断奶，要给婴儿喝配方奶。

3. 离乳前后怎么吃

离乳后，婴儿仍需奶制品提供营养，满 1 岁的婴儿如果牛奶不过敏，可以开始接触牛奶及各种牛奶制品，并应保证足够的奶量直到 1 岁半，然后逐渐将辅食过渡为主食。

原则上讲，婴儿现在仍处于辅食添加阶段，不管是否断母乳，每天也要保持 600～800 毫升的奶量，以满足其生长发育所需。1 岁以内的婴儿断母乳后，应选择幼儿段配方奶粉，因为幼儿段配方奶粉可延续母乳的好处，成为母乳的接力棒，保证婴儿健康成长。

满 1 岁的婴儿可考虑鲜牛奶。如果婴儿之前没有接触过配方奶，育儿员一定要提醒妈妈在断母乳前确认婴儿是否牛奶过敏；如果过敏，可适当延长母乳喂养时间，或使用部分水解配方奶；之后再视情况逐渐过渡到普通配方奶。

4. 何时离乳合适

离乳并不是断乳，而是用配方奶替代母乳。给婴儿离乳应选择合适的时间和季节。

通常，婴儿在 10～12 个月时已逐渐适应母乳以外的食品，加上婴儿已经长出几颗切齿，胃内的消化酶也渐渐增多，肠壁肌肉发育得比较成熟，这个时候，如果妈妈因为工作关系或身体原因，想要给婴儿离乳，那就可以尝试着离乳了。

（1）离乳季节以春末或秋天比较合适。

对于已经习惯了睁开眼就有母乳吃的婴儿来说，离乳并不是一件容易的事情。因此，最好选择春末或秋天这样比较舒适的季节。夏天太热，婴儿本来就很难受，离乳会让婴儿更加不舒服，以致大哭大闹，还会因胃肠对食物的不适应发生呕吐或腹泻。冬天冷，会使婴儿睡眠不安，容易引起上呼吸道感染，如果这时正好是离乳月龄，最好将离乳时间推迟；而春末或秋天，天气比较凉爽，生活方式和生活习惯的改变对婴儿的健康影响相对较小。

（2）在婴儿健康的前提下离乳。

婴儿离乳时，若恰逢生病、出牙，或是换育儿员、搬家、旅行及妈妈要去上班等情况，最好先不要离乳，否则会增大离乳的难度。

（二）混合喂养

和母乳喂养差别不大，有母乳就喂母乳，没有母乳就喂配方奶。不过，要根据母乳量的多少来确定配方奶的量。母乳多，配方奶就相应少一些；母乳少，配方奶就相应多一些，只要总数达标即可。大多数情况下，母乳只是给予婴儿心理上的安慰。

（三）配方奶喂养

如果每天奶量在 600 毫升以下，可以通过适量奶制品补充，如奶酪、牛初乳等。如果奶制品也不吃，奶量在 300 毫升以下（无论如何也喂不进去），可在辅食制作中添加配方奶，如奶馒头、牛奶蛋糕、奶粥等，用奶和面做面条、饺子皮、馄饨皮等。

（四）辅食添加

1. 添加要点

（1）奶和辅食比例是 2∶8。辅食每天 3 次，谷类 40～110 克、蔬菜和水果各 25～50 克、蛋黄 1 个或鸡蛋 1 个、鱼/禽/畜肉 25～40 克、烹调油 5～10 克。

（2）开始添加全固体食物。本月新添加的辅食：肉末炒碎菜、疙瘩汤、削皮水果、炖肉。

（3）这个月的婴儿几乎能吃所有性状的食物，能吃的食物品种也逐渐增多。每天要保证谷物 2 种以上、蔬菜 2 种以上、水果 2 种、蛋 1 种、肉 1 种、奶 1 种以上、豆制品 1 种。谷物、肉蛋、蔬菜、水果各占四分之一。

（4）注意食物颜色的搭配，尽量不在一餐内吃颜色一样的食物。婴儿吃菜比较困难，可给婴儿做蔬菜包子、饺子、馄饨、丸子等。

（5）整顿进餐，固定进餐地点，进餐时间尽量靠近三正餐时间，每次进餐时间 20～30 分钟。

（6）餐前 1 小时以内不进食任何食物，包括水和水果；餐后 1 小时之内不喂婴儿任何食物。进餐前后 1 小时外可给婴儿喂水果和水。两餐间隔 2～4 小时。

（7）如果婴儿不喜欢吃蛋类食物，可以用动物肝代替。动物肝和动物血含铁量高，而且比蛋类食物中的铁更容易吸收。一周至少吃一次动物肝或动物血。

（8）婴儿长大了，对食物的偏好越来越明显，口味也与父母更相似。要想孩子不挑食、偏食，父母就要首先做好榜样。在保证科学合理的营养搭配前提下，尊重婴儿的饮食偏好。

（9）要逐渐减少汁状、泥糊状和颗粒羹状食物，多给婴儿吃软固体食物。就是说，育儿员要把婴儿的饭菜做得细、软、乱、碎，种类多样，以满足婴儿的营养需要。

2. 培养婴儿良好的饮食习惯

现在婴儿吃辅食已经很有规律了，饮食模式逐渐接近成人，正是培养良好饮食习惯的时候。

（1）定时、定量、定点吃饭。

定时：每两餐之间最好相隔 4 小时左右，这是肠胃对食物有效消化、吸收和排空的时间，把这个间隔时间固定下来，婴儿吃饭时食欲会更好，消化、吸收也更好。

定量：根据婴儿日常表现，总结出婴儿大概一餐能吃多少，然后固定下来。吃固定的量，婴儿既不会剩饭，避免了浪费，也不会多吃，增加消化负担，自然不会肥胖，更不会吃不饱，动不动就要吃零食，从而奠定良好的饮食习惯基础。

定点：固定在餐椅里吃饭。让婴儿学会专注吃饭，避免吃饭时跑来跑去，出现追着孩子喂饭的情形。

（2）营养平衡，预防偏食。

给婴儿准备辅食时，注意荤素搭配，不要婴儿爱吃什么就只做那几样，尽量多种类，多花样，预防婴儿出现偏食现象。实际上越早熟悉的食物，婴儿越不会拒绝吃。

（3）给婴儿创造轻松的进餐氛围。

轻松的进餐氛围，可以让婴儿保持良好的食欲，还能促进消化。所以，在餐桌上不要过度关注婴儿，也不要呵斥、批评或逼迫，这样婴儿才能把吃饭当作享受。

（4）节制零食和饮料。

零食、饮料味道诱人，婴儿都喜欢，适当给一些没问题，但不能吃太多，更不能在饭前吃。否则会严重影响正餐食欲，不利于健康饮食习惯的培养。

（5）父母以身作则。

婴儿的模仿能力很强，其饮食习惯的形成，受父母影响很大，所以父母一定要按时吃饭，不偏食，不挑食，在餐桌上不争吵；用餐时不看电子产品，给婴儿做好榜样。

培养饮食习惯不是一朝一夕就能完成的事，育儿员要有耐心，适时引导，坚持而不死板，灵活而不放任，直到婴儿建立起良好的饮食习惯。

3. 注意饮食卫生安全

婴儿饮食不安全，不但会引起婴儿胃肠道疾病或食物中毒，还会影响婴儿的身体和智力发育。育儿员一定要注意婴儿的饮食安全。

（1）整个制作和喂养过程中育儿员都要保持双手清洁；同时，在婴儿如厕、接触动物之后，引导孩子养成勤洗手的习惯。

（2）生肉和海产品与其他食物分开，并使用专用的刀、菜板等处理，避免生食和制备好的食物相接触。

（3）彻底烹调食物，尤其是猪肉、禽肉、蛋类、海产品等需要炖煮的食物。

（4）为婴儿准备的食物都应该是现做的，并且应该在制备好后的 1 小时内食用。室温下保存烹调好的食物不能超过 2 小时。冰箱保存的乳品应该当天饮用。

（5）在烹制食物上，有些食物需要特别注意，如扁豆、四季豆等均含有对人体有毒的物质，在烹制中要煮熟，待扁豆变软、变色、豆腥味都消除之后方可食用。

（6）婴儿饮用的水都要经过煮沸，烧开的水最好在 24 小时内饮用。

（7）给婴儿食用的食物应新鲜，不吃腐烂、变质的蔬菜、水果等食物。

（8）袋装食品食用前首先要看是否过期、变味；已有哈喇味的食物和含油量大的点心不能给婴儿吃。

（9）一般熟食制品中都加入了一定的防腐剂和色素，如罐头、火腿肠、袋装烤鸡等，不宜给婴儿吃。

（10）一般生硬、带壳、粗糙、过于油腻及带刺激性的食物对婴儿都不适宜。

（11）少给或不给婴儿吃煎炸、凉拌、烟熏类食物。

4. 逐步变辅食为主食

从这个时期开始，婴儿用餐的时间就可以和大人一样了。分为早、中、晚三餐。早餐要保证质量，午餐宜清淡些，让婴儿和大人在同一饭桌上共同进餐，有利于培养婴儿良好的饮食习惯。

每日菜谱尽量做到多轮换、多变花样，注意荤素搭配，避免餐餐相同。

此外，烹调技术及方法，也能影响婴儿的饮食习惯及食欲。若色、香、味俱全，可提高婴儿食欲。

5. 一周辅食添加举例

（1）星期一。

早餐：奶馒头，鸡蛋羹（鸡蛋、虾皮末），苹果。

午餐：米饭（大米、小米），碎菜炒肉末（猪肉末、胡萝卜丁、甜椒丁、木耳末），橘子。

晚餐：三鲜面条（龙须面、虾肉、菠菜、香菇）。

（2）星期二。

早餐：面包牛奶粥（面包渣、配方奶、鸡蛋），小西红柿，香蕉。

午餐：包子（猪肉、白菜、海米），鸡蛋紫菜汤，猕猴桃。

晚餐：麦穗疙瘩汤（虾肉、菠菜、奶白菜）。

（3）星期三。

早餐：馄饨（牛肉芹菜馅、香菜末、虾皮），苹果。

午餐：米饭（紫米、红小豆），清蒸鱼（鳕鱼），桃子。

晚餐：南瓜粥（南瓜、大米），三色猪肝（猪肝、葱头、胡萝卜、甜椒）。

（4）星期四。

早餐：蛋糕，蛋汤（鸡蛋、西红柿、香菜、紫菜），梨。

午餐：红薯饭（红薯块、大米），炖豆腐（白萝卜、豆腐、海带），荔枝。

晚餐：面片汤（鸡肉末、面片、青菜）。

（5）星期五。

早餐：红豆包，鸡蛋羹（鸡蛋、海米末、西红柿汁），芒果。

午餐：三鲜饺子（猪肉、鸡蛋、对虾、香菇、油菜），苹果。

晚餐：馒头，冬瓜海米汤（冬瓜、海米、香菜、鱼肉丸子）。

（6）星期六。

早餐：三鲜面汤（龙须面、鸡蛋、虾肉、鸡肉末、木耳末），西瓜。

午餐：米饭（大米、紫米），鸡肝汤（鸡肝、胡萝卜丁，油菜碎，香菇碎、葱头碎），草莓。

晚餐：包子（牛肉、香芹），海带豆腐汤（海带、豆腐）。

（7）星期日。

早餐：小米绿豆粥（小米、绿豆），煎蛋（鸡蛋、猪肉末），炒碎菜（紫甘蓝、卷心菜），橙子。

午餐：麻酱花卷，清蒸鲈鱼，白菜芋头汤，木瓜。

晚餐：米饭（大米、红枣），炖排骨（排骨、藕、山药、白萝卜，胡萝卜）。

（8）说明。

以上所列食物种类和搭配仅供育儿员参考，食材及水果选择请参照当地、当季新鲜食材择优使用。

每天辅食量请结合孩子实际情况酌情增减。

6. 营养食谱推荐

（1）苹果鸡肉粥。

原料：大米 50 克，鸡胸肉 30 克，苹果 1/2 个。

做法：大米洗净，用冷水浸泡 1 小时；鸡胸肉洗净，剁成末；苹果洗净，去皮，去核，切小丁。

将大米放入奶锅中，加适量清水，用大火烧开后改用小火熬成粥；然后加入鸡肉末，继续用小火熬 5～10 分钟，加入苹果，继续用小火煮开即可。

（2）南瓜蒸蛋。

原料：小南瓜 1 个，鸡蛋 1 个。

做法：小南瓜洗净，切去顶部，盖子留着不要扔，用小勺把里面的籽挖空，再挖去一小部分果肉。

鸡蛋打散，倒入适量温水继续搅匀，水和鸡蛋的比例为 2:1。

将南瓜盖上盖子放入蒸锅，蒸 20 分钟，关火，打开盖子，倒入鸡蛋液，盖上盖子继续蒸 15 分钟左右即可。

（3）碎菜牛肉羹。

原料：嫩牛肉 30 克，番茄 20 克，嫩菠菜叶 20 克，胡萝卜 15 克，高汤适量。

做法：牛肉洗净，切碎，入沸水中煮熟，捞出备用。

番茄用热水烫一下，去皮，切碎；菠菜叶洗净，入开水锅里焯 2～3 分钟，捞出沥干水，切碎；胡萝卜洗净去皮，切成 1 厘米见方的丁，煮软备用。

锅内放入少许植物油，烧热后依次下入胡萝卜、番茄、牛肉、菠菜，翻炒均匀，倒入高汤，加盐，煮至肉烂即可。

注意：煮蔬菜和牛肉的时候要用小火，并不停地搅拌，否则容易煳锅。

（4）香酥鱼肉松。

材料：净鱼肉（以刺少肉多的鱼类为佳）100克，盐少许。

做法：鱼肉洗净，入蒸锅内蒸熟，去皮，剔除骨刺；炒锅放植物油，小火烧热，倒入鱼肉翻炒片刻；待鱼肉炒出香味，质地变得酥松，加入盐，再翻炒片刻即可。

（5）三色豆腐虾泥。

原料：胡萝卜1根，虾30克，油菜2棵，豆腐50克，盐少许。

做法：胡萝卜洗净，去皮切碎；虾去头、皮、泥肠，剁成虾泥；油菜洗净用热水焯过，切成碎末；豆腐冲洗过后压成豆腐泥。

在锅内倒油，烧热后下入胡萝卜末煸炒；半熟时，放入虾泥和豆腐泥；继续煸炒至八成熟时再加入碎油菜，待菜烂，加少量盐即可。

三、早教时间

（一）室内活动

1. 认知能力发展训练

（1）认识颜色。

过了1岁，婴儿对认知充满了兴趣，想知道某件东西是什么颜色的，这是教婴儿认识色彩的好时机。刚开始只教婴儿认识一种色彩，但不能总是用同一样事物来强化，生活中很多物品都可以成为婴儿认识颜色的工具，比如认识红色，可以用红色的积木、红色的气球、红色的杯子等。拿一个红色的积木，告诉他这是红的；下次再问"红色"，他会毫不犹豫地指向红积木。

如果婴儿认错了，不要说："这个不是红色，是紫色。"而只用告诉他"这个不是红色"就可以了；等婴儿认识了红色之后，再给他做分类游戏，让他从几种颜色中找出红色。当婴儿有了第一个色彩概念之后，再教他认识其他色彩。

颜色是较抽象的概念，要让婴儿慢慢理解，千万不要同时介绍两种颜色，否则更易混淆。条件允许的情况下，多带婴儿走出家门，观察红绿灯的变化，欣赏绿树红花、蓝天白云，让婴儿在生活中培养对颜色的兴趣。

（2）指认五官或身体器官名称。

从出生后第七个月学认第一个身体部位至今，许多婴儿都认识了自己脸上的各个器官，如眼、耳、口、鼻等；认识了手和脚，也认识了肚子和屁股。

婴儿在洗澡时容易学认，育儿员先用水拍拍胸脯、拍拍后背，然后让婴儿坐进澡盆里，一边洗澡一边告诉婴儿"这是胳膊""这是大腿"……经常这样一边洗澡一边说，婴儿就能认识多处身体部位。育儿员说名称让婴儿去指，看婴儿能认识多少；也可以让婴儿自己去指认识的部位和想知道的部位，使他记得更多。

2. 大动作能力训练

（1）训练婴儿独自站稳。

"独自站立"是行走的开始阶段。能够独自站立了，离"开步走"就为时不远了。

先让婴儿用一手扶住栏杆站稳,育儿员把玩具给他;当一手拿玩具后,再给他一个玩具,引导婴儿两只手都握玩具而能不扶站立。

育儿员用手扶着婴儿的一只手,让婴儿站着;慢慢地松开辅助,让他能够稳定地站着。在婴儿能够不扶站立后,育儿员让他在站立位用两手玩玩具,或蹲在他对面给他讲故事或一起看图书,使他能够较长时间站立。

注意事项:

婴儿站立训练的周围不能有尖硬的东西,避免婴儿跌倒碰伤。

有些婴儿已经有能力独站了,但由于胆怯或大人怕孩子摔倒而不放手,孩子没有机会尝试。可以在跟婴儿做游戏时让他试试,只要有一次独站成功,就可以独自站立了。

(2)试着让婴儿独走。

这个月是婴儿行走能力发展的关键期,是婴儿身体平衡能力、身体与四肢协调能力获得发展的重要时期。

婴儿喜欢扶着家具从一处走到另一处(一边移动手一边抬脚横着走),对房间进行探索。如果育儿员牵着婴儿的手,给予一定的鼓励,婴儿会努力做出交替迈出双腿向前走的动作。

时机成熟时,设法创造一个引导婴儿独立迈步的环境,如让婴儿靠墙站好;育儿员退后两步,伸开双手拿着婴儿最爱的玩具,鼓励婴儿"走过来"。当婴儿第一次迈步时,育儿员要向前迎一下,避免他第一次尝试时摔倒。反复练习,用不了多久,婴儿就学会走路了。

(3)锻炼婴儿身体平衡能力。

准备一个不倒翁玩具,让婴儿在玩的时候学习不倒翁。育儿员在婴儿的身边用右手从后面轻推婴儿,用左手在前面保护,看婴儿是否站稳而未向前倾倒。

还可照此练习前后、左右方向。如果婴儿没有倒,育儿员要给婴儿一个大大的拥抱表示赞扬,以此鼓励婴儿锻炼身体平衡能力,抵抗外力,站稳身体。

3. 精细动作能力训练

(1)教婴儿搭积木。

搭积木是婴儿空间知觉和手、眼、脑协调水平提高的重要标志。

育儿员可以先给婴儿做示范,将大块积木搭起来;然后让婴儿自己搭,可以模仿育儿员的搭法,也可以随意,只要他有将积木一一搭起的意识和动作就行。

开始搭时并不会非常协调,放歪或掉下来很正常,育儿员要多鼓励,只要婴儿搭上一个就及时表扬,以增强其搭积木的兴趣和成功后的满足感。

(2)盖盖练习。

让婴儿自己盖上喝水用的水杯盖,这是婴儿喜欢做的事。婴儿玩具中的小锅也有盖,让婴儿将锅盖盖好,即盖要准确放在锅的圆口上,不是随便歪着放。也可以准备一个塑料瓶,把盖子拧下来,反放在桌子上,婴儿能把盖子盖到瓶子上。

4. 运动能力发育异常的 5 个信号

(1)身体发软。

正常的婴儿刚出生时,在仰卧时四肢屈曲。而先天性肌肉病、先天性重症肌无力等患儿,出生后却表现为四肢松软,好似"平摊"在床上,而且,不仅肢体活动少,活动幅度也小,学会抬头的时间明显过晚。

(2)踢蹬动作明显少。

正常的婴儿在出生后常常做踢蹬动作,并两侧交替进行。脑瘫患儿在3~4个月时踢蹬动作明显少于正常婴儿,而且很少出现交替动作。患儿的上肢常常向后伸,不会向前伸手取物;会坐、会走的时间明显落后于同龄小儿。良性先天性肌迟缓症患儿虽然会坐的时间不延迟,但会走的时间却相当晚。

(3)行走时步态异常。

先天性髋关节脱位虽然不会使小儿学会走路的时间延缓,但患儿在行走时表现出异常的步态,好似鸭子在走路。

(4)两侧运动不对称。

身体两侧运动明显不对称是在提示运动功能异常。

正常的婴儿在6个月时,当用一块深色手帕蒙住他的脸时,会用手抓掉手帕,当压住一侧上肢时,也会用另一只手去抓。

分别按住婴儿的两侧上肢,如果一侧总是不能将手帕抓掉,提示这一侧上肢有瘫痪的可能;分别挠婴儿的两侧脚心,如果一侧总是活动幅度小或不活动,提示该侧下肢有瘫痪的可能。

(5)不会准确抓握眼前的玩具。

一般4~5个月的婴儿已经会抓玩具,7个月时还会将玩具从一只手换到另一只手。如果一直不会准确抓握眼前的玩具,提示有运动障碍,但也可能与智力发育落后或视觉障碍有关。

(6)友情提示。

婴儿的运动发育遵循一定规律,也有一定的个体差异。比如,婴儿学会独走的时间不仅与运动发育有关,而且与其心理及气质特点也有一定关系。

有些婴儿胆小或特别小心,学会走路的时间相对会晚一些。所以,有些婴儿运动发育落后不一定是异常情况,可能是平时缺少训练,或者对婴儿的活动限制过多,影响了婴儿发育。

5. 自理能力发展训练:引导婴儿配合大人穿脱衣服

这个月的婴儿在动作方面有了长足的进步,开始在吃饭和穿衣等自我照顾方面表现出一些独立意识。

育儿员在帮婴儿穿衣服时,婴儿会有一些肢体配合,表现为:伸出脚配合穿鞋,将胳膊伸直或伸进袖子里。

有的婴儿不主动配合穿衣服,仍然等着大人给穿;有的婴儿觉得穿衣服的过程很不舒服,会产生抗拒情绪,哭闹或是打挺,因此,育儿员要教婴儿学会配合。

(1)动作要轻柔。

在给婴儿穿衣服时,动作要轻柔,以免弄疼婴儿,使婴儿产生抗拒心理。边穿边和婴儿说话,告诉他衣服的颜色,各部位的名称,有什么样的作用,应该穿在哪里、怎么穿,等等,既能引起婴儿的兴趣,还能加强婴儿对语言的理解能力。

（2）用布娃娃示范。

育儿员在和婴儿玩娃娃游戏时,告诉婴儿:"宝宝,你看娃娃不会自己穿衣服。你做给它看,好吗？"婴儿很乐意当娃娃的老师,他会努力做给娃娃看,从而学会了主动伸手穿衣和主动伸腿穿裤。婴儿做好了要让他坚持下去,每次穿衣服时把娃娃放在前面,让娃娃看着婴儿怎样穿,他会越来越熟练地自己穿上衣服。婴儿暂时还不会系扣子,待2岁半前后会慢慢学会。

（3）把穿衣服当成游戏。

把穿衣服变成一项游戏,比如在给婴儿穿裤子时,可以自己编一些儿歌,一边抓住婴儿的小脚丫往裤腿里塞,一边说:"小鸭小鸭钻山洞,钻到一半不见了,阿姨到处找小鸭。"然后问婴儿:"宝宝的脚丫哪里去了呢？怎么不见了？你自己找找看。"

这时候婴儿的注意力就会集中在裤腿上,然后趁机将婴儿的脚丫从裤腿里拽出来,惊喜地跟婴儿说:"原来小鸭在这儿呢！"

婴儿认识到穿衣服是这么有意思的一件事,以后也就乐意配合了。

（5）试着让婴儿自己脱衣服

每天洗澡前和上床前都要让婴儿自己学脱衣服。

刚开始时育儿员先替婴儿解开扣子,脱去一个袖子,让他自己脱去上衣;再给婴儿解去裤子的扣子或背带,让他自己脱下裤子,套头衫和松紧带裤也可以让婴儿自己脱。

6. 益智互动游戏

（1）分水果。

【游戏目的】可教婴儿认识各种水果的名称,并且学习简单的语言,还可教婴儿学会分享,培养与人合作的精神。

【具体玩法】将一个盛着各种常见水果（如苹果、香蕉、橙子等）的篮子放到婴儿面前。拿一个玩偶,由育儿员抱着,然后对婴儿说:"小熊要吃苹果,宝宝请帮它拿一个。"也可以随意说出篮子里的水果叫婴儿拿。

当婴儿熟悉游戏的玩法后,可以增加水果的种类。育儿员和婴儿也可角色互换,由婴儿发出指令。

（2）看图识物。

【游戏目的】看图识物能够培养婴儿对事物的理解、分析、模仿能力,能够促进婴儿对于声音模仿的兴趣。

【具体玩法】育儿员可以准备一些图片（如小鸡、小鸭等小动物的图片）展示给婴儿看。在展示过程中,需要反复模仿动物的声音,让婴儿自己模仿。为了提高效果,育儿员可以将动物的动作加进去,让婴儿模仿相应的动作。在宝宝熟练一段时间后,育儿员可以把图片放在宝宝面前,然后模仿动物的声音、动作,让宝宝辨认图片。

（二）户外活动

1. 慎选户外活动场所

在条件允许的情况下,婴儿每天的户外活动时间最好不少于2小时。

身体较弱的婴儿户外活动时间较身体健康的婴儿要相对缩短,天气不好时减少外出活动。

每天户外活动可以分几次进行,每次时间不必太长,以免婴儿玩得太疯太累。

不要认为抱着婴儿在马路上转了两圈或者逛了一趟超市就是户外活动了。马路、商场、超市、农贸市场等环境嘈杂、空气污浊,对婴儿的身心健康极为不利,最好少带孩子去。适合孩子户外活动的场所应该空气清新、宽阔平坦,如公园、广场、居民活动区等。

2. 户外活动玩什么

对婴儿来说,外界的一切事物都是新鲜有趣的,即使什么游戏也不做,只是到户外走走,婴儿也能得到莫大的满足。来到户外后,育儿员要少抱婴儿,在没有危险的情况下尽量让婴儿自己走,这样一是激发婴儿亲近大自然的本能,二是锻炼婴儿独立行走的能力。

育儿员要随时向婴儿讲解看到及听到的一切,告诉婴儿那是什么、有什么用,培养其观察力和思维能力。

(1)在草地上玩。

平坦柔软的草地是婴儿玩耍和学走的最佳场地。

可以给婴儿一些玩具,如小皮球,让婴儿扔着玩,开阔的环境更利于婴儿释放天性;或者仅仅是让婴儿在草地上翻滚、钻爬、跟跟跄跄地走,也会让婴儿很兴奋。

(2)玩沙土。

婴儿对沙子、泥土有着天然的亲近感和兴趣,不要觉得脏,就剥夺孩子的这种权利。

给婴儿一个小桶、一把小铲子,让其自由发挥。不过要注意沙土里是否有树枝、铁丝等硬物,以免划伤婴儿。

玩的过程中,注意看护,不要让婴儿在玩沙土的过程中吃手;玩完沙土立马洗手,以免土壤中的寄生虫虫卵进入婴儿体内。

(3)和其他小朋友玩。

带婴儿与其他小朋友多接触。通过眼神交流、握手、分享玩具等形式培养孩子的初步人际交往能力。

3. 冬季如何进行户外活动

冬季天气寒冷,育儿员怕婴儿冻着,一般会选择让婴儿待在屋里玩。其实,冬天更应该多带婴儿进行户外活动,以提高婴儿的抵抗力。

(1)选好时间。

上午 10 点到下午 4 点之间。这段时间阳光充足,气温相对较高,比较适合外出活动;如果是风比较大或者是雾天,就暂时不要带婴儿进行户外活动了。

(2)装束适宜。

以方便身体活动为原则,不要给孩子穿得太紧太多。外套最好是便于穿脱的蓬松棉服或羽绒服,里面再套一件能挡风的薄衣。戴上帽子、围巾、手套,以免热量从头部、颈部、手部散发出去。

四、科学睡眠

1. 睡觉多少因人而异

每个婴儿的睡觉情况千差万别,什么样的都有。多数婴儿一天睡 14 个小时左右,白天睡 1～2 觉。睡觉好的婴儿能睡一整宿,半夜把尿也不醒,即使醒了,放下后也很快就能入睡。

有的婴儿晚上睡觉很好,白天不肯睡;有的婴儿白天睡得很好,可晚上睡得不好;有的婴儿晚上睡得很晚,有的半夜醒来哭或玩;有的是一会就醒,哭几声再睡,总是不踏实的样子;有的婴儿凌晨一大早就起来玩,快天亮,又开始睡了,一直睡到 9～10 点钟。

如果说是父母或是育儿员没有给婴儿养成好的睡眠习惯,也不尽然。有好的睡眠习惯的婴儿,父母或育儿员可能也没做什么;睡眠习惯不理想的婴儿,父母或育儿员也费了很大劲试图纠正,却难以实现。

只要孩子健康,随着月龄的增加,各项生长指标慢慢变化,睡眠问题总归会解决的。

2. 很晚不睡觉怎么办

对待很晚都不睡觉的孩子,强迫或呵斥哄睡是不起作用的,甚至还有可能导致孩子产生睡眠障碍。育儿员应采取一些方法来帮助婴儿尽早入睡。

(1)调整睡眠时间。

白天不要让婴儿睡太多。如果午觉睡得很久,或者傍晚又睡一觉,那势必造成婴儿到了晚上该睡觉的时间仍然精力旺盛。

这种情况下就要对婴儿白天的睡眠时间进行适当的调整:午觉早睡一些、早起一些;傍晚尽量不要再睡。

(2)睡前不要让婴儿太兴奋。

睡前婴儿的大脑活动很兴奋就不容易入睡,所以晚上不要和婴儿疯玩。

(3)哼唱摇篮曲、讲故事。

父母或育儿员可以将婴儿搂在怀里,轻声地给婴儿哼唱摇篮曲或讲故事,在轻柔的声音中孩子比较容易入睡。

(4)营造良好的睡眠环境。

把卧室的灯关闭或调暗;将一切能够吸引婴儿注意力的东西如玩具、食物等收起来,让婴儿认识到夜幕降临、万籁俱寂就是该睡觉的时候了。

(5)父母以身作则。

婴儿的很多行为都是模仿父母的,看到父母不睡觉,自己也就不想睡觉了。

因此,父母应该给孩子树立一个好榜样,每天晚上到了睡觉的时间就关闭电视,停止一切活动,和孩子一同入睡。

五、注意事项

1. 防食道异物

吞食异物的孩子,其年龄段从 8 个月到 10 多岁都有。家长和育儿员要收好小物件,如纽扣、钱币、别针、发夹、钥匙圈、玻璃球以及体温表等,杜绝孩子吞食异物的机会。

如果发现孩子吞食了异物,不要吓唬孩子,也不要试图通过喂水和食物帮助孩子咽下去,因为5岁以下的孩子,在吞食了硬币之类的异物后,一般是无法自行排出体外的,必须送到医院救治,而且在途中要尽量让孩子保持安静,因为越哭闹越易发生意外。

婴儿吞食小的异物后,往往无特殊临床表现,常由于母亲或育儿员发现某物突然失踪后才被注意。发现婴儿吞食异物以后,应尽快带婴儿就医检查,明确消化道异物的性质和部位。

居家护理时,育儿员应坚持至少3天仔细观察孩子的大便:如果异物是光滑、圆的,极可能从大便中排出。观察时,用水将大便冲散稀释,从大便沉渣中去寻找。如果异物是尖锐的,如别针、发夹等,应及时就医。

不要给婴儿服用泻药。泻药可引起肠道蠕动亢进,加速异物在肠内移动,反而容易引起嵌顿,严重者可引起肠穿孔。

为了避免意外,除了要把易误食误饮的物品放置在孩子接触不到的地方外,还必须教给孩子不要把什么东西都往嘴里放,也不要在婴儿哭闹说话时喂食。

2. 教婴儿学走路注意安全

对于学步期婴儿,已经摇摇晃晃地学走路了。此时育儿员对婴儿学走路时的保护和鼓励是最关键的。

(1)保证婴儿学步环境安全。

帮婴儿把练习走路的道路清空,最好不要在光滑的大理石地面学走路。有些谨慎的婴儿很可能会因为怕摔疼而抵触走路;或者在摔疼了一次后,短时间内不敢再学走路。因此,可在学步的地面铺爬行垫,防止摔疼婴儿。

(2)停止使用学步车。

学步车对学步没有太多帮助。可以选用阻力较大的助步车,婴儿推着走,既能锻炼走路,又能防止摔跤。

(3)保持耐心,多鼓励少训斥。

在学走路过程中,育儿员要保持耐心,及时给予鼓励、夸奖,激发婴儿学走路的兴趣。千万不要急躁,以免影响婴儿练习的情绪。

六、一日工作流程表

1. 住家育儿员一天工作流程

时间	项目	工作内容	注意事项
6:00	育儿员起床	洗漱,整理好个人卫生,准备婴儿用品(换洗衣物,奶瓶,餐具、玩具等)	
6:30	婴儿起床	1. 上厕所 2. 洗脸刷牙 3. 测量婴儿体温 4. 喝点白开水(50毫升左右)	婴儿能自己完成的,尽量让他自己完成;不能完成的,育儿员给予帮助

时间	项目	工作内容	注意事项
7:00	喂奶	1. 有母乳喂母乳 2. 喝配方奶的,按流程给婴儿冲调奶粉并喂食 3. 把奶瓶清洗干净、消毒	吃完奶记得用温水漱口
7:30	亲子游戏	1. 将婴儿交给妈妈,让婴儿和妈妈做些亲子互动 2. 育儿员吃早餐	
9:00	辅食	1. 准备辅食并让婴儿吃辅食 2. 餐具清洗、消毒	
9:30	早教时间	1. 天气好,户外活动1小时 2. 天气不好,室内大动作能力训练	1. 带好外出的装备,比如口水巾、纸尿裤、湿纸巾、水杯等 2. 天热或活动量大,给婴儿加喂水
10:30	加餐	水果	准备应季新鲜水果,洗净、去核、去皮
11:00	室内游戏	互动游戏,读书,讲故事	
11:30	辅食	1. 制作辅食并让婴儿吃辅食 2. 餐具清洗、消毒	
12:00	午餐	育儿员吃午餐	抱婴儿时,不要同时拿烫的食物或者饮品等
12:30	午休	1. 休息并关注婴儿睡眠情况 2. 上午婴儿有换洗衣物或未清洗的奶瓶餐具等,清洗干净、消毒放好	根据婴儿的睡眠状况,随时终止手头的工作
14:30	室内活动	益智游戏,读书,讲故事	
15:00	喝奶	1. 冲调奶粉或加热母乳 2. 奶瓶清洗、消毒	吃完奶记得用温水漱口
15:30	早教时间	1. 精细动作能力训练 2. 户外活动1小时	1. 不允许任何陌生人抱婴儿,不接受任何人给婴儿的食物 2. 户外活动要告知家人具体活动区域 3. 活动量大或天热加喂水
17:30	辅食	1. 制作辅食并让婴儿吃辅食 2. 餐具清洗、消毒	
18:00	晚餐	育儿员和妈妈轮流就餐	抱婴儿时,不要同时拿烫的食物或者饮品等
18:30	睡前盥洗	洗澡,洗刷,换好纸尿裤	夏季可以多安排几次洗澡,冬季根据情况适当减少次数
19:00	亲子时间	亲子阅读,聊天互动	育儿员退位,父母发挥主要作用

续表

时间	项目	工作内容	注意事项
20:00	喂奶	1. 冲调奶粉或加热母乳 2. 奶瓶清洗、消毒	喂完奶注意给婴儿清洁口腔
20:30	睡觉	婴儿上床睡觉	讲故事,听摇篮曲等
21:00	收尾工作	1. 重新检查一下当天的喂哺工具、婴儿衣物、玩具,活动区域的清洗、清洁、消毒 2. 一日工作日志填写	天热时婴儿衣物随时洗,冬天要洗的衣物不过夜。孩子的衣服、口水巾、围嘴、饭衣等手洗干净

2. 不住家育儿员一天工作流程

时间	项目	工作内容	注意事项
7:30	育儿员入户	准备婴儿用品(换洗衣物,纸尿裤,尿布,奶瓶,餐具、玩具等)	
8:00	婴儿起床	1. 与妈妈交接 2. 晨检(情绪,体温)	具体时间根据婴儿实际情况定
8:30	辅食	1. 制作并让婴儿吃辅食 2. 餐具清洗、消毒	
9:00	早教时间	1. 天气不好,室内大动作能力训练 2. 天气好,户外活动1小时	1. 带好外出的装备,比如口水巾、纸尿裤、湿纸巾等 2. 温度较高或活动量较大加喂水
10:30	加餐	水果	准备应季新鲜水果,洗净、去核、去皮
11:00	室内游戏	互动游戏,读书,讲故事	
11:30	辅食	1. 制作辅食并让婴儿吃辅食 2. 餐具清洗、消毒	吃完奶记得用温水漱口
12:00	午餐	育儿员吃午餐	抱婴儿时,不要同时拿烫的食物或者饮品等
12:30	午休	1. 上午婴儿有换洗衣物或未清洗的喂哺用品,清洗干净、消毒放好 2. 休息并关注婴儿睡眠情况	根据婴儿的睡眠状况,随时终止手头的工作
14:30	室内活动	益智游戏,读书,讲故事	
15:00	喂奶	1. 冲调奶粉或加热母乳 2. 奶瓶清洗、消毒	吃完奶记得用温水漱口
15:30	早教时间	1. 精细动作能力训练 2. 户外活动1小时	1. 不允许任何陌生人抱婴儿,不接受任何人给婴儿的食物 2. 户外活动要告知家人具体活动区域 3. 活动量大或天气热,加喂水

续表

时间	项目	工作内容	注意事项
17:30	辅食	1. 制作并让婴儿吃辅食 2. 餐具清洗、消毒	
18:00	晚餐	育儿员用餐（不用餐直接收尾工作）	
18:30	收尾工作	1. 重新检查一下当天的喂哺工具、婴儿衣物、玩具、活动区域的清洗、清洁、消毒 2. 一日工作日志填写	天热时婴儿衣物随时洗,冬天要洗的衣物不过夜。孩子的衣服、口水巾、围嘴、饭衣等手洗干净

第三节　父母抚育篇

精神分析有这样一句话:关系就是一切,一切都是为了关系。作为父母,自己与孩子的关系,才是教养的根本。父母与孩子构建什么样的关系,是家庭教育中最根本的东西,一个稳定而高质量的亲子关系,对孩子来说是最大的幸福。

一、情感连接

1. 大人要以身作则

模仿是学习的基础,也是孩子身心发育的必经阶段。其实,孩子从出生开始就会模仿,随着年龄的增长,这种能力也越来越强。

这个月的孩子已经能对大人的行为动作进行简单而机械地模仿。看见妈妈在梳头,他也会拿一把小梳子在头上来回比画;看见奶奶在扫地,他可能会拖着比自己还要高的扫把满屋子比画。

父母要懂得利用这种本能的模仿能力,对孩子进行正面的引导。

如果父母平时不注意自己的言行,也就等于给孩子树立了一个坏榜样。有些家长对孩子骂人的坏习惯忧心不已,其实他们应该从自己身上找原因。孩子不可能天生就会骂人,之所以这样,一定是从父母或周围的人那里模仿来的。

所以,在孩子出现强烈模仿愿望时,父母要以身作则,积极引导。否则,孩子学会说话的时候,也就是学会骂人的时候。

2. 培养婴儿的注意力

对于婴幼儿来说,新颖的、鲜艳的、强烈的、活动的、多变的、具象的事物才能够引起他的兴趣。对有兴趣的事,孩子才能注意力集中。

这个年龄段的孩子开始能长时间注意一个事物,自己也能独立玩较长的时间。

一般来说,1岁半时能集中注意力5～8分钟;2岁半10～20分钟;到了3岁时间会更长一点,因此,根据这个年龄段孩子的特点,有针对性地进行游戏和活动,是训练孩子注意力集中的好方法。

（1）为孩子安排安静、简单的环境。

室内墙壁不要有太多装饰物,避免分散孩子的注意力。育儿环境中,不要人来人往,走动太多;不要在孩子旁边高声说话;电视、音响等不要开得声音太大。

（2）手脑并用。

注意的稳定性与注意的对象有关:注意的对象如果是单调的、静止的,注意就难稳定;如果是复杂的、变化的、活动的,注意就容易稳定。

所以,在玩耍或游戏中,要让孩子多参与交替使用不同感觉器官和运动器官的游戏,让孩子手脑并用。

大脑、感官、四肢都活动和利用起来,不但可以让孩子减少疲劳,更能使孩子充分调动注意力,集中精力。

（3）运用正面激励。

家长要学会以适当的方式关注自己的孩子。有些孩子的多动行为只是为了引起家长的注意,因此家长应多陪孩子玩耍、游戏。

（4）给孩子树立正面形象。

别总对孩子说,"你瞧你,怎么就坐不住？你瞧你坐得什么样,坐不了几分钟就出去跑。"应该说,"你做得多好多专心",你越说他专心他就越专心。因为你给了他一个正面的形象。

（5）用心倾听孩子的话。

不要总认为孩子的话毫无意义,听他们说话时也表现得心不在焉。孩子与你说话时,千万别只顾忙自己的事情或者边做事边听,要专心致志地听他讲话,尤其是小孩子,要让他感觉到被关注,从小有这种印象,做事也就能更专心。

（6）做一些小训练。

听故事前先向孩子提出问题,让孩子带着问题去听,听后回答。

经常让孩子做传口信的人。多让孩子帮你拿各类小东西,从一件到几件不等,要求一次完成,培养孩子注意的广度、稳定性和注意转移。

引导孩子多做一些动手的活动,如折纸、捏橡皮泥、画画、拼图等,在玩的过程中既能引起孩子的兴趣,又能提高孩子的有意注意,延长注意的时间。

（7）父母双方教育要统一。

父母双方对孩子的要求不一致:一个要求这样做,一个要求那样做,使孩子无所适从,不能专心完成一件事情,时间久了也会造成注意力障碍。父母亲过分的关心,一会儿问这一会儿问那,也会影响孩子的注意力。

3. 婴儿摔倒,要冷静对待

婴儿摔倒后,大人首先要冷静,千万不要大惊小怪地在"哎哟"声中去回应。

如果孩子没有伤着,就要鼓励孩子自己站起来,这样可以锻炼婴儿坚强、独立的品质。如果婴儿摔倒后哭得特别伤心,眼泪直流,就要另当别论,不可掉以轻心,要做到一看、二问、三查。

一看：看孩子倒地时的姿势与状态；看脸色是否有异常，手脚是否能动，身上有无外伤或起青包、出血、血肿等。

二问：询问孩子什么地方疼，胸部、肚子、头部有无不适的感觉。

三查：检查全身各个关节是否有问题。先让孩子做几次蹲下、起立的动作，接着让孩子伸展胳膊、活动手腕、左右转头，再让孩子反复做几次弯腰挺身动作，最后让孩子张口，看牙齿有无松动或脱落、口腔有无破损。

即使上述检查完全没有问题，还要继续观察 1 ～ 2 天。如婴儿出现恶心、呕吐、精神不振等情况，应及时就医。

平时加强对婴儿手脚活动能力的训练。大人要鼓励、引导婴儿多运动，多做锻炼手脚的活动，以发挥两手在活动和自我保护中的作用，获得足够的自我保护能力。另外，把成人的经验告诉婴儿：当要摔倒时自觉地迅速保护人体最重要的部位，如用手抱住头颈部，保护头部安全等。

二、智力开发

1. 引导婴儿多说话、主动发音

12 月龄的婴儿已基本能听懂父母的语言了，也会用单个词表达自己的意思，偶尔也能说出几个连贯的词来，但他还是习惯用手势来表达。因此，父母应多给婴儿创造开口的机会，让他慢慢用语言替代手势。

当婴儿已经明白大人的话但自己还不会说时，若婴儿指着水瓶，大人马上明白这是婴儿想喝水了，于是把水瓶递给他。这种满足婴儿要求的方法会使婴儿的语言发展缓慢，因为婴儿不用说话，大人就能明白他的意图、满足他的要求了。因此，婴儿就失去了练习说话的机会。

同样是婴儿想喝水，如果婴儿指着水瓶，大人明知道婴儿想喝水还要假装不知道，给他一个空水瓶，若婴儿想要得到水时，会努力去说"水"字，只要说出来，大人就及时表扬。相信父母的这种认可，会让婴儿找到更多的自信，从而使婴儿的语言能力迅速得以提高。

2. 教孩子说话应避免的误区

（1）不要跟孩子说"婴儿语"。

有些父母在跟孩子说话时不自觉地就会使用一些"婴儿语"，如"饭饭""水水"，觉得这样说很可爱或孩子容易理解，其实这种想法是错误的。

对于孩子来说，一个字（词）就代表一个意思，所以"饭饭"并不会比"饭"好懂。相反，如果经常这样跟孩子说话，孩子就会以为这种表达方式是正确的，就应该这么说。这样只会延长孩子学习语言的过渡期，使孩子迟迟不能发展到说完整语句的阶段。

（2）不要重复孩子的错误发音。

牙牙学语的孩子经常存在发音不准的现象，比如把"吃"发成"七"，把"姑姑"发成"嘟嘟"，这很正常。父母不要跟着孩子重复他的错误发音，否则孩子会认为错误的发音是正确的，这对他学会正确的发音是不利的。

父母要坚持用标准的发音跟孩子说话，孩子听得久了，自然而然就会纠正过来。

3. 固定时间、地点亲子阅读

在婴儿睡觉前，坚持亲子阅读。

开始时可以把着婴儿的小手边读边指图中的事物，你会发现婴儿的表情会跟着书中的情节发生变化：故事的主人公被抓了婴儿会着急；被救出来了表情又会变得舒缓。一个故事可以反复念，声音越来越小，直到婴儿入睡再停止。

在讲故事的过程中让婴儿学会记认一些词句。婴儿最先记住名词，记住书中的主人公，然后记住主人公做的动作和后果。有时还会记住一些形容词，如"很大""很小""又高""又瘦"等婴儿能理解的词。要反复朗读婴儿才能记住，所以一本书要反复读。

听故事是婴儿发展语言和理解事物的好办法，婴儿听得越多懂得就越多，以后在边讲边问时他会用手去指图中的事物回答问题。

三、社会交往：主动寻找小伙伴

1周岁左右的婴儿会用招手、微笑、点头等姿势同人打招呼，喜欢模仿别人的活动和发音，这是良好社交的开端。

会用动作和表情与人交流的婴儿很受欢迎，大人会积极地用语言和姿势应答婴儿，婴儿就会学得更积极，动作也就会做得越来越好。这种语言之外的交流十分重要，有助于培养婴儿开朗、外向的性格。

这个阶段，婴儿喜欢去有小朋友的地方，喜欢和与自己年龄相仿的小朋友一起玩耍。妈妈可以邀请其他的小朋友到自己家来玩，或者陪孩子到小朋友的家里玩，也可以教婴儿和布娃娃一起玩，帮助婴儿建立初步的伙伴概念，让婴儿体验与他人交往的愉快情绪。

另外，这个年龄的婴儿虽然喜欢和其他小朋友待在一起，但他们仍然喜欢各玩各的，这种平行游戏在1岁婴儿身上很常见，再过一段时间，他们会逐渐发现和小朋友一起玩耍的乐趣。

第十二章

13个月~15个月幼儿教养指南

第一节　发展指标与养育要点

一、幼儿生长特点

已经迈出人生第一步的幼儿，再也不是整天在妈妈怀里抱着的"小不点"了，今后的日子里，会变得越来越独立。

（1）这一时期幼儿的腿部力量日益增强，大部分幼儿都能一只手扶着迈步，一些能力强的幼儿已能步履蹒跚地到处行走了。

（2）随着幼儿活动范围的扩大，与外人的交往也多了，这正是鼓励幼儿与其他小朋友交往的好时机。育儿员和父母要多带幼儿与同龄的小朋友一起玩耍。

（3）这个阶段的幼儿既希望独立，又具有极强的依赖性，尤其对父母或看护人的依赖，比婴儿期更强烈。情感易受外在环境变化的影响，表现为冲动、易变、外露。

二、身体发育变化

满1周岁以后，孩子的生长速度开始减慢。从现在起，孩子的身高、体重会进入稳定增长期，不会再像1岁以内生长发育得那样迅速。随着幼儿能站、会走，活动量的加大，肌肉组织快速生长，脂肪会逐渐减少，慢慢脱离"婴儿肥"，变得比以前更有棱角，下巴也显露了出来。

身高：男童身高 69.8～88.2 cm，女童身高 68.5～86.8 cm。

体重：男童体重 7.5～14.7 kg，女童体重 7.1～14.2 kg。

头围：男童头围 42.8～50.8 cm，女童头围 41.8～49.7 cm。

注：以上数据根据国家卫健委《7岁以下儿童生长标准》（2022年9月19日发布，

2023 年 3 月 1 日实施)整理。

牙齿:6～10 颗,如果仍然没有乳牙萌出,应带幼儿看医生。

三、能力发展特点

(一)认知能力:能听懂父母的指令并正确执行

1. 听觉发育

幼儿已拥有较为成熟的听觉区分能力,可以听懂父母的指令并执行,能配合声音的指令做出正确的动作。

比如,当问到"鼻子""眼睛""嘴巴"在哪儿时,会用小手指出来。

2. 视觉发育

已逐渐发育出了成熟的视觉区别能力,可以玩较精细的玩具,喜欢看彩色的图片或画册。

(二)动作能力:直立行走,偶尔摔跤

幼儿现在能直立行走了,喜欢到处走走,只是平衡能力有点差。比如,走路爱摔跤,东跌西撞等。通常,这是孩子生长发育过程中的正常现象,育儿员和父母不用担心。如果大人拉着幼儿的一只手,帮助他掌握平衡,他就能直起身体上楼梯。

喜欢把东西往地下扔。给幼儿一个皮球,鼓励他扔球,他能站着朝父母扔球,但身体的平衡能力和协调能力还不太好。

幼儿坐下时,两只小手不愿闲着,到处乱摸乱动,不是揪揪这儿,就是抠抠那儿。这是孩子精细动作能力发展的体现,育儿员在保证孩子安全的前提下,尽量不要干预孩子的探索。

(三)语言能力:语言和表情配合到位

(1)不能说出他想表达的所有词语,只会讲简单的词句,常以词表达意思,大人很难理解,只有幼儿自己知道。

(2)语言逐渐从听转向说,能理解和掌握的词汇越来越多,能用简单句表达自己的意思,通常三到五个字,内容比较单一。

(3)能有意识地叫自己的爸爸或妈妈,学会称呼家人之后还能按年龄、性别的不同称呼生人。

(4)喜欢一遍遍地听同一个故事,虽然还不会说,但几乎能把故事中的每句话都记下来,如果大人讲错了会表示反对。

(5)会用手指图回答问题。

(6)能执行一些简单指令,如"把门关上""把玩具捡起来"。

(7)喜欢听音乐,会随着音乐摇摆身体,并哼唱儿歌。

四、心理情感特点:探索新环境、结交新朋友的愿望更加强烈

喜欢和小朋友在一起玩耍,但还是各玩各的,并不共同游戏,这是独立性与依赖性共

同增长的时期。

慢慢地,幼儿开始注意观察玩伴的表情、动作,听他们说话,努力让自己和他们的玩耍相配合;对家里的宠物或玩具娃娃表现出自己的爱,喜欢并经常模仿大人的动作、语气。

五、喂养重点

母乳喂养,每天 3 次。

配方奶喂养,每天 2 次,每天 500～600 毫升。

每日 3 正餐 2 加餐,早晚喝奶。起床比较晚的,奶和早餐可放在一起吃。

每天吃 10～15 种食物:谷物类 3 种、蔬菜类 3 种、蛋肉类 2 种、水果类 3 种、奶类 2 种。奶 500 毫升以上、谷类 100 克以上、蔬菜及菌藻类 150 克以上、水果 150 克以上、鸡蛋 1 个、肉类 100 克、烹调油 20 克左右。

水和营养素补充:每天饮水 600 毫升以上。继续补充维生素 A 和 D,按维生素 D400 国际单位/天计算维生素 A 和 D 的量。

重要提醒:

(1)进入离乳期,同时意味着进入添加全固体食物关键期。

(2)可以在上午、下午分别加餐 1 次。

(3)逐渐养成一日三餐的规律进食习惯。

(4)避免挑食、偏食、厌食和边吃边玩。

六、早教重点

(1)多方向行走,发展动作能力。

(2)鼓励幼儿玩动手游戏,如搭积木、玩套塔、涂涂画画,促进精细动作的发展。

(3)认颜色、形状,辨大小。

(4)听故事、儿歌,唱数字歌,启发幼儿用言语表达自己的要求。

(5)提供幼儿与同伴交往的机会,促进语言和社交能力发展。

(6)理解幼儿的语言和动作,满足幼儿的正当要求。

(7)培养独立生活能力和习惯。

(8)经常带幼儿到户外活动,提高幼儿独立走和跑的能力。

(9)认动物,学习不同动物的不同特点,如叫声、外形等。

(10)用语言、动作及表情适时对幼儿的行为给予称赞和批评。

第二节　育儿员工作篇

一、生活习惯养成

(一)排便习惯培养

有的幼儿 1 岁以后就能控制大小便了,有的到了 2 岁还不能控制大小便,每个幼儿都不一样。训练排便没有统一方法,主要靠育儿员或看护人对孩子的细心观察和孩子的实际情况、接受能力来选择合适的方法。

1. 训练小便

观察幼儿有无尿前的征兆,当幼儿有尿时,比较愿意接受排尿训练。

不要一天 24 小时都让幼儿穿着纸尿裤,这样不利于训练幼儿自己排尿。可以根据个人的判断,适时取下纸尿裤,告诉幼儿有尿时需坐在便盆上尿。

如果是男幼儿,可以让他自己端着小尿盆站着排尿。当他把尿排到尿盆中时,要及时给予鼓励,孩子得到赞扬就会更愿意重复去做同样的事情。

即使幼儿做得不够好,甚至是尿了裤子,育儿员也不要训斥他,更不要着急,否则幼儿能够自己控制排尿的时间会更晚。

2. 训练大便

育儿员要协助幼儿建立定时排便的规律,这对幼儿尽早控制排便有很大帮助。通常,早晨起床后排便比较好,具体时间可以结合幼儿的实际情况定。

需要注意的是,这个月龄训练大便只是试探性的。幼儿是否能够把尿便及时排在便盆中并不重要,重要的是幼儿愿意接受排便训练。如果幼儿不接受,就说明训练尿便还为时过早。

3. 让幼儿定时坐便盆

早起通常是坐便盆的最佳时间。每天早晨孩子清醒后,给他适度地喝点水,然后再带他去便盆。坐便盆时,要让幼儿精神集中,不要给他玩具、图书,更不能吃东西。时间最多 5 分钟,没有大便就让他站起来,告诉他有大便时自己来坐。便盆要放在比较明显的固定位置。

在幼儿有便意时带他坐便盆。比如,当孩子有便意时常会表现出坐立不安或小脸涨红,有的也会通过身体语言告诉育儿员。育儿员掌握规律后,基本就可以定时让他去坐便盆了。

为了避免幼儿夜晚尿床,晚上睡前 1 小时最好不要再给幼儿喝水。上床前先排一次小便,育儿员睡前再把一次,一般夜里就不会尿床了,幼儿睡得也安稳。小便次数多一些的幼儿,育儿员应摸索规律,夜里叫尿,但不可因怕幼儿尿床而频繁叫尿,一旦幼儿尿了床也不要过多地指责。

(二)日常护理

1. 让幼儿安全爬楼梯

对于 1 岁左右的幼儿来说,刚学会或正在学习走路,天天走平路就没有任何挑战性。对于正处于好奇探索世界阶段的他们来说,楼梯简直是太可爱了。所以,幼儿会对这项活动乐此不疲,爬上爬下,好像永远都感觉不到累。

值得注意的是,不要让幼儿自己爬。幼儿最开始爬楼梯的时候手和脚还不能协调一致,有时会因为一脚踏空或者手没扶住而摔倒,所以需要育儿员的保护。育儿员应提前帮幼儿清理路障,尽量保持一个通畅无阻的楼梯空间,以免幼儿绊倒发生危险。

2. 当幼儿乱扔东西时

几乎每个幼儿都会有一段时间热衷一项"破坏"行为,就是乐此不疲地扔东西。

当他将东西扔到桌上或地板上时,物体发出的响声,让他感觉很新奇,就会一次一次反复扔一件物品。同样,在他踢床垫时,可能会感到床在摇晃,或者在他打击或摇动铃铛时,会认识到可以发出声音。一旦他知道是自己弄出这些有趣的东西时,他就会继续尝试其他东西,观察出现的结果。

幼儿扔东西的过程其实是孩子学习因果关系并通过自己的能力影响环境的重要时期,也是思维开始萌芽的时期。育儿员可以给孩子一些能发出响声的抗摔玩具,如响铃、内带铃铛的小球等等让其练习,并注意把易碎易摔坏的物品放到幼儿拿不到的地方。

育儿员还可以在地垫上陪孩子一起玩"扔东西"的游戏,或者可以把幼儿放在软地垫上,让他自己把玩具扔出去后,再鼓励他自己把玩具捡回来。

育儿员不要立即去捡幼儿扔掉的东西,更不能发脾气,粗暴地阻止或责备孩子。若每次他扔你捡并伴随阵发性情绪,孩子就会发现这也是个戏弄大人的好游戏,会扔得更起劲。如果不希望孩子乱扔某些东西,也可以通过转移孩子的注意力来制止他。

二、饮食习惯养成

1. 给幼儿提前设计食谱

每天所吃的食物应该包括谷物、蔬菜、蛋肉、奶制品、豆制品和水果6组食物,食物种类每天达到 10～15 种。

按下面的标准,提前一周设计出幼儿食谱;再根据每天的具体需要和条件稍加变通,达到每天吃 10～15 种食物是很容易做到的。这样为幼儿配餐,一周都可以不重样,幼儿也就不容易厌食了。

(1)幼儿一周食谱设计模板。

鱼虾类:5 次,2 次鱼、1 次虾皮、1 次虾、1 次贝类(如牡蛎)。

禽畜类:14 次,1 次动物肝、1 次动物血、6 次鸡肉(或鸭鹅肉)、4 次猪肉、2 次牛肉(或羊肉)。

蛋类:7 次蛋。

大豆类:3 次豆制品。

坚果类:3 次,各种坚果每天更换。

菌藻类:3 次。

谷类:米、面类、杂豆类、薯类,每天合理搭配。

菜类:根茎类、绿叶类、瓜类,每天合理搭配。

果类:7～14 次,各种水果每天更换。

奶类:14 次以上,母乳、配方奶及其他奶制品每天 1～2 种。

(2)幼儿一天食谱设计模板。

早晨起床前:母乳或配方奶——1 种食物。

早餐:肉菜汤面(面 1 种、蛋花 / 虾末、肉末 2 种、蔬菜 2 种)——5 种食物。

如果幼儿起床前没有喝奶,可这样搭配:母乳或配方奶、面包或馒头、鸡蛋或肉松、煮蔬菜——4 种食物。

上午加餐:水果——1 种食物。

午餐:谷物 2 种(二米饭或豆米饭)、蔬菜 2 种、肉 1 种(鱼虾或肝)——5 种食物。

下午加餐:水果 1 种、奶制品 1 种——2 种食物。

晚餐:谷物 1 种(米饭或面食)、蔬菜 2 种、肉 1 种(禽／畜肉)——4 种食物。

睡前加餐:奶(母乳或配方奶)——1 种食物。

2. 给幼儿机会自己练习吃饭

幼儿学习吃饭的过程,也是心理健康发展的重要过程。幼儿经过自己的努力吃饱了,会由此产生成就感,进而帮助其建立自信。即使孩子暂时没有把饭吃下去,也不要训斥,多给幼儿一些耐心和时间。

(1)逐步引导。

满 1 岁到 1 岁 3 个月,是让幼儿自己吃饭的"黄金引导期"。

在这段时间里,幼儿的手、眼协调能力迅速发展,若给予适当的引导,会获得事半功倍的效果。在这段时期,幼儿难免会吃得全身"脏兮兮""黏糊糊"的,不要在意,只要吃完饭给幼儿清理干净即可。

(2)食物准备。

准备一份色、香、味俱全的食物,是让幼儿自己吃饭的法宝。除了香气、口感及营养的考虑外,"色"的应用是相当重要的。例如分别用胡萝卜、绿色蔬菜、番茄等搅成泥后拌饭,就能做成橙色饭、绿色饭及红色饭。

一次给予的食物量不要太多,若孩子能很容易地吃完会增加其成就感。

(3)餐具准备。

准备一套幼儿喜欢的餐具,也可以增加幼儿对吃饭的好感。假如能带幼儿亲自去选购他喜欢的餐具,会有更好的效果。

3. 纠正不当进食方式

幼儿的进食习惯正在形成,一些不当的进食方式要及时纠正,不要放任自流,如果延续到幼儿已经长大了,就很难改了。

(1)追着幼儿喂饭。

幼儿的注意力比较难集中,不能安安稳稳坐下来吃饭。为了让幼儿多吃几口,育儿员会追着他喂,这种做法是不可取的。这不仅影响消化,而且特别容易呛到幼儿,要尽早改掉。

(2)边吃饭边喝水。

幼儿吞咽能力差时,有时会吃几口辅食、喝一口水帮助咽下,这个习惯要纠正。边吃饭边喝水会稀释胃液,影响消化,容易患胃肠道疾病。

(3)饭桌上呵斥幼儿。

幼儿在饭桌上难免犯错,如打翻碗、弄洒饭等,育儿员谨记不要呵斥他,呵斥并不能使幼儿不再犯错,只会让幼儿吃饭时情绪紧张,让他不再喜欢吃饭。

（4）在吃饭时逗笑幼儿。

幼儿吃饭时，最好让他一心一意地吃，不要逗笑，尤其在幼儿嘴里含着饭菜的时候更不要这样做，以免引起呛咳，发生危险。

（5）边吃边玩。

幼儿玩得正起兴，不肯吃辅食，育儿员就建议他拿着玩具边玩边吃，这样也不好。因为幼儿吃饭时精力无法集中，不能形成良好的进食习惯，对消化不好。

4. 婴儿一周食谱举例

（1）星期一。

早餐：小包子2个（猪肉馅、芹菜末、胡萝卜末、黄瓜末），西红柿鸡蛋汤1幼儿碗。

午餐：米饭半幼儿碗（大米、小米、绿豆），碎菜炒肉末（茄子、土豆、甜椒、鸡肉末），冬瓜海米汤（冬瓜，海米浸泡去盐剁碎）。

晚餐：三鲜面条（龙须面、对虾1个、鹌鹑蛋1个、猪肉末、紫菜末、蒜黄末）。

（2）星期二。

早餐：小面包1个，鸡蛋羹半幼儿碗、水果沙拉半幼儿碗。

午餐：稀粥（大米）半幼儿碗，小奶馒头1个，炖排骨（猪排骨，莲藕，芋头，白萝卜，红枣，把排骨肉剔下与莲藕，芋头，白萝卜一起剁碎，再加些汤）。

晚餐：米饭（大米，紫米，燕麦）半幼儿碗，猪肝汤半幼儿碗（猪肝，甜椒，葱头，胡萝卜）。

（3）星期三。

早餐：馄饨1幼儿碗（牛肉馅、大葱末），汤里加香芹，菠菜。

午餐：红薯大米稠粥1幼儿碗，蛋炒虾（鸡蛋1个、对虾2个剁碎），煮碎菜1/3幼儿碗（西葫芦，山药）。

晚餐：米饭（薏米、燕麦），南瓜炖蟹（小螃蟹不给幼儿吃，只是借味）。

（4）星期四。

早餐：小豆包1个，紫菜鸡蛋汤1幼儿碗，水果沙拉半幼儿碗。

午餐：小馒头1个，海带炖肉半幼儿碗（牛肉、海带、土豆、胡萝卜，肉和菜剁碎加汤）。

晚餐：米饭半幼儿碗（大米／红豆），豆腐炖白菜半幼儿碗（南豆腐／奶白菜）。

（5）星期五。

早餐：面包片1片，水煎蛋1个，豆浆100毫升。

午餐：米饭（大米、饭豆）半幼儿碗，鳕鱼一块，煮碎菜1/3碗（菜花、红萝卜、海米），肉汤半幼儿碗。

晚餐：玉米面发糕1小块，鸡汤炖菜（鸡汤、土豆、笋、丝瓜）。

（6）星期六。

早餐：麦穗疙瘩汤（麦穗疙瘩、鸡蛋1个、虾皮一小把洗净去盐，香菜末）。

午餐：小馒头1个，炖鲈鱼，豆腐汤半幼儿碗（软豆腐、碎白菜叶、海米末）。

晚餐：三鲜馅小饺子8个（虾肉、猪肉、鸡蛋、香菇、油菜、木耳末），菠菜汤。

（7）星期日。

早餐：面包牛奶粥（面包渣、配方奶粉），煮鸡蛋1个，水果沙拉1/3幼儿碗。

午餐：八宝稠粥，炖乌鸡，炒三丁（茄子丁、甜椒丁、土豆丁）。

晚餐:包子(地瓜粉条煮熟剁碎,白菜、猪肉馅),三色鸡肝汤(鸡肝、胡萝卜、葱头)。

(8)说明。

以上所列食物种类和搭配仅供育儿员参考,食材及水果选择请参照当地、当季新鲜食材择优使用。每天辅食量请结合孩子实际情况酌情增减。

5.营养食谱推荐

(1)番茄面包鸡蛋汤。

原料:番茄半个,鸡蛋1个,高汤100克,面包2/3个,盐少许。

做法:用开水烫番茄,去皮切小三角块,备用。鸡蛋磕开,打入碗加盐调匀备用。在小锅里加入水(或高汤)和备用的番茄,水开后,将面包撕成小粒加入小锅中,煮3分钟,再将鸡蛋加入锅中,打出漂亮的鸡蛋花,接着煮2分钟,至面包片软烂即可。

(2)肉松软米饭。

原料:软米饭80克,鸡肉30克,胡萝卜片、酱油、白糖、料酒各少许。

做法:将鸡肉洗净,剁成极细的末,放入锅内,加入酱油、白糖、料酒,边煮边用筷子搅拌,使其均匀混合,煮好后放在米饭上面一起焖熟。饭熟后盛入小碗内,切一片花形胡萝卜作为装饰。

(3)时蔬鸡肉通心粉。

原料:通心粉50克,鸡胸脯肉30克,红甜椒、洋葱、番茄酱各10克,鸡蛋1个,盐、料酒、水淀粉各少许,橄榄油适量。

做法:鸡脯肉洗净,切成末,用盐、料酒、水淀粉腌制10分钟;洋葱洗净,切小丁;红甜椒洗净,去蒂去籽,切小丁。

鸡蛋磕入碗中打散,搅拌均匀。平底锅置火上,倒入少许橄榄油烧热,下入鸡蛋液,摊成薄饼,晾凉后切小块。

汤锅内加水,将通心粉煮熟,用凉开水过一下,捞起沥干水分。

炒锅倒入橄榄油,烧热后下入洋葱丁炒香,放入腌好的鸡肉末炒熟,放入红甜椒丁翻炒几下,再放入通心粉、鸡蛋块炒匀,加少许盐调味,放入番茄酱翻炒均匀即可。

(4)甜椒炒绿豆芽。

原料:甜椒3个,绿豆芽100克,料酒、精盐、醋各少许。

做法:将甜椒去蒂去籽,洗净,切成细丝;绿豆芽去杂质,洗净,沥干水。

炒锅置火上,放油烧热,下甜椒煸炒,放入料酒,淋入少许醋,然后投入绿豆芽,加入精盐调味,继续煸炒至熟,起锅装盘即可。

三、早教时间

家庭早期教养,需要更多地对幼儿的学习和发展提供支持、关怀和引导,为幼儿创造安全、直接、激发性强的环境;多鼓励孩子在日常生活中探索、尝试、动手操作,在挫折、经验中益智慧、增能力。

为此,要多发现孩子的进步和优点,多鼓励赞扬,少批评指责。

（一）室内活动

1.认知能力发展训练

（1）识别大小。

育儿员拿皮球和乒乓球给幼儿玩一会儿,然后把它们放在一起,再告诉幼儿哪个大,哪个小,练习几次后,可以问幼儿:"哪个大？指给阿姨看。"如果指对了,要大声夸奖;如果指错了,就再教一次。再拿其他不同大小的玩具来进行对比。

（2）区分辨别图形练习。

在硬纸板上画圆形、方形和三角形,把中间的形状剪去,留出平整的洞穴。用另一张硬纸板再剪出与洞穴相配的圆形、方形和三角形。让幼儿用食指将洞穴中的片块捅出来,试着将圆的形块放入圆洞穴中。通过以上活动让婴儿认识圆形,当大人说"将圆形给我"时,幼儿会从纸板的洞穴中把圆块取出交给大人,说明幼儿已认识圆形。

2.大动作能力发展训练

（1）从蹒跚学步到行走自如。

育儿员可以继续让幼儿练习独立行走,使幼儿从蹒跚地走几步,逐渐到较长距离稳定地行走。

比如,可以让幼儿拉着拖车类的玩具走路,与同伴比赛谁走得快,采用让他扔球、捡球、跑来跑去找玩具等游戏方法训练幼儿的综合动作能力。

走路能使孩子的活动范围扩大,看到的东西和接受的刺激也就随之增多,同时也解放了双手。这样,双手可以参与各种活动,能刺激大脑的发育。行走时,要求孩子用足跟着地走。如果发现孩子是用脚尖走或抬高腿走,或一岁半还不会走,就要找医生诊治。

（2）爬台阶练习。

训练幼儿爬台阶,以练习其手脚和全身的动作协调。比如让幼儿爬上几级不太高的矮滑梯或台阶,然后再扶住他让他滑下来,反复练习。育儿员要注意安全保护,滑滑梯时要穿封裆裤,以免蛲虫交叉感染。

3.精细动作能力发展训练

从1岁起,要练习握笔、画画、捡豆豆、插棍子、搭积木等手指的精细动作能力,这对孩子以后的生活、劳动、学习和使用工具都很重要。

（1）配盖练习。

准备一只杯子和大、中、小三只盖子,其中只有一个盖子是正好盖在杯子上的。

由育儿员做出示范,先教幼儿盖杯子的动作,然后把三只盖子都给幼儿,看幼儿用哪个盖子能把杯子盖好。

可以让幼儿掌握物体之间的简单联系,以发展幼儿的初级思维能力。

（2）翻书练习。

给幼儿准备适合其阅读的大开本彩图、薄且耐用的书,边讲边帮助他自己翻着看,最后让他自己独立翻书。

育儿员要注意观察幼儿是否顺着看,是否从头开始,每次翻一页还是几页。幼儿开始时可能不分倒正和顺序,对此要通过认识简单图形逐渐加以纠正。随着空间知觉的发展,幼儿自然会调整过来。

4. 自理能力发展训练:学习穿脱鞋袜

育儿员先做示范,将两拇指伸进袜口,将袜口叠到袜跟;提住袜跟,将脚伸进袜子至袜尖,足跟贴住袜跟;再将袜口提上来。

这种穿法能使足跟与袜跟相贴合,穿得舒服。如果随便套上,袜跟会跑到脚背上,穿起来不舒服。

孩子对脱鞋袜最感兴趣,在睡觉前,可以把做这件事当做游戏来教孩子。开始时,先帮助孩子解开鞋带,把鞋子脱出脚后跟,让孩子自己动手把鞋子从脚上拉下来。这样容易取得成功,会让孩子很高兴,产生信心,就会很愉快地配合做这件事。

5. 益智互动游戏

(1)识别表情。

【游戏目的】让幼儿学会看表情,培养幼儿爱笑的性格。通过表演儿歌,学会做出笑、哭、生气的表情。

【具体玩法】育儿员出示小娃娃哭和生气的表情图片,说:"你看小娃娃哭了,生气了,多不好看呀!你也对着镜子学学小娃娃。"当幼儿对着镜子做出哭和生气的表情时,育儿员要引导幼儿观察。然后,再出示小娃娃笑的表情图片,说:"宝宝看,小娃娃不生气,他笑了,笑得多美呀!你也对着镜子笑一笑。"

对照图片,教婴儿唱《表情歌》,并配上相应的动作:

宝宝笑,"哈、哈、哈";

宝宝哭,"哇、哇、哇;

宝宝生气噘小嘴儿;(做叉腰噘嘴的表情)

宝宝拍手"啪、啪、啪"。

【注意事项】当幼儿随着大人的引导,做出各种不同的表情时,育儿员一定要给予及时的表扬。

(2)逛超市。

【游戏目的】锻炼幼儿认知新事物的能力。

【具体玩法】育儿员带着幼儿去逛超市,让幼儿坐在小推车里,随意观察外面的人和物。

让幼儿摸一摸超市里各种各样的商品,并告诉他不同商品的名称。让他闻闻超市中各种水果的味道,告诉他水果的名称。

逛一圈之后,回到告诉过他商品名称的货物旁边,让他指认刚才学习的商品名称,看他是否能认出来。

回家时,也可以给幼儿一些东西,请他帮忙拿回家。到家后,还可以和幼儿一起,把买回的东西拿出来清点一遍,一边点,一边重复各种商品的名称和数量,并分类存放好。

【注意事项】不要在超市逗留太长时间。超市人多,空气浑浊,停留的时间过长不利于幼儿的身体健康。

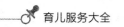

（二）户外活动

1. 帮幼儿认识花草树木

带幼儿到野外,让他闭上眼睛,专心倾听风声、雨声或是鸟鸣、虫叫,鼓励他寻找声音的来源;还可以带他去看看天空中云的变化,或是看看花开花谢,让他认识自然中的花草树木。

育儿员可以选择时机,教幼儿认识周围的花草树木。告诉幼儿这树叫"柏树",树的叶子是什么形状,什么颜色,让他闻闻有什么气味。可以多次重复,久而久之,幼儿就能够记住这种树的特点。认识花草也是同样的方法。

由于这种活动是在幼儿玩耍时进行的,不仅教幼儿认识了花草树木,而且培养了幼儿仔细观察周围事物的能力。

2. 教幼儿认识回家的路

每天的户外活动时间,育儿员在带幼儿出门时,有意识地告诉他要记住自己家的标志性建筑,如小区名称、道路、商店、植物等。

可以这样开始:每次只去一个地方,比如超市,第一次带幼儿去的时候要有意识地提醒他要去的地方和往返的路。当孩子大一些,能行走自如的时候,就可以试着鼓励他勇敢地在前面带路,必要的时候提醒他。下一次带他出门时,也鼓励他这样做,久而久之,幼儿会自己养成认路的习惯。

四、睡眠习惯培养:让幼儿按时上床

培养幼儿养成按时上床睡觉的好习惯,对幼儿的健康发育有很大好处。可以试试以下几招:

（1）规定睡觉时间。

一旦给幼儿规定好上床睡觉的时间就不要轻易改变,即使这时爸爸刚好进家门,或者叔叔来做客,也要让他遵守上床时间。睡觉时间越明确,幼儿就越容易按时去睡觉。

（2）尽量使幼儿感到安心。

幼儿喜欢从某种固定的程序或物品中获得安全感。

例如同幼儿聊聊白天发生的事情和明天的安排,在睡觉前讲故事,听音乐等。许多幼儿睡觉前喜欢听讲同一个故事或听同一首儿歌才会入睡。每天如此,当做这些事情的时候,他们就知道该睡觉了。

（3）正面给幼儿奖励。

在培养幼儿晚上睡觉的好习惯时,育儿员可采取奖励制度。如可以让幼儿积分,用若干积分换取一份礼物。奖励会使幼儿充满期待又心情愉快,从而形成按时睡觉的习惯。

五、注意事项

1. 手指卡住怎么办

幼儿只要看到有孔、有眼的地方,都会把自己的手指插进去。这是幼儿锻炼手的精细动作能力的方法之一。幼儿玩这种游戏的时候一定要注意看护,万一幼儿把手指插进小

孔中拿不出来,时间久了,卡住的手指会出现紫绀。

遇到这种情况,育儿员首先要保持镇定,沿着幼儿手指往里滴几滴花生油或肥皂水,减少手指与瓶子的摩擦。然后,再轻轻地、缓慢地边转动边往外拔,幼儿的手指就出来了。实在难以取出,或者有受伤情况,应立即带幼儿到医院就医。

此外,幼儿喜欢把手指插进孔中,还存在潜在危险,如用手指或者用铁丝、螺丝刀、金属笔等工具去触摸电插座孔中的电极。因此,家有幼儿,应该把所有的电插座都安装上保护罩,而且一定要选择有质量保证的。

2. 去游乐场注意安全

带孩子去游乐场玩,可以接触更多的小朋友,锻炼幼儿的同伴交往能力。但育儿员带幼儿玩时,一定不要以为儿童游乐场是专为幼儿设计的,就放松了警惕。殊不知,游乐场也有很多安全隐患,稍不留意快乐的玩耍成了意外的伤害。

(1)只选择适龄游戏。

仔细阅读游乐设施安全须知,根据幼儿年龄玩适龄游戏。不要让幼儿尝试超越其适合年龄的娱乐项目,否则孩子发生意外的概率会增高。

(2)系好安全带。

带幼儿玩旋转木马等可以和大人一起乘坐的游乐设施时,帮助幼儿系好安全带,随时制止幼儿伸头、伸手、站立等危险动作。

(3)全程陪护。

海洋球、决明子沙滩通常是这么大的幼儿最喜欢玩的,育儿员要全程陪护,不能看到游乐场中铺设了海绵垫,钢管、边角处都被厚厚的海绵包裹了起来,就放松警惕。殊不知,这些看似安全的地点同样可能发生碰伤、磕伤等意外。

(4)不要边吃边玩。

如果要喝水、吃零食,一定让幼儿停止嬉戏、说笑,以免发生呛咳,造成伤害。

六、一日工作流程表

1. 住家育儿员一天工作流程

时间	项目	工作内容	注意事项
6:00	育儿员起床	洗漱,整理好个人卫生,准备婴儿用品(换洗衣物,奶瓶,餐具、玩具等)	
6:30	幼儿起床	1. 上厕所 2. 洗脸、刷牙 3. 测量幼儿体温 4. 喝点白开水(50毫升)	幼儿能自己完成的,尽量让他自己完成;不能完成的,育儿员给予帮助
7:30	早餐	1. 准备早餐并让幼儿吃早餐 2. 餐具清洗、消毒	
8:00	室内活动	1. 妈妈在家,就和妈妈玩游戏;妈妈不在家,由育儿员负责 2. 育儿员吃早餐	

时间	项目	工作内容	注意事项
9:00	早教时间	1. 天气不好,室内大动作能力训练 2. 天气好,户外活动1小时	1. 带好外出的装备,比如口水巾、湿纸巾、水杯等 2. 天气热或活动量大,加喂水
10:00	加餐	水果	准备应季新鲜水果,洗净、去皮、去核
10:30	室内游戏	益智游戏,读书,讲故事	
12:00	午餐	1. 准备午餐并让幼儿就餐 2. 餐具清洗、消毒	1. 尽量让幼儿自己吃 2. 用温水漱口
12:30	午休	1. 幼儿午休 2. 育儿员午餐 3. 上午幼儿有换洗衣物或未清洗的奶瓶、餐具等清洗干净、消毒放好 4. 休息并关注幼儿睡眠情况	根据幼儿的睡眠状况,随时终止手头的工作
14:30	室内活动	益智游戏,读书,讲故事	记得喝水
15:00	加餐	1. 酸奶 2. 水果	1. 酸奶要注意保质期,饮用时不要太凉 2. 水果要新鲜,洗净、去皮、去核 3. 吃完奶记得用温水漱口
15:30	早教时间	1. 精细动作能力训练 2. 户外活动1小时	1. 不允许任何陌生人抱幼儿,不接受任何人给幼儿的食物 2. 户外活动要告知家人具体活动区域 3. 活动量大或天热加喂水
17:30	幼儿晚餐	1. 制作晚餐并让幼儿就餐 2. 餐具清洗、消毒	尽量让幼儿自己吃
18:00	晚餐	育儿员吃晚餐	
18:30	睡前盥洗	洗澡,洗刷,换好纸尿裤	夏季可以多安排几次洗澡,冬季根据情况适当减数
19:00	亲子时间	亲子阅读,聊天互动	育儿员退位,父母发挥主要作用
20:00	喂奶	1. 冲调奶粉或加热母乳 2. 奶瓶清洗、消毒	喂完奶注意给幼儿清洁口腔
20:30	睡觉	讲睡前故事	要每天按时上床睡觉
21:00	收尾工作	1. 重新检查一下当天的喂哺、婴儿衣物、玩具,活动区域的清洗、清洁、消毒 2. 一日工作日志填写	天热时幼儿衣物随时洗,冬天要洗的衣物不过夜;孩子的衣服、口水巾、围嘴、饭衣等手洗干净

2. 不住家育儿员一天工作流程

时间	项目	工作内容	注意事项
7:30	育儿员入户	准备幼儿用品（换洗衣物,纸尿裤,尿布,奶瓶,餐具、玩具等）	
8:00	婴儿起床	1. 与妈妈交接 2. 晨检(情绪,体温)	具体时间根据幼儿实际情况定
8:30	早餐	1. 制作早餐 2. 餐具清洗、消毒	1. 尽量让幼儿自己吃早餐 2. 吃完饭用温水漱口
9:00	早教时间	1. 天气不好,室内大动作能力训练 2. 天气好,户外活动 1 小时	1. 带好外出的装备,比如口水巾,纸尿裤,湿纸巾等 2. 温度较高或活动量较大加喂水
10:00	加餐	水果	准备应季新鲜水果,洗净、去皮、去核
10:30	室内游戏	互动游戏,读书,讲故事	
12:00	午餐	1. 制作午餐并喂食 2. 餐具清洗、消毒	1. 尽量让幼儿自己吃 2. 吃完用温水漱口
12:30	午休	1. 育儿员吃午餐 2. 上午幼儿有换洗衣物、喂哺用品未清洗的,清洗干净、消毒放好 3. 休息并关注幼儿睡眠情况	根据幼儿的睡眠状况,随时终止手头的工作
14:30	室内活动	益智游戏,读书,讲故事	记得喝水
15:00	加餐	水果,酸奶	1. 酸奶要注意保质期,饮用时不要太凉 2. 水果要新鲜,洗净、去皮、去核 3. 吃完奶记得用温水漱口
15:30	早教时间	1. 精细动作能力训练 2. 户外活动 1 小时	1. 不允许任何陌生人抱幼儿,不接受任何人给幼儿的食物 2. 户外活动要告知家人具体活动区域 3. 活动量大或天气热加喂水
17:30	幼儿晚餐	1. 制作并喂食 2. 餐具清洗、消毒	尽量让幼儿自己吃
18:00	晚餐	育儿员用餐(不用餐直接收尾工作)	
18:30	收尾工作	1. 重新检查一下当天的喂哺工具,幼儿衣物,玩具,活动区域的清洗、清洁、消毒 2. 一日工作日志填写	天热时幼儿衣物随时洗,冬天要洗的衣物不过夜;孩子的衣服、口水巾、围嘴、饭衣等手洗干净

说明:奶放在每日晨起和睡前 30 分钟～1 小时喝;如果奶量不足,可在加餐中补足。

第三节　父母抚育篇

一、情感连接

1. 父母教育理念要一致

由于每一个人经历不同,文化水平会有差异,性格也不完全一样,因而,在对待孩子的教育问题上,不同的家庭成员之间也会产生不同的看法、不同的要求。

比如爸爸要教育,母亲要溺爱;父母要严管,爷爷奶奶要娇惯等等。这种家庭成员之间教育理念的不一致,不但会削弱教育效果,还可能给孩子造成不好的影响。

因此,当对孩子的教育存在分歧时,父母与其他家庭成员之间要统一思想,对孩子的引导方向一致。切忌当着孩子的面争吵,也不要随便给孩子承诺,让孩子产生混乱。父母首先要以身作则,不许孩子做的事自己先能严格遵守、不违反;希望孩子做的事身体力行,让孩子视你为榜样。

家庭成员之间彼此要多些理解、多些尊重,接纳彼此的不同意见,在出现不一致时,愿意也能够试着去倾听对方做法背后的声音,理性客观判断之后再平心静气地交流。

2. 当孩子发脾气时(第一反抗期)

1岁的幼儿开始起草自己的"独立宣言",一反常态地执拗、任性。"不"成为他运用频率最高的字眼,心理学通常称之为"第一反抗期"。面对"难搞定"的幼儿,父母要怎么办呢?

(1)了解原因,从容疏导。

当幼儿发脾气时,首先要了解原因,让幼儿能够发泄出来。疲倦了,就安排休息;生病不舒服,则要及时治疗。

如果孩子以发脾气作为手段,以此达到不合理的要求,则不予理睬,等到哭闹一阵子,很快就会忘记刚刚的不愉快。

(2)转移注意力。

因为幼儿年龄小,注意时间短,父母能轻易转移幼儿的注意力,幼儿也就不再执拗于自己的想法了。

(3)带幼儿离开原地。

带幼儿外出时,若幼儿突然发脾气吵闹,父母无须斥责或打骂,只要静静地把他带离原处,幼儿很快就会平复情绪。

(4)冷处理,装作没看见。

当幼儿做出令人讨厌的行为时,父母装作没看见,也不做任何反应,这样幼儿就会自己平静下来。

当然,做父母的,自己也不要性子太急,先要保持自己情绪稳定,才能引导孩子化解不良情绪。

二、智力开发

1. 和幼儿一起涂鸦

1 岁的幼儿已经具备了准确无误的抓握能力,因此,喜欢用笔来乱涂乱画。孩子越早学会乱涂乱画,对于智力开发越是有益。因此,父母要积极支持幼儿的涂画行为,为幼儿准备画画的纸和笔,让幼儿自由涂画。

当幼儿"作画"时,大人不要乱加指责、干涉,不要说幼儿画的线不直,圈不圆,哪怕只是简单的点点画画,也是幼儿通过观察、记忆、比较、思考,然后用自己的手画出来的。要知道,在成年人眼里看似简单的"涂鸦"活动,对孩子来说则是多种能力的综合表现。

这一系列的感知活动,既是眼－脑－手三者的协调配合,也是对幼儿手、腕部的诸多关节和小肌肉群的锻炼,还是其脑力活动的结果。

2. 启发幼儿说话欲望

幼儿语言能力的发展,和其他能力的发展一样,既依赖于生理上的成熟,又要有适宜的外部条件。

从降生的那一刻起,幼儿就直接接触外界的刺激,尽管在最初的日子里,孩子常处于睡眠状态。但在清醒时,如果父母经常和幼儿交流,跟幼儿说话,对幼儿微笑,逗幼儿玩,幼儿就会逐渐熟悉父母的话语,并对父母的语言表现出浓厚兴趣。这时候,父母就要和幼儿反复讲眼前的事情,起床啦,穿衣服啦,洗脸洗手啦、吃饭喝水啦……总之,做什么,见什么,就跟幼儿说什么。

这样做的效果可能一时半会还看不出来,但是等幼儿长到 1 岁多学说话的时候就会发现,幼儿能理解很多话,并且会按照父母的要求做动作。

比如在穿衣服时,妈妈说"把手伸直",孩子就会伸直胳膊;而在学习语言的爆发期,就会发现孩子不断地说出一些家长并没有刻意教的词,这得益于长期以来父母对孩子的语言输出。

所以,父母要尽可能多对孩子说话,句子可以简短一些,但发音要清晰,核心字词要加重语气,多重复几次,语调可夸张并富于变化,从而引起孩子注意。

3. 给幼儿读书见好就收

早期的亲子阅读,最重要的不是传授知识,不是智力开发,而是让幼儿感受到读书是一件快乐的事情。只有过程快乐,才能保持幼儿的兴趣,为日后独立阅读打下良好基础。

因此,妈妈在给幼儿读书或讲故事时,如果幼儿明显不感兴趣了,转过身去玩玩具,或是跑开了,妈妈就放下书,凑到幼儿身边,表现出感兴趣的样子,说:"宝宝在玩什么呀,妈妈可以加入吗?"

跟着幼儿的节奏来就行,千万不要把幼儿重新抱回来,或者凑过去直接把玩具取走,让幼儿继续听故事或看书。孩子的注意力维持时间有限,如果强行把孩子拉回来,反而会弄巧成拙。

4. 适合 1 岁幼儿的绘本

3 岁前,以培养兴趣为主,而不是识字为主。所以,给幼儿选书的基本原则是文字简单,重复或押韵,色彩鲜艳,字少图多。内容与幼儿的日常生活相关比较好,可以让幼儿在书中重新体验现实的生活场景。

从主题上,可以是与幼儿吃饭、洗澡、刷牙、睡觉等日常活动相关的书,也可以是教幼儿打招呼、说再见等与礼仪相关的书。

从材质上,可以是不易撕破的纸板书,也可以是能让幼儿的小手动起来的"翻翻书"、"洞洞书",以及不同材质、不同触感的"触摸书"。这类书读起来有很大的发挥空间,可以和幼儿有更多的互动。而且,折页、洞洞以及不同触感的书能带给幼儿一些想象的空间,幼儿一定爱不释手。

三、社会交往

1岁多孩子会走了,活动范围也变大了,要注意多与小朋友交往,这样可以形成亲密的人际关系,也能促使语言能力和交往能力的发展。

1. 幼儿爱咬人怎么办

心理学家认为,咬人是幼儿宣泄(正面或负面)情绪的方式。

对于幼儿咬人的行为,父母要先了解这种行为背后隐藏的原因,再寻求应对的方法。

(1)生理原因。

长牙期会因为牙龈黏膜受到刺激而发生牙痒的现象,为了缓解出牙的肿胀感,幼儿可能会咬人,尤其是咬大人的手。

如果是这样,需要给幼儿提供磨牙胶。同时,应多给幼儿些纤维丰富的新鲜蔬菜及水果,如黄瓜、胡萝卜、苹果、雪梨等,将这些蔬果切成条状或小块状,让幼儿有更多的咀嚼机会。

(2)情绪发泄。

当幼儿生气、沮丧或感受到压力,没法正确地表达出来时,只好通过咬人来释放压力。

比如,有时父母外出,没有带幼儿一起出去,他就有一种不满的情绪要发泄。于是,当父母回家之后,他会用咬人来宣泄这种不满。

因此,父母要接纳和理解幼儿的小情绪,鼓励幼儿用语言来表达自己的情绪。

(3)就是觉得好玩。

在父母和幼儿的互动游戏中,如果幼儿恰好咬了父母一口,大人的表情和反应很夸张,就会给孩子造成一种错觉,咬人是一种好玩的游戏,以后还会再咬人,于是,咬人不知不觉中被强化了。

因此,当看到幼儿有咬人倾向时,父母就要用话语或眼神严厉制止,并明确告诉幼儿,咬人是一种很不好的行为,会伤害别人。

2. 利用娃娃游戏培养幼儿爱心

这个阶段的幼儿对娃娃特别感兴趣,父母可以引导他照顾娃娃来培养他的爱心。父母可以和幼儿一起用纸盒子给布娃娃做一个家。用一个干净完整的鞋盒子,鞋盒子里面可以贴上幼儿喜欢的花纸充当"墙纸";还可以给布娃娃搭一个"小床",铺上地毯,让幼儿陪娃娃说话,给娃娃穿衣戴帽,喂奶喂饭,就像爸爸妈妈照顾自己一样。让幼儿在照顾娃娃的过程中,体验为人父母的辛苦。

家人可以有意识地经常锻炼幼儿:有了好吃的,要让他先请爷爷奶奶吃;家人过生日,可以提醒幼儿以适当的方式表示祝贺;家人病了,鼓励幼儿去问候一下哪儿不舒服,给病人拿药等。家人要对幼儿的关心表示由衷感谢,让幼儿体验到付出是一种快乐。

如果幼儿有了体贴家人、关爱小朋友的行为,父母一定要及时肯定,让幼儿知道爸爸妈妈很喜欢他这样做,提高孩子的成就感和自信心,强化幼儿的正向行为。

第十三章

16个月~18个月幼儿教养指南

第一节　发展指标和养育要点

一、幼儿生长特点

这个阶段的幼儿运动能力更强,手眼协调能力、自我意识也逐渐增强,越来越有自己的主意,不喜欢听父母的话,反而喜欢让别人听从自己的安排。

幼儿会对大人的责备和批评表示不满,一旦自己的意愿无法实现就会发脾气,自信心也会受到打击,体会到挫败感。

虽然幼儿会做出一些让人头疼的行为,变得不好带了,但育儿员和父母不能因噎废食,限制幼儿的探索行为。

育儿员可在安全的前提下,逐步扩大孩子的活动范围,鼓励孩子做自己想做的事,给孩子创造学习新技能新本领的机会,通过各种有趣的游戏和活动,满足孩子好奇、好动、爱探究的天性。

二、身体发育变化

身高:男童身高72.7～91.7厘米,女童身高71.5～90.4厘米。

体重:男童体重8.0～15.6千克,女童体重7.6～15.2千克。

头围:男童头围43.4～51.4厘米,女童头围42.4～50.3厘米。

注:以上数据根据国家卫健委《7岁以下儿童生长标准》(2022年9月19日发布,2023年3月1日实施)整理。

乳牙:8～12颗。一颗乳牙还没出要看医生。

三、能力发展特点

（一）认知能力：空间概念形成

（1）对新奇的事物更加关注，开始辨认物体简单的形状、颜色和大小。

（2）对彩色图画很感兴趣，会用手摸上面的图画。

（3）可以将东西做简单的归类。

（4）注意力时间比较短，对一件事情或物品，包括玩具，保持兴趣的时间也不长。

（二）动作能力：走路变稳，熟练准确地运用物体

（1）能拉着玩具或抱着球走，走路越来越稳，会向前走，还会退着走。

（2）能举手过肩扔球，但无方向。

（3）手的动作更灵活，能熟练、准确地运用物体。

（4）能自己用勺子吃饭，会把瓶盖打开又盖上。

（5）能搭积木四块或以上。

（6）能用笔画出简单的线条，起止自如，方向不限。

（三）语言能力：语言学习关键期

（1）语言理解能力有很大提高，能听懂常用短语的意思，能用单词、短句来表达自己的需要，并伴有手势。

（2）开始认真地学习语言，翻动书页，选看图画，能够叫出一些简单物品的名称。

（3）有意识说 10 个或以上单字或词（爸，妈除外）。

（4）会有目的地说"再见"。

（5）能执行简单的命令。

四、心理情感特点：喜欢"逞能"，情绪变化丰富

（1）情绪变化丰富。在很短的时间内可表现为兴奋、生气、悲伤等，受挫折时常常发脾气、哭闹。

（2）喜欢"逞能"。在熟悉的环境中，可鼓励幼儿多做一些事情，当幼儿按成人的要求完成任务时，应给予鼓励，增强其自信心。

（3）对小朋友的集体游戏感兴趣，很喜欢看小朋友们的集体游戏活动，但并不想参与，爱单独玩。

（4）喜欢自己所爱的玩具。女幼儿常会像大人一样抱着布娃娃，对做家务表现出极大兴趣，比如，模仿大人铺床、扫地等。

五、喂养重点

继续母乳喂养或配方奶喂养。奶每天 2 次，正餐 3 次，加餐 2 次。

每天保证吃 10～15 种食物：奶 1 种、蔬菜 3～5 种、谷物 3～5 种、蛋 1 种、肉 1～2 种、鱼虾 1～2 种、水果 2～3 种。奶 500 毫升以上、谷类 100～150 克、蔬菜及菌藻类 150～200 克、水果 150～200 克、鸡蛋 1 个、鱼虾肉类 100～150 克、烹调油 20～25 克。

水和营养素补充:每天饮水 600 毫升。继续补充维生素 A 和 D,按维生素 D 每天 200～400 国际单位的量计算维生素 A 和 D 的补充量。

重要提醒:

(1)蔬菜类、豆类、肉类、谷物需要量增加;水果、蛋类、脂肪类和糖类不变;奶类减少。

(2)奶的喂养退居到第二位,开始把喂养重点放在饭菜的制作和喂养上。从这个月龄段开始,幼儿逐渐向成人饮食过渡。

(3)奶可以作为餐中的一种食物,比如早餐可以吃牛奶面包。

(4)不喜欢吃的食物,开始学会主动拒绝。

(5)这个阶段是容易偏食、挑食、厌食的时期,要引起注意。

六、早教重点

(1)学习分类,比较。

(2)角色扮演游戏,如购物扮演。

(3)养成良好的睡眠、饮食习惯。

(4)不停探索的小家伙,要注意安全,预防意外。

(5)练习前后翻滚,跨越障碍物。

(6)学折纸,串珠子,拆装玩具,捏橡皮泥,用棍取物。

(7)给幼儿讲故事,鼓励其回答问题。

(8)认识圆形、方形、三角形,懂上下方位,了解对应关系,会配对。

(9)注意良好个性的培养。

(10)鼓励幼儿做家务小帮手,培养幼儿爱劳动的好习惯及生活自理能力。

第二节　育儿员工作篇

一、生活习惯养成

(一)二便管理

1.给幼儿训练良好的排便习惯

仍处于尿便训练期,如果幼儿很愿意接受育儿员的训练,就继续这么做。如果幼儿不但不愿意接受尿便训练,还产生执拗行为,育儿员就不要和幼儿较劲。幼儿终究能学会控制尿便,只是时间早晚而已。一个健康的幼儿,即使没有刻意训练尿便,也会慢慢学着自己控制尿便。

要培养幼儿良好的排便习惯,让幼儿学会应该排在哪里,养成便前、便后洗手的卫生习惯。通常情况下,幼儿控制大便的时间要早于控制排尿的时间。

如果幼儿能够向育儿员表示他有尿便了,就预示着幼儿可以接受控制尿便的训练了,大多数幼儿是先用非语言方式表示,后通过语言告知育儿员。

2. 如厕训练要多久

美国威斯康星医学院的研究显示：如厕训练不是一件能够快速、顺利完成的事。

幼儿要能够感知尿意和便意，能够用语言表达上厕所的意愿，知道走到厕所需要的时间，能够自己穿脱裤子等。这些需要他的认知、语言、肌肉、肢体协调等各项能力的发展和支持。

从开始教幼儿如厕，到他能自己上厕所，一般需要 3~6 个月。不同的幼儿存在个体差异，有的可能几周就学会了；也有的可能需要花费 6~12 个月的时间。甚至本来学会了的幼儿，也有可能退步，所以，育儿员要付出极大耐心，陪伴幼儿完成这项重要挑战。

（二）日常护理

1. 不要随便给幼儿掏耳朵

耳朵里的耳屎又叫"耵聍"，可以防止异物及小虫直接侵犯耳膜，对耳膜有保护作用。

正常情况下，小块耳屎可随着头部的活动而自行掉到耳外，不用专门掏。频繁给幼儿掏耳朵可能造成不必要的伤害。

（1）容易损伤外耳道皮肤。

掏耳朵时如果耳屎坚硬或比较多，容易把皮肤划伤，细菌便会进入伤口引发感染；或因来回擦刮，把细菌挤入毛囊、皮脂腺管，引发炎症。

（2）使皮肤瘀血。

由于经常刺激外耳道皮肤，使皮肤瘀血，造成耳屎分泌增多，堆积严重。也就是说，耳屎越掏越多。

在给幼儿掏耳朵时，如果幼儿突然挣扎或刺激外耳道出现咳嗽反射，就更容易发生意外。

2. 教幼儿正确漱口

与教幼儿刷牙相比，教幼儿漱口要简单些。所以，育儿员在给幼儿刷牙和教幼儿刷牙前，要先教会幼儿用清水漱口。因为漱口能够漱掉口腔中大部分食物残渣，是保持口腔清洁的简便易行的方法之一。

育儿员先做给幼儿看，将水含在口内，闭嘴；然后鼓动两腮，使漱口水与牙齿、牙龈及口腔黏膜表面充分接触，利用水来回冲洗口腔内各个部位，使牙齿表面、牙缝和牙龈等处的食物碎屑得以清除。让幼儿边学边漱，慢慢熟练。

3. 幼儿出牙少、出牙迟怎么办

一般情况下，1 岁半的幼儿萌出乳牙 10 颗左右。但是，乳牙萌出数量和时间存在一定的个体差异。缺钙可使出牙延迟，但出牙迟并不都是缺钙所致。

现在，大多数幼儿都是在出生后半个月就开始补充维生素 A、D 和钙剂。母乳中钙磷比例比较适宜于钙的吸收，而且从孕妇到产妇，也都很重视补钙，所以，母乳喂养的幼儿不容易缺钙。非母乳喂养的幼儿绝大多数吃配方奶，其中的钙磷比例接近母乳，因此，除非患有某种疾病，幼儿缺钙的可能性不大。

另外，早在胎儿时期乳牙就已经形成，只是埋藏在牙龈下部，幼儿出生后乳牙继续生长，直至萌出牙龈。

现在的孩子吃固体食物普遍较晚,在此之前,一直以奶、流质食物、泥糊状食物为主,牙龈得不到充分磨擦,这是导致出牙晚的原因之一。

出牙迟的幼儿并不意味着不正常,就像身高、体重、囟门闭合一样,每个孩子都有自己的生长发育曲线,有快有慢,一般在 2 岁半左右就能出满 20 颗乳牙。

只要幼儿没有异常表现,就不要过于担心。育儿员可以根据幼儿情况,在孩子能够接受的基础上,加大固体食物的比例,适度增加饮食硬度,锻炼幼儿的咀嚼能力,有利于促进幼儿牙齿的萌出。

二、饮食习惯养成

1. 合理安排幼儿的膳食

营养是维持生命与生长发育的物质基础,同时也是保证幼儿健康成长的关键。

婴幼儿生长发育迅速,是人一生中身心健康成长的重要时期。合理的食物搭配将为幼儿一生中体力和智力的发展打下良好的基础。

1 岁多的幼儿,一般每天都应该提供的食物是:乳类,母乳 2 次或配方奶 500 毫升、奶酪 25～50 克(或酸奶 125～250 毫升或其他奶制品);谷物 3～5 种;蔬菜 3～5 种;蛋 1 种;鱼虾 1～2 种;禽畜肉 1～2 种;水果 2～3 种。

每顿都应该提供的食物是:谷物 2～3 种、蔬菜 2～3 种、蛋 1 种或肉 1 种。

每周需提供的食物是:动物肝 1 次、动物血 1 次、豆腐等豆制品 3 次、坚果类 1 次、菌藻类 1 次。

水果不能敞开吃,每天 150 克左右。

蔬菜是很多幼儿不喜欢吃的食物,育儿员要尽量鼓励幼儿多吃。可通过变换做法,每天进食 150～200 克左右,以增加膳食纤维的摄入,防止便秘。

由于幼儿胃容量较小,进食应少量多次,每天分 5 次为宜。3 顿正餐,2 次加餐,并经常变换花样,以提高幼儿食欲。

2. 养成专心吃饭的好习惯

对于生长发育中的幼儿来说,吃饭是一件需要专心做的事情。而且吃饭是一个学会咀嚼、学会使用餐具、学会餐桌礼仪、用心享受美味的过程。对处于培养良好饮食习惯关键期的幼儿来说,专心进餐很重要。

家长和育儿员要从自身做起,和幼儿一起专心吃饭,不要做吃饭以外的其他事情,不允许幼儿边吃饭边看电视或玩玩具。

幼儿进餐时要有固定座位,吃东西时不打闹、不说笑。吃饭前不要给幼儿吃零食,以免影响食欲,让幼儿厌食。

正确对待孩子吃饭的问题,既不要批评打骂,也不必过于心急。

就餐气氛要轻松愉悦,不要强迫孩子吃饭。如果一时不想吃,过了吃饭时间后可以先把饭菜撤下去,等孩子饿了,有了迫切想吃的欲望时,再给热热吃。

几次过后,孩子就建立了一种新认识:不好好吃饭就意味着挨饿,自然就会按时吃饭。这个方法看似简单,做起来却不容易,因为首先要硬下心来,不能总担心孩子饿。正餐不吃,餐点过后不能随便给零食充饥,否则会适得其反。

3.固定用餐时间

大部分孩子在 12～18 个月时,都会戒掉白天第二次小睡的习惯,只剩 1 次午觉。此时就可以固定用餐时间,将 1 日 3 餐都控制在固定时间段,另外再加上两次加餐时间。

固定时间就餐,可以让吃东西不是出于无聊、鼓励或其他的理由。如果孩子拒吃午餐,两分钟后又吵着要吃饼干,育儿员应该客气且明确地说:"午餐时间已经过了,等到加餐时间吧。"

为了让孩子不会因此挨饿太久,育儿员可以把加餐时间稍微提前。

4.一周食谱安排举例

(1)星期一。

早餐:幼儿配方奶 250 毫升(有母乳,100 毫升),豆包 1 个,虾肉鸡蛋饼,水果沙拉。

午餐:米饭(大米、燕麦),炖带鱼,豆腐汤(奶白菜、豆腐、牡蛎肉)。

晚餐:小馒头 1 个,猪肝汤 1 幼儿碗(猪肝、葱头、甜椒、胡萝卜、西红柿)。

(2)星期二。

早餐:幼儿配方奶 250 毫升(有母乳,100 毫升),小面包 1 个,鸡蛋羹半幼儿碗(放虾皮末 1 勺),蔬菜沙拉半幼儿碗(西红柿、黄瓜、土豆)。

午餐:自制三鲜馅饺子 10 个,大枣银耳汤半幼儿碗。

晚餐:稠粥 1 幼儿碗(八宝粥),肉末炒碎菜 1 幼儿碗(鸡肉末、西葫芦丁、胡萝卜丁)。

(3)星期三。

早餐:三明治 1 份,配方奶 250 毫升(有母乳,125 毫升),水果蔬菜沙拉。

午餐:米饭(红小豆、大米、紫米)1 幼儿碗,炖乌鸡(乌鸡、白萝卜、芋头、乌鸡肉、菜剁碎),素炒三鲜(茄子、甜椒、土豆),喝乌鸡汤半幼儿碗。

晚餐:牛肉小馄饨(馅中放入香菇、油菜;汤中放入香菜末和虾皮末)。

(4)星期四。

早餐:羊肉小包子 2 个,豆浆 150 毫升,幼儿配方奶 100 毫升(有母乳,不再喝配方奶)。

午餐:米饭(大米、小米、绿豆)1 幼儿碗,木须肉(鸡蛋 1 个、木耳、猪肉、胡萝卜、甜椒、芹菜,炒熟后放在熟食板上剁碎再吃)半幼儿碗,南瓜汤半幼儿碗。

晚餐:三鲜面条汤(龙须面、虾肉、鸡肉、菠菜、香菜)1 幼儿碗。

(5)星期五。

早餐:配方奶 250 毫升(有母乳,125 毫升),麻酱小花卷 1 个,荷包蛋 1 个(放豆皮半张)。

午餐:米饭 1 幼儿碗,炖排骨(猪排骨、土豆、豆角、胡萝卜),素炒丝瓜,豆腐汤(豆腐、白菜、蟹黄)。

晚餐:南瓜饼 2 个,蒸鳕鱼 1/3 幼儿碗,素炒青菜(百合、西芹、腰果、虾仁,炒后剁碎再吃),小米稀粥半幼儿碗。

(6)星期六。

早餐:牛肉汉堡 1 个,幼儿配方奶 250 毫升,水果沙拉 1/3 幼儿碗。

午餐:鸡蛋饼1块(鸡蛋1个,面粉25克,葱花少许,虾皮末),清蒸金枪鱼,砂锅豆腐(豆腐、白菜、蟹黄)。

晚餐:大米饭半幼儿碗,肉末炒碎菜(猪肉、荠菜),牛肉羹(牛肉末、青菜末、蛋清,淀粉勾芡)。

(7)星期日。

早餐:蛋糕1块,配方奶250毫升,荷包蛋1个。

午餐:小奶馒头1个,炖肉(牛肉、豆角、土豆、胡萝卜)半幼儿碗。

晚餐:米饭(薏米、大米、燕麦)半幼儿碗,肉末炒碎菜(猪肉、菜花、胡萝卜),鱼丸汤(鱼肉丸、南豆腐、香菜末、奶白菜)。

5. 营养食谱推荐

(1)香蔬海鲜粥。

原料:清粥100克,鱼片30克,青菜30克,虾仁10克,盐少许。

做法:将青菜洗净后切成小段,鱼片及虾仁洗净切成小丁状,备用。锅中加水,放入青菜、鱼片及虾仁煮熟后,加入清粥拌匀,最后加盐调味即可。

(2)肉末菜粥。

原料:大米(或小米)50克,肉末40克,青菜50克,植物油10克,酱油5克,盐2克,葱姜末少许。

做法:将米淘洗干净,放入锅内;加入水用猛火烧开后,转微火熬成粥。将青菜切碎,然后将油倒入锅内,下入肉末炒散;加入葱姜末、酱油、盐炒匀,放入切碎的青菜炒几下,加入米粥内,尝好味,再熬煮一下即可(熬粥不要放碱,以免破坏营养;肉末煸炒一下再与粥同煮)。

(3)丝瓜炒鸡蛋。

原料:丝瓜300克,鸡蛋2个,葱末、姜末、料酒、盐各适量。

做法:将丝瓜去皮洗净,切成滚刀块或厚片;鸡蛋磕入碗中,加入料酒、精盐少许打散搅匀。炒锅置旺火上,加入植物油约20克,烧至五成热时放入鸡蛋炒熟出锅。炒锅另加入油约20克,烧热后放入葱姜末炝锅,再放入丝瓜略炒几下;放入盐、熟鸡蛋翻匀即可。

(4)肉豆腐丸子。

原料:肉馅200克,豆腐100克,蔬菜(菠菜、油菜、白菜均可)100克,鸡蛋1个,葱、姜、盐、酱油、淀粉、香油和水各适量。

做法:将搓碎的豆腐和肉馅以及葱末、姜末、精盐、鸡蛋、酱油、淀粉,加少许水搅成泥状;蔬菜择洗干净,切成细丝,待用。将水倒入锅内烧沸,将豆腐肉泥挤成1.5厘米大小的丸子氽入锅内,再放入蔬菜丝和盐,最后放入香油即可。

三、早教时间

(一)室内活动

1. 认知能力发展训练

(1)比一比,谁画得长。

育儿员可以和幼儿比看谁画得更长。拿小棍在土地上画线,比一比谁画得长,一开始幼儿画得不直,同大人比赛会让其渐渐画得更直、更长。

（2）教幼儿学唱儿歌。

教幼儿学习唱歌,练习幼儿对音乐的记忆能力。

育儿员可根据实际条件,给幼儿放些儿童乐曲,提供一个优美、温柔和宁静的音乐环境,也可以给他读一些韵律优美、字词简单的儿歌,激发幼儿的兴趣和对语言的理解能力。

在此基础上,还可以结合幼儿的生活编一些小故事讲给他听。

2. 大动作能力发展训练

（1）和孩子一起玩多种动作游戏。

育儿员可以和幼儿在地上玩多种动作游戏,如与幼儿玩滚球、踢球等,这样可锻炼幼儿在独立行走中自如地做各种动作。让幼儿推着婴儿车玩,教他推车前进、转弯等,还可练习侧身走、后退走,育儿员在一旁做好保护。

（2）教孩子抛球。

给幼儿选择一个大小、轻重都合适的球,让他不扶其他物品站立,并双手抱球,高举过肩用力将球抛出。

育儿员可先做示范,然后再和幼儿一起玩。育儿员做示范时,动作要缓慢,手抛扬时幅度不要太大,以免幼儿模仿时身体失去平衡。

3. 精细动作能力发展训练

（1）用积木搭火车。

育儿员先用积木示范:将几块积木（纽扣或小瓶子等都可以）排成横队,搭成小"火车";然后将积木堆放到幼儿面前,让他模仿着搭。搭好后,育儿员要给幼儿表扬和鼓励。

（2）简单的拼图练习。

这个阶段的幼儿已经能在育儿员的帮助下,尝试把大块拼图放到对应的位置上了。育儿员可以从单块拼图开始,逐渐增加拼图的片数和难度。内容上建议选择几何图形、动物、水果、交通工具等有完整形象的。

在拼图过程中,如果幼儿确实找不到要拼的图片,育儿员可以稍加提示。比如借助拼图教幼儿学习颜色、形状、常识等,也可以用提问的方式引导幼儿多观察,多思考。

如果幼儿拼得很投入,育儿员只要安静旁观就好,以保护幼儿的专注力,当他拼好后,再给予表扬和鼓励,增强他的自信心;如果幼儿拼到一半就不想拼了,育儿员就带幼儿玩其他游戏。只要幼儿在玩的过程中能学会观察,不断尝试,就已经很不错了。

（3）套杯（筒）练习。

育儿员先做示范,将一个彩环套在垂直的塑料桩（杯或筒）上,然后让幼儿模仿一个一个往上套,套上一个,就拍手以示鼓励,或者竖起大拇指,表扬"宝宝真棒,又搭上了一个"。待幼儿熟练后,便可让幼儿按颜色或者大小顺序套成彩色塔。

4. 自理能力发展训练:自己收拾玩具

让孩子自己收拾玩具,管理自己的物品,是养成规律有序的生活习惯的开始,也是对孩子一生都有重要影响的早期教育的重点内容。

给孩子准备一个较大的整理箱来专门装孩子的玩具,让孩子把玩具放进箱里。如果孩子不肯做,就耐心地告诉孩子:"小猫要回家,小狗要回家,我们送它们回家吧。"引导幼儿把玩具小狗或小猫放进筐里。还可以哄着幼儿说:"阿姨放一个,宝宝也放一个,比一比谁放得多,好不好?"这样,把收拾玩具的过程变成游戏过程,孩子就会愉快地参加。

一开始,可能孩子只收拾一两样就不干了,也可能会放进这样,又拿出那样来。但只要孩子参与收拾,就要表扬和鼓励。做不好没关系,只要他肯做。

5. 益智互动游戏

(1)跨步走。

【培养技能】双脚协调,身体的平衡性。

【操作方法】准备5~6块泡沫地板块,可选择带小动物拼图的,能够引起幼儿的兴趣。将泡沫块放在地上,每块间隔8~10厘米,育儿员与幼儿踩在泡沫块上走,可以是同时齐步走,也可以是育儿员走孩子追。育儿员还可以从旁指挥,让幼儿先走到有小象的泡沫块上,再走到有小熊的泡沫块上;等幼儿走得熟练后,可把泡沫块之间的距离拉大,将泡沫块的数量增加,锻炼幼儿的平衡能力。

(2)投掷抓握。

【培养技能】上臂力量,手指抓握。

【操作方法】准备几个玩具和几条围巾,在地板上铺上一小块地毯(或者一块浴室防滑垫),让幼儿站在靠近小地毯的地方,努力把玩具或围巾扔到小地毯上去;也可以把小地毯拉到离幼儿远一点的地方;再让幼儿把玩具或者围巾扔到上面去。

逐渐增加游戏任务的难度,育儿员与幼儿保持1米距离,面对面投掷,让孩子从空中接物。刚开始,幼儿放手的时间和上臂丢的动作没法配合,掷不出去或者接不住,育儿员要多鼓励孩子练习。

(3)扔沙包。

【培养技能】大动作能力。

【操作方法】给幼儿缝制一个沙包(用布缝一下,里面填充豆子、玉米或大米等五谷杂粮),幼儿可能会用心研究一下沙包的质地和重量,或是把沙包扔在地上几次,然后再捡起来。

把筐放在旁边,育儿员把沙包丢在筐里,再拿出来,然后让幼儿照做。

反复几个来回后,把筐摆得略微远一点,再往里扔沙包。不管幼儿扔没扔进去,育儿员都要真诚地给他鼓掌,鼓励他捡起沙包再试。

【注意事项】玩沙包时,育儿员要看护好,不要让幼儿啃咬,因为沙包的填料有让幼儿窒息的危险(自己缝制的填充五谷杂粮的相对较安全,但要注意缝结实,避免漏出填料)。

(4)塑料盒层层叠。

【培养技能】培养幼儿的精细动作技能和模仿能力。

【操作方法】准备各种形状和大小的塑料盒(嵌套的塑料盒尤其好玩);各种小物件,比如空的塑料调料盒、空线轴、旧袜子、洗澡巾、塑料勺等。

给幼儿在客厅或卧室地板上清理出一块工作区,把盒子全都摆在地上,再给他演示怎样把小盒子放在大盒子里。

趁孩子不注意的时候,把准备好的小物件放在其中的一些塑料盒子里。在探索的过程中,幼儿会为自己的"发现"而惊喜;而且可能会用这些东西创造出各种组合。

在幼儿着迷此游戏的时候,育儿员不打扰,不干涉,只需要在边上静静地观察即可。

【注意事项】给幼儿玩的小物件不能太小,以防幼儿塞进嘴里或耳朵里。

(二)户外活动:跟随孩子的脚步

孩子对周围的事物充满好奇,观察力也与日俱增。尤其是每次户外活动时,孩子都会东张西望,好奇地用眼睛打量这个世界,用手去触摸四周的人、事、物。通过探索和尝试,来了解和解读这个未知的世界。

随着月龄的递增,幼儿又开始尝试更多的新鲜活动。尤其是在带孩子户外活动时,往往会对路边的一株小草,一只蚂蚁,树叶上缓慢爬行的蜗牛产生兴趣;哪怕只是路边的一粒小石头,也会吸引孩子的注意力。

当孩子沉浸在周围的环境中时,育儿员不要打断孩子的观察,也不要硬拉走孩子,而是站在他旁边,任由他去主动地看、听、触摸,由观察产生兴趣,从兴趣中开始思索,再从思索中学习,在学习中汲取知识,从知识中了解事物,周而复始,循环往复。虽然只是对生活中的琐小细微的观察,但却对孩子的学习、成长意义重大。

四、科学睡眠

1. 睡不踏实、半夜醒怎么办

如果幼儿胃口比较好,过多的高营养饮食会让幼儿的胃肠负担加重,就可能出现积食或脾胃不和,让夜间睡眠中的幼儿感到不舒服,翻来覆去睡不安。如果育儿员干预,幼儿从睡梦中被惊醒了,就可能会出现闹夜现象。

白天看了比较恐惧的电视画面,受到宠物的惊吓,接种了防疫针,被父母争吵或陌生人吓到等等,都会给幼儿留下不愉快的情景。幼儿会把这些不愉快的情景转移到梦中,出现半夜被噩梦惊醒甚至哭闹的情况。因此,想让幼儿睡得好、睡得安,要从以下方面入手:

(1)为孩子营造一个有利于睡眠的环境。

(2)为孩子制订良好睡眠的规划,育儿员要做到心中有数,计划要切合实际,能够实施下去。

(3)在尊重孩子的基础上,建立良好的睡眠习惯,而不是采取强硬的态度和手段。

(4)承认每个孩子都有自己的个性和内在的生物钟,纠正幼儿不良的睡眠习惯要适当。

(5)育儿员要坚信:这个月有睡眠问题的幼儿,下个月可能就会睡得安稳踏实了,不会有一直不好好睡觉的孩子。

需要强调的是,幼儿的睡眠习惯不是与生俱来的,而是需要适度地引导和持久的耐心。面对幼儿的睡眠问题,最好的处理方案就是认真分析原因,然后对症寻找解决办法,而不是烦躁、抱怨。

2. 想让孩子早睡早起,家长要做好示范

幼儿的睡眠习惯与他所处的生活环境有着密切的联系。

在早睡早起的睡眠习惯中长大的孩子,就可能早睡早起;父母经常熬夜,孩子就可能成为夜猫子。

父母的举止行为与睡眠习惯,对孩子有着潜移默化的影响。幼儿惊人的模仿能力,并不只是模仿正确的一面,而是照单全收。要想让幼儿有良好的睡眠习惯,父母首先要养成良好的睡眠习惯。为人父母者不能随心所欲,要时刻想到幼儿会模仿你的行为。

五、注意事项

保护孩子远离危险和伤害,是育儿员应尽的职责,也是育儿员工作的第一要义。随着孩子能走能动了,意外难免发生。对此,育儿员要保持冷静,迅速采取措施,用正确的方法妥善处理,尽可能将伤害降到最低。

1. 预防扭伤

最容易扭伤的部位是脚踝。孩子学步时、户外活动时,一定要注意保护脚。

孩子扭伤后,表现为受损的关节肿胀,活动受到限制,疼痛与触痛会随着患部的活动增强,肌肉会不自主痉挛,几天后伤处还会出现青肿。

扭伤后局部不能按摩,以防加重损伤,如果同时伴有骨折,按摩时移动骨折部位,骨折残端可能刺伤深部神经血管,造成严重后果。

发生皮下软组织损伤甚至皮下出血的情况时,虽然表面皮肤无损伤,局部肿胀较轻,但由于皮下血管破裂,皮下出血不止,皮肤乌青块会不断扩大,按压时疼痛,紧急处理时绝对不能热敷,一定要用冷敷,以达到血管收缩止血的目的。

具体方法:

用冰袋敷于患处或用冷毛巾湿敷,敷 1 小时左右即可。24 小时后,在出血完全止住的情况下,方可改为热敷,促进局部血液循环,帮助血肿吸收。

对于损伤性肿块,表面上无伤口的一般无需特殊处理;如伤肿较重,在伤后 24 小时内可用毛巾包冰块在肿胀处冷敷,24 小时后可用热毛巾对伤处进行热敷,以扩张血管,促进血液循环和康复。如局部疼痛严重,或有其他异常情况,应及时去医院诊治。

特别要注意,由于扭伤常常伴有骨折和关节脱位,尤其幼儿易发生桡骨头半脱位。如果疼痛日渐加重,应去医院就诊。

2. 预防瘀伤

瘀伤大多是孩子推拉门窗、抽屉时夹伤所致。当出现这种意外时,要先将孩子受伤的手指或脚趾浸泡在冷水中 15～30 分钟,为防止手指或脚趾冻伤,应每隔 5～10 分钟把手指或脚趾拿出来;待手指或脚趾温度恢复正常后再继续浸泡。此外,将肿胀的手指或脚趾抬高,有助于消除肿胀。

如果因扭伤或被快速旋转的辐条如车轮辐条、电扇扇叶等打到,导致手指或脚趾受伤,家长应带孩子就医处理。

六、一日工作流程表

1. 住家育儿员一天工作流程

时间	项目	工作内容	注意事项
6:00	育儿员起床	洗漱,整理好个人卫生,准备幼儿用品(换洗衣物,奶瓶,餐具、玩具等)	
7:00	幼儿起床	1. 上厕所 2. 洗脸刷牙 3. 喝水 4. 自己玩一会儿	幼儿能自己完成的,尽量让他自己完成;不能完成的,育儿员给予帮助
7:30	早餐	1. 准备早餐并让幼儿就餐 2. 餐具清洗、消毒	尽量让幼儿自己吃
8:00	室内活动	1. 妈妈在家,跟妈妈一起玩游戏;妈妈不在家,由育儿员负责 2. 育儿员吃早餐	
9:30	加餐	水果	选择应季新鲜水果,洗净、去皮、去核
10:00	早教时间	1. 天气不好,室内大动作训练 2. 天气好,户外活动 1 小时	1. 不允许任何陌生人抱幼儿,不接受任何人给幼儿的食物 2. 户外活动要告知家人具体活动区域 3. 活动量大或天热加喂水
11:00	室内游戏	互动游戏,读书,讲故事	
11:30	午餐	1. 准备午餐 2. 餐具清洗、消毒	1. 尽量让幼儿自己吃 2. 吃完饭用温水漱口
12:00	午休	1. 幼儿午休 2. 育儿员午餐 3. 上午幼儿有换洗衣物或未清洗的奶瓶餐具等,清洗干净、消毒放好 4. 休息并关注幼儿睡眠情况	根据幼儿的睡眠状况,随时终止手头的工作
14:00	室内活动	益智游戏,读书,讲故事	1. 进行坐便盆训练 2. 督促幼儿喝水
14:30	加餐	1. 水果 2. 酸奶	1. 水果要新鲜,洗净、去皮、去核 2. 酸奶要注意保质期,饮用时不要太凉 3. 吃完后记得用温水漱口
15:00	早教时间	1. 精细动作训练 2. 天气好,户外活动 1 小时	1. 不允许任何陌生人抱幼儿,不接受任何人给幼儿的食物 2. 户外活动要告知家人具体区域。 3. 活动量大或天热时督促幼儿多喝水

时间	项目	工作内容	注意事项
17:30	幼儿晚餐	1、制作晚餐并让幼儿就餐 2. 餐具清洗、消毒	尽量让幼儿自己吃
18:00	晚餐	育儿员吃晚餐	
18:30	睡前洗漱	洗澡,洗刷,换好纸尿裤	夏季可以多安排几次洗澡,冬季根据情况适当减少次数
19:00	亲子时间	亲子阅读,聊天互动	育儿员退位,父母发挥主要作用
20:00	睡前加餐	1. 加餐 2. 餐具清洗、消毒	注意幼儿清洁口腔
20:30	睡觉	读睡前故事	每天按时上床睡觉
21:00	收尾工作	1. 重新检查一下当喂哺工具、幼儿衣物、玩具,活动区域的清洗、清洁、消毒 2. 一日工作日志填写	天热时幼儿衣物随时洗,冬天要洗的衣物不过夜;孩子的衣服、口水巾、围嘴、饭衣等手洗干净

2. 不住家育儿员一天工作流程

时间	项目	工作内容	注意事项
7:00	育儿员入户	准备幼儿用品(换洗衣物,纸尿裤,尿布,奶瓶,餐具,玩具等)	
8:00	幼儿起床	1. 与妈妈交接 2. 晨检(情绪,体温)	具体时间根据幼儿实际情况定
8:30	早餐	1. 制作并让幼儿吃早餐 2. 餐具清洗、消毒	尽量让幼儿自己吃
9:00	早教时间	1. 天气不好,室内大动作能力训练 2. 天气好,户外活动1小时	1. 带好外出的装备,比如口水巾、纸尿裤、湿纸巾等 2. 温度较高或活动量较大加喂水
10:00	加餐	水果	选择应鲜水果,洗净、去皮、去核
10:30	室内游戏	互动游戏,读书,讲故事	
11:30	午餐	1. 制作并让幼儿吃午餐 2. 餐具清洗消毒	1. 尽量让幼儿自己吃 2. 吃完用温水漱口
12:30	午休	1. 育儿员吃午餐 2. 上午幼儿有换洗衣物或未清洗的喂哺用品,清洗干净消毒放好 3. 休息并关注幼儿睡眠情况	根据幼儿的睡眠状况,随时终止手头的工作
14:30	室内活动	益智游戏,读书,讲故事	1. 进行坐便盆训练 2. 督促幼儿喝水

续表

时间	项目	工作内容	注意事项
15:00	加餐	水果,酸奶	1. 水果要新鲜,洗净、去皮、去核 2. 酸奶要注意保质期,饮用时不要太凉 3. 吃完后记得用温水漱口
15:30	早教时间	1. 精细动作训练 2. 天气好,户外活动1小时	1. 不允许任何陌生人抱幼儿,不接受任何人给幼儿的食物 2. 户外活动要告知家人具体活动区域 3. 活动量大或天气热,加喂水
17:30	幼儿晚餐	1. 制作并让幼儿吃晚餐 2. 餐具清洗、消毒	尽量让幼儿自己吃
18:00	晚餐	育儿员用餐(不用餐直接收尾工作)	
18:30	收尾工作	1. 重新检查一下当天的喂哺工具、幼儿衣物、玩具,活动区域的清洗、清洁、消毒 2. 一日工作日志填写	天热时幼儿衣物随时洗,冬天要洗的衣物不过夜;孩子的衣服、口水巾、围嘴、饭衣等手洗干净

第三节　父母抚育篇

一、情感连接

1. 保持和孩子的情感连接

由于工作关系,父母通常都非常忙。尽管白天有育儿员的精心照顾,但幼儿的情感发展、情绪变化,更多的还是需要父母的关心和照顾。

下班后,父母一定要抽出时间全身心地陪伴幼儿。可以陪幼儿玩玩具,也可以和幼儿一起亲子阅读,再或者,只是简单聊聊天。即使孩子很小,即使孩子的语言表达能力还不那么完善,孩子的表情、动作也会告诉我们他是开心的。

妈妈要细心体察,尤其是孩子遇到一些情绪上的困扰时,父母的用心关照会从心理上给孩子以安全感。当孩子表达能力越来越强时,这种体察就变成了双向互动,特别是睡前聊天,不仅孩子特别喜欢,父母也能在闲聊中了解孩子白天的情况,并适时地引导孩子思考和总结。

2. 教幼儿学会防范"性侵犯"

儿童性侵害种类繁多,包括故意向孩子暴露身体、玩弄孩子的身体等。遭遇"性侵犯"后,对孩子的身心伤害极大,心理功能或多或少会出现一定的负性偏差,甚至严重影响今后的生活。

为了孩子的健康成长,父母应从小培养孩子的防范意识,增强其防范"性侵犯"的能力。

(1)尽早建立身体隐私意识。

在孩子的心中建立隐私意识,是提高孩子防范意识的有效方法。可以用孩子的布娃娃做示范。在布娃娃的身体部位贴上纸条,然后妈妈给幼儿讲哪里可以摸,哪里不可以摸。一切准备好后,妈妈对幼儿说:"摸摸可以摸的部位,用手指指一下不可以摸的部位。"演练几次后,幼儿就记住了。

当然,隐私意识不是这么教一次就能建立起来的,需要不断地以各种形式重复呈现。平时,家人包括爸爸妈妈不随意谈论、触摸孩子的生殖器官,更不以逗弄孩子的形式玩乐;不让孩子在别人面前袒露生殖器官,不随地大小便;培养孩子自己大小便的习惯。

这些谨慎的生活行为其实就是告诉孩子:要尊重和保护自己的身体,不随意裸露。

(2)及时发现孩子的异常状况。

如果孩子出现难以理解的哭泣、躲避、过度黏人、行走坐卧异常、身体不舒服,就要检查生殖器官(包括阴部、肛门、尿道)是否有受伤、疼痛、出血或感染等症状,两腿内侧是否有红肿、瘀伤等现象。父母要做个有心人,随时关注孩子的身心健康。

二、智力开发

1. 引导幼儿回应大人的指令

在帮助幼儿认识自己和家里人的基础上,父母还要教幼儿学说家庭成员的名字。

先教他自己的名字,反复练习;会说后,再教第二个人的名字,接着鼓励幼儿区别这些名字,如"宝宝把球拿给××"等。幼儿做对了,可以给一个拥抱或亲吻来奖励幼儿。还要教会幼儿说自己是男孩还是女孩,会回答别人问他几岁的问题。

2. 给幼儿打造一个"阅读角"

良好的读书习惯有利于增加幼儿的专注力和学习能力,所以要从小培养。

父母要为幼儿营造一个干净利落、充满书香的"读书角"。比如,在家里某一个光线充足的空间里,放置幼儿的小书桌、小书架,用幼儿喜欢的方式布置一下,把书放在幼儿触手可及的地方,比如幼儿能够到的矮柜上,增加幼儿接触书的机会。

父母也要以读书为乐,只要有时间,就安安静静地读书,让幼儿知道,读书和吃饭、喝水、玩玩具一样,都是家庭的必需品,也是生活的必备品,从而营造一个全家热爱读书的良好氛围。

3. 训练幼儿的逻辑思维能力

要让幼儿更聪明,就要从小培养幼儿的逻辑思维能力。根据幼儿生长发育的特点,可以采取以下方法:

(1)学习分类法。

把日常生活中的常见物品根据某些相同点将其归为一类,如根据颜色、形状、用途等。父母应该注意引导幼儿寻找归类的根据,即事物的相同点,从而使幼儿注意事物的细节,增强其观察能力。

（2）认识大小群体。

首先，应教给幼儿一些有关群体的名称，每一个群体都有一定的组成部分，如家具、动物、食品等。同时，还应让幼儿了解，大群体包含许多小群体，小群体组合成了大群体，如动物中有鸟、鸟中有麻雀。

了解顺序的概念有助于幼儿今后的阅读，这是训练幼儿逻辑思维的重要途径。顺序可以从最大到最小、从最硬到最软、从甜到苦等，也可以反过来排列。

（3）理解数字的基本概念。

父母在教幼儿数数时，不能操之过急，让幼儿一边口中念念有词，一边用手触摸物品，这些物品可以是木珠、碗、水果等。让幼儿用手触摸到物品更能引起幼儿数数的兴趣。

4.鼓励幼儿多玩动手游戏

对幼儿来说，动手等于动脑。在所有开发幼儿智力的游戏活动中，凡是幼儿能做的，父母和育儿员都不要代办。所买的玩具，都尽量让幼儿自由摆弄。许多父母喜欢干涉幼儿的游戏，往往会招致幼儿的反感。

蒙台梭利提出的"内在发展"理论认为：幼儿在自主游戏中，会不自觉地开发、发展自己的能力，而不需要外在的强制。因此，应该给幼儿一片安全的游戏天地，让幼儿多玩动手的游戏，通过手的动作来刺激大脑思考。

日常生活中，不妨让幼儿自己多动手。比如，让较小的幼儿先学会自己吃饭、漱口、擦嘴、洗手、擦鼻涕；再慢慢学会自己洗脸、刷牙等，及至帮大人做力所能及的家务。

总之，父母及育儿员要有意识地给幼儿创造锻炼的机会和环境，让幼儿在实际动手的过程中，变得越来越聪明。

三、社会交往

1.鼓励幼儿自己做事情

随着动作技能和自我意识的发展，幼儿开始有了自我服务并为家人服务的愿望和兴趣。

例如，幼儿一旦学会了走路，就会不停地走来走去，乐于帮大人拿东西；幼儿一旦学会了用勺子盛食物，就会乐此不疲地一直练习。这正是培养幼儿独立生活能力的好时机。

及时鼓励和培养幼儿有规律、有条理的生活卫生习惯和自理能力，不仅能促进幼儿动作技能的发展，提高健康水平，还能增强幼儿的独立性、自信心，使幼儿保持愉快情绪。

父母要主动训练幼儿独立生活的各种技能，让幼儿学着自己的事情自己做，如洗脸、喝水、如厕、自主入睡等。因为它能促使幼儿较早学会独立生活，使幼儿受益终生。

2."过家家"游戏培养孩子形象扩展能力

父母可以和孩子一起玩"过家家"游戏或是角色扮演游戏。如果孩子去医院看过病，可以和孩子一起玩看病游戏。妈妈当"孩子"，孩子当"医生"，通过"医生"给"孩子"看病的过程，让孩子在联想或表演中，认识"医生""孩子""护士"的形象。父母也可以装成哭哭啼啼的样子，或是不愿打针和"医生"对话。

通过游戏，让孩子提高形象认识能力，练习语言表达能力，还能锻炼孩子的同理心，减轻或克服找医生看病、打针的恐惧心理。

这种角色扮演游戏,还可以用在孩子 3 岁入园后。由于孩子刚入园,有些事情可能表达不清,回家后,妈妈和孩子可以玩"入园游戏"。就是孩子当"老师",妈妈当"小朋友",演练一下当天在幼儿园的生活。这对于父母及时了解、掌握孩子在园里的情况很有帮助。

第十四章

19个月~21个月幼儿教养指南

第一节　发展指标和养育要点

一、幼儿生长特点

随着身体发育的进展,孩子开始喜欢爬上爬下,还喜欢随着音乐跳舞,喜欢念儿歌,听爸爸妈妈讲童话故事,还喜欢数数字。

在思维方面,孩子会对新事物有很强的好奇心,喜欢观察新鲜的事物,开始唱旋律简单的歌曲。

总之,孩子现在每天都忙忙碌碌的,是个名副其实的"小忙人"。

二、身体发育变化

这个阶段的孩子各部位发育迅速,以大脑最快;同时动作的协调能力和身体的灵活性都有明显的进步。

身高:男童身高75.4～95.0厘米,女童身高74.3～93.7厘米。

体重:男童体重8.5～16.5千克,女童体重8.1～16.1千克。

头围:男童头围43.9～51.9厘米,女童头围42.9～50.9厘米。

注:以上数据根据国家卫健委《7岁以下儿童生长标准》(2022年9月19日发布,2023年3月1日实施)整理。

牙齿:12～18颗,其中,门牙8颗、前臼齿4颗、尖牙4颗、后臼齿2颗。

三、能力发展特点

（一）认知能力：进入对细微事物感兴趣阶段

（1）1岁半以后，孩子开始对细微事物感兴趣，常常会关注一些特别细节的东西，并乐此不疲。

（2）1岁半以前，孩子常常将图片与实物混淆起来，想吃水果的时候会拿着卡片或者书本上的水果啃；1岁半以后，已经能分清常见物品的图片与实物，并且将它们一一对应起来。

（3）能长时间（5～8分钟）地观看图片，并通过观察形象把它们储存在记忆中。对不在眼前的客体有回忆性记忆；对周围环境开始探索和好奇。

（4）出示红、黄、蓝、绿四色图片，问孩子哪个是红色的，孩子能在四色图片中正确地指出来。

（5）空间知觉和时间知觉逐渐发展，主要是视觉和动作的联系，如爬到高处，躲在门后，天黑了要睡觉，天亮了要起床等。

（6）对于抽象的时间关系（如前天、后天）及空间关系（如前、后、左、右）还不能正确辨别。

（7）不满足于只认物名，感兴趣的是这种东西有什么用途。要创造机会让孩子认识家庭用品，了解每种物品的功能，增长知识。

（二）动作能力：独立行走，手的使用更加自如

（1）能够独立行走了，会跑，但有时还会摔倒。能扶着栏杆一步一步上楼梯。

（2）能用脚尖连续行走三步以上，脚跟不落地。

（3）手的使用更加自如，能够将玩具箱内的各种玩具取出来再放回去。

（4）可以转动门把手把门打开。

（5）对搭积木产生兴趣，在大人的指导下会竖着搭积木，能搭高的积木块数达到7～8块；或者将几块积木排成一列推着走。

（6）能够模仿大人向后倒退着走；拾起地上的东西时自己不摔倒；会蹲但动作迟缓。

（7）能向上举手（举过肩）扔出球，扔出距离在50厘米以上，但不一定有方向。

（8）可以独立解决简单的问题：在玩具掉到家具底下的时候，懂得使用棍子等工具把玩具弄出来。

（9）能把纸折2折或3折，但不成形状；会用玻璃丝穿过扣眼（直径5毫米以上），有时还能将玻璃丝拉过去。

（三）语言能力：进入语言发展加速期

（1）已经会说20～30个词语，能够叫出一些简单物品的名称；能够按要求指出眼睛、鼻子、头发等；自己玩玩具时，喜欢自言自语。

（2）能重复大人说的句子中的最后2个或更多的字。能将2～3个字组合起来，形成有一定意义的句子，如"爸爸走""妈妈再见"等，而且理解能力远远超出表达能力。

（3）能说出由3～5个字组成的简单句；能用语言表达自己的需要，比如要吃饼干、喝牛奶等,但还常伴有手势。

（4）能完成大人说出的 2 个简单指令,如"到床上去,把玩具给妈妈拿过来"等。

（5）听故事能说出主要的人物和情节。

四、心理情感特点:喜欢自己,愿意对小伙伴示好

本月龄段孩子的活动范围、活动花样又较以前丰富了许多。

喜欢模仿大人做事,喜欢模仿着做广播操等。如果家长耐心教他数数,念儿歌,他会很有兴趣地学,会跟着大人的节奏说出每句儿歌的最后一个押韵的音。

喜欢跟在大人身后问这问那,想知道所有他目所能及的事物,这是孩子强烈的求知欲和探索精神的体现。育儿员应尽量以孩子能理解的方式向他讲解,以满足他的好奇心。

特别喜欢小伙伴,在玩的时候如果发现有人看他会报以微笑。有群体活动的初步适应能力,能短时间离开妈妈,但与别人玩耍时表现出较强的"占有欲"。

对自己和自己的形象越来越感兴趣,能认出照片或视频中的自己,能把自己与其他小朋友区别开来。

五、喂养重点

继续喂母乳,或每天配方奶 80～100 克（530～660 毫升）。

食物种类每天达到 15～20 种。奶 1～3 种、蔬菜 3～5 种、谷物 3～5 种、蛋 1 种、肉 1～2 种、水果 2～3 种、豆制品 1 种。每日 3 顿正餐 2 次加餐。

每餐保证有谷物、蔬菜、蛋肉;每天喝奶、1 个鸡蛋、2 种水果;每周 3～4 次高钙食物、2～3 次高铁食物、2～3 次水产品;每月 1～2 次动物肝或动物血。

水和营养素补充:每天喝水 600 毫升以上。继续补充维生素 A 和 D,每天维生素 D200～400 国际单位,维生素 A600～1 200 国际单位。

六、早教重点

（1）让孩子练习倒退走和侧方向走。

（2）练习把圆、方、三角形放入形状相同的孔内。

（3）练习自然地说 3～5 个字的句子。

（4）练习用勺子把碗中食物吃干净。

（5）培养孩子学会更多的生活技能,提升自理能力。

（6）保护好孩子的好奇心和求知欲。

第二节　育儿员工作篇

一、生活习惯养成

（一）二便管理

1.开始如厕训练

通常孩子2岁左右就能自主控制排便,可以进行如厕训练。当然,这个时间并不绝对,要看孩子个人的发展情况:有的可能20个月就可以了,有的可能要等到27个月,而且男孩通常比女孩晚一些。育儿员不必教条主义,而是要注意观察和捕捉孩子能够自主排便的信号,顺势而为,具体信号如下:

（1）孩子穿着纸尿裤排便后,会因感觉不舒服而向大人寻求帮助。

（2）孩子开始对大人如厕表现出兴趣。

（3）孩子有自己拉下或提上裤子的能力。

（4）孩子不睡觉时,纸尿裤能保持1～2个小时的干爽。

当孩子出现了以上信号后,育儿员就可以开始对孩子进行如厕训练了,具体如下:

（1）带孩子去买儿童坐便器。

允许孩子选择自己喜欢的样式,但不要选择功能太多、过于花哨的坐便器,以免如厕时分散孩子的注意力。

（2）亲子共读如厕训练的绘本。

对于习惯了纸尿裤的孩子来说,现在改用坐便器上厕所,肯定会不习惯,很容易出现憋尿、蹲坐着不排便等情况;离开了坐便器又会出现尿裤子、尿床等现象。

可以通过和孩子一起阅读关于如厕训练的绘本,让孩子熟悉坐便器,让孩子接触和了解这些书中小朋友上厕所的方式,上厕所的流程,渐渐打消排便时的紧张心理,习得用坐便器上厕所的能力。

比如,《我的小马桶》《一起拉巴巴》《尿尿大冒险》《我要拉巴巴》《妈妈,你看！》,这些绘本能正面引导孩子如何上厕所,让孩子知道尿裤子也是正常的,随着自己慢慢长大、不断练习,就能独立上厕所。在学习如厕技能的过程中,孩子会感受到上厕所不仅不可怕,反而很愉快、很有成就感。

（3）和同性家长一起上厕所。

同性家长去厕所时,让孩子跟随,现身说法比单纯的语言表达更直观有效。

当爸爸去厕所时,带着孩子,并准确示范。为了保证不尿到坐便器外,可以在坐便器内放张有颜色的纸片,让他瞄准纸片尿。最开始,把小便当作游戏,不要给孩子太大压力。

女孩由妈妈来帮忙。妈妈要给女孩穿易脱的裤子。在训练女孩小便的同时,要教给她正确的擦拭方向,尤其是在大便后,一定要从前往后擦,以防尿道感染。

提醒孩子上厕所时的性别差异:男孩子要先打开马桶盖,站着尿尿;女孩子坐着尿,用卫生纸擦屁屁。但是都要穿脱小裤裤、冲水和洗手。

（4）让孩子习惯使用坐便器。

大多数孩子能够比较顺利地完成日间如厕训练,但要完成午睡和夜间练习,可能需要半年甚至更长时间。

如厕训练是一个循序渐进的过程,育儿员和家长要有足够的耐心去等待和引导。如果孩子尿裤子,千万不要大声呵斥,而是把小马桶放在容易找到的地方,鼓励孩子用小马桶上厕所。在孩子还没有做好用坐便器的准备时,不强迫孩子使用坐便器,以免他产生抗拒心理,延长学习的过程。

积极的如厕体验对培养孩子独立如厕能力十分重要,孩子或早或晚都能学会自己上厕所,任何焦虑、烦恼的情绪都只会适得其反。

2. 憋尿不是好习惯

不少孩子有过憋尿的经历,有的是迫不得已,有的则是形成了习惯。殊不知,这种坏习惯一旦养成,久而久之,会严重危害孩子的健康。所以,育儿员要避免孩子憋尿。

（1）提醒孩子及时排尿。

在孩子入幼儿园之前,育儿员要有意识地在孩子看电视和玩游戏前,让孩子先去厕所,以免玩到入迷忘了排尿。为孩子定好排尿的时间,尽管有时孩子还没到尿多的时候,也还是让他排尿。这样长时间地做下去,孩子便会养成良好的排尿习惯。

（2）留心观察,及时发现孩子憋尿的"先兆"。

当孩子精神紧张、坐立不安、夹紧或抖动双腿时,育儿员可及时询问孩子是不是想排尿。对于有憋尿习惯的孩子,育儿员应经常提醒、督促孩子排尿。如睡前孩子饮水较多,或吃了较多的水分含量多的水果时,夜间也要叫醒孩子起来排尿,使尿液能够及时排出,以保证泌尿系统的正常功能。

孩子经常憋尿,会引起膀胱充血肿胀甚至破裂,造成尿路感染损伤肾脏,引发前列腺炎等。如果屡教不改,就要带孩子去医院检查,看看孩子的生殖系统是否畸形,因为有些孩子憋尿的原因跟生殖系统畸形有关。如果不是生理原因,则应到心理咨询中心为孩子寻求心理治疗。

（二）日常护理

育儿员应该在日常生活中注意对孩子良好习惯的培养,从各个方面照顾好孩子,使孩子在安全的环境中健康成长。

1. 给孩子打造一个"专用卫生角"

在培养孩子卫生习惯时,一定要布置出令孩子愉快的卫生环境。卫生角要符合孩子的年龄特点,方便安全,且便于清洗、消毒。

（1）让孩子自己选择自己喜欢的洗漱用具和毛巾,颜色形状要方便孩子辨认,并使孩子明白洗漱工具要专人专用,以形成良好的卫生习惯。

（2）每天早晚孩子同大人一起洗脸、漱口、擦油,时间久了,就形成了自觉的清洁护理习惯。

（3）育儿员示范,孩子在一旁学习:先让孩子洗净双手,手上蘸水揉按脸部,用水多次清洗,将脸上的污垢冲干净;再用干毛巾将手和脸上的水分吸干,也要将眼角、耳朵背面、颈部的水分擦干。孩子喜欢学着在脸上涂护肤霜,可以让他对着镜子涂。

注意,此时的学习只是开始,形成定时洗刷的习惯更重要,至于清洁是否到位,动作是否准确,还需要更多的练习和适应。育儿员不要着急,也不要取而代之,全程包办。

2. 让孩子习惯穿小内裤

由于本阶段孩子还不能自如控制尿便,尿裤情况时有发生,再加之为了方便训练孩子自主大小便,有的育儿员或妈妈不给孩子穿内裤,这是不提倡的。

从安全、卫生角度讲,穿内裤既能避免外来物损伤孩子的生殖器官,又能减少细菌侵入,有利于培养孩子的自我保护意识。对于男孩子来说,穿上内裤还可以避免孩子玩生殖器。

3. 用游戏教孩子识别危险

安全护理婴幼儿,除了尽可能保证生活环境的安全,还要教孩子认识危险。安全教育有利于孩子形成积极的自我概念,尊重自己的身体,更好地和别人交往。

对于这个年龄段的孩子来说,通过游戏认识危险,符合孩子的认知特点,更容易让孩子接受和理解。

(1)认识"高"。

把孩子放在高10~15厘米的平台上,看孩子的反应。大部分会爬的孩子会马上爬下来,没有特别害怕的表情;然后再把孩子放到90厘米高的桌子上,在一旁注意保护孩子,看孩子在桌子上爬的时候是什么表情,孩子是否会爬到桌子的边缘就停止动作。

游戏结束以后,告诉孩子这很"高",很危险,孩子不能爬到上面来玩。

(2)认识"烫"。

用两个一模一样的杯子,在杯子里倒入冷、热两种水,让孩子体验不同的触觉感受,并告诉孩子哪个是"烫";然后把装热水的水杯打开,拉孩子的手放在水杯口上方,让孩子感受热水汽,并再次强调"烫";还可以用两块毛巾分别浸过冷、热两种水,当把毛巾给孩子的时候,告诉孩子哪块毛巾是"烫"的。

用类似的方式,还可以教孩子认识"扎手""夹手""咬人""摔跤"等危险信号。

在这样的游戏活动中,需要注意观察孩子是否能判断环境和事物的变化,有没有危险意识,同时做出身体的适应性反应。这样的游戏可以帮助孩子理解危险信号的概念,建立相应的安全模式,促进孩子的自我安全意识发展。

二、营养饮食(饮食习惯养成)

营养是维持生命与生长发育的物质基础,同时也是保证孩子健康成长的关键。

婴幼儿生长发育迅速,是人类一生中身心健康成长的重要时期。合理的食物搭配将为孩子一生中体力和智力的发展打下良好的基础。

1. 建议母乳喂养到2岁

世界卫生组织和国际母乳协会建议:如果可以,母乳喂养到2岁最好。

(1)母乳依然最具营养价值。

一些坚持在孩子1周岁或更早时候就断奶的妈妈,认为母乳没有营养。实际上,母乳的营养密度只是较之前降低了,而不是没营养。

无论什么情况,什么阶段,母乳都最具有营养价值、对孩子最好。所以,只要条件允许,最好坚持母乳喂养。

(2)孩子不好好吃辅食,并不是因为馋母乳。

有的妈妈在一岁前给孩子断奶,是因为孩子不好好吃辅食,整天光惦记着吃母乳。

其实不然,孩子不好好吃辅食,主要是没有养成规律的进食习惯。只要认真培养进食习惯和规律,将母乳和辅食有机结合起来,孩子不会只吃母乳不吃饭。

(3)孩子夜里睡不好。

别家的孩子都睡整夜,而自己的孩子却要频繁吃奶,有的妈妈就认为这是孩子惦记着吃奶不好好睡。

当然,不排除有这方面的因素。不过即使断奶了,也并不是那么容易就实现睡整夜的愿望,毕竟2岁以前的孩子还没发育到那个程度。如果断奶了,还是频繁醒来,需要抱起来哄,那就远不如满足孩子吃奶的要求后再入睡了。

(4)满足孩子的精神需求。

1岁左右的孩子进入了"分离焦虑期"。对他来说,吃母乳是缓解分离焦虑的有效手段。所以,这段时间他对母乳的需求大大增加,不是饿了再吃,而是时不时就会想吃奶或者只要见到妈妈就想吃奶。

另外,1岁之后的孩子开始独立走路,到处探寻新鲜事物,在这个过程中,会摔跤,会受到很多挫折,需要及时有效的安慰。如果受到挫折后,找妈妈吃两口奶,就能迅速摆脱不良情绪,那也未尝不可。

所以,已经坚持喂母乳到1岁的妈妈们,若无特殊情况,就坚持到孩子2岁再断奶。

如果已经断奶了或者即使没断,而母乳已经明显不多了,一定要给孩子补充一定量的配方奶或尝试纯牛奶。

2. 按时进餐,节制零食

零食是孩子的最爱,零食给得好,可以"锦上添花",是对正餐的补充;但如果给予的方式不当,就会破坏孩子正常进餐,扰乱孩子的消化系统,影响孩子的身体健康,甚至养成孩子一闹就要拿零食来哄的坏习惯。所以,育儿员要把握几个给孩子吃零食的原则:

(1)不影响正餐。

安排在两餐之间,如上午10点左右、下午3点半左右。但是不要吃太多,约占总热量的15%就好。要注意餐前1小时和睡前都不要让孩子吃零食,以免影响正餐或出现蛀牙。

(2)不要把零食当奖励。

有时,为了不让孩子哭闹,育儿员或父母习惯拿零食哄他,或者在孩子做对了事情时用零食奖励。其实零食并不是最好的奖励,与其这样培养孩子依赖零食的习惯,不如在孩子不开心时抱一抱他,在他感到烦闷时给他玩具缓解不良情绪。

(3)选择健康零食。

孩子的零食最好选择各类新鲜水果、全麦饼干、奶类制品等,量要少,质要精,并且经常更换口味。其他食物,如太甜、太油腻的糕点、油炸食品、肉类食物等,都不宜做零食。

（4）零食要适量。

零食量不能超过正餐,而且吃零食的前提是当孩子感到饥饿的时候,一天不超过 3 次。次数过多的话,即使每次都吃少量零食也会积少成多。

（5）不在玩耍时吃零食。

玩耍时,孩子往往会在不经意间摄入过多零食,严重者还可能被零食呛到、噎到。所以,吃零食时就要停止玩耍,吃完再玩。

3. 孩子吃饭难,难在哪里

在给孩子准备食物时,育儿员要按照孩子的需求进行喂养,而不是从自己的想法出发。孩子想吃的时候不给,或是给零食;孩子吃零食已经饱了,却要他再吃饭。孩子的胃只有那么大,吃了别的就装不下应该吃的东西了,所以才会拒绝食物。

很多时候,孩子吃饭难、不吃饭不是孩子的问题,而是育儿员的问题。比如,过度喂养,不愉快的进食经历,不满意饭菜的味道,没有养成好的进餐习惯,饭菜不适宜孩子吃,孩子病了等。

另外,孩子对新食物不是一次就能接受的,尤其是从母乳这样的液态食物向其他固体类食物的过渡期间,要给孩子足够的适应时间。

4. 不要轻易给孩子扣上"挑食"的帽子

在照护孩子的过程中,育儿员可能会发现,孩子在 1 岁之后比以前更挑剔了,以前爱吃的,现在不吃了。这是因为孩子长大了,想要决定自己吃什么,这是很正常的心理诉求,不要因此给孩子贴上"挑食"的标签,更不要过度批评孩子。批评只会让孩子对食物更加抗拒、更加讨厌。育儿员只需要加强自己的厨艺与引导,在准备食物上多下功夫即可。

可以让孩子一起参与到食物的准备过程中来。准备食材时,给孩子一定范围内的选择:"白菜、西蓝花和南瓜都很新鲜,你想吃哪一个";也可以让孩子来帮忙,比如洗番茄、搅拌鸡蛋。

对于自己选择的菜和自己"做"的菜,孩子会很配合地吃下去,甚至还会让大人也一起吃,毕竟那是自己"做"的呀!

5. 一周食物搭配举例

（1）星期一。

早餐:母乳或配方奶,卧鸡蛋,豆沙包。

加餐:苹果。

午餐:软饭,胡萝卜泥,肝泥,鲜菜鱼片汤。

加餐:酸奶,小蛋糕。

晚餐:葱花冬菇肉末细丝面。

加餐:母乳或配方奶

（2）星期二。

早餐:母乳或配方奶,鸡肝青菜面条。

加餐:橘子。

午餐:红薯软饭,豆腐鱼肉蒸蛋,海米紫菜肉汤。

加餐:蛋花汤,面包。

晚餐:软饭,鹌鹑蛋蒸肉饼,炒土豆丝。

加餐:母乳或配方奶。

(3)星期三。

早餐:鸡蛋桂花粉,果酱花生酱全麦面包片。

加餐:猕猴桃,配方奶。

午餐:鸡肝韭黄银丝面。

加餐:酸奶,饼干。

晚餐:大米小米软饭,海带丝炒肉丝,青菜末。

加餐:母乳或配方奶。

(4)星期四。

早餐:鲜豆浆,鸡蛋卷。

加餐:香蕉。

午餐:杂豆软饭,清蒸鱼,瘦肉青菜汤。

加餐:银耳枸杞炖雪梨。

晚餐:番茄鸡蛋汤,牛肉菜饼。

加餐:母乳或配方奶。

(5)星期五。

早餐:蛋花瘦肉粥,小馒头。

加餐:西瓜,配方奶。

午餐:南瓜软饭,时蔬菜汤,金针菇粉丝煮鱼片。

加餐:酸奶,蛋挞。

晚餐:青菜嫩段,鸡肉丝面片汤。

加餐:母乳或配方奶。

(6)星期六。

早餐:芝麻糊,奶油面包。

加餐:梨,配方奶。

午餐:软饭,番茄牛肉末西兰花。

加餐:红萝卜土豆猪骨汤。

晚餐:紫米大米软饭,肉末豆腐时鲜蔬菜汤。

加餐:母乳或配方奶。

(7)星期日。

早餐:母乳或配方奶,海鱼三明治。

加餐:芒果。

午餐:软饭,瘦肉饼,青菜猪骨汤。

加餐:酸奶,枣糕。

晚餐:鱼蓉软饭,木耳蘑菇鸡蛋汤。

6. 营养食谱推荐

（1）猪肉炒茄丝。

材料：茄子 50 克，猪瘦肉 30 克，儿童酱油，葱末，姜末、盐。

做法：猪瘦肉洗净，切丝；茄子洗净，去皮，切丝。锅中放少许油烧热，下葱末、姜末煸炒，然后放猪瘦肉翻炒片刻，盛出。重起油锅，倒入茄子翻炒，加盐与猪瘦肉一起炒，待熟时，加点儿童酱油炒匀即可。

（2）素什锦炒饭。

材料：米饭 150 克，鸡蛋 1 个，胡萝卜、香菇、青椒各 50 克，盐 2 克，植物油适量。

做法：胡萝卜、香菇分别洗净，切成丁；青椒去蒂和籽，洗净，切丁。

胡萝卜丁、香菇丁、青椒丁放入沸水中焯烫，捞出，沥水；鸡蛋打散，搅拌成蛋液，放入热油锅中炒熟，盛出。锅底留油烧热，下香菇丁煸炒，倒入米饭、青椒丁、胡萝卜丁和鸡蛋翻炒均匀，放盐调味即可。

（3）鱼肉饺子。

材料：无刺鱼肉、番茄各 30 克，芹菜 20 克，香菇 10 克，面粉 50 克，植物油适量，盐 2 克。

做法：芹菜、香菇洗净，沸水焯烫一下，剁成末；鱼肉洗净，剁成末，和香菇末、芹菜末、盐搅匀制成馅料。面粉加水和成面团，揪成小剂子，擀成饺子皮，包入馅料，制成饺子生坯。番茄洗净，入沸水中烫一下，去皮，切碎，入油锅翻炒成番茄酱。饺子下锅煮熟，淋上番茄酱即可。

三、早教时间

（一）室内活动

1. 认知能力发展训练

（1）教孩子认数字。

在彩色卡纸上剪下数字 1、2、3，然后将数字放在孩子手中，并下指令让孩子将这些数字放回原位。

游戏时，育儿员要告诉孩子手中的数字是什么，并让孩子跟着说，如"把'1'送回家。"如果孩子放对了，育儿员要发自内心地表扬孩子，鼓励他下次继续努力。

（2）教孩子识颜色。

搜集多种红色和黄色的物品，如红色丝带，红色的书，红色的衣服和鞋子等等，让孩子在识记的基础上对同一颜色进行分类，帮助孩子加强同一颜色的记忆，让孩子能从各种物品中认识红色和黄色的共同特性，能将这两种颜色与其他色彩区分开来。

（3）配对练习。

把两个相同的玩具放在一起，再将两个完全相同的图片放在一起，让孩子学习配对。在熟练的基础上，将两个相同的汉字卡混入图卡中，让孩子学习认字和配对；也可写数字 1 和 0，然后混入图卡中，让孩子通过配对认识 1 和 0。配对的卡片中可画上圆形、方形和三角形，让孩子做图形配对和颜色配对。

2. 大动作能力发展训练

（1）上下台阶（楼梯）。

育儿员可以有意识地让孩子练习自己上下台阶或楼梯，从较矮的台阶开始，育儿员先牵着孩子扶着栏杆上、下楼梯；再让孩子自己扶好楼梯扶手，一足登上台阶，两足站稳后再向上迈步；待上楼梯熟练后，再牵着孩子学习下楼梯，两足在台阶站稳后，再伸足下迈。

练习的同时，要对孩子的"勇敢"表示鼓励。经过练习后，孩子就能自己扶着栏杆上下，并逐渐过渡到不扶栏杆也能自己上下楼梯。

幼儿每上一级台阶，身体都要适应一种新的高度。在上台阶时身体的重心先落在下面的一只脚上，然后重心移到上了高台阶的另一只脚上，重心不断地转移需要身体适应才能保持平衡，这个练习可以提高幼儿的平衡能力。

（2）练习跑。

育儿员可以和孩子玩捉迷藏的游戏。在追逐玩耍中有意识地让孩子练习跑和停，从而使孩子学会在停之前放慢速度，让自己站稳。游戏中逐渐让孩子能放心地向前跑，不致因速度快、头重脚轻而向前摔倒。

3. 精细动作能力发展训练

（1）往瓶中投小球。

育儿员先示范，用食指和拇指拿住小球，拿到瓶口，手放松，使球落入瓶中。当孩子熟练后可以计算每分钟孩子能准确投入的数量。

（2）串珠子。

在幼儿学会套环入棍或玩套塔之后就可以学穿洞口大一点儿的珠子了。最好找一根粗的鞋带，鞋带的两端有硬的包口，容易串入珠子的洞穴内，或者用中等硬度的尼龙线。

育儿员教给幼儿左手拿珠子，右手拿鞋带，将硬的一端放入珠子中央的小洞内，尽量多塞进去一点儿，然后从珠子另一端开口处将鞋带拉出。有些幼儿只会把鞋带塞入洞口，不会从另一端拉出，塞进去的鞋带会再掉出来。

先要求幼儿学会慢慢将鞋带串入洞内，串上一颗后再串第二颗就比较容易了，可以让孩子多串几颗。串珠子可以培养孩子的手眼协调能力。

4. 自理能力发展训练

（1）教孩子知道日常生活用品的存放处。

有意识地训练孩子找自己的毛巾、手绢、水杯、帽子等日常生活用品。知道去哪里找，用完再物归原处。

让孩子知道，不同的物品应该放在不同的地方。比如，用过的纸尿裤、擦过手的纸巾，吃剩的水果核等要扔到垃圾桶里；育儿员洗好的衣服要放在柜子里。

在孩子的房间里放一个小篮子，专门用来收集孩子的脏衣服。你可以在洗完澡后问他："宝宝，你的脏衣服要丢到哪里去呀"，然后教孩子把脏衣服丢进篮子里。同样的，也可以教孩子把干净的衣服放回自己的柜子里。

从超市回来，可以让孩子和你一起摆放买回来的物品。给他一些不易损坏的、轻便的东西，比如纸巾、盒装麦片等。哪些是要放到冰箱里的，哪些是要放在橱柜里的，一边聊天，一边把分类的方法教给孩子。这样既练习了分类能力,又学会了生活技能。

（2）支持和鼓励孩子做家务。

相比于玩具,这个阶段的孩子对日常生活中的物品更感兴趣,比如锅碗瓢盆。不仅如此,孩子还喜欢模仿爸爸妈妈的样子做家务,如用扫帚扫地;用拖把拖地;帮妈妈洗菜……爸爸妈妈做的任何事情孩子都想试一试。

要放手让孩子去做,是对孩子能力的锻炼,在实践中是最容易积累经验的。只是讲道理,不让孩子亲自去实践,不但进步慢,也会让孩子缺乏兴趣。

兴趣对孩子来说是非常重要的。孩子每做一件事,每完成你布置的一项任务都应该得到表扬,以增加其兴趣和自信。

5. 益智互动游戏

（1）我是小厨师。

【游戏目的】培养孩子的想象力、模仿力和精细动作能力。

【具体玩法】和孩子一起坐在地板上,把锅和勺子放在面前。假装把一堆东西加进锅里,每次一定要让孩子好好地搅搅它们。然后再大把地加进一些想象中的配料,其他配料只要撒一点就行。

尝尝味道,做出太热、太凉、太酸的表情,孩子觉得有趣,那就鼓励他也来尝尝。继续不停地加进去更多想象中的配料,直到味道尝起来刚刚好为止。

【注意事项】孩子玩得开心的时候可能会站起来手舞足蹈,注意看好孩子,保证安全。

（2）照顾娃娃。

【游戏目的】培养孩子了解生活的规律,养成关心别人的良好品德。

【具体玩法】给孩子准备一个布娃娃、一只碗、一把小匙和一个纸团(当作米饭),与孩子一起玩"过家家"。

育儿员对孩子说:"布娃娃肚子饿了,该喂饭了!"让他给布娃娃喂饭;"布娃娃吃饱了,要睡觉了!"让他把布娃娃放在床上去睡觉,并给娃娃盖上被子(小毛巾),轻轻地拍着布娃娃睡觉。

"布娃娃睡醒了,你跟它一起玩一会儿吧!"让孩子与布娃娃一起玩汽车、搭积木等。孩子仿妈妈或育儿员平时照顾自己的动作,照顾布娃娃吃、睡、玩。

如果条件允许,育儿员也可以引导孩子与其他小朋友一起来玩这个游戏,以此培养孩子的爱心。

（3）孩子在哪里。

【游戏目的】培养孩子的自我意识。

【具体玩法】假装看不见孩子,问:"宝宝在哪里?"并东张西望,走来走去,假装在房间的各个角落找来找去。通常孩子会很得意地说:"我在这里!"然后,再继续找来找去,故作惊讶地说:"原来你在这里啊!"接着给孩子一个爱的抱抱。孩子会非常喜欢这个游戏。

（二）户外活动:鼓励孩子和小朋友一起玩

一般来说,刚开始学会走路的孩子,都会对小朋友发生兴趣,但还不能很融洽地在一起游戏,而是各玩各的。所以,当孩子对同伴产生兴趣时,就要开始培养孩子的交往能力了。

1. 创造与小朋友接触的机会

可以每星期带孩子去几次商店,有可能的话,每天都到有孩子玩的地方去。孩子虽不能同别的小朋友一起玩,却很愿意在旁边看着小朋友们玩。孩子可能会站在很近的地方盯着看,或很严肃地把手里的东西递给别人,然后又拿回来。有了初步的这种"旁观游戏"练习,到大一些时,孩子就能和别的小朋友一起玩得很开心。

2. 让孩子自由选择玩伴

帮助孩子结交玩伴,鼓励与小伙伴交往,可以经常请一些小朋友到家里玩,让孩子们一起做游戏、听故事、唱歌、跳舞、画画,逐步培养孩子与同伴交往的习惯。

玩的过程中,孩子们闹了纠纷也不必紧张,最好的办法是从中调停,让孩子们自己解决矛盾,友好相处。

3. 正面教育、引导孩子

孩子最初与小伙伴的交往,会出现一些不友好的态度,或双手推小朋友出去,或抢夺别人手中的玩具,或不愿把自己的玩具分给别人。这些反应,通常是因为不懂得如何与小伙伴相处,没有主观恶意。育儿员应当从正面引导孩子,让孩子学会谦让、包容、礼貌等行为,养成良好的交往习惯。

四、睡眠习惯的养成

1. 学会自己入睡

如果之前孩子是由哄睡或陪睡引导进入睡眠的,现在则需要学着自己入睡了。在此之前,所有的睡前准备也是为现在自己入睡做铺垫的。

睡前洗澡,换睡衣,播放摇篮曲,亲子共读,上厕所,亲亲,互道晚安等,这样有规律的睡前活动形成常规,就会给孩子安全感,让孩子放松下来,也会让他形成生物钟,按次序做完这几件事时,就该睡觉了。

让孩子按常规程序准备,形成条件反射后入睡并不难。2岁之前养成顺利入睡的习惯终身受用。

2. 孩子不想睡怎么办

随着年龄的增长,孩子接触外界的机会增多,活动量增大,兴奋常常延续到睡前,以至于该睡觉了,也不想睡;或者即使躺下了,也折腾来折腾去,很难安静入睡。所以,在孩子睡觉前,育儿员要协助孩子做好准备工作。

(1)不要用恐吓的方式哄孩子睡。

如果孩子暂时还不想睡,育儿员不要勉强,更不要用大灰狼、大老虎、鬼神、打针等孩子感到可怕的事情来恐吓、强迫孩子入睡。这种做法会强烈刺激孩子的神经系统,使孩子失去睡眠的安全感,容易做噩梦、睡眠不安,影响休息。

(2)为孩子读睡前绘本。

为孩子读睡前绘本,是一个很好的睡前提示,读完绘本,就该睡觉了。故事选择舒缓安静的主题比较好,避免讲恐怖、惊吓的故事;睡前半小时也不要让孩子看电视或听刺耳的音乐等,以免加剧兴奋。

五、一日工作流程表

1. 住家育儿员一天工作流程

时间	项目	工作内容	注意事项
6:00	育儿员起床	洗漱,整理好个人卫生,准备孩子用品(换洗衣物,餐具、玩具等)	
6:30	幼儿起床	1. 上厕所 2. 洗脸刷牙 3. 测量孩子体温 4. 喝点白开水(50毫升左右)	尽量让幼儿自己完成,实在必要,才由育儿员协助,但不能完全包办
7:00	早餐	准备早餐,清洗餐具	一个人带孩子时,餐具可等在午休时间收拾
7:30	室内活动	亲子游戏	
9:00	加餐	水果	选择应季新鲜水果,洗净、去皮、去核
9:30	早教时间	1. 户外活动选绿地,小公园等场地活动,鼓励孩子和其他小朋友一起玩 2. 天气不好,室内进行大动作能力训练	让幼儿多喝水,注意孩子安全
11:00	准备午餐	给幼儿准备午餐	1. 少油少盐,注意烹调方式 2. 随时关注幼儿情况,保证幼儿安全
11:30	午餐	幼儿进餐	尽量让幼儿自己吃饭
12:30	午休	休息并关注幼儿睡眠情况	上午幼儿有换洗衣物或未清洗的餐具,清洗干净、消毒放好
14:30	起床加餐	准备加餐食物	最好自制
15:00	早教时间	1. 户外活动,喝水 2. 精细动作能力训练	1. 不允许任何陌生人抱幼儿,不接受任何人给幼儿的食物 2. 户外活动要告知家人具体活动区域 3. 活动量大或天热加喂水
17:00	准备晚餐	给幼儿准备晚餐	少油少盐,注意烹调方式
17:30	晚餐	1. 幼儿晚餐 2. 育儿员晚餐	让幼儿自己吃饭
18:00	亲子时间	室内亲子游戏	以父母为主,育儿员协助
19:00	睡前盥洗	洗澡,喝水,做好准备	次数:夏季可以多安排几次洗澡;冬季可根据情况减少次数

续表

时间	项目	工作内容	注意事项
19:30	亲子阅读	睡前读书,讲故事,聊天	父母为主,育儿员退居幕后
20:00	加餐	母乳或配方奶	喝完奶给孩子漱口刷牙
20:30	睡觉	讲睡前故事	按时上床睡觉
20:40	收尾工作	1. 重新检查一下当天的喂哺工具、幼儿衣物、玩具,活动区域的清洗、清洁、消毒 2. 一日工作日志填写	天热时幼儿衣物随时洗,冬天要洗的衣物不过夜;幼儿的衣服、口水巾、围嘴、饭衣等手洗干净

2. 不住家育儿员一天工作流程

时间	项目	工作内容	注意事项
7:30	育儿员入户	1. 准备孩子用品(换洗衣物,餐具、玩具等) 2. 晨检(情绪,体温) 3. 与妈妈交接	
8:00	早餐	准备早餐,清洗餐具	一个人带孩子时,餐具等可在午休时间收拾
8:30	室内活动	亲子游戏	
9:30	加餐	水果	选择应季新鲜水果,洗净、去皮、去核
10:00	早教时间	1. 户外活动选绿地,小公园等场地活动,鼓励孩子和其他小朋友一起玩 2. 天气不好,室内进行大动作能力训练	注意让幼儿多喝水,注意幼儿安全
11:00	准备午餐	给幼儿准备午餐	1. 随时关注幼儿的情况,保证安全 2. 少油、少盐,注意烹调方式
11:30	午餐	幼儿进餐	尽量让幼儿自己吃饭
12:30	午休	休息并关注幼儿睡眠情况	上午幼儿有换洗衣物或未清洗的餐具,清洗干净、消毒放好
14:30	起床加餐	准备加餐食物	最好自制
15:00	早教时间	1. 户外活动,喝水 2. 精细动作能力训练	1. 不允许任何陌生人抱幼儿,不接受任何人给幼儿的食物 2. 户外活动要告知家人具体活动区域 3. 活动量大或天热补足水分
17:00	准备晚餐	给幼儿准备晚餐	少油少盐,注意烹调方式
17:30	晚餐	幼儿进餐	让幼儿自己吃饭

续表

时间	项目	工作内容	注意事项
18:00	收尾工作	1. 重新检查一下当天的喂哺工具、孩子衣物、玩具,活动区域的清洗、清洁、消毒 2. 一日工作日志填写	天热时幼儿衣物随时洗,冬天要洗的衣物不过夜;幼儿的衣服、口水巾、围嘴、饭衣等手洗干净
18:30	下班	和妈妈交接,结束一天工作	

第三节　父母抚育篇

一、情感连接

1. 没危险就放手让孩子去做

当孩子集中注意力玩耍时,父母不要打扰正在兴头上的孩子。如果没有安全问题,父母不要试图制止孩子的探索,更不要以成人的眼光来判断孩子该干什么,不该干什么。父母要学会理解并接纳,只要对孩子没有伤害,尽量让孩子去尝试。

一旦父母认为孩子做的事情有危险,不要只用语言制止,而是要走到孩子跟前,目光和孩子保持相同的高度,看着孩子,把孩子的注意力转移到你这里来。告诉孩子立即停止这么做,然后把孩子抱离,或把东西拿走。如果你有时间,最好和孩子做其他游戏,把孩子的兴趣引导到安全的游戏和探索中去,这才是有效的交流。让孩子意识到:你不让他做的事情,一定要马上停下来。用行动,而不是训斥、打骂、唠叨。

2. 帮孩子树立"是非观"

"是非观"是孩子适应社会生活的必修课,父母应当引导孩子树立正确的是非观。

(1)告诉孩子什么是"对"与"错"。

当父母意识到孩子面临对与错、是与非的选择时,可以帮他分析这件事这么做之后会产生什么效果,那样做之后又会发生什么。

让他明白这两种方法会产生不同的结果,并给他选择的自由。如果孩子仍坚持选择错误的做法,在不涉及原则和安全的前提下,父母不妨让他体验一下。

(2)重视榜样的作用。

榜样的作用是非常大的。父母在陪孩子看绘本和动画片时,可以借助动画形象给孩子做示范,借助情节告诉他怎样做是对的、怎样做是错的。

当然,对孩子来说,最好的榜样是父母,父母首先要有正确的是非观并身体力行,才能为孩子做出表率。

(3)切忌唠叨与说教。

如果孩子能够做出正确选择,父母应及时给予鼓励,以强化这种行为;如果做出了错误选择,父母不要不停说教,以免引起孩子的反感和抵触。

3. 如何给孩子"立规矩"

（1）少说"不能做什么"，多说"可以做什么"。

在立规矩时，内容中最好少一些"不能"的内容，最好把所有内容都尽可能地表述成"可以……去做"。这样不仅能让孩子对规矩的具体内容一目了然，也便于我们监督孩子的遵守情况。而且肯定式的说法会让父母和孩子都心情愉快，孩子会明确自己该怎么做，父母也能轻松许多。

（2）语言要简短，便于执行。

给孩子的规矩最忌长篇大论，特别是年龄较小的孩子，注意力能集中的时间很短。所以规矩的内容是怎样的，他的错误举动违反了怎样的内容，父母的态度是什么，父母的建议又是什么，用简短几句话说出来，让孩子能理解就可以了。

（3）提前约定规矩。

一般情况下，孩子都倾向于按既定规矩行事。父母可以利用这一点，把每天让人头疼的事情定下规矩，让他按照这一规矩做事。

二、智力开发

1. 教孩子回答简单问题

1岁半以后，孩子逐渐由说单词向说短句过渡，这时应多问孩子一些日常生活中的问题，让孩子用短句回答。如果孩子回答得很好，要高声赞许；如果孩子答不出来或答得不完整，大人就要用完整的句子清清楚楚地再说一遍，让孩子跟着模仿。

这种一问一答的对话形式，既能提高孩子的口头表达能力，又能强化孩子的记忆力。父母还应该准确说出生活中常用的词汇，并鼓励孩子模仿，如"吃饭""梳头""洗手"等。

为了使孩子能够比较准确地使用一些词，父母要鼓励孩子自己表述，能够说一些有名词和动词的双语句。如"宝宝喝水""我要苹果""我喜欢妈妈"等要求语，以及"我不要苹果""不想睡觉"等否定语。

2. 鼓励孩子复述、改编故事

选择内容简单、有趣的小故事讲给孩子听，讲过几遍后，孩子对内容已经非常熟悉了，再教他复述句子。复述时，大人说出一句，让孩子模仿一句。经过几次练习，只要大人说出一句话的开头，孩子就可以补充后面的话，最后孩子可以把整个句子复述出来。

对于孩子感兴趣的故事，可以让孩子试着叙述故事的后续发展；也可以自己代换名字和人物，按他自己的方式改编、创造故事，不管孩子说得多么离谱，家长都要予以鼓励，有利于促进孩子的想象力的发展。

3. 保护孩子的求知欲

好问是孩子好奇心的表现。一般来说，好问的孩子勤于思考，爱动手，求知欲强。每当孩子提出问题时，父母应当以赞赏的表情给予回应，如"这个问题提得好！""不错，你怎么想到这个问题的？"等。使孩子感到提问题是一件快乐的事情，经常为提出问题而自豪。这对孩子的思维发展有很好的促进作用。

对于孩子提出的任何问题，父母都要认真回答，而不是随意搪塞或应付。尤其是孩子会反复多次问同一个问题,令不少父母既头痛又厌烦,以至于对孩子的提问沉默以对,或者斥责孩子,这样会打击孩子的求知欲望,挫伤孩子提问的积极性。

对于简单易答的常识类问题,可以直接回答他。回答应该是简单明了地说明事实,让孩子明白。

对于难以回答清楚的,或是父母也不知道答案的,父母应坦然地告诉孩子,然后查找资料后再给孩子答复,切忌胡乱回答。

对于比较棘手或尴尬的问题,特别是与性有关的问题,父母可以借助幼儿性教育绘本帮助幼儿从小建立健康的性知识,学会自我保护。父母一定不要刻意回避,也不要编一些故事来应付孩子。

三、社会交往

1. 正确处理孩子之间的冲突

由于所处的生活环境不同、个性不同,本来玩得很好的小伙伴一下子就吵了起来,甚至"大打出手"。如果孩子间发生了争吵,在确认安全的前提下,父母可以参考以下建议:

(1)耐心听,不要急于解决。

孩子间发生争吵时,只要不是那么激烈,父母一般不要急于解决,可以让他们争吵一会儿,他们把话说完了或是意见统一了,自然就不争吵了。

(2)先转移注意力,然后冷静处理。

当孩子争吵非常激烈,有打架的趋势时,父母可转移其注意力,等他们冷静下来后,再询问争吵的原因。

(3)听清原因,不轻易评判。

幼儿在争吵中通常是情绪化的,而且常常缺乏有效的沟通技巧。家长可以引导幼儿学会用语言表达自己的需求和感受,倾听他们的意见,找到一个双方都满意的解决方案,而不是非得争个谁是谁非。

(4)不急躁,不指责。

孩子间发生争吵,必然声音大,态度不好。父母先要搞清他们为什么而吵,再想办法调停。

在不了解前因后果时不要横加指责,各打五十大板。这样简单、粗暴的处理,非但解决不了问题,还可能会使孩子产生抵触情绪。

2. 给幼儿独自玩耍的时间

幼儿一个人玩时,能更专注地探索周围的世界;能更自由地观察和思考;能随心所欲地尝试各种可能而不被打扰;能学会自娱自乐,不再因为父母的短暂离开而不安……这对培养孩子的专注力、创造力、独立性和自信心都有好处。

(1)给孩子布置一个游戏区。

客厅铺上爬行垫,用围栏围起来,避开桌角、电源插座、容易坠落的物品、孩子容易吞食的小物件等,确保游戏区域的安全,保证孩子在家长的视线范围内。

(2)给孩子提供感兴趣的玩具或绘本。

给孩子准备一些简单但有多种玩法的玩具,比如积木、纸箱、橡皮泥、有趣的绘本等;也可以是稍微复杂点的玩具,比如有按钮、魔术贴、拉链的玩具等,不仅能激发孩子的想象力和创造力,还能让他玩得更久。

(3)固定时间玩。

每天在固定的时间,比如吃完饭或者洗完澡后,把孩子放在游戏区,让他自己挑选想玩的玩具,做他想做的事情,鼓励孩子自己玩。坚持几天后,他就会知道这个时间就是自己玩的时间了。

妈妈或育儿员对孩子独自玩的时间要有一个合理的预期,不同年龄和性格的孩子,独自玩的时间也会有所不同。

"自己玩"不仅针对大点儿的孩子,也适用于很小的孩子。让孩子自己玩,留给他独立观察、思考、学习、锻炼的时间,这对孩子的运动发展、早期启蒙、习惯养成很重要。

四、性格养成

1. 孩子没有"坏个性"

婴儿从一出生就有个性,甚至在妈妈的子宫中,胎儿就表现出个性来了。

有的孕妇会感觉胎儿在子宫里动得非常欢,有的孕妇感到胎儿不是很爱动。有的新生儿比较安静,饿了哭,饱了睡,非常好带;有的孩子一出生就对外界刺激比较敏感,爱哭、爱闹,即使是刚吃饱,也不能安稳地睡觉,一会伸懒腰,一会蹬被子;到了幼儿期个性就更突出了,有的孩子非常好带,有的动辄就哭闹,可谓千人千面。

父母切莫为孩子的个性而烦恼:个性无好坏之分,父母要尊重孩子的个性,发现孩子个性中的闪光点。爱好和兴趣可以后天培养,但个性难以改变。父母不要试图改变孩子的个性,而是找到适合孩子个性发展的养育方法,接受、欣赏孩子的个性,以独到的方法、技巧养育孩子。

2. 培养孩子的"抗挫能力"

在家庭中,每个孩子都是独一无二的存在,受到全家人的呵护,很少会遭遇到挫折和逆境。而一旦步入幼儿园和校园,他就成了众多普通孩子中的一个,需要面对一个与家庭完全不同的环境。老师不会"召之即来",同伴不会对他"众星捧月",孩子就极易产生挫折感。这时就需要爸爸妈妈的鼓励教育,来提高孩子面对困难的勇气与胆量。

父母可以在保证安全的前提下,适当地让孩子学会碰壁,激发孩子的"抗挫能力"。

(1)让孩子学会等待。

从孩子七八个月大开始,父母就需要趁孩子有要求时,让他学会等待。比如,孩子喝奶时,告诉孩子凉了才能喝;孩子学习精细动作时,给孩子一块包糖纸的糖,告诉孩子自己剥开才能吃到糖。

(2)让孩子从小学会做事善始善终。

无论孩子做什么事,必须善始善终。如果是玩玩具,那么过后就一定要分类放回原处,不能有任何理由不做;如果有的事孩子完成有困难,父母可以和孩子一起做,当孩子克服困难完成了,父母一定要给予表扬,正面强化这种行为,形成好习惯。

（3）鼓励孩子"自己的事情自己做"。

经常交给孩子一些完成有一点困难的任务,给予孩子充分的信任。即使做不好或者造成了一定损失,父母也应该鼓励孩子,积极帮孩子找出问题所在,再重新开始。

（4）想要什么,必须依靠自己的努力才能得到。

当父母认为孩子的要求是合理的,父母就要给孩子提出,要想得到这个东西,就必须付出。只有经过孩子努力获得的东西才是最好的,也是最珍惜的。

孩子的成长需要挫折的历练,更需要父母的爱、包容、理解和支持。只有在爱的阳光下,挫折才能变成孩子成长的养分,而不是压垮他的稻草。

第十五章

22个月~24个月幼儿教养指南

第一节　发展指标和养育要点

一、幼儿生长特点

即将迈入 2 岁的孩子,胆量大一些了,不像以前那样畏缩,不再处处需要父母的保护,也不再像以前那样时刻依赖着大人,能够较独立地活动。

孩子的情绪多数时间都比较稳定愉快,有时也发脾气。遇到挫折时,即使没有父母的鼓励,也能很快恢复信心。

在育儿员的悉心照顾下,孩子不断长大,并逐渐变得懂事、温和起来。乐意帮助大人做事,喜欢观察和探究身边的世界,对周围的变化更是记得很清楚,爱探索,爱研究,对这个世界充满好奇。

二、身体发育变化

身高:男童身高 78.0～97.5 厘米,女童身高 76.9～96.2 厘米。

体重:男童体重 9.0～17.4 千克,女童体重 8.5～17.0 千克。

头围:男童头围 44.4～52.4 厘米,女童头围 43.4～51.3 厘米。

注:以上数据根据国家卫健委《7 岁以下儿童生长标准》(2022 年 9 月 19 日发布,2023 年 3 月 1 日实施)整理。

牙齿:16～20 颗,多数孩子已出齐 20 颗乳牙。

三、能力发展特点

（一）认知能力：通过对比认识事物

（1）对各种各样的声音越来越敏感，能区别不同高低的声音，能复述或模仿一些声音。

（2）特别喜欢听节奏感强的音乐、简单的儿歌和韵律诗。

（3）会随着音乐的节奏拍手，并学唱歌。

（4）如果电视画面中出现令人悲伤的场景，孩子也会收敛笑容，感受到悲伤。

（二）动作能力：能双足跳离地面

（1）走路已经很稳了，能够跑，能双脚同时跳离地面，同时落地两次以上。

（2）如果有什么东西掉在地上了，会马上蹲下去把它捡起来。

（3）喜欢大运动量的活动和游戏，如跑、跳、爬、跳舞、踢球。

（4）喜欢将手中的物品朝某个目标扔去，并试着接球。

（5）可以用一只手拿着小杯子很熟练地喝水，使用勺子的技术也有很大提高。

（6）能画笔画简单的线条；能用积木搭简单的门楼、塔形建筑。

（三）语言能力：喜欢问"这是什么"

（1）基本上能听懂大人的指令并且照做，但做事喜欢重复，开始有了一定的顺序和规律性。

（2）会背2句以上的诗或儿歌；开始运用人称代词"你、我、他"和"你们、他们"；会用简单的复合句叙述自己经历的事。

（3）喜欢问"这是什么"，能说出周围生活中常见东西的名称和用途。

（4）喜欢模仿周围生活中有趣的动作及声音，理解简单的因果关系。

四、心理情感特点：主动表达情感，开始交互性强的游戏

（1）注意力集中的时间变长，记忆力也加强了，懂得一些简单的道理。

（2）喜欢模仿大人的动作；会学着把玩具收拾好；对自己能独立完成一些事情的技能感到很骄傲。比如他会把积木搭好，然后拉你去看。

（3）越来越喜欢和小伙伴一起玩，但不知道何为礼貌、善意，还缺乏合作精神，常常以自己为中心。

（4）在和小朋友玩时会很开心，有语言的交流，并开始交互性强的游戏，比如互相追逐等。

五、喂养重点

（1）这是培养孩子良好进餐习惯的关键期。让孩子练习自己拿勺子吃饭；拿着奶瓶喝奶；拿着学饮杯喝水。

（2）一定要让孩子坐在固定的餐椅上、餐桌旁进餐，不让孩子到处走着吃，不能到处追着孩子喂饭。

（3）不让孩子边看电视或图画书边吃饭,不让孩子在吃饭时做与吃饭无关的事情。

（4）吃饭的环境尽量安静,如果放音乐,要放优美轻松的音乐,周围人不要随意走动,大声喧哗。

（5）吃饭时,不要在孩子面前对菜品挑三拣四。

（6）不在吃饭时教育和训斥孩子;成人不在饭桌上争吵。

六、早教重点

（1）练习奔跑,跳跃,抛接球,促进动作协调发展。

（2）理解对应关系,所属关系,学习对应概念:大小,多少,高矮。

（3）背儿歌或诗歌,看图讲故事。

（4）增加跑、跳、攀登、投接球活动,会双足跳跃。

（5）看图讲故事,回答问题,练习和成人对话。

（6）模仿成人做简单的家务,练习自己穿简单衣物。

（7）学习和建立初步的是非观念。

第二节　育儿员工作篇

一、生活习惯养成

（一）二便管理

1. 不要让孩子长时间坐便盆

在训练孩子尿便时,应注意不要让孩子长时间坐便盆,也不要让孩子养成坐便盆看电视、看书的习惯。因为长时间坐便盆会减弱粪便对肠道和肛门的刺激,减慢肠道蠕动,减轻肠道对粪便的推动力,从而引发便秘。

如果家里有人习惯坐在卫生间里看书、看报、抽烟,孩子多会模仿大人的做法。所以说,不想让孩子养成坐便盆看书的习惯,父母最好不要坐在便盆上看书。

2. 控制尿便需要生理、心理发育成熟

幼儿生理条件的成熟度是他学会控制尿便最基础的条件,包括肌肉与神经系统已经发展到能够控制大小便的程度;可以灵活地运用双脚走路,能够蹲与坐;直肠括约肌发育比较完全,膀胱控制能力有所增加,能够间隔30分钟以上排尿一次。

同时只有幼儿具备了相应的心理条件,才能保证学习控制尿便过程的顺利进行,包括能自己用语言与父母交流沟通;能听懂父母的命令;对周围环境有基本的信任感;能配合父母学习控制排便;亲子关系良好。

如果孩子从这个月起能告诉育儿员要尿尿、便便,那当然是件大好事,但大多数孩子还做不到这一点。即使育儿员很用心地教了,孩子也可能学不会,这也很正常。假以时日,孩子一定可以学会的。

3. 孩子尿床怎么办

夜间睡觉时,肾脏就会自动减少尿量生成,同时尿液浓缩,膀胱储存尿液的时间延长,所以 4 岁以后的孩子或成人夜间能够很好地控制排尿。但对于 4 岁前的孩子来说,控制排尿还比较困难。所以,有的孩子尽管白天小便控制得很好,但是夜间仍然可能尿床;也有可能原来不尿床,后来因为环境或监护人改变,弟弟妹妹出生,孩子心理产生压力又开始尿床。

育儿员要合理安排幼儿的生活作息表,使幼儿的吃、喝、拉、撒、睡形成一定规律,保证其得到充足休息,以避免过于疲劳而在夜间熟睡后尿床。

晚餐时尽量让孩子少吃些汤水较多的食物,临睡前不要进食液体或液体食物,如水或奶,让孩子去卫生间排尿一次。多数孩子 2.5～3 岁就能撤掉夜间的纸尿裤了。当然,撤掉纸尿裤偶尔也会尿床,这也很正常,育儿员和家长要有充分的思想准备。

孩子尿床后,育儿员和父母不要训斥孩子,而是要让孩子和育儿员一起收拾脏污的被褥,让孩子养成良好的卫生习惯。

(二)日常护理

1. 让幼儿练习自己刷牙

幼儿长到 2 岁的时候,就可以教他学刷牙了。俗话说,万事开头难,幼儿学刷牙也是如此。对于 2 岁左右的幼儿而言,学习刷牙并不是件容易的事情。

那么如何让幼儿学会刷牙呢?

(1)教孩子正确的刷牙方法——"六步刷牙法"。

科学的、符合口腔卫生保健要求的刷牙方法是竖刷法,即顺牙缝方向刷。上排的牙齿从牙龈处往下刷,下排的牙齿从牙龈处往上刷。

步骤为:

第一步,先刷门牙外侧,将牙刷刷毛与牙齿表面呈 45° 角斜放,并轻压在牙齿和牙龈的交界处,轻轻地做小圆弧的旋转。

第二步,刷门牙内侧面。

第三步,刷后牙外侧面。

第四步,刷后牙内侧面。

牙齿的内面是容易藏细菌的,也是最不容易刷到的地方。所以,刷牙齿内面时,牙刷竖起,同样呈 45° 角斜放,上排牙齿向下刷,下排牙齿则向上提拉轻刷。

第五步,刷牙齿咬合面。对于牙齿咬合面,要将牙刷倾斜,力度适中来回刷。

第六步,轻刷舌苔表面。由内向外轻轻祛除食物残渣及细菌。如图 15-2-1 所示。

用这种方法刷牙的好处是基本上可以把牙缝内、咬合面上、牙齿的里外面上滞留的食物残渣黏结物都刷洗干净。

育儿员可以先教幼儿给玩具刷牙,让他学会正确的刷牙方法,再慢慢让孩子练习自己刷牙。

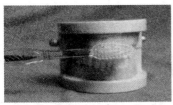
第一步,先刷门牙外侧

第二步,刷门牙内侧面

第三步,刷后牙外侧面

第四步,刷后牙内侧面

第五步,刷牙齿咬合面

第六步,轻刷舌苔表面

图 15-2-1

任何生活习惯的培养,都是以正面引导的方式来进行,这样才能使孩子愉快接受。再加上这个时期的孩子喜欢模仿大人的活动,育儿员可以利用孩子爱模仿的特点,加以必要的指导,让孩子掌握刷牙的技能。

2. 放手让幼儿做力所能及的事情

幼儿学会走路后,自我意识飞速发展,这时的幼儿很愿意给大人帮忙。只要育儿员引导得当,幼儿就会成为勤劳、快乐的"小蜜蜂"。

(1) 鼓励幼儿做大人的小助手。

这个阶段的幼儿很乐意为大人"效劳":帮爸爸拿拖鞋,给妈妈搬张小凳子,擦一下桌子,都会让他高兴得跑来跑去。

在幼儿力所能及的范围内,可以给他安排更多的事情。无论完成得好与坏,对于孩子的帮忙,育儿员和父母都要说一声"谢谢",这会让他体会到成功的喜悦,从而更愿意做大人的"小助手"。

(2) 把劳动当游戏。

以游戏或儿歌的形式激发幼儿做家务的兴趣,比如幼儿洗手帕,可以边洗边和幼儿一起念儿歌:"洗衣粉,泡泡多,我洗手绢唱着歌。唱着歌,慢慢搓,搓开一盆花朵朵。爸爸笑,妈妈乐,大家齐声称赞我。"

这样孩子在愉快轻松的气氛中就完成了洗手帕这项劳动。

(3) 呵护幼儿的"成就感"。

幼儿有惊人的成功欲,渴望得到大人的表扬,不用担心孩子会累着、伤着,更不要随意破坏孩子的"劳动成果"。我们要对孩子的劳动成果表示真心的感谢和鼓励,以此形成良性循环。

二、饮食习惯养成

1. 让幼儿多吃蔬菜

多数幼儿是"食肉动物",不喜欢吃菜。想让幼儿爱上蔬菜,育儿员应该尽量从烹调方式或菜品搭配上想办法。如将胡萝卜等根菜类做成丝状或磨成泥,加入肉馅中做成小水饺、小包子等。

在给幼儿准备饮食时,可以邀请幼儿帮忙择菜、洗菜、端菜。这样孩子就会很乐于享受自己的劳动成果。

吃饭时,父母和育儿员应积极带头多吃蔬菜,不可在孩子面前随意议论什么菜不好吃或自己不爱吃什么蔬菜之类的话题,孩子会受到不良影响。

需要注意的是,无论吃什么蔬菜,都应以新鲜为主。因为蔬菜中维生素 C 的含量多少与蔬菜的新鲜程度密切相关。蔬菜存放时间越长,维生素 C 流失越多,现吃现买才是正确的吃菜之道。

2. 不要让幼儿养成边吃边玩的坏习惯

正常情况下,进餐期间,人体血液会聚集到胃部,以加强对食物的消化与吸收。如果幼儿一边吃饭一边玩,就会使一部分血液被分配到身体的其他部位,从而减少了胃部的血流量,这样必然影响到各种消化酶的分泌;还会使胃的蠕动减慢,妨碍对食物的充分消化,造成消化机能减弱,让孩子缺乏食欲或消化不良。

同时,如果孩子吃几口就玩一会儿,必然使进餐时间延长,饭菜变凉,还容易被污染,影响胃肠道的消化吸收。所以,一顿饭最好控制在半小时之内。

3. 根据孩子体质吃对水果

育儿员在给孩子选水果时,要注意与孩子体质、身体状况相宜。

（1）舌苔厚、便秘、体质偏热的孩子,最好选择吃凉性水果,如梨、西瓜、香蕉、猕猴桃等,起到败火的作用。

（2）当孩子缺乏维生素 A、维生素 C 时,多吃含胡萝卜素的杏、甜瓜及葡萄柚,能给身体补充大量的维生素 A 和维生素 C。

（3）秋冬季节,孩子容易患急慢性气管炎,可以给孩子经常做些梨粥喝,或是用梨加冰糖炖水喝,因为梨性寒,可润肺生津、清肺热,从而止咳祛痰。但孩子腹泻时不宜吃梨。

（4）孩子消化不良时,应该给他吃煮熟的苹果。

（5）在幼儿排便不通畅的时候,生食苹果最适宜。

（6）如果孩子咳嗽且声音嘶哑,用苹果榨汁给孩子喝,可以起到润肠止咳的功效。

育儿员在照护孩子过程中,要注意学习,尽可能让孩子吃得营养,吃得健康。

4. 给幼儿提供健康的零食

零食通常是指一日三餐时间点之外的时间里所食用的食品,跟食用的时间点有关,跟食品的种类无关。

对于幼儿来说,3 次正餐并不能满足他一天的能量所需,育儿员需要在正餐之间再为孩子提供 2～3 次的零食或点心。

从外面买的零食往往有很多添加剂,不能常吃,育儿员最好自制合适的零食。

比如,切成薄片的新鲜水果、无糖酸奶、低糖的全谷物麦片(泡在牛奶里,是很不错的点心)、全麦面包、低糖低盐的饼干(看好成分表,建议自己做)等。

给孩子准备的零食不用太大份,比如50克干麦片+120毫升牛奶;或是1/2香蕉+1小碗酸奶,就是一份很好的点心了。

总的来说,富含营养(维生素、钙质、蛋白质和纤维素)的新鲜食物是最好的;而把加餐做成孩子容易用手抓取的小块状食物,还能锻炼他的自主进食能力。

5. 营养食谱推荐

(1)橙香小排。

原料:猪小排80克,橙子1个,柠檬汁适量;儿童酱油、盐、白糖各少许。

做法:猪小排收拾干净,剁成小块,下锅,加入适量清水,开锅后煮5分钟,边煮边撇去浮沫,捞出猪小排用热水冲净;橙子洗净,剥皮,去籽,用榨汁机榨汁,过滤杂质待用。

锅内放橙汁,加入橙皮及适量开水煮开;倒入猪小排改小火炖45分钟;放入盐、白糖、儿童酱油和柠檬汁拌匀;煮至猪小排骨酥肉烂即可。

(2)肉末蒸冬瓜。

原料:冬瓜3厘米见方1块、猪肉1.5厘米见方1块,葱、蒜、盐、麻油各适量。

做法:猪肉切成末,蒜切成末拌入猪肉,加些盐,拌匀,腌10分钟。冬瓜去皮,洗净,切成2毫米厚的薄片,以一块盖住另一块2/3的方式平铺在盘子里,把腌好的猪肉末均匀铺在冬瓜上。

锅中放水烧开,把冬瓜放入笼屉,大火蒸8分钟后取出,切葱花撒在冬瓜上,再滴几滴麻油即可。放温食用。

(3)猪肉小白菜馅饼。

原料:面粉1大把、猪肉1寸见方1块、小白菜3棵,盐、花椒、酱油、植物油各适量。

做法:将猪肉、小白菜洗净,分别剁成末,搅拌在一起,加入盐、花椒、酱油和植物油,搅拌均匀。

烧些开水,略放温,加入面粉中和成较软的面团,然后分成大小均匀的剂子。

将剂子稍微按扁成较厚的圆饼,把适量馅料放到饼中央,将面饼四周合拢,然后用手均匀按压包好馅的面饼成较薄的圆饼。

烧热平底锅或者电饼铛,抹油,将做好的饼放入煎熟即可。放温食用。

(4)鸭肉粥。

原料:带皮鸭肉3厘米见方1块、粳米1大把、葱3厘米长1段、姜2片、盐少量。

做法:将鸭肉洗净,切成4块,放入锅中,加水烧开,沸腾约5分钟后,捞出用冷水冲洗干净。葱一半切葱段,一半切葱花。

锅中放水烧开,放入鸭肉、葱段、姜片和粳米,大火烧开后,转小火慢慢熬煮,待米粒开花时,拣出葱段和姜片,加入盐调味,撒入剩下的葱花即可出锅。放温食用。

鸭肉的腥味是比较重的,烹调时一定要放姜,尤其煮粥时要多放。

三、早教时间

（一）室内活动

1. 认知能力发展训练

（1）教幼儿排位置。

育儿员用大纸画一张脸,用小纸片画上脸部器官(眉、眼、鼻、口、耳),让孩子摆在正确的位置上。然后再帮助孩子将画好的身躯、四肢、手足、衣服等摆正。既认识了图形,又认识了人体器官。

（2）学习认识长短。

育儿员分别准备长短不一样的小木棒和长短一样的不同颜色小木棒各一组,将长短不一样的小木棒从长到短排列,然后告诉孩子这是从长到短,并指出哪边的小木棒长,哪边的木棒短。然后将长度一样的小木棒分布排列,告诉孩子这些木棒一样长。以上两组小游戏交叉反复练习,让孩子在游戏中认识长短的概念。

2. 大动作能力发展训练

（1）双脚跳练习。

教孩子双脚并拢,向上跳起,再双脚着地。幼儿双脚并跳时,能够双脚同时离地和同时落地2次以上。一开始练习时,育儿员要注意保护孩子,以免摔伤。

具体做法如下:

育儿员拉着幼儿的双手,与幼儿面对面站立,育儿员先做一遍双脚跳起来的动作给幼儿看,然后让孩子和自己一起跳。

一开始训练时,育儿员要拉着孩子的双手让孩子双脚跳,逐渐让孩子拉着大人的一只手或扶着东西跳,直至孩子能够自己跳。可以反复练习,促进孩子的腿部力量,增强孩子身体的平衡力和协调力。

（2）踢球练习。

让孩子练习踢球,如育儿员站在他的左前方或右前方,边喊口令"皮球踢过来",边鼓励孩子踢球,做对了要给予表扬。

（3）跨越障碍。

在地毯上设置简单的障碍物,如较大的枕头、沙发垫、大的绒布玩具、纸箱隧洞、可以从下面钻过去的椅子等。鼓励孩子沿着设置好的障碍,一个一个地翻越,爬过这个枕头,绕过那个玩具动物,从这把椅子下面钻过去,再通过那个隧洞。当孩子全部完成后,要加以鼓励。

育儿员可以在前面引路,通过障碍,让孩子跟随在后面。这个游戏会使孩子感到很高兴,看到自己的本领,有成就感。也可以用一个孩子喜爱的玩具引路,在每一个障碍物前晃动这个玩具,让孩子努力追上、抓到。

3. 精细动作能力训练

培养孩子翻书找画。

选择一本适合孩子认知和心理年龄的绘本,每次翻开读物中的一页,把书中主要的人和事讲给孩子听。讲完后,把书合起来,再让孩子找到那一页。

刚开始翻书时,孩子经常会用5个手指用力去翻,结果一次会翻过许多页。育儿员可以给孩子做示范,教他怎么用两三个手指去翻,而且一次只翻一页。

育儿员可以帮助孩子回忆要找的东西,教孩子从前往后逐页查书,再训练他独立查找。这样的练习,既能锻炼手指的灵活性,又能锻炼孩子的有意注意力和记忆力。

4. 自理能力发展训练

千万不要认为孩子需要照顾就事事代劳,特别是孩子学会走路后,自我意识飞速发展,更要锻炼孩子做些简单的事情,培养他成为一个勤劳懂事的孩子。只要引导得当,孩子就会成为你的好帮手。

(1)自己穿鞋。

学穿鞋。大脚趾最长,在脚的里侧,把两只鞋尖的一侧对放在一起,让孩子认出哪一只鞋应穿在左脚、哪一只鞋应穿在右脚。如果穿反了,鞋尖会压迫大脚趾,走起路来很不舒服。每天起床都让孩子自己动手,先穿上袜子再穿鞋,不要光脚穿鞋。

刚开始练习时,可由育儿员先给孩子穿好一只,再让孩子穿另一只。

最好让幼儿在2岁前后开始学习穿鞋袜,并学会穿正袜跟和区分鞋的左右。经过练习,孩子2岁后就能熟练地自己穿鞋袜了,为以后上幼儿园做准备。

让婴儿自己用手脱去鞋袜,而不是用脚将鞋袜蹬掉。用手去脱可以将鞋袜放好,用脚蹬掉的鞋袜就难以找回来。婴儿能够坐在地上或小椅子上先将鞋脱去,然后把袜子脱去,把袜子塞进鞋里,把鞋放在平时放鞋的地方,然后再坐下来玩,养成把东西放在固定地方的习惯。婴儿越早学习自理就越能干。

(2)自己的东西自己整理。

让幼儿练习收拾自己的东西,知道衣服应当怎样摆放,要用时应到哪里去找,养成整齐有序的习惯终身受用。

育儿员带孩子一起收拾柜子,把孩子的上衣放到上格,将厚的上衣和罩衣放在下面,把薄的衬衫和内衣放在上面;再把裤子放到下格,将厚的放在下面,薄的放在上面。把孩子用的小东西放在抽屉里,袜子放在一边,帽子和手绢放在另一边,一边放一边说物品的名称。

在换季时要把不用的东西包起来放在最高一格,以便常用的东西拿取方便。平时可以有意识地让孩子自己拿取自己要穿的衣服。

5. 益智互动游戏

(1)玩沙子。

【游戏目的】锻炼孩子的各种精细动作。

【具体玩法】给孩子准备一堆干净的细沙和一个小桶、一个小铲。用水壶把干沙打湿,用塑料小碗制作出小沙饼,孩子会非常兴奋,会找出不同形状的塑料容器来制作不同形状的沙坯。

也可教孩子用沙子堆出一个小山丘,陪孩子玩一阵后,育儿员可以在关注孩子安全的前提下去做其他事情,孩子可以独自玩沙玩很久。

玩沙子可以给孩子创造很多独特而难忘的体验,并将孩子生活中的一些见识体现在游戏中。

【注意事项】不要让孩子用脏兮兮的手揉眼睛,玩完沙子要给孩子洗手。

(2)儿歌体操。

【游戏目的】活动身体,并促进语言与动作的配合能力。

【具体玩法】学说儿歌:早晨空气好,我来做早操,伸伸腿,弯弯腰,两手向上举,两脚跳一跳,走啊走,做操身体好。

伴随儿歌,分解动作:

原地踏步,两臂前后自然摆动。——早晨空气好。

臂经胸前向上举。——我来做早操。

两手叉腰,左右腿轮流向前伸出。——伸伸腿。

腰部向前弯。——弯弯腰。

伸直身体,两臂上举。——两手向上举。

两脚同时向上跳。——两脚跳一跳。

向前进两步,再向后退两步。——走啊走。

原地踏步,两臂前后自然摆动。——做操身体好。

【注意事项】孩子可能不会规规矩矩地按要求做,动作不必百分百正确,只要能大致跟着做就要表扬他,不要让孩子太疲劳。

(3)认识用途。

【游戏目的】发展孩子的认知能力,提高形象思维能力。

【具体玩法】把画有雨点、雨伞、绳子、剪刀的图片摆在孩子的面前。拿出画有雨点的图片问孩子:"外面下雨了,你出门时该拿什么?"引导孩子将画有雨伞的图片放在画有雨点的图片旁边。

再拿出画有绳子的图片问孩子:"用什么东西能把绳子剪断?"引导孩子将画有剪刀的图片放在画有绳子的图片旁边。

可以不断变换日常用品的图片,以加深孩子的认识。

(二)户外活动

1. 乘坐公共交通工具的注意事项

带孩子外出乘坐公共交通工具时,最好用婴儿背带,让孩子端坐在胸前。这样既可保证孩子处在一个比较舒服的体位,育儿员也能腾出双手在必要的时候保持平衡,提高安全系数。

要尽量避免在公交车运行高峰期,如上下班、节假日期间带孩子乘坐公交车或地铁。

2. 乘坐私家车时的注意事项

(1)正确选用安全座椅。

安全座椅要选择功能完整、经过安全测试且适合孩子年龄、身材大小的产品。后向式安全座椅是为 6 个月以内或体重 12 千克以下的孩子专门设计的。这个时期的孩子,头部重量相对于身体较重,且脊柱发育不完善,采用这种方式的坐姿可以最大限度地保护孩子。

当孩子可以坐直身体,并能挺直脖子的时候(1岁以上为佳),可选用前向式安全座椅;4～12岁的孩子可使用儿童增高座椅并系好儿童安全带。

(2)不要让孩子自己开关车门。

车门一般都具有一定的重量,虽然大多数的车门有两段式开合设计,但这是专为成人设计的,主要目的是避免下车时一下子就把车门推到全开而碰到行人。孩子力气小,车门开启时如果推不到定位,车门就会微微回弹,这样的力度对于身单力薄的孩子来说很有可能夹伤他们的手指。

父母或育儿员应该亲自下车给孩子开关车门;如果孩子执意要自己开关车门,父母或育儿员也要在旁边做好协助工作,避免意外发生。

(3)不要让幼儿把头、手探出窗外。

有的家用车是开天窗的,天气晴好时会开天窗行驶。有孩子在车上时,最好不要开天窗,防止孩子把头探出车窗外,发生危险。其他车窗也要关好安全插栓,以防孩子在行驶过程中将手伸出车窗外。

(4)让孩子安坐车内的诀窍。

给孩子准备几个他平时最喜爱的玩具,吸引他的注意力。可以考虑把玩具拴在衣钩或是把手上,以免滚到地上或座位下面。

给孩子准备他喜欢的音乐或故事,行驶途中放给他听,让他安静一会儿。

设计一些有趣的游戏,在旅行途中和孩子玩耍,让他的旅行变得有趣。

最好有专人照顾孩子,这样既不影响开车,又能照顾到孩子。

选择合适的时间出行。如果车里温度过高应及时打开空调。车里开空调时,孩子容易出现隐性脱水,应在车内准备好水和食品,让孩子按时喝水。

尽可能多带些衣服,可以用来防寒,或者叠了给孩子当枕头,当孩子衣物脏了也可以及时更换。

每隔一段时间找个合适的地方停下车,让孩子下来跑一跑,活动一下筋骨,防止他烦躁。

当孩子出现情绪无法控制时,应将汽车慢慢停到路边,想办法等他平静下来再继续行驶。

无论何种原因,都不能把孩子独自留在车内,严防发生意外。

四、科学睡眠

1. 孩子睡觉磨牙是怎么回事

夜间磨牙是一种现象,不一定就是病,情绪过度紧张或激动、不良咬合习惯、肠道寄生虫感染等往往会增加夜间磨牙的次数。严重的夜间磨牙会加快牙齿的磨耗,出现牙齿过度敏感的症状,甚至造成牙周组织损伤、咀嚼肌疲劳及颞颌关节功能紊乱。夜间磨牙的防治应从病因入手,方能收到好的效果。

(1)消除孩子的紧张情绪。

(2)养成良好的生活习惯。起居有规律,晚餐不宜吃得过饱,睡前不做剧烈运动,特别应养成讲卫生的习惯。

（3）怀疑有肠道寄生虫者，应在医师指导下进行驱虫治疗，减少肠道寄生虫蠕动刺激肠壁。

（4）纠正牙颌系统不良习惯，如单侧咀嚼、咬铅笔等。

2. 不好好睡觉怎么办

好的睡眠习惯对幼儿身体发育和健康特别重要。

在养育孩子时，睡眠问题常常让父母或育儿员感到焦虑。比如作息不规律、夜醒次数多、哭闹不安等。需要我们在分析原因后，从实际情况出发，寻找解决问题的办法。

（1）排除生理因素。

孩子晚上不睡觉，是不是身体不舒服？如果没有身体不适，是不是白天睡得过多，或是睡得晚了？在日常生活中，育儿员应细心观察孩子的起居规律，及时调整，合理安排孩子的作息时间，尽可能帮助孩子建立规律的生活方式。

（2）父母的作息时间也会影响孩子的睡眠。

大多数父母工作忙、下班晚，亲子陪伴时间少，而孩子对父母又有强烈的情感依恋，于是就等待父母下班回家和自己玩。这时别说睡觉了，孩子反而会表现得更加兴奋。如果是这种情况，父母就需要对工作时间稍作调整，或者提高亲子陪伴的质量，来满足孩子对陪伴的情感需求。

（3）读睡眠习惯养成绘本。

不管怎样，在解决睡眠问题时，尽量不要和孩子对抗，更不要强迫他入睡。应争取在有限的陪伴时间里，选取适当的方式，逐步培养孩子的睡眠习惯。

睡前亲子阅读绘本，不失为一种引导孩子入睡的可取方式。比如《数一数，亲了几下》《晚安，月亮》《睡孩子》《睡吧，像老虎一样》《别让鸽子太晚睡》等经典绘本，相信能帮助孩子很快度过不好好睡觉的阶段。

五、一日工作流程表

1. 住家育儿员一天工作流程

时间	项目	工作内容	注意事项
6:00	育儿员起床	洗漱，整理好个人卫生，准备孩子用品（换洗衣物，餐具、玩具等）	
6:30	幼儿起床	1. 上厕所 2. 洗脸刷牙 3. 测量幼儿体温 4. 喝点白开水	尽量让幼儿自己完成，确有必要才由育儿员协助，但不能完全包办
7:00	早餐	准备早餐，清洗餐具	一个人带孩子时，餐具等可在午休时间收拾
7:30	室内活动	亲子游戏，读书，讲故事	

续表

时间	项目	工作内容	注意事项
9:00	加餐	水果	选择应季新鲜水果,洗净、去皮、去核
9:30	早教时间	1. 户外活动选绿地,小公园等场地活动,鼓励孩子和其他小朋友一起玩 2. 天气不好,室内进行大动作能力训练	注意让孩子多喝水,注意孩子安全
11:00	准备午餐	给孩子准备午餐	1. 少油少盐,注意烹调方式 2. 随时关注孩子情况,保证孩子安全
11:30	午餐	孩子进餐	让孩子自己吃饭
12:30	午休	休息并关注孩子睡眠情况	上午孩子有衣物或未清洗的餐具,清洗干净、消毒放好
14:30	加餐	点心,酸奶	最好自制
15:00	早教时间	1. 户外活动,喝水 2. 精细动作能力训练	1. 不允许任何陌生人抱孩子,不接受任何人给孩子的食物 2. 户外活动要告知家人具体活动区域 3. 活动量大或天热加喂水
17:00	准备晚餐	给孩子准备晚餐	少油少盐,注意烹调方式
17:30	晚餐	1. 孩子晚餐 2. 育儿员晚餐	
18:00	亲子时间	室子游戏	以父母为主,育儿员协助
19:00	睡前盥洗	洗澡,喝水,做好睡前准备	次数:夏季可以多安排几次洗澡;冬季可根据情况减少次数
19:30	亲子阅读	睡前读书,讲故事,聊天	父母为主,育儿员退居幕后
20:00	加餐	睡前喝奶	喝完奶给孩子漱口刷牙
20:30	收尾工作	1. 重新检查一天的喂哺工具、孩子衣物、玩具,活动区域的清洗、清洁、消毒 2. 一日工作日志填写	天热时孩子衣物随时洗,冬天要洗的衣物不过夜。孩子的衣服、口水巾、围嘴、饭衣等手洗干净

2. 不住家育儿员一天工作流程

时间	项目	工作内容	注意事项
7:30	育儿员入户	1. 准备孩子换洗衣物,餐具、玩具等 2. 晨检(情绪,体温) 3. 与妈妈交接	

时间	项目	工作内容	注意事项
8:00	早餐	准备早餐,清洗餐具	一个人带孩子时,餐具等可在午休时间收拾
8:30	室内活动	亲子游戏	
9:30	加餐	水果	选择应季新鲜水果,洗净、去皮、去核
10:00	早教时间	1. 户外活动选绿地,小公园等场地活动,鼓励孩子和其他小朋友一起玩 2. 天气不好,室内进行大动作能力训练	注意让孩子多喝水,注意孩子安全
11:00	准备午餐	给孩子准备午餐	1. 随时关注孩子的情况,保证孩子安全 2. 少油少盐,注意烹调方式
11:30	午餐	孩子进餐	让孩子自己吃饭
12:30	午休	休息并关注孩子睡眠情况	上午孩子有换洗衣物或未清洗的餐具,清洗干净消毒放好
14:30	加餐	点心,酸奶	最好自制
15:00	早教时间	1. 户外活动,喝水 2. 精细动作能力训练	1. 不允许任何陌生人抱孩子,不接受任何人给孩子的食物 2. 户外活动要告知家人具体活动区域 3. 活动量大或天热补足水分
17:00	准备晚餐	给孩子准备晚餐	少油少盐,注意烹调方式
17:30	晚餐	孩子进餐	让孩子自己吃饭
18:00	收尾工作	1. 重新检查一下当天的喂哺工具、孩子衣物、玩具,活动区域的清洗、清洁、消毒 2. 一日工作日志填写	天热时孩子衣物随时洗;冬天要洗的衣物不过夜。孩子的衣服、口水巾、围嘴、饭衣等手洗干净
18:30	下班	和妈妈交接,结束一天工作	

3. 表格说明

(1)三正餐的时间和成人进餐时间差不多,可以和成人一同进餐。

(2)每餐时间以半小时左右为宜。

(3)定时给孩子喝水,每天至少要喝白开水 600 毫升。

(4)三正餐之间要加餐,早餐与午餐之间加水果比较好,午餐和晚餐之间加奶制品比较好,也可以同时加 2 种,如酸奶和饼干。

(5)晚餐和晚睡之间可给孩子加 1 次奶。如果孩子胃口比较小,可在晨起先让孩子喝奶,过会再吃早餐。

(6)如果孩子晨起喝奶,晚上就不需要再喝奶了,每天配方奶 500 毫升就可以了(或相当于 500 毫升配方奶的奶制品,如酸奶或奶酪)。

第三节 父母抚育篇

一、情感连接

1. 用游戏帮幼儿识别自己的情绪

小孩子也是有情绪的,大人要教导幼儿认识自己的情绪,什么是悲伤,什么是难过,什么是开心,诸如此类。可以用图片表示,让孩子识别一些画着各种表情的图片,也可通过游戏和儿歌让他体会。具体如下:

先在家里清理出一块空地,和孩子一起站在那儿。一边唱歌,一边做相应的动作:

如果感到幸福你就拍拍手(拍手两次);

如果感到幸福你就拍拍手(拍手两次);

如果感到幸福你就拍拍手呀,我们大家一起拍拍手(拍手两次);

如果感到悲伤你就抹眼泪(用拳头揉眼睛两次);

如果感到悲伤你就抹眼泪(用拳头揉眼睛两次);

如果感到悲伤你就抹眼泪呀,我们大家一起抹眼泪(用拳头揉眼睛两次);

如果感到快乐你就高声喊(双手拢在嘴巴上喊"耶");

如果感到快乐你就高声喊(双手拢在嘴巴上喊"耶");

如果感到快乐你就高声喊呀,我们大家一起高声喊(双手拢在嘴巴上喊"耶")!

2. "可怕的两岁"——识别孩子情绪背后的心理原因

为什么说是"可怕的两岁"呢?因为分离期的孩子想独立,却又没有能力彻底与妈妈分离。这时,孩子对妈妈的要求特别高。因为没有独立的能力,他需要妈妈随时看着他、保护他,并对他的行为有所反应;但是如果你真去帮他,他又不同意,因为他那么渴望独立。所以,两岁上下的孩子最常讲的,就是两个字:"不要!"

面对孩子的这种"逆反",妈妈要拿出"温和而坚持"的态度:可以放手让孩子自己探索的,大胆放手;确实有危险时,也能"温和而坚定"地对孩子说"不"。

"坚定"是指行为上坚决制止孩子的不当或不安全的举动,"温和"是指在制止孩子时,不评判、不指责。

(1)之前满足感越好,度过这个阶段越顺利。

虽然这个分离阶段很特殊,孩子有很多需求,要表达很多自主性,但并不是所有孩子都会闹到妈妈心烦意乱。

通常,孩子在之前阶段没有获得充分的情感满足,才会比较容易说"不",且非常黏人。之前的满足感越好,度过这个阶段也会越顺利。

(2)孩子需要的是"妈妈在",而不是"妈妈管"。

两岁后的孩子开始有很强的独立性,要做很多独立的探索,但他又不确定自己是否安全,所以总是希望妈妈时刻在身边给自己安全的确认。也就是说,需要妈妈花更多时间陪伴孩子,同时又要明白,孩子希望的是"妈妈在"而不是"妈妈管",否则引来孩子的反控制,两个人就很容易走进"权利斗争"的怪圈。

当妈妈感到和孩子相处出现问题时,就要重新分配自己的时间,随着孩子的需求做一些调整。比如,看看手头有没有一些可以减掉的工作?见朋友、参加各种活动的频率能不能降低一点?三岁之前的孩子真的需要妈妈多放时间在家里,让他放心去探索,帮他顺利度过这个阶段。

3. "吃手"吃到红肿是焦虑

"吃手"不是问题,把手吃到又红又肿才是问题。不管在不在口手敏感期,如果手没有问题,那就没问题;但如果手已经吃到又红又肿,那就有问题了。

"吃手问题"的根源在于孩子太焦虑,只能用吃手来解除焦虑。焦虑的原因,要么是和"重要他人"在一起的时间不够,要么是"重要他人"虽然陪孩子时间够,但自己很焦虑,把焦虑传染给了孩子。

"重要他人"指的是孩子主动选择的、给予孩子成长过程中所需要的心理营养的人。一般来说首选是妈妈;妈妈不行的话,再选爸爸或老人,或主要看护人。这个人对孩子的安全感是否足够、情绪是否稳定起着决定性作用。

如果你是孩子的"重要他人",那么看到孩子严重吃手的情况,你要做的是以下两点:

(1)尽量多陪孩子,多跟孩子玩。

陪他聊天,给他讲故事,晚上哄睡时多抚摸孩子,以此让孩子增加安全感,减少焦虑。每天陪伴多少时间,不是一个可以刻板规定的量,就像有的植物需要的水少,有的需要的多,孩子也一样。要通过观察他的情况,根据他的需要满足他。总之,当孩子出现问题时,就一定是父母需要做出调整的时候了。

(2)觉察自己是否焦虑。

这个时代的人很容易焦虑,尤其是妈妈。如果孩子有焦虑表现,养育人十有八九也是有焦虑的,孩子就是大人的镜子。

二、智力开发

1. 用"我"代替名字

幼儿往往用名字形容自己的东西。大人拿属于孩子自己的东西,鼓励他说"我的衣服""我的床""我的鞋子",代替"宝宝的衣服""宝宝的床""宝宝的鞋子"等,这是孩子自我意识的萌芽。说对了要给予表扬以达到巩固认知的作用。

经常问孩子问题,锻炼孩子回答问题的能力。有人问"你几岁啦"时,孩子会说"我两岁",而不是"你两岁"。这是很大的进步,懂得了"你"和"我"的意义。

2. 教孩子多用形容词

用一个词形容家里的人。

如"爸爸高""妈妈漂亮""宝宝乖",使孩子的词汇渐渐丰富起来。以后他会用词去形容玩具,如"娃娃可爱""大象鼻子长""小猪胖乎乎"等。

3.有意识地让孩子背诵儿歌

此月龄段的孩子,有的能背诵 3 个字一句的儿歌 4 句,有的能记住第一句和最后一句。几个孩子在一起背诵更有游戏性,一边背,一边表演动作,更易于学会。

4.睡前"亲子共读"

坚持给孩子在睡前读绘本,让孩子在父母温和的讲述里,感知世界的美好、温暖和安宁;倾听一首绘本版的"摇篮曲",甜蜜、安然地进入梦乡。

(1)以"晚安"为主题的绘本最适合睡前共读。共读前营造良好的睡眠环境,比如拉上窗帘,打开小台灯,尽量把灯光调到柔和的状态。

(2)睡前亲子共读时,父母尽量用轻柔、舒缓的语气讲述故事,和孩子少一些热烈的互动,让孩子慢慢平静下来,体会故事的意境,逐渐进入甜美的梦乡。

(3)每晚睡前给孩子读个故事,再给他甜蜜的拥抱和亲吻,不仅可以让孩子内心安稳平和,还有助于建立入睡的仪式感。

三、社会交往

1.尊重孩子的"物权意识"

这个月龄段的孩子,还不懂得分享的意义,也不情愿与人分享。因为分享就意味着东西少了,或暂时不能拥有了。如果孩子不愿意与小朋友分享,不能强行让其分享,而是要把决定权交给孩子。

(1)通过游戏体验分享的快乐。

父母可以想一些好点子让孩子体验"分享"的快乐,比如让几个小朋友一起玩传接球的游戏,培养他们的合作精神;让孩子们一起用一套画画工具也不错,只要有足够的蜡笔供他们使用。

当幼儿和他的玩伴在一起时,最好事先把他认为最珍贵的玩具藏起来,避免孩子之间因此发生争执。

(2)表扬幼儿的分享行为。

当幼儿与他人分享自己的玩具或物品时,妈妈要肯定孩子的进步;对于不愿意分享的孩子,妈妈可以让他带着自己的玩具在一边玩儿。

当他看到别的小朋友开心地在一起玩,而自己孤单一人时,会表现出失落的情绪,这时妈妈再带着孩子到其他孩子旁边,告诉他"自己玩自己的多没意思啊,和小朋友一起玩儿吧"。对于高敏感个性的孩子,妈妈一定要有耐心,注意给他"台阶"下,可以说:"瞧我们宝贝,真棒,自己把玩具给哥哥玩了"。

2.和孩子说话要规范

出于本能,几乎所有的母亲都会自觉地用"儿化语"与婴儿交流。"儿化语"会有意放慢说话的速度,复杂的长句会被拆分成简单的短句和单词,有时还需要夸张的肢体语言。这样,更容易让孩子理解词句的意义,婴儿也更喜欢这样的说话方式。

1～1.5 岁的儿化语言期,孩子多使用单词句,且多为名词,如"饼饼""凳凳"等。1.5～2 岁,孩子多使用简单句,表现为"名词＋动词"的形式,如"狗狗跑""妈妈抱"等,是幼儿语言发展最迅速的时期。因此,2 岁的幼儿期被称为"口语爆炸期",学习的词汇量会猛增。

一般从 2 岁开始,孩子进入规范语言萌芽期,开始学习并掌握最基本的语言应用。这段时间,孩子使用的句子结构从简单到复杂,从不完整到完整,句子从短到长。

和孩子的语言发展能力相呼应,2 岁前,父母可以使用"儿化语",有利于与孩子的顺畅交流,增加孩子的词汇量;2 岁后,父母最好使用比较规范的语言,给孩子创造良好的语言学习环境;而规范的语言环境,又对孩子的认知水平有潜移默化的影响,有利于促进孩子人际交往能力的发展。

成年人的日常会话,常常是孩子的模仿对象,只有自然的、规范的对话才能给孩子良好的示范。所以 2 岁前和 2 岁后讲给孩子听的语言,一定要分别对待。

第十六章

2岁~2岁半幼儿教养指南

第一节　发展指标和养育要点

　　孩子的成长是有规律的。两岁的孩子迎来了人生的又一个里程碑—生活技能有了明显提高,无论是大动作,还是精细动作,都得到了较大发展,语言能力也有明显进步。

　　如果前期的照护做得到位的话,这个阶段的孩子已经基本形成了相对规律的生活作息习惯。比如,何时吃饭,何时睡觉,何时出去玩。

　　作为育儿员,要在了解孩子成长规律的基础上,因势利导,培养和巩固孩子良好的作息习惯。然而,在生理机能上有很大发展的孩子迎来了心理发育上的"第一反抗期",即"可怕的两岁"阶段,需要育儿员的细心体察和耐心引导,更需要爸爸妈妈的用心陪伴和关注接纳。

一、孩子生长特点

　　(1)2岁以后,身体生长进入"恒速生长阶段"。神经系统发育较快,大脑功能正在逐渐成熟。孩子的身高、体重均处于恒速生长阶段,身高增长速度相对会高于体重增长的速度,原来胖乎乎的孩子,现在也开始"苗条"起来。

　　(2)运动技巧和难度有了进一步的发展。不但学会了自由地行走,跑、跳、攀登台阶,还能比较灵活地运用物体,如握笔、搭积木、自己拿勺子吃饭等。

　　(3)这个阶段的孩子,需要通过大人的肯定来建立自信;需要大人制订明确的规矩来规范孩子的行为;妈妈全身心的陪伴会让孩子确信自己的安全感,证明自己是被爱和接纳的。

　　(4)这个阶段的孩子,产生了较为复杂的情感及行为,希望与人交往,希望有小伙伴。

但是,如果真让孩子们一起玩,却又很难玩到一块儿。

(5)有了较好的注意力和记忆力.能较长时间专注地听故事、看电视、电影等;能很快地背会一首儿歌、古诗;跟随成年人到某个亲友家后,再次路过时,能说出这是谁家。

二、身体发育变化

这个年龄阶段孩子的体重、身长、头围的正常参考值如下:

身高:男童身高 78.9～103.1 厘米,女童身高 77.8～101.7 厘米。

体重:男童体重 9.3～19.0 千克,女童体重 8.8～18.7 千克。

头围:男童头围 44.7～53.0 厘米,女童头围 43.6～52.0 厘米。

注:以上数据根据国家卫健委《7 岁以下儿童生长标准》(2022 年 9 月 19 日发布,2023 年 3 月 1 日实施)整理。

牙齿:一般 2 岁半时 20 颗乳牙全部出齐,有的孩子要等到 3 岁才会出齐。

三、能力发展特点

(一)认知能力:能识别物体的大小、距离、方向和位置

(1)随着孩子活动范围的扩大,孩子的观察力增强,能识别物体的大小、距离、方向和位置。

(2)越来越多地关注事物的细节,能分辨细节的大小和颜色的差别。可以注视小物体及画面达 50 秒,能区别竖线与横线。

(3)能通过接触来辨别物体软、硬、冷、热等属性。

(4)能分辨各种不同的声音。对爸爸妈妈所说的话,孩子基本上都能听得懂。

(二)动作能力:能独立上下楼,模仿画竖线

(1)不但学会了自由地行走,而且跑、跳、攀登楼梯或台阶等动作的运动技巧也有了进一步的提高,能够越过小的障碍物,比如,门槛、楼梯、滑梯。有时还能爬到椅子或沙发上,能从一级台阶跳下来,会单脚站立 2 秒。

(2)堆搭积木块数越来越多。

(3)能拿铅笔,但不是握成拳状,会临摹画竖线。

(4)扔大皮球达 1 米左右;会用线把珠子串起来。

(5)会翻书,从一次翻几页到一页一页地翻。

(三)语言能力:口语表达出现质的飞跃

(1)进入口语发展的最佳阶段。孩子说话的积极性很高,爱提问,学话快,语言能力迅速发展,掌握了最基本的语法和词汇,可以用语言与成年人交往。

(2)已掌握了很多词汇,会说很完整的简单句,会背诵简短的唐诗,会看图讲故事;叙述图片上简单突出的内容。

(3)能组织"过家家"游戏,扮演不同角色,如当妈妈、当娃娃、当医生等。

(4)能说出日常用品的名称和用途,如梳子用来梳头发、毛巾洗脸时用等。

四、心理情感特点:进入秩序敏感期

随着年龄和生活能力的增长、生活范围的扩大,2 岁后的孩子开始进入执拗的敏感期。表现为事事得依他的想法和意图去办,否则情绪就会产生剧烈变化,发脾气、哭闹。需要育儿员和家长足够的耐心和关照,陪孩子顺利度过敏感期。利用孩子对物品、顺序或生活习惯的执拗和敏感,培养孩子的对比、分类、序列等逻辑思维能力,推动孩子智力发展。

五、喂养重点

一日三餐以饭菜为主,两次餐之间可以加水果或健康零食,保证每天喝奶 250 毫升左右,配方奶或奶制品、鲜奶(不过敏)都可以,具体数值视孩子的食量为准。水果 1～2 次。

每天吃 15 种食品,谷物 3 种以上、蔬菜 3 种以上、水果 2 种以上、蛋 1 种、肉 1 种以上、奶 1 种以上、豆 1 种。

每周吃 1～2 次海产品、动物肝或血。谷物、果蔬、蛋肉,谷物占 50%,果蔬和蛋肉各占 25%。

水和营养素补充:每天需喝白开水 600 毫升以上。如不能保证每天 2 小时以上的户外日光浴,继续补充维生素 D,每天 400 国际单位。

一天内,每顿饭菜不重样;一周内,每天食谱不重样。每天都应该给孩子提供最基本的食物组合,科学搭配,适可而止。

六、早教重点

(1)鼓励孩子跑、跳、上下楼梯,以增强体质,促进大脑协调发展。

(2)鼓励孩子随意涂鸦、模仿画画,拼插造型,促进手、眼、脑的协调能力,发展想象力和创造性思维。

(3)教孩子复述见闻、说完整句子、背儿歌、按节奏唱歌,会做自我介绍。

(4)培养孩子的观察能力,如认识事物的特点和自然现象。

(5)让孩子广交朋友,学习与同伴分享玩具和食品。

(6)看图书、讲故事,养成爱学习的习惯,培养守规矩、懂礼貌的品格。

(7)教孩子理解前后、左右、多少、长短、高矮、快慢、里外等概念。

(8)培养孩子独立意识、自尊心、自信心、同情心以及自控能力。

(9)继续加强孩子的自理能力训练,如穿脱衣裤、鞋袜,整理玩具等能力。

第二节 育儿员工作篇

一、健康管理

（一）二便管理：当孩子拉或尿裤子时

这个阶段的孩子基本已能在看护人的协助下，自主大小便。但由于生活环境变化，或是玩游戏太专注，或是疾病等原因，很有可能把大小便排到裤子里，这也是正常的。

无论是哪种原因引起的，育儿员都应保持冷静。夸张的语言和反应，甚至训斥，不但起不到提示、警醒的作用，反而会加重孩子的心理负担，无益于问题的解决。当孩子拉或尿到裤子上时，只要平静地说："哦，裤子脏了呀，那我们一起换上干净的吧。下一次想上厕所时，提前说一下，好吗？"这样反而让孩子有意识的注意，避免发生尴尬。

为了避免孩子将大小便排到裤子里，育儿员要注意做好以下几点：

1. 及时提醒孩子去厕所

根据前期掌握的孩子大小便的规律，及时提醒他去厕所。出门前，可以带他上次厕所，以免在外着急找不到厕所。当然，也不要反复不断询问孩子，过度的关注会给他带来心理压力，让问题变得更严重。

2. 关注孩子的情绪及心理状态

孩子生活环境变化前，需提前为孩子做好"心理建设"，让他有个适应的过程。变化发生后，应多关注他，耐心安抚他，及时疏导心理压力、负面情绪，发现孩子的排便需求，提前做好如厕准备。

3. 肯定孩子的进步

如果上一次孩子尿或拉在裤子里，而现在知道及时去厕所了，育儿员应适时给予肯定和鼓励，强化孩子正确的如厕行为。

需要注意的是，家里若有小弟弟或小妹妹出生时，原本能自主控制排便的孩子很可能会出现行为倒退，此时尿裤子大多是为了博取父母的爱和关注，育儿员要特别关注这种情况。

（二）日常护理

1. 当孩子拒绝刷牙时

每晚睡觉前，孩子只要一听见"刷牙"两个字，就开始大哭。面对哭闹着不配合的孩子，育儿员往往束手无措，究竟如何才能让不懂事的孩子爱上刷牙呢？

（1）搞清拒绝刷牙的原因。

孩子拒绝刷牙肯定有原因，或者是因为之前刷牙弄疼了他，或者是牙膏的味道不喜欢。育儿员要在了解孩子性格的基础上，针对不同的原因用不同方法引导他。

（2）玩"刷牙"游戏。

让孩子挑选自己喜爱的牙刷和杯子,找一个或几个孩子格外喜欢的玩具做刷牙小伙伴,准备牙刷或把手指当作牙刷,给它们刷刷牙。

（3）用绘本引导。

给孩子讲读以刷牙为主题的绘本,如《刷牙先生,来了》《出发,刷牙小火车》《鳄鱼怕怕牙医怕怕》《牙齿孩子爱洗澡》《一起刷刷牙》等,让孩子重视刷牙,养成每天刷牙的好习惯。读刷牙的绘本虽然有引导的目的,但切忌把读书变成说教,孩子爱听更重要,好玩的故事、有趣的游戏都会对他产生积极的影响。

（4）言传身教。

父母或育儿员坚持每天早晚和孩子一起刷牙,用实际行动告诉孩子,刷牙和吃饭、睡觉一样,是日常生活的一部分。

此外,刷牙时唱唱相关的儿歌,玩个游戏,比如亲子刷牙比赛,能够消除或减轻孩子的紧张情绪。

（5）注意事项。

不管怎样,育儿员或父母都要避免孩子对刷牙产生抵触心理,尤其不要在孩子刷牙不按时、方式不正确时大发脾气。一旦孩子对刷牙产生抵触情绪,也不要用逼迫和强制的做法,游戏、比赛、奖励等方法更为可取。

既然刷牙、洗脸和吃饭一样,都是每天要做的事情,不妨慢慢引导、积极肯定、及时夸赞、耐心等待。

2. 孩子爱用左手要不要干预

大多数人习惯用右手,也有少部分人习惯用左手,孩子亦是如此。常用左手可以锻炼右脑;常用右手可以锻炼左脑,不管左手还是右手,都只是个人习惯而已。

如果强行让孩子改用右手,很可能让孩子已经建立的大脑优势半球从右侧改为左侧,造成原来的语言中枢功能紊乱而出现口吃,甚至有的孩子出现唱歌走调、口齿不清、发音不准等现象。

最好的办法是顺其自然,宽容对待,可多提供用右手的机会,或让孩子时常进行可增加右手力量的运动。亦可视活动性质的不同,鼓励孩子灵活使用双手。如鼓励用右手拿笔或画图,至于掌握其他工具,或一般日常活动,则不必刻意要求孩子使用右手。

无论是习惯用左手的孩子,还是习惯用右手的孩子,育儿员都要鼓励孩子双手灵活交替使用,更利于孩子全脑开发。

二、营养饮食(三正餐巩固期)

1. 孩子饮食的基本要求

《中国居民膳食指南（2016）》指出,2～5 岁是儿童生长发育的关键时期,也是良好饮食习惯培养的关键时期。育儿员要了解孩子的饮食特点和营养需求,给孩子提供新鲜健康的食物。

（1）饮食应均衡。

饮食均衡是给孩子提供饮食的基本要求。这个阶段的孩子，每天的饮食应包括谷物、蔬菜、肉、蛋、鱼、大豆、乳制品等。

育儿员要根据当季蔬菜、水果，结合孩子实际情况设计一周饮食计划，让孩子接触不同的食物。一周之内，同样的饭菜，少重复或不重复。

（2）食物仍需单独烹调。

这一阶段的孩子可以跟家人一起进餐，但仍建议单独给孩子烹饪食物，方式应以蒸煮为主，不要油炸、煎烤等。食物制作也要精细、软碎，便于咀嚼、吞咽。

需要提醒的是，孩子还不能剔除鱼刺、骨头，育儿员应将其挑出后再给孩子食用，以免发生危险。

（3）少盐少油，适当调味。

给孩子做饭要注意少盐少油、口味清淡，少放或不放人工合成的调料，可以借助蘑菇、肉汤、虾皮等天然味道的食物调味。一般来讲，孩子每天食用油摄入量约为 15 克，食盐少于 2 克；避免食用腌制、膨化、油炸食品以及奶油等，培养健康的饮食习惯。

（4）每天应饮用足量的奶和白开水。

《中国居民膳食指南（2016）》建议："每天饮用 300～400 毫升奶或相当量的奶制品，可以保证 2～5 岁儿童钙摄入量达到适宜水平。"

如果孩子喝奶后，出现胃肠不适，应及时就医，请医生诊断是否乳糖不耐受或牛奶过敏。

育儿员应保证孩子每天饮用足量的水。饮水量可根据孩子尿液的颜色判断，尿液清白透明，水量合适；尿液发黄，则要补充水分。这里的水分是白开水，而不是果汁。

（5）给孩子自己吃饭的自由。

这是避免孩子偏食、厌食的重要方法。

孩子已经有自己选择饭菜的能力，育儿员不要总是干预孩子该吃什么，不该吃什么。育儿员的任务是给孩子提供健康新鲜的食物，保证烹调方式常吃常新；孩子的任务就是选择他喜爱吃的食物。"应该吃"与"喜爱吃"能做到基本一致，孩子饮食就没什么问题了。

2. 2 岁孩子的食物搭配原则

2 岁以后的孩子咀嚼能力很强大了，食物加工精细度要求不那么高了，烹饪也就不那么费力费时了，所以平时的饭菜可以多些花样，每一餐的菜品也可以多一些，以前一菜一汤，现在就可以两菜一汤、三菜一汤等。

在食量上，2 岁的孩子比 1 岁时略有增加，但也不是很多，还是以让孩子自己决定为原则，给出一个平均量作为参考。一般来说孩子每天仍然需要 400～500 毫升牛奶或者牛奶制品，要保证乳制品的摄入；主食每天需要米、面共 150 克，做成饭就是米饭 1 小碗半到两碗或者切片面包 4 片的量；鱼、肉、蛋类需要 150～200 克，换成熟食应该是无皮、无骨的肉类 1 小碗；蔬菜是 200 克，也是煮熟后 1 小碗的量，新鲜水果 200 克，1 个或 1 个半中等大小的苹果或梨的量就可以了。

3.一周饮食搭配举例

以下是根据以上饮食搭配原则给孩子准备的一周饮食搭配方案,育儿员可根据孩子情况,参考当季时令新鲜蔬菜合理搭配,随季节灵活更换食材。

（1）星期一。

早餐:牛奶 150 毫升、鸡蛋韭菜包 1 个、酱油油麦菜 1 份。

点心:牛奶 150 毫升、苹果半个。

午餐:馒头小半个、牛肉炖萝卜 1 份、百合炒菠菜 1 份、凉拌海带豆腐皮。

点心:牛奶 100 毫升、香蕉 1 根、面包 1 片。

晚餐:二米粥 1 份、清炒黄瓜丁 1 份、红烧鲤鱼块 1 份。

睡前:牛奶 100 毫升。

（2）星期二。

早餐:牛奶 150 毫升、面包 1 块、番茄炒蛋 1 份。

点心:牛奶 150 毫升、梨半个。

午餐:猪肉黄花菜馅饺子 1 份、拍黄瓜 1 份、绿豆芽海带汤 1 份。

点心:牛奶 100 毫升、草莓 3 颗、饼干 1 块。

晚餐:软米饭 1 份、凉拌香椿 1 份、鸡肉土豆炖豆角 1 份。

睡前:牛奶 100 毫升。

（3）星期三。

早餐:牛奶 150 毫升、豆腐皮红薯卷 1 份。

点心:牛奶 150 毫升、苹果半个。

午餐:菠菜土豆丝饼 1 份、鸭肉粥 1 份、白糖拌番茄 1 份、鸡蛋苦瓜汤 1 份。

点心:牛奶 100 毫升、樱桃 5 颗、饼干 1 块。

晚餐:鱼汤小白菜面条 1 份、凉拌黄花菜 1 份、干煎带鱼 1 份。

睡前:牛奶 100 毫升。

（4）星期四。

早餐:牛奶 150 毫升、馒头小半个、酸甜萝卜条 1 份。

点心:牛奶 150 毫升、香蕉半根。

午餐:软米饭 1 份、凉拌香椿 1 份、排骨烧海带 1 份、番茄土豆汤 1 份。

点心:牛奶 100 毫升、面包 1 片、草莓 3 颗。

晚餐:香蕉煎饼 1 份、肉丝炒蒜苔 1 份、韭菜拌绿豆芽土豆丝 1 份。

睡前:牛奶 100 毫升。

（5）星期五。

早餐:牛奶 150 毫升、炒饭 1 份、拍黄瓜 1 份。

点心:牛奶 150 毫升、面包 1 片、山楂 2 颗。

午餐:菠菜鸡蛋面 1 份、肉末豆角 1 份、百合红枣汤 1 份。

点心:牛奶 100 毫升、梨半个、自制点心 1 块。

晚餐:燕麦软米饭 1 份、清炒莴笋 1 份、酸萝卜鸭肉汤 1 份。

睡前:牛奶 100 毫升。

（6）星期六。

早餐：牛奶 150 毫升、红薯二米粥 1 份、拌鸡丝 1 份。

点心：牛奶 150 毫升、山楂 3 颗。

午餐：猪肉小白菜馅饼 1 份、酥带鱼 1 份、瘦肉苦瓜汤 1 份。

点心：自制点心 1 块、牛奶 150 毫升、山楂 3 颗。

晚餐：软米饭 1 份、豆角末蒸蛋羹 1 份、清炒小油菜 1 份。

睡前：牛奶 100 毫升。

（7）星期日。

早餐：牛奶 150 毫升、三明治 1 块、煮鸡蛋 1 枚。

点心：牛奶 150 毫升、樱桃 5 颗。

午餐：软米饭 1 份、清炒莴笋 1 份、清蒸皮皮虾 1 份、海带牛肉汤 1 份。

点心：牛奶 100 毫升、草莓 3 颗、自制点心 1 块。

晚餐：番茄肉末面条 1 份、凉拌鸡丝菠菜 1 份。

睡前：牛奶 100 毫升。

4. 营养食谱推荐

（1）肉末圆白菜。

原料：肉末 40 克，圆白菜 60 克，鸡蛋 1 个，植物油适量，姜末、盐各少许。

做法：将圆白菜洗净后，撕成小块；肉末加鸡蛋搅拌均匀。起油锅，烧热后，下入姜末和肉末炒香，接着倒入圆白菜，大火煸炒几分钟，加盐调味即可。

（2）豌豆炒虾仁。

原料：豌豆 20 克，海虾 4 只，花生油、香油、盐各少许。

做法：将豌豆洗净后，切碎；虾去头去尾，挤出虾仁，剔出泥肠。油锅烧热，下入虾仁爆炒后，再下入豌豆碎，加一点水，焖煮一下，加盐，滴入香油即可。

（3）蔬菜小杂炒。

原料：土豆、蘑菇、胡萝卜、黑木耳、山药各 20 克，植物油、盐、鸡精、香油各少许，水淀粉、高汤各适量。

做法：将所有蔬菜材料切成片，备用。油锅烧热，放入胡萝卜片、土豆片、山药片，煸炒片刻，再放入适量高汤。烧开后加入蘑菇片、黑木耳和少许盐，烧至原料熟烂，加一点点鸡精，然后用水淀粉勾芡，再淋上少许香油即可。

注意事项：这道菜里蔬菜众多，纤维素和营养素丰富，可以常给孩子吃。搭配的蔬菜，育儿员也可以酌情调换成如洋葱、菜花、芋头、红薯、白萝卜、茄子、玉米、海带以及各种菌类等，但一定要注意用新鲜的食材。

三、早教时间

（一）室内活动

1. 认知能力发展训练

（1）让孩子学习方位属性。

教孩子前后、上下和左右。让孩子将两手放身体前面或后面,或把物品放在身前或身后,使孩子明白前后;然后让孩子将物品分别放在桌子上面或下面,分辨上和下。认识上下、左右、前后、里外、高低、远近、快慢、来去、宽窄,以及早上看太阳时能认东南西北。

(2)按外观分类。

把孩子玩具箱里的积木倒出来,让孩子按照积木的颜色,大小、形状逐步学习分类。首先以颜色分类:先将红色的挑出,再将黑色的挑出,渐渐就可以分出混合的各种颜色;进而学挑大小:从红色中挑大的,再从别的颜色中挑大的,各种颜色再分大小两堆,然后在每堆中挑出圆形,方形,三角形,使孩子学会按外观分类。

(3)学数数。

孩子对物品大小数量的认识是在对实物的比较中形成的。收集大小质地不同的各类小物品,如积木块、贝壳、纽扣、小瓶盖等,尽量让孩子用眼看,动手摸,张口讲,多种感官参与活动,比较认识物品的大小和数量,并点数。如口读数1,手指拨动一个物品;读2,再拨动一个物品等。

(4)认识自然现象。

继续培养孩子的观察力和记忆力,启发孩子提出和回答问题。如观察早上天很亮,有太阳出来;晚上天很黑,有星星和月亮。有时没有太阳,是阴天,或者下雨下雪,有时刮大风。在下大雨时会有闪电雷声,通过讲述,使孩子认识大自然的各种现象。

2.大动作能力发展训练

(1)进行弹跳训练。

这么大的孩子大多已经学会了蹦跳。

育儿员可多带孩子去儿童乐园玩蹦蹦床,即使孩子还没有掌握蹦跳的技巧,在其他小朋友的影响下,孩子很快就会掌握蹦跳的动作要领。蹦跳以下肢弹跳及后蹬动作为主,并带动手臂、腰部、腹部的肌群运动,对骨骼、肌肉、肺及血液循环系统都是一种很好的锻炼,从而使孩子长得更高、更壮、更健康。

(2)和孩子玩"跑"和"停"的游戏。

在孩子跑步熟练的基础上,继续训练能跑能停的平衡能力发展。如对孩子喊"开始跑,一、二、三,停",要反复练习。

注意:育儿员要站在孩子的前方,以备孩子不能保持平衡时给予扶持。

3.精细动作能力发展训练

(1)夹小球。

提供小碗或敞口瓶子、小球、食品夹,让孩子将小球夹入空碗或瓶子中,锻炼手的控制能力;还可增加球的颜色、大小等,让孩子在游戏中感知颜色、大小的不同;或者提供两个大小不同的瓶子和两种大小不同的球,让孩子将大球夹到大瓶子里,小球夹到小瓶子里。这也是为学习用筷子吃饭做准备。

(2)配对练习。

在孩子真正形成大小、多少概念的基础上,再教孩子给物品配对。先配形状大小的同类物,如塑料瓶和瓶盖,即大瓶配大盖,小瓶配小盖,以及为两只鞋、袜、手套配对,动物亲

子配对等。

（3）倒来倒去练习。

婴儿会用两只塑料小桶装满水后倒来倒去,倒的过程中不会洒。育儿员可以帮助婴儿把小瓶小桶装满水,让它们沉到水下面,再将水倒空,使小瓶小碗浮在水面。

4.自理能力发展训练

培养孩子的自理能力,需从日常生活做起,要刻意培养孩子的自理能力。

（1）继续加强孩子自理能力的练习。

只要是孩子表示愿意自己动手做的事,育儿员都应耐心地在一旁指导,而不是自己动手代替孩子去做。

在饮食方面,让孩子学习自己准备开饭前的小椅子,分发筷子,用勺吃饭,饭后自己擦嘴,自己去拿杯子喝水等。

在卫生方面,饭前便后洗手,自己如厕,练习洗手绢、袜子、玩具、娃娃衣服等小物品,从而养成良好的卫生习惯。把洗手、洗脸、刷牙当作日常行为规范。

在穿衣方面,让孩子自己穿脱衣服、鞋袜等。

孩子刚开始学习这些动作时,难免做得不完善,需要反复练习。育儿员可以及时提醒,但千万不要包办代替。

（2）培养孩子做家务的习惯。

让孩子适当地参与家务劳动,不仅有助于提高动手能力,还能培养责任意识。给孩子布置力所能及的任务,比如擦桌子、扔垃圾、摆餐具、拿筷子等。不要强迫他去做那些超过其能力范围或不愿意做的事情,以免产生抵触情绪。

做家务时,最好全家人都参与进来,共同协作,各负其责,这样不仅能够打扫得更干净,还能让孩子知道,做家务是全家人的事情。这对孩子长大后主动承担家务非常有益。

5.益智互动游戏

（1）会滚动的箱子。

【游戏目的】锻炼身体的平衡感。

【具体操作】育儿员把家里买回来的电视或其他大件物品的纸制包装箱拿出来,让孩子钻进去缩紧身体,然后,育儿员滚动箱子,孩子会乐不可支。

为了避免伤到孩子,最好在每次滚动箱子时,大声问孩子:"准备好了吗?"确定孩子做好准备再开始,滚动的幅度可以根据孩子的实际情况随时调整。

（2）"小小营业员"。

【游戏目的】培养孩子的语言表达能力、社会交往能力和思维能力。

【具体玩法】育儿员将玩具或书籍逐一放好,先系上围裙当"营业员",向孩子介绍各种商品。如指着玩具狗说:"你看这只小狗,多可爱啊,它能帮人看门,还能陪你玩,你喜欢吗?喜欢你就可以买走喽。"孩子听"营业员"讲得好,就将小狗"买"回去,也可以"讨价还价"。

然后由孩子当"营业员"介绍商品,游戏可以反复进行。游戏中可以出现水果、蔬菜、交通工具、娃娃等各类物品,还可以让"顾客"描述自己要买的物品的特征,不说出名字,让"营业员"猜,猜对了就把物品"卖"给"顾客"。

（3）辨高矮。

【游戏目的】学习按高矮排列物体的顺序,激发孩子动手操作的兴趣。

【具体玩法】取两只高度相差较大的瓶子,放在桌子上。提问:"这两只瓶子一样吗?""什么地方不一样?"引出高矮不同,命名"这个是高的""那个是矮的"。让孩子快速反应,练习分辨"高"与"矮"。

将瓶子从高到矮进行排序,学习"比较高""比较矮"的概念。

取出4只高矮不同的瓶子,让孩子首先取出最高的瓶子、最矮的瓶子。在剩余的瓶子中进行比较,找出较高的放在最高瓶的后面,依次排序,看孩子能不能排对。

鼓励孩子与其他人比身高,方法可以背靠背,比头高。

让孩子认识高、矮的游戏,可以延伸到生活的很多角落,比桌子、椅子、床、柜子、树和小草等。

（4）信手"涂鸦"。

【游戏目的】锻炼婴儿小手的灵活度。

【游戏玩法】给孩子准备白纸、笔,让孩子在纸上随意作画;也可在家里留出一面空墙,让孩子直接在墙上画,用画装点家居环境,画满后可以重新刷白。让孩子的创作思维不受约束地得到表达,并引导孩子去认识自己笔下的形象,不断鼓励婴儿画画的信心。

（二）户外活动

1. 外出购物防孩子走失

带孩子去商场、超市购物时,要时刻注意,避免孩子走丢。

（1）不要让孩子离开自己的视线。

带孩子外出一切都要以孩子的安全为第一,尽量不要长时间和人聊天,因为孩子会因对大人的谈话没兴趣而急着要离开,大人其实也没法尽兴地交谈。不如简单说上几句,然后约个其他的时间再聊。如果去洗手间,不要关小隔间的门,不让孩子离开自己的视线,或者去"亲子卫生间"。

（2）人多时一定要紧紧拉住孩子。

商场或超市经常搞促销活动,人很多,育儿员一定要抱紧孩子,或者紧拉住孩子的手穿过人群。

最安全的方法是不带孩子去人多拥挤的地方,因为人多拥挤的地方不仅不安全,而且容易传染疾病。

（3）手里拿着东西时让孩子走在前面。

如果一次购买了很多东西,无法腾出手来拉着孩子一起走,育儿员一定要让孩子走在自己的前面,方便随时看到孩子的走向。即使孩子被什么事物吸引住了,育儿员也能及时提醒孩子,避免孩子走失。

（4）平时注意安全教育。

平时应该有意识地让孩子记住家长的姓名、手机号码和家庭住址,告诉孩子,万一和家长或育儿员走散了,应该待在原地等待,千万不要和陌生人走。如果等待一段时间,家长或育儿员还没有来寻找,可以向离自己最近的营业员、保安或警察求助(要让孩子知道站在柜台里卖东西的人是营业员,穿哪种制服的是保安或警察),请营业员、保安或警察给家长打电话。

发现孩子走失后,育儿员要马上告诉保安人员,请他们迅速分头把住各个出入口,并通过广播找人;如果还没有找到,应立即报警。

2. 大自然是孩子最好的老师

孩子们普遍愿意到大自然中去,特别是2～3岁的孩子,每次出门都会兴致勃勃,东张西望得眼睛不够用,小嘴问个不停:这是什么,那是什么?

这正是给孩子讲述各种知识的好时机,利用好这种机会,再让孩子动手做一些有趣的事,孩子会更加兴奋,学到的知识会记得更牢。

例如,带孩子出去郊游时,不妨和孩子一起做个纱网,拿个本子,告诉孩子动植物的名称、特征等时,教孩子收集一些标本。

捕到的昆虫,让孩子观察特点,讲一下昆虫有什么习性,带回家以后,指导孩子动手制成标本。也可以让孩子采集一些植物,夹在本子里回家,和孩子一起制成书签或树叶画。

四、科学睡眠

1. 睡觉困难是干预过多造成的

在睡觉方面,随着孩子长大,分化越来越明显。

有的孩子从来就不让人操心,刚刚还在快乐地玩耍,一会儿就趴在沙发上睡着了。这样的孩子大多是受到较少干预的。在孩子清醒时,不停地和孩子玩,一直到孩子困得挺不住了,自然而然地睡着。

有的孩子成了睡觉老大难,孩子没有睡意时,就强行让孩子上床睡觉,是导致孩子睡觉困难的原因之一。

给孩子睡眠的自由,并不意味着对孩子的睡眠不闻不问。很困却不睡的孩子不过是为了多和爸爸妈妈玩,当爸爸妈妈不让孩子尽兴玩时,孩子非但不睡,还会闹人,发脾气。大人越是让孩子睡觉,孩子越是不睡,就是和大人较劲。如果大人放开不管,他就没了较劲的兴致,或许一会儿就睡了。

有的孩子会在晚上起来小便,大多数孩子便后能很快自行入睡;也有的孩子再次入睡有困难或半夜无端醒来,但半夜醒来哭闹的孩子已经不多了。如果父母能够陪着孩子说话或给孩子讲故事,孩子会安静地躺在那里。

2. 当孩子不想午睡时

白天不睡觉的孩子不在少数,即使午睡时间到了,育儿员强行把孩子放到床上,孩子也是翻来覆去睡不着。想让孩子有午睡的习惯,可以尝试以下方法:

(1)午饭前不要带孩子到户外活动。

(2)午饭时和午饭后不要开电视,不放欢快节奏感很强的音乐。

(3)把窗帘拉上,让室内光线暗下来。

(4)陪伴孩子一起躺到床上。如果孩子能够躺在你身边,不闹着你陪他玩耍,你就闭上眼睛睡觉。

（5）如果孩子让你陪着玩，你就闭着眼睛，搂着孩子轻轻地哼摇篮曲或轻声地讲故事。不要讲令孩子兴奋的故事，语速要慢，声调要低，故事情节要平和。

（6）如果有条件，可以把午睡地点和晚上睡觉地点分开，这样会让孩子有兴趣躺下来。

（7）告诉孩子午睡后才能到户外玩。

如果孩子躺半小时以上还是不愿睡午觉，且精神很好，晚上睡得较早、较沉，睡眠质量很高，就不必强求孩子睡午觉了。

需要注意的是，午休时间不睡的话，也不要让孩子在下午四五点时睡。这时睡觉安排偶尔一次两次可以，但要持续如此，就会打乱孩子的作息规律，影响孩子入园后的作息安排，不利于孩子较快适应幼儿园生活。

五、一日工作流程

1. 住家育儿员一天工作流程

时间	项目	工作内容	注意事项
6:00	育儿员起床	洗漱，整理好个人卫生，准备孩子用品（换洗衣物，餐具、玩具等）	
6:30	孩子起床	1. 上厕所 2. 洗脸刷牙 3. 测量孩子体温 4. 喝点白开水（50毫升左右）	尽量让孩子自己完成，确实必要，才由育儿员协助，但不能完全包办
7:00	早餐	准备早餐，清洗餐具	一个人带孩子时，餐具等可在午休时间收拾
7:30	室内活动	亲子游戏，读书，讲故事	
9:00	加餐	准备加餐的牛奶、水果和健康零食	
9:30	早教时间	1. 户外活动选绿地，小公园等场地活动，鼓励孩子和其他小朋友一起玩 2. 天气不好，室内进行大动作能力训练	注意让孩子多喝水，注意孩子安全
11:00	准备午餐	给孩子准备午餐	少油少盐，注意烹调方式
11:30	午餐	孩子进餐	让孩子自己吃饭
12:30	午休	休息并关注孩子睡眠情况	上午孩子有换洗衣物或未清洗的餐具，清洗干净、消毒放好
14:30	加餐	准备加餐的牛奶、水果和健康零食	
15:00	早教时间	1. 户外活动，喝水 2. 精细动作能力训练	1. 不允许任何陌生人抱孩子，不接受任何人给孩子的食物 2. 户外活动要告知家人具体活动区域 3. 活动量大或天热加喂水
17:00	准备晚餐	给孩子准备午餐	少油少盐，注意烹调方式

时间	项目	工作内容	注意事项
17:30	晚餐	1. 孩子晚餐 2. 育儿员晚餐	让孩子自己吃饭
18:00	亲子时间	室内亲子游戏	以父母为主,育儿员协助
19:30	睡前盥洗	洗澡,喝水,做好睡前准备	次数:夏季可以多安排几次洗澡;冬季一周洗 2 次即可
20:00	亲子阅读	睡前读书,讲故事,聊天	父母为主,育儿员退居幕后
20:30	收尾工作	1. 重新检查一下当天的喂哺工具、孩子衣物等,活动区域的清洗、清洁、消毒 2. 一日工作日志填写	天热时孩子衣物随时洗,冬天要洗的衣物不过夜;孩子的衣服、口水巾、围嘴、饭衣等手洗干净

说明:每餐时间以半小时左右为宜,每天孩子至少要喝白开水 600 毫升。

2. 不住家育儿员一天工作流程

时间	项目	工作内容	注意事项
7:30	育儿员入户	1. 准备孩子用品(换洗衣物,餐具、玩具等) 2. 晨检(情绪,体温) 3. 与妈妈交接	
8:00	早餐	准备早餐,清洗餐具	一个人带孩子时,餐具等可在午休时间收拾
8:30	室内活动	亲子游戏,读书,讲故事	
9:30	加餐	准备加餐的牛奶、水果和健康零食	
10:00	早教时间	1. 户外活动选绿地,小公园等场地活动,鼓励孩子和其他小朋友一起玩 2. 天气不好,室内进行大动作能力训练	注意让孩子喝水,注意孩子安全
11:00	准备午餐	给孩子准备午餐	做饭期间,要随时关注孩子的情况,保证孩子安全
11:30	午餐	孩子进餐	让孩子自己吃饭
12:30	午休	休息并关注孩子睡眠情况	上午孩子有换洗衣物或未清洗的餐具,清洗干净、消毒放好
14:30	加餐	准备加餐的牛奶、水果和健康零食	

时间	项目	工作内容	注意事项
15:00	早教时间	1. 户外活动,喝水 2. 精细动作能力训练	1. 不允许任何陌生人抱孩子,不接受任何人给孩子的食物 2. 户外活动要告知家人具体活动区域 3. 活动量大或天热加喂水
17:00	准备晚餐	给孩子准备晚餐	少油少盐,注意烹调方式
17:30	晚餐	孩子进餐	让孩子自己吃饭
18:00	收尾工作	1. 重新检查一下当天的喂哺工具、孩子衣物、玩具,活动区域的清洗、清洁、消毒 2. 一日工作日志填写	天热时孩子衣物随时洗,冬天要洗的衣物不过夜。孩子的衣服、口水巾、围嘴、饭衣等手洗干净
18:30	下班	和妈妈交接,结束一天工作	

第三节　父母抚育篇

严格意义上讲,"可怕的两岁"阶段在两岁半时才会真正到来,但因为个体发育的不同,有的会早一些,有的会晚一些,或早或晚,总是要到来。

这个阶段的孩子,行动利索,走路像模像样,认知、语言、生活自理能力大大提高,能和大人进行有效沟通,情绪情感相对平静稳定,但这只是暂时的平静,很快就会迎来"熊孩子"时代。

对此,父母要对孩子的心理发育特点有所了解,做好充分的思想准备,用耐心的陪伴,科学的引导,陪伴孩子走过"可怕的两岁"。

一、情感连接

1. 帮孩子顺利度过"敏感期"

两岁多的孩子在认知和心理方面与之前的婴儿有很大的区别,自我意识有了很大的发展,知道"我"就是自己,产生了强烈的要摆脱大人的独立倾向,什么事都要抢着自己干,喜欢自己脱衣服、叠被子,尽管干不好也不要别人帮忙。

同时,强烈追求外在事物的秩序化,对物品摆设的位置、动作发生的顺序、人物的呈现、物品的所有权等有着近乎苛刻的要求,如若遭到破坏就会感到不安、焦虑,甚至会表现出极端的激烈反应。

比如,换了新的饭碗、新的桌布,甚至是妈妈穿了一件新衣服,都会让他感到深深的挫败感和不安全感。

面对孩子的执拗、敏感、难以变通,育儿员和家长一定要理解和接纳;对于可以适当延后的变化,如换新窗帘、给孩子的玩具和书变动摆放位置等,可以暂时保持现状,给孩子更多的包容和理解,帮他顺利度过这个时期。

2. 听孩子讲话要耐心

由于语言的贫乏,2岁左右的孩子常常会讲一些他自己也不懂的词,让人十分费解。家长不要无端地指责或否定孩子的表达,而是用"嗯""好的"或用表情去鼓励他,或者引导帮助他把句子说完整。当他感受到大人的善意和耐心时,就会努力讲得清楚一些。

这个年龄段是孩子探索力、创造力发展的重要时期,会有许多稀奇古怪的想法,父母应该鼓励和表扬孩子的这些想法,并支持孩子去探索。

当孩子提及有关科学方面的问题时,要用孩子能够听得懂的话回答。如果大人也不明白,也可以明确地告诉孩子,并和孩子一起去寻找问题的答案。

3. 克服害怕心理

就像快乐一样,恐惧也是孩子正常的情感反应。对于危险事物的恐惧,是一种保护自己的本能反应,对孩子有益;但过分的恐惧会影响孩子的正常发展,就需要加以处理了。

所以,当孩子害怕时,父母首先要接受孩子的恐惧情绪,而不是否定。要让孩子知道,每个人都会害怕,即使爸爸妈妈有时候也会害怕。

可以通过讲故事或示范的方法,来帮助孩子克服自己的恐惧心理。具体来说:

(1)怕黑。

孩子睡觉时,让他知道大人就在身边,需要时随时会来。

如果大人有事外出,要找孩子熟悉的人陪他,可以给他讲故事;如果突然改变睡觉的环境或改变睡前的程序要事先向孩子说明,做好预防工作。

在改变任何习惯做法之前,父母都要亲自在场陪同才能让孩子安心。突然的改变又无父母在场,会使孩子感到不安全而成为以后怕黑的潜在因素。

(2)怕生人。

当家里有来访者时,大人可带着孩子去迎接客人,事先与来访者打好招呼,放缓对孩子的热情速度,给孩子以适应时间。

经常带孩子到室外活动,扩大孩子的交往范围,减少对陌生人的恐惧。

(3)怕动物。

让孩子坐在大人怀中或坐在车上观看他所害怕的动物,告诉孩子只要与小动物保持距离就不会受到伤害,不要强迫孩子同动物直接接触。当他感到安全时,再引导他慢慢接触。

4. 当孩子请求帮助时再出手

当孩子学习或游戏时,提出要我们帮忙,我们才帮忙。帮忙的方式是给孩子做示范,然后再让孩子自己尝试,而不是全权代替。或者,一个游戏中确实有很难过去的关卡,我们帮他过关。

也就是说,当孩子在自我探索或学习时,大人通常是旁观者的角色,不随意出手代替、不随便发表评论、不自以为是的指导。当孩子累得满头大汗,但没有邀请帮忙时,我们就随他;当孩子哭了,但他擦干眼泪还是继续自己做时,我们也要随他;当孩子真的提出需要帮助时,我们要给孩子做示范或指导。

这样孩子会因为学到了新东西而充满兴趣。他会看到,原本没办法的事情,其实是有办法解决的。如果在这个过程中,爸爸妈妈总是帮忙,孩子就不会有那么大的耐心和韧性一次次尝试,而是会很容易放弃。

5. 爸爸妈妈适当"示弱"助孩子发展

如果说向强权示弱是一种懦弱的话,那么向自己的孩子"示弱"可以称之为一种智慧。"示弱"就是要善于在孩子面前装傻或装软弱,给孩子更多的机会去表达、尝试和理解他人。爸爸妈妈们可以从以下方面,对孩子"示弱":

(1)不马上给出问题的答案。

两岁左右的孩子,语言能力进一步发展,思维水平提高了,看到什么都喜欢问个为什么,家长有时候会习惯性地马上回答孩子。

事实上,家长可以跟孩子说"这个我也不认识呢,我们想办法查一查吧",引导孩子怎么描述、查找一个事物,或者是应该找哪些人去询问等等,让孩子学着自己去发现、去思考,远比直接告知其答案要好得多。

(2)不立刻否定孩子不合理或奇怪的要求。

孩子有时候会有一些奇思怪想,家长听到以后,不要立刻否定,而是假装不懂地问一问,如"妈妈不太懂这个是什么意思,你能帮妈妈解释一下吗?怎么才能实现呢?"这种思考或解释的过程可以帮孩子逐渐理清自己的思路,更加清晰地表达。

(3)让孩子帮助完成一些小事。

如果爸爸妈妈总是把事情做得又快又好,孩子就没有了帮忙的机会,特别是在一些孩子能完成的简单事情上。

比如,做家务时,家长可以跟孩子说"事情太多了,真是忙不过来,你来帮忙摘青菜吧"。让孩子增强自我服务能力的同时,也学会关心和体贴他人。

除此之外,一起来叠一叠衣服、洗一洗自己的小手帕等,都可以让孩子"帮忙"。

(4)玩游戏时故意出些小"错误"。

游戏过程中,家长可以用"错误"来示弱。让孩子扮演老师的角色,教给家长正确的做法。既让孩子更加自信,同时也学会尝试更多的方法,以此增加创意思维和想象力。

适当地"示弱",有助于形成更加和谐的亲子关系。"示弱"既是强者的智慧,也是一种教育艺术,在为孩子提供更多机会去探索和理解他人的同时,也让亲子间的联结更加紧密。

6. 孩子的"破坏行为"是一种探索学习

孩子经常"搞破坏",干净整齐的家动不动就是一团糟,很多父母为此抓狂,其实大人只要转变一下态度,就会发现孩子"爱破坏"是一件好事。

(1)孩子在"破坏"中探索学习。

"破坏"行为是孩子探索世界的途径。抽屉、橱柜里有什么?闹钟里什么在响?自行车的轮子为什么滚动?类似这样的问题有很多。孩子每时每刻都忙着满足自己的好奇心,寻求这些问题的答案。而在探索学习的过程中,失误不可避免。但也就是在这种种失误中,孩子学会了自己吃饭,自己如厕……,并渐渐长大和成熟。

当然,孩子也可能因为不满、生气而故意搞破坏,狠命扔东西、把碗打翻等,如果是这种情况,就需要我们及时安抚他,并制止他的行为。

(2)给孩子提供专门的"破坏"空间。

面对孩子的"破坏"行为,家长要做的不是强行制止,而是适当接纳,给孩子提供专门"搞破坏"的空间。

给孩子买一些拆装玩具,和他一起玩。如木质的拆装玩具车、DIY 拼拆装机器人、各种模型玩具等。

把贵重物品和易碎物品的橱柜或抽屉锁起来。

在孩子主要活动区域铺上地毯。比如在客厅的地板上铺上地毯,即使物品掉落到地上,也不会发出很大的噪声,以减少对楼下邻居的骚扰。

设定清晰的行为界限。"玩妈妈的手机是不可以的,你的玩具手机在那里。"

给孩子合理的指导语。与其说"不要把杯子摔坏了",不如说"两只手拿好杯子",多用正面的、你期望的行为去指示孩子。

二、智力开发

1. 通过对话区分"你""我""他"

在孩子面前用"你"来提问,让孩子有意识地用"我"来回答问题,如"这是你的衣服吗?"他可以用"我的衣服"或"这是 ×× 的衣服"来回答。"你""我"是一种相对的概念,孩子掌握起来有一定的难度,开始时有混淆现象,家长不用着急,一定要用简单的句子和具体的物品在日常生活中练习。

2. 教孩子说出完整的句子

教孩子说完整的句子,即包括主语、谓语、宾语的句子。如"我要出去玩""爸爸上班去了"等,并教孩子学会使用一些简单的形容词,如"我要红色的鞋子""我要圆饼干"等。注意,这些形容词一定是简单、形象的,是孩子生活中最常见的。

3. 孩子口吃怎么办

当孩子急于表达自己,或感到恐惧、压力、紧张时,就会出现说话结巴的情况。如果孩子只是偶尔口吃,而其余时间的表达能力都还不错,家长无须过多担心。

当孩子出现偶尔的说话结巴时,家长不要大惊小怪,也不要催促或逼迫孩子,而是给他时间慢慢说,直到他说完。如果孩子说错了,家长不要重复孩子的话,应该语气平静、吐字清楚地告诉孩子正确的说法,让他慢慢了解该如何正确地表达。

如果到 3 岁后,孩子仍经常出现口吃,就需要家长予以关注,需要请医生进行评估,再有针对性地进行矫正。

在此之前,家长不要擅自下结论,或自行在家强行对孩子进行纠正,孩子会产生心理阴影和抗拒意识,使结巴的情况更严重。

4. 睡前故事怎么讲

不管多忙,父母每天都要抽出固定的时间来给孩子讲故事,如晚上睡觉前,这个时候四周比较安静,比较有利于孩子集中注意力。

(1)故事要短,情节简单。

这一时期孩子的注意力还无法长时间地集中在某件事上,所以选择的故事要短,这样孩子就比较容易坚持。如果故事很长,孩子听一会儿就失去了耐心,就会使讲故事的效果大打折扣。

(2)让故事变得生动有趣。

吐字要清晰,感情要饱满,不同的角色要用不同的语气语调来表达,力求逼真,以体现出不同角色的不同个性特点,使故事更加生动。另外,有些故事书上的文字太书面化,这时父母完全可以不照着一字一句地读,而是可以把它变成生活化的、孩子能听懂的语言;如果遇到比较深奥或不适合孩子听的情节,完全可以将它略去。

(3)让孩子参与进来。

每次讲故事,父母不要决定讲哪个,也不要按着书本的顺序来讲,而是让孩子自己选择,他喜欢哪个就讲哪个。在讲述的过程中可以把孩子的名字代入故事中主角的名字,孩子会非常喜欢这样的讲故事方式,尤其对于引导孩子形成良好的行为和生活习惯大有益处。

三、社会交往

1. 孩子被小朋友"欺负"怎么办

随着认知能力的提高,语言能力的发展,活动范围的扩大,孩子开始和同伴交往。从1岁左右的孩子喜欢看同伴玩耍,大家各玩各的,互不理睬,偶尔相互接触,微笑和短暂的注意。发展到2岁后孩子之间开始交往,同伴间有了应答,出现了互相注意,给取玩具,甚至模仿动作。

在现实交往过程中,孩子可能出现大人眼中所谓的"吃亏""被欺负"的问题。如果家长向孩子灌输以牙还牙的报复手段,不仅会向孩子传递暴力可以解决问题的错误信息,也会助长其暴力倾向。因此,面对孩子的交往时,家长需要注意以下几点:

(1)用平常心对待孩子之间的纠纷,由孩子自己解决,家长不要干涉,不要把自己的价值观强加给孩子,但可以告诉孩子一些解决问题的技巧。

(2)家长做宽容、善良、尊重他人、助人为乐的表率。

(3)教育孩子远离霸道的孩子,以减少不必要的冲突。

在保证孩子安全的情况下,让孩子通过吃亏或被欺负逐渐学会如何捍卫自己的权利,如何对付欺负人的孩子,如何公平地处理同伴之间的纠纷,从而获得人际交往的经验。

2. 教孩子基本的社交礼貌

教育孩子成为有教养、有礼貌的人十分重要。而礼貌教养和文明举止,在3岁之前就要注意培养。

(1)培养孩子使用礼貌用语的习惯。

要求别人帮助先说"请";得到帮助后说"谢谢";大人每次让孩子做事情时都说:"请你把伞拿来""请你把××给我";收到东西都说"谢谢";一旦孩子有需要时,也要求他说"请"和"谢谢"。

日常生活中,家人之间的礼貌相待会潜移默化地影响孩子,让孩子养成有礼貌的习惯。

（2）主动和别人"打招呼"。

虽然看上去一句问候语很简单,但要让孩子养成习惯并主动问候别人,却很不容易。如果孩子主动称呼别人或使用文明用语,父母要及时给予表扬,让孩子知道,懂礼貌的孩子人人都喜爱。

（3）教孩子尊重长辈。

父母要以身作则,如果父母自己对长辈不尊重,不孝敬,孩子就不能学会尊重长辈,孝敬老人。

（4）友好相处,不乱翻乱闹。

要告诉孩子不能大声喧哗,和小朋友友好相处。不要去拉人家的抽屉或翻柜子,不要到主人家的卧室特别是床上打闹。

（5）公共场合遵守社会公德。

乘坐公共汽车时,如果有人让座,一定要让孩子说"谢谢";同时告诉孩子,在公共场所不要大声喧哗,养成平静回答和表述自己意见的习惯。

3.引导孩子表达自己的感受和需求

情绪没有好坏对错之分,每一种情绪都应该被看见。

当孩子哭闹时,家长不要用生硬的态度阻止,"哭什么哭,有什么好哭的,再哭就不带你出去玩了。"这样做的结果会让孩子压抑自己的情绪,觉得自己有情绪是错误的,以后当孩子再次遇到令他生气或让他伤心的事情时,就会郁积于心,不表现出来。长此以往,对孩子的身心健康有害无益。

所以,当孩子有负面情绪时,父母首先要接纳,保持平静,然后再进一步询问和疏导。

4.正确引导孩子分享

2～3岁是孩子"物权意识"的敏感期,这个时期的孩子把自己的东西管得特别牢,谁都不能碰一下,一旦动了他的东西,就会发脾气、大哭大闹。但这并不是大人理解中的自私、小气。

碰到这样的情况,父母和育儿员千万不要跟孩子太较真,对他进行批评教育,也不要用哄骗、恐吓的方式让他分享,而是要正确引导,帮孩子顺利度过这段特殊时期。

（1）分享之前先满足自己。

分享是和别人共同享受,只有先满足自己,才能谈分享。比如,孩子只有一块饼干,要求他与他人分享,他一定会非常抵触;如果孩子有一罐饼干,很可能就会愿意分享给别的小朋友。

（2）用"交换"来代替"分享"。

无论是孩子看上了别人的玩具,还是别人看上了自家孩子的东西,父母要鼓励孩子交换,而不是强制分享。交换是相对公平的,能让分享变得不那么难以接受,孩子自然就会逐渐愿意"把我的给别人"。

（3）单纯说教不如身体力行。

父母是孩子最好的老师，父母的行为往往比语言更有说服力。

想让孩子学会分享，父母首先要做一个乐于分享的人。平时可以邀请孩子加入家长的分享行动中。比如，一起做好吃的小点心送给邻居或其他小朋友，让孩子切身感受到分享的快乐，自然就会乐于和他人分享。

（4）让孩子明白"借"与"还"的行为。

在孩子同意的情况下，向他借走某个玩具，几分钟后还给他；也可以反过来，让孩子从你那儿借走某样东西，过会儿你再要回来。

当然，不要忘记及时表扬他。随着孩子们交流的增加，他们会开始"借"和"还"，这就是分享的开始。

四、性格养成

1. 不要让父母的爱成为"碍"

孩子学会了行走之后，开始有了独立意识，不愿意受大人的控制，这是孩子成为一个独立个体的开始。

但是，由于孩子认知水平有限，往往事与愿违，家长会不放心让他独自做，过多地照顾孩子或阻止孩子做一些能力之内的事情。比如，当孩子遇到困难时，家长不是鼓励孩子想办法去克服困难，而是直接帮助孩子去解决。这样会造成本来应该掌握的技能，孩子没有学会；本来能够自己独立完成的事，却因为大人的帮助，而失去了努力的机会；本来遇到挫折应该克服，却由于家长的帮助而学会了放弃。

父母的帮助或限制，不仅挫伤了孩子探索的积极性和独立意识，使其产生了依赖的心理，而且挫伤了孩子的自尊心，让孩子在处理一切事务时只会认为自己无能，而不愿意去尝试，从而成为一个什么也不想做、不愿做、不能做的"巨婴"。

爱孩子就要放手，让孩子独立去做力所能及的事情。当孩子遇到困难时要鼓励孩子，与孩子一起去找寻克服困难的办法，同时教会孩子一些生活技巧，让孩子做自己生活的主宰。

当孩子不听家长的正确劝告时，只要没有危险，不妨让孩子去尝试，挫折和失败也是孩子必须储备的一种经验。

2. 避免孩子"以自我为中心"

"自我中心化思维"是孩子特有的思维模式，是无意识间发生的一系列以孩子自我为行为目的的本能冲动。孩子间经常发生的争抢行为，其思想基础不是自私的观念，而是自我中心化的思维模式。孩子还不具备分享的能力，不可能自发地产生分享的行为，需要父母的逐渐培养和引导。

如何引导孩子从完全生物学意义上的"自我中心化"走出来，逐步实现人的社会化，这是每一位父母都要面对的养育问题。

（1）父母给孩子树立榜样，在生活中多做分享行为。

（2）创造分享机会，可以让孩子分发东西。

（3）营造分享后的愉快感，让孩子体会到分享的快乐，这是鼓励孩子学会分享的重要环节。

（4）教导孩子分享行为的规则，让孩子知道分享需要顺序、等待、轮流、平等、合作等规则。

3. 给孩子选择的自由

3 岁左右的幼儿已有了"逆反心理"，父母单方面地发号施令常常成为他们发脾气的原因。

如果直接对他们说："去吃饭！"或"去洗澡！"通常会遭到孩子的拒绝。这时，父母不妨换种方式说："吃饭和洗澡你想先做哪个？"提出两种对等的项目让他选择。由于 2 岁多的幼儿还不会去考虑这两者以外的事项，所以大部分都会在其中选择一项。这种"哪一个先做都没关系，你爱如何就如何"的自由，足以让他感到兴奋和满足了。这不失为对付幼儿发脾气的一条好策略。而且，给幼儿一些选择的自由，在无形中就灌输给了幼儿为自己的事做决定的自主意识。

第十七章

2岁半~3岁幼儿教养指南

第一节　发展指标和养育重点

幼儿的个性没有好坏之分,父母和育儿员都要全然接纳,无论幼儿个性怎样,带有怎样的遗传烙印,父母和育儿员都应该把幼儿视为可塑之才,充分发挥其优势的一面,回避劣势,因势利导,扬长避短。从根本上来说,培养幼儿,需要坚持的不是幼儿,而是父母。

一、幼儿生长特点

随着大脑的发育,动作和语言能力的提高,3岁幼儿的智力活动更精确,更有自觉性,在感知、想象、思维等方面都得到了发展。体能和智能发育突飞猛进,令育儿员和父母应接不暇。

与婴儿期大运动发育非常快相比,幼儿期精细运动能力和语言能力,也就是智能发育非常明显,大运动能力主要体现在技巧性能力的发展上。

3岁的幼儿喜欢独立做一些事情,有时特别想帮大人做事,但往往“成事不足,败事有余”。尽管如此,育儿员和父母也要给幼儿提供一些机会好好表现。

此外,父母和看护人性格怎样,人品怎样,怎样对待幼儿……这一切都深深地在幼儿人格发展的道路上留下印记,甚至影响幼儿一生的发展轨迹。因此,看护幼儿的大人一定要注意自己的人格修养。

二、身体发育变化

身高:男童身高83.3～108.0厘米,女童身高82.1～106.6厘米。
体重:男童体重10.1～20.5千克,女童体重9.6～20.5千克。

头围:男童头围 45.3~53.5 厘米,女童头围 44.2~52.7 厘米。

注:以上数据根据国家卫健委《7 岁以下儿童生长标准》(2022 年 9 月 19 日发布,2023 年 3 月 1 日实施)整理。

牙齿:2 岁半时出齐全部 20 颗乳牙,部分幼儿 3 岁时出齐。3 岁时乳牙不到 20 颗,要去看医生。

三、能力发展特点

(一)认知能力

1. 视觉能力:视觉发育关键期,注意用眼卫生

(1)会从不同角度观察事物,能通过观察找出事物间的一些联系。

(2)在形状知觉发展方面,能正确找出相同的几何图形,但在对不同几何图形的辨认上有不同程度的差异。

(3)开始注意周围环境中有字的物品,如商店的招牌、广告牌等。

(4)能注意并区分周围人的活动,例如爸爸买菜,妈妈做饭等。

3 岁是幼儿视觉发育的关键时期,保护视力必须从这一时期开始。育儿员应督促幼儿注意用眼卫生,看书、观物要保持一定的距离,不要在光线暗的地方看书、玩耍,如发现幼儿视力异常,应及时矫正。

2. 听觉能力:能进行简单的推理和想象

(1)能用多种感官感知生活中接触的事物,通过听其声响、观察颜色、形状及其他特征,进行简单的推理和想象。比如,在听到形容物品用途的词时能指出或拿出正确的图片;能按吃的、穿的、玩的等原则对物品进行分类;听到物品的类别名称时能分辨不同类别的物品,并能按要求拿取或指出。

(2)记忆力进一步发展,可以记住内容较短的指示。

(3)在音乐理解能力方面,喜欢重复听自己喜欢的音乐。

(4)喜欢听故事,对听熟了的故事记得非常清楚,如果大人在讲的过程中打乱了顺序或讲错了,他会马上纠正。

(二)动作能力:动作的稳定性和平衡性都明显增长

(1)运动能力较强:能够控制身体的平衡和跳跃动作;能立定跳远;会双脚交叉跳;会拍球、踢球、越障碍、走 S 线等。

(2)能够有目的地用笔、用剪刀、用筷子、用杯子;能学折纸、捏面塑等,手部的精细动作有了进一步的提高。

(3)双手动作发展得复杂多样:会自己穿脱衣服,自己洗手、洗脸等。双手协调,在动作的速度和稳定性上都有明显增长。

(三)语言能力:能进行一般语言交流

(1)3 岁的幼儿已掌握 300~700 个词,并能进行一般语言交流。会使用"我们""你们""他们"等复数名词,并理解它们的意思。

（2）开始理解"数"的概念,喜欢用比较类的词汇。

（3）会复述经历,会用较复杂的用语表达,好奇心强,喜欢提问。

（4）会背诗歌、儿歌,会应答简单的情景对话等。

四、心理情感特点：个性突出,喜欢自己做事、行动

（1）2岁半以后,幼儿开始慢慢摆脱自我中心,转而对很多小朋友参加的活动产生明显兴趣,可以相互靠近,分享玩具。

（2）已经有了性别的概念,能正确回答"我是男孩"或"我是女孩"。

（3）个性表现突出,喜欢自己做事,自己行动,常说"我自己来""我自己吃""我偏不"等。

（4）喜爱音乐的爱听歌曲;对画画感兴趣的喜欢各种颜色;对文学感兴趣的喜欢听故事,朗读也带表情,语言流畅,能表达自己的意思。

五、喂养重点

每天吃 20 种食物,每顿都要包含谷物、蔬菜、蛋肉;每天都要吃水果;每周吃水产品 2～3 次、动物肝 1 次、动物血 1 次。

水和营养素补充:每天补水 600 毫升以上。如日光照射不足(每天必须大于 2 小时),继续补充素 A 和 D,每天 400 国际单位。

重要提醒:

（1）已经去幼儿园的幼儿,把重点放在双休日的食谱安排上,尽量不要带幼儿去饭店和快餐店,大油大盐,不适合幼儿。

（2）晚上睡觉前半小时到 1 小时可以给幼儿喝幼儿配方奶 250 毫升。

（3）没有去幼儿园的幼儿,主要看护人要制定出一周的食谱安排,合理搭配。

（4）对已经上幼儿园的幼儿,加餐原则是弥补幼儿园食谱中的不足,以补充一定量的奶、水果和小零食为主。

（5）养成幼儿健康的进食习惯,避免幼儿挑食、偏食、厌食。

六、早教重点

（1）鼓励幼儿进行接球、攀登等各项运动,参加较复杂的运动游戏,如亲子单脚蹦、踢球入门、走"S"形线等,以提高动作协调能力。

（2）教幼儿串珠子,学用剪刀剪纸,发展手的精细动作能力。

（3）看图找错、配对、找对应关系,看图讲故事并提问,激发阅读兴趣,发展观察力和想象力。

（4）口手一致数数,背数 20 以上。

（5）立规矩,理解时间概念。

（6）教幼儿交往用语、交往技巧,了解与人交往的行为规则。

（7）复述经历,学习用较复杂的用语表达。

（8）参加简单家务劳动、学习购物。

加强幼儿生活自理能力的培养,切忌过度保护、包办代替。

3岁幼儿已经表现出明显的个性和兴趣,要因势利导,及时做好入园的心理准备,以免幼儿不适应。

第二节　育儿员工作篇

一、健康管理

(一)二便管理

1.偶尔尿床没问题

随着幼儿年龄的增长,身体机能逐渐发育成熟,再加之前期的尿便控制训练,通常这个年龄的幼儿晚上排尿次数已大大减少,白天可以3～4个小时不上厕所;晚上能够被尿意憋醒,自己起床上厕所,小睡时不尿床,夜晚睡觉时偶尔尿床。尿床问题会持续到学龄前,有些幼儿即使到了5、6岁,也不可能完全避免尿床。

幼儿尿床后,育儿员平和地邀请他一起晾晒尿湿的被褥,清洗尿湿的裤子即可,没有必要批评指责孩子。批评指责对改善问题毫无裨益,反而会给幼儿造成沉重的心理压力,伤害他的自尊心,甚至增加其尿床的频率,使幼儿控制尿便的时间来得更迟。

与其抱怨,不如给他提供一些帮助,比如晚上睡觉时给幼儿穿纸尿裤或训练裤,或者铺上隔尿垫。睡前尽量不喝水或奶,白天避免玩得太累等。

2.教幼儿自己擦屁股

幼儿如厕后,教他用卫生纸擦屁股也是一项重要的事。

入园以前,幼儿主要由育儿员或父母照护,为了省事,大多数孩子大便后都是由大人负责擦屁股。而入园后老师可能忙不过来,孩子就需要自己擦屁股了。

所以,在幼儿入园前的这段时间里,育儿员要学会放手,让孩子自己学着擦屁股。可以先利用玩偶练习,教幼儿将纸叠成一定的厚度,擦一次将脏的一面对折起来,用干净的一面再擦一次。如果没擦干净,可以另取一张纸再擦。当幼儿开始练习时,难免擦不干净,育儿员注意检查一下就好,不能因为擦不干净而训斥幼儿,更不能包办代替。同时,还要教幼儿从前向后擦,特别是女孩,更应注意这一点。

在幼儿园,老师会定时带小朋友们如厕,但也有非如厕时间幼儿想上厕所的时候。所以,入园前,育儿员在家里要时不时演练一下,模拟一下幼儿园的场景,告诉幼儿有了尿意或便意,大胆、主动地举手告诉老师。

练习期间,育儿员每天要和幼儿一起总结当天的如厕情况,如果表现得好,就奖励一枚小贴纸。这样坚持1～2个月,幼儿就养成了上厕所先举手报告、上完厕所自己擦屁股的习惯,以尽快适应入园后的集体生活。

（二）日常护理

1. 放手，让幼儿自己来

如果幼儿还需要育儿员帮助洗脸洗手，那不是幼儿自己不能洗，而是育儿员没有放手让幼儿自己去做。即使幼儿洗不干净，弄得到处都是水，衣服也搞得湿漉漉的，育儿员也要鼓励幼儿自己做。因为担忧幼儿这也做不好，那也学不会而不敢放手，只会让幼儿失去锻炼的机会，无法学会做自己应该做的事情。

让幼儿从自己洗手、洗脸，到自己穿脱衣服、鞋袜；从自己吃饭、喝水到自己收拾玩具、整理物品，再到自己入睡，都要育儿员耐心引导，放手让幼儿去练习。这既是让幼儿更好地适应幼儿园生活的必要准备，又是培养他未来独立生活的能力。

2. 电子产品不是哄娃利器

孩子无聊时、哭闹时或者大人要做饭或接打电话时，为了让幼儿安静，把手机、平板等电子设备塞给孩子，恐怕是很多人的选择。虽然这样能让自己解放，也能缓解孩子的无聊，但这种偷懒，很容易让孩子对电子产品成瘾，养成一无聊就看电子产品，否则无法安静下来的习惯。电子产品不是不能看，而是要严格控制时间。

美国儿科学会建议：

（1）幼儿18个月前，避免电子产品的使用。互动式的、自由的游戏更有助于婴幼儿早期的大脑发育。

（2）18个月～2岁，避免让孩子独自使用电子产品。育儿员和父母要以身作则，尽量不在幼儿面前玩手机，多一点时间陪他看绘本、玩游戏。

（3）2～5岁学龄前儿童，需严格控制孩子盯着屏幕的时间，每天累计不要超过1小时。可以和幼儿一起观看有教育意义的节目，比如听音乐、讲述小故事的节目，一些符合小朋友认知特点、有趣但不暴力的动画片。避免在手机上下载网络游戏，更不能让幼儿玩电子游戏。

在信息高度发达的今天，对电子产品的使用，堵不如疏。育儿员或父母真正要考虑的是怎样让孩子不沉迷于电子产品。日常生活中，有很多比手机更有意思的活动，只要育儿员拿出足够的时间来和幼儿一起读绘本、搭积木、玩拼图、多运动，孩子就不会迷恋电子产品。

3. 控制电视时间

幼儿2岁前，尽量不让他看电视。稍大一点儿，幼儿看电视的时间也要限制在10～15分钟/次，一天累计不能超过1小时。不应该在幼儿的卧室放电视。

至于要给幼儿看什么样的电视节目，育儿员要提前做好功课，仔细选择幼儿要看的节目，并在节目即将结束前的5分钟内，提醒幼儿关电视的时间到了，让他做好心理准备。

对一些符合小孩认知的关于个人习惯养成的科普片或动画片，比如，关于刷牙的、洗手的，可以在幼儿看完后，和他一起讨论，鼓励他提问，并且将节目中的内容与他的生活联系起来，让幼儿的认知更直观。

4. 带幼儿参观幼儿园

正常情况下，幼儿3岁后要上幼儿园。

在正式入园之前,育儿员可定期带幼儿到幼儿园外面看看,熟悉一下幼儿园周边的环境。观察小朋友何时到室外活动,老师怎样带领他们做游戏、玩耍。如果得到许可,可以进入教室或者在窗外观察小朋友在室内怎样活动。了解一下园中的生活作息安排,再根据实际情况,在家中给幼儿创设一个模拟在园的环境,尽早让幼儿适应,从而减少入园后的困难。

二、营养饮食(三正餐确立期)

1. 根据幼儿体质准备食物

孩子之间存在个体差异,有的孩子体质偏热,有的孩子体质偏凉。育儿员在照顾孩子的过程中,应该对孩子的体质有所了解,然后根据孩子体质为其选择食物,否则很可能因进食不当对孩子健康造成损害。

(1)健康型体质。

这类幼儿身体壮实,面色红润,精神饱满,能吃能喝,吸收很好,二便调理,故而饮食上没有太大禁忌。多吃新鲜的瓜果蔬菜、五谷杂粮、鱼、肉、蛋、奶等,忌食易导致哽噎的食品和垃圾食品。

(2)热型体质。

这类幼儿形体壮实,面赤唇红,畏热喜凉,口渴多饮,烦躁易怒,胃纳佳,大便秘结。饮食调养宜清热为主,多吃甘淡、寒凉的食物,如苦瓜、萝卜、绿豆、芹菜、鸭肉、梨、西瓜等,少吃火锅、油炸食品,及荔枝、橘子等热性水果。

(3)寒型体质。

这类幼儿形寒肢冷,面色苍白,不爱活动,胃纳欠佳,食生冷物易腹泻,大便溏稀。饮食调养以温养胃脾为主。宜食辛甘温之品,如羊肉、鸽肉、牛肉、鸡肉、核桃、龙眼等,忌食寒凉之品,如冰冻饮料、西瓜、冬瓜等。

(4)虚型体质。

虚型体质的孩子面色萎黄,少气懒言,神疲乏力,不爱活动,汗多,缺乏食欲。饮食调养以气血双补为要,宜食羊肉、鸡肉、牛肉、海参、虾、蟹、木耳、核桃、桂圆等,忌食苦寒生冷食品,如苦瓜、绿豆等。

(5)湿型体质。

湿型体质的孩子嗜食肥甘厚腻之品,形体多肥胖,动作迟缓,大便溏稀。饮食以健脾、祛湿、化痰为主。可以多吃高粱、薏米、扁豆、海带、白萝卜、鲫鱼、冬瓜、橙子等;少食或不食甜腻酸涩之品,如蜂蜜、大枣、糯米、冷冻饮料等。

2. 幼儿挑食影响健康

这个时期的幼儿大多数都会表现出明显的挑食倾向,这与他们独有的个性和个人喜好密切相关,而这类问题随着年龄的增长是能够纠正的。如果幼儿挑食已经影响到正常的生长发育,那么不妨试试以下几招:

(1)了解幼儿挑食的原因。

例如,有的幼儿只吃某种食物,可以用变换花样的方法,改进烹调技术,引起幼儿的食欲。

（2）注意情绪、情感作用。

幼儿喜欢得到别人的赞许，可以在吃饭时适当鼓励，使其有一个良好的进食环境，促进幼儿食欲。

（3）不要操之过急，注意方法。

如果幼儿不吃某些食物，育儿员千万不要过于惊讶、过分批评，让幼儿产生抵触情绪，也不能纵容肯定，强化挑食行为。这种食物应当继续成为餐桌上的一部分，可以问一问：这个菜为什么不吃？然后承诺下次会做得更好吃一些。不要给孩子贴标签，说幼儿不吃某种食物，或者特别爱吃某种食物。

（4）改进烹调方法。

幼儿拒食某种食物，多是因为烹调方法不当。育儿员不妨把食物切得小一点，适合幼儿取食；把食物做得好看一些，用更漂亮的餐具盛放。只要食物足够吸引幼儿，幼儿通常都会乐于接受。

（5）鼓励幼儿的每一点进步。

如果幼儿接受了以前不吃的食物，或者放弃了某种特别喜爱的零食，或者在饮食上更加合理，育儿员应该适当给予幼儿奖励，来强化他形成良好的饮食习惯。

（6）如果幼儿实在不吃某些食物，可以尝试以下办法：

把这种食物制成馅，包在幼儿其他爱吃的食物中吃。

把这种食物和其他幼儿爱吃的食物搭配起来，作为配料来吃。

找到能获得相同营养价值的替代物。

找一些爱吃这些食物的小朋友，帮助幼儿从心理上接受这种食物。

让幼儿最喜欢的人告诉他挑食的危害，或和他一起吃饭，在餐桌上受到最直接的饮食行为习惯的影响。

爸爸妈妈不要在幼儿面前有挑食的行为，要以身作则。

3. 让孩子好好吃饭的诀窍

进食不规律，吃得太多或太少，偏食，不能按时吃饭，总是爱吃零食……这些是0～6岁幼儿常见的吃饭问题。那么，如何让幼儿好好吃饭呢？

（1）固定用餐时间。

三餐时间要固定，吃饭时要关掉电视和电子产品，也不要提供故事书和玩具。如果孩子拒吃午餐，2分钟后又吵着要吃饼干，育儿员应该明确地说："午餐时间已过，等到点心时间吧。"

（2）不要无限量地供应果汁、牛奶给孩子。

如果幼儿吃饭不好，是不是就可以多给补充些牛奶，或是自己做的鲜榨果汁了呢？答案是否定的。要知道，孩子的胃是有限的，喝多了牛奶、果汁，自然更吃不下饭了。

（3）食物花样常换常新。

食物和菜品时时变换花样，但要注意每顿饭都要有一些孩子熟悉的菜，不认识的菜大概需要端上桌10次、20次甚至更多次，孩子才会愿意尝试一下。可以鼓励孩子尝试新菜肴，但不要强迫。当孩子觉得不好吃时，允许他吐出来。

（4）让孩子独立吃饭。

不论多大，只要幼儿想自己吃就让他自己吃。如果说孩子在1～2岁时用手抓着吃还算恰当，那3岁的幼儿还是要用汤匙或筷子吃饭的。如果他真的不想继续吃，就不要强迫。当你喂一个已经吃饱或者不情愿吃的孩子时，就是在施压。

（5）保证用餐气氛，避免"权力斗争"。

不管孩子是否要吃、要吃多少，都让孩子来做决定。信任孩子，他最清楚自己的需要。如果孩子一边摇头，一边说"不要吃"，那就不吃，没有必要给孩子施压，也不要制造无谓的紧张，要让孩子按照他自己的需求来吃。孩子会感受到你的信任，这对他很有帮助。

（6）保持冷静和耐心。

每个人可能都对于某种或某几种食物有所偏爱或不爱。对于健康的食物，如蔬菜、水果、谷物制品，即使看护人不喜欢，在孩子面前也要享受地吃下去，看护人不偏食不挑食，孩子才会有样学样。

相信孩子饿了就会吃，饱了就不吃，也会一阵子吃得好，一阵子胃口差。吃得多的未必长得壮，吃得少的未必体力差。只要开开心心地吃，吃健健康康的食物，自然会营养均衡，身体健康。育儿员要做的，就是给孩子提供健康的食物和科学的烹调方式。

4.一周饮食搭配举例

以下是给2岁半～3岁幼儿准备的一周饮食搭配方案，育儿员可根据幼儿情况，参考当季时令新鲜蔬菜合理搭配，随季节灵活更换食材。

（1）星期一。

早餐：配方奶，煮蛋，肝末炒豆腐。

加餐：香蕉，开心果。

午餐：鸡肉末碎青菜面。

加餐：酸奶，蛋糕。

晚餐：软米饭，炒鱼片，菜花胡萝卜片。

（2）星期二。

早餐：配方奶，蛋花粥，发糕。

加餐：苹果，奶片。

午餐：软米饭，荠菜肉末，蒸蛋羹。

加餐：青菜面片汤。

晚餐：蛋炒饭，牛肉蔬菜浓汤。

（3）星期三。

早餐：配方奶，面包夹鸡蛋。

加餐：哈密瓜，杏仁。

午餐：肉末碎菜，三鲜馄饨。

加餐：酸奶，枣泥包。

晚餐：软米饭，土豆烧肉，肝末豆腐，碎菠菜。

（4）星期四。

早餐：配方奶，煮鸡蛋，馒头片。

加餐：山楂糕,去皮炒栗子。

午餐：米饭,肝末粉皮。

加餐：奶酪,西瓜。

晚餐：米饭,西红柿炒鸡蛋,炖豆腐。

(5)星期五。

早餐：配方奶,炒嫩蛋,小花卷。

加餐：橘子,腰果。

午餐：肉末胡萝卜软米饭。

加餐：配方奶,全麦饼干。

晚餐：米饭,红烧鱼,葱末豆腐。

(6)星期六。

早餐：配方奶,鸡蛋饼。

加餐：大枣,核桃仁。

午餐：米饭,鸡肉末菜花,豌豆泥。

加餐：酸奶水果羹。

晚餐：菜肉包,葱油蛋花汤。

(7)周期日。

早餐：豆浆,鸡蛋面包。

加餐：水果沙拉,芝麻糊。

午餐：馒头,肉末炒菜花,冬瓜虾皮汤。

加餐：配方奶,黑米粥。

晚餐：米饭,肉末蒸蛋,番茄土豆汤。

5.营养食谱推荐

(1)清蒸三文鱼。

原料：净三文鱼 100 克,甜青椒 1 个,葱丝、姜丝各少许,番茄酱少许。

做法：将三文鱼去骨,切小块,用刀划十字花刀,花刀的深度为鱼肉的2/3,摆放盘中;甜青椒洗净,去籽,切细丝。将三文鱼放入蒸锅中,加入青椒丝、葱丝、姜丝,用中火蒸至鱼快熟时,淋上番茄酱,继续蒸至鱼熟即可。

功效：此品富含的蛋白质是制造血细胞的主要原料之一,能帮助幼儿补血生血。

(2)碎菜牛肉。

原料：牛肉 20 克,胡萝卜 20 克,番茄半个,洋葱、黄油各适量。

做法：将牛肉洗净切碎,加水煮熟。将胡萝卜洗净后,上锅煮软,切碎;洋葱、番茄去掉皮切碎。黄油放入锅内,烧热后放入洋葱,煸炒片刻后再把胡萝卜、番茄、碎牛肉放入,小火煮烂即可。

(3)西芹炒牛柳。

原料：牛肉100克,西芹50克,胡萝卜20克,鸡蛋1个(取清),花生油适量,葱末、姜末、黄酒、盐、香油各少许。

做法：牛肉洗净后,切成薄片,用鸡蛋清、盐上浆。西芹、胡萝卜洗净后,切成片。起油

锅烧热后,加入牛肉片,同时加一点油,放入西芹、胡萝卜片,熟后捞出沥油。锅内余油,加入葱末、姜末爆香后,再加水、盐和黄酒,煮开后,加入牛肉片、西芹片、胡萝卜片,淋上2滴香油即可。

（4）香菇鸡肉丸。

原料:肉末 100 克,香菇 50 克,鸡蛋 1 个,盐少许,黄酒、生抽各 1 小匙,香油适量。

做法:将鸡蛋打散,搅拌均匀,与鸡肉末、生抽、盐和黄酒混合,搅拌均匀成鸡肉馅。将香菇洗净后,去蒂,将蒂切成细末混入鸡肉馅中。调好的肉馅做成肉丸,放在香菇帽上,然后上锅蒸熟,淋入一点点香油即可。

（5）鸡丝拌苦瓜。

原料:鸡胸肉 150 克,苦瓜 100 克,鸡蛋 1 个,花生油适量,生抽 1 小匙,盐、醋、香油各少许。

做法:将鸡胸肉切成细丝,放入碗内,打入鸡蛋搅拌均匀,加盐和生抽腌一下。将苦瓜洗净,切丝后,用热水氽熟,沥干、晾凉。起油锅烧热后,放入鸡丝炒熟,捞出,沥净油。鸡丝放入盘中,上面加上苦瓜丝,然后浇上用醋、香油和少许盐调成的汁即可。

三、早教时间

（一）室内活动

1. 认知能力发展训练

（1）教幼儿认识性别。

育儿员可以结合家庭成员教幼儿认识性别,如"妈妈是女的,你也是女的",逐渐让幼儿能回答"我是女孩"。

也可以用故事书中图上的人物问"谁是哥哥""谁是姐姐",让幼儿辨认性别。

（2）教幼儿认识职业。

育儿员继续教幼儿识别工人、农民、解放军、学生、警察等不同职业,并理解他们是干什么工作的。复习家庭照片,看看亲友们是从事什么职业的,在什么地方工作,有什么特殊的业绩等。

（3）继续结合实物练习点数。

幼儿能手口一致地点数 1～3 后,继续训练按数拿取,反复练习,如确实无误再练习点数拿取 4 块糖、5 块积木等。

2. 大动作能力发展训练

（1）抛接球练习。

继续玩球类游戏,让幼儿学抛接球,育儿员站在幼儿的对面,球直接抛到他预备好的双手当中,反复练习后,增加抛球距离,锻炼幼儿手臂抬高或略弯腰动作,并比赛看谁投得远。

如果幼儿已经学会接滚球和反弹的球,可以尝试向前抛球。

育儿员先做示范,手持球举到肩上方,略向后再向前抛,球可以抛得很远。幼儿刚开始学抛球时,往往在略向后时松手,球反而掉在后面,经过练习才会向前抛。

（2）立定跳远练习。

育儿员可以示范双足立定跳远，鼓励他学跳，或与小朋友一同练习或比赛，边跳边说："看谁跳得远？"

（3）单足跳练习。

在单足站稳的基础上，训练单足跳，也可以教幼儿从一个地板块跳到相邻的地板块，熟练后玩跳格子游戏。

在室内或室外，用粉笔画一个"田"字格，每格长、宽为30厘米左右。育儿员教幼儿由下面的方格单脚跳到其他格子里，跳完为止。单脚跳得熟练后，可将一个较轻的小沙包放入格内，让幼儿边跳边踢。

（4）踢小球练习。

育儿员与幼儿一起玩小球，拿玩具或小方凳当作球门，在距球门1米处示范踢球入门，鼓励幼儿学踢球入门。若成功了，育儿员要给予奖励。

（5）学骑三轮车。

在会骑的基础上，熟练掌握骑三轮车的技能，如会拐弯，遇到障碍物会停车等，以锻炼平衡及协调能力。

无论何种运动，育儿员都应给予必要的示范和指导，还要随时在他身边陪伴、保护，以免发生意外。

3. 精细动作能力发展训练

这个阶段幼儿的双手已经可以做好多事情了，手指运用灵活。捏橡皮泥、折纸飞机、拼七巧板等都不在话下。

（1）折纸游戏。

育儿员示范用正方形的纸对折成长方形或三角形，也可以折纸飞机、风车等，鼓励幼儿自己动手模仿。

（2）捡豆粒练习。

将花生仁、黄豆、大白芸豆混装在一个盘里，让幼儿分类分别拣出。开始时，育儿员可用手帮助他拣黄豆，逐渐让他独立挑拣。同时，育儿员要做好看护工作，以防幼儿将豆粒塞进鼻孔，引发危险。

（3）拼图练习。

育儿员可自己设计简单的图形，比如画一个大大的圆，剪切成不同形状碎片，再让幼儿试着把碎片拼成圆形，或者买现成的拼图，内容上选择几何图形、动物、水果或交通工具等有完整形象的拼图，教幼儿根据颜色、形状、常识等拼图，并根据情况慢慢增加难度。如果幼儿拼到一半就不想玩了，育儿员也不必斥责他，毕竟幼儿能专注的时间本来就不长，他能在玩的过程中学会观察，不断尝试，就已经很不错了。

（4）学习用剪刀。

学习用剪刀是锻炼孩子精细动作能力的重要内容之一。

正确使用剪刀不仅可以促进幼儿手部小肌肉的发展，更能训练良好的手眼协调性，同时还能够认识形状，增强方位感，对于兴趣爱好、自信心等的培养都有一定的帮助。

给幼儿准备一把儿童专用的安全剪刀，教幼儿学用剪刀。刚开始学时，手指运用不够灵活,育儿员可以耐心细致地加以指点,并注意提醒幼儿不要伤到拿纸的手,剪的速度不求快,剪成什么样子也不重要。先是胡乱剪,只要能剪开就行,再慢慢学剪直线,剪些稍长一点的纸条;也可以试着让幼儿剪一些方形的东西,如电视机、冰箱、洗衣机等规则形状的物品。随着用剪刀能力的日益熟练,幼儿的小巧手甚至能剪出弧线了,可以随心所欲剪剪剪了。

4. 自理能力发展训练

育儿员要给幼儿创造做事的机会。幼儿在亲身尝试中,既培养了动手解决问题的能力,也体会到了小小成功带来的喜悦,有利于培养其独立性和爱劳动的品德。

(1)培养孩子按次序摆放物品的习惯。

日常生活中,育儿员要注意培养幼儿的管理能力。如帮妈妈把洗晒干净的衣服叠好,能把爸爸、妈妈、幼儿的衣服区分开,并且学会放到固定的地方。

(2)教幼儿解扣子、系扣子。

练习解、系扣子,一方面可以让幼儿早日学会自己穿衣,另一方面也训练了幼儿手眼协调能力。

找一件有扣子的衣服让幼儿练习:先将扣子从扣眼后面插入,从衣服的正面把扣子取出,就是系扣子;再将衣服正面已扣好的扣子插入扣眼内,从衣服反面把扣子取出,就是解扣子。

为了让幼儿容易学会解扣、系扣,尤其会解、系胸前的扣子,应避免给幼儿购置在背后开口的衣服,以免穿脱困难。

(3)教幼儿用筷子。

幼儿用筷子吃饭并不是件容易的事。

用筷子夹食物时,不仅是 5 个手指的活动,腕、肩及肘关节也要同时参与。

从大脑各区分工情况来看,控制手和面部肌肉活动的区域要比其他肌肉运动区域大得多,肌肉活动时刺激了脑细胞,有助于大脑的发育。

使用筷子的技能不一定仅限于在餐桌上,平时育儿员可以和幼儿一起玩用筷子夹起小球的游戏,也同样能达到训练的目的。

5. 益智互动游戏

(1)"反话国"。

【培养技能】锻炼幼儿的反向思维能力和判断力,培养幼儿听从指令的良好习惯。

【具体方法】在安静、宽敞的客厅或室外,育儿员和幼儿坐在一起,先告诉幼儿游戏规则:"我们都是生活在'反话国'里的人,听到口令后就要做出相反的动作。"

育儿员喊口令:"宝贝蹲下去。"幼儿听到口令后站起来。

育儿员喊口令:"宝贝举起右手。"幼儿听到口令后举起左手。

刚开始,幼儿可能会做错比较多的动作,这时要多鼓励幼儿。游戏时间每次 5 分钟,可重复 2~3 次。

家里其他成员可以一起参加,大家先围成一个圈,然后第一个人说一个动作给第二个人,第二个人做相反动作,然后第二个人再说一个动作给下一个人,下一个人做相反动作……直到有人出错。

（2）我是小交警。

【培养技能】让幼儿懂得基本的交通规则,增强幼儿对交警工作的认识。

【具体做法】准备好硬纸、彩色笔。在 3 张硬纸上各画上一个圆圈,并让幼儿分别涂上红、黄、绿 3 种颜色。

育儿员先扮演交警叔叔,幼儿扮演司机,幼儿手握拳头放在胸前做开车状,并且口中发出“滴滴”的声音。

育儿员把交通规则教给幼儿,当司机开车接近“交警”时,“交警”举起不同颜色的纸板,要求幼儿做出相应的动作,如红灯停、绿灯行等。

育儿员与幼儿进行角色互换,由育儿员来当汽车司机,幼儿来当交警,再一次进行游戏。

（3）和幼儿一起玩“过家家”游戏。

【培养技能】强化孩子的性别认知,培养想象力

【具体做法】过家家游戏是这个年龄段的幼儿最喜欢的游戏。不管是小女孩,还是小男孩,过家家游戏都会对孩子的认知建构非常有好处。

育儿员可以跟幼儿一起商量一下,谁当“爸爸”,谁当“妈妈”;或是谁当“爸爸”(或妈妈),谁当“孩子”,“我们一起来搭房子好不好? 我们一起来做早餐好不好? 爬山好不好? ”。也可以跟孩子交换角色,和孩子创设一下不同的生活场景,设想场景的过程,就是促进孩子想象力发展的过程。

这种玩法也是一种角色置换。在游戏中,育儿员留心观察,或许会发现孩子能通过他所扮演的“爸爸妈妈”,表达出他眼中的父母,以及平日里无法说清楚的一些挫折感、失落感、不安全感或者愤怒等,有利于帮助孩子疏导日常积累的负面情绪。

（二）户外活动

1. 玩是最好的学习方式

玩是孩子的天性,也是孩子最有效的学习。0～3岁,是孩子智力发育的关键期,也是习惯养成和能力学习的关键期。和父母一起做游戏,听故事,和小伙伴在大自然中奔跑……都是对幼儿大脑智能的开发。究竟怎么玩呢?

（1）离家较近的广场和小公园。

带孩子出去散步。孩子对一路的所见所闻都很感兴趣,喜欢捡树枝、石头和树叶,以及大人认为很不可思议的东西。通常是走走看看,摸摸停停,一点儿也不着急,育儿员要耐下心来,放慢步子配合他,小心呵护孩子的好奇心,让孩子有快乐的体验。

玩土或沙子。多准备些好玩儿的玩具,最好是难度不高但有趣简单的器材,比如装沙土的箱子,运沙土的玩具车和铲子,或是玩泥巴的工具等。不要觉得脏,不让孩子玩。

（2）游乐场。

游乐场里有适合这个年龄段孩子玩的各种设备和设置好的游戏,也利于锻炼孩子的社交能力。育儿员只要做好看护的工作,玩完注意洗手就可以了。

（3）在家玩。

2 岁到 3 岁的孩子,喜欢角色扮演和拆分拼装的游戏。比如,"过家家"游戏,给孩子准备简单的拼图、积木、大颗粒串珠玩具、拆装类的工具,以及水彩笔或蜡笔,让孩子信手涂鸦。

给幼儿准备一些描写关于起床、穿衣、吃早饭、交朋友、散步等贴近孩子生活的绘本和直观讲述动物知识和交通知识的书,陪幼儿一起看。

（4）给孩子讲故事。

这个年龄段的孩子最感兴趣的故事,是与他做的事有联系的,比如故事中提到了他某时参加的活动,或者他喜爱的东西等,可以把故事中主人公的名字换成他的名字,你会发现,他的注意力更集中。

（5）启发孩子语言运用能力。

如果想启发孩子在语言方面的运用能力,可以适当增加各种各样的经验描述,比如,声音、触觉、色彩和大小等。如,"这个东西是大呢,还是小呢？""是软,还是硬呢？"用这种方法刺激他学习形容词,并合理地运用。

2. 多运动,幼儿长得壮

精力充沛、活泼好动的幼儿,如果不加以正确引导,很容易变成宅在家里看电视、玩电子产品的小朋友。因此,要增强幼儿体质,力所能及的运动是不可缺少的。幼儿期主要培养幼儿运动的兴趣、爱好和习惯。要根据每个幼儿的特点和身体状况选择合适的运动项目、时间和强度。运动时要遵循的原则如下:

（1）循序渐进。

开始运动时,宜采用只引起身体最低限度变化的锻炼强度和时间,在幼儿习惯了这种强度和时间后,才能逐渐地增加强度和时间。运动后幼儿睡眠好,食欲佳,情绪稳定,说明强度适宜;若食欲减退,睡眠不安,说明强度过大。锻炼的时间,开始每次可持续 2～3 分钟,逐渐增加到 10～15 分钟。

（2）持之以恒。

每天都要运动锻炼,尽量不要中断。若中断,锻炼的效果可能会消失。倘若中断时间短,可继续按以前的锻炼强度和时间进行;若中断时间长,则应从最小的锻炼强度和最短的锻炼时间重新开始。

（3）形式多样。

运动方式和运动项目应该采取各种各样的形式来进行。比如,室外慢走、起跳、小跑、攀爬和小朋友一起玩集体游戏等,都可以对幼儿的成长产生积极的影响。而室外充足的阳光,新鲜的空气,更是对幼儿健康的促进。

（4）注意事项。

幼儿在室外进行走、跑、跳等运动时,应该选择没有汽车、摩托车的空旷而安全的场地。

运动产生热量,记住给幼儿穿舒适、宽松的衣服,不要穿得太厚,不然容易出汗,幼儿会感到不舒服,严重的还会感冒。

四、科学睡眠

1. 按幼儿园作息时间调整幼儿作息

经过前期的坚持,这个阶段的幼儿已基本形成了相对规律的生活作息习惯,比如,一天四餐,除了早、中、晚三餐外,午睡后下午 3 点左右可以加一次午点,每两餐中间都要注意喝水和提醒幼儿排尿;每天睡眠时间要保证在 13 小时左右,晚上 8 点睡觉至第二天清晨 6 点半至 7 点起床(10 个半小时左右);午饭以后再睡两个半小时午觉。偶有变动也是正常的。为了让幼儿更好地适应入园后的集体生活,育儿员可在拿到孩子要去的幼儿园的作息时间安排后,有意识地提前在家调整。尤其是午睡的习惯,但午睡时间不要太长,基本和幼儿园的时间同步就好。这样,当幼儿入园后,能更快地适应幼儿园生活,减少送园困难。

当然,每个孩子情况不一,有的孩子晚上睡眠时间不够,所以要通过午睡来补充体力和精力;有的孩子晚上睡眠时间足够,就不爱午睡。午睡也好,不午睡也罢,都是孩子自身的需求,只要身体健康就可以了。入园前,可以和孩子说,如果中午不想睡,可以不睡,但要安静地躺在小床上休息,不要影响别人,无聊时可以玩手指游戏。这也是对幼儿规则意识的培养。

2. 鼓励幼儿独立入睡

3 岁是幼儿独立意识萌芽和迅速发展的时期。这时独立意识与自理能力的培养,对幼儿日后社会适应能力的发展有着直接的关系。如果前期没有分床,现在这个年龄段可以试着分床睡。

(1)分床睡是长大的标志。

刚开始要求幼儿独睡时,幼儿通常会认为:爸爸妈妈不再爱我了,不要我了。因此,育儿员或父母一开始就要跟幼儿解释清楚:分开睡是长大的标志,是勇敢的象征,每个人都会经历这个过程。幼儿开始独睡时,父母要打开房间的门,让两个小空间连接起来。这样,幼儿会感到还是和父母在一个房间里睡觉,只不过不是在一张床上而已。

(2)找一个替代物。

如果幼儿需要,可以给他找一个替代物。例如,让他抱着妈妈的枕头睡觉,或者抱着自己喜欢的娃娃睡觉等。时间长了,幼儿适应了一个人独睡时,父母可撤掉替代物,但切不可操之过急。

(3)和孩子一起布置房间。

发挥幼儿的主动性和想象力,在保证安全的前提下,可以尊重孩子的需要布置他的小房间或者小床铺。

(4)保持情感连接。

在幼儿分床睡的最初阶段,无论是育儿员,还是爸爸妈妈,都要比平时更多地关心和爱抚幼儿,并保持高质量的睡前陪伴。

3. 当幼儿摸私处时

不管男孩、女孩,摸私处都是很正常的生理行为,目的也很单纯,就是舒服而已,根本不是大人眼中的"性行为"。因为在孩子眼里,摸私处是跟吃手、吃脚一样的。当孩子无意中发现触碰某些地方,能够产生舒服的感觉时,他就会重复那些动作去获得自体的愉悦。

父母或育儿员在发现孩子有摸私处的行为时,切莫大惊小怪,斥责痛骂孩子,甚至给孩子冠以"下流""不要脸"等负面评价。家长传递给他们的这种羞耻感和罪恶感会一直伴随他长大,甚至会影响其成年后的两性关系。由此可见,如果家长过度干预或者指责,可能会导致孩子对"性"产生厌恶感。

所以,我们只需要及时看见,理解尊重,合理引导,在安全范围内,让他们自己去探索。

(1)转移注意力。

2岁前处于"手部敏感期"的孩子摸私处时,可以轻轻将他的手拿开,将玩具放到他手中。

3岁后喜欢在睡醒后摸私处的孩子,就不要让他们赖床。因为孩子的注意力时间很短,合理转移视线,寻找替代物,摸私处的行为很快就可以改善。

(2)参加户外运动。

运动可以帮助孩子增强对身体的掌控感,还可以释放身体多余的能量和负面情绪,从而帮助孩子减轻抚摸"性器官"的冲动。

(3)高质量的陪伴。

孩子喜欢摸私处,看似是生理需求,其实更是一种心理需求。

对于孩子,身体就是感觉、情绪、认知、心理、精神的载体。当孩子在做某种身体活动时,不仅是在发现和探索身体,也是在用身体活动表达自己的情绪、感觉、认知等。这时候,家长和看护人都应该给孩子更多陪伴和关注。

五、一日工作流程表

1. 住家育儿员一天工作流程

时间	项目	工作内容	注意事项
6:00	育儿员起床	洗漱,整理好个人卫生,准备幼儿用品(换洗衣物,餐具、玩具等)	
6:30	幼儿起床	1. 上厕所 2. 洗脸刷牙 3. 测量幼儿体温 4. 喝点白开水(50毫升左右)	尽量让幼儿自己完成;确有必要,才由育儿员协助,但不能完全包办
7:00	早餐	准备早餐,清洗餐具	一个人带幼儿时,餐具等可在午休时间收拾
7:30	室内活动	亲子游戏,读书,讲故事	
9:00	加餐	水果和健康零食	
9:30	早教时间	1. 户外活动选绿地,小公园等场地活动,鼓励孩子和其他小朋友一起玩 2. 天气不好,室内进行精细动作能力训练	注意让幼儿多喝水,注意幼儿安全

续表

时间	项目	工作内容	注意事项
11:00	准备午餐	给幼儿准备午餐	少油少盐,注意烹调方式;做饭期间,要随时关注幼儿的情况,保证幼儿安全
11:30	午餐	1. 幼儿进餐 2. 育儿员进餐	让幼儿自己吃饭
12:30	午休	休息并关注幼儿睡眠情况	上午幼儿有换洗衣物或未清洗的餐具,清洗干净、消毒放好
14:30	加餐	水果和健康零食	
15:00	早教时间	1. 户外活动,喝水 2. 大动作能力训练	1. 不允许任何陌生人抱幼儿,不接受任何人给幼儿的食物 2. 户外活动要告知家人具体活动区域 3. 活动量大或天热加喂水
17:00	准备晚餐	给幼儿准备晚餐	少油少盐,注意烹调方式;做饭期间,要随时关注幼儿的情况,保证幼儿安全
17:30	晚餐	1. 幼儿晚餐 2. 育儿员晚餐	让幼儿自己吃饭
18:00	亲子时间	室内亲子游戏	以父母为主,育儿员协助
19:30	睡前盥洗	洗澡,洗刷,喝水,做好睡前准备	次数:夏季可以多安排几次洗澡;冬季一周洗一两次即可
20:00	亲子阅读	睡前读书,讲故事,聊天	父母为主,育儿员退居幕后
20:30	收尾工作	1. 重新检查当天的喂哺工具、幼儿衣物、玩具,活动区域的清洗、清洁、消毒 2. 一日工作日志填写	天热时幼儿衣物随时洗,冬天要洗的衣物不过夜。孩子的衣服、口水巾、围嘴、饭衣等手洗干净

说明:每餐时间以半小时左右为宜,每天幼儿至少要喝白开水 600 毫升。

2. 不住家育儿员一天工作流程

时间	项目	工作内容	注意事项
7:30	育儿员入户	1. 准备幼儿用品(换洗衣物,餐具、玩具等) 2. 晨检(情绪,体温) 3. 与妈妈交接	
8:00	早餐	准备早餐,清洗餐具	一个人带幼儿时,餐具等可在午休时间收拾
8:30	室内活动	亲子游戏,读书,讲故事	

续表

时间	项目	工作内容	注意事项
9:30	加餐	水果和健康零食	
10:00	早教时间	1. 户外活动选绿地,小公园等场地活动,鼓励孩子和其他小朋友一起玩 2. 天气不好,室内进行精细动作能力训练	注意让幼儿喝水,注意幼儿安全
11:00	准备午餐	给幼儿准备午餐	少油少盐,注意烹调方式;做饭期间,要随时关注幼儿的情况,保证幼儿安全
11:30	午餐	1. 幼儿进餐 2. 育儿员进餐	让幼儿自己吃饭
12:30	午休	休息并关注幼儿睡眠情况	上午幼儿有换洗衣物或未清洗的餐具,清洗干净、消毒放好
14:30	加餐	水果和健康零食	
15:00	早教时间	1. 户外活动,喝水 2. 大动作能力训练	1. 不允许任何陌生人抱幼儿,不接受任何人给幼儿的食物 2. 户外活动要告知家人具体活动区域 3. 活动量大或天气热加喂水
17:00	准备晚餐	给幼儿准备晚餐	少油少盐,注意烹调方式;做饭期间,要随时关注幼儿的情况,保证幼儿安全
17:30	晚餐	1. 幼儿进餐 2. 育儿员进餐	让幼儿自己吃饭
18:00	收尾工作	1. 重新检查当天的喂哺工具、幼儿衣物、玩具,活动区域的清洗、清洁、消毒 2. 一日工作日志填写	天热时幼儿衣物随时洗,冬天要洗的衣物不过夜。孩子的衣服、口水巾、围嘴、饭衣等手洗干净
18:30	下班	和妈妈交接,结束一天工作	

第三节　父母抚育篇

教育是陪伴生命的成长,而生命的成长是随着时间次第展开的。做父母的,必须学会等待,学会跟时间合作。既然有缘做了父母子女,就意味着长久的耕耘和陪伴。莫嫌孩儿不如意,风物长宜放眼量。

一、情感连接

1. 爸爸不要缺位

研究表明,童年时期,儿童与父亲的感情与其成年后在学业和事业上的灵活性、心理适应性和幸福感有明确的相关。

父亲对儿童情绪调节和控制能力的发展有非常重要的作用。心理学专家认为,由男人带大的幼儿智力水平更高,在学校会取得更好的成绩,在社会上也容易成功。

在教育内容上,爸爸通常给幼儿讲更多历史故事、各地民情风俗、英雄人物等,能在一定程度上拓宽幼儿视野。

在教育方式上,爸爸一般会鼓励幼儿自己动手、动脑做事,注重让幼儿独立,习惯培养幼儿的勇敢精神和冒险精神,比如,带幼儿大胆学骑自行车、爬山、赛跑等。

有些爸爸把教育幼儿的责任推给妈妈,自己则躲清闲,若幼儿心里感到爸爸对他不负责任,有事也不向爸爸征询意见,爸爸的威信就会越来越低。夫妻两人有分工可以,但在教育问题上不能把责任推给对方。爸爸妈妈共同努力,处理好彼此和家庭、工作的关系。在爸爸参与育儿的过程中,妈妈及时给予支持和鼓励,适当放宽要求。相信每一位爸爸都会愿意参与到育儿中,积极履行父亲的职责。

2. 多子女家庭:爱是唯一,不是平等

随着多子女家庭的出现,父母如何高质量地陪伴每一个孩子,对孩子来说至关重要。

(1)二胎家庭大宝的情绪更重要。

其实,有了老二后,老大的情绪更值得关注。老二只要吃喝拉撒,解决基本的生理问题,就会很满足。而老大无论处于哪个年龄段,都有了一定的小心思,之前被当作太阳围着转了许久,现在突然冒出个老二,爱的能量突然抽离,关注点转移,面对如此多的丧失,孩子自然难以自处,所以会情绪不稳定,动不动就发火、大吼大叫,甚至出现怎么查也查不出来的躯体疾病。

这种情况叫"同胞竞争障碍",指随着弟弟妹妹的出生,儿童出现某种程度的情绪紊乱。轻的短时间可以调整过来,重的会出现身体不适,甚至退居到和老二争宠的行列,从而影响正常的生活、学习,甚至对未来的性格产生不利影响。他们在大人的忽视中迷失了自己,找不到自己的位置,无法通过正常途径表达自己的需要,只能通过这种病态的方式获得想要的爱与关注,这种病态的方式,其实是脆弱的另一种表达方式。

(2)每个孩子都独一无二。

很多父母在准备要二胎时,肯定也想过给孩子均衡平等的爱。但这种平等根本无法量化,父母也做不到完全平衡,所以平等对待两个孩子重要,但更重要的是,让每一个孩子都感受到自己是独一无二的存在。因为爱是唯一,不是公平。爱的重点是质量,不是平等。

相比于对孩子说"我对你和对弟弟的爱是一样的",不如告诉他"你在这个世界是独一无二的,我们对你的爱不会因为任何人而改变"。所以,父母一定要尽力创造条件,每天都留出一段时间,哪怕只有 10 分钟、20 分钟,和每个孩子单独相处,全心陪伴,保证质量。比如,陪孩子说说话,做个小游戏,讲个小故事,共读一本书,或一起看个动画片等等。

（3）夫妻共担育儿责任。

妈妈不是"超人"，也不是"为母则刚"，一个人分身乏术，是做不到同时陪伴多个孩子的。父亲要主动参与到育儿中，承担起为人父母的责任。可以请老人或育儿员帮忙照看孩子，但父母始终是第一责任人，只要分工合理，就能做到有质量的陪伴。

2. 培养幼儿的"共情能力"

共情能力就是设身处地为他人着想的能力。作为一种心理品质，共情能力对一个人形成良好的人际关系和道德品质，保持心理健康，发展亲社会行为（包括分享、帮助、安慰、支持）乃至走向成功都有着重要的作用。

培养幼儿的共情能力，可以从体会他人的痛苦、感受来入手。

（1）疼痛时，向幼儿要"安慰"。

幼儿疼痛的时候，大人常常会亲吻、抚摸幼儿，在疼痛的地方吹吹气。这样的安慰方式，幼儿很快就能学会。当妈妈不舒服、累了时，也可以向幼儿要安慰，这样能让幼儿真切地理解到，一个人生病的时候、受伤的时候、累了的时候，会很脆弱，容易情绪低落，需要家人、朋友的关心和照顾。

（2）在游戏中，发扬同情心。

孩子们在一起做游戏，常常会有输赢。当有的幼儿因多次输了而感到失落时，赢了的幼儿能够谦让、安慰一下输了的幼儿，在这个过程中培养自己的同情心。

（3）安慰不开心的幼儿。

当其他小朋友不开心时，妈妈可以鼓励自己的孩子去安慰一下，比如给对方一些好吃的、讲个故事、跳个舞，都能缓解对方的负面情绪，既发展了幼儿之间的友谊，又培养了幼儿的共情力。

二、智力开发

1. 如何培养孩子的想象力

孩子天生就是想象家，他们因为想象而快乐，因为想象而对生活充满了热爱和好奇。随着孩子的成长，他们的想象会逐渐从无意想象过渡到有意想象，并自己创造想象的主题。

幼儿期是孩子想象力发展的第一个关键期，如果家长引导得当，孩子的创造力会跟随想象力的发展冒出尖尖小芽。

（1）听音乐想场景。

给孩子播放一段音乐，让孩子想象乐曲中表达的是什么场景，并将这个场景描述出来，家长也可以和孩子一起做。

（2）制作撕贴画。

相信大家都经历过孩子撕纸撕得满天飞的时光，与其让屋子里纸屑满地，不如鼓励孩子做撕贴画，尽情撕。

具体操作就是先让孩子在纸上画出物体的大框架，然后把撕下来的纸贴进框架里，甚至让孩子随意粘贴，贴出他想要的任何图案。

（3）自由涂色。

不限制孩子想涂的颜色，让孩子发挥想象力，想涂什么就涂什么，哪怕太阳是绿的，花儿是黑的,都没有问题。

（4）听故事。

听故事是孩子最喜欢的事情之一,因为故事中有形象生动的描绘,有离奇有趣的情节,这些都能给孩子提供足够的想象空间。在听故事的同时,还可以鼓励孩子复述故事,或是续说故事,哪怕是天马行空。

在这个过程中,家长的引导很重要,不能把兴趣硬生生地逼成任务,不但不利于孩子想象力的养成,还可能破坏掉孩子听书的兴趣,那就得不偿失了。

2. 练习"看图说话"

练习"看图说话"需要有一定的想象力。看图产生联想,继而讲出内容丰富的话。

让幼儿选择一幅漂亮的图画,讲出这幅图中的事物或者有关的故事,哪怕只有两三句,也是值得表扬的。例如,看到"小兔乖乖"的图时说:"兔子妈妈让小兔子关门。""为什么?""狼来了会吃掉小兔子。"再问:"兔子妈妈出去干什么?""找萝卜。""为什么?""喂小兔子。"幼儿自己不会从头讲到尾,他会讲出主要的一两句,其余要大人提示才能补充上。部分幼儿只能说出"兔子",问:"有几只?"答:"有兔妈妈和3只兔宝宝。"只要大人多问,幼儿可以一字一句地讲出一点故事情节来。

幼儿要到4岁才会从头到尾讲故事,3岁前后只能一句一句地按问题来讲。有了现在的练习,到4岁前后才能讲全故事。

3. 如何给幼儿选书

有专家讲,"只有有趣,才能让孩子实现阅读活动;只有实现了阅读活动,才能实现'有用'。"

所以,给孩子选书的第一原则就是有趣。即以孩子的兴趣为核心要素,有趣才能促使其读下去,而读下去了,才能养成阅读习惯。

（1）选书的基本原则。

给孩子选书,大致顺序是由易到难,由浅入深,难度慢慢递进。不用太纠结于所读的书一定要和孩子的年龄匹配,只要孩子喜欢看就可以。

（2）选择正规渠道购书或借书。

去图书馆借或是去正规书店、通过正规购买渠道买书。这种正规的书店或图书馆都对书做了初步的筛选,有质量保证。

在这种情况下,可以放手让孩子自己选他想要的书;也可以根据孩子的情况,给孩子推荐书,只是建议,不要强迫。此时他不想要,不等于他以后不想看。

（3）选畅销又长销的书。

每本书的封底或是封面都有再版或重印的次数,一般一本书能多次重印或再版,就说明书的内容是经得起时间考验的。通常以五年为准。炒作的书,最多三年,三年之后就烟消云散了。

（4）选择有参考文献的书。

参考文献可以反映作者的阅读水平,研究能力和论点论据的可靠性,好书的参考文献还相当于一本购书索引,可以根据其参考书目找到更多的好书。此原则也适用于大人选书。

（5）选经典的书。

之所以经典，自有其理由。经典的书是能经得起时间考验的书。

不过，需要提醒的是，如果买翻译过来的书，还要看一下译者，如果翻译水平不高，好的内容也会让人味同嚼蜡，失去读的兴趣。另外，如果孩子暂时不想读，就不要强迫孩子读经典，要适时引导，不留痕迹地把名著引入孩子的阅读中。

4. 适合 2~3 岁幼儿的绘本

这个阶段，幼儿已经可以自己翻页，也不会撕书和啃书了，可以引入纸板书以外的书了。

这个时期的幼儿喜欢重复性强、容易记住的内容，这样他们就能一直读下去，甚至几十遍、上百遍地反复阅读同一本书。这是符合幼儿阅读理解需求的，只要时间和精力允许，父母不妨满足幼儿的需求。

在这个阶段，将一本书反复读熟、读透的价值要远高于蜻蜓点水式的海量阅读。因此，亲子阅读过程中，千万不要重量轻质。随着幼儿的逐渐长大和理解能力的增强，反复阅读的现象也会随之减少。

此外，还可以根据幼儿的兴趣来挑选适合他的绘本，比如男孩一般比较喜欢车子；女孩更喜欢玩具熊和洋娃娃；而以儿童、家庭和动物为主题的书适合大部分的幼儿。

三、社会交往

幼儿园是幼儿离开家庭走入社会的第一站，在这里他们不仅仅学习知识，也会和老师以及同龄的小朋友在一起游戏、吃饭、休息。幼儿能否快乐度过，跟幼儿园的硬件、软件都有一定的关系，需要家长慎重选择。

1. 如何给孩子选幼儿园

现在的幼儿园很多，且各有特色。对于家长来说，一次就选好幼儿园，可以避免孩子建立起安全感后再换幼儿园带来的挫折感，减少孩子对新环境的适应时间。挑选幼儿园主要看以下几个条件：

（1）公办、正规。

公办幼儿园一般比较正规，开班时间久，严格按照国家的教学大纲开展教学工作，才艺发展能力也强，学费也相对公道。只不过这类幼儿园大都划片入学，需要具备一定条件才能入学。

（2）离家近。

离家近是个硬指标，意味着孩子可以多睡一会儿，父母也不会太累，尤其是刮风下雨的恶劣天气。另外，离家近的幼儿园，多是同小区或邻近小区的小朋友，很可能从小就一起玩过，可以帮助幼儿减轻分离焦虑和心理上的不适应，减少刚入园的孤独感。

（3）口碑好。

幼儿园是幼儿踏上社会的开始，是幼儿第一次离开父母进入的另一个成长环境。幼儿的心理处在非常脆弱的阶段，最需要老师的关心和爱护。老师的素质，是否负责任、有爱心、有经验，会直接影响到幼儿的成长。所以，家长可以把意向中的幼儿园集合起来，多听听邻居、亲戚、朋友的反映，再有所选择地实地考察。

有些幼儿园因为受场地限制等无法达到"示范园"的标准,但是办学严谨、教师工作踏实、服务意识强,这样的幼儿园也非常值得选择。

2. 陪幼儿走过"入园焦虑期"

不管幼儿多么不愿意和妈妈分离,到了上幼儿园的时候,都要入园。这种情况下,就需要父母帮助幼儿克服焦虑,及早适应幼儿园的生活。

3岁的幼儿已经具备了一定的生活自理能力、语言理解能力、情绪控制能力,能忍受一整天与父母的分离。当幼儿有了分离焦虑后,家长担心甚至有一些小焦虑是正常的情绪反应,如果因此乱了方寸就非常不利于幼儿入园。

(1)帮助幼儿做好入园心理建设。

幼儿入园是一个必经的过程,也是幼儿迈入社会集体的第一步,对父母和幼儿都是一个挑战,特别是全职妈妈。作为父母,首先要做好自己的心理建设,为孩子做好榜样。同时,还要帮幼儿做好心理建设,多讲幼儿园里有趣的人和事给幼儿听,让他从内心对进入幼儿园充满好奇与期待。

(2)积极参加适应期课程,较早认识小朋友。

很多幼儿园在正式开学前会安排几天适应期课程,每天用两三个小时让孩子来园里认识新班级、新同学和新老师,熟悉园里的生活,学会使用"求助用语",家长应按照园里的适应期课程安排,送幼儿入园,尽早结识小朋友,熟悉老师和环境,提高孩子的安全感。

(3)别被哭声吓到,尽快度过焦虑期。

幼儿刚入园时,哭闹很正常,家长应该清醒地认识到这一点,让幼儿顺利度过焦虑期。父母首先要努力克服自身的分离焦虑,不要坐立不安地想着幼儿在园里的表现,而是应该平静地做自己的事情。

只有家长不焦虑了,幼儿才能调动起自己的安全感和信任感,更快、更好地适应集体生活。

(4)用幼儿最喜欢的玩具增加他的安全感。

刚入园的开始几天,给幼儿带上他最喜欢的玩具,能够安抚其情绪,增加安全感。

(5)第一个接幼儿回家。

送幼儿入园,幼儿哭闹的时候,家长不要流露出厌烦情绪,可以对幼儿说:"妈妈第一个接你回家,妈妈很爱你!"千万不能因工作忙晚接孩子,只剩幼儿一人在幼儿园,会增强幼儿的恐惧感,使得他第二天入园更难。

3. 提高孩子的免疫力

刚上幼儿园,孩子有一个适应的过程,再加之小朋友多,在流感季节,一个小朋友生病,就可能传染到其他小朋友,所以,入园后的孩子,三天两头生病也就不难理解了。所以,提高孩子的免疫力势在必行。

(1)科学搭配饮食。

饮食搭配均衡合理,做到食物多样化。引导孩子不挑食,不偏食,保证孩子对营养物质的需求。因为足够的营养是人体免疫系统正常工作的物质基础。

(2)注意居室通风换气。

注意孩子与大人的个人卫生,做到常洗手、勤洗手,特别是饭前、便后和外出回家时;

少带孩子去公共场所,尽量减少接触病原体的机会。尤其是冬季,屋内温暖如春,室外则寒气逼人,更需要注意通风换气。让孩子适当接触冷空气,以刺激其适应能力。

（3）多运动。

保证孩子生活作息规律,多带孩子参加户外活动。动起来,才能身体强壮。

（4）穿衣适度。

不要觉得孩子小,抵抗力差,就给孩子穿很多衣服,这样孩子活动不便,而且稍一活动,就容易出汗。如果在家,育儿员或家长能给孩子及时擦汗,但在幼儿园里,由于孩子多老师少,老师不一定能顾得上孩子,很容易招风受凉。

（5）尽量坚持上学。

除非生病需要在家休息,否则,不要因为心疼孩子而送送停停。如果孩子一直坚持上学,一段时间后,除非本身体质较差的孩子,一般都会适应得很好,也不会那么频繁的生病。反而是上上停停,每休一段时间,再送孩子入园,孩子就得重新适应一次,更不利于他对幼儿园的适应。

四、性格养成

1. 育儿方式影响幼儿性格

一般来说,3岁的幼儿在性格上已有明显的个体差异,且随着年龄的增长,性格改变的可能性会越来越小。因此,培养幼儿性格的关键取决于这个时期的养育方式。

幼儿性格的形成与早期生活习惯有密切关系,常听到有的父母抱怨幼儿天性胆小、娇气,殊不知,正是家长错误的育儿方式养成了幼儿的这种性格特点。

父母的情感态度对幼儿性格的导向作用十分重要。父母的过分"担心"、过分"焦虑"的心理,会通过言谈举止显露出来,对幼儿起到暗示作用,年龄越小的幼儿越容易接受暗示。

如父母替幼儿包办的事情过多,对幼儿的正常活动限制过多等都会让幼儿产生恐惧心理,并因此而畏缩不前,这种保护过度的育儿方式,会使幼儿的性格具有明显的惰性特征,表现为好吃懒做、好静懒动,缺乏靠自身能力解决问题的内在动力。

因此,父母应信任孩子,放手让幼儿去锻炼并在必要时给予支持,让幼儿养成勇敢有担当、安全感强不焦虑的性格。

2. 引导孩子正确看待自己的"性别"

孩子一出生就已经宣布了自己的生理性别,但其性别意识的形成,却来自环境的影响。2～3岁,几乎所有的孩子都能正确地说出自己是男孩还是女孩,这一年龄段的孩子对性别差异充满兴趣。但他们更喜欢与同性接近和玩耍,也会注意到异性与自己的不同之处。他们开始观察爸爸、妈妈,从中获得与性别相关的典型特征,如兴趣爱好、行为方式等。

（1）强化孩子的性别意识,让孩子知道,男孩该做什么、女孩该做什么。父母的示范和榜样很重要,爸爸妈妈在孩子面前应尽量展示各自的性别特征。夫妻之间互相尊重,不要给孩子造成性别有优劣之分的印象。

（2）在穿着打扮、日常用品上,从发型、服装款式和颜色等方面强调性别差异,向孩子潜移默化地传递性别特征。

（3）尽早回避异性家长的裸体，男宝由爸爸带着洗澡、女宝由妈妈带着洗澡。让孩子从小就知道，男孩的身体和爸爸一样，女孩的身体和妈妈一样。如厕训练时也要秉承这个原则。

如何看待和理解自己的性别和性别角色，如何对待异性，这些是孩子们自我形象的重要组成部分，健康的性别意识可以提升孩子的自尊感；相反，如果性别意识出了问题，又会反过来降低孩子的自尊。

总的来说，男孩应该为自己是男孩而高兴；女孩也应该为自己是女孩而自豪。父母应该让孩子知道，他们对他／她的性别很满意。

3. 爱和规矩并不相悖

俗话说："没有规矩不成方圆。"孩子虽然还小，但会一天天长大，需要逐步适应社会规范。为了让孩子以后能更好地适应社会，父母要在孩子小时候就给他立规矩。

国际儿童教育界的通行规则如下：不伤害自己，不打扰他人，不破坏环境。对于 3 岁前的幼儿来讲，日常的小规则主要有以下几类：

（1）用过的物品放回原处：最常见的就是玩具，每次玩过后，放回玩具筐。

（2）禁止行为粗野、粗俗：这个年龄段的幼儿不懂得粗话、脏话不文明，听到有人说粗话，幼儿会学，妈妈要及时纠正。

（3）别人的东西不能拿：这个幼儿很容易学会。如果幼儿玩别的小朋友的玩具忘了归还时，妈妈要带着幼儿及时归还。孩子好奇心强，去别人家可能会乱翻东西，家长首先要立即制止，并告诉他这是不礼貌的行为。

（4）懂得排序：玩具和所有公共用品，先拿到者先使用，后来者必须等待，不能加塞或者直接抢过来。

（5）不可以打扰别人：爸爸或者妈妈工作时，幼儿自己玩儿，不要去打扰。

（6）不伤害他人：做错事要道歉；被伤害后，有权利要求他人道歉。

3 岁孩子到了"闯祸"的年龄，独立性增强，好奇心强，容易被所见所闻吸引，立规矩必然会限制他的某些行为，这对独立意识正突飞猛进发展的 3 岁孩子来说是最不能忍受的。不管幼儿多么抵触，哭闹，发脾气，故意试探父母的底线，父母都不要退让，否则他会"得寸进尺"。

父母要做一个引导者，恰如其分地在幼儿的行为中注入规则，幼儿才能把规则和自由融合，管理好自己的行为。

4. 不要轻易给孩子"贴标签"

"贴标签"就是心理暗示，就是将信息植入潜意识。

贴标签容易，撕标签难。当你要把一张纸贴在墙上时，不管你选择哪一种材料：糨糊、胶水、双面贴、透明胶，都会出现这样的现象——不管你撕的时候多小心，都会留下印痕！

所以，当你为孩子的性格、行为、处事贴上不良标签时，孩子就会成为你说的那样，对孩子的性格、行为和处事的态度造成影响。

父母要学会用积极正面的语言评价孩子，而不是用消极负面的语言对孩子的性格和行为做任何界定。

（1）调整言语引导的方向。

变消极负面的语言为积极正面的。如,"宝贝,妈妈很喜欢你勇敢自信的样子,真可爱!"而不要说:"你再这样我就不喜欢你了!"

（2）学会用反义词。

当你想对孩子的行为进行不好的评价时,先想想这个词语的反义词是什么,用反义词去说。

比如:把"胆小"换成"大胆些""勇敢点";把"依赖"换成"独立"、把"懦弱"换成"坚强"、把"脾气大"换成"宝贝,慢点! 放松!"等。

5. 幼儿说谎与品质无关

两三岁的幼儿还不可能理解"说谎话"和"说真话"的概念。他说的无伤大雅的小谎是有原因的。

（1）幼儿说谎的原因。

想象力活跃:创造力正在充分发育的时期,不明白为什么浴缸里不能有会说话的小鱼。

真的是健忘:当你因为墙上的划痕而批评幼儿时,幼儿会说不是他干的,这不是他在说谎,而只是忘了自己做过这件事,或者太强烈希望自己没有做过,以至于坚信自己没有做过。

"天使综合征":幼儿可能认为,"爸爸妈妈爱我是因为我很棒。好孩子是不会把牛奶弄洒的。"

（2）怎样引导幼儿说实话。

虽然这个阶段幼儿说谎不是品质问题,但父母也要巧妙地利用孩子可以理解的方式教他自然地说实话。

鼓励幼儿说实话。与其苦恼于幼儿的不当行为,不如感谢他把一切都告诉你;如果你因此冲他大叫,他会觉得不该说实话。

不要指责幼儿。委婉地让幼儿承认自己的行为,而不是抵赖,比如你可以说:"我想知道怎么客厅地毯上到处都是彩笔? 谁能帮我把它们捡起来?"

不要让幼儿压力太大。不要让幼儿承受太多期望和规矩。他不理解这些,也无法去遵守,他可能觉得只有说谎才能不让你失望。

彼此信任。让幼儿知道你相信他,他也可以信任你。没有什么比诚实更重要。父母首先要信守诺言,在父母做不到的时候,要向孩子主动道歉。

6. 当幼儿说"脏话"时

"臭耙耙,大坏蛋……"这些在成人眼里被视为"脏话"的话,对 3 岁幼儿来说,如果父母不告诉他这些话是骂人的、不礼貌的脏话,孩子可能会把这些话同"你好、晚安、出去玩儿"一样看待,并无道德上的"好坏"评判。

有时候,说说"脏话",对孩子来说是种心理需要。心情不好的时候、被别人打扰的时候、被同伴欺负的时候,孩子就会用脏话、粗话来防御和反击。在发泄了情绪的同时,还能感受到自身力量对他人带来的冲击和震慑。

（1）不盲目打压，及时引导和提示。

妈妈要告诉幼儿，骂人是不文明的。当听到别人骂人时，告诉幼儿，这些话不文明，小孩子不可以说；当孩子真正明白了什么是骂人的话、脏话，也就没有了兴致。

（2）冷处理：暂时忽略幼儿嘴里的脏话。

遇到幼儿说脏话的情况，妈妈可以对幼儿的话置之不理，千万不要反应过激，一惊一乍，觉得孩子太坏了，有时候，妈妈的训斥和责骂反倒是对幼儿说脏话行为的一个强化。

正确的做法是，寻找机会私下里和幼儿谈谈，清楚地告诉他，妈妈不喜欢你这么做，希望你以后不说这样的脏话，并告诉幼儿怎样说更好。

当幼儿逐渐用规范语言替代脏话后，妈妈要及时鼓励和称赞幼儿的正确行为。

（3）换个方式表达。

没有哪个幼儿会无缘无故说脏话，有时是因为愤怒才用脏话反抗的。可以给幼儿设立一个发泄角，或者说安全空间，当幼儿生气的时候，可以选择在发泄角发泄一下。

如果必须说什么，就要选择一种更文明的语言来表达自己的愤怒。比如，有小朋友拿了幼儿的玩具，幼儿说："你这个坏蛋，还给我！"可以教幼儿这样说："我正在玩儿呢，请不要拿走我的玩具！"

（4）制定"奖惩表"。

当幼儿已经懂得说脏话、粗话不好的时候，还会时不时地说脏话，就可以订立"规则"了。

比如，和幼儿提前制定好"奖惩表"，一旦说脏话或粗话，妈妈就要在"奖惩表"上拿下一朵小红花；如果有一个月或更久的时间幼儿没有说粗话、脏话，妈妈就会奖励幼儿小红花。坚持一段时间后，可以用小红花换取自己想要的玩具或礼物。

随着自我认知的提高、自我意识的觉醒，当孩子对是非对错有了一定的辨别能力时，他就会知道骂人是不文明、不道德的，并有意识地控制自己，慢慢改掉这个毛病。

（5）让幼儿耳边无脏话。

要想幼儿语言美，需要有一个语言美、行为美的环境。这个环境既包括家庭环境，也包括学校环境、社会环境。

3岁前的幼儿没有上学，他的环境相对简单一些，主要是家庭环境和经常接触的亲人、小伙伴。如果这个环境里没有人说粗话、脏话，幼儿就没地方去学了。

所以为人父母，首先要自己坚持文明有礼的用语习惯，学会控制自己的情绪，给孩子做好榜样。

第十八章

婴幼儿疫苗接种

第一节　疫苗的定义与分类

一、疫苗的定义

世界卫生组织给疫苗的定义是，意图通过刺激机体产生抗体，对一种疾病形成免疫力的任何制剂，也就是说疫苗是将病原微生物（如细菌、立克次氏体、病毒等）及其代谢产物，经过人工减毒、灭活或利用基因工程等方法制成的用于预防传染病的自动免疫制剂。

疫苗保留了病原体刺激人体免疫系统的特性。当人体接触到这种不具伤害力的病原体后，免疫系统便会产生一定保护物质，这种物质叫做抗体。当身体再次接触到这种病原体时，身体的免疫系统依循原有的记忆，制造更多的保护物质来阻止病原菌的伤害，从而保护人体。不同的细菌或病毒会产生不同的抗体，称为特异性抗体。

二、疫苗的分类

疫苗分为许多种类，如灭活疫苗、减毒活疫苗、多糖疫苗、亚单位疫苗和基因工程疫苗等。使用疫苗的最常见方法是注射，但也有一些口服或使用鼻雾剂。

第二节　疫苗接种

一、什么是疫苗接种

所谓疫苗接种,就是将人工制成的各种疫苗,采用不同的方法和途径接种到宝宝体内。疫苗的接种就相当于受到一次轻微的细菌或病毒的感染,迫使宝宝体内产生对这些细菌或者病毒的抵抗力,经过如此的锻炼,宝宝再遇到这些细菌或病毒时就不会患相应的传染性或感染性疾病了。比如流感疫苗可以预防流行性感冒等。

二、为什么要给孩子接种疫苗

1. 接种疫苗是最经济、最有效地预防疾病的一种方法

生活中有不少导致人类生病的有害生物,包括一些在人类之间传播疾病的病毒、细菌、支原体以及某些原虫等。这些有害的生物一旦侵犯人体就会严重威胁人的健康,甚至造成死亡,并且还会大规模地传播,让更多的人患病。

目前,世界公认接种疫苗是最经济、最有效地预防疾病的一种方法,人类需要有计划地利用疫苗进行疾病预防,以提高人群的免疫抗病能力,达到控制和最后消灭相应传染病的目的。

2. 婴幼儿免疫系统不成熟,需要通过接种疫苗以增强防病能力

婴儿出生以后,从母体中获得一些保护性抗体,这些抗体保护婴儿免受各种传染病的侵袭。随着婴儿的一天天长大,由母体给予的保护性抗体逐渐消失,婴儿就慢慢失去了来自母亲抗体的保护。与此同时,婴幼儿自身免疫系统发育还不成熟,处在继续发育的过程中,自身免疫系统所产生的抗体还远远起不到保护机体的作用。因此,婴儿阶段体内血清主要保护抗体的总体水平在出生后3～5月龄逐渐降至最低,到婴儿6个月后基本消失为零,此时孩子的免疫水平处于最低。婴儿既失去了母传抗体的保护,又缺乏自身免疫系统产生的抗体的保护,所以婴儿在3月龄以后各种传染病来袭时,最容易"中标"而生病。这些传染病其传染性之强、传播之广,使孩子患病后病情严重、并发症高、致残率高、死亡率也高,成为每个患儿家长尤为担忧的事情。因此,必须通过适时地给婴幼儿接种疫苗以增强其防病能力,保护其健康成长。

3. 国家计划免疫要求

计划免疫是根据传染病流行病学的规律,按不同的年龄进行有计划的预防接种,以达到预防传染病流行的目的。

中华人民共和国《传染病防治法》第十五条中规定:"国家实行有计划的预防接种制度。""国家对儿童实行预防接种证制度。国家免疫规划项目的预防接种实行免费。医疗机构、疾病预防控制机构与儿童的监护人应当相互配合,保证儿童及时接受预防接种。"

儿童是计划免疫的主要对象,其目的是通过预防接种使儿童自身产生对一些传染病

的免疫力,从而控制传染病的发生。预防接种是通过注射或者口服药物使婴幼儿获得对一些疾病的特殊抵抗力。

国家发布了儿童免疫程序,全面推广计划免疫方案。国家计划免疫的要求和程序,是根据传染病的疫情监测和人群免疫水平的分析制定的。

其中包括一类免疫疫苗,属于计划内疫苗,是国家免费接种的疫苗,也是儿童必须接种的,这类疫苗有卡介苗、乙肝疫苗、脊髓灰质炎疫苗、百白破疫苗和麻疹疫苗等;还有一部分疫苗属于二类疫苗,即扩大免疫疫苗,根据家庭情况自费选择接种。

第三节 疫苗的接种程序、疾病预防及禁忌症

一、出生 24 小时内接种:卡介疫苗和乙肝疫苗(第一次)

1. 卡介疫苗

卡介疫苗预防疾病:结核病;

卡介疫苗禁忌症:患结核病、急性传染病、肾炎、心脏病者;患湿疹或其他皮肤病者;患免疫缺陷症者。

2. 乙肝疫苗

乙肝疫苗预防疾病:乙型肝炎;

乙肝疫苗禁忌症:患有发热、急性或慢性严重疾病患者;对酵母成分过敏者。

二、一月龄:接种乙肝疫苗(第二次)

预防疾病和禁忌症同前。

三、二月龄:接种脊髓灰质炎疫苗(基础免疫第一次)

脊髓灰质炎疫苗预防疾病:脊髓灰质炎(俗称小儿麻痹症);

脊髓灰质炎疫苗禁忌症:对该疫苗任何成分过敏者;发热;患急性疾病者;慢性疾病急性发作期;患免疫缺陷症者;接受免疫抑制剂治疗者。

四、三月龄:接种脊髓灰质炎疫苗(基础免疫第二次),百白破疫苗(基础免疫第一次)

百白破疫苗预防疾病:百日咳、白喉、破伤风;

百白破疫苗禁忌症:癫痫,神经系统疾病及惊厥史者;急性传染病(包括恢复期)及发热者,暂缓注射;注射白喉或破伤风类毒素后发生神经系统反应者;有过敏史者。

五、四月龄:接种脊髓灰质炎疫苗(基础免疫第三次),百白破疫苗(基础免疫第二次)

预防疾病和禁忌症同前。

六、五月龄:接种百白破疫苗(基础免疫第三次)

预防疾病和禁忌症同前。

七、六月龄:接种乙肝疫苗(第三次),A 群流脑疫苗(第一次)

6-18 月龄接种 A 群流脑疫苗共 2 针次,两针次间隔 3 个月。

A 群流脑疫苗预防疾病:用于预防 A 群脑膜炎球菌引起的流行性脑脊髓膜炎;

A 群流脑疫苗禁忌症:癫痫、惊厥及过敏史者;患脑部疾病、肾脏病、心脏病及活动性结核者;患急性传染病及发热者。

八、八月龄:接种麻腮风疫苗(含麻疹疫苗)(第一次),乙脑减毒活疫苗(第一次)

1. 麻腮风疫苗(含麻疹疫苗)

麻腮风疫苗(含麻疹疫苗)预防疾病:麻疹、风疹;

麻腮风疫苗(含麻疹疫苗)禁忌症:患严重疾病、急性或慢性感染者、发热者。

2. 乙脑减毒活疫苗

乙脑减毒活疫苗预防疾病:流行性乙型脑炎;

乙脑减毒活疫苗禁忌症:发热,患急性传染病、中耳炎、活动性结核或心脏、肾脏及肝脏等疾病者;体质衰弱,有过敏史、癫痫史者;先天性免疫缺陷者;近期或正在进行免疫抑制剂治疗者;庆大霉素过敏者。

九、18 月龄:接种百白破疫苗(加强免疫),麻腮风疫苗(含麻疹疫苗)(第二次)

注:接种麻腮风疫苗(含麻疹疫苗)第二次,在 18～24 月龄之间。

十、1.5～2 周岁:接种甲肝减毒活疫苗(1 剂次)

甲肝减毒活疫苗预防疾病 : 甲型肝炎;

甲肝减毒活疫苗禁忌症:患急性疾病、严重慢性疾病的急性发作期,发热者。

十一、2 周岁:接种乙脑减毒活疫苗(第二次)

预防疾病和禁忌症同前。

十二、3 周岁、6 周岁:接种 A+C 流脑疫苗各一剂次

A+C 流脑疫苗预防疾病:A 群和 C 群流脑

A+C 流脑疫苗禁忌症:癫痫、惊厥及过敏史者;患脑部疾病、肾脏病、心脏病及活动性

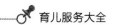

结核者;患急性传染病及发热者。

十三、4 周岁:脊髓灰质炎疫苗(加强免疫)

预防疾病和禁忌症同前。

十四、6 周岁:接种白破疫苗 1 剂次。

白破疫苗预防疾病:白喉、破伤风

白破疫苗禁忌症:癫痫,神经系统疾病及惊厥史者;急性传染病(包括恢复期)及发热者,暂缓注射;注射白喉或破伤风类毒素后发生神经系统反应者;有过敏史者。

第四节　不良反应及注意事项

一、不良反应

（1）部分受种者接种疫苗后会出现发热、头痛、眩晕、恶寒、乏力、皮疹、周身不适、局部红肿浸润等,个别受种者可发生恶心、呕吐,腹泻等肠胃道症状,一般不需特殊处理即自行消退,如有严重反应须及时诊治。

（2）卡介苗接种后 2 周左右,局部可出现红肿浸润。若随后化脓,形成小溃疡,可用无菌生理盐水冲洗,保持局部皮肤清洁干燥,尽量穿着宽松衣物,减少对伤口的摩擦。如果溃疡周围皮肤红肿明显,可外用红霉素软膏处理;伴有发炎者,应及时就医;一般 8-12 周后形成卡疤,如遇局部淋巴结肿大软化形成脓疱,应及时诊治。

（3）百白破疫苗、白破疫苗注射后局部可能有硬结,一般可逐步吸收,个别受种者可出现无菌性脓肿。

4. A 群流脑疫苗、A+C 群流脑疫苗接种后局部稍有压痛感,一般可自行缓解。

二、注意事项

（1）疫苗禁忌症,不良反应的未尽事宜请参照《中华人民共和国药典》和疫苗说明书。

（2）疫苗接种应保持皮肤清洁,尽量不要空腹,以防"晕针",家长应向医生告知孩子的健康状况及过敏史。

（3）接种时不要让孩子进食或嘴里含有食物,以免发生气管堵塞等意外。

（4）接种后要在接种门诊休息观察 30 分钟,要适当休息,避免剧烈活动,不要吃刺激性食物。

（5）接种部位 24 小时内要保持干燥和清洁,尽量不要沐浴。

（6）卡介苗的局部反应不能热敷。

（7）脊灰糖丸疫苗应该使用凉开水喂服,切勿用热水,服用半小时内不要喂奶。

（8）肛周脓肿患者慎服糖丸。注射过免疫球蛋白者,应间隔 1 个月以上再接种减毒活疫苗。

（9）有以下情况不宜进行预防接种:

① 有严重心肝肾疾病者;

② 患神经系统疾病者,如癫痫、脑发育不全(特别不能注射百白破);

③ 重度营养不良、严重佝偻病、先天性免疫缺陷者;

④ 有哮喘、荨麻疹等过敏体质者;

⑤ 罹患各种疫苗说明书中规定的禁忌症者。

第十九章

婴幼儿常见疾病及发育障碍

第一节 育儿员必知医学常识

6 个月到 3 岁婴幼儿抗病能力低,容易得感冒、扁桃体炎、气管炎、肺炎等疾病,1 岁左右的婴幼儿患病概率更高些。所以,及早发现婴幼儿的异常情况,采取有效的预防、护理措施对于减轻症状、防止疾病是极其重要的,正所谓"防患于未然"。

当然,育儿员不是专业医生,作为孩子的看护人,本着对家长负责、对孩子负责的态度,随时了解孩子的健康状况,及时对孩子的病情做出预判,在医务人员做出诊断后能给予正确的护理与记录,也是非常重要的。

一、婴幼儿日常观察护理

婴幼儿还不能用语言准确表达病痛,需要育儿员细心观察其精神状态,行动、面色、肤色、鼻息、口腔、呼吸和有无皮疹,尽早发现异常情况,及时进行治疗。如果手摸婴幼儿额头感到稍有热度,就应用体温计测体温确认。如果发现婴幼儿已患病,需要迅速就医诊治,不要盲目处理。

婴幼儿感到不适的主要反应是啼哭。在排除饥饿、便溺等因素后,应仔细检查婴幼儿的全身,从头到颈、到躯干、到四肢,稍用力抚摸一遍,再查看后背、颈下、腋窝、大腿根等部位。如果手触到有病痛的部位,婴幼儿会加剧哭闹或把成人的手拨开、拒按等。反复做几次,就可以发现病症的部位。

如果婴幼儿经常看东西时歪头或靠得很近,应考虑是否有斜视或视力异常、斜颈等;如果婴幼儿口齿不如同龄儿童那样清晰,应观察是否因舌系带过短影响了发音;如果婴幼儿对周围环境中突然出现的较大声响反应淡漠,应考虑是否有听力异常。

婴幼儿的精神状态是反映病情轻重的重要指标。一般来讲,如果面色红润、眼睛无神、正常玩耍、食欲好，说明问题不重；如婴幼儿面色发白、眼睛无神、哭声无力或异常，不吃奶，烦躁不安或嗜睡，频繁呕吐或腹泻等，说明情况较严重，应及时到医院就诊。

二、如何使用体温计

体温计用于测量人体温度。目前市场上常见的体温计有：水银体温计、电子体温计、红外体温计及人体温度快速筛检仪等，其原理各不相同，在使用时应按说明书使用，确保测量准确。

（一）水银体温计

（1）优点：最常见、最实用和最准确。

（2）缺点：容易摔坏，婴幼儿哭闹时不能准确测温。

（3）用法：

① 每次使用时，应用力甩动，使其液柱下降到 35 ℃刻度以下。

② 测量腋下温度时，应夹紧胳膊，使体温计感温泡与人体充分接触。如腋下有汗液，需擦干再量。

③ 测量时间不低于 5 分钟。

④ 读数时，一手拿住体温计尾部，即远离感温泡（有水银）的一端，使眼与体温计保持同一水平，然后慢慢地转动体温计，从正面看到很粗的水银柱时就可读出相应的温度值。

（4）注意：

① 多人混合使用，应注意卫生清洁。因其介质为水银，不能使用沸水来蒸煮消毒，可用医用酒精擦拭消毒。

② 如果不小心损坏，要把孩子迅速抱离或带离水银散落区域或房间，保持水银散落处的原状，注意不要踩到污染的区域；同时打开所有窗户，加强室内外空气流通，关闭屋内加热电器及其他的空调系统。用眼药水滴管、注射管、书签、名片或塑胶片等来收集散落的水银，绝对不能使用吸尘器、扫帚或任何毛巾来处理、擦拭，避免水银扩散。

（二）红外线耳温计、额温枪

（1）优点：使用方便，出结果最快。

（2）缺点：准确度不如水银温度计。如果测量部位有毛发等障碍物，很容易影响测量结果。

（3）用法：只需将探头对准内耳道、额头，按下测量钮，两三秒钟就可得到测量数据，非常适合急重病患者、老人、婴幼儿等使用。

（三）电子体温计

（1）优点：以数字形式显示体温，读数清晰，携带方便，使用安全。

（2）缺点：需要经常校对，准确性有待加强。

（3）用法：

① 使用前应检查电源情况，使用后即关机。

② 测量时应保持 5～10 分钟。测量中发出 BBB 蜂鸣提示声,表示体温数据正在锁定并记忆测量结果,不要立即取出,还需要进行数据微调,可能还会继续发出提示声。

（4）注意:

① 两次测量之间应有 1 分钟以上的时间间隔,否则,感温头会有上次测量的余温,影响下次的测量值。

② 如多人混合使用,应注意消毒,可在使用前后用酒精棉球对体温计感温部位进行消毒。

③ 不能在酒精中浸泡消毒,也不能在沸水中高温消毒。

育儿员可根据实际情况和孩子状态,选择合适的温度计。如果孩子正在哭闹、不配合,也可用电子体温计、红外线额温枪、耳温枪。

（四）注意事项

1. 最佳测量方法:多测几次以防偏差

孩子好动,若体温计移动了位置,或者体温计放置太靠后、靠前等,都会影响准确度,不妨多测几次。如果两次测量相差太大,再测第三次求证,以体温高的一次为准。

2. 最佳测量时段:安静下来后测量

孩子平均正常体温是 37 ℃,但一天中不同时期会有上下变化,孩子在哭闹、进食、运动后,体温即使达到 37.5 ℃也算正常。测量体温,最好在孩子完成进食或运动结束 30 分钟后再测,或是入睡、安静时测。

3. 误吞水银:喝牛奶或蛋清等待急救

若孩子不慎吞服体温计内的水银,应拨打 120 求救,等待期间用清水漱口、催吐,口服牛奶或蛋清,使其中的蛋白质和水银结合,保护胃黏膜。

三、婴幼儿用药

1. 用药原则

对于小孩子来说,生病是难免的。在喂孩子吃药前育儿员必须做到:确认药物种类是否正确;是否标示有特殊注意事项;是否在保质期内;药量是否正确无误;拿药的双手是否清洗干净。具体来说有以下几点:

（1）用法用量要精准。

不论是药品的使用时间、频率,还是次数、用量等,都需要育儿员严格管控。一旦超出剂量,就容易引发中毒;而剂量过少则不易达到疗效。就 1 岁以前的婴幼儿来说,最好以液体药为主,这样不但用量精确,婴儿也更易于接受。

（2）使用方法经医师确认。

虽然大部分婴幼儿用药对肠胃的伤害都很小,在饭前或饭后服用均可,但具体的使用方法仍需经过医师确认,才能保证收到最好的疗效,同时将对婴儿身体的影响降到最低限度。

（3）尽量不混合用药。

某些药物与乳制品相结合后会导致药效降低,因此不建议把药物加入牛奶中食用。

此外,葡萄柚汁会让药物的剂量相对变高,也建议避免并用。

（4）不自行服用药物。

即使是类似症状,只要不是专业医生,在判断上也很容易出错,毕竟前后病因可能有很大不同。尤其对于婴儿来说,除非出现特别紧急的情况,比如婴儿高烧不退,已经影响到神志清醒,否则在送到医院诊断前不要自行服用药物,以免影响医生的诊断。尤其是退烧药,只能让孩子暂时性退烧,并不会让病痊愈;如果一直使用药物反复退烧,很容易给孩子的肝肾增加负担,不要经常使用,应由医生先确认病因,然后再对症用药。

2.怎样给婴幼儿喂药

一般0～1岁婴儿的药物是液体的,需要用勺子或滴管喂。

如果是药液,在喂前先摇匀,根据医嘱,看准药瓶或量杯上的刻度,倒出需要的用药量;如果是药片,可将药片压碎,溶解于温开水中调匀。

（1）用勺子喂。

把婴儿先放在膝上,药液倒在小勺里,将盛有药液的小勺伸入婴儿口中,用勺底压住舌面,慢慢抬起勺子柄,使药物流入口中,待其咽下药液后再撤出勺子,若药液较苦,可以接着再喂点糖水。严禁捏住鼻子灌药。

（2）用滴管喂。

把婴儿抱在肘弯中,使其头部微抬高一些。把需要喂的药吸到滴管中,然后把滴管插入婴儿口中,轻轻挤压橡皮囊。

如果药物是片剂的,可以用两个勺子将药片捣碎,溶于水中再喂。如果婴幼儿不喜欢药物的味道,可咨询医生是否可以加点糖改善口味。

（3）注意事项。

喂药时态度要温和,让婴幼儿比较容易接受。如果态度生硬,婴幼儿产生恐惧心理就会拒绝服药。

严格遵照医生要求的药量和间隔期喂药。因为药物必须在血液中达到一定浓度后才能有效。

不管婴幼儿怎样啼哭,一定要保持镇定的情绪,坚持让婴幼儿把药吃完。

在婴幼儿啼哭时不要强行灌药,以免呛着。

四、如何带婴幼儿就医

婴幼儿容易患的疾病,通常是常见病,如呼吸道感染、腹泻等,如果没有特殊情况,最好的办法是就近就医。第一,大医院一般较远,增加路上的劳累;第二,大医院病人较多,就诊等候时间长,会增加交叉感染的机会。

（1）带婴幼儿去医院之前,要做好准备工作。比如,备好童车,冬天出门前包裹好婴幼儿,不能捂过多衣被,但要避免着凉;口罩、帽子、围巾备用,夏天要防晒。把婴幼儿放于童车中,或怀抱外出亦可,做好防风、雨、晒的准备。

（2）带一个背包,背包中的物品既要全面,又要轻巧。钱款和病历卡是较重要的一部分。如需急救,一边通知家长,一边打急救电话。

（3）看病时，要向医生说明婴幼儿就诊的原因，包括主要症状和发病时间。叙述病情一定要实事求是，切不可随意夸大病情。

（4）每次就诊时应带全上次患病过程的就诊记录。

（5）如有腹泻，一般需做大便检查，最好在家里留好大便，否则无法当时进行化验。大便标本要求存放在干净塑料袋或纸杯内（密封），送检时间不能超过2小时。

（6）在医生进行必要的检查后，对疾病作出诊断并开出处方时，要将婴幼儿是否有某些药物过敏史及时告诉医生，避免取药后不能用；如需打针要做好配合工作。

（7）取药物后要查对并了解具体用药的剂量和每日次数，了解是否需要复诊以及何时复诊。

第二节　婴幼儿常见病护理

一、发热

婴幼儿发热是父母经常遇到的状况。发热有几种不同的类型，父母要根据发热的不同原因和不同类型采取不同的处理手段，尤其是对于高热要分外注意。若高热持续不退，将会对婴幼儿的健康造成损害。

1. 症状表现

最直接的表现就是体温升高。从医学角度讲，虽然每个孩子基础体温不同，但当体表温度高于37.5 ℃时，就可以认定为发热。发热是一种症状而非疾病。

2. 居家护理

如果孩子发热诊断明确，或者孩子不能马上送医院，可以在家做如下护理：

（1）每日通风换气。

每天早晚开窗通风各1次，每次不少于30分钟；降低屋内的温度，使家里凉爽舒适；孩子的衣物穿少些。

（2）饮食清淡。

发热的孩子需要卧床休息，吃易消化、清淡、低脂的流质、半流质食物，如米汤、稀饭、蛋汤、面片汤等。不要给孩子喂食高脂肪高蛋白的饮食。

（3）不要强迫孩子进食。

发热时婴幼儿不想吃饭不要强迫孩子进食，只要给予足够的水分即可。多喝水有助于毒素排出。如果婴幼儿处于添加辅食阶段，要暂停新的辅食添加，等痊愈后再添加。

（4）冰敷和酒精擦浴不可取。

不要使用冰敷的方式帮孩子降温，因为血管接触冰袋后会收缩，皮肤温度看似下降，实际上热量却被困在体内无法散出，达不到理想的退热效果。

婴幼儿皮肤比较娇嫩，用酒精擦浴会比较容易造成婴幼儿皮肤过敏，或将酒精吸收入体内，造成酒精中毒。另外，酒精也可能与婴幼儿服用的药物产生冲突，导致孩子发生比较严重的危及生命的反应。

（5）不要捂汗。

不要用捂、盖等方式发汗，应给孩子少穿衣服，使体内热量散发出来。退热的根本是加快散热，捂盖很容易捂出大汗引发脱水，甚至使热量积于体内诱发热性惊厥。在做物理降温时应注意，每隔 20～30 分钟量一次体温，同时注意婴幼儿呼吸、脉搏及皮肤颜色的变化。

（6）不要随便服抗生素。

有的人只要婴幼儿一发热，就赶快给婴幼儿服用抗生素。这种做法是不科学的。

发热的婴幼儿应该去医院检查，查明病因，对症下药。滥用抗生素，非但无益，还可能会带来一些毒副反应，或招致二次感染，使病情更加严重。

3. 何时需要就医

发热并不是需要带孩子就医的唯一依据，育儿员应结合以下情况进行初步判断。不满 3 个月的孩子体温超过 38 ℃；3 个月以上的孩子体温超过 38.5 ℃，同时伴有下列情况：

（1）拒绝喝水。

（2）喝水较多但仍有不舒服的表现。

（3）排尿少，口干舌燥，哭时眼泪少。

（4）大孩子主诉头痛、耳朵痛、颈痛或说不出的不舒服。

（5）持续哭闹。

（6）表情淡漠。

（7）持续腹泻、呕吐。

（8）发热超过 72 小时。

4. 当婴幼儿发生"热性惊厥"

由于婴幼儿的神经系统发育不完善，高热时容易引起大脑皮层的过度兴奋，出现全身或局部的肌肉痉挛或抽搐，即是"热性惊厥"。

热性惊厥发生时引发呕吐并引起窒息的情况少有发生，不必过于紧张。但为安全起见，建议在孩子发生热性惊厥时立即解开孩子的衣扣，使其身体保持侧位，以免发生孩子咬伤舌头、噎呛、窒息等意外，并尽快送至医院诊断。

5. 关于退热药

当体温超过 38.5 ℃时，需使用退热药物帮孩子降温。选择时应注意药物成分及剂型。通常，儿科医生会推荐含有对乙酰氨基酚或布洛芬成分的退热药。常见的药物剂型有滴剂和悬液两种。其中滴剂的药物浓度要高于混悬，浓度不同，服用的剂量也有差异。

使用药物时，育儿员要注意以下几点：

（1）退热药均有最小服药间隔要求和服用次数限制，如果孩子服一种药后仍持续高热应遵医嘱，避免错服。

（2）服用一种药物后，如果出现呕吐，应遵医嘱选择另外一种药物。如果孩子不能耐受口服药物，可选择直肠内使用的栓剂。

（3）服用退热药后，还需保证孩子饮用足够的水、少穿衣服等，否则退热药效果会大

打折扣。

（4）退热药只是针对退热。引起发热的原因有很多，要咨询医生，对症治疗。

二、咳嗽

同发热一样，咳嗽也是人体的一种自我保护机制。当人体呼吸道受到病菌、过敏原、异物刺激时，为了应对刺激，就会出现咳嗽的症状，也就是说，咳嗽本身并不是疾病，而是人体受到刺激后的正常反应。孩子的呼吸道最容易受到感染和刺激，因此，更容易出现咳嗽的症状。长期的剧烈咳嗽，会影响孩子的睡眠及生活质量。

1. 咳嗽原因

引起咳嗽的原因有很多，具体来说：

（1）过敏。

孩子的抵抗力差，容易受到外界环境的影响。一旦冷空气或灰尘进入呼吸道，就会刺激气管，引起咳嗽。

（2）炎症感染。

当孩子患感冒、咽炎、气管炎、肺炎等疾病时，气管黏膜就会水肿、充血，发生炎症，这时即使没有痰，孩子也会咳嗽。

（3）异物刺激。

当气管内吸入异物，如奶液、米粒，或受到油烟、辣椒味刺激时，也会引起咳嗽。

2. 居家护理

引起咳嗽的原因不尽相同，只有找到"病根"，对症下药，才能彻底治疗咳嗽。

（1）吸入异物引起的咳嗽。

当奶液、食物渣等异物进入气管时，孩子会立即出现剧烈咳嗽。这时应鼓励孩子咳嗽，帮孩子变换体位，轻拍其背部，以助于异物咳出。当异物咳出来后慢慢就不咳嗽了，不需要特别治疗。但如果出现呼吸困难等严重异物卡喉的情况，则要立即将孩子送往医院抢救。

（2）过敏性咳嗽。

如果是因过敏引起的咳嗽，育儿员要排查过敏原。若无法确认孩子对何种物质过敏，可通过记录孩子饮食情况及生活环境、接触物等查找，并请医生确诊，以后避免接触过敏原，同时遵医嘱适当使用抗过敏药物。

（3）呼吸道炎症引起的咳嗽。

咽炎、气管炎、肺炎等疾病发生时，除了持续的严重咳嗽，常常还伴有发热、流涕、呼吸急促、吐黏稠痰液等症状，这时候要立即就医治疗原发病，单纯止咳只能是治标不治本。

3. 如何正确排痰

缓解咳嗽最主要的就是排出分泌物。孩子通常不会通过咳嗽将痰排出，当痰到咽部时，孩子可能就咽下去了。所以，室内要保持一定的温度、湿度，使痰液稀释容易排出。孩子咳嗽时，育儿员要竖抱孩子，让其趴在大人肩上，手成弓状，掌心向内拍后背促使痰排出（图19-2-1）。1岁以后，育儿员要有意识地教会孩子自己吐痰。

（1）位置和姿势。

让孩子趴着或侧躺着，适当垫高下半背部效果会更好。如果痰特别多而黏稠，可考虑加拍上胸部两侧，头稍低些会更好。头高位置仅适合咳嗽很有力的孩子。

（2）手法和力度。

空心掌叩击，手腕放松，力度以能明显感受到孩子胸部传递过来的震动，孩子表情自然为度，过大过小都不好。

（3）排痰时机。

为避免误吸，拍背一般选择空腹，即吃饭或喂奶前，或者进食后一个半小时以上。如果孩子在接受雾化治疗，在雾化后半小时左右拍背效果最佳。

（4）持续时间和频率。

一般一天 4 次，每次 5～10 分钟即可。给孩子及时清理口鼻分泌物，鼓励大孩子咳嗽拍痰。需要更频繁拍痰的孩子，建议去医院就诊。

如果稀释分泌物后，孩子并没有排出痰液，很可能是他将分泌物咽了下去。只要分泌物排出气道，就可以有效缓解咳嗽，没必要一定要孩子咳出来。

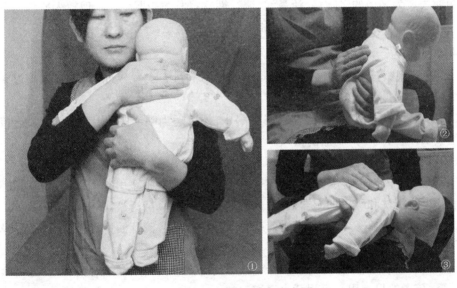

图 19-2-1　帮孩子排痰示意图

4. 何时需要就医

2 个月以内的孩子出现咳嗽症状需立即就医。

超过 2 个月的孩子，如果咳嗽时伴有以下症状之一，育儿员要尽快带孩子去医院：

（1）呼吸窘迫。

（2）年龄较大的孩子多次诉说咽喉痛、头痛等，同时出现喘鸣、呕吐及皮肤青紫。

（3）进食困难，睡眠质量严重下降。

（4）突然咳嗽不止，并伴有发热。

（5）孩子误吞异物，如食物或体积较小的玩具。

三、感冒

感冒是最常见的疾病,90%以上的感冒都是由病毒引起的。普通感冒是由以冠状病毒为主的多种病毒引起的,流感是由流感病毒引起的。普通感冒对孩子的威胁性不大,经过4～7天的发病过程(有时会持续到10天),通常会自行痊愈。流感对孩子的危害比较大,除了起病急、病情重外,还很容易引起中耳炎、肺炎、支气管炎、心肌炎、脑膜炎等并发症,甚至会给孩子造成生命危险。

1. 症状表现

孩子患普通感冒的症状主要有流鼻涕、咳嗽、鼻塞、打喷嚏、咽痒或咽痛等,有时还伴有发热。

流行性感冒是由流感病毒引起的呼吸道传染性疾病,多于秋冬季高发。相较于普通感冒,流行性感冒更加严重,且持续时间更长,主要表现为发热、咽喉痛、肌肉痛、疲乏无力等,接着会咳嗽、流鼻涕、鼻塞,甚至会引发肺炎。

如果在流感高发期出现感冒症状,育儿员要根据发病初期的症状进行初判:普通感冒发病初期表现为轻微的喉咙痛,流鼻涕,流行性感冒发病初期就会出现较为严重的发热和头痛,有时还伴有鼻塞,腹泻等呼吸道和消化道不良反应。

2. 居家护理

(1)注意观察孩子的体温,最好每隔2个小时测量一次。一旦孩子的体温超过39 ℃,应当尽快采取措施退热。

(2)及时为孩子处理鼻涕,让孩子多喝水,还可适当喂一些果汁或蔬菜汁,给孩子补充维生素C,适当减少奶制品的摄入。

(3)多休息,适当减少户外活动。

(4)保持屋内一定湿度,以缓解孩子鼻腔内的分泌物阻塞引起不适。可使用加湿器,但用前要彻底清洗和晾干加湿器,以防加湿器被细菌和真菌污染。

(5)如果孩子鼻塞,可以在吃奶前或睡前往鼻孔里各滴几滴生理盐水,再用吸鼻器吸出或用干净的棉签轻轻擦除。

(6)如果患了流感,育儿员应立即对孩子的卧室和日常用品进行消毒,卧室用食醋熏蒸法消毒,孩子的日常用品可用开水浸泡。

3. 何时需要就医

对孩子进行护理时,育儿员还应多观察孩子的呼吸、脉搏等情况。如果发现情况不对,要赶紧带孩子去医院就医:

(1)反复高热,使用退热药后效果不明显。

(2)年龄较大的孩子主诉耳朵痛,怀疑可能继发耳部感染。

(3)鼻塞、流黄绿色鼻涕,同时主诉头痛、眼痛。

(4)咳嗽时有明显痰音,并伴有喉痛、胸痛。

(5)腹泻,并出现疑似脱水症状。

(6)咳嗽剧烈、呼吸急促、喘鸣音明显,有时伴有呕吐。

4. 预防措施

增强机体抵抗力，防止病毒入侵是预防婴儿感冒的关键。

（1）雾霾天要使用空气净化器，并定时（最好是出太阳后）开窗通风，保持空气流通，避免病菌滋生、繁殖。

（2）6个月以下的孩子最好母乳喂养，并带孩子进行适度的室外活动，但要避免去人群密集、通风较差的室内场所。

（3）家长或育儿员进门后，要先彻底洗净双手、换好衣服。

（4）天气变化时，及时为孩子增减衣物，以免使孩子受凉，诱发感冒。

（5）鼓励孩子多喝水，促进体液循环，帮助排出毒素。

（6）如果母亲患了感冒，给孩子喂奶时要戴口罩，尽量降低孩子受传染的概率。

（7）感冒流行的季节，育儿员或父母都应少带孩子去公共场所，更不要让孩子接触感冒病人。

四、小儿哮喘

哮喘，又称"支气管哮喘"，是一种慢性呼吸道疾病。主要与过敏，特别是吸入物过敏有关，极易反复发作，反复咳嗽、喘息、气促、胸闷。多数患儿有湿疹、过敏性鼻炎或食物（或药物）过敏史及家族史。

1. 症状表现

通常在早晚和运动时咳嗽，发作时可以听到吹哨子似的喘息声音，呼吸比较困难，气息急促，严重的听不到哨子声，但伴有口唇青紫，锁骨肋骨凹陷，以及好像有什么东西压在胸口上似的胸闷感。

2. 居家护理

过敏是诱发哮喘的主要原因，一旦孩子哮喘发作，育儿员首先应查找疑似过敏原，用以给医生提供诊断信息：

（1）记录可能引起哮喘的过敏原。

（2）忌养小动物，以避免空气污浊和发生感染、过敏等。

（3）忌绒毛玩具、地毯、草席等，防止螨虫寄生。

（4）避免室内吸烟和喷杀虫剂。

（5）尽量避免食用海鲜等容易过敏的食物。

（6）选择适宜的运动。运动可诱发哮喘，但并非所有的哮喘都由运动诱发，即便孩子患有哮喘，也不应禁止所有运动。相反，哮喘患者的肺功能比较弱，更应选择适宜的运动方式，慢慢增加运动量，锻炼肺功能，避免运动性哮喘。

（7）对经常反复发作哮喘的患儿，可据医嘱在家里常备相关药物。

（8）重度发作的哮喘，应立即送医院治疗；哮喘反复发作的，应配合医生做好长期治疗计划并认真执行。

3. 何时需要就医

如果孩子出现下面任何一种情况，应及时带他就医：

（1）咳嗽时，有明显的喘息，或呼吸急促，甚至呼吸困难。

（2）突发剧烈咳嗽，并且呼吸困难。

（3）咳嗽时痰中带血，或者有黄色、绿色的黏液。

（4）咳嗽严重，且影响正常的进食和睡眠。

（5）咳嗽伴有发热，且精神状态差。

（6）咳嗽剧烈，出现呕吐。

（7）咳嗽超过2周，且没有好转的迹象。

（8）若孩子不满2个月，出现较为频繁的咳嗽，也应立即就医。

（9）如果孩子只是咳嗽、打喷嚏、流鼻涕，精神状态良好，一般无须就医，但要保证每日补充足够的液体。

（10）如果听到明显的痰音，要帮助孩子排痰（排痰法参考本章"如何正确排痰"）。

五、过敏性鼻炎

小儿过敏性鼻炎是指孩子对尘螨、霉菌、冷空气、花粉以及食物（如鸡蛋、鱼虾）、细菌感染（如细菌上的菌体）等产生的鼻黏膜的过敏反应，是一种常见的慢性鼻黏膜充血。

1. 症状表现

鼻塞，遇到冷空气会连续打喷嚏，经常流清鼻涕，可能伴有鼻子痒、眼睛痒和流眼泪的症状，表现为反反复复搓鼻子（抠鼻子）和揉眼睛（过敏性鼻炎引起的结膜炎）。

还有一些患过敏性鼻炎的孩子可以发展为突然阵发性咳嗽（干咳为主），甚至哮喘，称为"过敏性鼻炎哮喘综合征"。

2. 居家护理

（1）如果孩子对毛皮或螨虫过敏，把羽绒枕头、羽绒被子等统统撤掉；用吸尘器清洁环境，而不要用扫帚扫地；经常开窗透气，保持空气流通。

（2）如果是对食物过敏，育儿员要注意记录，积极排查，停止引起过敏的食物。

（3）如果过敏非常厉害，可遵医嘱采用相应的抗过敏药物，以缓解过敏症状。

（4）注意给孩子擤鼻涕的方法。如果是鼻塞多涕，轻轻按住孩子的一侧鼻孔，将鼻涕挤压出来，另一侧也用同样的方法擤。

（5）鼻炎期间，严禁给孩子食用油腻辛辣食物，多让孩子喝水，多吃水果蔬菜，保持大便通畅。

3. 预防措施

（1）保持鼻腔卫生：不要让孩子用手抠鼻子，平时可常给孩子做鼻部按摩。

（2）多加观察：发现孩子有小儿鼻炎的征兆，应尽快到正规医院就诊。室内空气过于干燥时，可使用加湿器，以缓解孩子的鼻腔不适症状。

（3）提前预防：如果是季节性过敏，比如说孩子每到九、十月份都会出现过敏性症状的话，最好提前一两个月就采取预防措施，症状也会减轻很多。

（4）多运动：多参加户外活动，锻炼体质，提高免疫力。

六、中耳炎

中耳炎发生在中耳部位,冬季和早春是高发期,诱发中耳炎的常见因素有上呼吸道感染、喂奶不当,以及外耳道分泌物蔓延。

1. 症状表现

由于孩子无法表达或不能准确表达自己的不适感觉,所以很难判断孩子到底是哪里不舒服。孩子如果患了中耳炎,也会有一些比较典型的表现,能够给育儿员一些提示:

(1)发生炎症一侧的耳朵附近头部剧痛,由于耳内疼痛,孩子会用手抓挠、揪拽、摩擦耳朵,不肯吃东西,哭闹,不愿意入睡。

(2)中耳炎往往伴随着突然发烧,体温可升至 37.8 ℃~40 ℃。

(3)看有无化脓。如果孩子耳朵中流出黄色、白色或含有血迹的液体,一旦发现孩子疑似患上中耳炎,应迅速带孩子到医院就诊,以免贻误时机。

2. 预防措施

(1)给孩子洗澡、洗头时要注意护好耳朵,防止污水流入耳内发生感染。

(2)给孩子喂奶时不要让孩子平躺,奶嘴孔也不要太大,以防孩子呛奶,奶液进入中耳。

(3)不要轻易给孩子掏耳朵,以免不小心刺伤耳内皮肤黏膜,引起感染。

(4)及时治疗感冒,因为许多小儿中耳炎都是由感冒引发的。

七、肺炎

肺炎是 2 岁以下的婴幼儿很容易患的呼吸系统疾病,多发于秋冬季和早春时节。和新生儿肺炎不同的是,孩子在婴幼儿期患肺炎通常是由细菌或病毒感染引起的。患感冒、水痘等疾病的孩子也很容易发生肺炎。

1. 症状表现

肺炎通常是上呼吸道感染向下蔓延所致,主要症状有:咳嗽、呼吸急促、流涕、发热(有时会出现高热,且会持续 2~3 天)等。发病 3~6 天后,大多数孩子会出现咳嗽加重、发绀(口唇青紫,有时候甚至连舌头都会发青)、呼吸困难等症状;有的孩子还会出现食欲减退、呕吐、腹泻、精神萎靡或嗜睡症状。

2. 如何区分感冒和肺炎

轻度的肺炎和感冒有些类似,很容易混淆。其实,只要掌握了"四看一数"的简易诊断法,就可以很轻松地把肺炎和感冒区别开来。

(1)"四看"。

看发热。肺炎发热孩子体温多在 38 ℃以上,并持续三四天不退;感冒发热则很少出现如此高热,持续时间也比较短。

看孩子的咳嗽及呼吸情况。肺炎引起的咳嗽比较严重,孩子多有呼吸困难、气喘现象;感冒引起的咳嗽一般较轻,很少引起呼吸困难。

看精神。感冒对孩子的精神影响不大,孩子感冒后玩耍、睡眠几乎和平时一样,不会发生很大的变化。如果孩子在发热、咳嗽的同时,精神萎靡、烦躁,发生肺炎的可能性比较大。

看饮食。感冒对孩子的饮食影响较小,即使因此减少吃奶量,也不会减很多;肺炎则会使孩子的食欲明显下降,甚至拒食。如果孩子一吃奶就哭闹,并具有以上所说的肺炎症状,发生肺炎的可能性比较大。

（2）"一数"。

"一数"是数呼吸次数。肺炎可以使孩子的呼吸变快。如果孩子的呼吸每分钟大于50次,就可能是患上了肺炎。

3. 居家护理

孩子患了肺炎应尽快到医院诊治。医生会根据孩子的症状、体征,结合仪器检查结果,给出治疗方案。育儿员在配合医生治疗的基础上,也要做好护理工作,使孩子早日痊愈。

（1）环境适宜。

孩子房间温度应保持在18 ℃～22 ℃,湿度应保持在50%～60%为宜。如果天气好,应注意开窗通风,同时借阳光中的紫外线杀灭房间内的病毒和细菌。

（2）好好休息。

一定要让孩子休息好。

孩子安静时可以平卧,注意每隔2～3小时帮孩子翻一次身,仰卧、左右侧卧交替进行,以防肺部长时间受压。

帮孩子翻身时,应轻轻拍打孩子背部,帮助孩子排痰,促进炎症的吸收。

如果孩子咳嗽或气喘,育儿员可将孩子抱起来,或用枕头等物将孩子背部垫高,使孩子呈半躺半坐位,减轻孩子的呼吸困难。

（3）清淡饮食。

3～4个月的孩子如果患了肺炎,最好吃母乳。

如果是人工喂养,可将配方奶调得稀一点,少量、多次地喂给孩子。不管是母乳喂养还是人工喂养,都要注意多给孩子喝水。

（4）症状监测。

休养时,育儿员应注意观察孩子的体温、脉搏、呼吸、血压、皮肤、神志、精神状态的变化。如孩子出现烦躁不安、面色发灰或青紫、喘憋、出汗、口周青紫、脉搏明显加快等异常,应立即通知医生采取相应措施。

4. 预防措施

（1）远离感染源。

秋冬流感流行季节少带孩子到公共场所去,以免无意中传染孩子。家里有人患了感冒一定要远离孩子。如果母亲患了感冒,喂奶时最好戴上口罩,防止通过呼吸道传染给孩子。

（2）拒绝被动吸烟。

被动吸烟很容易引发肺炎、气管炎,为了孩子的健康,父亲和其他男性成员一定不要在家中吸烟。

为保持室内空气清新,应定时开窗通风透气,并注意尽量使室内的温度、湿度保持在适合孩子生长发育的水平上。

（3）增强体质。

天气晴朗时,多带孩子到室外进行空气浴、日光浴。

在家时,多帮助孩子活动手脚,做婴儿体操,或勤给孩子洗澡,通过运动和洗浴刺激增强孩子的体质,提高孩子的抗病能力。

八、急性喉炎

1. 症状表现

小儿急性喉炎因病毒或细菌感染引起,常继发于上呼吸道感染,如普通感冒、急性鼻炎、咽炎,也可继发于流行性感冒、麻疹、百日咳等。高发于秋冬季,3个月~5岁之间的孩子更容易感染。

婴幼儿患急性喉炎时表现为声音嘶哑、犬吠样咳嗽和吸气性呼吸困难。其咳嗽特点是发出"空、空"的声音,称为犬吠样咳嗽,夜间症状会加重。患儿常有烦躁不安、发热、口周发青、出汗和呼吸困难等症状表现。

2. 居家护理

(1)积极配合医生治疗。

(2)保持呼吸道通畅,同时让患儿安静,避免烦躁哭闹,缓解呼吸困难,减少氧的消耗,以减轻喉部炎症。

(3)患儿出现呼吸困难应及时就医。如婴幼儿既往反复发作急性喉炎,建议家中备有雾化药物,孩子喉炎发作时及时雾化缓解症状;发热时应多喝温开水,或者给婴儿足够的热饮来舒畅喉咙。

(4)患儿的房间要保持一定的湿度,可打开窗子让空气流通,有效抑制干咳。

(5)患儿患有上呼吸道感染要及早治疗,以免加重炎症。

九、积食

1. 典型症状

积食是指婴幼儿乳食过量,损伤脾胃,使乳食停滞于中焦所形成的胃肠疾患。多发生于婴幼儿。主要表现为腹部胀满、大便干燥或酸臭,同时出现食欲不振、厌食、肚子胀、睡眠不安和手脚心发热等症状,甚至引起婴幼儿发热。

2. 居家护理

(1)调整饮食。

如果是母乳喂养,育儿员要提醒母亲少吃大鱼大肉,并在喂奶时适当缩短时间,让孩子少吃富含脂肪和蛋白质的后奶。

如果是配方奶喂养,育儿员可将奶粉冲稀一些,或适当减少奶量,以减轻孩子肠胃负担,促进孩子消化功能的恢复。

如果已经添加辅食,应尽量给孩子吃易消化的米粥、面汤、菜汤等食物,少让孩子吃蛋黄、肉泥等不易消化的食物。

(2)适当运动。

天气好的时候,育儿员应带孩子到户外活动半小时至1小时。不愿意外出,育儿员也可在家带着孩子做婴儿操,或为孩子进行腹部按摩,通过被动运动帮助孩子消积除滞,恢

复健康。

十、手足口病

手足口病是一种急性传染性疾病,主要由疱疹病毒和肠道病毒致病,常见于 5 岁以下的婴幼儿。该病没有免疫性,患一次后还可能再患。

1. 症状表现

手足口病潜伏期 2～10 天,起初的外在表现和普通感冒相同,如出现咳嗽、流鼻涕、烦躁、哭闹症状,多数不发烧或有低烧。发病 1～3 天后,婴幼儿口腔、手足、臀部和前阴等部位出现小米粒或绿豆大小、周围发红的灰白色小疱疹或红色丘疹,不痒、不痛、不结痂、不结疤,口腔内的疱疹破溃后即出现溃疡,会疼,导致孩子常常流口水,不能吃东西。如果疱疹破溃,极容易传染。

2. 居家护理

手足口病,应及时就医,同时还需要做好相应的护理工作:

(1)隔离消毒。

避免与外界接触,一般需要隔离 2 周左右。

孩子用过的物品要彻底消毒,可用含氯的消毒液浸泡,不宜浸泡的物品可放在日光下曝晒,每天可用醋酸熏蒸进行空气消毒。

(2)注意营养。

孩子患病后一般不愿进食,宜给清淡、温性、可口、易消化、柔软的流质或半流质食物,禁食冰冷、辛辣、咸等刺激性食物,也不要让孩子吃鱼、虾、蟹等水产品。

如果在夏季得病,需要注意预防脱水和电解质紊乱。

(3)护理口腔。

口腔疱疹破溃后会剧烈疼痛,导致孩子拒食、拒水,影响营养的摄入,严重时可能出现脱水。育儿员可以给孩子准备凉的流质食物,也可以多喝常温水。

饭前饭后用生理盐水漱口,对不会漱口的孩子,可以用棉棒蘸生理盐水轻轻地清洁口腔。

(4)皮肤护理。

保持皮肤清洁,防止孩子抓破皮疹感染;孩子的衣服、被褥要清洁;臀部有皮疹的孩子,应注意随时清理大小便,保持臀部的清洁干燥。

(5)注意降温。

如果孩子发热,要注意给孩子散热、降温。可以通过多喝温水或降低环境温度等方法降温,必要时服用退热药。

3. 预防措施

手足口病传播途径多,婴幼儿容易感染,注意卫生是预防本病的关键。

(1)饭前、便后、外出后要用肥皂或洗手液等给孩子洗手。

(2)不要让孩子喝生水、吃生冷食物,避免接触患病的孩子。

(3)接触孩子前、给孩子更换尿布时、处理粪便后均要洗手,并妥善处理污物。

（4）孩子使用的奶瓶、奶嘴、餐具等使用前后应充分清洗、消毒。

（5）本病流行期间不要带孩子到人群聚集、空气流通差的公共场所。

（6）注意保持家庭环境卫生，经常通风，勤对孩子的衣物、被褥进行晾晒或消毒。

十一、尿路感染

由于孩子身体发育尚不成熟，容易受细菌侵袭，再加之护理不当，也容易导致尿路感染。通常，女孩比男孩更容易发生细菌逆行的尿路感染。

1. 症状表现

有些孩子在排尿时会感到疼痛，也有些孩子会出现尿急、尿频症状。

（1）经常哭闹、不吃奶：可能是尿道不适、疼痛的表现。

（2）抗拒排尿、排尿哭闹：排尿疼痛的表现。

（3）尿布需要不断更换，每次排尿量却不多：可能是尿频、尿急的表现。

（4）会阴部位常有尿布疹、尿布有臭味：尿路感染的明显特征。

2. 何时需要就医

当孩子出现以下任何一种情况时，育儿员应引起重视，及时带孩子就医：

（1）尿液长时间呈黄色或深黄色，或者散发出难闻的气味。

（2）出生 6 周以内的婴儿出现发热症状。

（3）6 周以上的孩子发热超过 3 天，且没有其他症状。

（4）年龄较大的孩子主诉排尿疼痛，并伴有发热、尿液发黄、气味难闻等症状。

3. 居家护理

引起尿路感染的原因各不相同，但治疗和护理没有太大差别。

（1）在医生指导下进行抗菌治疗。即使孩子的临床症状消失、尿液检查正常后，也要遵医嘱再用药 2～6 周，并经 2～3 次尿液检查正常后再停止治疗。

（2）多喝水，增加排尿量。通过排尿对尿道的冲刷作用帮孩子祛除病菌，促进孩子早日康复。

（3）注意观察孩子尿色、尿量、排尿次数变化。孩子用的尿布和接小便用的痰盂最好为白色，其他颜色不利于直接观察尿液颜色，也不容易尽快发现孩子尿液中的异常，发现异常要及时向医生反映。

4. 预防措施

为预防尿路感染，育儿员一定要帮孩子保持好会阴和外阴部位的清洁卫生：

（1）及时更换、清洗孩子的尿布，并定期消毒。

（2）每次大便后要由前向后为孩子擦干净肛门，经常为孩子清洗臀部。

（3）从小给孩子穿内裤，尽量不穿开裆裤。

（4）不要让孩子趴或坐在地面上玩耍。

（5）加强孩子的营养补充和身体锻炼，帮助孩子增强体质，提高抗病能力。

十二、肠炎

小儿肠炎多因食用不洁食物引起,主要由于肠道内感染所致,如致病性大肠杆菌感染、肠道病毒感染(以轮状病毒多见),肺炎、中耳炎及喂养不当也会造成肠炎。小儿肠炎一年四季均可发生,1 岁半以下的婴幼儿发病率比较高。

(一)轮状病毒肠炎

1. 症状表现

轮状病毒肠炎每年秋天多发,多见于 6 个月～2 岁的婴幼儿,4 岁以后很少发病,潜伏期 1～3 天。该病发病急、伴有发热,也可表现为上呼吸道感染等症状,伴有呕吐,大便水样或蛋花汤样,无味,每日 5～10 次或 10 次以上。

本病为自限性疾病,自然病程 3～8 天,个别病程较长。大便镜检可见少量白细胞。感染后 1～3 天即有病毒从大便排出,可持续排毒 4～8 天,极少数可长达 18～42 天。轮状病毒肠炎一般预后良好,对症治疗就可以。

2. 预防措施

(1)母乳喂养。

(2)科学护理:孩子所有进嘴的玩具、食具都要彻底消毒。

(3)讲究个人卫生:育儿员做到配奶前、饭前、便后要洗手;外出归来将外衣脱去、洗干净手后再护理孩子。

(4)不要带孩子去公共场合,减少感染机会。

(5)接种疫苗。目前,可以通过接种轮状病毒减毒活疫苗进行预防,其保护率能够达到 73.72%,对重症腹泻的保护率达 90% 以上,保护时间为 1 年。轮状病毒疫苗属于计划外的疫苗,需要每年接种一次。

(二)诺如病毒肠炎

1. 症状表现

诺如病毒感染就是我们常说的胃肠道感冒。主要症状是呕吐、腹泻。多发于秋冬季节,其感染潜伏期多在 24～48 小时,最短 12 小时,最长 72 小时。大多数患儿都会出现呕吐,呕吐物多为所进食物,个别的可能会混有胆汁。大便次数增多,多为稀水便,少黏液,可见少许白细胞,伴有腹痛。有的孩子有发热现象。病程一般为 2～3 天。

2. 居家护理

这种疾病来得快去得也快,是一种自限性疾病,即使感染也会很快痊愈而不留后遗症。只要做好预防工作,完全可以避免。

(1)此病为病毒感染,无须使用抗生素。

(2)呕吐严重的患儿可以暂时禁食 4～5 小时,再给予一些好消化的食物。

(3)预防脱水,注意补液。腹泻严重的孩子可能出现脱水,可以给孩子口服补液盐或加盐米汤。具体的补液量可根据孩子的腹泻量衡量,应给予补充与流失数量相同的补液盐,并以少量多次口服的方式喂给孩子。

（4）当患儿体温高于 38.5 ℃时，可以服用退热药，但必须是 6 月龄以上的孩子。

（5）做好家里卫生间的消毒处理，因为发病 1～3 天是排毒高峰。同时，保证每天 2 次室内通风换气，每次 30 分钟。

（6）生病后及时隔离，尤其是已经上幼儿园或上学的孩子不要急于返校，以免交叉感染。

3. 预防措施

由于诺如病毒是通过粪—口、污染的水源、食物、物品、空气等传播的疾病，所以做好个人和环境卫生很重要。

（1）督促孩子饭前便后、外出回来认真用肥皂洗手。

（2）孩子所接触的玩具、文具以及生活用品要注意清洁、消毒。

（3）开窗通风，多做一些户外活动，尽量不去公共场合。

（4）多喝水，减少外出吃饭，尽量不吃生鲜、不熟的食物。

（5）打喷嚏时用手帕或者肘部堵住嘴巴，不要用手。

（6）保证孩子睡眠，让孩子休息好。

十三、呼吸暂停症

呼吸暂停症又称"小儿屏气发作"，大多与生气、身体不适或强烈的挫败感有关。一般在婴儿 1 岁左右出现，2～3 岁达到高峰，4 岁以后通常就不会出现了。

1. 症状表现

发作时的主要特征就是暂时性呼吸停止，嘴唇发青，严重的会身体僵直，抽搐，甚至失去知觉，整个发作过程约持续 1 分钟左右，严重的会持续 2～3 分钟，然后全身肌肉放松，呼吸和神志恢复。部分孩子发作过后可能会有短暂发呆，也有的孩子会立即入睡。

发作次数不定，严重的一天可能发作数次。随着年龄增长，发作次数逐渐减少，一般 4 岁以后就会停止发作。

2. 预防措施

可通过以下方式预防或减少婴幼儿屏气发作。

（1）淡化处理。

如果婴幼儿是因为要求得不到满足而发脾气导致屏气，育儿员可以采取淡化处理的方式。在婴儿哭闹时给予平和的回应，不要表现得特别紧张，更不要无条件地满足婴儿的要求，否则婴儿会养成依赖屏气而获得满足的坏习惯。

（2）关注婴幼儿情绪。

如果婴幼儿属于比较敏感、易受挫的性格，育儿员要多关注婴幼儿的情绪，不是一味地退让与配合，而是通过多种互动给婴幼儿更多的安全感。

（3）增强婴幼儿的适应能力。

多和同龄小朋友接触，锻炼社交能力，引导他在和同龄人相处的过程中，学会分享与合作。

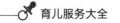

（4）就医检查。

如果婴幼儿确实因身体不适而导致屏气，需及时就医排查原因。如果经过引导，婴幼儿仍频繁出现屏气，或者屏气时间比较长，育儿员也应及时送婴幼儿就医检查。

十四、便秘

1. 母乳喂养儿便秘的喂养纠正

母乳喂养的婴儿较少发生便秘，但如果喂养不当，也可能发生便秘。如果妈妈本身就便秘，婴儿发生便秘的可能性会增加。所以，除了纠正喂养错误外，哺乳妈妈还要在医生指导下积极治疗便秘。

母乳喂养的婴儿发生便秘有几种情况，不同的情况处理方法也不相同：

（1）次数少，性质和量正常。

婴儿几天才排便一次（大便次数少），但大便量不多也不少，不干也不硬，婴儿没有什么不适，腹部不胀。这种情况的喂养纠正方法是：

适当增加喂养次数和量，观察婴儿是否能每天或隔天大便1次。

给婴儿定时进行腹部按摩。婴儿肠神经发育尚不完善，不能被肠内容物所刺激发生蠕动排便，按摩可增加肠蠕动速度。

6个月以上，添加辅食。吸收消化好，婴儿几乎把母乳都消化了，没有产生足够的残渣来形成大便。

妈妈适当增加纤维素食物，不要吃得太过精细，增加婴儿大便中的残渣。

（2）次数少，干硬。

婴儿几天才排便一次，且大便干硬；有时前面的干硬，后面的正常；排便困难，甚至不干预不排便，但腹部不胀。这种便秘的喂养纠正方法是：

妈妈要保证每天摄入2 000毫升以上的水，纯水摄入量不应少于800毫升。纯母乳喂养的婴儿，6个月内不需要添加任何食物，包括水。如果妈妈不喜欢喝水，吃得咸，天气比较热，婴儿吃了缺水的乳汁，就会发生便秘。

6个月以上添加了辅食的婴儿，每天需要补充水120毫升左右，如果一点水也不喝或喝得少，婴儿就可能出现大便干燥。

适当增加喂养次数和量，观察大便是否有所改善。

妈妈吃得过于精细，膳食纤维摄入少；妈妈食物过于味厚甘腻，婴儿有食火；妈妈吃辣等都可能引起婴儿便秘。因此，妈妈需要摄入更多的粗纤维、蛋白质、矿物质以及维生素，蔬菜和水果不可偏废。

添加辅食谷物、蛋肉、蔬果按照2：1：1比较合适。过多添加蛋肉会引起婴儿便秘。

（3）次数少，量也少，不干硬。

婴儿几天排便1次，每次大便量不多，也不干硬。婴儿不胖，比较爱哭闹，吃奶不是很好，辅食吃得也不是很好。可服用益生菌1周，增强婴儿胃肠消化能力，观察大便情况是否有改善。

（4）次数少，量却多。

婴儿几天甚至1周才排大便1次，大便量比较多，排便前有明显的腹胀，几乎每次都需要干预(开塞露或用肥皂条刺激)才能排出大便。这种情况需要看儿外科医生,排除先天性巨结肠的可能。

(5)次数不少,但干硬。

婴儿一两天排便 1 次,甚至 1 天排两次,最长也不超过 3 天,但大便比较干硬,没有明显的腹胀。主要纠正妈妈的饮食结构。减少易上火、太油、太甜、太咸的食物,最好不吃辣,要少盐,多食清淡的食物,适当增加纤维素高的食物。如果已经添加了辅食,要给婴儿补水,适当增加蔬菜和杂粮的摄入。

2. 配方奶喂养儿便秘的喂养纠正

配方奶喂养的婴儿,发生便秘的概率高于母乳喂养的婴儿,如果配方奶喂养再额外补充钙剂,发生便秘的几率更高。配方奶喂养婴儿的大便次数少,多成淡黄或土黄色,成条形,质地比较硬。

纠正办法:

(1)如果婴儿在新生儿期就发生了便秘,建议更换配方奶,选择含矿物质和钙相对低些的配方奶。

(2)使用纯净水而不是矿泉水冲调配方奶,也可用烧开放温的自来水冲兑。

(3)试着增加水量。配方奶喂养的婴儿必须喂水,奶量与水的比例是 100:15。夏季可以适当多喝些,一天能喝多少水也要尊重婴儿的选择。如果婴儿不喜欢喝水,奶量与水的比例最好能达到 100:10。不能通过把奶配稀来解决便秘问题,会造成婴儿营养摄入不足。

(4)给添加辅食婴儿喂些果水或菜水,观察大便情况是否有所改善,如果添加了 3 天无改善,就不要再添加。

(5)是否近日有"火"(有眼屎、口中有酸腐味、舌苔黄、尿黄、肛周红晕、手心热等),试着减少奶量一次。

(6)给婴儿服用益生菌或含有低聚果糖的益生菌缓解便秘,最长服用时间 3 个月。

(7)定时给婴儿做腹部按摩,让婴儿养成定时排便的习惯。

3. 混合喂养儿便秘的喂养纠正

如果混合喂养的婴儿发生了便秘,可通过让婴儿多吸吮母乳来缓解便秘。同时妈妈要注意补充水分,不要吃辣。如果妈妈本身就有便秘,首先要解决妈妈的问题。

4. 婴幼儿便秘的喂养纠正

(1)适当增加蔬菜、水果、杂粮的比例,减少肉蛋的比例。但注意幼儿需要摄入比成人高 2 倍以上的蛋白质。

(2)适当增加高纤维素食物的摄入量。但纤维素不含热量,过多食入会影响蛋白质和矿物质的吸收,所以婴幼儿不宜大量摄入高纤维素食物。

(3)不要超量补钙及其他矿物质,过多摄入钙会引起便秘。婴幼儿只要饮食正常,每天有适宜的户外活动,不需要额外补钙。

(4)如果婴幼儿还以配方奶为主要食物来源,不但对生长发育不利,也会引起便秘。

(5)吃过多的肉类食物也会引起幼儿便秘,尽管婴幼儿需要高蛋白质饮食,但也不是肉越多越好,不能忽视五谷和蔬菜。

(6)父母一方或双方有便秘的,婴幼儿发生便秘的机会增加,处理起来也比较棘手。养成良好的排便习惯,对缓解习惯性便秘很有帮助。

(7)肛门有不适时,婴幼儿会拒绝排便,由此导致便秘。要积极治疗婴幼儿肛门疾病,如肛裂、痔疮、肛周红肿等。

(8)不要轻易给婴幼儿服用治疗便秘的药物,以免影响正常的肠胃功能。

5.刺激排便的方法

(1)腹部按摩法。

把整个手掌平放在孩子腹部,手掌心对着脐部,手掌向下按压约1厘米,在按压的同时做顺时针方向按摩(图19-2-2),手掌不离开孩子腹部。每次按摩20次。

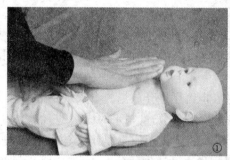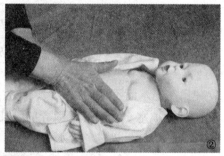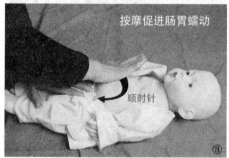

图 19-2-2　腹部按摩法

(2)双下肢运动法。

孩子仰卧在床上,育儿员两手握住其脚踝,膝关节屈曲,小腿水平位,大腿垂直位,育儿员双手向前推,使孩子大腿贴近腹部,再拉回至原位(图19-2-3)。反复做20次。

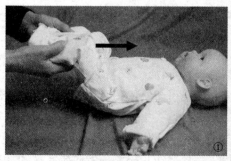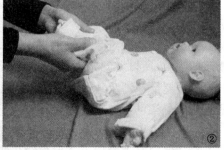

图 19-2-3

（3）热气蒸熏法。

把热水放入盆中，像把便一样抱起孩子，肛门对准水盆，热气蒸熏肛门处，同时，育儿员用手指轻轻按摩孩子肛门周围。

（4）肥皂条法。

切一条长 5 厘米，底边 0.5 厘米的正长方体透明皂条，用手搓成圆柱状，头部蘸水后，轻轻刺激肛门几下，然后慢慢插入肛门约 1 厘米，抱起孩子。孩子会在肥皂条的刺激下开始有便意。

十五、中暑

1. 症状表现

2 岁以下孩子体表面积相对较大，容易吸收环境中的热量，排汗功能和循环能力却比较差，比较难以排出体内热量，因而很容易发生中暑。典型表现是不出汗的高热，通常体温达到 38 ℃以上，孩子皮肤发红、发热、干燥、无汗，十分烦躁，爱哭闹，呼吸及脉搏加速，严重时可能抽搐或昏迷。

2. 紧急处理

（1）发现孩子中暑后，育儿员应立即把孩子转移到通风、阴凉、干燥的地方，如走廊、树荫下。如果孩子呕吐，应及时将孩子口中的呕吐物清理干净，帮孩子保持呼吸通畅。

（2）让孩子仰卧，解开衣扣，脱去或松开衣服。如孩子的衣服已被汗水湿透，应及时给孩子更换干爽的衣服，同时打开电扇或空调，尽快散热，但风不要直接朝孩子身上吹。

（3）给孩子洗温水浴降温，不要用冰块。当孩子的体温降到 38 ℃左右时，父母应停下来观察孩子的体温是否继续下降。如果孩子的体温下降，可以不用继续采取降温措施，让它自然恢复正常。如果再次上升，不但要继续降温，还应该尽快向医院求援。

（4）如果孩子昏迷，清醒前不要让孩子进食或喝水；清醒后，育儿员可给孩子喂一些绿豆汤、淡盐水解暑，但要注意少量多次，每次的饮水量不能超过 300 毫升。

3. 预防措施

（1）合理安排孩子的作息时间，如遇高温天气，尽量减少带孩子外出。

（2）延长孩子午睡的时间。多喝些淡盐开水、绿豆汤，每天勤洗澡。

（3）外出一定要做好防晒、防暑工作。

十六、流行性腮腺炎

腮腺炎可分为两种：一种是由腮腺炎病毒引起的急性呼吸道传染性疾病，也就是病毒性腮腺炎，其中最常见的就是流行性腮腺炎，简称流腮；另一种是由其他问题导致的腮腺肿大，比如化脓性腮腺炎。

流行性腮腺炎是一种自限性疾病，1 岁以后的孩子都可能感染，一次感染后即可获终身免疫。

1. 症状表现

最典型的表现就是脸部肿胀，通常表现为一侧或两侧以耳垂为中心向前后、下方扩展的肿胀,触碰时有疼痛感,孩子张嘴或咀嚼时疼痛感加剧。此外,发热、乏力、厌食也是腮腺炎的常见症状。

2. 居家护理

(1)遵守医嘱,积极配合医生治疗。

(2)饮食清淡,可准备些易于下咽,好消化的流质、半流质食物或软食,避免让孩子吃酸性及刺激性食物。

(3)多喂水,添加辅食的婴幼儿,还可以将一些酸味不大的新鲜水果切碎或者榨成汁喂给孩子吃。

(4)室内保持空气流通,经常打开室内所有门窗,使空气对流。

(5)保持孩子口腔清洁卫生,注意饭后漱口。

(6)孩子所有饮食用具与其他家庭成员的用具分开,定时煮沸消毒。

(7)孩子的衣服、被褥等,生病期间可拿到室外曝晒;脸盆、毛巾、手绢等,每天需用开水烫 1～2 次。

(8)加强观察,如有任何异常及时送医院诊疗,不可耽搁。

(9)腮腺炎病毒通过打喷嚏、咳嗽便可传播,而且腮腺肿前 6 天及肿后 1 周均有传染性,所以必须将孩子隔离至腮肿退后 1 周。在此期间,避免让孩子与其他孩子接触,防止病毒传染。

3. 预防措施

(1)流行性腮腺炎高发期,最好不要带孩子去人多的公共场所。

(2)发现周围有患小儿腮腺炎的孩子时,不要让自己的孩子与其接触,避免病毒传染。

(3)保证孩子饮食均衡、营养全面;平时多帮助孩子锻炼身体,以提高孩子的抗病能力。

(4)给孩子接种腮腺炎疫苗,18 个月时接种第一剂,4～6 岁时接种第二剂。如果 18 个月时错过了第一剂接种,可以在 4 岁时进行补种,共补种 2 剂,第一剂和第二剂之间需间隔 1 个月;如果 18 个月时接种了第一剂,但 4～6 岁时错过了第二剂,同样需要补种 2 剂,第一剂和第二剂之间也间隔 1 个月。

十七、扁桃体炎

扁桃体炎是儿童时期的多发病、常见病,分为急性和慢性两种,主要症状是咽痛、发热及咽部不适等。此病可引起耳、鼻以及心、肾、关节等局部或全身的并发症,应予以重视。

1. 症状表现

如果是由细菌所致,一般症状比较重,起病比较急,可能还伴有恶寒及高热,体温可以达到 39 ℃～40 ℃。咽痛会比较明显,特别是吞咽时更加严重,甚至可以放射到耳部。

如果是由病毒引起的,一般局部和全身症状都比较轻,扁桃体充血,表面没有渗出物。

2. 居家护理

(1)孩子发病时应让其卧床休息,多饮水排除细菌感染后在体内产生的毒素。

(2)用淡盐水给孩子含漱,每日几次,保持孩子口腔清洁无味。

(3)体温过高时,最好使用物理降温法降温,用温热毛巾擦拭孩子头颈、腋下、四肢等处,帮助散热,或洗温水浴降温,防止孩子发生惊厥。

（4）保持孩子大便通畅,大便秘结时可服用缓泻药。

（5）如果使用抗生素治疗,要严密观察孩子的体温、脉搏变化情况。如果持续高热不退,可在医生的指导下加大剂量或更换药物。

（6）如果患的是急性扁桃体炎,细菌或病毒毒素可能会进入血液循环,引起严重的并发症,育儿员要密切观察孩子的病态发展,确保送医及时,最大限度降低并发症的发生。

3. 预防措施

（1）多活动,加强锻炼,增强身体的抵抗力。

（2）注意环境气候变化。冬季居室内与室外温差不要相差太大,温度不可调得太高,一般不要高于 25 ℃。如果要外出时,先开门在门口适应半分钟再出去。

（3）室内空气保持新鲜流通,保证居室适宜的湿度,相对湿度在 45%～55% 为宜。

（4）本身就有慢性扁桃体肥大的孩子,早晚用淡盐水漱口。儿童医院里也有专门针对慢性扁桃体炎的漱口液,对预防慢性扁桃体炎的反复发作效果不错。

十八、视力问题

1. 斜视

婴幼儿 4 个月之前,有时很难区分真性斜视和正常的斜视。过了 4 个月以后,如果婴幼儿经常出现斜视,就应该去医院眼科进行检查。如果婴幼儿一侧眼睛视力不好,经过治疗可以矫正。

如果单侧眼斜视得不到有效治疗,会严重影响孩子的正常视觉发育。当一只眼处于斜位时,可引起视物成双或视物混乱等不适,大脑会主动抑制斜视眼,让其视力达到 0.1 甚至更低。如果斜视眼的功能长期被抑制,便会形成弱视。

此外,斜视还会直接影响婴儿的外貌,导致婴幼儿被其他小朋友取笑,给婴幼儿造成心理伤害。因此,育儿员和家长在日常护理过程中,要注意婴幼儿的眼睛是否有真性斜视,尤其是在婴儿出生 4 个月后。早发现早治疗。

2. 弱视

（1）概述

弱视是儿童发育过程中的常见病,眼睛没有器质性病变,发病率约为 2%～3%。中华医学会眼科学分会斜视与小儿眼科学组将弱视定义为:"3 岁以下儿童矫正视力低于 0.5,4～5 岁低于 0.6,6～7 岁低于 0.7" 即为弱视。弱视会导致儿童单眼或双眼视力低下,严重影响双眼视功能,成为立体盲,不及时矫正,会给孩子的生活带来极大困扰。

弱视治疗效果与年龄有密切关系,年龄越小,效果越好。4 岁前是视觉发育的关键期,及时发现弱视并给予相应治疗,弱视完全可以治愈。

（2）如何早期发现孩子弱视

在日常看护孩子的过程中,育儿员要协助家长细心观察孩子平时的表现,如 8 个月以后的婴幼儿仍然是斜视,或者看东西时常常歪头、眯缝眼、近距离视物,就应该及早去医院眼科就诊。

孩子视物时,育儿员可有意识地遮挡孩子的一只眼睛,让另一只眼睛看东西,如果孩子表现得很安静,则说明未遮挡的眼睛没有问题。如果孩子哭闹或者用手试图推开遮挡物,那只未遮挡的眼睛就可能有问题。遇到这种情况应及时去医院眼科就诊检查,医生会根据弱视的具体分类进行对应的处理。越早矫正,治疗效果越好。

3. 近视

(1)概述。

正常人的眼睛在静止状态时,对由远距离(5 米以上)的物体发出的或者反射的平行光线,进入眼后经过屈光系统,其焦点恰好落在视网膜上,即屈光度等于零时的视力,医学叫正视眼。也就是人站在距离视力表 5 米的地方,测量视力为 $\geq 1.0(\geq 5.0)$ 则为正视眼;如果焦点落在视网膜前面,就形成了近视眼。

孩子一出生时是生理性远视,随着眼睛的发育,逐渐会从生理性远视过渡为正视,5～6 岁成为正视眼。

(2)0～6 岁孩子正常的视力范围。

1 岁时孩子的视力(医学上称为视敏度)为 0.2;2 岁时为 0.4～0.5;3 岁以上可以用视力表进行视力检查,3 岁时为 0.5～0.6,正常值下限为 0.4;4 岁时为 0.7～0.8,正常值下限为 0.5;5 岁时为 0.8～1.0,正常值下限为 0.6;6 岁时为 1.0 以上;6～7 岁正常值下限为 0.7。

如果孩子视力低于正常值下限或者双眼视力相差超过视力表两行,就要及时去医院做进一步检查。

(3)预防措施。

加强户外活动。研究显示,只要户外时间足够多,孩子近视发病率就低。这是因为光照能促使视网膜释放多巴胺,多巴胺可以避免眼睛变形,预防近视。育儿员要多带孩子进行户外活动,刺激多巴胺的释放,有助于预防近视的发生或者减轻近视的症状。尤其是对于家庭中有近视眼史的孩子更应保证充足的户外活动时间。

尽量减少看电视、电脑等电子产品的时间。

定期检查,防患于未然。

第三节　婴幼儿早期发育障碍

每个孩子都有其独特的发育节奏,有的孩子在学习某些技能方面可能显得稍快一些,有些孩子可能稍慢些,需要更多的时间。然而,明显的发育迟缓还是越早诊断出来越好,以便获得正确的治疗,保证孩子健康成长。

儿童期可以确诊的发育障碍包括智力障碍、语言和学习能力失调、脑瘫、自闭症以及感官障碍,例如失聪或失明等。育儿员在照护孩子过程中,要用心观察,如果发现孩子的发育速度和同龄的其他孩子差别很大,可以建议父母带婴儿做一个全面的发育和健康方面的医学检查。对 3 岁以下存在发育迟缓或有疾病导致高风险发育迟缓的儿童越早进行干预越有效。

一、自闭症

1. 概述

自闭症(也称"孤独症")谱系障碍影响孩子的行为、社交和沟通能力,可伴随患儿终身,并严重损害患儿与他人交流的能力。这种疾病的症状和病情严重程度差异非常大,有的只是出现轻微的社会意识不同,而有的却会发展为严重的行为障碍。

患儿一般会出现语言能力发育迟缓,也有可能出现习惯性行为(每次都只吃很少量的食物)、重复性行为(不断地开灯、关灯,只对一个话题感兴趣或出现不停地滚来滚去等行为),以及和他人沟通时不能进行正常的眼神交流等。

2. 具体表现

社交障碍症状通常在孩子1岁内就会发现(虽然可能很轻微),语言障碍在2岁时更加明显,重复性行为可能出现更晚。很多孩子也有智力缺陷,不过大多数孩子智力测验分数表现正常。具体表现有:

(1)语言功能发育延迟或发育不良。说话用词往往词不达意,或者只能简单重复他们听到的语言,不能正确表达。

(2)很可能做出一些伤害自己的行为。例如用头乱撞或咬自己等,或者对他人表现出攻击性或大发脾气。

(3)相较于质地柔软的毛绒或充气玩具,更喜欢坚硬的物品(例如,钥匙、圆珠笔、手电筒),而且喜欢一直握着它们,不愿意放下。

(4)对气味、光照、声音、触摸和手感非常敏感,痛觉的阈值似乎更高。

(5)2岁前不会使用2个字的词语。

(6)语言能力看似正常,但语言使用和其他交流方面能力不足。

(7)被叫到名字没有反应。

(8)不听从教导。

(9)常无法解释自己想要什么。

(10)听力似乎有时不好,有时正常。

(11)与他人互动时极少有眼神交流。

(12)面对别人的微笑不会报以微笑。

(13)不会挥手告别。

(14)会暴怒。

(15)更愿意一个人待着,不喜欢和其他小朋友互动。

(16)常常沉浸在自己的世界里。

(17)对某个玩具或物品表现出异常依恋。

(18)对活动顺序表现出异常执着(例如,通常都是先戴帽子,突然被要求先戴手套,就会感到沮丧)。

(19)花费过多时间按特定顺序进行排列。

(20)常常重复相同的行为,例如转手、拍手,或者捻弄自己的头发等重复性动作,似乎无法转移注意力做其他的事。

（21）似乎过度活跃，对于要求不予配合甚至抗拒。

（22）某些行为领先于同伴，似乎非常独立。

需要提醒的是，所有孩子不会完全一样，他们表现出来的症状和体征也会有差异。是否为自闭症，一定要请专业医生诊断，不可妄加揣测。

二、多动症（注意缺陷多动障碍）

1. 概述

2～3 岁的孩子通常都很活跃、冲动，注意力集中时间短，这是很自然的。而真正患有多动症（注意力缺陷多动障碍）的孩子很明显会比同龄人更活跃、更容易分心、更容易情绪激动。

（1）总是凭一时冲动行事，在聆听或者观看周围事物时，很难集中注意力。

（2）睡眠也可能有问题。

（3）在控制自己的冲动和情感方面发育较慢，在培养与年龄相符的注意力方面也相对落后。

（4）比同龄人更加唠叨、情绪化、苛刻、叛逆、不听话。

成年人或者父母更容易对患有多动症的婴幼儿产生消极的、惩罚性的、控制性的反应，而这只会让孩子更消极地看待自己。如果父母拥有健康的情感和良好的行为管理原则，通常能取得较好的结果。

2. 具体表现

确定孩子是否患有多动症最好的办法，就是连续几天或几周观察孩子与同龄人相处的情况。具体表现如下：

（1）对吸引其他同龄人的事物很难集中注意力。

（2）由于注意力不集中，甚至很难完成简单的指示。

（3）很冲动。例如，经常不看路就跑到路中间，打断别的孩子玩耍，不顾后果地乱跑。

（4）不必要地加快活动节奏。例如，不停歇地跑或跳。

（5）突然不合时宜地情绪爆发。例如哭泣、生气地怒吼、打人或者沮丧。

（6）因为被训的时候没有认真听，导致不良行为屡教不改。

如果育儿员在日常生活中持续地观察到上述迹象中的几个，应该及时和父母沟通，并建议其向儿科医生咨询。医生会对照注意力缺陷多动障碍的标准，对孩子做检查，以排除可能导致这些行为的其他原因，做进一步的诊断。

三、脑瘫

1. 概述

脑瘫是指由于出生前后、出生时及脑发育早期因各种原因所致的非进行性脑损伤或脑发育缺陷，损害了大脑中枢神经系统而致的非进行性中枢性运动功能障碍。孩子有可能患上脑瘫的主要迹象是他无法完成相应年龄段应该能完成的协调运动。

2. 具体表现

如何发现小儿异常呢？参考北京医院儿科专家鲍秀兰教授的建议,应从以下几方面观察:

(1)2月龄不会和妈妈对视,逗引不会笑。

(2)3月龄不会发声,仰卧位头眼不能水平追视移动玩具转动180°;俯卧位不能抬头;下肢僵硬,换尿布困难;肌张力低下,身体发软;自发运动减少;单侧肢体活动对侧减少。

(3)4月龄坐位时头向后仰;不会转头看向声源;手紧握拳不松开;俯卧位不能抬头;臀高于头。

(4)5月龄不会翻身;不会用手将物品放进嘴里。

(5)6月龄不会扶坐;不会主动拿物体;不会笑出声;发音少;对照顾他的人漠不关心。

(6)6～7月龄迈剪刀步(迈步时两腿交叉)。

(7)8月龄不会独坐;不会双手传递玩具;不会区分生人和熟人;听到声音无应答。

(8)10～12月龄不会爬;不会扶站和扶走;不会拇指、食指对捏抓小物品;不会听语言用动作表示,例如用摆手表示再见或拍手表示欢迎;不能有意或无意发"妈妈"和"爸爸"音。

(9)18月龄不会独走;不会有意识叫"爸爸"和"妈妈";不会按要求指人或物;不能讲5个单词;不会模仿动作或发音。

(10)2岁不会扶栏上楼梯(台阶);不会跑;不会使用2个词的句子;不会用匙吃饭。

(11)2岁半走路经常跌倒;兴趣单一,刻板;不会说2～3个字的短语;不会向大人表示小便。

育儿员如果发现孩子出现以上所列情况,应建议父母及早找有经验的专业医生进行检查,给予正确的评价和指导。

第二十章

相关法律法规

　　法律是社会行为的规范和准则。作为育儿员，我们要努力提高法律意识，主动学习、自觉践行相关法律法规，不断增强依法办事的能力。本章节选了部分与育儿员工作密切相关的法律、法规知识，希望每一位育儿员能以道德为基石，以法律为准绳，内化于心，外化于行，做好本职工作。

一、中华人民共和国劳动法的相关知识

　　第一章　总则

　　第三条　劳动者享有平等就业和选择职业的权利、取得劳动报酬的权利、休息休假的权利、获得劳动安全卫生保护的权利、接受职业技能培训的权利、享受社会保险和福利的权利、提请劳动争议处理的权利以及法律规定的其他劳动权利。

　　劳动者应当完成劳动任务，提高职业技能，执行劳动安全卫生规程，遵守劳动纪律和职业道德。

　　第四条　用人单位应当依法建立和完善规章制度，保障劳动者享有劳动权利和履行劳动义务。

　　第三章　劳动合同和集体合同

　　第十七条　订立和变更劳动合同，应当遵循平等自愿、协商一致的原则，不得违反法律、行政法规的规定。

　　劳动合同依法订立即具有法律约束力，当事人必须履行劳动合同规定的义务。

　　第十八条　下列劳动合同无效：违反法律、行政法规的劳动合同；采取欺诈、威胁等手段订立的劳动合同。

　　无效的劳动合同，从订立的时候起，就没有法律约束力。确认劳动合同部分无效的，如果不影响其余部分的效力，其余部分仍然有效。

劳动合同的无效,由劳动争议仲裁委员会或者人民法院确认。

第十九条　劳动合同应当以书面形式订立,并具备以下条款:劳动合同期限;工作内容;劳动保护和劳动条件;劳动报酬;劳动纪律;劳动合同终止的条件;违反劳动合同的责任。

劳动合同除前款规定的必备条款外,当事人可以协商约定其他内容。

第二十条　劳动合同的期限分为有固定期限、无固定期限和以完成一定的工作为期限。

劳动者在同一用人单位连续工作满十年以上,当事人双方同意续延劳动合同的,如果劳动者提出订立无固定期限的劳动合同,应当订立无固定期限的劳动合同。

第二十一条　劳动合同可以约定试用期。试用期最长不得超过六个月。

第二十二条　劳动合同当事人可以在劳动合同中约定保守用人单位商业秘密的有关事项。

第二十三条　劳动合同期满或者当事人约定的劳动合同终止条件出现,劳动合同即行终止。

第二十四条　经劳动合同当事人协商一致,劳动合同可以解除。

第二十五条　劳动者有下列情形之一的,用人单位可以解除劳动合同:在试用期间被证明不符合录用条件的;严重违反劳动纪律或者用人单位规章制度的;严重失职,营私舞弊,对用人单位利益造成重大损害的;被依法追究刑事责任的。

第二十六条　有下列情形之一的,用人单位可以解除劳动合同,但是应当提前三十日以书面形式通知劳动者本人:

劳动者患病或者非因工负伤,医疗期满后,不能从事原工作也不能从事由用人单位另行安排的工作的;劳动者不能胜任工作,经过培训或者调整工作岗位,仍不能胜任工作的;劳动合同订立时所依据的客观情况发生重大变化,致使原劳动合同无法履行,经当事人协商不能就变更劳动合同达成协议的。

第二十七条　用人单位濒临破产进行法定整顿期间或者生产经营状况发生严重困难,确需裁减人员的,应当提前三十日向工会或者全体职工说明情况,听取工会或者职工的意见,经向劳动行政部门报告后,可以裁减人员。

用人单位依据本条规定裁减人员,在六个月内录用人员的,应当优先录用被裁减的人员。

第二十八条　用人单位依据本法第二十四条、第二十六条、第二十七条的规定解除劳动合同的,应当依照国家有关规定给予经济补偿。

第二十九条　劳动者有下列情形之一的,用人单位不得依据本法第二十六条、第二十七条的规定解除劳动合同:

患职业病或者因工负伤并被确认丧失或者部分丧失劳动能力的;

患病或者负伤,在规定的医疗期内的;

女职工在孕期、产期、哺乳期内的;

法律、行政法规规定的其他情形。

第三十一条　劳动者解除劳动合同,应当提前三十日以书面形式通知用人单位。

第三十二条　有下列情形之一的,劳动者可以随时通知用人单位解除劳动合同:在试用期内的;用人单位以暴力、威胁或者非法限制人身自由的手段强迫劳动的;用人单位未按照劳动合同约定支付劳动报酬或者提供劳动条件的。

第三十三条　企业职工一方与企业可以就劳动报酬、工作时间、休息休假、劳动安全卫生、保险福利等事项,签订集体合同。集体合同草案应当提交职工代表大会或者全体职工讨论通过。

集体合同由工会代表职工与企业签订;没有建立工会的企业,由职工推举的代表与企业签订。

第三十四条　集体合同签订后应当报送劳动行政部门;劳动行政部门自收到集体合同文本之日起十五日内未提出异议的,集体合同即行生效。

第三十五条　依法签订的集体合同对企业和企业全体职工具有约束力。职工个人与企业订立的劳动合同中劳动条件和劳动报酬等标准不得低于集体合同的规定。

第四章　工作时间和休息休假

第三十六条　国家实行劳动者每日工作时间不超过八小时、平均每周工作时间不超过四十四小时的工时制度。

第三十八条　用人单位应当保证劳动者每周至少休息一日。

第三十九条　企业因生产特点不能实行本法第三十六条、第三十八条规定的,经劳动行政部门批准,可以实行其他工作和休息办法。

第四十条　用人单位在下列节日期间应当依法安排劳动者休假:元旦;春节;国际劳动节;国庆节;法律、法规规定的其他休假节日。

第四十一条　用人单位由于生产经营需要,经与工会和劳动者协商后可以延长工作时间,一般每日不得超过一小时;因特殊原因需要延长工作时间的,在保障劳动者身体健康的条件下延长工作时间每日不得超过三小时,但是每月不得超过三十六小时。

第四十三条　用人单位不得违反本法规定延长劳动者的工作时间。

第四十四条　有下列情形之一的,用人单位应当按照下列标准支付高于劳动者正常工作时间工资的工资报酬:安排劳动者延长工作时间的,支付不低于工资的百分之一百五十的工资报酬;休息日安排劳动者工作又不能安排补休的,支付不低于工资的百分之二百的工资报酬;法定休假日安排劳动者工作的,支付不低于工资的百分之三百的工资报酬。

第五章　劳动报酬

第五十条　工资应当以货币形式按月支付给劳动者本人。不得克扣或者无故拖欠劳动者的工资。

第六章　劳动安全卫生

第五十二条　用人单位必须建立、健全劳动安全卫生制度,严格执行国家劳动安全卫生规程和标准,对劳动者进行劳动安全卫生教育,防止劳动过程中的事故,减少职业危害。

第五十四条　用人单位必须为劳动者提供符合国家规定的劳动安全卫生条件和必要的劳动防护用品,对从事有职业危害作业的劳动者应当定期进行健康检查。

第五十六条　劳动者在劳动过程中必须严格遵守安全操作规程。

劳动者对用人单位管理人员违章指挥、强令冒险作业,有权拒绝执行;危害生命安全和身体健康的行为,有权提出批评、检举和控告。

第八章 职业培训

第六十八条 用人单位应当建立职业培训制度,按照国家规定提取和使用职业培训经费,根据本单位实际,有计划地对劳动者进行职业培训。从事技术工种的劳动者,上岗前必须经过培训。

第六十九条 国家确定职业分类,对规定的职业制定职业技能标准,实行职业资格证书制度,由经备案的考核鉴定机构负责对劳动者实施职业技能考核鉴定。

第十章 劳动争议

第七十七条 用人单位与劳动者发生劳动争议,当事人可以依法申请调解、仲裁、提起诉讼,也可以协商解决。

调解原则适用于仲裁和诉讼程序。

第七十九条 劳动争议发生后,当事人可以向本单位劳动争议调解委员会申请调解;调解不成,当事人一方要求仲裁的,可以向劳动争议仲裁委员会申请仲裁。当事人一方也可以直接向劳动争议仲裁委员会申请仲裁。对仲裁裁决不服的,可以向人民法院提起诉讼。

第八十二条 提出仲裁要求的一方应当自劳动争议发生之日起六十日内向劳动争议仲裁委员会提出书面申请。仲裁裁决一般应在收到仲裁申请的六十日内作出。对仲裁裁决无异议的,当事人必须履行。

第八十三条 劳动争议当事人对仲裁裁决不服的,可以自收到仲裁裁决书之日起十五日内向人民法院提起诉讼。一方当事人在法定期限内不起诉又不履行仲裁裁决的,另一方当事人可以申请人民法院强制执行。

第八十四条 因签订集体合同发生争议,当事人协商解决不成的,当地人民政府劳动行政部门可以组织有关各方协调处理。

因履行集体合同发生争议,当事人协商解决不成的,可以向劳动争议仲裁委员会申请仲裁;对仲裁裁决不服的,可以自收到仲裁裁决书之日起十五日内向人民法院提起诉讼。

二、中华人民共和国母婴保护法的相关知识

第三章 孕产期保健

第十四条 医疗保健机构应当为育龄妇女和孕产妇提供孕产期保健服务。孕产期保健服务包括下列内容:

(一)母婴保健指导:对孕育健康后代以及严重遗传性疾病和碘缺乏病等地方病的发病原因、治疗和预防方法提供医学意见;

(二)孕妇、产妇保健:为孕妇、产妇提供卫生、营养、心理等方面的咨询和指导以及产前定期检查等医疗保健服务;

(三)胎儿保健:为胎儿生长发育进行监护,提供咨询和医学指导;

(四)新生儿保健:为新生儿生长发育、哺乳和护理提供医疗保健服务。

第三十四条 从事母婴保健工作的人员应当严格遵守职业道德,为当事人保守秘密。

三、中华人民共和国未成年人保护法的相关知识

第一章　总则

第三条　未成年人享有生存权、发展权、受保护权、参与权等权利,国家根据未成年人身心发展特点给予特殊、优先保护,保障未成年人的合法权益不受侵犯。

未成年人享有受教育权,国家、社会、学校和家庭尊重和保障未成年人的受教育权。

未成年人不分性别、民族、种族、家庭财产状况、宗教信仰等,依法平等地享有权利。

第四条　保护未成年人,应当坚持最有利于未成年人的原则。处理涉及未成年人事项,应当符合下列要求:

(一)给予未成年人特殊、优先保护;

(二)尊重未成年人人格尊严;

(三)保护未成年人隐私权和个人信息;

(四)适应未成年人身心健康发展的规律和特点;

(五)听取未成年人的意见;

(六)保护与教育相结合。

第二章　家庭保护

第十五条　未成年人的父母或者其他监护人应当学习家庭教育知识,接受家庭教育指导,创造良好、和睦、文明的家庭环境。

共同生活的其他成年家庭成员应当协助未成年人的父母或者其他监护人抚养、教育和保护未成年人。

第十六条　未成年人的父母或者其他监护人应当履行下列监护职责:

(一)为未成年人提供生活、健康、安全等方面的保障;

(二)关注未成年人的生理、心理状况和情感需求;

(三)教育和引导未成年人遵纪守法、勤俭节约,养成良好的思想品德和行为习惯;

(四)对未成年人进行安全教育,提高未成年人的自我保护意识和能力;

(五)尊重未成年人受教育的权利,保障适龄未成年人依法接受并完成义务教育;

(六)保障未成年人休息、娱乐和体育锻炼的时间,引导未成年人进行有益身心健康的活动;

(七)妥善管理和保护未成年人的财产;

(八)依法代理未成年人实施民事法律行为;

(九)预防和制止未成年人的不良行为和违法犯罪行为,并进行合理管教;

(十)其他应当履行的监护职责。

第十七条　未成年人的父母或者其他监护人不得实施下列行为:

(一)虐待、遗弃、非法送养未成年人或者对未成年人实施家庭暴力;

(二)放任、教唆或者利用未成年人实施违法犯罪行为;

(三)放任、唆使未成年人参与邪教、迷信活动或者接受恐怖主义、分裂主义、极端主义等侵害;

(四)放任、唆使未成年人吸烟(含电子烟,下同)、饮酒、赌博、流浪乞讨或者欺凌他人;

（五）放任或者迫使应当接受义务教育的未成年人失学、辍学；

（六）放任未成年人沉迷网络，接触危害或者可能影响其身心健康的图书、报刊、电影、广播电视节目、音像制品、电子出版物和网络信息等；

（七）放任未成年人进入营业性娱乐场所、酒吧、互联网上网服务营业场所等不适宜未成年人活动的场所；

（八）允许或者迫使未成年人从事国家规定以外的劳动；

（九）允许、迫使未成年人结婚或者为未成年人订立婚约；

（十）违法处分、侵吞未成年人的财产或者利用未成年人牟取不正当利益；

（十一）其他侵犯未成年人身心健康、财产权益或者不依法履行未成年人保护义务的行为。

第十八条　未成年人的父母或者其他监护人应当为未成年人提供安全的家庭生活环境，及时排除引发触电、烫伤、跌落等伤害的安全隐患；采取配备儿童安全座椅、教育未成年人遵守交通规则等措施，防止未成年人受到交通事故的伤害；提高户外安全保护意识，避免未成年人发生溺水、动物伤害等事故。

第二十条　未成年人的父母或者其他监护人发现未成年人身心健康受到侵害、疑似受到侵害或者其他合法权益受到侵犯的，应当及时了解情况并采取保护措施；情况严重的，应当立即向公安、民政、教育等部门报告。

第二十一条　未成年人的父母或者其他监护人不得使未满八周岁或者由于身体、心理原因需要特别照顾的未成年人处于无人看护状态，或者将其交由无民事行为能力、限制民事行为能力、患有严重传染性疾病或者其他不适宜的人员临时照护。

未成年人的父母或者其他监护人不得使未满十六周岁的未成年人脱离监护单独生活。

第二十二条　未成年人的父母或者其他监护人因外出务工等原因在一定期限内不能完全履行监护职责的，应当委托具有照护能力的完全民事行为能力人代为照护；无正当理由的，不得委托他人代为照护。

未成年人的父母或者其他监护人在确定被委托人时，应当综合考虑其道德品质、家庭状况、身心健康状况、与未成年人生活情感上的联系等情况，并听取有表达意愿能力未成年人的意见。

具有下列情形之一的，不得作为被委托人：

（一）曾实施性侵害、虐待、遗弃、拐卖、暴力伤害等违法犯罪行为；

（二）有吸毒、酗酒、赌博等恶习；

（三）曾拒不履行或者长期怠于履行监护、照护职责；

（四）其他不适宜担任被委托人的情形。

第二十三条　未成年人的父母或者其他监护人应当及时将委托照护情况书面告知未成年人所在学校、幼儿园和实际居住地的居民委员会、村民委员会，加强和未成年人所在学校、幼儿园的沟通；与未成年人、被委托人至少每周联系和交流一次，了解未成年人的生活、学习、心理等情况，并给予未成年人亲情关爱。

未成年人的父母或者其他监护人接到被委托人、居民委员会、村民委员会、学校、幼儿园等关于未成年人心理、行为异常的通知后，应当及时采取干预措施。

第三章　学校保护

第二十六条　幼儿园应当做好保育、教育工作,遵循幼儿身心发展规律,实施启蒙教育,促进幼儿在体质、智力、品德等方面和谐发展。

第二十七条　学校、幼儿园的教职员工应当尊重未成年人人格尊严,不得对未成年人实施体罚、变相体罚或者其他侮辱人格尊严的行为。

第三十四条　学校、幼儿园应当提供必要的卫生保健条件,协助卫生健康部门做好在校、在园未成年人的卫生保健工作。

第三十五条　学校、幼儿园应当建立安全管理制度,对未成年人进行安全教育,完善安保设施、配备安保人员,保障未成年人在校、在园期间的人身和财产安全。

学校、幼儿园不得在危及未成年人人身安全、身心健康的校舍和其他设施、场所中进行教育教学活动。

学校、幼儿园安排未成年人参加文化娱乐、社会实践等集体活动,应当保护未成年人的身心健康,防止发生人身伤害事故。

第三十八条　学校、幼儿园不得安排未成年人参加商业性活动,不得向未成年人及其父母或者其他监护人推销或者要求其购买指定的商品和服务。

学校、幼儿园不得与校外培训机构合作为未成年人提供有偿课程辅导。

第四十条　学校、幼儿园应当建立预防性侵害、性骚扰未成年人工作制度。对性侵害、性骚扰未成年人等违法犯罪行为,学校、幼儿园不得隐瞒,应当及时向公安机关、教育行政部门报告,并配合相关部门依法处理。

学校、幼儿园应当对未成年人开展适合其年龄的性教育,提高未成年人防范性侵害、性骚扰的自我保护意识和能力。对遭受性侵害、性骚扰的未成年人,学校、幼儿园应当及时采取相关的保护措施。

第四十一条　婴幼儿照护服务机构、早期教育服务机构、校外培训机构、校外托管机构等应当参照本章有关规定,根据不同年龄阶段未成年人的成长特点和规律,做好未成年人保护工作。

第四章　社会保护

第四十二条　全社会应当树立关心、爱护未成年人的良好风尚。

国家鼓励、支持和引导人民团体、企业事业单位、社会组织以及其他组织和个人,开展有利于未成年人健康成长的社会活动和服务。

第四十三条　居民委员会、村民委员会应当设置专人专岗负责未成年人保护工作,协助政府有关部门宣传未成年人保护方面的法律法规,指导、帮助和监督未成年人的父母或者其他监护人依法履行监护职责,建立留守未成年人、困境未成年人的信息档案并给予关爱帮扶。

居民委员会、村民委员会应当协助政府有关部门监督未成年人委托照护情况,发现被委托人缺乏照护能力、怠于履行照护职责等情况,应当及时向政府有关部门报告,并告知未成年人的父母或者其他监护人,帮助、督促被委托人履行照护职责。

第五十三条　任何组织或者个人不得刊登、播放、张贴或者散发含有危害未成年人身心健康内容的广告;不得在学校、幼儿园播放、张贴或者散发商业广告;不得利用校服、教材等发布或者变相发布商业广告。

第五十四条　禁止拐卖、绑架、虐待、非法收养未成年人,禁止对未成年人实施性侵害、性骚扰。

禁止胁迫、引诱、教唆未成年人参加黑社会性质组织或者从事违法犯罪活动。

禁止胁迫、诱骗、利用未成年人乞讨。

第五十五条　生产、销售用于未成年人的食品、药品、玩具、用具和游戏游艺设备、游乐设施等,应当符合国家或者行业标准,不得危害未成年人的人身安全和身心健康。上述产品的生产者应当在显著位置标明注意事项,未标明注意事项的不得销售。

第五十六条　未成年人集中活动的公共场所应当符合国家或者行业安全标准,并采取相应安全保护措施。对可能存在安全风险的设施,应当定期进行维护,在显著位置设置安全警示标志并标明适龄范围和注意事项;必要时应当安排专门人员看管。

大型的商场、超市、医院、图书馆、博物馆、科技馆、游乐场、车站、码头、机场、旅游景区景点等场所运营单位应当设置搜寻走失未成年人的安全警报系统。场所运营单位接到求助后,应当立即启动安全警报系统,组织人员进行搜寻并向公安机关报告。

公共场所发生突发事件时,应当优先救护未成年人。

第五十九条　学校、幼儿园周边不得设置烟、酒、彩票销售网点。禁止向未成年人销售烟、酒、彩票或者兑付彩票奖金。烟、酒和彩票经营者应当在显著位置设置不向未成年人销售烟、酒或者彩票的标志;对难以判明是否为未成年人的,应当要求其出示身份证件。

任何人不得在学校、幼儿园和其他未成年人集中活动的公共场所吸烟、饮酒。

第六十二条　密切接触未成年人的单位招聘工作人员时,应当向公安机关、人民检察院查询应聘者是否具有性侵害、虐待、拐卖、暴力伤害等违法犯罪记录;发现其具有前述行为记录的,不得录用。

密切接触未成年人的单位应当每年定期对工作人员是否具有上述违法犯罪记录进行查询。通过查询或者其他方式发现其工作人员具有上述行为的,应当及时解聘。

第五章　网络保护

第七十一条　未成年人的父母或者其他监护人应当提高网络素养,规范自身使用网络的行为,加强对未成年人使用网络行为的引导和监督。

第七十二条　信息处理者通过网络处理未成年人个人信息的,应当遵循合法、正当和必要的原则。处理不满十四周岁未成年人个人信息的,应当征得未成年人的父母或者其他监护人同意,但法律、行政法规另有规定的除外。

未成年人、父母或者其他监护人要求信息处理者更正、删除未成年人个人信息的,信息处理者应当及时采取措施予以更正、删除,但法律、行政法规另有规定的除外。

遭受网络欺凌的未成年人及其父母或者其他监护人有权通知网络服务提供者采取删除、屏蔽、断开链接等措施。网络服务提供者接到通知后,应当及时采取必要的措施制止网络欺凌行为,防止信息扩散。

第八章　法律责任

第一百一十九条　学校、幼儿园、婴幼儿照护服务等机构及其教职员工违反本法第二十七条、第二十八条、第三十九条规定的,由公安、教育、卫生健康、市场监督管理等部门按照职责分工责令改正;拒不改正或者情节严重的,对直接负责的主管人员和其他直接责任人员依法给予处分。

第一百二十六条　密切接触未成年人的单位违反本法第六十二条规定,未履行查询义务,或者招用、继续聘用具有相关违法犯罪记录人员的,由教育、人力资源和社会保障、市场监督管理等部门按照职责分工责令限期改正,给予警告,并处五万元以下罚款;拒不改正或者造成严重后果的,责令停业整顿或者吊销营业执照、吊销相关许可证,并处五万元以上五十万元以下罚款,对直接负责的主管人员和其他直接责任人员依法给予处分。

第一百二十九条　违反本法规定,侵犯未成年人合法权益,造成人身、财产或者其他损害的,依法承担民事责任。

违反本法规定,构成违反治安管理行为的,依法给予治安管理处罚;构成犯罪的,依法追究刑事责任。

四、中华人民共和国妇女权益保障法的相关知识

第一章　总则

第二条　妇女在政治的、经济的、文化的、社会的和家庭的生活等各方面享有同男子平等的权利。

实行男女平等是国家的基本国策。国家采取必要措施,逐步完善保障妇女权益的各项制度,消除对妇女一切形式的歧视。

国家保护妇女依法享有的特殊权益。

禁止歧视、虐待、遗弃、残害妇女。

第五条 国家鼓励妇女自尊、自信、自立、自强,运用法律维护自身合法权益。

妇女应当遵守国家法律,尊重社会公德,履行法律所规定的义务。

第三章　文化教育权益

第十五条　国家保障妇女享有与男子平等的文化教育权利。

第十六条　学校和有关部门应当执行国家有关规定,保障妇女在入学、升学、毕业分配、授予学位、派出留学等方面享有与男子平等的权利。

学校在录取学生时,除特殊专业外,不得以性别为由拒绝录取女性或者提高对女性的录取标准。

第二十条　各级人民政府和有关部门应当采取措施,根据城镇和农村妇女的需要,组织妇女接受职业教育和实用技术培训。

第四章　劳动和社会保障权益

第二十二条　国家保障妇女享有与男子平等的劳动权利和社会保障权利。

第二十三条　各单位在录用职工时,除不适合妇女的工种或者岗位外,不得以性别为由拒绝录用妇女或者提高对妇女的录用标准。

各单位在录用女职工时,应当依法与其签订劳动(聘用)合同或者服务协议,劳动(聘用)合同或者服务协议中不得规定限制女职工结婚、生育的内容。

禁止录用未满十六周岁的女性未成年人,国家另有规定的除外。

第二十四条　实行男女同工同酬。妇女在享受福利待遇方面享有与男子平等的权利。

第二十五条　在晋职、晋级、评定专业技术职务等方面,应当坚持男女平等的原则,不得歧视妇女。

第二十六条　任何单位均应根据妇女的特点,依法保护妇女在工作和劳动时的安全和健康,不得安排不适合妇女从事的工作和劳动。

妇女在经期、孕期、产期、哺乳期受特殊保护。

第二十七条　任何单位不得因结婚、怀孕、产假、哺乳等情形,降低女职工的工资,辞退女职工,单方解除劳动(聘用)合同或者服务协议。但是,女职工要求终止劳动(聘用)合同或者服务协议的除外。

各单位在执行国家退休制度时,不得以性别为由歧视妇女。

第二十八条　国家发展社会保险、社会救助、社会福利和医疗卫生事业,保障妇女享有社会保险、社会救助、社会福利和卫生保健等权益。

国家提倡和鼓励为帮助妇女开展的社会公益活动。

第六章　人身权利

第三十六条　国家保障妇女享有与男子平等的人身权利。

第三十七条　妇女的人身自由不受侵犯。禁止非法拘禁和以其他非法手段剥夺或者限制妇女的人身自由;禁止非法搜查妇女的身体。

第三十八条　妇女的生命健康权不受侵犯。禁止溺、弃、残害女婴;禁止歧视、虐待生育女婴的妇女和不育的妇女;禁止用迷信、暴力等手段残害妇女;禁止虐待、遗弃病、残妇女和老年妇女。

第四十条　禁止对妇女实施性骚扰。受害妇女有权向单位和有关机关投诉。

第四十二条　妇女的名誉权、荣誉权、隐私权、肖像权等人格权受法律保护。

禁止用侮辱、诽谤等方式损害妇女的人格尊严。禁止通过大众传播媒介或者其他方式贬低损害妇女人格。未经本人同意,不得以营利为目的,通过广告、商标、展览橱窗、报纸、期刊、图书、音像制品、电子出版物、网络等形式使用妇女肖像。

第八章　法律责任

第五十二条　妇女的合法权益受到侵害的,有权要求有关部门依法处理,或者依法向仲裁机构申请仲裁,或者向人民法院起诉。

对有经济困难需要法律援助或者司法救助的妇女,当地法律援助机构或者人民法院应当给予帮助,依法为其提供法律援助或者司法救助。

第五十三条　妇女的合法权益受到侵害的,可以向妇女组织投诉,妇女组织应当维护被侵害妇女的合法权益,有权要求并协助有关部门或者单位查处。有关部门或者单位应当依法查处,并予以答复。

第五十四条　妇女组织对于受害妇女进行诉讼需要帮助的,应当给予支持。

妇女联合会或者相关妇女组织对侵害特定妇女群体利益的行为,可以通过大众传播媒介揭露、批评,并有权要求有关部门依法查处。

第五十七条　违反本法规定,对侵害妇女权益的申诉、控告、检举,推诿、拖延、压制不予查处,或者对提出申诉、控告、检举的人进行打击报复的,由其所在单位、主管部门或者上级机关责令改正,并依法对直接负责的主管人员和其他直接责任人员给予行政处分。

国家机关及其工作人员未依法履行职责,对侵害妇女权益的行为未及时制止或者未给予受害妇女必要帮助,造成严重后果的,由其所在单位或者上级机关依法对直接负责的主管人员和其他直接责任人员给予行政处分。

违反本法规定,侵害妇女文化教育权益、劳动和社会保障权益、人身和财产权益以及婚姻家庭权益的,由其所在单位、主管部门或者上级机关责令改正,直接负责的主管人员和其他直接责任人员属于国家工作人员的,由其所在单位或者上级机关依法给予行政处分。

第五十八条　违反本法规定,对妇女实施性骚扰或者家庭暴力,构成违反治安管理行为的,受害人可以提请公安机关对违法行为人依法给予行政处罚,也可以依法向人民法院提起民事诉讼。

第五十九条　违反本法规定,通过大众传播媒介或者其他方式贬低损害妇女人格的,由文化、广播电视、电影、新闻出版或者其他有关部门依据各自的职权责令改正,并依法给予行政处罚。

参考文献

[1] 成洁萍. 婴幼儿早期教育 [M]. 青岛:中国石油大学出版社,2017.

[2] 琼•利特菲尔德•库克,格雷•库克. 儿童发展心理学 [M]. 和静,张益菲,译. 北京:中信出版集团,2020.

[3] 万梦萍,匡仲潇. 早教师 [M]. 北京:中国劳动社会保障出版社,2012.

[4] 苏达钧. 育婴师实用手册 [M]. 北京:金盾出版社,2013.

[5] 朱凤莲,王红. 早教师上岗手册 [M]. 北京:中国时代经济出版社,2011.

[6] 孙咏玫. 婴儿喂养、护理、启智一本通(0-3 岁)[M]. 北京:中国农业出版社,2013.

[7] 林文采,伍娜. 心理营养:林文采博士的亲子教育课 [M]. 上海:上海社会科学出版社,2015.

[8] 李宁. 协和营养医院营养专家:这样做辅食婴儿超爱吃 [M]. 北京:化学工业出版社,2016.

[9] 李静. 陪孩子玩过 3 岁前启蒙期 [M]. 北京:北京时代华文书局,2017.

[10] 郑玉巧. 郑玉巧育儿百科 [M]. 北京:化学工业出版社,2009.

[11] 张思莱. 张思莱科学育儿全典 [M]. 北京:中国妇女出版社,2017.

[12] 崔玉涛. 崔玉涛育儿百科 [M]. 北京:中信出版社,2019.

[13] 木紫. 妈妈就是超级育儿师:0-3 岁育儿心理与情绪管理 [M]. 北京:中国妇女出版社,2016.

[14] 李丹阳. 年糕妈妈轻松育儿百科 [M]. 北京:北京联合出版公司,2017.

[15] 东方知语早教育儿中心. 图解 0-3 岁蒙氏早教训练 [M]. 北京:中国人口出版社,2015.

[16] 郑玉巧. 郑玉巧教妈妈喂养 [M]. 南昌:二十一世纪出版社,2010.

附录1

常见疫苗简介及推荐注射时间

疫苗名称	简介	推荐注射时间
卡介苗	可预防儿童结核杆菌感染,防止患严重类型的结核病,如结核性脑膜炎、粟粒性肺结核	出生当天
乙肝疫苗	可预防乙型肝炎病毒感染,防止患乙型病毒性肝炎	出生当天,1月龄,6月龄
脊髓灰质炎疫苗	可预防侵犯脊髓灰质前角运动神经元的病毒感染,防止患脊髓灰质炎	2月龄,3月龄,4月龄,18月龄(可能需要),4岁
百白破疫苗	可预防百日咳,白喉,破伤风这3种婴幼儿存在致命威胁的疾病	3月龄、4月龄、5月龄、18月龄、6岁(白破二联)
流脑疫苗	可预防流行性脑脊髓膜炎,有A群流脑疫苗和A+C群流脑疫苗以及ACYW135群流脑疫苗等规格	A群流脑疫苗:6月龄,9月龄;A+C群流脑结合疫苗:6月龄-2岁;A+C群流脑多糖疫苗:3岁以上;ACYW135多糖疫苗:3岁以上
麻风腮疫苗	可预防麻疹、风疹、流行性腮腺炎3种疾病,是一种联合疫苗。麻疹是一种传染性很强的疾病,可并发麻疹肺炎。目前有麻风腮疫苗、麻风疫苗、麻疹疫苗3种规格	麻风疫苗:8月龄;麻风腮疫苗:18月龄,部分地区6岁接种第2剂;麻疹疫苗:更多用于强化免疫或大学进京新生(北京市)
甲肝疫苗	预防由甲型肝炎病毒感染所致的甲型肝炎,虽然容易诊断与治疗,但仍有造成肝功能衰竭的风险	甲肝减毒活疫苗:需接种1剂,1岁后可接种;甲肝灭活疫苗:1岁后可接种,共需接种2剂,第2剂应与第1剂间隔6个月

续表

疫苗名称	简介	推荐注射时间
乙脑疫苗	可预防由乙脑病毒引起的侵害中枢神经系统的急性传染病乙型脑炎,通常可造成患者死亡或留下神经系统后遗症	8月龄(部分地区为1岁),2岁
B型流感嗜血杆菌疫苗	B型流感嗜血杆菌不同于流感病毒,是诱发婴幼儿细菌性脑膜炎的主要原因之一,严重的患者甚至会死亡	2月龄、4月龄、6月龄、12—18月龄、5岁以下儿童
肺炎球菌结合疫苗(目前使用的是PCV13,即13价肺炎球菌多糖结合疫苗)	可预防由肺炎链球细菌所致的肺炎、脑膜炎、中耳炎、会厌炎、败血症等侵袭性细菌感染,易感人群为5岁以下儿童,尤其是2岁以下婴幼儿	2月龄、4月龄、6月龄、12—15月龄
水痘疫苗	可预防由水痘-带状疱疹病毒引起的传染病水痘。一旦患病,这种病毒会长期潜伏在体内为成年后患带状疱疹留下隐患,若年幼时未患过水痘,成年后患该病,并发症风险是儿童的25倍,病死率是儿童的30~40倍	1岁以后可接种,建议共种2剂
轮状病毒疫	可预防由A群轮状病毒引起的腹泻,每年秋冬季流行,易感人群为5岁以下婴幼儿,其中2个月—3岁的患者最多	2月龄以上可服用,建议3岁以上婴幼儿每年服用一次
EV71型肠道病毒疫苗	可预防肠道疾病71型感染所致的手足口病及疱疹性咽峡炎等疾病,手足口病可由多种肠道病毒引起,其中肠道病毒71型(EV71)是导致手足口病的重要病原之一,也是病死率最高的一种	6月龄—5岁的儿童,共需接种2剂,间隔1个月
流感疫苗	可预防由流感病毒感染引起的流行性感冒,建议在每年流行季节前接种。由于甲型流感的抗原易发生变异,因此建议每年连续接种流感疫苗。尤其是5岁以下婴幼儿	6月龄后可接种,目前6—35月龄无接种史的儿童首次应接种2剂,间隔4周,大于36月龄的儿童每年接种一剂
狂犬病疫苗	可预防被动物致伤后感染狂犬病,比如体内携带病毒的猫,狗等。狂犬病一旦感染致死率几乎高达100%,潜伏期可短至5~6天,通常为20~60天,1年内发病率占99%,个别可长达数年到数十年	被高风险动物致伤后尽早接种,开始注射的第0天,第3天,第7天,第14天,第30天,共5剂

　　注:由于生活地区不同,当地卫生部门对于疫苗的规定可能略有不同,请家长以当地疫苗接种单位的要求为准。

附录2

婴幼儿辅食营养添加指南

以下内容来源于国家卫生与健康委员会 WS/T 678—2020

1 范围

本标准规定了健康足月出生的满 6 月至 24 月龄的婴幼儿进行辅食添加基本原则和分年龄段辅食添加指导及辅食制作要求。

本标准适用于满 6 月至 24 月龄内婴幼儿辅食添加的营养指导。

2 术语和定义

下列术语和定义适用于本文件。

2.1 婴儿 infant

年龄在 0～12 月龄以内的儿童。

2.2 幼儿 toddler

年龄在 12～36 月龄的儿童。

2.3 辅食 complementary foods

辅助食品

婴幼儿在满 6 月龄后,继续母乳喂养的同时,为了满足营养需要而添加的其他各种性状的食物,包括家庭配制的和工厂生产的。

3 婴幼儿辅食添加基本原则

3.1 辅食添加时间

纯母乳喂养到 6 月龄,且在孩子健康时添加辅食。婴幼儿进餐时间应逐渐与家人一日三餐时间一致。同时,继续母乳,建议母乳喂养到 2 岁及以上。

3.2 辅食种类

种类由单一到多样,每次只添加一种新的食物,添加量由少到多。每引入一种新的食物应适应 3d～5d,观察是否出现呕吐、腹泻、皮疹等不良反应,适应一种食物后再添加其他新的食物。逐渐增加辅食种类,最终达到每天摄入七类常见食物中的四类及以上,参见附录三。

3.3　辅食添加的数量与营养要求

辅食添加量由少到多,关注婴幼儿的饥饿和饱足反应,主要依据孩子的需要而定。满足母乳及辅食提供的能量及主要营养素摄入量的需求,参见附录四。

3.4　辅食性状与质地

随着婴幼儿口腔及胃肠等器官结构和功能的发育,辅食性状和质地应由稀到稠、由细到粗,从肉泥、菜泥等泥糊状食物开始,逐步增加食物硬度和颗粒大小,过渡到肉末、碎菜等半固体或固体食物。

3.5　顺应喂养

随着婴幼儿生长发育,喂养者应根据婴幼儿营养需求的变化,提供多样化且与其发育水平相适应的食物,保证婴幼儿健康发育。喂养过程中,应及时感知婴幼儿发出的饥饿和饱足反应,并做出恰当地回应,应耐心鼓励和协助婴幼儿进食,培养儿童合理进食行为,帮助婴幼儿学会自主进食,遵守必要的进餐礼仪,逐步形成健康的进餐模式。

3.6　监测与评估

定期监测和评估婴幼儿体格生长发育指标,评估营养状况。当辅食营养摄入无法满足需求时,应及时调整,可合理进行营养素补充。

3.7　辅食添加的安全与卫生

应使用清洁安全卫生的食材和餐用具进行辅食制作。有些食物或进食行为容易导致进食意外,为保证安全,婴幼儿进食时须有成年人看护。

3.8　患病期间的喂养

暂停添加新的辅食。除特殊情况外,鼓励进食易消化且营养丰富的辅食。病愈后,及时恢复正常饮食。

4　分年龄段辅食添加指导

4.1　满 6～8 月龄

4.1.1　辅食种类:首先补充含铁丰富、易消化且不易引起过敏的食物,如稠粥、蔬菜泥、水果泥、蛋黄、肉泥、肝泥等,逐渐达到每天能均衡摄入蛋类、肉类和蔬果类。

4.1.2　辅食频次:由尝试逐渐增加到每日 1～2 餐,以母乳喂养为主。

4.1.3　辅食数量:每餐从 10 mL～20 mL（约 1～2 勺）,逐渐增加到约 125 mL（约 1/2 碗）。各类食物推荐摄入量参见附录五。因考虑到辅食摄入量有较大的个体差异,以不影响总奶量为限。

4.1.4　辅食性状:从泥糊状逐渐到碎末状。

4.1.5　辅食质地:可用舌头压碎的程度,如同软豆腐状。

4.2　9～12 月龄

4.2.1　辅食种类:在 8 月龄基础上引入禽肉（鸡肉、鸭肉等）、畜肉（猪肉、牛肉、羊肉等）、鱼、动物肝脏和动物血等,逐渐达到每天能均衡摄入蛋类、肉类和蔬果类。

4.2.2　辅食频次:规律进食,每日 2～3 餐,1～2 次加餐,并继续母乳喂养。

4.2.3　辅食数量:每餐逐渐增加到约 180 mL（约 3/4 碗）,各类食物推荐摄入量参见附录五。

4.2.4　辅食性状:碎块状及婴儿能用手抓的指状食物。

4.2.5　辅食质地:可用牙床压碎的程度,如同香蕉状。

4.3　1～2岁

4.3.1　辅食种类:食物种类基本同成人。逐渐增加辅食种类,最终达到每天摄入七类常见食物中的四类及以上,参见附录三。

4.3.2　辅食频次:每日3餐,2次加餐,继续母乳喂养。

4.3.3　辅食数量:每餐从约180 mL(约3/4碗)逐渐增加至约250 mL(约1碗)。各类食物推荐摄入量参见附录五。

4.3.4　辅食性状:块状、指状食物及其他小儿能用手抓的食物,必要时切碎或捣碎。

4.3.5　辅食质地:可用牙床咀嚼的程度,如同肉丸子状。

注:文中所用单位,勺容量为10 mL;碗容量为250 mL。

5　辅食制作要求

5.1　原料要求

婴幼儿辅食添加所使用的食品和原料应符合相应的食品安全标准或相关规定,应新鲜、优质和无污染,应保证婴幼儿安全、满足营养需要。

5.2　卫生要求

制作辅食的餐用具应保持清洁;制作过程应始终保持清洁卫生和生熟分开;辅食应煮熟、煮透;水果等生吃的食物要清洗干净;辅食应现做现吃,制作好的辅食应及时食用,如未及时食用应妥善保存,应尽早食用。

5.3　调味品要求

辅食应保持原味,12月龄内不宜添加盐、糖及刺激性调味品。1岁后逐渐尝试淡口味的膳食。

5.4　烹调要求

蔬菜应先洗后切。烹调以蒸煮为主,尽量减少煎、炸的烹调方法。

附录3

婴幼儿辅食添加常见食物及注意事项

A.1 婴幼儿辅食添加常见种类

谷物类因其容易消化和不易引起过敏反应,是婴幼儿进行辅食添加时的首选。婴幼儿辅食一般包括七类常见食物,辅食添加应逐渐达到每天摄入以下七类食物中的四类及以上。

1)谷物、根茎类和薯类:面粉、大米、小米、红薯、土豆等。

2)肉类:畜肉、禽类、鱼类及其动物内脏等。

3)奶类:牛奶、酸奶、奶酪等。

4)蛋类:鸡蛋、鸭蛋、鹌鹑蛋等。

5)维生素A丰富的蔬果(不包括果汁):胡萝卜、羽衣甘蓝、南瓜、小白菜、芒果、蜜橘等。

6)其他蔬果(不包括果汁):小油菜、娃娃菜、花椰菜、西兰花、苹果、梨等。

7)豆类及其制品/坚果类:豆类及其制品包括黄豆、豆腐等;坚果包括花生仁、核桃仁、腰果等。

A.2 注意事项:当婴幼儿开始尝试家庭食物时,应避免大块食物哽噎而导致的意外,同时禁止食用整粒的花生、腰果等坚果。

附录4

膳食主要营养素参考摄入量

婴幼儿每人每天能量和主要营养素供给量应符合表 B.1 的规定。

表 B.1　婴幼儿膳食主要营养素参考摄入量

能量及营养素(单位)	0.5 岁～		1～2 岁	
能量/(MJ/d)	男	女	男	女
	0.33(MJ/kg·d)	0.33(MJ/kg·d)	3.77(MJ/d)	3.35(MJ/d)
蛋白质/(g/d)	20(RNI)	20(RNI)	25(RNI)	25(RNI)
脂肪供能比/(％/d)	40(AI)		35(AI)	
碳水化合物/(g/d)	85(AI)		120(RNI)	
钙/(mg/d)	250(AI)		600(RNI)	
铁/(mg/d)	10(RNI)		9(RNI)	
锌/(mg/d)	3.5(RNI)		4(RNI)	
维生素 A(RAE)/(μg/d)	350(AI)		310(RNI)	
维生素 D/(μg/d)	10(AI)		10(RNI)	
维生素 B$_1$/(mg/d)	0.3(AI)		0.6(RNI)	
维生素 B$_2$/(mg/d)	0.5(AI)		0.6(RNI)	
叶酸(DFE)/(μg/d)	100(AI)		160(RNI)	
维生素 B$_{12}$/(μg/d)	0.6(AI)		1.0(RNI)	
维生素 C/(mg/d)	40(AI)		40(RNI)	
注 1:RNI 为推荐摄入量 注 2:AI 为适宜摄入量 注 3:脂肪供能比:脂肪供能占总能量百分比 注 4:RAE 为视黄醇活性当量;DFE 为膳食叶酸当量。				

附录5

婴幼儿常见食物种类推荐

不同年龄段婴幼儿各类食物推荐摄入量见表 C.1。

表 C.1　婴幼儿常见食物种类推荐量

年龄	母乳喂养	米粉及米面类	蔬菜、水果类	畜禽类
6～8月龄	坚持母乳喂养,随着固体食物添加,喂养频率逐步减少至每天4～6次	从满6月龄开始添加米粉糊、粥或面条,每餐30 g～50 g	从开始尝试菜泥到水果泥,逐步从泥状食物到碎末状的碎菜和水果	开始逐步添加蛋黄及猪肉、牛肉等动物性食物
9～12月龄	坚持母乳喂养,喂养频率减少至每天4次	从粥过渡到软饭,每天约100 g	每天碎菜50 g～100 g,水果可以是片块状或手指可以拿起的指状食物	蛋黄可以逐渐增至每天1个,每天以红肉类为主的动物性食物25 g～50 g
1～2岁	喂养频率减少至每天2～3次	逐渐过渡到与成人食物质地相同的饭、面食等主食,每天100 g～150 g	每天蔬菜200 g～250 g,水果100 g～150 g	每天动物性食物50 g～80 g,鸡蛋1个
注:建议非母乳喂养儿摄入适量奶制品				

附录6

7岁以下儿童生长参照标准

说明：

一、相关表格来源于国家卫生健康委员会（2022 年 9 月 9 日发布，2023 年 3 月 1 日实施）WS/T423-2022

新标准采用了两套评价办法，分别是百分位数和标准差评价方法，本书采用了后者——标准差评价方法。

二、7 岁以下儿童生长标准说明：

下列术语和定义适用于本标准：

1. 7 岁以下儿童 children under 7 years of age

从出生到未满 7 周岁（84 月龄）之间的儿童。

2. 体重 weight

人体的总重量。

3. 身长 length

平卧位头顶到足跟的长度。

4. 身高 height

站立位头顶到足底的垂直高度。

5. 头围 head circumference

右侧齐眉弓上缘经过枕骨粗隆最高点的头部周长。

三、附表

WS/T 423-2022

表 B.1 7岁以下男童年龄别体重的标准差数值 单位:千克

年龄	−3SD	−2SD	−1SD	中位数	+1SD	+2SD	+3SD
0月	2.4	2.7	3.1	3.5	3.9	4.3	4.7
1月	3.2	3.6	4.1	4.6	5.1	5.6	6.2
2月	4.1	4.6	5.2	5.8	6.5	7.2	8.0
3月	4.9	5.5	6.1	6.8	7.6	8.4	9.3
4月	5.4	6.0	6.7	7.5	8.3	9.3	10.3
5月	5.8	6.5	7.2	8.0	8.9	9.9	11.1
6月	6.1	6.8	7.6	8.4	9.4	10.5	11.7
7月	6.4	7.1	7.9	8.8	9.8	10.9	12.1
8月	6.7	7.4	8.2	9.1	10.1	11.3	12.6
9月	6.9	7.6	8.4	9.4	10.4	11.6	12.9
10月	7.1	7.8	8.7	9.6	10.7	11.9	13.3
11月	7.2	8.0	8.9	9.8	10.9	12.2	13.6
1岁	7.4	8.2	9.1	10.1	11.2	12.4	13.9
1岁1月	7.5	8.3	9.2	10.3	11.4	12.7	14.1
1岁2月	7.7	8.5	9.4	10.5	11.6	12.9	14.4
1岁3月	7.8	8.7	9.6	10.7	11.8	13.2	14.7
1岁4月	8.0	8.8	9.8	10.9	12.1	13.4	15.0
1岁5月	8.2	9.0	10.0	11.1	12.3	13.7	15.3
1岁6月	8.3	9.2	10.2	11.3	12.5	14.0	15.6
1岁7月	8.5	9.4	10.4	11.5	12.8	14.2	15.9
1岁8月	8.6	9.5	10.6	11.7	13.0	14.5	16.2
1岁9月	8.8	9.7	10.8	11.9	13.3	14.8	16.5
1岁10月	9.0	9.9	11.0	12.2	13.5	15.0	16.8
1岁11月	9.1	10.1	11.1	12.4	13.7	15.3	17.1
2岁	9.3	10.2	11.3	12.6	14.0	15.6	17.4
2岁3月	9.7	10.7	11.8	13.1	14.6	16.3	18.2
2岁6月	10.1	11.1	12.3	13.7	15.2	17.0	19.0
2岁9月	10.4	11.5	12.7	14.2	15.8	17.6	19.8
3岁	10.8	11.9	13.2	14.6	16.3	18.3	20.5
3岁3月	11.1	12.3	13.6	15.2	16.9	19.0	21.3

年龄	-3SD	-2SD	-1SD	中位数	+1SD	+2SD	+3SD
3岁6月	11.5	12.7	14.1	15.7	17.5	19.7	22.2
3岁9月	11.8	13.1	14.5	16.2	18.1	20.4	23.0
4岁	12.2	13.5	15.0	16.7	18.8	21.1	23.9
4岁3月	12.5	13.9	15.5	17.3	19.4	21.9	24.9
4岁6月	12.8	14.3	15.9	17.9	20.1	22.7	25.9
4岁9月	13.2	14.7	16.4	18.4	20.8	23.6	27.0
5岁	13.6	15.1	16.9	19.1	21.6	24.5	28.1
5岁3月	13.9	15.6	17.5	19.7	22.3	25.5	29.3
5岁6月	14.3	16.0	18.0	20.3	23.1	26.4	30.5
5岁9月	14.6	16.4	18.5	21.0	23.9	27.4	31.7
6岁	14.9	16.8	19.0	21.6	24.7	28.4	32.9
6岁3月	15.3	17.2	19.5	22.2	25.5	29.4	34.1
6岁6月	15.5	17.6	20.0	22.8	26.2	30.3	35.3
6岁9月	15.8	17.9	20.4	23.4	26.9	31.2	36.4
注:年龄为整月或整岁							

表B.2　7岁以下女童年龄别体重的标准差数值　　　　　　　　　　单位:千克

年龄	-3SD	-2SD	-1SD	中位数	+1SD	+2SD	+3SD
0月	2.3	2.6	3.0	3.3	3.7	4.1	4.6
1月	3.0	3.4	3.8	4.3	4.8	5.3	5.9
2月	3.8	4.3	4.8	5.4	6.0	6.7	7.4
3月	4.5	5.0	5.6	6.2	6.9	7.7	8.6
4月	5.0	5.5	6.2	6.9	7.7	8.6	9.6
5月	5.4	6.0	6.6	7.4	8.2	9.2	10.3
6月	5.7	6.3	7.0	7.8	8.7	9.7	10.9
7月	6.0	6.6	7.3	8.1	9.1	10.2	11.5
8月	6.2	6.9	7.6	8.4	9.4	10.6	11.9
9月	6.4	7.1	7.8	8.7	9.7	10.9	12.3
10月	6.6	7.3	8.1	9.0	10.0	11.2	12.7
11月	6.8	7.5	8.3	9.2	10.3	11.5	13.0
1岁	6.9	7.7	8.5	9.4	10.5	11.8	13.3
1岁1月	7.1	7.8	8.7	9.6	10.7	12.1	13.6

续表

年龄	-3SD	-2SD	-1SD	中位数	+1SD	+2SD	+3SD
1岁2月	7.3	8.0	8.8	9.8	11.0	12.3	13.9
1岁3月	7.4	8.2	9.0	10.0	11.2	12.6	14.2
1岁4月	7.6	8.3	9.2	10.3	11.5	12.9	14.5
1岁5月	7.7	8.5	9.4	10.5	11.7	13.1	14.9
1岁6月	7.9	8.7	9.6	10.7	11.9	13.4	15.2
1岁7月	8.1	8.9	9.8	10.9	12.2	13.7	15.5
1岁8月	8.2	9.0	10.0	11.1	12.4	13.9	15.8
1岁9月	8.4	9.2	10.2	11.3	12.6	14.2	16.1
1岁10月	8.5	9.4	10.4	11.5	12.9	14.5	16.4
1岁11月	8.7	9.5	10.6	11.7	13.1	14.8	16.7
2岁	8.8	9.7	10.7	11.9	13.3	15.0	17.0
2岁3月	9.2	10.1	11.2	12.5	14.0	15.8	17.9
2岁6月	9.6	10.6	11.7	13.0	14.6	16.5	18.7
2岁9月	10.0	11.0	12.2	13.6	15.2	17.2	19.6
3岁	10.3	11.4	12.6	14.1	15.9	17.9	20.5
3岁3月	10.7	11.8	13.1	14.7	16.5	18.7	21.3
3岁6月	11.1	12.2	13.6	15.2	17.1	19.4	22.2
3岁9月	11.4	12.6	14.0	15.7	17.7	20.1	23.0
4岁	11.7	13.0	14.5	16.2	18.3	20.8	23.8
4岁3月	12.0	13.3	14.9	16.7	18.9	21.5	24.6
4岁6月	12.3	13.7	15.3	17.2	19.5	22.2	25.5
4岁9月	12.7	14.1	15.8	17.8	20.2	23.0	26.4
5岁	13.0	14.5	16.3	18.4	20.9	23.8	27.4
5岁3月	13.3	14.9	16.8	19.0	21.6	24.7	28.4
5岁6月	13.7	15.3	17.3	19.6	22.3	25.5	29.5
5岁9月	14.0	15.7	17.8	20.2	23.0	26.4	30.5
6岁	14.3	16.1	18.2	20.7	23.7	27.3	31.5
6岁3月	14.5	16.4	18.7	21.3	24.4	28.1	32.6
6岁6月	14.8	16.8	19.1	21.8	25.1	28.9	33.6
6岁9月	15.0	17.1	19.5	22.4	25.8	29.8	34.6
注:年龄为整月或整岁							

表 B.3　7 岁以下男童年龄别身长/身高的标准差数值　　　　单位:厘米

年龄	−3SD	−2SD	−1SD	中位数	+1SD	+2SD	+3SD
0 月	45.4	47.3	49.2	51.2	53.1	55.0	56.9
1 月	49.1	51.1	53.1	55.1	57.2	59.2	61.2
2 月	52.6	54.7	56.8	59.0	61.1	63.2	65.4
3 月	55.5	57.8	60.0	62.2	64.4	66.6	68.9
4 月	58.0	60.3	62.5	64.8	67.1	69.4	71.7
5 月	59.9	62.3	64.6	66.9	69.3	71.6	74.0
6 月	61.6	64.0	66.3	68.7	71.1	73.5	75.9
7 月	63.0	65.4	67.9	70.3	72.7	75.1	77.6
8 月	64.3	66.8	69.3	71.7	74.2	76.7	79.1
9 月	65.5	68.0	70.5	73.1	75.6	78.1	80.6
10 月	66.7	69.2	71.8	74.3	76.9	79.4	82.0
11 月	67.8	70.3	72.9	75.5	78.1	80.7	83.3
1 岁	68.8	71.4	74.1	76.7	79.3	81.9	84.6
1 岁 1 月	69.8	72.5	75.1	77.8	80.5	83.1	85.8
1 岁 2 月	70.8	73.5	76.2	78.9	81.6	84.3	87.0
1 岁 3 月	71.7	74.5	77.2	80.0	82.7	85.5	88.2
1 岁 4 月	72.7	75.5	78.2	81.0	83.8	86.6	89.4
1 岁 5 月	73.6	76.4	79.2	82.1	84.9	87.7	90.5
1 岁 6 月	74.5	77.4	80.2	83.1	86.0	88.8	91.7
1 岁 7 月	75.4	78.3	81.2	84.1	87.0	89.9	92.8
1 岁 8 月	76.3	79.2	82.2	85.1	88.0	91.0	93.9
1 岁 9 月	77.1	80.1	83.1	86.1	89.1	92.0	95.0
1 岁 10 月	78.0	81.0	84.0	87.0	90.1	93.1	96.1
1 岁 11 月	78.8	81.9	84.9	88.0	91.0	94.1	97.2
2 岁	78.9	82.0	85.1	88.2	91.3	94.4	97.5
2 岁 3 月	81.2	84.4	87.6	90.8	94.0	97.2	100.4
2 岁 6 月	83.3	86.6	89.9	93.2	96.5	99.8	103.1
2 岁 9 月	85.2	88.6	92.0	95.4	98.8	102.2	105.6
3 岁	87.0	90.5	94.0	97.5	101.0	104.5	108.0
3 岁 3 月	88.6	92.2	95.9	99.5	103.1	106.7	110.3
3 岁 6 月	90.3	93.9	97.6	101.3	105.0	108.7	112.4
3 岁 9 月	91.8	95.6	99.4	103.1	106.9	110.7	114.5

续表

年龄	−3SD	−2SD	−1SD	中位数	+1SD	+2SD	+3SD
4岁	93.3	97.2	101.0	104.9	108.8	112.6	116.5
4岁3月	94.8	98.8	102.7	106.6	110.6	114.5	118.5
4岁6月	96.3	100.3	104.4	108.4	112.4	116.5	120.5
4岁9月	97.8	102.0	106.1	110.2	114.3	118.4	122.5
5岁	99.4	103.6	107.8	112.0	116.2	120.4	124.6
5岁3月	100.9	105.2	109.5	113.7	118.0	122.3	126.6
5岁6月	102.3	106.7	111.1	115.5	119.8	124.2	128.6
5岁9月	103.8	108.2	112.7	117.1	121.6	126.1	130.5
6岁	105.2	109.7	114.3	118.8	123.3	127.9	132.4
6岁3月	106.5	111.2	115.8	120.4	125.0	129.7	134.3
6岁6月	107.9	112.6	117.3	122.0	126.7	131.4	136.1
6岁9月	109.2	113.9	118.7	123.5	128.3	133.1	137.9

注:2岁以下适用于身长,2～7岁以下适用于身高。年龄为整月或整岁。

表B.4 7岁以下女童年龄别身长/身高的标准差数值　　　　　单位:厘米

年龄	−3SD	−2SD	−1SD	中位数	+1SD	+2SD	+3SD
0月	44.7	46.6	48.4	50.3	52.2	54.1	55.9
1月	48.2	50.1	52.1	54.1	56.1	58.1	60.0
2月	51.5	53.5	55.6	57.7	59.8	61.9	63.9
3月	54.3	56.4	58.6	60.8	62.9	65.1	67.2
4月	56.6	58.8	61.0	63.3	65.5	67.7	69.9
5月	58.5	60.7	63.0	65.3	67.6	69.9	72.2
6月	60.1	62.4	64.7	67.1	69.4	71.7	74.1
7月	61.5	63.9	66.3	68.7	71.0	73.4	75.8
8月	62.8	65.3	67.7	70.1	72.5	75.0	77.4
9月	64.1	66.5	69.0	71.5	73.9	76.4	78.9
10月	65.3	67.8	70.3	72.8	75.3	77.8	80.3
11月	66.4	68.9	71.5	74.0	76.6	79.1	81.7
1岁	67.5	70.1	72.6	75.2	77.8	80.4	83.0
1岁1月	68.5	71.1	73.8	76.4	79.0	81.7	84.3
1岁2月	69.5	72.2	74.9	77.5	80.2	82.9	85.6
1岁3月	70.5	73.2	75.9	78.6	81.4	84.1	86.8

续表

年龄	−3SD	−2SD	−1SD	中位数	+1SD	+2SD	+3SD
1 岁 4 月	71.5	74.2	77.0	79.7	82.5	85.2	88.0
1 岁 5 月	72.4	75.2	78.0	80.8	83.6	86.4	89.2
1 岁 6 月	73.3	76.2	79.0	81.9	84.7	87.5	90.4
1 岁 7 月	74.3	77.1	80.0	82.9	85.8	88.6	91.5
1 岁 8 月	75.1	78.1	81.0	83.9	86.8	89.7	92.6
1 岁 9 月	76.0	79.0	81.9	84.9	87.8	90.8	93.7
1 岁 10 月	76.9	79.9	82.8	85.8	88.8	91.8	94.8
1 岁 11 月	77.7	80.7	83.7	86.8	89.8	92.8	95.9
2 岁	77.8	80.8	83.9	87.0	90.1	93.1	96.2
2 岁 3 月	80.0	83.2	86.4	89.5	92.7	95.9	99.1
2 岁 6 月	82.1	85.3	88.6	91.9	95.2	98.5	101.7
2 岁 9 月	84.0	87.3	90.7	94.1	97.5	100.9	104.2
3 岁	85.8	89.3	92.7	96.2	99.7	103.2	106.6
3 岁 3 月	87.5	91.1	94.6	98.2	101.8	105.3	108.9
3 岁 6 月	89.1	92.8	96.4	100.1	103.7	107.4	111.0
3 岁 9 月	90.7	94.4	98.2	101.9	105.6	109.4	113.1
4 岁	92.2	96.0	99.8	103.7	107.5	111.3	115.1
4 岁 3 月	93.7	97.6	101.5	105.4	109.3	113.2	117.2
4 岁 6 月	95.2	99.2	103.2	107.2	111.2	115.2	119.2
4 岁 9 月	96.8	100.8	104.9	109.0	113.1	117.2	121.2
5 岁	98.3	102.5	106.6	110.8	115.0	119.1	123.3
5 岁 3 月	99.8	104.1	108.3	112.6	116.8	121.1	125.3
5 岁 6 月	101.2	105.6	109.9	114.3	118.6	123.0	127.3
5 岁 9 月	102.6	107.1	111.5	115.9	120.4	124.8	129.2
6 岁	104.0	108.5	113.0	117.5	122.0	126.5	131.0
6 岁 3 月	105.3	109.9	114.5	119.1	123.7	128.2	132.8
6 岁 6 月	106.6	111.3	115.9	120.6	125.3	129.9	134.6
6 岁 9 月	107.9	112.6	117.3	122.1	126.8	131.6	136.3

注:2 岁以下适用于身长,2～7 岁以下适用于身高。年龄为整月或整岁。

表 B.11 0～3 岁男童年龄别头围的标准差数值　　　　　　单位:厘米

年龄	-3SD	-2SD	-1SD	中位数	+1SD	+2SD	+3SD
0 月	30.4	31.7	33.0	34.3	35.6	36.9	38.3
1 月	33.4	34.6	35.8	37.0	38.2	39.4	40.6
2 月	35.7	36.8	37.9	39.1	40.2	41.4	42.6
3 月	37.1	38.2	39.3	40.5	41.6	42.8	44.1
4 月	38.1	39.3	40.4	41.6	42.8	44.0	45.3
5 月	39.0	40.2	41.3	42.5	43.8	45.0	46.3
6 月	39.8	41.0	42.1	43.4	44.6	45.9	47.2
7 月	40.5	41.7	42.8	44.0	45.3	46.6	47.9
8 月	41.1	42.2	43.4	44.6	45.9	47.2	48.5
9 月	41.5	42.7	43.9	45.1	46.4	47.7	49.0
10 月	41.9	43.1	44.3	45.5	46.8	48.1	49.4
11 月	42.3	43.4	44.6	45.8	47.1	48.4	49.8
1 岁	42.5	43.7	44.9	46.1	47.4	48.7	50.1
1 岁 1 月	42.8	44.0	45.1	46.4	47.7	49.0	50.3
1 岁 2 月	43.0	44.2	45.4	46.6	47.9	49.2	50.6
1 岁 3 月	43.2	44.4	45.6	46.8	48.1	49.4	50.8
1 岁 4 月	43.4	44.6	45.8	47.0	48.3	49.6	51.0
1 岁 5 月	43.6	44.7	45.9	47.2	48.5	49.8	51.2
1 岁 6 月	43.8	44.9	46.1	47.4	48.7	50.0	51.4
1 岁 7 月	43.9	45.1	46.3	47.5	48.8	50.2	51.6
1 岁 8 月	44.1	45.3	46.5	47.7	49.0	50.4	51.7
1 岁 9 月	44.3	45.4	46.6	47.9	49.2	50.5	51.9
1 岁 10 月	44.4	45.6	46.8	48.1	49.4	50.7	52.1
1 岁 11 月	44.6	45.7	47.0	48.2	49.5	50.9	52.3
2 岁	44.7	45.9	47.1	48.3	49.6	51.0	52.4
2 岁 3 月	45.0	46.2	47.4	48.7	50.0	51.3	52.7
2 岁 6 月	45.3	46.4	47.7	48.9	50.3	51.6	53.0
2 岁 9 月	45.5	46.7	47.9	49.2	50.5	51.9	53.3
3 岁	45.7	46.8	48.1	49.3	50.7	52.1	53.5

注:年龄为整月或整岁。

表 B.12　0～3 岁女童年龄别头围的标准差数值　　　　　单位:厘米

年龄	−3SD	−2SD	−1SD	中位数	+1SD	+2SD	+3SD
0 月	30.1	31.4	32.7	33.9	35.2	36.5	37.7
1 月	32.9	34.0	35.2	36.3	37.5	38.6	39.8
2 月	34.9	36.0	37.1	38.2	39.3	40.4	41.6
3 月	36.2	37.3	38.4	39.5	40.7	41.8	42.9
4 月	37.2	38.3	39.4	40.6	41.7	42.9	44.1
5 月	38.0	39.2	40.3	41.5	42.6	43.8	45.0
6 月	38.8	39.9	41.1	42.2	43.4	44.6	45.9
7 月	39.4	40.6	41.7	42.9	44.1	45.3	46.6
8 月	40.0	41.1	42.3	43.5	44.7	45.9	47.2
9 月	40.4	41.6	42.8	44.0	45.2	46.5	47.7
10 月	40.8	42.0	43.2	44.4	45.6	46.9	48.2
11 月	41.2	42.4	43.6	44.8	46.0	47.3	48.6
1 岁	41.5	42.7	43.9	45.1	46.4	47.6	48.9
1 岁 1 月	41.8	42.9	44.2	45.4	46.6	47.9	49.2
1 岁 2 月	42.0	43.2	44.4	45.6	46.9	48.2	49.5
1 岁 3 月	42.2	43.4	44.6	45.9	47.1	48.4	49.7
1 岁 4 月	42.4	43.6	44.8	46.1	47.3	48.6	50.0
1 岁 5 月	42.6	43.8	45.0	46.2	47.5	48.8	50.1
1 岁 6 月	42.7	43.9	45.2	46.4	47.7	49.0	50.3
1 岁 7 月	42.9	44.1	45.3	46.6	47.9	49.2	50.5
1 岁 8 月	43.1	44.3	45.5	46.7	48.0	49.3	50.7
1 岁 9 月	43.2	44.4	45.6	46.9	48.2	49.5	50.9
1 岁 10 月	43.4	44.6	45.8	47.1	48.4	49.7	51.0
1 岁 11 月	43.5	44.7	45.9	47.2	48.5	49.8	51.2
2 岁	43.6	44.8	46.1	47.3	48.6	50.0	51.3
2 岁 3 月	43.9	45.1	46.4	47.6	49.0	50.3	51.7
2 岁 6 月	44.2	45.4	46.7	47.9	49.3	50.6	52.0
2 岁 9 月	44.4	45.7	46.9	48.2	49.6	50.9	52.3
3 岁	44.7	45.9	47.2	48.5	49.9	51.2	52.7

注:年龄为整月或整岁。

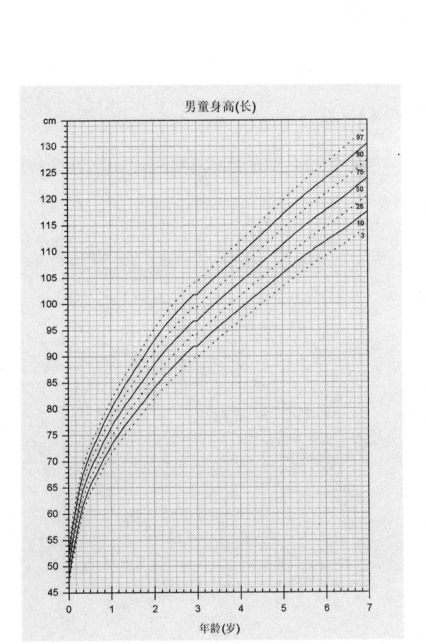

图1 0～7岁男童身高生长线

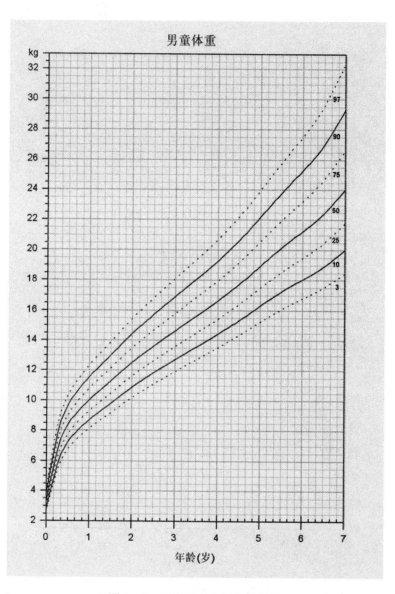

图2 0～7岁男童体重生长曲线

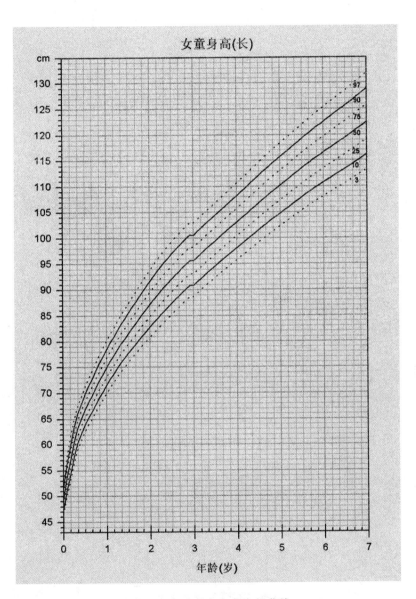

图3 0～7女童身高生长曲线

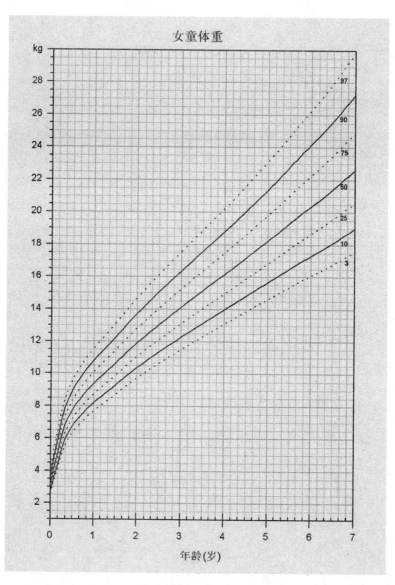

图4 0~7岁女童体重生长曲线

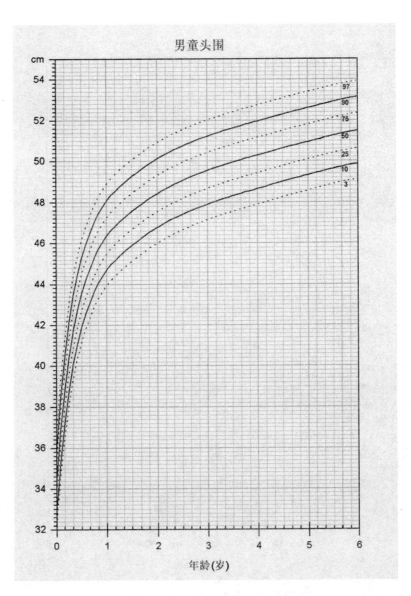

图5 0～6岁男童头围生长曲

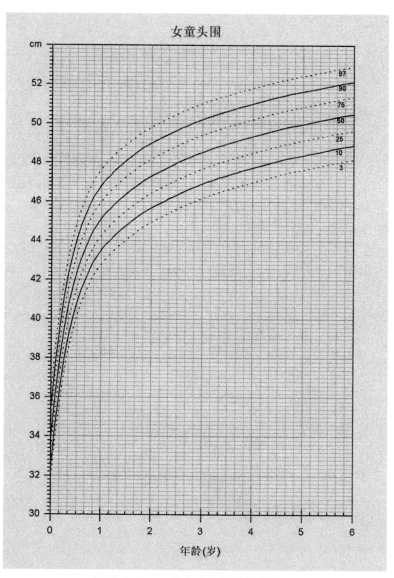

图6 0～6岁女童头围生长曲线